国家出版基金项目
NATIONAL PUBLICATION FOUNDATION

深空自主GNC新机理与新方法丛书（第一辑）

“十四五”国家重点出版物出版规划项目

空间飞行器 GNC 系统简化算法

王献忠　张　肖　著

中国宇航出版社
CAPH
·北京·

图书在版编目（CIP）数据

空间飞行器GNC系统简化算法 / 王献忠，张肖著. 北京 : 中国宇航出版社，2025. 5. -- (深空自主GNC新机理与新方法丛书). -- ISBN 978-7-5159-2493-9

Ⅰ. V448.2；V249.122

中国国家版本馆CIP数据核字第2024L20J89号

责任编辑　赵宏颖　　**封面设计**　王晓武

出版发行	中国宇航出版社		
社　址	北京市阜成路8号　**邮　编**　100830 (010)68768548	**版　次**	2025年5月第1版 2025年5月第1次印刷
网　址	www.caphbook.com	**规　格**	787×1092
经　销	新华书店	**开　本**	1/16
发行部	(010)68767386　(010)68371900 (010)68767382　(010)88100613（传真）	**印　张**	28.25
		字　数	687千字
零售店	读者服务部　(010)68371105	**书　号**	ISBN 978-7-5159-2493-9
承　印	北京厚诚则铭印刷科技有限公司	**定　价**	198.00元

本书如有印装质量问题，可与发行部联系调换

前 言

本书主要介绍了飞行器GNC系统研制工程应用算法、建模和仿真验证，包括组合定姿、组合导航、姿态控制、轨道控制和深空探测GNC等相关的算法、建模和仿真。

早期GNC系统设计与研制主要依靠物理仿真验证，随着计算机技术的发展和飞行器动力学及运动学建模准确性的提高，GNC系统设计与研制越来越依靠数学仿真验证，特别是超实时仿真，不但能加快研制速度，也能大幅降低研制成本。

空间飞行器轨道机动大都基于数学仿真，特别是超实时数学仿真，需要动力学快速迭代推算，基于挠性和晃动动力学模型解耦及局部迭代算法，可以大幅缩短动力学迭代计算时间。

考虑到卡尔曼滤波算法相对复杂、物理概念不够清晰，提出基于PI滤波的陀螺与磁强计组合定姿，陀螺与星敏感器组合定姿，GNSS兼容机与加表组合导航，伪距及伪距率与加表组合导航，基于跟瞄和加表近程相对导航等组合定姿和组合导航算法，并进行了仿真和在轨验证。

空间飞行器GNC系统敏感器受到干扰可能无法正常工作，特别是随着集成度的不断提高，GNSS、雷达/光电跟瞄等导航敏感器易受干扰，而天文导航抗干扰能力强，因此给出基于地平仪的惯性与天文组合导航，基于星光折射敏感器、惯组组合导航等天文导航，基于准北东地系地面静态对准等算法，天文导航在深空探测中也有广泛的应用前景。

考虑到载荷对平台高稳定度控制要求，给出基于干扰力矩补偿和微振动抑制实现高稳定度控制，以及挠性振荡在轨自主识别等算法，其满足载荷对平台高稳定度控制需求。

深空探测越来越受到重视，结合火星探测研制经验，给出深空探测不同坐标系及轨道转换、对地指向测控安全、火星时、引力影响球、近火捕获和再入制动策略、火星表面静态对准，以及小行星探测轨道转移策略等GNC系统相关算法及仿真验证结果。

空间飞行器GNC系统工程应用算法简单可靠，物理概念清晰，适合工程应用，可以作为飞行器导航、制导与控制专业研究生教材，也可以供从事飞行器GNC系统设计与研制的技术人员及高等院校相关专业的师生参考。

由于作者水平有限，书中难免存在一些缺点和错误，殷切希望广大读者批评指正。

作 者

2023年8月于上海

目　录

第 1 章　概　述 …… 1
1.1　空间飞行器 GNC 系统概述 …… 1
1.1.1　GNC 系统含义 …… 1
1.1.2　载人空间探索领域 GNC …… 2
1.1.3　空间科学探测领域 GNC …… 2
1.1.4　天文观测和激光通信领域 GNC …… 3
1.1.5　GNC 系统发展趋势 …… 3
1.2　主要内容 …… 4
1.2.1　数学基础 …… 4
1.2.2　仿真基础 …… 4
1.2.3　组合定姿 …… 4
1.2.4　组合导航 …… 4
1.2.5　姿态控制 …… 5
1.2.6　轨道控制 …… 5
1.2.7　深空探测 GNC 系统 …… 5
1.3　GNC 系统建模及仿真 …… 5
1.4　GNC 系统研制关注重点 …… 6
参考文献 …… 8

第 2 章　数学基础 …… 9
2.1　坐标系旋转及欧拉轴角 …… 9
2.1.1　坐标系旋转 …… 9
2.1.2　欧拉轴角 …… 9
2.2　四元数乘法 …… 10
2.2.1　四元数乘法形式 …… 10
2.2.2　四元数乘法推导 …… 11
2.2.3　姿态四元数运动学推导 …… 12
2.2.4　姿态四元数应用处理 …… 13

2.3　姿态四元数转为姿态角 …… 14
2.3.1　姿态转换矩阵 …… 14
2.3.2　姿态四元数按3－1－2转序转为姿态角 …… 14
2.3.3　姿态四元数按3－1－3转序转为姿态角 …… 15
2.3.4　姿态四元数按3－2－1转序转为姿态角 …… 15
2.3.5　姿态四元数按3－2－3转序转为姿态角 …… 16
2.3.6　姿态四元数按1－3－1转序转为姿态角 …… 16
2.3.7　姿态四元数按1－2－1转序转为姿态角 …… 17
2.3.8　姿态四元数按1－2－3转序转为姿态角 …… 18
2.3.9　姿态四元数按1－3－2转序转为姿态角 …… 18
2.3.10　姿态四元数按2－1－2转序转为姿态角 …… 19
2.3.11　姿态四元数按2－3－2转序转为姿态角 …… 19
2.3.12　姿态四元数按2－3－1转序转为姿态角 …… 20
2.3.13　姿态四元数按2－1－3转序转为姿态角 …… 20
2.4　球面三角形 …… 21
2.4.1　普通球面三角形 …… 21
2.4.2　直角球面三角形 …… 22
2.5　卡尔曼滤波 …… 23
2.5.1　线性系统状态方程及离散化 …… 23
2.5.2　线性系统状态观测方程 …… 23
2.5.3　卡尔曼滤波算法 …… 23
2.5.4　非线性系统状态方程和观测方程 …… 24
2.5.5　非线性系统卡尔曼滤波算法（EKF） …… 24
2.6　龙格库塔积分 …… 25
2.6.1　一阶微分方程 …… 25
2.6.2　二阶微分方程 …… 25
2.7　矩阵求逆 …… 26
2.7.1　高维矩阵分块求逆算法 …… 26
2.7.2　2×2矩阵求逆算法 …… 27
2.7.3　3×3矩阵求逆算法 …… 27
2.7.4　4×4矩阵求逆算法 …… 28
2.7.5　5×5矩阵求逆算法 …… 28
2.7.6　6×6矩阵求逆算法 …… 29

2.8　矢量运算 …… 29
2.9　微分算子/哈密顿算子 …… 30
2.10　球坐标、柱坐标与直角坐标转换 …… 30
2.10.1　球坐标与直角坐标转换 …… 30
2.10.2　柱坐标与直角坐标转换 …… 31
2.11　习题 …… 32
第3章　飞行器动力学及仿真基础 …… 33
3.1　姿态和轨道动力学 …… 33
3.1.1　刚体姿态动力学 …… 33
3.1.2　质点轨道动力学 …… 33
3.1.3　地固系参数 …… 34
3.1.4　章动角和章动角速率 …… 35
3.1.5　挠性姿态动力学 …… 36
3.1.6　液体晃动动力学 …… 38
3.1.7　液体晃动参数 …… 40
3.1.8　挠性和液体晃动动力学模型简化 …… 43
3.2　格林尼治恒星时计算 …… 45
3.2.1　格林尼治平恒星时 …… 45
3.2.2　地球绕太阳章动角 …… 45
3.2.3　格林尼治真恒星时 …… 46
3.3　微波和光学基本公式 …… 47
3.3.1　天线 …… 47
3.3.2　磁场与磁矩 …… 47
3.3.3　光学成像 …… 47
3.3.4　星等 …… 50
3.4　单/双目视觉 …… 50
3.4.1　单目视觉 …… 50
3.4.2　双目视觉 …… 50
3.5　大气密度 …… 51
3.5.1　轨道空间大气密度 …… 51
3.5.2　低层大气压力及密度 …… 52
3.6　轨道参数转换 …… 53
3.6.1　二体系统常用计算公式 …… 53

3.6.2　椭圆轨道近点角 MEf 相互转换 …… 54
3.6.3　双曲轨道近点角 MEf 相互转换 …… 55
3.7　日月轨道计算 …… 57
3.7.1　太阳轨道计算 …… 57
3.7.2　月球轨道及位置/速度计算 …… 58
3.7.3　标准数据校验 …… 62
3.8　世界时转换 …… 63
3.8.1　协调世界时 …… 63
3.8.2　跳秒/闰秒 …… 64
3.9　挠性动力学模型解耦及局部迭代算法 …… 65
3.9.1　挠性动力学模型 …… 65
3.9.2　挠性振动与本体转动解耦 …… 66
3.9.3　局部迭代及简单积分 …… 67
3.9.4　解耦及局部迭代算法仿真验证 …… 68
3.10　挠性和晃动动力学模型解耦及局部迭代 …… 71
3.10.1　帆板挠性和液体晃动动力学 …… 71
3.10.2　挠性和晃动动力学模型 …… 73
3.10.3　挠性和晃动与本体转动解耦 …… 73
3.10.4　局部迭代及简单积分 …… 75
3.10.5　解耦及局部迭代算法仿真验证 …… 75
3.11　习题 …… 79
参考文献 …… 80
第 4 章　组合定姿算法及仿真 …… 81
4.1　组合定姿基本模型 …… 81
4.1.1　地固系标准地磁场模型 …… 81
4.1.2　轨道系简化地磁场模型 …… 83
4.1.3　陀螺模型 …… 84
4.2　组合定姿基本算法 …… 84
4.2.1　偏差四元数与角速率关系 …… 84
4.2.2　偏差四元数与陀螺角速率漂移关系 …… 86
4.2.3　双矢量及多矢量定姿 …… 87
4.3　地平仪与陀螺轨道罗盘组合定姿 …… 88
4.3.1　单扫描地平仪弦宽计算 …… 88

4.3.2 轨道罗盘定姿算法 …… 88
4.3.3 星体相对轨道系角速率 …… 89
4.4 陀螺＋磁强计卡尔曼滤波组合定姿 …… 89
4.4.1 陀螺与磁强计组合定姿状态方程 …… 90
4.4.2 建立离散化状态方程 …… 92
4.4.3 建立磁强计观测方程 …… 92
4.4.4 状态更新算法 …… 93
4.4.5 EKF 滤波算法 …… 93
4.4.6 EKF 滤波算法仿真验证 …… 93
4.5 陀螺＋磁强计 PI 滤波组合定姿 …… 95
4.5.1 前后时刻不同轨道位置惯性系地磁场矢量 …… 96
4.5.2 基于双矢量定姿确定本体相对惯性系姿态 …… 96
4.5.3 前后时刻当前本体系地磁场矢量 …… 98
4.5.4 计算姿态误差四元数及修正 …… 99
4.5.5 基于 PI 滤波估计陀螺漂移 …… 99
4.5.6 陀螺＋磁强计组合定姿仿真验证 …… 99
4.6 陀螺＋磁强计组合定姿优化 …… 101
4.6.1 基于轨道推算惯性系地磁场强度 …… 101
4.6.2 基于陀螺推算本体系磁场强度 …… 102
4.6.3 磁场强度变化规律 …… 103
4.6.4 基于前后时刻磁场强度估计姿态误差 …… 103
4.6.5 陀螺漂移估计及姿态解算 …… 105
4.6.6 磁强计＋陀螺组合定姿仿真验证 …… 107
4.7 陀螺＋星敏感器组合定姿 …… 109
4.7.1 基于 PI 滤波估计陀螺角速率漂移 …… 110
4.7.2 基于 J2000 惯性系星敏与陀螺组合定姿 …… 110
4.7.3 基于轨道坐标系星敏与陀螺组合定姿 …… 111
4.7.4 求相对轨道系姿态角 …… 112
4.7.5 工程应用方式及仿真验证 …… 112
4.8 星敏外场观星姿态及极性测试 …… 115
4.8.1 星敏外场观星目的 …… 115
4.8.2 估算星敏安装四元数 …… 115
4.8.3 估算偏差姿态角 …… 116

4.9　习题 …… 116
参考文献 …… 118
第5章　组合导航算法与仿真 …… 120
5.1　WGS-84地固系与J2000惯性系转换 …… 120
5.1.1　基于岁差协议天球系到瞬时平天球系转换 …… 120
5.1.2　基于章动瞬时平天球系到瞬时天球系转换 …… 120
5.1.3　基于 S_g 瞬时天球坐标系到瞬时地球坐标系转换 …… 121
5.1.4　基于极移瞬时地球坐标系到协议地球坐标系转换 …… 122
5.1.5　协议天球坐标系与协议地球坐标系转换 …… 122
5.1.6　转换精度验证 …… 122
5.2　WGS-84位置/速度与经纬高及地平系速度转换 …… 124
5.2.1　由经纬高及地平系速度求WGS-84系位置/速度 …… 124
5.2.2　由WGS-84系位置/速度求经纬高及地平系速度 …… 124
5.2.3　标称数据验证 …… 127
5.3　轨道根数与J2000惯性系位置/速度相互转换 …… 127
5.3.1　由J2000惯性系位置/速度求轨道根数 …… 127
5.3.2　由轨道根数求J2000惯性系位置/速度 …… 128
5.4　轨道平根与瞬根相互转换 …… 129
5.4.1　大偏心率轨道长期项和短周期项 …… 130
5.4.2　小偏心率轨道长期项和短周期项 …… 131
5.4.3　平根推算 …… 131
5.4.4　平根转瞬根 …… 132
5.4.5　瞬根转平根 …… 132
5.4.6　标称数据验证 …… 132
5.5　基于最小二乘地面静态对准 …… 132
5.5.1　地球比力、引力、离心力 …… 132
5.5.2　静态重力加速度和比力 …… 133
5.5.3　粗对准 …… 133
5.5.4　精对准 …… 134
5.6　基于准北东地系地面静态对准 …… 136
5.6.1　地面粗对准 …… 137
5.6.2　估算准北东地系重力加速度和地球自转角速率 …… 140
5.6.3　基于准北东地系精对准 …… 140

5.6.4 算法精度及收敛性仿真验证 …… 142
5.7 纯惯导 …… 144
5.7.1 基于惯性系直接积分 …… 144
5.7.2 基于惯性系重力平均法积分 …… 145
5.7.3 基于惯性系重力平均法积分改进 …… 146
5.8 GNSS兼容机与惯组卡尔曼滤波组合导航 …… 147
5.8.1 基于兼容机输出位置/速度组合导航 …… 147
5.8.2 基于兼容机输出伪距组合导航 …… 149
5.9 基于PI滤波GNSS兼容机与加表组合导航 …… 151
5.9.1 基于J2000惯性系的卫星惯导解算算法 …… 152
5.9.2 兼容机与加表PI滤波组合导航 …… 153
5.9.3 基于PI滤波估计加表漂移 …… 154
5.9.4 组合导航算法仿真验证 …… 155
5.10 GNSS兼容机伪距及伪距变化率与加表组合导航 …… 158
5.10.1 基于J2000惯性系的卫星惯导解算算法 …… 159
5.10.2 基于GNSS伪距及伪距变化率估计位置和速度误差 …… 160
5.10.3 基于兼容机伪距组合导航和估计加表漂移 …… 162
5.10.4 基于兼容机伪距及伪距变化率组合导航 …… 163
5.10.5 组合导航算法仿真验证 …… 163
5.11 基于跟瞄近程相对导航卡尔曼滤波算法 …… 167
5.11.1 相对运动状态方程 …… 167
5.11.2 相对运动观测方程 …… 168
5.12 基于跟瞄近程相对导航PI滤波算法 …… 168
5.12.1 基于C-W方程的近程相对导航推算算法 …… 169
5.12.2 基于跟瞄修正相对位置/速度误差和估计加表漂移 …… 170
5.12.3 跟瞄与加表近程相对导航 …… 171
5.12.4 相对位置/速度误差修正量及加表漂移估计算法 …… 172
5.12.5 工程应用方式及仿真验证 …… 174
5.13 基于PI滤波星敏与地平仪惯性-天文组合导航 …… 176
5.13.1 基于J2000惯性系的卫星惯导解算算法 …… 177
5.13.2 基于位置/速度误差修正量组合导航 …… 177
5.13.3 基于星敏感器与地平仪计算惯导位置误差 …… 178
5.13.4 基于PI滤波估计位置/速度误差修正量 …… 180

5.13.5　工程应用方式及仿真验证 …… 181
5.14　星光折射天文导航原理及精度分析 …… 183
5.14.1　星光折射原理 …… 183
5.14.2　高度和折射角之间关系 …… 184
5.14.3　状态方程和观测方程 …… 185
5.14.4　精度分析 …… 186
5.15　星光折射敏感器谱宽选择及探测能力分析 …… 186
5.15.1　恒星辐射强度大气衰减系数 …… 187
5.15.2　恒星窄谱段探测等效视星等差 …… 192
5.15.3　星光折射敏感器探测大气折射星光信噪比分析 …… 195
5.15.4　星光折射敏感器可探测星等及概率分析 …… 197
5.15.5　谱宽选择 …… 199
5.16　基于 PI 滤波星光折射敏感器与加表组合导航 …… 199
5.16.1　基于 J2000 惯性系惯导解算 …… 200
5.16.2　星光折射大气折射角与高度关系 …… 201
5.16.3　星光折射点高度和折射角估计 …… 202
5.16.4　基于星光折射角估计位置误差 …… 203
5.16.5　基于星光大气折射角组合导航和估计加表漂移 …… 204
5.16.6　星光折射导航算法仿真验证 …… 205
5.17　恒星及行星星等及数量 …… 209
5.17.1　恒星星等及星数统计 …… 209
5.17.2　十五颗 1 等以上亮度恒星 …… 209
5.17.3　八大行星视星等排名 …… 210
5.18　习题 …… 210
参考文献 …… 212

第 6 章　姿态控制算法及仿真 …… 216
6.1　挠性动力学模态增益 …… 216
6.1.1　挠性动力学模型 …… 216
6.1.2　模态增益及基频 …… 217
6.2　干扰力矩分析 …… 217
6.2.1　气动干扰力矩 …… 217
6.2.2　重力梯度干扰力矩 …… 218
6.2.3　太阳光压力干扰力矩 …… 219

6.2.4　剩磁干扰力矩 …… 219
6.2.5　转动部件静不平衡干扰力矩 …… 219
6.2.6　转动部件动不平衡干扰力矩 …… 221
6.2.7　太阳翼和天线驱动机构传递函数 …… 222
6.3　磁消旋及磁速率阻尼控制 …… 222
6.3.1　磁消旋控制 …… 222
6.3.2　磁速率阻尼控制 …… 223
6.4　飞轮加磁稳定控制 …… 223
6.4.1　飞轮摩擦力矩 …… 223
6.4.2　飞轮参数及建模 …… 224
6.4.3　零动量加磁卸载控制 …… 224
6.4.4　双自由度偏置动量控制 …… 225
6.4.5　固定偏置动量加磁控制 …… 225
6.5　非偏置动量单飞轮加磁控制 …… 226
6.5.1　单飞轮安装方式 …… 226
6.5.2　俯仰姿态控制算法设计 …… 227
6.5.3　滚动和偏航姿态控制算法设计 …… 227
6.5.4　飞轮磁卸载控制算法 …… 228
6.5.5　飞轮控制干扰力矩分析及磁控抑制 …… 228
6.5.6　工程中常用飞轮安装方式 …… 229
6.5.7　非偏置动量单飞轮加磁控制仿真验证 …… 230
6.6　低轨偏置动量卫星气动干扰力矩补偿控制 …… 232
6.6.1　对日定向时气动干扰力矩分析 …… 233
6.6.2　偏置动量卫星干扰力矩补偿控制 …… 234
6.6.3　偏置动量卫星干扰力矩补偿控制仿真验证 …… 235
6.7　近地零动量卫星气动干扰力矩补偿控制 …… 238
6.7.1　气动干扰力矩分析 …… 238
6.7.2　零动量卫星干扰力矩补偿控制 …… 239
6.7.3　气动干扰力矩补偿控制仿真验证 …… 241
6.8　基于力矩陀螺姿态控制 …… 243
6.8.1　力矩陀螺安装方式 …… 243
6.8.2　角动量 50 N·m·s 力矩陀螺参数 …… 243
6.8.3　力矩陀螺群角动量分析 …… 243

6.8.4　力矩陀螺群角动量控制方式 …… 246
6.8.5　力矩陀螺群控制力矩分析 …… 248
6.8.6　力矩陀螺群力矩控制方式 …… 250
6.9　基于姿态偏差四元数姿态机动控制 …… 251
6.9.1　姿态偏差四元数计算 …… 252
6.9.2　姿态机动路径规划 …… 252
6.9.3　喷气快速机动控制算法 …… 254
6.9.4　飞轮机动控制算法 …… 255
6.9.5　机动控制算法仿真验证 …… 256
6.10　异轨交会过程高精度指向跟踪控制 …… 261
6.10.1　本体相对视线系姿态 …… 262
6.10.2　本体相对视线系角速率 …… 263
6.10.3　目标视线角速率预报及目标视线角速率增量计算 …… 263
6.10.4　基于飞轮高精度跟踪指向控制 …… 264
6.10.5　基于力矩陀螺/大力矩动量轮指向跟踪控制 …… 264
6.10.6　基于大力矩飞轮和喷气指向跟踪控制 …… 265
6.10.7　基于飞轮和喷气指向跟踪控制 …… 266
6.10.8　指向跟踪控制仿真验证 …… 267
6.11　六支腿 Stewart 减振平台 …… 273
6.11.1　无压电元件动力学模型 …… 273
6.11.2　有压电元件动力学模型 …… 279
6.12　天文望远镜高精度指向控制 …… 281
6.12.1　天文望远镜微振动抑制平台 …… 282
6.12.2　支腿主被动减振动力学模型 …… 284
6.12.3　天文望远镜平台动力学模型 …… 286
6.12.4　天文望远镜平台高精度指向控制 …… 286
6.12.5　微振动抑制及指向控制仿真验证 …… 288
6.13　习题 …… 291
参考文献 …… 292
第 7 章　轨道控制算法及仿真 …… 294
7.1　地球非球形摄动 …… 294
7.1.1　球坐标与直角坐标转换关系 …… 294
7.1.2　引力场位函数和引力摄动加速度 …… 294

7.1.3　勒让德函数递推计算 …… 296
7.1.4　带谐项 J2 至 J4 引力摄动 …… 297
7.1.5　地球引力位函数一般形式 …… 299
7.1.6　非球形摄动参数 …… 299
7.1.7　地球非球形摄动轨道推算 …… 303
7.1.8　近地点幅角变化率 …… 306
7.1.9　轨道交点周期 …… 306
7.1.10　CW 方程 …… 307
7.2　典型轨道 …… 307
7.2.1　太阳同步轨道 …… 307
7.2.2　回归轨道 …… 308
7.2.3　冻结轨道 …… 309
7.3　改进春分点轨道根数 …… 309
7.3.1　改进春分点根数动力学方程 …… 309
7.3.2　改进春分点根数到经典轨道根数转换 …… 310
7.3.3　改进春分点轨道求飞行器位置与速度矢量 …… 310
7.4　轨道控制 …… 311
7.4.1　轨道面内轨控 …… 311
7.4.2　轨道面外轨控 …… 316
7.5　再入点纵横程控制误差 …… 318
7.5.1　再入点纵程和横程 …… 318
7.5.2　纵横程计算 …… 319
7.5.3　再入点迹向和法向误差 …… 320
7.6　再入返回离轨时机及制动策略 …… 321
7.6.1　估计再入轨道升交点地理经度 …… 323
7.6.2　离轨时机优选 …… 325
7.6.3　离轨制动策略生成及迭代修正 …… 326
7.6.4　再入返回离轨时机及制动策略仿真验证 …… 329
7.7　基于再入误差预测精确返回控制 …… 329
7.7.1　基于再入过渡轨道瞬根推算再入点参数 …… 330
7.7.2　基于再入点参数迭代再入点倾角误差和纵横程 …… 334
7.7.3　基于纵程和倾角误差计算轨道面内速度修正量 …… 335
7.7.4　基于横程计算轨道面外速度修正量及方向 …… 336

7.7.5 基于再入误差预测精确返回控制工程应用 …… 336
7.8 远程快速轨道机动及自主交会控制 …… 337
7.8.1 远程自主调相策略及算法 …… 338
7.8.2 中程捕获轨控算法 …… 339
7.8.3 近程交班轨控算法 …… 339
7.8.4 近程悬停伴飞轨控算法 …… 340
7.8.5 远程自主交会仿真验证 …… 340
7.9 近程自主伴飞及防撞控制 …… 340
7.9.1 近程长期伴飞轨控算法 …… 343
7.9.2 近程防撞轨控算法 …… 344
7.9.3 近程长期伴飞仿真验证 …… 344
7.10 兰伯特轨道转移 …… 347
7.10.1 兰伯特轨道转移算法 …… 347
7.10.2 兰伯特轨道转移归一化迭代算法 …… 350
7.11 习题 …… 351
参考文献 …… 353

第8章 深空探测GNC系统算法及仿真 …… 355
8.1 坐标系转换及轨道推算 …… 355
8.1.1 赤道惯性系转黄道惯性系 …… 355
8.1.2 赤道惯性系转火惯系 …… 355
8.1.3 火惯系转火固系 …… 356
8.1.4 月惯系与月固系相互转换 …… 358
8.1.5 行星轨道 …… 358
8.1.6 地球轨道推算 …… 360
8.1.7 火星轨道推算 …… 360
8.1.8 地球和火星全影高度 …… 361
8.1.9 火星表面地方时 …… 361
8.1.10 地球引力影响球 …… 362
8.1.11 月球引力影响球 …… 363
8.1.12 火星引力影响球 …… 365
8.2 探测器对地和对火指向 …… 366
8.2.1 火星在探测器本体系指向 …… 366
8.2.2 地球在探测器本体系指向 …… 367

8.2.3　定向天线对地指向 …… 367
8.2.4　地面测控站对探测器指向 …… 368
8.2.5　火星探测器对太阳/地球可见性 …… 368
8.2.6　基于星敏推算太阳指向 …… 372
8.2.7　地球和火星轨道控制方程 …… 372
8.3　双曲逃逸轨道与日心椭圆轨道转换 …… 373
8.3.1　双曲逃逸轨道 …… 373
8.3.2　双曲逃逸轨道转绕日椭圆轨道 …… 376
8.3.3　绕日椭圆轨道转双曲逃逸轨道 …… 377
8.3.4　搜索最优利用地球自转速度的双曲逃逸轨道参数 …… 380
8.3.5　双曲逃逸轨道真近点角推算过近地点时间 …… 383
8.3.6　椭圆轨道真近点角推算过近火点时间 …… 383
8.3.7　积分计算过近火点时间 …… 383
8.4　深空探测器断电重启后器地指向估计 …… 384
8.4.1　估计相对轨道系姿态和纬度辐角 …… 385
8.4.2　估计探测器轨道参数 …… 389
8.4.3　推算器地指向 …… 390
8.4.4　在轨应用方式及误差分析 …… 391
8.4.5　器地指向仿真验证 …… 392
8.5　基于星敏与太阳角计估计地火转移飞行器姿态 …… 393
8.5.1　基于准地火转移轨道估计姿态 …… 393
8.5.2　基于太阳角计推算惯性系到本体系姿态四元数 …… 395
8.5.3　基于星敏和太阳角计估计轨道参数和姿态 …… 397
8.6　近火捕获制动失败再次捕获策略 …… 399
8.6.1　基于兰伯特变轨再次捕获策略 …… 399
8.6.2　火星再次捕获策略搜索 …… 401
8.7　迭代生成离轨制动策略 …… 402
8.7.1　估计制动速度和制动点至再入点飞行时间 …… 402
8.7.2　再入点高度差迭代修正制动点至再入点飞行时间 …… 404
8.7.3　基于纵程误差修正离轨制动时刻 …… 406
8.7.4　迭代修正离轨制动时刻和制动速度 …… 406
8.8　火星表面基于准北东地系和最小二乘确定初始姿态 …… 407
8.8.1　计算火星表面重力加速度和地理纬度 …… 408

8.8.2　计算本体相对北东地系粗对准姿态 …… 409
8.8.3　基于陀螺计算的角增量修正准北东地坐标系 …… 411
8.8.4　基于加表计算的比力利用最小二乘法估计失准角 …… 412
8.8.5　基于精对准姿态推算探测器相对 J2000 坐标系姿态 …… 413
8.8.6　仿真验证及与地面对准比对 …… 414
8.9　火星表面基于准北东地系和线性估计静态对准 …… 416
8.9.1　计算火星表面重力加速度和地理纬度 …… 416
8.9.2　计算本体相对北东地系粗对准姿态 …… 417
8.9.3　估算准北东地系重力加速度和火星自转角速率 …… 419
8.9.4　基于准北东地系精对准 …… 420
8.10　小行星探测 …… 422
8.11　习题 …… 426
参考文献 …… 427
附录　天文参数 …… 429

第 1 章　概　述

1.1　空间飞行器 GNC 系统概述

1.1.1　GNC 系统含义

近地轨道、月球等载人探索和无人科学任务，火星等深空探测任务，都涉及 GNC 技术，包括自主交会对接（ARD）、自主精确着陆（APL）、进入下降着陆（EDL）等。GNC 系统技术是空间探测关键需求和未来技术发展方向。

空间飞行器 GNC 系统涵盖制导、导航与控制，典型的 GNC 系统框图如图 1-1 所示，GNC 是一个内部相互作用和耦合的系统，也是一个具有很强外部耦合作用的集成系统，耦合存在于飞行机械、电子设备、软件、推进、飞行科学、载荷等相关分系统，也与载人/无人自主飞行操控交互作用。

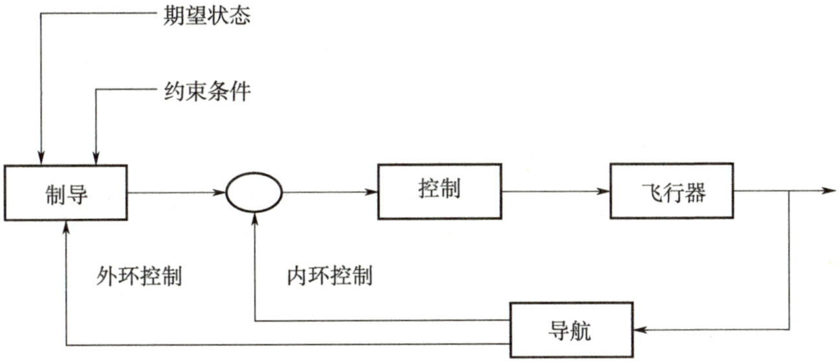

图 1-1　典型的 GNC 系统框图

制导：一个运动的飞行器从当前的位置/速度/姿态到一个期望的位置/速度/姿态状态的路径决策，同时满足规定的制约因素，如推进剂消耗、安全、动态热负荷和时间等约束。

导航：确定一个运动飞行器在指定参考系下的当前运动状态，包括姿态、位置、速度等。

控制：作用在一个运动飞行器上，能够稳定和调节飞行器的运动，使飞行器状态朝向期望导引状态的力和力矩控制指令，通常采用闭环控制方式。

1.1.2 载人空间探索领域GNC

GNC系统是确保飞行器在上升段、逃逸段、在轨和再入任务阶段可靠性和鲁棒性的关键分系统，以支持航天员安全和任务成功为目标，GNC系统相关技术包括：

1）自主交会、接近操作、对接和出舱，涉及自主交会对接系统敏感器、算法和地面验证测试平台及在轨技术验证；

2）发射中断逃逸系统稳定性和控制；

3）柔性/挠性火箭鲁棒自适应控制；

4）载人飞行器高性能控制；

5）自主精确着陆和障碍规避；

6）模块化实时飞行软件架构的开发、集成、地面和飞行测试，确保软件执行的安全性和运行的可靠性；

7）飞行器健康管理；

8）飞行全过程测试。

1.1.3 空间科学探测领域GNC

把人类的探索范围延伸到太空，通过地球轨道和深空放置天文台，飞行器探访月球和行星，探测器着陆、环绕和采样返回等，飞行器可以位于低地球轨道、地球静止轨道、高地球轨道、地月转移轨道、绕月轨道、地球行星转移轨道、绕行星轨道、拉格朗日点等，需要GNC具备高容错性和高可靠性，相关的GNC系统技术包括：

1）天文级精密望远镜捕获、跟踪和指向控制。哈勃望远镜指向精度要求为0.007″，挠性振荡对韦伯望远镜影响更大，但韦伯望远镜指向精度约为哈勃望远镜的1/18，韦伯望远镜的指向精度比哈勃望远镜更高。

2）行星大气层减速，大气捕获，进入、下降和着陆控制，包括行星探测的定点着陆和自主障碍规避。

3）行星取样返回自主交会对接。

4）多飞行器精确编队飞行。涉及编队飞行敏感器和执行机构，编队飞行任务设计工具，地面验证测试平台和在轨技术演示验证。

5）推进剂在轨贮存和补加。

6）用于测量行星结构和自然资源的超高精度引力敏感器。

7）优于10 cm精度的激光深空测距系统。光学跟踪技术将用于深空探测网，以实现更高精度的三维测量。

8）先进的控制系统技术。研制安全可靠的新一代无人飞行控制系统，集成了先进的通信和指控技术，扩展了在极具挑战性的太空环境中的操作能力。

9）高度集成的自主故障管理多功能模块化GNC，可用于深空和近地探测。

10）小型化、低功耗GNC敏感器，用于提高载人和无人飞行器的安全性和可靠性，并可用于微小卫星/纳米卫星。微技术和纳米技术应用于超低功耗电子产品，有助于减小飞行器的重量和体积。

11）可靠的长寿命执行机构，包括高灵敏度的控制力矩陀螺、先进的电推等。

1.1.4 天文观测和激光通信领域 GNC

随着对望远镜指向控制和抖动抑制要求越来越高，高速激光通信需要光束捕获、指向和稳定跟踪控制，指向传感与控制相关的 GNC 系统技术如下：

1）高分辨率、低抖动导航敏感器，包括高精度相对导航敏感器和惯组。

2）高分辨率和高动态执行机构。

3）影像稳定和防抖控制，包括惯性伪星参考稳像技术，图像匹配识别技术等。

4）波前传感与控制，包括先进的光学波前传感器、快速转向反射镜、高带宽驱动、光路长度延迟线控制等。

5）振动/抖动主动传感与控制。

6）多变量自适应控制和自主重构。开发自适应飞行控制系统，根据操作环境的变化，对飞行器进行指令重新配置。

7）多学科优化设计。

8）端到端集成的动态建模技术。研究光学、结构、散热、电源等相关系统之间的相互作用。

9）由传感器、算法和执行机构组成的超精密抗干扰系统。

1.1.5 GNC 系统发展趋势

随着微电子和微机械应用，星敏感器、跟瞄相机、惯组、太阳敏感器、反作用飞轮、动量轮、减振平台、快反镜、力矩陀螺、焦平面阵列、制冷机、推力器等空间飞行器 GNC 系统敏感器和执行机构不断小型化。随着集成芯片技术的发展，控制器计算速度不断提高，未来 GNC 系统可能的发展方向如下：

1）编队飞行和自主交会对接敏感器及执行机构小型化；

2）无人空间飞行器自适应飞行控制；

3）抗干扰高低精度敏感器组合定姿和组合导航；

4）低功耗、轻质、小型化、高可靠敏感器；

5）力矩陀螺、飞轮等高可靠、长寿命执行机构；

6）微振动抑制高精度指向、捕获和跟踪；

7）空间组网运行星座自主相位保持及快速机动；

8）深空探测自主导航和自主轨控。

1.2 主要内容

1.2.1 数学基础

GNC 系统数学建模需要一定的数学基础，主要包括坐标系转换、四元数乘法、不同转序姿态解算、球面三角形公式、卡尔曼滤波和龙格库塔积分等，这些数学公式是后续建模和仿真的基础。

1.2.2 仿真基础

GNC 系统数学建模也需要一定的工程基础，主要包括姿态和轨道简易动力学、章动角和章动角速率、格林尼治恒星时计算、微波和光学基本公式、单/双目视觉、大气密度、轨道参数转换、日月轨道及日月指向等算法。考虑到超实时仿真对动力学快速迭代推算的需求，结合前期发表的论文，给出挠性动力学模型解耦及局部迭代方法、挠性和晃动动力学模型解耦及局部迭代等算法。姿态和轨道动力学及运动学是姿态和轨道确定与控制的基础，也是数学仿真的基础。

1.2.3 组合定姿

组合定姿包括常规的陀螺漂移与姿态四元数偏差关系、地磁场模型、基于卡尔曼滤波磁强计与陀螺组合定姿、双矢量和多矢量定姿等姿态确定算法。考虑到卡尔曼滤波算法相对复杂、物理概念不够清晰，结合前期发表的论文，给出基于 PI 滤波陀螺与磁强计组合定姿，陀螺与星敏感器组合定姿及陀螺漂移估计，地平仪与陀螺轨道罗盘组合定姿，以及星敏外场观星姿态及极性测试算法，并经仿真和在轨验证。组合定姿是 GNC 系统的关键，没有姿态基准，姿态控制、导航和轨控都将无法进行。

1.2.4 组合导航

组合导航包括常规的轨道参数转换、轨道平根与瞬根相互转换、WGS－84 地固系与 J2000 惯性系相互转换、WGS－84 位置/速度与经纬高及地平系速度相互转换、轨道根数与 J2000 惯性系位置/速度相互转换、基于最小二乘地面静态对准、惯组建模及标定、纯惯导、GNSS 兼容机与惯组卡尔曼滤波组合导航、基于跟瞄近程相对导航卡尔曼滤波算法等组合导航算法。考虑到卡尔曼滤波算法相对复杂、物理概念不够清晰，结合前期发表的论文，给出基于 PI 滤波估计加表漂移的 GNSS 兼容机与加表组合导航、伪距及伪距率与加表组合导航及漂移估计、基于跟瞄和加表 PI 滤波近程相对导航、基于光电测角相对导航等算法，以及基于星敏与地平仪的惯性-天文组合导航，星光折射敏感器谱宽选择及探测能力分析，基于星光折射敏感器和惯组组合导航，基于准北东地系地面静态对准等算法，并经仿真和在轨验证。组合导航是轨道控制的基础，地面测定轨为主逐步向星上自主定轨转变。

1.2.5 姿态控制

姿态控制也是GNC系统设计和研制的重要内容之一，主要包括挠性动力学及模态增益、常规的干扰力矩分析、飞轮加磁稳定控制、磁消旋及磁速率阻尼控制、力矩陀螺控制、六支腿Stewart减振平台动力学、基于姿态偏差四元数姿态机动等姿控算法。考虑到干扰力矩补偿和部件故障时姿态控制的可靠性和安全性，结合前期发表的论文，给出低轨偏置动量卫星气动干扰力矩补偿控制、近地零动量卫星干扰力矩飞轮补偿控制、非偏置动量单飞轮加磁控制、异轨交会过程高精度指向跟踪控制、微振动抑制和高精度指向控制等算法，经仿真和在轨验证的稳定平台是轨控的基础。

1.2.6 轨道控制

轨道控制研究包括常规的地球非球形摄动分析、太阳同步等典型轨道分析、改进春分点根数转换、轨道面内轨控、轨道面外轨控、兰伯特轨道转移等轨控相关算法，考虑到载荷对轨道机动要求不断提高，结合前期发表的论文，给出远程快速轨道机动、再入返回离轨时机及制动策略、基于再入误差预测精确返回控制、近程自主伴飞及防撞控制等算法，并经仿真和在轨验证。随着飞行器组网和编队需求的增强，轨道机动控制越来越重要。

1.2.7 深空探测GNC系统

深空探测越来越受到重视，结合火星探测研制经验，给出深空探测不同坐标系及轨道转换、行星轨道推算、行星探测器对地指向、火星时、火影、对火中继、引力影响球、近火捕获和再入制动策略、火星表面静态对准，以及小行星探测轨道转移策略等GNC系统相关算法及仿真验证结果。

1.3 GNC系统建模及仿真

GNC系统工程研制涉及大量的模型及仿真，模型包括敏感器模型、姿态动力学模型、轨道动力学模型、执行机构模型等，仿真包括超实时数学仿真、实时仿真、半实物仿真和全物理仿真等。

航天早期研制过程由于缺乏经验和计算机技术限制，较多采用半实物仿真和全物理仿真，随着计算机技术的发展，数学仿真和实时仿真的重要性越来越突出，基于数字单机的虚拟仿真在研制过程中的作用正在逐步增强。

GNC系统数学建模及仿真一方面有助于熟悉和了解GNC系统研制理论和特点，另一方面为后续进入工程研制打下建模和仿真基础。

从工程应用角度，在满足研制需求的前提下GNC系统模型越简单越好，精简的模型不但有利于提高仿真效率，还便于分析和查找问题，模型的精简需要一定的工程经验，特别是参数选取。

仿真模型的验证至关重要，因为很多航天事故是由于模型不正确导致的，本书是在前期型号研制的基础上编写的，在符合工程研制需求的前提下尽量采用精简的模型，这些模型在地面经过了大量的复核，大部分模型已经过在轨考核验证。

本书提供了适合于 GNC 系统设计与研制的工程应用算法，并经数学仿真和在轨验证。早期 GNC 系统设计与研制主要依靠物理仿真验证，随着计算机技术的发展和飞行器动力学及运动学建模准确性的提高，GNC 系统设计与研制越来越依靠数学仿真验证，特别是超实时仿真，不但能加快研制速度，而且也能够大幅降低研制成本。

1.4 GNC 系统研制关注重点

GNC 系统研制关注重点如下：

（1）理解公式物理概念

姿态方面包括坐标转换、欧拉轴角与四元数关系、四元数非唯一性、偏差四元数与陀螺角速率关系、双矢量定姿、刚体动力学、动不平衡力矩、静不平衡力矩、磁场与磁矩、挠性动力学、模态增益、基频与刚度关系等物理概念。

轨道方面包括质点轨道动力学、力学时与世界时、跳秒、单/双目视觉、跟瞄视线距和视线角、相对位置和相对姿态确定、星光折射、星等、天线、轨道六要素、太阳同步轨道、回归轨道、冻结轨道等物理概念。

（2）建立基本模型库

姿态模块包括四元数乘法、龙格库塔积分、四元数求 3－1－2 转序欧拉角、四元数求 3－2－1 转序欧拉角、基于四元数求转换矩阵、基于 3－1－2 转序欧拉角求转换矩阵、基于 3－2－1 转序欧拉角求转换矩阵、惯组、飞轮、地平仪、磁场表等单机建模等。

轨道模块包括地球非球形 J2 至 J4 项摄动、太阳章动和岁差参数、儒略日和儒略世纪数计算、格林尼治真恒星时计算、日月指向简单计算、平流层和轨道空间大气密度计算、轨道根数不同表示形式相互转换、近点角 MEf 相互转换、轨道根数与 J2000 惯性系位置/速度相互转换、WGS－84 坐标系与地平坐标系相互转换、轨道平根与瞬根相互转换、轨道交点周期、再入点纵程与横程计算等。

建模的关键是模型要正确，基于标准数据校验模型正确性，如 WGS－84 坐标系与 J2000 惯性系位置/速度转换、轨道平根与瞬根相互转换等。

（3）学会基于仿真分析问题

姿态方面包括外场观星数据正确性判别、基于地平仪轨道罗盘组合定姿仿真、基于磁强计与陀螺卡尔曼滤波组合定姿仿真、多矢量定姿、干扰力矩建模及对姿态影响仿真分析、零动量加磁卸载控制、偏置动量加磁章进动控制、双自由度偏置动量加磁卸载控制、非偏置动量单飞轮加磁控制、基于偏差四元数姿态机动控制等。

轨道方面包括摄动力建模及对轨道影响仿真分析、静态粗对准和精对准、兼容机输出位置/速度与惯性组合导航、基于跟瞄输出近程相对导航、小偏心率轨道推算、大偏心率轨道推算、轨道面内控制、轨道面外控制、升交点赤经漂移控制、再入点迹向与法向误差分析等。

(4) 提高解决建模和仿真问题能力

复杂的建模与仿真包括高阶地球非球形摄动模型与STK误差比对、基于地固系惯导与基于J2000惯性系惯导比对、地面重力加速度与引力和离心力关系、兼容机输出伪距与惯性组合导航等，通过这些复杂建模和仿真提高解决问题的能力。

具有飞行器姿态和轨道控制基础，且后续还将从事飞行器GNC系统设计与研制的读者，可以结合习题仿真验证模型，为后续从事该专业工作奠定基础。

参 考 文 献

［1］ 王献忠，汤敏兰，董晋芳．一种挠性动力学模型解耦及局部迭代方法［J］．系统仿真学报，2015，27（6）：1204－1208．

［2］ 王献忠，张肖．挠性和晃动动力学模型解耦及局部迭代算法［J］．航天控制，2021，38（6）：9－13，33．

［3］ 王献忠．陀螺与磁强计组合定姿及工程应用分析［J］．航天控制，2009，26（5）：43－47．

［4］ 王献忠，张肖，刘艳．陀螺与磁强计组合定姿及陀螺漂移估计［J］．航天控制，2017，34（4）：15－19．

［5］ 王献忠，张肖，刘艳．陀螺与磁强计组合定姿及漂移估计算法优化［J］．航天控制，2020，37（4）：9－13．

［6］ 王献忠，张肖．陀螺与星敏感器组合定姿及陀螺漂移估计［J］．航天控制，2018，35（4）：7－11．

［7］ 王献忠，张肖，张丽敏，等．基于PI滤波估计加表漂移的GNSS兼容机与加表组合导航［J］．航天控制，2018，35（6）：36－41．

［8］ 王献忠，张肖，张丽敏，等．基于跟瞄和加表PI滤波近程相对导航方法［J］．上海航天，2019，36（1）：43－47．

［9］ 王献忠，张肖，张丽敏．基于地平仪的惯性-天文组合导航［J］．导航定位学报，2016，22（3）：26－30．

［10］ 王献忠，张肖，张丽敏，等．伪距及伪距率与加表组合导航及漂移估计［J］．航天控制，2020，37（6）：3－8．

［11］ 王献忠，刘禹，汤敏兰，等．星光折射敏感器谱宽选择及探测能力分析［J］．系统仿真学报，2018，30（2）：722－730．

［12］ 王献忠，张肖．基于准北东地系地面静态对准算法［J］．航天控制，2022年，39（1）：37－41．

［13］ 王献忠，张肖，张丽敏．低轨偏置动量卫星气动干扰力矩补偿控制研究［J］．上海航天，2017，34（2）：74－78．

［14］ 王献忠，张肖，张丽敏．近地零动量卫星干扰力矩飞轮补偿控制［J］．航天控制，2016，33（2）：60－65．

［15］ 王献忠，张肖．一种非偏置动量单飞轮加磁控制算法［J］．空间控制技术与应用，2014，40（6）：48－52．

［16］ 王献忠，张肖，张国柱．挠性振荡在轨自主识别算法［J］．控制工程，2017，S1：56－58．

［17］ 王献忠，汤敏兰，张丽敏．再入返回离轨时机及制动策略［J］．航天控制，2016，33（4）：53－58．

第 2 章　数学基础

2.1　坐标系旋转及欧拉轴角

2.1.1　坐标系旋转

分别绕三轴旋转角度 α 的转换矩阵如下：

$$\boldsymbol{R}_x(\alpha)=\begin{bmatrix}1 & 0 & 0\\ 0 & \cos\alpha & \sin\alpha\\ 0 & -\sin\alpha & \cos\alpha\end{bmatrix} \tag{2-1}$$

$$\boldsymbol{R}_y(\alpha)=\begin{bmatrix}\cos\alpha & 0 & -\sin\alpha\\ 0 & 1 & 0\\ \sin\alpha & 0 & \cos\alpha\end{bmatrix} \tag{2-2}$$

$$\boldsymbol{R}_z(\alpha)=\begin{bmatrix}\cos\alpha & \sin\alpha & 0\\ -\sin\alpha & \cos\alpha & 0\\ 0 & 0 & 1\end{bmatrix} \tag{2-3}$$

设坐标系绕 X 轴旋转角度 α ，原坐标系中的矢量 $\boldsymbol{r}$ 在新坐标系中的矢量 $\boldsymbol{r}_n$ 为

$$\boldsymbol{r}_n=\boldsymbol{R}_x(\alpha)\cdot\boldsymbol{r}=\begin{bmatrix}1 & 0 & 0\\ 0 & \cos\alpha & \sin\alpha\\ 0 & -\sin\alpha & \cos\alpha\end{bmatrix}\cdot\boldsymbol{r} \tag{2-4}$$

新坐标系中的矢量 $\boldsymbol{r}_n$ 在原坐标系中的矢量 $\boldsymbol{r}$ 为

$$\boldsymbol{r}=\boldsymbol{R}_x(\alpha)^{\mathrm{T}}\cdot\boldsymbol{r}_n=\begin{bmatrix}1 & 0 & 0\\ 0 & \cos\alpha & -\sin\alpha\\ 0 & \sin\alpha & \cos\alpha\end{bmatrix}\cdot\boldsymbol{r}_n \tag{2-5}$$

坐标系绕 Y 轴和 Z 轴旋转角度 α ，计算过程类似。

2.1.2　欧拉轴角

以欧拉轴角定义的姿态四元数如下：

$$\boldsymbol{q}=\begin{bmatrix}q_0\\q_1\\q_2\\q_3\end{bmatrix}=\begin{bmatrix}\cos\dfrac{\alpha}{2}\\e_x\sin\dfrac{\alpha}{2}\\e_y\sin\dfrac{\alpha}{2}\\e_z\sin\dfrac{\alpha}{2}\end{bmatrix}\tag{2-6}$$

式中　$\boldsymbol{e}$ ——旋转方向矢量，$\boldsymbol{e}=[e_x\quad e_y\quad e_z]^{\mathrm{T}}$；

α ——绕旋转轴旋转角度，以欧拉轴角定义的姿态四元数具有清晰的姿态角含义。

绕 $\boldsymbol{e}$ 旋转角度 α 和绕 $-\boldsymbol{e}$ 旋转角度 $2\pi-\alpha$ 得到的姿态是相同的，如图 2-1 所示。

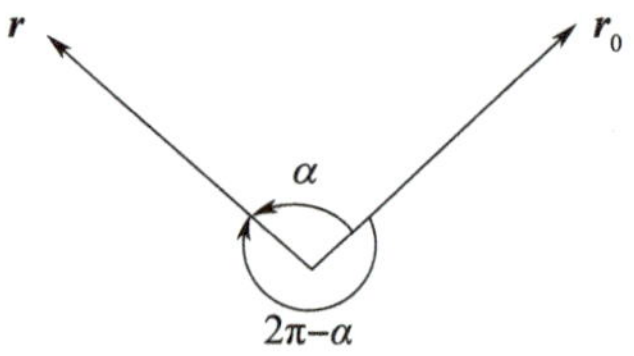

图 2-1　姿态不同旋转方向

从数学上计算如下：

$$\boldsymbol{q}=\begin{bmatrix}\cos\dfrac{2\pi-\alpha}{2}\\e_x\sin\dfrac{2\pi-\alpha}{2}\\e_y\sin\dfrac{2\pi-\alpha}{2}\\e_z\sin\dfrac{2\pi-\alpha}{2}\end{bmatrix}=-\begin{bmatrix}\cos\dfrac{\alpha}{2}\\e_x\sin\dfrac{\alpha}{2}\\e_y\sin\dfrac{\alpha}{2}\\e_z\sin\dfrac{\alpha}{2}\end{bmatrix}=-\begin{bmatrix}q_0\\q_1\\q_2\\q_3\end{bmatrix}=-\boldsymbol{q}\tag{2-7}$$

说明四元数非唯一性，一般对 $q_0<0$ 进行正则化处理如下：

$$\boldsymbol{q}=-\begin{bmatrix}q_0\\q_1\\q_2\\q_3\end{bmatrix}\tag{2-8}$$

正则化处理后的姿态四元数用于姿态机动转动角度 $q_0<0$ 情况，有利于快速姿态机动。

2.2　四元数乘法

2.2.1　四元数乘法形式

姿态从惯性坐标系转到轨道坐标系，再从轨道坐标系转到星体坐标系，姿态转移矩阵

采用左乘形式

$$\boldsymbol{A}_{bi}=\boldsymbol{A}_{bo}\cdot\boldsymbol{A}_{oi} \tag{2-9}$$

姿态四元数乘法采用右乘形式，如图 2-2 所示，初始姿态四元数 $\boldsymbol{p}$ 经四元数 $\boldsymbol{q}$ 转动后为姿态四元数 $\boldsymbol{r}$，姿态四元数采用右乘形式

$$\boldsymbol{r}=\boldsymbol{p}\otimes\boldsymbol{q} \tag{2-10}$$

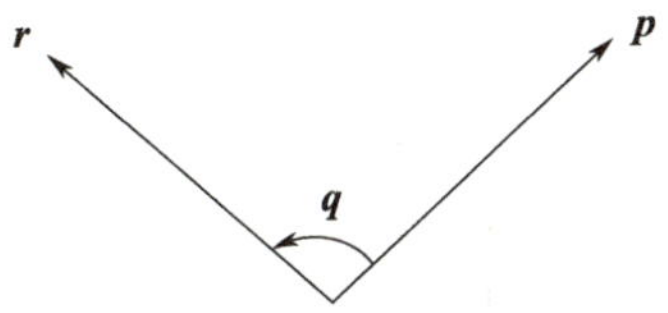

图 2-2　姿态旋转

姿态转换矩阵采用左乘形式比较直观，姿态四元数乘法采用右乘形式比较直观，应用时姿态转换矩阵一般采用左乘形式，姿态四元数乘法一般采用右乘形式。

2.2.2　四元数乘法推导

基于右乘形式推导四元数乘法公式，四元数乘法可以看作将 3 维叉乘扩展到 4 维空间，令

$$\boldsymbol{p}=\begin{bmatrix}p_0\\ \boldsymbol{P}\boldsymbol{i}\end{bmatrix},\boldsymbol{P}=\begin{bmatrix}p_1\\ p_2\\ p_3\end{bmatrix} \tag{2-11}$$

$$\boldsymbol{q}=\begin{bmatrix}q_0\\ \boldsymbol{Q}\boldsymbol{i}\end{bmatrix},\boldsymbol{Q}=\begin{bmatrix}q_1\\ q_2\\ q_3\end{bmatrix} \tag{2-12}$$

求得右乘形式四元数乘法公式为

$$\boldsymbol{p}\otimes\boldsymbol{q}=\begin{bmatrix}p_0\\ \boldsymbol{P}\boldsymbol{i}\end{bmatrix}\otimes\begin{bmatrix}q_0\\ \boldsymbol{Q}\boldsymbol{i}\end{bmatrix}=\begin{bmatrix}p_0\cdot q_0-\boldsymbol{P}\cdot\boldsymbol{Q}\\ (p_0\cdot\boldsymbol{Q}+q_0\cdot\boldsymbol{P}+\boldsymbol{P}\times\boldsymbol{Q})\boldsymbol{i}\end{bmatrix} \tag{2-13}$$

四元数书写时一般省去矢量标识 i，得到四元数乘法如下

$$\begin{aligned}\boldsymbol{p}\otimes\boldsymbol{q}&=\begin{bmatrix}p_0\\ \boldsymbol{P}\end{bmatrix}\otimes\begin{bmatrix}q_0\\ \boldsymbol{Q}\end{bmatrix}=\begin{bmatrix}p_0\cdot q_0-\boldsymbol{P}\cdot\boldsymbol{Q}\\ p_0\cdot\boldsymbol{Q}+q_0\cdot\boldsymbol{P}+\boldsymbol{P}\times\boldsymbol{Q}\end{bmatrix}\\ &=\begin{bmatrix}p_0 & -\boldsymbol{P}^{\mathrm{T}}\\ \boldsymbol{P} & [\boldsymbol{P}\times]+p_0\cdot\boldsymbol{I}_{3\times3}\end{bmatrix}\cdot\begin{bmatrix}q_0\\ \boldsymbol{Q}\end{bmatrix}\\ &=\begin{bmatrix}q_0 & -\boldsymbol{Q}^{\mathrm{T}}\\ \boldsymbol{Q} & -[\boldsymbol{Q}\times]+q_0\cdot\boldsymbol{I}_{3\times3}\end{bmatrix}\cdot\begin{bmatrix}p_0\\ \boldsymbol{P}\end{bmatrix}\end{aligned} \tag{2-14}$$

其中

$$[\boldsymbol{Q}\times]=\begin{bmatrix}0 & -q_3 & q_2\\ q_3 & 0 & -q_1\\ -q_2 & q_1 & 0\end{bmatrix}$$

$$[\boldsymbol{P}\times]=\begin{bmatrix}0 & -p_3 & p_2\\ p_3 & 0 & -p_1\\ -p_2 & p_1 & 0\end{bmatrix}$$

同理求得

$$\begin{aligned}\boldsymbol{q}\otimes\boldsymbol{p}&=\begin{bmatrix}q_0\\ \boldsymbol{Q}\end{bmatrix}\otimes\begin{bmatrix}p_0\\ \boldsymbol{P}\end{bmatrix}=\begin{bmatrix}q_0\cdot p_0-\boldsymbol{Q}\cdot\boldsymbol{P}\\ q_0\cdot\boldsymbol{P}+p_0\cdot\boldsymbol{Q}+\boldsymbol{Q}\times\boldsymbol{P}\end{bmatrix}\\ &=\begin{bmatrix}q_0 & -\boldsymbol{Q}^{\mathrm{T}}\\ \boldsymbol{Q} & [\boldsymbol{Q}\times]+q_0\cdot\boldsymbol{I}_{3\times3}\end{bmatrix}\cdot\begin{bmatrix}p_0\\ \boldsymbol{P}\end{bmatrix}\\ &=\begin{bmatrix}p_0 & -\boldsymbol{P}^{\mathrm{T}}\\ \boldsymbol{P} & -[\boldsymbol{P}\times]+p_0\cdot\boldsymbol{I}_{3\times3}\end{bmatrix}\cdot\begin{bmatrix}q_0\\ \boldsymbol{Q}\end{bmatrix}\end{aligned}\tag{2-15}$$

3 维叉乘 $\boldsymbol{Q}\times\boldsymbol{P}=-\boldsymbol{P}\times\boldsymbol{Q}$，由式（2-14）和式（2-15）得

$$\boldsymbol{q}\otimes\boldsymbol{p}=\boldsymbol{p}\otimes\boldsymbol{q}+2\begin{bmatrix}0 & \boldsymbol{0}_{1\times3}\\ \boldsymbol{0}_{3\times1} & [\boldsymbol{Q}\times]\end{bmatrix}\cdot\begin{bmatrix}p_0\\ \boldsymbol{P}\end{bmatrix}\tag{2-16}$$

2.2.3　姿态四元数运动学推导

设姿态角速率为 $\boldsymbol{\omega}$，姿态推算时间为 $\mathrm{d}t$，则姿态角变化 $\boldsymbol{A}$ 为

$$\boldsymbol{A}=\boldsymbol{\omega}\cdot\mathrm{d}t$$

姿态变化四元数 $\boldsymbol{q}_e$ 为

$$\boldsymbol{q}_e=\begin{bmatrix}\cos(\alpha/2)\\ \sin(\alpha/2)\dfrac{\boldsymbol{A}}{\alpha}\end{bmatrix}\tag{2-17}$$

其中

$$\alpha=\|\boldsymbol{A}\|$$

推算时间短，α 较小，$\sin(\alpha/2)\approx\alpha/2$，姿态四元数 $\boldsymbol{q}_e$ 近似为

$$\boldsymbol{q}_e\approx\begin{bmatrix}1\\ \boldsymbol{\omega}\cdot\mathrm{d}t/2\end{bmatrix}\tag{2-18}$$

令初始姿态四元数 $\boldsymbol{q}$ 为

$$\boldsymbol{q}=\begin{bmatrix}q_0\\ \boldsymbol{Q}\end{bmatrix}\tag{2-19}$$

求得新姿态四元数 $\boldsymbol{q}_n$ 为

$$\boldsymbol{q}_n=\boldsymbol{q}\otimes\boldsymbol{q}_e=\begin{bmatrix}q_0\\ \boldsymbol{Q}\end{bmatrix}\otimes\begin{bmatrix}1\\ \boldsymbol{\omega}\cdot\mathrm{d}t/2\end{bmatrix}\tag{2-20}$$

即

$$\boldsymbol{q}_n=\begin{bmatrix} q_0-\boldsymbol{Q}\cdot\boldsymbol{\omega}\cdot \mathrm{d}t/2 \\ \boldsymbol{Q}+q_0\boldsymbol{\omega}\cdot \mathrm{d}t/2+\boldsymbol{Q}\times\boldsymbol{\omega}\cdot \mathrm{d}t/2 \end{bmatrix} \tag{2-21}$$

求得 d$\boldsymbol{q}$ 为

$$\mathrm{d}\boldsymbol{q}=\boldsymbol{q}_n-\boldsymbol{q}=\begin{bmatrix} -\boldsymbol{Q}\cdot\boldsymbol{\omega}\cdot \mathrm{d}t/2 \\ q_0\boldsymbol{\omega}\cdot \mathrm{d}t/2+\boldsymbol{Q}\times\boldsymbol{\omega}\cdot \mathrm{d}t/2 \end{bmatrix} \tag{2-22}$$

求得 $\dot{\boldsymbol{q}}$ 为

$$\dot{\boldsymbol{q}}=\frac{\mathrm{d}\boldsymbol{q}}{\mathrm{d}t}=\begin{bmatrix} -\boldsymbol{Q}\cdot\boldsymbol{\omega}/2 \\ q_0\boldsymbol{\omega}/2+\boldsymbol{Q}\times\boldsymbol{\omega}/2 \end{bmatrix} \tag{2-23}$$

应用四元数乘法形式把式（2－23）写成

$$\dot{\boldsymbol{q}}=\frac{1}{2}\begin{bmatrix} q_0 \\ \boldsymbol{Q} \end{bmatrix}\otimes\begin{Bmatrix} 0 \\ \boldsymbol{\omega} \end{Bmatrix} \tag{2-24}$$

其中，$\begin{Bmatrix} 0 \\ \boldsymbol{\omega} \end{Bmatrix}$ 不是真正四元数，但满足四元数乘法规则。

得到姿态四元数运动学方程如下：

$$\dot{\boldsymbol{q}}=\frac{1}{2}\boldsymbol{q}\otimes\begin{Bmatrix} 0 \\ \boldsymbol{\omega} \end{Bmatrix} \tag{2-25}$$

2.2.4　姿态四元数应用处理

实际应用中要对姿态四元数进行归一化处理，即

$$\boldsymbol{p}=\begin{bmatrix} p_0 \\ p_1 \\ p_2 \\ p_3 \end{bmatrix}=\frac{1}{\sqrt{p_0^2+p_1^2+p_2^2+p_3^2}}\cdot\begin{bmatrix} p_0 \\ p_1 \\ p_2 \\ p_3 \end{bmatrix} \tag{2-26}$$

姿态四元数写成欧拉轴角形式为

$$\boldsymbol{p}=\begin{bmatrix} \cos\left(\dfrac{\alpha}{2}\right) \\ \sin\left(\dfrac{\alpha}{2}\right)\cdot\boldsymbol{e} \end{bmatrix} \tag{2-27}$$

其中

$$|\boldsymbol{e}|=1$$

绕欧拉轴 $\boldsymbol{e}$ 旋转 α 角与绕矢量轴 $-\boldsymbol{e}$ 旋转 $2\pi-\alpha$ 结果是一样的，姿态四元数不具有唯一性，即

$$\boldsymbol{p}=\begin{bmatrix} p_0 \\ \boldsymbol{P} \end{bmatrix} \text{与} \boldsymbol{p}=-\begin{bmatrix} p_0 \\ \boldsymbol{P} \end{bmatrix}=\begin{bmatrix} -p_0 \\ -\boldsymbol{P} \end{bmatrix}$$

是等效的。

从姿态机动快捷性出发，姿态机动四元数选择 $p_0\geqslant 0$ 情况，应用中需要对姿态四元

数进行正则化处理，当 $p_0<0$ 时

$$\boldsymbol{p}=\begin{bmatrix}|p_0|\\ \mathrm{sign}(p_0)\cdot\boldsymbol{P}\end{bmatrix}\tag{2-28}$$

姿态四元数的共轭四元数为

$$\boldsymbol{p}^*=\begin{bmatrix}p_0\\ -\boldsymbol{P}\end{bmatrix}\tag{2-29}$$

2.3　姿态四元数转为姿态角

2.3.1　姿态转换矩阵

姿态四元数表示的姿态转换矩阵如下：

$$\boldsymbol{A}=\begin{bmatrix}q_0^2+q_1^2-q_2^2-q_3^2 & 2q_0q_3+2q_1q_2 & -2q_0q_2+2q_1q_3\\ -2q_0q_3+2q_1q_2 & q_0^2-q_1^2+q_2^2-q_3^2 & 2q_0q_1+2q_2q_3\\ 2q_0q_2+2q_1q_3 & -2q_0q_1+2q_2q_3 & q_0^2-q_1^2-q_2^2+q_3^2\end{bmatrix}\tag{2-30}$$

令

$$\boldsymbol{A}=\begin{bmatrix}a_{11} & a_{12} & a_{13}\\ a_{21} & a_{22} & a_{23}\\ a_{31} & a_{32} & a_{33}\end{bmatrix}\tag{2-31}$$

2.3.2　姿态四元数按 3－1－2 转序转为姿态角

姿态按 3－1－2 转序表示的姿态转换矩阵如下：

$$\boldsymbol{A}=\begin{bmatrix}\cos\theta & 0 & -\sin\theta\\ 0 & 1 & 0\\ \sin\theta & 0 & \cos\theta\end{bmatrix}\cdot\begin{bmatrix}1 & 0 & 0\\ 0 & \cos\varphi & \sin\varphi\\ 0 & -\sin\varphi & \cos\varphi\end{bmatrix}\cdot\begin{bmatrix}\cos\psi & \sin\psi & 0\\ -\sin\psi & \cos\psi & 0\\ 0 & 0 & 1\end{bmatrix}\tag{2-32}$$

$$\boldsymbol{A}=\begin{bmatrix}\cos\theta & 0 & -\sin\theta\\ 0 & 1 & 0\\ \sin\theta & 0 & \cos\theta\end{bmatrix}\cdot\begin{bmatrix}\cos\psi & \sin\psi & 0\\ -\cos\varphi\sin\psi & \cos\varphi\cos\psi & \sin\varphi\\ \sin\varphi\sin\psi & -\sin\varphi\cos\psi & \cos\varphi\end{bmatrix}\tag{2-33}$$

$$\boldsymbol{A}=\begin{bmatrix}\cos\theta\cos\psi-\sin\varphi\sin\theta\sin\psi & \cos\theta\sin\psi+\sin\varphi\sin\theta\cos\psi & -\cos\varphi\sin\theta\\ -\cos\varphi\sin\psi & \cos\varphi\cos\psi & \sin\varphi\\ \sin\theta\cos\psi+\sin\varphi\cos\theta\sin\psi & \sin\theta\sin\psi-\sin\varphi\cos\theta\cos\psi & \cos\varphi\cos\theta\end{bmatrix}\tag{2-34}$$

姿态四元数按 3－1－2 转序求三轴姿态角，如果 $|a_{23}|\leqslant 0.9999$，则

$$\sin\varphi=a_{23},\varphi=\arcsin(a_{23})\tag{2-35}$$

$$\tan\theta=\frac{-a_{13}/\cos\varphi}{a_{33}/\cos\varphi},\theta=\arctan2\left(\frac{-a_{13}/\cos\varphi}{a_{33}/\cos\varphi}\right)\tag{2-36}$$

$$\tan\psi=\frac{-a_{21}/\cos\varphi}{a_{22}/\cos\varphi},\psi=\arctan2\left(\frac{-a_{21}/\cos\varphi}{a_{22}/\cos\varphi}\right)\tag{2-37}$$

否则

$$\varphi = \arcsin(a_{23}) \tag{2-38}$$

$$\theta = 0 \tag{2-39}$$

$$\psi = \operatorname{arctan2}\left(\frac{a_{12}}{a_{11}}\right) \tag{2-40}$$

2.3.3 姿态四元数按 3－1－3 转序转为姿态角

姿态按 3－1－3 转序表示的姿态转换矩阵如下：

$$\boldsymbol{A} = \begin{bmatrix} \cos\Omega & \sin\Omega & 0 \\ -\sin\Omega & \cos\Omega & 0 \\ 0 & 0 & 1 \end{bmatrix} \cdot \begin{bmatrix} 1 & 0 & 0 \\ 0 & \cos\varphi & \sin\varphi \\ 0 & -\sin\varphi & \cos\varphi \end{bmatrix} \cdot \begin{bmatrix} \cos\psi & \sin\psi & 0 \\ -\sin\psi & \cos\psi & 0 \\ 0 & 0 & 1 \end{bmatrix} \tag{2-41}$$

$$\boldsymbol{A} = \begin{bmatrix} \cos\Omega & \sin\Omega & 0 \\ -\sin\Omega & \cos\Omega & 0 \\ 0 & 0 & 1 \end{bmatrix} \cdot \begin{bmatrix} \cos\psi & \sin\psi & 0 \\ -\cos\varphi\sin\psi & \cos\varphi\cos\psi & \sin\varphi \\ \sin\varphi\sin\psi & -\sin\varphi\cos\psi & \cos\varphi \end{bmatrix} \tag{2-42}$$

$$\boldsymbol{A} = \begin{bmatrix} \cos\Omega\cos\psi - \sin\Omega\cos\varphi\sin\psi & \cos\Omega\sin\psi + \sin\Omega\cos\varphi\cos\psi & \sin\Omega\sin\varphi \\ -\sin\Omega\cos\psi - \cos\Omega\cos\varphi\sin\psi & -\sin\Omega\sin\psi + \cos\Omega\cos\varphi\cos\psi & \cos\Omega\sin\varphi \\ \sin\varphi\sin\psi & -\sin\varphi\cos\psi & \cos\varphi \end{bmatrix} \tag{2-43}$$

姿态四元数按 3－1－3 转序求三轴姿态角，如果 $|a_{23}| \leqslant 0.9999$，则

$$\cos\varphi = a_{33}, \varphi = \arccos(a_{33}) \tag{2-44}$$

$$\tan\psi = \frac{a_{31}/\sin\varphi}{-a_{32}/\sin\varphi}, \psi = \operatorname{arctan2}\left(\frac{a_{31}/\sin\varphi}{-a_{32}/\sin\varphi}\right) \tag{2-45}$$

$$\tan\Omega = \frac{a_{13}/\sin\varphi}{a_{23}/\sin\varphi}, \Omega = \operatorname{arctan2}\left(\frac{a_{13}/\sin\varphi}{a_{23}/\sin\varphi}\right) \tag{2-46}$$

否则

$$\psi = \operatorname{arctan2}\left(\frac{a_{12}}{a_{11}}\right) \tag{2-47}$$

$$\varphi = \arccos(a_{33}) \tag{2-48}$$

$$\Omega = 0 \tag{2-49}$$

2.3.4 姿态四元数按 3－2－1 转序转为姿态角

姿态按 3－2－1 转序表示的姿态转换矩阵如下：

$$\boldsymbol{A} = \begin{bmatrix} 1 & 0 & 0 \\ 0 & \cos\varphi & \sin\varphi \\ 0 & -\sin\varphi & \cos\varphi \end{bmatrix} \cdot \begin{bmatrix} \cos\theta & 0 & -\sin\theta \\ 0 & 1 & 0 \\ \sin\theta & 0 & \cos\theta \end{bmatrix} \cdot \begin{bmatrix} \cos\psi & \sin\psi & 0 \\ -\sin\psi & \cos\psi & 0 \\ 0 & 0 & 1 \end{bmatrix} \tag{2-50}$$

$$\boldsymbol{A} = \begin{bmatrix} \cos\theta\cos\psi & \cos\theta\sin\psi & -\sin\theta \\ \sin\varphi\sin\theta\cos\psi - \cos\varphi\sin\psi & \cos\varphi\cos\psi + \sin\varphi\sin\theta\sin\psi & \sin\varphi\cos\theta \\ \cos\varphi\sin\theta\cos\psi + \sin\varphi\sin\psi & \cos\varphi\sin\theta\sin\psi - \sin\varphi\cos\psi & \cos\varphi\cos\theta \end{bmatrix} \tag{2-51}$$

姿态四元数按 3 - 2 - 1 转序求三轴姿态角，如果 $|a_{13}| \leqslant 0.9999$，则

$$\sin\theta = -a_{13}, \theta = \arcsin(-a_{13}) \tag{2-52}$$

$$\tan\varphi = \frac{a_{23}/\cos\theta}{a_{33}/\cos\theta}, \varphi = \text{arctan2}\left(\frac{a_{23}/\cos\theta}{a_{33}/\cos\theta}\right) \tag{2-53}$$

$$\tan\psi = \frac{a_{12}/\cos\theta}{a_{11}/\cos\theta}, \psi = \text{arctan2}\left(\frac{a_{12}/\cos\theta}{a_{11}/\cos\theta}\right) \tag{2-54}$$

否则

$$\varphi = 0 \tag{2-55}$$

$$\theta = \arcsin(-a_{13}) \tag{2-56}$$

$$\psi = \text{arctan2}\left(\frac{-a_{21}}{a_{22}}\right) \tag{2-57}$$

2.3.5 姿态四元数按 3 - 2 - 3 转序转为姿态角

姿态按 3 - 2 - 3 转序表示的姿态转换矩阵如下：

$$\boldsymbol{A} = \begin{bmatrix} \cos\psi & \sin\psi & 0 \\ -\sin\psi & \cos\psi & 0 \\ 0 & 0 & 1 \end{bmatrix} \cdot \begin{bmatrix} \cos u & 0 & -\sin u \\ 0 & 1 & 0 \\ \sin u & 0 & \cos u \end{bmatrix} \cdot \begin{bmatrix} \cos\Omega & \sin\Omega & 0 \\ -\sin\Omega & \cos\Omega & 0 \\ 0 & 0 & 1 \end{bmatrix} \tag{2-58}$$

$$\boldsymbol{A} = \begin{bmatrix} \cos\psi\cos u\cos\Omega - \sin\psi\sin\Omega & \cos\psi\cos u\sin\Omega + \sin\psi\cos\Omega & -\cos\psi\sin u \\ -\sin\psi\cos u\cos\Omega - \cos\psi\sin\Omega & \cos\psi\cos\Omega - \sin\psi\cos u\sin\Omega & \sin\psi\sin u \\ \sin u\cos\Omega & \sin u\sin\Omega & \cos u \end{bmatrix} \tag{2-59}$$

姿态四元数按 3 - 2 - 3 转序求三轴姿态角，如果 $|a_{33}| \leqslant 0.9999$，则

$$\cos u = a_{33}, u = \arccos(a_{33}) \tag{2-60}$$

$$\tan\Omega = \frac{a_{32}/\sin u}{a_{31}/\sin u}, \Omega = \text{arctan2}\left(\frac{a_{32}/\sin u}{a_{31}/\sin u}\right) \tag{2-61}$$

$$\tan\psi = \frac{a_{23}/\sin u}{-a_{13}/\sin u}, \psi = \text{arctan2}\left(\frac{a_{23}/\sin u}{-a_{13}/\sin u}\right) \tag{2-62}$$

否则

$$u = \arccos(a_{33}) \tag{2-63}$$

$$\psi = 0 \tag{2-64}$$

$$\Omega = \text{arctan2}\left(\frac{-a_{21}}{a_{22}}\right) \tag{2-65}$$

2.3.6 姿态四元数按 1 - 3 - 1 转序转为姿态角

姿态按 1 - 3 - 1 转序表示的姿态转换矩阵如下：

$$\boldsymbol{A} = \begin{bmatrix} 1 & 0 & 0 \\ 0 & \cos\varphi & \sin\varphi \\ 0 & -\sin\varphi & \cos\varphi \end{bmatrix} \cdot \begin{bmatrix} \cos u & \sin u & 0 \\ -\sin u & \cos u & 0 \\ 0 & 0 & 1 \end{bmatrix} \cdot \begin{bmatrix} 1 & 0 & 0 \\ 0 & \cos i & \sin i \\ 0 & -\sin i & \cos i \end{bmatrix} \tag{2-66}$$

$$\boldsymbol{A}=\begin{bmatrix}\cos u & \sin u\cos i & \sin u\sin i\\ -\cos\varphi\sin u & \cos\varphi\cos u\cos i-\sin\varphi\sin i & \sin\varphi\cos i+\cos\varphi\cos u\sin i\\ \sin\varphi\sin u & -\cos\varphi\sin i-\sin\varphi\cos u\cos i & \cos\varphi\cos i-\sin\varphi\cos u\sin i\end{bmatrix} \tag{2-67}$$

姿态四元数按 1－3－1 转序求三轴姿态角，如果 $|a_{11}|\leqslant 0.9999$，则

$$\cos u=a_{11},u=\arccos(a_{11}) \tag{2-68}$$

$$\tan i=\frac{a_{13}/\sin u}{a_{12}/\sin u},i=\arctan2\left(\frac{a_{13}/\sin u}{a_{12}/\sin u}\right) \tag{2-69}$$

$$\tan\varphi=\frac{a_{31}/\sin u}{-a_{21}/\sin u},\varphi=\arctan2\left(\frac{a_{31}/\sin u}{-a_{21}/\sin u}\right) \tag{2-70}$$

否则

$$u=\arccos(a_{11}) \tag{2-71}$$

$$\varphi=0 \tag{2-72}$$

$$i=\arctan2\left(\frac{-a_{32}}{a_{33}}\right) \tag{2-73}$$

2.3.7　姿态四元数按 1－2－1 转序转为姿态角

姿态按 1－2－1 转序表示的姿态转换矩阵如下：

$$\boldsymbol{A}=\begin{bmatrix}1 & 0 & 0\\ 0 & \cos\varphi & \sin\varphi\\ 0 & -\sin\varphi & \cos\varphi\end{bmatrix}\cdot\begin{bmatrix}\cos u & 0 & -\sin u\\ 0 & 1 & 0\\ \sin u & 0 & \cos u\end{bmatrix}\cdot\begin{bmatrix}1 & 0 & 0\\ 0 & \cos i & \sin i\\ 0 & -\sin i & \cos i\end{bmatrix} \tag{2-74}$$

$$\boldsymbol{A}=\begin{bmatrix}\cos u & \sin u\sin i & -\sin u\cos i\\ \sin\varphi\sin u & \cos\varphi\cos i-\sin\varphi\cos u\sin i & \sin\varphi\cos u\cos i+\cos\varphi\sin i\\ \cos\varphi\sin u & -\cos\varphi\cos u\sin i-\sin\varphi\cos i & -\sin\varphi\sin i+\cos\varphi\cos u\cos i\end{bmatrix} \tag{2-75}$$

姿态四元数按 1－2－1 转序求三轴姿态角，如果 $|a_{11}|\leqslant 0.9999$，则

$$\cos u=a_{11},u=\arccos(a_{11}) \tag{2-76}$$

$$\tan i=\frac{a_{12}/\sin u}{-a_{13}/\sin u},i=\arctan2\left(\frac{a_{12}/\sin u}{-a_{13}/\sin u}\right) \tag{2-77}$$

$$\tan\varphi=\frac{a_{21}/\sin u}{a_{31}/\sin u},\varphi=\arctan2\left(\frac{a_{21}/\sin u}{a_{31}/\sin u}\right) \tag{2-78}$$

否则

$$u=\arccos(a_{11}) \tag{2-79}$$

$$\varphi=0 \tag{2-80}$$

$$i=\arctan2\left(\frac{a_{23}}{a_{22}}\right) \tag{2-81}$$

2.3.8 姿态四元数按 1－2－3 转序转为姿态角

姿态按 1－2－3 转序表示的姿态转换矩阵如下：

$$\boldsymbol{A}=\begin{bmatrix}\cos\psi & \sin\psi & 0\\ -\sin\psi & \cos\psi & 0\\ 0 & 0 & 1\end{bmatrix}\cdot\begin{bmatrix}\cos\theta & 0 & -\sin\theta\\ 0 & 1 & 0\\ \sin\theta & 0 & \cos\theta\end{bmatrix}\cdot\begin{bmatrix}1 & 0 & 0\\ 0 & \cos\varphi & \sin\varphi\\ 0 & -\sin\varphi & \cos\varphi\end{bmatrix}\tag{2-82}$$

$$\boldsymbol{A}=\begin{bmatrix}\cos\psi\cos\theta & \cos\psi\sin\theta\sin\varphi+\sin\psi\cos\varphi & -\cos\psi\sin\theta\cos\varphi+\sin\psi\sin\varphi\\ -\sin\psi\cos\theta & -\sin\psi\sin\theta\sin\varphi+\cos\psi\cos\varphi & \sin\psi\sin\theta\cos\varphi+\cos\psi\sin\varphi\\ \sin\theta & -\cos\theta\sin\varphi & \cos\theta\cos\varphi\end{bmatrix}\tag{2-83}$$

姿态四元数按 1－2－3 转序求三轴姿态角，如果 $|a_{31}|\leqslant 0.9999$，则

$$\sin\theta=a_{31},\theta=\arcsin(a_{31})\tag{2-84}$$

$$\tan\varphi=\frac{-a_{32}/\cos\theta}{a_{33}/\cos\theta},\varphi=\arctan2\left(\frac{-a_{32}/\cos\theta}{a_{33}/\cos\theta}\right)\tag{2-85}$$

$$\tan\psi=\frac{-a_{21}/\cos\theta}{a_{11}/\cos\theta},\psi=\arctan2\left(\frac{-a_{21}/\cos\theta}{a_{11}/\cos\theta}\right)\tag{2-86}$$

否则

$$\varphi=\arctan2\left(\frac{a_{23}}{a_{22}}\right)\tag{2-87}$$

$$\theta=\arcsin(a_{31})\tag{2-88}$$

$$\psi=0\tag{2-89}$$

2.3.9 姿态四元数按 1－3－2 转序转为姿态角

姿态按 1－3－2 转序表示的姿态转换矩阵如下：

$$\boldsymbol{A}=\begin{bmatrix}\cos\theta & 0 & -\sin\theta\\ 0 & 1 & 0\\ \sin\theta & 0 & \cos\theta\end{bmatrix}\cdot\begin{bmatrix}\cos\psi & \sin\psi & 0\\ -\sin\psi & \cos\psi & 0\\ 0 & 0 & 1\end{bmatrix}\cdot\begin{bmatrix}1 & 0 & 0\\ 0 & \cos\varphi & \sin\varphi\\ 0 & -\sin\varphi & \cos\varphi\end{bmatrix}\tag{2-90}$$

$$\boldsymbol{A}=\begin{bmatrix}\cos\theta\cos\psi & \cos\theta\sin\psi\cos\varphi+\sin\theta\sin\varphi & \cos\theta\sin\psi\sin\varphi-\sin\theta\cos\varphi\\ -\sin\psi & \cos\psi\cos\varphi & \cos\psi\sin\varphi\\ \sin\theta\cos\psi & \sin\theta\sin\psi\cos\varphi-\cos\theta\sin\varphi & \sin\theta\sin\psi\sin\varphi+\cos\theta\cos\varphi\end{bmatrix}\tag{2-91}$$

姿态四元数按 1－3－2 转序求三轴姿态角，如果 $|a_{21}|\leqslant 0.9999$，则

$$\tan\varphi=\frac{a_{23}/\cos\psi}{a_{22}/\cos\psi},\varphi=\arctan2\left(\frac{a_{23}/\cos\psi}{a_{22}/\cos\psi}\right)\tag{2-92}$$

$$\tan\theta=\frac{a_{31}/\cos\psi}{a_{11}/\cos\psi},\theta=\arctan2\left(\frac{a_{31}/\cos\psi}{a_{11}/\cos\psi}\right)\tag{2-93}$$

$$\sin\psi=-a_{21},\psi=\arcsin(-a_{21})\tag{2-94}$$

否则

$$\varphi = \arctan2\left(\frac{-a_{32}}{a_{33}}\right) \tag{2-95}$$

$$\psi = \arcsin(-a_{21}) \tag{2-96}$$

$$\theta = 0 \tag{2-97}$$

2.3.10　姿态四元数按 2-1-2 转序转为姿态角

姿态按 2-1-2 转序表示的姿态转换矩阵如下：

$$\boldsymbol{A} = \begin{bmatrix} \cos\theta & 0 & -\sin\theta \\ 0 & 1 & 0 \\ \sin\theta & 0 & \cos\theta \end{bmatrix} \cdot \begin{bmatrix} 1 & 0 & 0 \\ 0 & \cos\varphi & \sin\varphi \\ 0 & -\sin\varphi & \cos\varphi \end{bmatrix} \cdot \begin{bmatrix} \cos u & 0 & -\sin u \\ 0 & 1 & 0 \\ \sin u & 0 & \cos u \end{bmatrix} \tag{2-98}$$

$$\boldsymbol{A} = \begin{bmatrix} \cos\theta\cos u - \sin\theta\cos\varphi\sin u & \sin\theta\sin\varphi & -\cos\theta\sin u - \sin\theta\cos\varphi\cos u \\ \sin\varphi\sin u & \cos\varphi & \sin\varphi\cos u \\ \sin\theta\cos u + \cos\theta\cos\varphi\sin u & -\cos\theta\sin\varphi & -\sin\theta\sin u + \cos\theta\cos\varphi\cos u \end{bmatrix} \tag{2-99}$$

姿态四元数按 2-1-2 转序求三轴姿态角，如果 $|a_{22}| \leqslant 0.9999$，则

$$\cos\varphi = a_{22}, \varphi = \arccos(a_{22}) \tag{2-100}$$

$$\tan u = \frac{a_{21}/\sin\varphi}{a_{23}/\sin\varphi}, u = \arctan2\left(\frac{a_{21}/\sin\varphi}{a_{23}/\sin\varphi}\right) \tag{2-101}$$

$$\tan\theta = \frac{a_{12}/\sin\varphi}{-a_{32}/\sin\varphi}, \theta = \arctan2\left(\frac{a_{12}/\sin\varphi}{-a_{32}/\sin\varphi}\right) \tag{2-102}$$

否则

$$\varphi = \arccos(a_{22}) \tag{2-103}$$

$$u = \arctan2\left(\frac{-a_{13}}{a_{11}}\right) \tag{2-104}$$

$$\theta = 0 \tag{2-105}$$

2.3.11　姿态四元数按 2-3-2 转序转为姿态角

姿态按 2-3-2 转序表示的姿态转换矩阵如下：

$$A = \begin{bmatrix} \cos\theta & 0 & -\sin\theta \\ 0 & 1 & 0 \\ \sin\theta & 0 & \cos\theta \end{bmatrix} \cdot \begin{bmatrix} \cos\psi & \sin\psi & 0 \\ -\sin\psi & \cos\psi & 0 \\ 0 & 0 & 1 \end{bmatrix} \cdot \begin{bmatrix} \cos u & 0 & -\sin u \\ 0 & 1 & 0 \\ \sin u & 0 & \cos u \end{bmatrix} \tag{2-106}$$

$$A = \begin{bmatrix} \cos\theta\cos\psi\cos u - \sin\theta\sin u & \cos\theta\sin\psi & -\cos\theta\cos\psi\sin u - \sin\theta\cos u \\ -\sin\psi\cos u & \cos\psi & \sin\psi\sin u \\ \sin\theta\cos\psi\cos u + \cos\theta\sin u & \sin\theta\sin\psi & -\sin\theta\cos\psi\sin u + \cos\theta\cos u \end{bmatrix} \tag{2-107}$$

姿态四元数按 2-3-2 转序求三轴姿态角，如果 $|a_{22}| \leqslant 0.9999$，则

$$\tan u = \frac{a_{23}/\sin\psi}{-a_{21}/\sin\psi}, u = \arctan2\left(\frac{a_{23}/\sin\psi}{-a_{21}/\sin\psi}\right) \tag{2-108}$$

$$\cos\psi = a_{22}, \psi = \arccos(a_{22}) \tag{2-109}$$

$$\tan\theta = \frac{a_{32}/\sin\psi}{a_{12}/\sin\psi}, \theta = \arctan2\left(\frac{a_{32}/\sin\psi}{a_{12}/\sin\psi}\right) \tag{2-110}$$

否则

$$u = \arctan2\left(\frac{a_{31}}{a_{33}}\right) \tag{2-111}$$

$$\psi = \arccos(a_{22}) \tag{2-112}$$

$$\theta = 0 \tag{2-113}$$

2.3.12　姿态四元数按 2-3-1 转序转为姿态角

姿态按 2-3-1 转序表示的姿态转换矩阵如下：

$$\boldsymbol{A} = \begin{bmatrix} 1 & 0 & 0 \\ 0 & \cos\varphi & \sin\varphi \\ 0 & -\sin\varphi & \cos\varphi \end{bmatrix} \cdot \begin{bmatrix} \cos\psi & \sin\psi & 0 \\ -\sin\psi & \cos\psi & 0 \\ 0 & 0 & 1 \end{bmatrix} \cdot \begin{bmatrix} \cos\theta & 0 & -\sin\theta \\ 0 & 1 & 0 \\ \sin\theta & 0 & \cos\theta \end{bmatrix} \tag{2-114}$$

$$\boldsymbol{A} = \begin{bmatrix} \cos\psi\cos\theta & \sin\psi & -\cos\psi\sin\theta \\ \sin\varphi\sin\theta - \cos\varphi\sin\psi\cos\theta & \cos\varphi\cos\psi & \sin\varphi\cos\theta + \cos\varphi\sin\psi\sin\theta \\ \cos\varphi\sin\theta + \sin\varphi\sin\psi\cos\theta & -\sin\varphi\cos\psi & \cos\varphi\cos\theta - \sin\varphi\sin\psi\sin\theta \end{bmatrix} \tag{2-115}$$

姿态四元数按 2-3-1 转序求三轴姿态角，如果 $|a_{12}| \leqslant 0.9999$，则

$$\tan\varphi = \frac{-a_{32}/\cos\psi}{a_{22}/\cos\psi}, \varphi = \arctan2\left(\frac{-a_{32}/\cos\psi}{a_{22}/\cos\psi}\right) \tag{2-116}$$

$$\tan\theta = \frac{-a_{13}/\cos\psi}{a_{11}/\cos\psi}, \theta = \arctan2\left(\frac{-a_{13}/\cos\psi}{a_{11}/\cos\psi}\right) \tag{2-117}$$

$$\sin\psi = a_{12}, \psi = \arcsin(a_{12}) \tag{2-118}$$

否则

$$\varphi = 0 \tag{2-119}$$

$$\theta = \arctan2\left(\frac{a_{31}}{a_{33}}\right) \tag{2-120}$$

$$\psi = \arcsin(a_{12}) \tag{2-121}$$

2.3.13　姿态四元数按 2-1-3 转序转为姿态角

姿态按 2-1-3 转序表示的姿态转换矩阵如下：

$$\boldsymbol{A} = \begin{bmatrix} \cos\psi & \sin\psi & 0 \\ -\sin\psi & \cos\psi & 0 \\ 0 & 0 & 1 \end{bmatrix} \cdot \begin{bmatrix} 1 & 0 & 0 \\ 0 & \cos\varphi & \sin\varphi \\ 0 & -\sin\varphi & \cos\varphi \end{bmatrix} \cdot \begin{bmatrix} \cos\theta & 0 & -\sin\theta \\ 0 & 1 & 0 \\ \sin\theta & 0 & \cos\theta \end{bmatrix} \tag{2-122}$$

$$\boldsymbol{A} = \begin{bmatrix} \cos\psi\cos\theta + \sin\psi\sin\varphi\sin\theta & \sin\psi\cos\varphi & -\cos\psi\sin\theta + \sin\psi\sin\varphi\cos\theta \\ -\sin\psi\cos\theta + \cos\psi\sin\varphi\sin\theta & \cos\psi\cos\varphi & \sin\psi\sin\theta + \cos\psi\sin\varphi\cos\theta \\ \cos\varphi\sin\theta & -\sin\varphi & \cos\varphi\cos\theta \end{bmatrix} \tag{2-123}$$

姿态四元数按 2-1-3 转序求三轴姿态角，如果 $|a_{32}| \leqslant 0.9999$，则

$$-\sin\varphi = a_{32}, \varphi = \arcsin(-a_{32}) \tag{2-124}$$

$$\tan\theta = \frac{a_{31}/\cos\varphi}{a_{33}/\cos\varphi}, \theta = \arctan2\left(\frac{a_{31}/\cos\varphi}{a_{33}/\cos\varphi}\right) \tag{2-125}$$

$$\tan\psi = \frac{a_{12}/\cos\varphi}{a_{22}/\cos\varphi}, \psi = \arctan2\left(\frac{a_{12}/\cos\varphi}{a_{22}/\cos\varphi}\right) \tag{2-126}$$

否则

$$\varphi = \arcsin(-a_{32}) \tag{2-127}$$

$$\theta = \arctan2\left(\frac{-a_{13}}{a_{11}}\right) \tag{2-128}$$

$$\psi = 0 \tag{2-129}$$

2.4　球面三角形

2.4.1　普通球面三角形

球面三角形如图 2-3 所示，正弦公式如下：

$$\frac{\sin a}{\sin A} = \frac{\sin b}{\sin B} = \frac{\sin c}{\sin C} \tag{2-130}$$

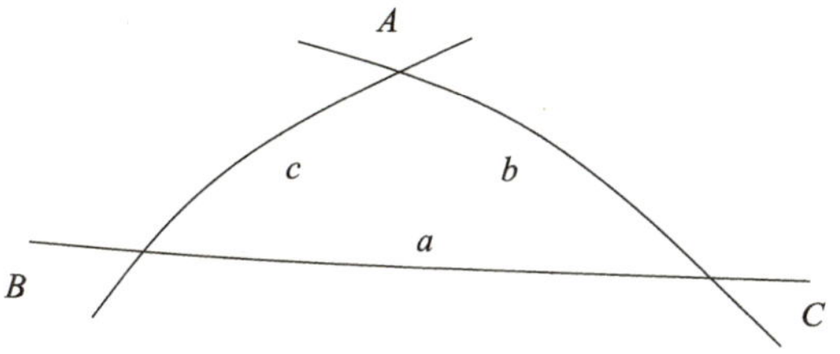

图 2-3　球面三角形

边的余弦公式如下：

$$\cos a = \cos b \cdot \cos c + \sin b \cdot \sin c \cdot \cos A \tag{2-131}$$

$$\cos b = \cos c \cdot \cos a + \sin c \cdot \sin a \cdot \cos B \tag{2-132}$$

$$\cos c = \cos a \cdot \cos b + \sin a \cdot \sin b \cdot \cos C \tag{2-133}$$

角的余弦公式如下：

$$\cos A = -\cos B \cdot \cos C + \sin B \cdot \sin C \cdot \cos a \tag{2-134}$$

$$\cos B = -\cos C \cdot \cos A + \sin C \cdot \sin A \cdot \cos b \tag{2-135}$$

$$\cos C = -\cos A \cdot \cos B + \sin A \cdot \sin B \cdot \cos c \tag{2-136}$$

第一五元素公式如下：

$$\sin a \cdot \cos B = \cos b \cdot \sin c - \sin b \cdot \cos c \cdot \cos A \tag{2-137}$$

$$\sin a \cdot \cos C = \cos c \cdot \sin b - \sin c \cdot \cos b \cdot \cos A \tag{2-138}$$

$$\sin b \cdot \cos A = \cos a \cdot \sin c - \sin a \cdot \cos c \cdot \cos B \tag{2-139}$$

$$\sin b \cdot \cos C = \cos c \cdot \sin a - \sin c \cdot \cos a \cdot \cos B \tag{2-140}$$

$$\sin c \cdot \cos A = \cos a \cdot \sin b - \sin a \cdot \cos b \cdot \cos C \tag{2-141}$$

$$\sin c \cdot \cos B = \cos b \cdot \sin a - \sin b \cdot \cos a \cdot \cos C \tag{2-142}$$

第二五元素公式如下：

$$\sin A \cdot \cos b = \cos B \cdot \sin C + \sin B \cdot \cos C \cdot \cos a \tag{2-143}$$

$$\sin A \cdot \cos c = \cos C \cdot \sin B + \sin C \cdot \cos B \cdot \cos a \tag{2-144}$$

$$\sin B \cdot \cos a = \cos A \cdot \sin C + \sin A \cdot \cos C \cdot \cos b \tag{2-145}$$

$$\sin B \cdot \cos c = \cos C \cdot \sin A + \sin C \cdot \cos A \cdot \cos b \tag{2-146}$$

$$\sin C \cdot \cos a = \cos A \cdot \sin B + \sin A \cdot \cos B \cdot \cos c \tag{2-147}$$

$$\sin C \cdot \cos b = \cos B \cdot \sin A + \sin B \cdot \cos A \cdot \cos c \tag{2-148}$$

四元素公式如下：

$$\cos a \cdot \cos C = \frac{\sin a}{\tan b} - \frac{\sin C}{\tan B} \tag{2-149}$$

$$\cos a \cdot \cos B = \frac{\sin a}{\tan c} - \frac{\sin B}{\tan C} \tag{2-150}$$

$$\cos b \cdot \cos A = \frac{\sin b}{\tan c} - \frac{\sin A}{\tan C} \tag{2-151}$$

$$\cos b \cdot \cos C = \frac{\sin b}{\tan a} - \frac{\sin C}{\tan A} \tag{2-152}$$

$$\cos c \cdot \cos B = \frac{\sin c}{\tan a} - \frac{\sin B}{\tan A} \tag{2-153}$$

$$\cos c \cdot \cos A = \frac{\sin c}{\tan b} - \frac{\sin A}{\tan B} \tag{2-154}$$

2.4.2 直角球面三角形

图 2－3 所示球面三角形中角 C 为直角，得到边角关系如下：

$$\sin a = \sin c \cdot \sin A \tag{2-155}$$

$$\sin b = \sin c \cdot \sin B \tag{2-156}$$

$$\tan a = \sin b \cdot \tan A \tag{2-157}$$

$$\tan b = \sin a \cdot \tan B \tag{2-158}$$

$$\cos c = \cos a \cdot \cos b \tag{2-159}$$

$$\tan a = \tan c \cdot \cos B \tag{2-160}$$

$$\tan b = \tan c \cdot \cos A \tag{2-161}$$

$$\cos B = \cos b \cdot \sin A \tag{2-162}$$

$$\cos A = \cos a \cdot \sin B \tag{2-163}$$

$$\cos c = \frac{1}{\tan A \cdot \tan B} \tag{2-164}$$

图 2－3 所示球面三角形中边 a 为直角，得到边角关系如下：

$$\cos A = \frac{-1}{\tan b \cdot \tan c} \tag{2-165}$$

$$\cos b = \sin c \cdot \cos B \tag{2-166}$$

$$\cos c = \sin b \cdot \cos C \tag{2-167}$$

$$\sin B = \sin b \cdot \tan A \tag{2-168}$$

$$\sin C = \sin c \cdot \sin A \tag{2-169}$$

$$\frac{1}{\tan b} = \frac{\sin C}{\tan B} \tag{2-170}$$

$$\frac{1}{\tan c} = \frac{\sin B}{\tan C} \tag{2-171}$$

$$\frac{1}{\tan A} = \frac{-\cos c}{\tan B} \tag{2-172}$$

$$\frac{1}{\tan A} = \frac{-\cos b}{\tan C} \tag{2-173}$$

$$\cos A = -\cos B \cdot \cos C \tag{2-174}$$

2.5 卡尔曼滤波

2.5.1 线性系统状态方程及离散化

状态方程写成如下形式

$$\dot{\boldsymbol{X}}(t) = \boldsymbol{F}(t) \cdot \boldsymbol{X}(t) + \boldsymbol{u}_c(t) + \boldsymbol{G} \cdot \boldsymbol{W}(t) \tag{2-175}$$

式中　$\boldsymbol{u}_c(t)$——输入控制量。

将式（2-175）离散化为

$$\boldsymbol{X}_{k/k-1} = \boldsymbol{\Phi}_{k/k-1} \cdot \boldsymbol{X}_{k-1} + \boldsymbol{u}_k \cdot T + \boldsymbol{\Gamma}_{k/k-1} \cdot \boldsymbol{W}_{k-1} \tag{2-176}$$

其中

$$\boldsymbol{\Phi}_{k/k-1} = \boldsymbol{I}_{6\times6} + \boldsymbol{F} \cdot T + \frac{T^2}{2} \cdot \boldsymbol{F}^2$$

$$\boldsymbol{\Gamma}_{k/k-1} = \left(\boldsymbol{I}_{6\times6} \cdot T + \frac{T^2}{2} \cdot \boldsymbol{F} + \frac{T^3}{6} \cdot \boldsymbol{F}^2\right) \cdot \boldsymbol{G}$$

式中　T——计算步长。

2.5.2 线性系统状态观测方程

状态观测方程如下：

$$\boldsymbol{Z}_k = \boldsymbol{H}_k \cdot \boldsymbol{X}_{k/k-1} + \boldsymbol{V}_k \tag{2-177}$$

式中，$\boldsymbol{Z}_k$ 为观测量；$\boldsymbol{V}_k$ 为观测噪声。

2.5.3 卡尔曼滤波算法

$$\boldsymbol{Q}_{k-1} = \boldsymbol{W}_{k-1} \cdot \boldsymbol{W}_{k-1}^{\mathrm{T}} \tag{2-178}$$

$$\boldsymbol{P}_{k/k-1}=\boldsymbol{\Phi}_{k/k-1}\cdot\boldsymbol{P}_{k-1}\cdot\boldsymbol{\Phi}_{k/k-1}^{\mathrm{T}}+\boldsymbol{\Gamma}_{k/k-1}\cdot\boldsymbol{Q}_{k-1}\cdot\boldsymbol{\Gamma}_{k/k-1}^{\mathrm{T}} \tag{2-179}$$

$$\boldsymbol{R}_k=\boldsymbol{V}_k\cdot\boldsymbol{V}_k^{\mathrm{T}} \tag{2-180}$$

$$\boldsymbol{K}_k=\boldsymbol{P}_{k/k-1}\cdot\boldsymbol{H}_k^{\mathrm{T}}\cdot(\boldsymbol{H}_k\cdot\boldsymbol{P}_{k/k-1}\cdot\boldsymbol{H}_k^{\mathrm{T}}+\boldsymbol{R}_k)^{-1} \tag{2-181}$$

$$\boldsymbol{P}_k=(\boldsymbol{I}-\boldsymbol{K}_k\cdot\boldsymbol{H}_k)\cdot\boldsymbol{P}_{k/k-1} \tag{2-182}$$

$$\boldsymbol{X}_k=\boldsymbol{X}_{k/k-1}+\boldsymbol{K}_k\cdot(\boldsymbol{Z}_k-\boldsymbol{H}_k\cdot\boldsymbol{X}_{k/k-1}) \tag{2-183}$$

2.5.4 非线性系统状态方程和观测方程

非线性系统状态方程写成如下形式

$$\dot{\boldsymbol{X}}(t)=f(\boldsymbol{X})+\boldsymbol{u}_c(t)+\boldsymbol{w}(t) \tag{2-184}$$

式中，$\boldsymbol{u}_c(t)$ 为输入控制量。

将式（2－184）离散化为

$$\boldsymbol{X}_{k/k-1}=\boldsymbol{\Phi}_{k/k-1}\cdot\boldsymbol{X}_{k-1}+\boldsymbol{u}_k\cdot T+\boldsymbol{w}_k \tag{2-185}$$

其中

$$\boldsymbol{\Phi}_{k/k-1}=\boldsymbol{I}+\left.\frac{\partial f(\boldsymbol{X})}{\partial\boldsymbol{X}}\right|_{\boldsymbol{X}=\boldsymbol{X}_{k/k-1}}\cdot T$$

$$\boldsymbol{u}_k=f(\boldsymbol{X}_{k/k-1})-\left.\frac{\partial f(\boldsymbol{X})}{\partial\boldsymbol{X}}\right|_{\boldsymbol{X}=\boldsymbol{X}_{k/k-1}}\cdot\boldsymbol{X}_{k/k-1}+\boldsymbol{u}_c$$

非线性系统观测方程写成如下形式

$$\boldsymbol{Z}(t)=C(\boldsymbol{X})+\boldsymbol{v}(t) \tag{2-186}$$

将式（2－186）离散化为

$$\boldsymbol{Z}_k=\boldsymbol{H}_k\cdot\boldsymbol{X}_{k/k-1}+\boldsymbol{y}_k+\boldsymbol{v}_k \tag{2-187}$$

其中

$$\boldsymbol{H}_k=\left.\frac{\partial C(\boldsymbol{X})}{\partial\boldsymbol{X}}\right|_{\boldsymbol{X}=\boldsymbol{X}_{k/k-1}}$$

$$\begin{aligned}\boldsymbol{y}_k&=C(\boldsymbol{X}_{k/k-1})-\left.\frac{\partial C(\boldsymbol{X})}{\partial\boldsymbol{X}}\right|_{\boldsymbol{X}=\boldsymbol{X}_{k/k-1}}\cdot\boldsymbol{X}_{k/k-1}\\&=C(\boldsymbol{X}_{k/k-1})-\boldsymbol{H}_k\cdot\boldsymbol{X}_{k/k-1}\end{aligned}$$

$C(\boldsymbol{X})$ 可以围绕 $\boldsymbol{X}_{k/k-1}$ 展开泰勒级数。

2.5.5 非线性系统卡尔曼滤波算法（EKF）

$$\boldsymbol{Q}_{k-1}=\boldsymbol{w}_{k-1}\cdot\boldsymbol{w}_{k-1}^{\mathrm{T}} \tag{2-188}$$

$$\boldsymbol{P}_{k/k-1}=\boldsymbol{\Phi}_{k/k-1}\cdot\boldsymbol{P}_{k-1}\cdot\boldsymbol{\Phi}_{k/k-1}^{\mathrm{T}}+\boldsymbol{Q}_{k-1} \tag{2-189}$$

$$\boldsymbol{R}_k=\boldsymbol{v}_k\cdot\boldsymbol{v}_k^{\mathrm{T}} \tag{2-190}$$

$$\boldsymbol{K}_k=\boldsymbol{P}_{k/k-1}\cdot\boldsymbol{H}_k^{\mathrm{T}}\cdot(\boldsymbol{H}_k\cdot\boldsymbol{P}_{k/k-1}\cdot\boldsymbol{H}_k^{\mathrm{T}}+\boldsymbol{R}_k)^{-1} \tag{2-191}$$

$$\boldsymbol{P}_k=(\boldsymbol{I}-\boldsymbol{K}_k\cdot\boldsymbol{H}_k)\cdot\boldsymbol{P}_{k/k-1} \tag{2-192}$$

$$\boldsymbol{X}_k=\boldsymbol{X}_{k/k-1}+\boldsymbol{K}_k\cdot(\boldsymbol{Z}_k-\boldsymbol{H}_k\cdot\boldsymbol{X}_{k/k-1}-\boldsymbol{y}_k) \tag{2-193}$$

2.6　龙格库塔积分

2.6.1　一阶微分方程

陀螺角速率和姿态角的关系为一阶微分方程，其形式如下：

$$\dot{s}=f(s)=\omega(t) \tag{2-194}$$

设积分周期为 T_s，针对一阶微分方程龙格库塔积分如下：

（1）一阶龙格库塔积分

$$s_n=s_{n-1}+T_s\cdot f(s_{n-1}) \tag{2-195}$$

（2）二阶龙格库塔积分

$$k_1=T_s\cdot f(s_{n-1}) \tag{2-196}$$

$$k_2=T_s\cdot f(s_{n-1}+k_1) \tag{2-197}$$

$$s_n=s_{n-1}+(k_1+k_2)/2 \tag{2-198}$$

（3）四阶龙格库塔积分

$$k_1=T_s\cdot f(s_{n-1}) \tag{2-199}$$

$$k_2=T_s\cdot f(s_{n-1}+k_1/2) \tag{2-200}$$

$$k_3=T_s\cdot f(s_{n-1}+k_2/2) \tag{2-201}$$

$$k_4=T_s\cdot f(s_{n-1}+k_3) \tag{2-202}$$

$$s_n=s_{n-1}+k_1/6+k_2/3+k_3/3+k_4/6 \tag{2-203}$$

输出滞后一拍的数据，其与标准积分输出等效（标准积分输出相当于延迟一拍）。

2.6.2　二阶微分方程

卫星质点动力学方程为二阶微分方程，其形式如下：

$$\dot{v}=f(v,s)=\frac{\mu s}{r^3}+a_s \tag{2-204}$$

$$\dot{s}=g(v,s)=v \tag{2-205}$$

设积分周期为 T_s，针对二阶微分方程龙格库塔积分如下：

（1）一阶龙格库塔积分

$$v_n=v_{n-1}+T_s\cdot\left(\frac{\mu s_{n-1}}{r^3}+a_s\right) \tag{2-206}$$

$$s_n=s_{n-1}+T_s\cdot v_{n-1} \tag{2-207}$$

（2）二阶龙格库塔积分

$$k_{v1}=T_s\cdot f(v_{n-1},s_{n-1})=T_s\cdot\left(\frac{\mu s_{n-1}}{r^3}+a_s\right) \tag{2-208}$$

$$k_{s1}=T_s\cdot g(v_{n-1},s_{n-1})=T_s\cdot v_{n-1} \tag{2-209}$$

$$k_{v2}=T_s\cdot f(v_{n-1}+k_{v1},s_{n-1}+k_{s1})=T_s\cdot\left(\frac{\mu(s_{n-1}+k_{s1})}{r^3}+a_s\right) \tag{2-210}$$

$$k_{s2}=T_s\cdot g(v_{n-1}+k_{v1},s_{n-1}+k_{s1})=T_s\cdot(v_{n-1}+k_{v1}) \tag{2-211}$$

$$v_n=v_{n-1}+(k_{v1}+k_{v2})/2 \tag{2-212}$$

$$s_n=s_{n-1}+(k_{s1}+k_{s2})/2 \tag{2-213}$$

（3）四阶龙格库塔积分

$$k_{v1}=T_s\cdot f(v_{n-1},s_{n-1})=T_s\cdot\left(\frac{\mu s_{n-1}}{r^3}+a_s\right) \tag{2-214}$$

$$k_{s1}=T_s\cdot g(v_{n-1},s_{n-1})=T_s\cdot v_{n-1} \tag{2-215}$$

$$k_{v2}=T_s\cdot f(v_{n-1}+k_{v1}/2,s_{n-1}+k_{s1}/2)=T_s\cdot\left(\frac{\mu(s_{n-1}+k_{s1}/2)}{r^3}+a_s\right) \tag{2-216}$$

$$k_{s2}=T_s\cdot g(v_{n-1}+k_{v1}/2,s_{n-1}+k_{s1}/2)=T_s\cdot(v_{n-1}+k_{v1}/2) \tag{2-217}$$

$$k_{v3}=T_s\cdot f(v_{n-1}+k_{v2}/2,s_{n-1}+k_{s2}/2)=T_s\cdot\left(\frac{\mu(s_{n-1}+k_{s2}/2)}{r^3}+a_s\right) \tag{2-218}$$

$$k_{s3}=T_s\cdot g(v_{n-1}+k_{v2}/2,s_{n-1}+k_{s2}/2)=T_s\cdot(v_{n-1}+k_{v2}/2) \tag{2-219}$$

$$k_{v4}=T_s\cdot f(v_{n-1}+k_{v3},s_{n-1}+k_{s3})=T_s\cdot\left(\frac{\mu(s_{n-1}+k_{s3})}{r^3}+a_s\right) \tag{2-220}$$

$$k_{s4}=T_s\cdot g(v_{n-1}+k_{v3},s_{n-1}+k_{s3})=T_s\cdot(v_{n-1}+k_{v3}) \tag{2-221}$$

$$v_n=v_{n-1}+k_{v1}/6+k_{v2}/3+k_{v3}/3+k_{v4}/6$$

$$s_n=s_{n-1}+k_{s1}/6+k_{s2}/3+k_{s3}/3+k_{s4}/6$$

输出滞后一拍的数据，其与标准积分输出等效（标准积分输出相当于延迟一拍）。

2.7　矩阵求逆

全方位快速姿态机动飞行器一般配置 5～6 台力矩陀螺，需要将三轴控制指令求逆分配至力矩陀螺。卡尔曼滤波算法也需要用到矩阵求逆。

2.7.1　高维矩阵分块求逆算法

$\boldsymbol{T}=\begin{bmatrix}\boldsymbol{A} & \boldsymbol{B}\\ \boldsymbol{C} & \boldsymbol{D}\end{bmatrix}$，$\boldsymbol{T}$ 可逆，高维矩阵分块求逆算法如下：

$$\boldsymbol{T}^{-1}=\begin{bmatrix}\boldsymbol{A}^{-1}+\boldsymbol{A}^{-1}\boldsymbol{B}(\boldsymbol{D}-\boldsymbol{CA}^{-1}\boldsymbol{B})^{-1}\boldsymbol{CA}^{-1} & -\boldsymbol{A}^{-1}\boldsymbol{B}(\boldsymbol{D}-\boldsymbol{CA}^{-1}\boldsymbol{B})^{-1}\\ -(\boldsymbol{D}-\boldsymbol{CA}^{-1}\boldsymbol{B})^{-1}\boldsymbol{CA}^{-1} & (\boldsymbol{D}-\boldsymbol{CA}^{-1}\boldsymbol{B})^{-1}\end{bmatrix} \tag{2-222}$$

令

$$\boldsymbol{E}=\boldsymbol{A}^{-1}\boldsymbol{B} \tag{2-223}$$

$$\boldsymbol{F}=(\boldsymbol{D}-\boldsymbol{CA}^{-1}\boldsymbol{B})^{-1} \tag{2-224}$$

$$\boldsymbol{G}=\boldsymbol{CA}^{-1} \tag{2-225}$$

$$\boldsymbol{T}^{-1}=\begin{bmatrix}\boldsymbol{A}^{-1}+\boldsymbol{EFG} & -\boldsymbol{EF}\\ -\boldsymbol{FG} & \boldsymbol{F}\end{bmatrix} \tag{2-226}$$

例如

$$W=\begin{bmatrix}1&0&0&3\\0&1&0&4\\0&0&1&2\\3&4&2&5\end{bmatrix}$$

矩阵分解

$$A=\begin{bmatrix}1&0&0\\0&1&0\\0&0&1\end{bmatrix},B=\begin{bmatrix}3\\4\\2\end{bmatrix},C=[3\quad 4\quad 2],D=[5]$$

$$(D-CA^{-1}B)^{-1}=-\frac{1}{24}$$

$$A^{-1}B=\begin{bmatrix}3\\4\\2\end{bmatrix},CA^{-1}=[3\quad 4\quad 2]$$

$$W^{-1}=\frac{1}{24}\begin{bmatrix}15&-12&-6&3\\-12&8&-8&4\\-6&-8&20&2\\3&4&2&-1\end{bmatrix}$$

2.7.2　2×2 矩阵求逆算法

对于 2 × 2 矩阵求逆，令

$$A=\begin{bmatrix}x_1&x_2\\x_3&x_4\end{bmatrix}\tag{2-227}$$

若 $|A|=x_1x_4-x_2x_3\neq 0$，则

$$A^{-1}=\frac{1}{|A|}A^*=\frac{1}{x_1x_4-x_2x_3}\begin{bmatrix}x_4&-x_3\\-x_2&x_1\end{bmatrix}\tag{2-228}$$

2.7.3　3×3 矩阵求逆算法

对于 3 × 3 矩阵求逆，令

$$A=\begin{bmatrix}x_1&x_2&x_3\\x_4&x_5&x_6\\x_7&x_8&x_9\end{bmatrix}\tag{2-229}$$

如 $|A|=x_1x_5x_9+x_2x_6x_7+x_3x_4x_8-x_1x_6x_8-x_2x_4x_9-x_3x_5x_7\neq 0$，三阶矩阵求逆算法如下：

$$\boldsymbol{A}^{-1}=\frac{1}{|\boldsymbol{A}|}\boldsymbol{A}^{*}$$

$$=\frac{\begin{bmatrix} x_5x_9-x_6x_8 & x_6x_7-x_4x_9 & x_4x_8-x_5x_7 \\ x_3x_8-x_2x_9 & x_1x_9-x_3x_7 & x_2x_7-x_1x_8 \\ x_2x_6-x_3x_5 & x_3x_4-x_1x_6 & x_1x_5-x_2x_4 \end{bmatrix}}{x_1x_5x_9+x_2x_6x_7+x_3x_4x_8-x_1x_6x_8-x_2x_4x_9-x_3x_5x_7} \tag{2-230}$$

2.7.4 4×4 矩阵求逆算法

对于 4 × 4 矩阵求逆，令

$$\boldsymbol{A}=\begin{bmatrix} x_1 & x_2 & x_3 & x_4 \\ x_5 & x_6 & x_7 & x_8 \\ x_9 & x_{10} & x_{11} & x_{12} \\ x_{13} & x_{14} & x_{15} & x_{16} \end{bmatrix} \tag{2-231}$$

$$\boldsymbol{A}_1=\begin{bmatrix} x_1 & x_2 \\ x_5 & x_6 \end{bmatrix} \tag{2-232}$$

$$\boldsymbol{A}_2=\begin{bmatrix} x_3 & x_4 \\ x_7 & x_8 \end{bmatrix} \tag{2-233}$$

$$\boldsymbol{A}_3=\begin{bmatrix} x_9 & x_{10} \\ x_{13} & x_{14} \end{bmatrix} \tag{2-234}$$

$$\boldsymbol{A}_4=\begin{bmatrix} x_{11} & x_{12} \\ x_{15} & x_{16} \end{bmatrix} \tag{2-235}$$

则四阶矩阵逆矩阵算法如下：

$$\boldsymbol{A}^{-1}=\begin{bmatrix} -\boldsymbol{A}_3^{-1}\boldsymbol{A}_4(\boldsymbol{A}_2-\boldsymbol{A}_1\boldsymbol{A}_3^{-1}\boldsymbol{A}_4)^{-1} & -\boldsymbol{A}_1^{-1}\boldsymbol{A}_2(\boldsymbol{A}_4-\boldsymbol{A}_3\boldsymbol{A}_1^{-1}\boldsymbol{A}_2)^{-1} \\ (\boldsymbol{A}_2-\boldsymbol{A}_1\boldsymbol{A}_3^{-1}\boldsymbol{A}_4)^{-1} & (\boldsymbol{A}_4-\boldsymbol{A}_3\boldsymbol{A}_1^{-1}\boldsymbol{A}_2)^{-1} \end{bmatrix} \tag{2-236}$$

上述算法中用到的二阶矩阵求逆直接调用二阶求逆子函数。

2.7.5 5×5 矩阵求逆算法

5 × 5 矩阵求逆算法如下：

$$\boldsymbol{T}=\begin{bmatrix} x_1 & x_2 & x_3 & x_4 & x_5 \\ x_6 & x_7 & x_8 & x_9 & x_{10} \\ x_{11} & x_{12} & x_{13} & x_{14} & x_{15} \\ x_{16} & x_{17} & x_{18} & x_{19} & x_{20} \\ x_{21} & x_{22} & x_{23} & x_{24} & x_{25} \end{bmatrix} \tag{2-237}$$

$$\boldsymbol{A}=\begin{bmatrix} x_1 & x_2 & x_3 \\ x_6 & x_7 & x_8 \\ x_{11} & x_{12} & x_{13} \end{bmatrix} \tag{2-238}$$

$$\boldsymbol{B}=\begin{bmatrix} x_4 & x_5 \\ x_9 & x_{10} \\ x_{14} & x_{15} \end{bmatrix} \tag{2-239}$$

$$\boldsymbol{C}=\begin{bmatrix} x_{16} & x_{17} & x_{18} \\ x_{21} & x_{22} & x_{23} \end{bmatrix} \tag{2-240}$$

$$\boldsymbol{D}=\begin{bmatrix} x_{19} & x_{20} \\ x_{24} & x_{25} \end{bmatrix} \tag{2-241}$$

$$\boldsymbol{T}^{-1}=\begin{bmatrix} \boldsymbol{A}^{-1}+\boldsymbol{A}^{-1}\boldsymbol{B}(\boldsymbol{D}-\boldsymbol{C}\boldsymbol{A}^{-1}\boldsymbol{B})^{-1}\boldsymbol{C}\boldsymbol{A}^{-1} & -\boldsymbol{A}^{-1}\boldsymbol{B}(\boldsymbol{D}-\boldsymbol{C}\boldsymbol{A}^{-1}\boldsymbol{B})^{-1} \\ -(\boldsymbol{D}-\boldsymbol{C}\boldsymbol{A}^{-1}\boldsymbol{B})^{-1}\boldsymbol{C}\boldsymbol{A}^{-1} & (\boldsymbol{D}-\boldsymbol{C}\boldsymbol{A}^{-1}\boldsymbol{B})^{-1} \end{bmatrix} \tag{2-242}$$

2.7.6　6×6 矩阵求逆算法

6 × 6 矩阵求逆算法如下：

$$\boldsymbol{T}=\begin{bmatrix} x_1 & x_2 & x_3 & x_4 & x_5 & x_6 \\ x_7 & x_8 & x_9 & x_{10} & x_{11} & x_{12} \\ x_{13} & x_{14} & x_{15} & x_{16} & x_{17} & x_{18} \\ x_{19} & x_{20} & x_{21} & x_{22} & x_{23} & x_{24} \\ x_{25} & x_{26} & x_{27} & x_{28} & x_{29} & x_{30} \\ x_{31} & x_{32} & x_{33} & x_{34} & x_{35} & x_{36} \end{bmatrix} \tag{2-243}$$

$$\boldsymbol{A}=\begin{bmatrix} x_1 & x_2 & x_3 \\ x_7 & x_8 & x_9 \\ x_{13} & x_{14} & x_{15} \end{bmatrix} \tag{2-244}$$

$$\boldsymbol{B}=\begin{bmatrix} x_4 & x_5 & x_6 \\ x_{10} & x_{11} & x_{12} \\ x_{16} & x_{17} & x_{18} \end{bmatrix} \tag{2-245}$$

$$\boldsymbol{C}=\begin{bmatrix} x_{19} & x_{20} & x_{21} \\ x_{25} & x_{26} & x_{27} \\ x_{31} & x_{32} & x_{33} \end{bmatrix} \tag{2-246}$$

$$\boldsymbol{D}=\begin{bmatrix} x_{22} & x_{23} & x_{24} \\ x_{28} & x_{29} & x_{30} \\ x_{34} & x_{35} & x_{36} \end{bmatrix} \tag{2-247}$$

$$\boldsymbol{T}^{-1}=\begin{bmatrix} \boldsymbol{A}^{-1}+\boldsymbol{A}^{-1}\boldsymbol{B}(\boldsymbol{D}-\boldsymbol{C}\boldsymbol{A}^{-1}\boldsymbol{B})^{-1}\boldsymbol{C}\boldsymbol{A}^{-1} & -\boldsymbol{A}^{-1}\boldsymbol{B}(\boldsymbol{D}-\boldsymbol{C}\boldsymbol{A}^{-1}\boldsymbol{B})^{-1} \\ -(\boldsymbol{D}-\boldsymbol{C}\boldsymbol{A}^{-1}\boldsymbol{B})^{-1}\boldsymbol{C}\boldsymbol{A}^{-1} & (\boldsymbol{D}-\boldsymbol{C}\boldsymbol{A}^{-1}\boldsymbol{B})^{-1} \end{bmatrix} \tag{2-248}$$

2.8　矢量运算

常用矢量运算公式如下：

$$A^2 = \boldsymbol{A} \cdot \boldsymbol{A} \tag{2-249}$$

$$\boldsymbol{A} \times \boldsymbol{B} = -\boldsymbol{B} \times \boldsymbol{A} \tag{2-250}$$

$$\boldsymbol{A} \times (\boldsymbol{B} \times \boldsymbol{C}) = (\boldsymbol{A} \cdot \boldsymbol{C})\boldsymbol{B} - (\boldsymbol{A} \cdot \boldsymbol{B})\boldsymbol{C} \tag{2-251}$$

$$\boldsymbol{A} \cdot (\boldsymbol{B} \times C) = \boldsymbol{B} \cdot (\boldsymbol{C} \times \boldsymbol{A}) = \boldsymbol{C} \cdot (\boldsymbol{A} \times \boldsymbol{B}) \tag{2-252}$$

2.9 微分算子/哈密顿算子

常用微分算子/哈密顿算子公式如下：

$$\nabla u = \frac{\partial u}{\partial x} \cdot \boldsymbol{e}_x + \frac{\partial u}{\partial y} \cdot \boldsymbol{e}_y + \frac{\partial u}{\partial z} \cdot \boldsymbol{e}_z \tag{2-253}$$

$$\mathrm{div}\boldsymbol{A} = \nabla \cdot \boldsymbol{A} = \frac{\partial A_x}{\partial x} + \frac{\partial A_y}{\partial y} + \frac{\partial A_z}{\partial z} \tag{2-254}$$

$$\mathrm{rot}\boldsymbol{A} = \nabla \times \boldsymbol{A} = \begin{vmatrix} \boldsymbol{e}_x & \boldsymbol{e}_y & \boldsymbol{e}_z \\ \dfrac{\partial}{\partial x} & \dfrac{\partial}{\partial y} & \dfrac{\partial}{\partial z} \\ A_x & A_y & A_z \end{vmatrix} \tag{2-255}$$

$$\nabla^2 u = \nabla \cdot (\nabla u) = \frac{\partial^2 u}{\partial x^2} + \frac{\partial^2 u}{\partial y^2} + \frac{\partial^2 u}{\partial z^2} \tag{2-256}$$

$$\nabla^2 \boldsymbol{A} = \nabla \cdot (\nabla \boldsymbol{A}) = \frac{\partial^2 \boldsymbol{A}}{\partial x^2} + \frac{\partial^2 \boldsymbol{A}}{\partial y^2} + \frac{\partial^2 \boldsymbol{A}}{\partial z^2} \tag{2-257}$$

$$\nabla (\varphi u) = \varphi \nabla u + u \nabla \varphi \tag{2-258}$$

$$\nabla \cdot (\varphi \boldsymbol{A}) = \varphi \nabla \cdot \boldsymbol{A} + \boldsymbol{A} \cdot \nabla \varphi \tag{2-259}$$

$$\nabla \times (\varphi \boldsymbol{A}) = \varphi (\nabla \times \boldsymbol{A}) - \boldsymbol{A} \times \nabla \varphi \tag{2-260}$$

$$\nabla \cdot (\boldsymbol{A} \times \boldsymbol{B}) = \boldsymbol{B} \cdot (\nabla \times \boldsymbol{A}) - \boldsymbol{A} \cdot (\nabla \times \boldsymbol{B}) \tag{2-261}$$

$$\nabla^2 \boldsymbol{A} = \nabla (\nabla \cdot \boldsymbol{A}) - \nabla \times (\nabla \times \boldsymbol{A}) \tag{2-262}$$

$$\nabla \times (\varphi \cdot \nabla u) = \nabla \varphi \times \nabla u \tag{2-263}$$

$$\nabla \times \nabla u = 0 \tag{2-264}$$

$$\nabla \cdot (\nabla \times \boldsymbol{A}) = 0 \tag{2-265}$$

2.10 球坐标、柱坐标与直角坐标转换

2.10.1 球坐标与直角坐标转换

球坐标 r 、ϕ（经度）、θ（余纬）与直角坐标 x 、y 、z 关系如下：

$$r = \sqrt{x^2 + y^2 + z^2} \tag{2-266}$$

$$\theta = \arctan \frac{\sqrt{x^2 + y^2}}{z} \tag{2-267}$$

$$\phi = \arctan 2\left(\frac{y}{x}\right) \tag{2-268}$$

$$x = r\sin\theta\cos\phi \tag{2-269}$$

$$y = r\sin\theta\sin\phi \tag{2-270}$$

$$z = r\cos\theta \tag{2-271}$$

$$\mathrm{d}\boldsymbol{l} = \mathrm{d}r \cdot \boldsymbol{e}_r + r\mathrm{d}\theta \cdot \boldsymbol{e}_\theta + r\sin\theta\mathrm{d}\phi \cdot \boldsymbol{e}_\phi \tag{2-272}$$

$$\mathrm{d}\boldsymbol{S} = r^2\sin\theta\mathrm{d}\theta \cdot \mathrm{d}\phi \cdot \boldsymbol{e}_r + r\sin\theta\mathrm{d}r \cdot \mathrm{d}\phi \cdot \boldsymbol{e}_\theta + r\mathrm{d}r \cdot \mathrm{d}\theta \cdot \boldsymbol{e}_\phi \tag{2-273}$$

$$\mathrm{d}V = r^2\sin\theta\mathrm{d}r \cdot \mathrm{d}\theta \cdot \mathrm{d}\phi \tag{2-274}$$

$$\boldsymbol{e}_x = \sin\theta\cos\phi \cdot \boldsymbol{e}_r + \cos\theta\cos\phi \cdot \boldsymbol{e}_\theta - \sin\phi \cdot \boldsymbol{e}_\phi \tag{2-275}$$

$$\boldsymbol{e}_y = \sin\theta\sin\phi \cdot \boldsymbol{e}_r + \cos\theta\sin\phi \cdot \boldsymbol{e}_\theta + \cos\phi \cdot \boldsymbol{e}_\phi \tag{2-276}$$

$$\boldsymbol{e}_z = \cos\theta \cdot \boldsymbol{e}_r - \sin\theta \cdot \boldsymbol{e}_\theta \tag{2-277}$$

球坐标微分算子/哈密顿算子公式如下：

$$\nabla u = \frac{\partial u}{\partial r} \cdot \boldsymbol{e}_r + \frac{1}{r}\frac{\partial u}{\partial \theta} \cdot \boldsymbol{e}_\theta + \frac{1}{r\sin\theta}\frac{\partial u}{\partial \phi} \cdot \boldsymbol{e}_\phi \tag{2-278}$$

$$\nabla \cdot \boldsymbol{A} = \frac{1}{r^2}\frac{\partial(r^2 A_r)}{\partial r} + \frac{1}{r\sin\theta}\frac{\partial(A_\theta\sin\theta)}{\partial\theta} + \frac{1}{r\sin\theta}\frac{\partial A_\phi}{\partial\phi} \tag{2-279}$$

$$\nabla \times \boldsymbol{A} = \frac{1}{r\sin\theta}\begin{vmatrix} \boldsymbol{e}_r & r\boldsymbol{r}_\theta & r\sin\theta\boldsymbol{e}_\phi \\ \dfrac{\partial}{\partial r} & \dfrac{\partial}{\partial\theta} & \dfrac{\partial}{\partial\phi} \\ A_r & rA_\theta & r\sin\theta A_\phi \end{vmatrix} \tag{2-280}$$

$$\nabla^2 u = \frac{1}{r^2}\frac{\partial}{\partial r}\left(r^2\frac{\partial u}{\partial r}\right) + \frac{1}{r^2\sin\theta}\frac{\partial}{\partial\theta}\left(\sin\theta\frac{\partial u}{\partial\theta}\right) + \frac{1}{r^2\sin^2\theta}\frac{\partial^2 u}{\partial\phi^2} \tag{2-281}$$

$$\nabla^2\boldsymbol{A} = \nabla(\nabla \cdot \boldsymbol{A}) - \nabla \times (\nabla \times \boldsymbol{A}) \tag{2-282}$$

$$\begin{aligned} \nabla^2\boldsymbol{A} = & \left[\nabla^2 A_r - \frac{2}{r^2}\left(A_r + \cot\theta A_\theta + \csc\theta\frac{\partial A_\phi}{\partial\phi} + \frac{\partial A_\theta}{\partial\theta}\right)\right] \cdot \boldsymbol{e}_r + \\ & \left[\nabla^2 A_\theta - \frac{2}{r^2}\left(\csc^2\theta A_\theta - 2\frac{\partial A_r}{\partial\theta} + 2\cot\theta\csc\theta\frac{\partial A_\phi}{\partial\phi}\right)\right] \cdot \boldsymbol{e}_\theta + \\ & \left[\nabla^2 A_\phi - \frac{2}{r^2}\left(\csc^2\theta A_\phi - 2\csc\theta\frac{\partial A_r}{\partial\phi} - 2\cot\theta\csc\theta\frac{\partial A_\theta}{\partial\phi}\right)\right] \cdot \boldsymbol{e}_\phi \end{aligned} \tag{2-283}$$

2.10.2　柱坐标与直角坐标转换

柱坐标 ρ 、ϕ（经度）、z 与直角坐标 x 、y 、z 关系如下：

$$\rho = \sqrt{x^2 + y^2} \tag{2-284}$$

$$\phi = \arctan 2\left(\frac{y}{x}\right) \tag{2-285}$$

$$x = \rho\cos\phi \tag{2-286}$$

$$y = \rho\sin\phi \tag{2-287}$$

$$z = z \tag{2-288}$$

$$\mathrm{d}\boldsymbol{l} = \mathrm{d}\rho \cdot \boldsymbol{e}_\rho + \rho\mathrm{d}\phi \cdot \boldsymbol{e}_\phi + \mathrm{d}z \cdot \boldsymbol{e}_z \tag{2-289}$$

$$\mathrm{d}\boldsymbol{S} = \rho\mathrm{d}\phi \cdot \mathrm{d}z \cdot \boldsymbol{e}_\rho + \mathrm{d}\rho \cdot \mathrm{d}z \cdot \boldsymbol{e}_\phi + \rho\mathrm{d}\rho \cdot \mathrm{d}\phi \cdot \boldsymbol{e}_z \tag{2-290}$$

$$\mathrm{d}V=\rho\,\mathrm{d}\rho\cdot\mathrm{d}\phi\cdot\mathrm{d}z \tag{2-291}$$

$$\boldsymbol{e}_x=\cos\phi\cdot\boldsymbol{e}_\rho-\sin\phi\cdot\boldsymbol{e}_\phi \tag{2-292}$$

$$\boldsymbol{e}_y=\sin\phi\cdot\boldsymbol{e}_\rho+\cos\phi\cdot\boldsymbol{e}_\phi \tag{2-293}$$

$$\boldsymbol{e}_z=\boldsymbol{e}_z \tag{2-294}$$

柱坐标微分算子/哈密顿算子公式如下：

$$\nabla u=\frac{\partial u}{\partial\rho}\cdot\boldsymbol{e}_\rho+\frac{1}{\rho}\frac{\partial u}{\partial\phi}\cdot\boldsymbol{e}_\phi+\frac{\partial u}{\partial z}\cdot\boldsymbol{e}_z \tag{2-295}$$

$$\nabla\cdot\boldsymbol{A}=\frac{1}{\rho}\frac{\partial(\rho A_\rho)}{\partial\rho}+\frac{1}{\rho}\frac{\partial A_\phi}{\partial\phi}+\frac{\partial A_z}{\partial z} \tag{2-296}$$

$$\nabla\times\boldsymbol{A}=\begin{vmatrix}\boldsymbol{e}_\rho & \rho\boldsymbol{e}_\phi & \boldsymbol{e}_z\\ \dfrac{\partial}{\partial\rho} & \dfrac{\partial}{\partial\phi} & \dfrac{\partial}{\partial z}\\ A_\rho & \rho A_\phi & A_z\end{vmatrix} \tag{2-297}$$

$$\nabla^2u=\nabla\cdot(\nabla u)=\frac{1}{\rho}\frac{\partial}{\partial\rho}\left(\rho\frac{\partial u}{\partial\rho}\right)+\frac{1}{\rho^2}\frac{\partial^2u}{\partial\phi^2}+\frac{\partial^2u}{\partial z^2} \tag{2-298}$$

$$\nabla^2\boldsymbol{A}=\nabla(\nabla\cdot\boldsymbol{A})-\nabla\times(\nabla\times\boldsymbol{A}) \tag{2-299}$$

$$\nabla^2\boldsymbol{A}=\left[\nabla^2A_\rho-\frac{2}{\rho^2}\frac{\partial A_\phi}{\partial\phi}-\frac{A_\rho}{\rho^2}\right]\cdot\boldsymbol{e}_\rho+\left(\nabla^2A_\phi+\frac{2}{\rho^2}\frac{\partial A_\rho}{\partial\phi}-\frac{A_\phi}{\rho^2}\right)\cdot\boldsymbol{e}_\phi+\nabla^2A_z\cdot\boldsymbol{e}_z \tag{2-300}$$

2.11　习题

1. 建立姿态四元数乘法 Simulink 仿真模块。
2. 建立姿态四元数归一化及正则化 Simulink 仿真模块。
3. 建立卡尔曼滤波 Simulink 仿真模块。
4. 针对一阶微分方程建立龙格库塔积分 Simulink 仿真模块。
5. 针对二阶微分方程建立龙格库塔积分 Simulink 仿真模块。

第3章 飞行器动力学及仿真基础

考虑到带有大型帆板、大量推进剂的航天器挠性振动和液体晃动模态阶数可以达到上百阶，其挠性和晃动动力学要实现毫秒级周期迭代运算，需要高性能的计算机。本章节基于挠性振动及液体晃动模态和星体转动解耦，以及局部迭代等措施，避免迭代误差导致挠性和晃动动力学运算发散，解耦后的挠性和晃动动力学模型参数等可以离线计算，从而减小了迭代计算量，降低了对计算机的性能要求，且易于工程实现。

3.1 姿态和轨道动力学

3.1.1 刚体姿态动力学

考虑飞轮角动量下的刚体动力学模型

$$\boldsymbol{I}\dot{\boldsymbol{\omega}}+\boldsymbol{\omega}\times(\boldsymbol{I}\boldsymbol{\omega}+\boldsymbol{H})+\dot{\boldsymbol{H}}=\boldsymbol{T}_c+\boldsymbol{T}_d \tag{3-1}$$

式中 $\boldsymbol{T}_c$ ——控制力矩；

$\boldsymbol{T}_d$ ——外干扰力矩；

$\boldsymbol{I}$ ——卫星的惯量阵；

$\boldsymbol{\omega}$ ——卫星相对惯性空间的姿态角速度；

$\boldsymbol{H}$ ——飞轮角动量。

3.1.2 质点轨道动力学

$$\dot{\boldsymbol{v}}=-\frac{\mu}{r^3}\boldsymbol{r}+a_J+\frac{\boldsymbol{F}}{m} \tag{3-2}$$

$$m_t\cdot I_{sp}=\int F_t\cdot\mathrm{d}t \tag{3-3}$$

$$\dot{v}_x=-\frac{\mu x}{r^3}+a_{Jx}+\frac{F_x}{m} \tag{3-4}$$

$$\dot{v}_y=-\frac{\mu y}{r^3}+a_{Jy}+\frac{F_y}{m} \tag{3-5}$$

$$\dot{v}_z=-\frac{\mu z}{r^3}+a_{Jz}+\frac{F_z}{m} \tag{3-6}$$

$$\dot{\boldsymbol{r}}=\boldsymbol{v} \tag{3-7}$$

$$\dot{x}=v_x \tag{3-8}$$

$$\dot{y}=v_y \tag{3-9}$$

$$\dot{z}=v_z \tag{3-10}$$

地球非球形摄动一般只考虑 J2，J3，J4 项的作用，则 a_J 三个方向分量为

$$a_{Jx}=-\frac{\mu_e\cdot x}{r^3}\cdot\left[-\frac{3}{2}J_2\cdot\left(\frac{R_e}{r}\right)^2\cdot\left(5\frac{z^2}{r^2}-1\right)-\frac{5}{2}J_3\cdot\left(\frac{R_e}{r}\right)^3\cdot\left(7\frac{z^3}{r^3}-3\frac{z}{r}\right)-\frac{5}{8}J_4\cdot\left(\frac{R_e}{r}\right)^4\cdot\left(3-42\frac{z^2}{r^2}+63\frac{z^4}{r^4}\right)\right] \tag{3-11}$$

$$a_{Jy}=a_x\cdot\frac{y}{x}=-\frac{\mu_e\cdot y}{r^3}\cdot\left[-\frac{3}{2}J_2\cdot\left(\frac{R_e}{r}\right)^2\cdot\left(5\frac{z^2}{r^2}-1\right)-\frac{5}{2}J_3\cdot\left(\frac{R_e}{r}\right)^3\cdot\left(7\frac{z^3}{r^3}-3\frac{z}{r}\right)-\frac{5}{8}J_4\cdot\left(\frac{R_e}{r}\right)^4\cdot\left(3-42\frac{z^2}{r^2}+63\frac{z^4}{r^4}\right)\right] \tag{3-12}$$

$$a_{Jz}=-\frac{\mu_e\cdot z}{r^3}\cdot\left[-\frac{3}{2}J_2\cdot\left(\frac{R_e}{r}\right)^2\cdot\left(5\frac{z^2}{r^2}-3\right)-\frac{5}{2}J_3\cdot\left(\frac{R_e}{r}\right)^3\cdot\left(7\frac{z^3}{r^3}-6\frac{z}{r}+\frac{3r}{5z}\right)-\frac{5}{8}J_4\cdot\left(\frac{R_e}{r}\right)^4\cdot\left(15-70\frac{z^2}{r^2}+63\frac{z^4}{r^4}\right)\right] \tag{3-13}$$

轨道六要素质点轨控方程如下：

$$\frac{\mathrm{d}a}{\mathrm{d}t}=\frac{2}{n\sqrt{1-e^2}}[e\sin f\cdot a_r+(1+e\cos f)\cdot a_t] \tag{3-14}$$

$$\frac{\mathrm{d}e}{\mathrm{d}t}=\frac{\sqrt{1-e^2}}{na}[\sin f\cdot a_r+(\cos E+\cos f)\cdot a_t] \tag{3-15}$$

$$\frac{\mathrm{d}\Omega}{\mathrm{d}t}=\frac{r\sin(\omega+f)}{na^2\sqrt{1-e^2}\sin i}\cdot a_n \tag{3-16}$$

$$\frac{\mathrm{d}i}{\mathrm{d}t}=\frac{r\cos(\omega+f)}{na^2\sqrt{1-e^2}}\cdot a_n \tag{3-17}$$

$$\frac{\mathrm{d}\omega}{\mathrm{d}t}=\frac{\sqrt{1-e^2}}{nae}\left[-\cos f\cdot a_r+\frac{2+e\cos f}{1+e\cos f}\sin f\cdot a_t\right]-\cos i\frac{\mathrm{d}\Omega}{\mathrm{d}t} \tag{3-18}$$

$$\frac{\mathrm{d}M}{\mathrm{d}t}=n-\frac{1-e^2}{nae}\left[\left(\frac{2er}{p}-\cos f\right)\cdot a_r+\left(1+\frac{r}{p}\right)\sin f\cdot a_t\right] \tag{3-19}$$

式中，a_r，a_t，a_n 分别为轨控推力产生的轨道径向、切向和法向加速度。

3.1.3 地固系参数

WGS－84 参数定义如下：

$R_e=6\ 378.137$ km；

$\omega_e=\frac{2\pi/365.242\ 2+2\pi}{3\ 600\times 24}\approx 7.292\ 115\ 854\ 6\times 10^{-5}$ rad/s；

$\mu=3.986\ 004\ 36\times 10^{14}\ \mathrm{m^3/s^2}$；

$J_2=1.082\ 63\times 10^{-3}$，$J_2=-\sqrt{5}C_{2,0}$，$C_{2,0}=-4.841\ 648\ 5\times 10^{-4}$；

$J_3=-2.532\ 153\ 1\times 10^{-6}$，$J_3=-\sqrt{7}C_{3,0}$，$C_{3,0}=9.570\ 639\ 12\times 10^{-7}$；

$J_4=-1.6109876\times10^{-6}$，$J_4=-3C_{4,0}$，$C_{2,0}=5.3699587\times10^{-7}$；

$f=\dfrac{a-b}{a}=1/298.257223563$，$a=R_e$；

$b=6\,356.752\,314\,245\,2$ km

$e=\sqrt{\dfrac{a^2-b^2}{a^2}}=0.081\,819\,190\,842\,621\,49$；$a=R_e$。

IUGG - 75 参数定义如下：

$R_e=6\,378.140$ km；

$a=R_e$；

$f=\dfrac{a-b}{a}=1/298.257$；

$b=6\,356.755\,288\,157\,53$ km；

一般采用 WGS - 84 参数。

3.1.4　章动角和章动角速率

姿态动力学方程

$$I_x\cdot\dot{\omega}_x+(I_z-I_y)\cdot\omega_y\cdot\omega_z=T_x \tag{3-20}$$

$$I_y\cdot\dot{\omega}_y+(I_x-I_z)\cdot\omega_x\cdot\omega_z=T_y \tag{3-21}$$

$$I_z\cdot\dot{\omega}_z+(I_y-I_x)\cdot\omega_x\cdot\omega_y=T_z \tag{3-22}$$

飞行器角动量 $\boldsymbol{h}$

$$\boldsymbol{h}=I_x\cdot\boldsymbol{\omega}_x+Iy\cdot\boldsymbol{\omega}_y+I_z\cdot\boldsymbol{\omega}_z \tag{3-23}$$

角动量 $\boldsymbol{h}$ 惯性定向，令

$$\boldsymbol{h}=[h_x\quad h_y\quad h_z]^{\mathrm{T}} \tag{3-24}$$

X 轴角动量最大，章动角 ξ 和 η 如下：

$$\cos\xi=\frac{h_y}{\|\boldsymbol{h}\|} \tag{3-25}$$

$$\cos\eta=\frac{h_z}{\|\boldsymbol{h}\|} \tag{3-26}$$

Y 轴角动量最大，章动角 ξ 和 η 如下：

$$\cos\xi=\frac{h_z}{\|\boldsymbol{h}\|} \tag{3-27}$$

$$\cos\eta=\frac{h_x}{\|\boldsymbol{h}\|} \tag{3-28}$$

Z 轴角动量最大，章动角 ξ 和 η 如下：

$$\cos\xi=\frac{h_x}{\|\boldsymbol{h}\|} \tag{3-29}$$

$$\cos\eta=\frac{h_y}{\|\boldsymbol{h}\|} \tag{3-30}$$

初始绕 X 轴自旋角速率 ω_{x0}，章动角速率 Ω_x

$$\Omega_x=\sqrt{\frac{(I_x-I_y)\cdot(I_x-I_z)}{I_y\cdot I_z}}\cdot\omega_{x0} \tag{3-31}$$

ω_{x0} 不定向，且不断变化。

初始绕 Y 轴自旋角速率 ω_{y0}，章动角速率 Ω_y

$$\Omega_y=\sqrt{\frac{(I_y-I_z)\cdot(I_y-I_x)}{I_z\cdot I_x}}\cdot\omega_{y0} \tag{3-32}$$

ω_{y0} 不定向，且不断变化。

初始绕 Z 轴旋转速率 ω_{z0}，章动角速率 Ω_z

$$\Omega_z=\sqrt{\frac{(I_z-I_x)\cdot(I_z-I_y)}{I_x\cdot I_y}}\cdot\omega_{z0} \tag{3-33}$$

ω_{z0} 不定向，且不断变化。

飞行器无外力矩作用后受阻尼作用逐步转到绕最大惯量轴旋转，章动也逐步减弱。

某飞行器惯量如下：

$$I_x=5\ 744\ \text{kg}\cdot\text{m}^2, I_y=3\ 341\ \text{kg}\cdot\text{m}^2, I_z=4\ 365\ \text{kg}\cdot\text{m}^2$$

当初始绕 X 轴角速率 $\omega_{x0}=5\ (°)/\text{s}$ 时，$\Omega_x=2.38\ (°)/\text{s}$；

当初始绕 X 轴角速率 $\omega_{x0}=10\ (°)/\text{s}$ 时，$\Omega_x=4.77\ (°)/\text{s}$。

3.1.5 挠性姿态动力学

考虑帆板驱动及帆板挠性影响，挠性动力学模型如下：

$$\begin{cases}\boldsymbol{I}\dot{\boldsymbol{\omega}}+\boldsymbol{R}_{as}\dot{\boldsymbol{\omega}}_a+\boldsymbol{\omega}\times(\boldsymbol{I}\boldsymbol{\omega}+\boldsymbol{H}+\boldsymbol{R}_{as}\boldsymbol{\omega}_a+\boldsymbol{F}_s\dot{\boldsymbol{\eta}})+\dot{\boldsymbol{H}}+\boldsymbol{F}_s\ddot{\boldsymbol{\eta}}=\boldsymbol{T}_c+\boldsymbol{T}_d \\ \boldsymbol{R}_{as}^{\mathrm{T}}\dot{\boldsymbol{\omega}}+\boldsymbol{I}_a\dot{\boldsymbol{\omega}}_a+\boldsymbol{F}_a\ddot{\boldsymbol{\eta}}+\boldsymbol{\omega}_a\times(\boldsymbol{R}_{as}^{\mathrm{T}}\boldsymbol{\omega}+\boldsymbol{I}_a\boldsymbol{\omega}_a+\boldsymbol{F}_a\dot{\boldsymbol{\eta}})=\boldsymbol{T}_p \\ \ddot{\boldsymbol{\eta}}+2\xi\boldsymbol{\Lambda}\dot{\boldsymbol{\eta}}+\boldsymbol{\Lambda}^2\boldsymbol{\eta}+\boldsymbol{F}_s^{\mathrm{T}}\dot{\boldsymbol{\omega}}+\boldsymbol{F}_a^{\mathrm{T}}\dot{\boldsymbol{\omega}}_a+\boldsymbol{F}_f\boldsymbol{a}=\boldsymbol{0}\end{cases} \tag{3-34}$$

式中 $\boldsymbol{\omega}$ ——卫星相对惯性空间的姿态角速度；

$\boldsymbol{H}$ ——卫星内部转动部件角动量；

$\boldsymbol{T}_c$ ——控制力矩；

$\boldsymbol{T}_d$ ——外干扰力矩；

$\boldsymbol{T}_p$ ——帆板驱动力矩；

$\boldsymbol{I}$ ——卫星的惯量阵；

$\boldsymbol{I}_a$ ——帆板绕驱动轴的惯量阵；

$\boldsymbol{R}_{as}$ ——帆板驱动运动与星体转动运动的耦合系数；

$\boldsymbol{F}_s$ ——帆板振动运动与星体转动运动的耦合系数；

$\boldsymbol{F}_a$ ——帆板振动运动与帆板驱动运动的耦合系数；

$\boldsymbol{F}_f$ ——姿轨控推力平动系数；

$\boldsymbol{a}$ ——卫星加速度；

$\boldsymbol{\omega}_a$ ——帆板转动角速度；

$\boldsymbol{\eta}$ ——帆板挠性模态坐标；

$\boldsymbol{\xi}$ ——帆板挠性模态阻尼系数；

$\boldsymbol{\Lambda}$ ——帆板挠性模态振型频率。

探测器太阳翼展开状态，太阳翼处于 0°零位挠性参数见表 3-1～表 3-5，正负太阳翼耦合系数 F_s 和平动系数 F_f 具有很好的对称性，太阳翼收拢状态模态频率不小于 35 Hz。

表 3-1　探测器太阳翼挠性模态频率

阶次	1	2	3	4
频率/Hz	0.321 96	0.682 37	1.561	1.897 4
阶次	5	6	7	
频率/Hz	4.809 7	4.960 4	8.66	

表 3-2　探测器 +Y 太阳翼耦合系数

阶次	X	Y	Z	备注
1	0	0.071 6	−14.846 3	
2	15.571 9	−0.014 8	−5.2e−5	
3	0	2.518 4	0.049 9	
4	0	0.007 4	−3.206 8	
5	0	−0.165 5	1.200 7	
6	0	−1.131 2	−0.165 8	
7	0	−0.824 8	−0.008	

表 3-3　探测器 +Y 太阳翼平动系数

阶次	X	Y	Z	备注
1	4.083 8	0	0	
2	0	−0.016 1	4.654	
3	−0.029 3	0	0	
4	2.378 6	0	0	
5	−1.288 2	0	0	
6	0.180 4	0	0	
7	0.011 3	0	0	

表 3-4　探测器 −Y 太阳翼耦合系数

阶次	X	Y	Z	备注
1	0	−0.071 6	−14.846 3	
2	15.571 9	0.014 8	−5.2e−5	
3	0	−2.518 4	0.049 9	
4	0	−0.007 4	−3.206 8	

续表

阶次	X	Y	Z	备注
5	0	0.165 5	1.200 7	
6	0	1.131 2	−0.165 8	
7	0	0.824 8	−0.008	

表 3-5　探测器 $-Y$ 太阳翼平动系数

阶次	X	Y	Z	备注
1	4.083 8	0	0	
2	0	−0.016 1	4.654	
3	−0.029 3	0	0	
4	2.378 6	0	0	
5	−1.288 2	0	0	
6	0.180 4	0	0	
7	0.011 3	0	0	

3.1.6　液体晃动动力学

飞行器主推力方向沿本体 X_b 轴，液体晃动质点作用力动力学模型如下：

$$m_s\ddot{\boldsymbol{r}}+\sum_{i=1}^{n}m_il_i\ddot{\alpha}_i\boldsymbol{\tau}_i=m_s\boldsymbol{a}_s=\boldsymbol{F}_p \tag{3-35}$$

$$\ddot{\boldsymbol{r}}\cdot\boldsymbol{\tau}_i+\sum_{i=1}^{n}(\boldsymbol{r}_{ci}+\boldsymbol{r}_i)\times\boldsymbol{\tau}_i\cdot\dot{\boldsymbol{\omega}}+\sum_{i=1}^{n}l_i\ddot{a}_i+\alpha_i\|\boldsymbol{a}\|=0 \tag{3-36}$$

式中　m_s ——飞行器质量；

$\boldsymbol{a}_s$ ——飞行器加速度；

$\boldsymbol{F}_p$ ——飞行器质点受到的作用力；

$\boldsymbol{r}$ ——飞行器位置矢量；

$\boldsymbol{\omega}$ ——飞行器相对惯性空间的姿态角速率；

$\boldsymbol{\tau}_i$ ——单摆摆动方向，Y 和 Z 两个方向摆动，形成圆锥摆；

m_i ——贮箱中等效摆质量；

l_i ——贮箱液体等效摆长；

α_i ——等效摆摆角；

$\boldsymbol{r}_{ci}$ ——贮箱参考中心矢量；

$\boldsymbol{r}_i$ ——摆质量相对参考中心的位置矢量；

$\boldsymbol{a}$ ——横向加速度，$\boldsymbol{a}=[0\quad a_y\quad a_z]^{\mathrm{T}}$。

液体晃动姿态动力学力矩模型如下：

$$\boldsymbol{I}\dot{\boldsymbol{\omega}}+\sum_{i=1}^{n}m_i(\boldsymbol{r}_{ci}+\boldsymbol{r}_i)\times\boldsymbol{a}+\sum_{i=1}^{n}m_il_i(\boldsymbol{r}_{ci}+\boldsymbol{r}_i)\times\ddot{\alpha}_i\boldsymbol{\tau}_i-\boldsymbol{b}_1\times\sum_{i=1}^{n}m_il_i\alpha_i\boldsymbol{\tau}_i=\boldsymbol{T}_c+\boldsymbol{T}_d \tag{3-37}$$

$$(\ddot{\alpha}_i+2d_i\lambda_i\dot{\alpha}_i+\lambda_i^2\alpha_i)\boldsymbol{\tau}_i+\frac{1}{l_i}[\boldsymbol{a}-(\boldsymbol{r}_{ci}+\boldsymbol{r}_i)\times\dot{\boldsymbol{\omega}}]=\boldsymbol{0} \tag{3-38}$$

式中　$\boldsymbol{\omega}$ ——飞行器相对惯性空间的姿态角速率；

$\boldsymbol{T}_c$ ——控制力矩；

$\boldsymbol{T}_d$ ——外干扰力矩；

$\boldsymbol{I}$ ——卫星的惯量阵；

$\boldsymbol{a}$ ——除 X 方向以外的推力加速度；

$\boldsymbol{b}_1$ —— X 方向的推力加速度；

$\boldsymbol{\tau}_i$ ——单摆摆动方向，Y 和 Z 两个方向摆动，形成圆锥摆；

m_i ——贮箱中等效摆质量；

l_i ——贮箱液体等效摆长；

α_i ——等效摆摆角；

d_i ——等效摆阻尼系数；

λ_i ——等效摆频率；

$\boldsymbol{r}_{ci}$ ——贮箱参考中心矢量；

$\boldsymbol{r}_i$ ——摆质量相对参考中心的位置矢量。

令

$$\dot{\boldsymbol{\omega}}=[\omega_x\quad\omega_y\quad\omega_z]^{\mathrm{T}} \tag{3-39}$$

$$\boldsymbol{r}_{li}=\boldsymbol{r}_{ci}+\boldsymbol{r}_i=[r_{lxi}\quad r_{lyi}\quad r_{lzi}]^{\mathrm{T}} \tag{3-40}$$

$$\boldsymbol{\tau}_i=[0\quad\tau_{yi}\quad\tau_{zi}]^{\mathrm{T}} \tag{3-41}$$

$$\boldsymbol{a}=[0\quad a_y\quad a_z]^{\mathrm{T}} \tag{3-42}$$

$$\boldsymbol{b}_1=[a_x\quad 0\quad 0]^{\mathrm{T}} \tag{3-43}$$

$$\boldsymbol{\alpha}_i=\alpha_i\boldsymbol{\tau}_i=[0\quad\alpha_{yi}\quad\alpha_{zi}]^{\mathrm{T}} \tag{3-44}$$

$$\dot{\boldsymbol{\alpha}}_i=\dot{\alpha}_i\boldsymbol{\tau}_i=[0\quad\dot{\alpha}_{yi}\quad\dot{\alpha}_{zi}]^{\mathrm{T}} \tag{3-45}$$

$$\ddot{\boldsymbol{\alpha}}_i=\ddot{\alpha}_i\boldsymbol{\tau}_i=[0\quad\ddot{\alpha}_{yi}\quad\ddot{\alpha}_{zi}]^{\mathrm{T}} \tag{3-46}$$

则

$$\sum_{i=1}^{n}m_il_i(\boldsymbol{r}_{ci}+\boldsymbol{r}_i)\times\ddot{\alpha}_i\boldsymbol{\tau}_i-\boldsymbol{b}_1\times\sum_{i=1}^{n}m_il_i\alpha_i\boldsymbol{\tau}_i=\sum_{i=1}^{n}m_il_i\boldsymbol{r}_{li}\times\ddot{\boldsymbol{\alpha}}_i-\sum_{i=1}^{n}m_il_i\boldsymbol{b}_1\times\boldsymbol{\alpha}_i \tag{3-47}$$

$$\boldsymbol{r}_{li}\times\ddot{\boldsymbol{\alpha}}_i=\begin{bmatrix}r_{lxi}\\r_{lyi}\\r_{lzi}\end{bmatrix}\times\begin{bmatrix}0\\\ddot{\alpha}_{yi}\\\ddot{\alpha}_{zi}\end{bmatrix}=\begin{bmatrix}0&-r_{lzi}&r_{lyi}\\r_{lzi}&0&-r_{lxi}\\-r_{lyi}&r_{lxi}&0\end{bmatrix}\cdot\begin{bmatrix}0\\\ddot{\alpha}_{yi}\\\ddot{\alpha}_{zi}\end{bmatrix} \tag{3-48}$$

$$\boldsymbol{b}_1 \times \boldsymbol{\alpha}_i = \begin{bmatrix} a_x \\ 0 \\ 0 \end{bmatrix} \times \begin{bmatrix} 0 \\ \alpha_{yi} \\ \alpha_{zi} \end{bmatrix} = \begin{bmatrix} 0 & 0 & 0 \\ 0 & 0 & -a_x \\ 0 & a_x & 0 \end{bmatrix} \cdot \begin{bmatrix} 0 \\ \alpha_{yi} \\ \alpha_{zi} \end{bmatrix} \tag{3-49}$$

$$\ddot{\boldsymbol{\alpha}}_i + 2d_i\lambda_i\dot{\boldsymbol{\alpha}}_i + \lambda_i^2\boldsymbol{\alpha}_i + \frac{1}{l_i}\boldsymbol{a} - \frac{1}{l_i}\boldsymbol{r}_{li} \times \dot{\boldsymbol{\omega}} = \boldsymbol{0} \tag{3-50}$$

$$\boldsymbol{r}_{li} \times \dot{\boldsymbol{\omega}} = \begin{bmatrix} r_{lxi} \\ r_{lyi} \\ r_{lzi} \end{bmatrix} \times \begin{bmatrix} \omega_{xi} \\ \omega_{yi} \\ \omega_{zi} \end{bmatrix} = \begin{bmatrix} 0 & -r_{lzi} & r_{lyi} \\ r_{lzi} & 0 & -r_{lxi} \\ -r_{lyi} & r_{lxi} & 0 \end{bmatrix} \cdot \begin{bmatrix} \omega_{xi} \\ \omega_{yi} \\ \omega_{zi} \end{bmatrix} \tag{3-51}$$

令

$$\tilde{\boldsymbol{r}}_{li} = \begin{bmatrix} 0 & -r_{lzi} & r_{lyi} \\ r_{lzi} & 0 & -r_{lxi} \\ -r_{lyi} & r_{lxi} & 0 \end{bmatrix} \tag{3-52}$$

$$\boldsymbol{r}_{li} \times \dot{\boldsymbol{\omega}} = \tilde{\boldsymbol{r}}_{li} \cdot \dot{\boldsymbol{\omega}} \tag{3-53}$$

$$\begin{bmatrix} 0 \\ \ddot{\alpha}_{yi} \\ \ddot{\alpha}_{zi} \end{bmatrix} + 2d_i\lambda_i \begin{bmatrix} 0 \\ \dot{\alpha}_{yi} \\ \dot{\alpha}_{zi} \end{bmatrix} + \lambda_i^2 \begin{bmatrix} 0 \\ \alpha_{yi} \\ \alpha_{zi} \end{bmatrix} + \frac{1}{l_i}\begin{bmatrix} 0 \\ a_y \\ a_z \end{bmatrix} - \frac{1}{l_i}\begin{bmatrix} 0 & -r_{lzi} & r_{lyi} \\ r_{lzi} & 0 & -r_{lxi} \\ -r_{lyi} & r_{lxi} & 0 \end{bmatrix} \cdot \dot{\boldsymbol{\omega}} = 0 \tag{3-54}$$

$$\ddot{\boldsymbol{\alpha}}_i = \frac{1}{l_i}\tilde{\boldsymbol{r}}_{li} \cdot \dot{\boldsymbol{\omega}} - \frac{1}{l_i}\boldsymbol{a} - 2d_i\lambda_i\dot{\boldsymbol{\alpha}}_i - \lambda_i{}^2\boldsymbol{\alpha}_i \tag{3-55}$$

令

$$\boldsymbol{h}_i = -\frac{1}{l_i}\boldsymbol{a} - 2d_i\lambda_i\dot{\boldsymbol{\alpha}}_i - \lambda_i{}^2\boldsymbol{\alpha}_i \tag{3-56}$$

液体晃动姿态动力学模型如下：

$$\boldsymbol{I}\dot{\boldsymbol{\omega}} + \sum_{i=1}^{n} m_i\boldsymbol{r}_{li} \times \boldsymbol{a} + \sum_{i=1}^{n} m_i l_i \tilde{\boldsymbol{r}}_{li} \cdot \ddot{\boldsymbol{\alpha}}_i - \boldsymbol{b}_1 \times \sum_{i=1}^{n} m_i l_i \boldsymbol{\alpha}_i = \boldsymbol{T}_c + \boldsymbol{T}_d \tag{3-57}$$

$$\boldsymbol{I}\dot{\boldsymbol{\omega}} + \sum_{i=1}^{n} m_i\boldsymbol{r}_{li} \times \boldsymbol{a} + \sum_{i=1}^{n} m_i l_i \tilde{\boldsymbol{r}}_{li} \cdot \left(\frac{1}{l_i}\tilde{\boldsymbol{r}}_{li} \cdot \dot{\boldsymbol{\omega}} + \boldsymbol{h}_i\right) - \boldsymbol{b}_1 \times \sum_{i=1}^{n} m_i l_i \boldsymbol{\alpha}_i = \boldsymbol{T}_c + \boldsymbol{T}_d \tag{3-58}$$

$$\boldsymbol{I}\dot{\boldsymbol{\omega}} + \sum_{i=1}^{n} m_i\boldsymbol{r}_{li} \times \boldsymbol{a} + \sum_{i=1}^{n} m_i \tilde{\boldsymbol{r}}_{li}\tilde{\boldsymbol{r}}_{li}\dot{\boldsymbol{\omega}} + \sum_{i=1}^{n} m_i l_i \tilde{\boldsymbol{r}}_{li}\boldsymbol{h}_i - \boldsymbol{b}_1 \times \sum_{i=1}^{n} m_i l_i \boldsymbol{\alpha}_i = \boldsymbol{T}_c + \boldsymbol{T}_d \tag{3-59}$$

$$\left(\boldsymbol{I} + \sum_{i=1}^{n} m_i \tilde{\boldsymbol{r}}_{li}\tilde{\boldsymbol{r}}_{li}\right)\dot{\boldsymbol{\omega}} = \boldsymbol{T}_c + \boldsymbol{T}_d - \sum_{i=1}^{n} m_i\boldsymbol{r}_{li} \times \boldsymbol{a} - \sum_{i=1}^{n} m_i l_i \tilde{\boldsymbol{r}}_{li} \cdot \boldsymbol{h}_i + \boldsymbol{b}_1 \times \sum_{i=1}^{n} m_i l_i \boldsymbol{\alpha}_i \tag{3-60}$$

3.1.7 液体晃动参数

液体晃动基于单摆建模，参数包括晃动频率、摆长等。

液体晃动频率 f：

$$f=\frac{1}{T}=\frac{1}{2\pi}\sqrt{\frac{a}{L}} \tag{3-61}$$

式中　L ——摆长；

a ——摆质量块受到的加速度，即由发动机产生的加速度。

令

$$\lambda=2\pi f \tag{3-62}$$

$$\lambda=\sqrt{\frac{a}{L}} \tag{3-63}$$

发动机加速度 a

$$a=\lambda^2 L \tag{3-64}$$

液体晃动周期 T

$$T=\frac{1}{f}=\frac{2\pi}{\lambda} \tag{3-65}$$

$$\lambda=c\cdot\sqrt{a}=\sqrt{a/L} \tag{3-66}$$

$$c=2\pi k=\sqrt{1/L} \tag{3-67}$$

式中　c，k ——频率系数，c 的单位为 $\mathrm{rad\cdot s/\sqrt{m}}$，$k$ 的单位为 $\mathrm{Hz\cdot s/\sqrt{m}}$；

a ——加速度；

f ——晃动频率，单位为 Hz。

探测器主推力沿飞行器 X 轴方向，质心坐标为 [770　0　0] mm，4 只 570 L 贮箱本体系下坐标如下：

燃料贮箱Ⅰ：[14　585　585] mm；

燃料贮箱Ⅱ：[14　−585　585] mm；

氧化剂贮箱Ⅰ：[14　585　−585] mm；

氧化剂贮箱Ⅱ：[14　−585　−585] mm。

液体晃动参数见表 3-6～表 3-9。

表 3-6　MMH 单燃料贮箱液体晃动参数

序号	充液比	单摆质量/kg	单摆摆长/m	单摆悬挂点坐标/m			频率系数/($\mathrm{Hz\cdot s/\sqrt{m}}$)	单摆阻尼系数
				X	Y	Z		
1	0.15	41.084 76	0.582 371	0.251 572	0	0	0.208 55	0.003 047
2	0.2	60.178 97	0.483 062	0.159 734	0	0	0.228 99	0.002 306
3	0.25	77.059 57	0.429 182	0.115 256	0	0	0.242 94	0.001 606
4	0.3	91.674 37	0.392 221	0.088 845	0	0	0.254 129	0.001 586
5	0.35	104.083 4	0.364 786	0.073 106	0	0	0.263 512	0.001 35
6	0.4	114.053 8	0.340 291	0.059 824	0	0	0.272 832	0.001 257
7	0.45	115.401 2	0.297 065	0.021 673	0	0	0.292 008	0.000 603

续表

序号	充液比	单摆质量/kg	单摆摆长/m	单摆悬挂点坐标/m			频率系数/(Hz·s/√m)	单摆阻尼系数
				X	Y	Z		
8	0.5	127.683 2	0.304 894	0.049 504	0	0	0.288 234	0.001 048
9	0.55	132.354 9	0.293 949	0.052 406	0	0	0.293 551	0.000 856
10	0.6	135.654	0.284 911	0.042 217	0	0	0.298 171	0.000 682
11	0.65	136.573 1	0.272 262	0.049 272	0	0	0.305 019	0.000 553
12	0.7	135.164 8	0.259 664	0.056 825	0	0	0.312 33	0.000 559
13	0.75	130.778 4	0.245 174	0.063 93	0	0	0.321 427	0.000 651
14	0.8	122.707 6	0.228 354	0.072 918	0	0	0.333 055	0.000 632
15	0.85	109.490 5	0.206 212	0.070 584	0	0	0.350 48	0.000 597
16	0.9	90.487 83	0.181 921	0.077 319	0	0	0.373 145	0.000 619
17	0.95	60.720 44	0.143 965	0.083 07	0	0	0.419 461	0.000 63

注：单摆悬挂点为贮箱坐标系。

表 3－7　MON 单氧化剂贮箱液体晃动参数

序号	充液比	单摆质量/kg	单摆摆长/m	单摆悬挂点坐标/m			频率系数/(Hz·s/√m)	单摆阻尼系数
				X	Y	Z		
1	0.15	67.913 906	0.582 358 8	0.251 560 7	0	0	0.208 557 0	0.001 469
2	0.2	99.486 307	0.483 269 9	0.159 953 4	0	0	0.228 994 2	0.001 310 6
3	0.25	127.388 27	0.429 182 2	0.115 255 5	0	0	0.242 944 0	0.000 875 8
4	0.3	151.545 302	0.392 220 9	0.088 845	0	0	0.254 129 2 9	0.000 865
5	0.35	172.058 397	0.364 786 2	0.073 106 2	0	0	0.263 512 3 4	0.000 736 2
6	0.4	188.540 357	0.340 290 7	0.059 824 5	0	0	0.272 832 3 19	0.000 685 5
7	0.45	190.767 681	0.297 064 8	0.021 672 5	0	0	0.292 007 9	0.000 327 9
8	0.5	211.070 786	0.304 893 7	0.049 503 5	0	0	0.288 234 45	0.000 571 3
9	0.55	218.793 643	0.293 949 4	0.052 406	0	0	0.293 551 21	0.000 466 4
10	0.6	224.318 975	0.284 926 6	0.042 234 2	0	0	0.298 162 92	0.000 390 5
11	0.65	225.766 586	0.272 262 4	0.049 271 6	0	0	0.305 018 59	0.000 301 2
12	0.7	223.490 376	0.259 682 8	0.056 814	0	0	0.312 319 1	0.000 274 1
13	0.75	216.187 546	0.245 174 5	0.063 930 2	0	0	0.321 427 2	0.000 354
14	0.8	202.845 734	0.228 353 8	0.072 918 5	0	0	0.333 055 03	0.000 344
15	0.85	180.996 78	0.206 212 4	0.070 583 9	0	0	0.350 479 56	0.000 325
16	0.9	149.583 851	0.181 921 5	0.077 319	0	0	0.373 145 47	0.000 336 1
17	0.95	100.375 891	0.143 965 2	0.083 069 8	0	0	0.419 460 85	0.000 341 8

注：单摆悬挂点为贮箱坐标系。

表 3-8　阻尼系数 $\xi=0.001$ 时模态参数

MON(四氧化二氮)			MMH(甲基肼)		
L /m	m /kg	f /(rad/s)	L /m	m /kg	f /(rad/s)
0.194	158.8	0.6	0.194	96	0.6
0.28	269.0	0.584	0.28	162.6	0.584
0.319	245.3	0.57	0.319	148.3	0.57
0.383	158.8	0.523	0.383	96	0.523
0.42	92.1	0.517	0.42	55.7	0.517
0.476	33.6	0.45	0.476	20.3	0.45

注：m 为晃动液体质量，L 随着推进剂消耗逐渐增加。

表 3-9　推进剂消耗对晃动参数影响

MON 质量/kg	MMH 质量/kg	f /(rad/s)	L /m	a /(m/s^2)
158.8	96	0.6	0.194	0.069 84
269.0	162.6	0.584	0.28	0.095 495 68
245.3	148.3	0.57	0.319	0.103 643 1
158.8	96	0.523	0.383	0.104 761 607
92.1	55.7	0.517	0.42	0.112 261 38
33.6	20.3	0.45	0.476	0.120 121 34

注：加速度 a 随着推进剂消耗逐渐增大。

3.1.8　挠性和液体晃动动力学模型简化

考虑帆板驱动、液体晃动及帆板挠性影响，挠性和液体晃动动力学模型如下：

$$\begin{aligned}&\boldsymbol{I}\dot{\boldsymbol{\omega}}+\boldsymbol{R}_{as}\dot{\boldsymbol{\omega}}_a+\dot{\boldsymbol{H}}+\boldsymbol{F}_s\ddot{\boldsymbol{\eta}}+\boldsymbol{\omega}\times(\boldsymbol{I}\boldsymbol{\omega}+\boldsymbol{H}+\boldsymbol{R}_{as}\boldsymbol{\omega}_a+\boldsymbol{F}_s\dot{\boldsymbol{\eta}})+\\&\sum_{i=1}^{n}m_i(\boldsymbol{r}_{ci}+\boldsymbol{r}_i)\times\boldsymbol{a}+\sum_{i=1}^{n}m_il_i(\boldsymbol{r}_{ci}+\boldsymbol{r}_i)\times\ddot{\alpha}_i\boldsymbol{\tau}_i-\boldsymbol{b}_1\times\sum_{i=1}^{n}m_il_i\alpha_i\boldsymbol{\tau}_i=\boldsymbol{T}_c+\boldsymbol{T}_d\end{aligned}\tag{3-68}$$

$$\ddot{\boldsymbol{\eta}}+2\xi\boldsymbol{\Lambda}\dot{\boldsymbol{\eta}}+\boldsymbol{\Lambda}^2\boldsymbol{\eta}+\boldsymbol{F}_s^{\mathrm{T}}\dot{\boldsymbol{\omega}}+\boldsymbol{F}_a^{\mathrm{T}}\dot{\boldsymbol{\omega}}_a+\boldsymbol{F}_f(\boldsymbol{a}+\boldsymbol{b}_1)=0\tag{3-69}$$

$$(\ddot{\alpha}_i+2d_i\lambda_i\dot{\alpha}_i+\lambda_i^2\alpha_i)\boldsymbol{\tau}_i+\frac{1}{l_i}[\boldsymbol{a}-(\boldsymbol{r}_{ci}+\boldsymbol{r}_i)\times\dot{\boldsymbol{\omega}}]=0\tag{3-70}$$

$$\boldsymbol{R}_{as}^{\mathrm{T}}\dot{\boldsymbol{\omega}}+\boldsymbol{I}_a\dot{\boldsymbol{\omega}}_a+\boldsymbol{F}_a\ddot{\boldsymbol{\eta}}+\boldsymbol{\omega}_a\times(\boldsymbol{R}_{as}^{\mathrm{T}}\boldsymbol{\omega}+\boldsymbol{I}_a\boldsymbol{\omega}_a+\boldsymbol{F}_a\dot{\boldsymbol{\eta}})=\boldsymbol{T}_p\tag{3-71}$$

式中　$\boldsymbol{\omega}$ ——卫星相对惯性空间的姿态角速度；

$\boldsymbol{H}$ ——卫星内部转动部件角动量；

$\boldsymbol{T}_c$ ——控制力矩；

$\boldsymbol{T}_d$ ——外干扰力矩；

$\boldsymbol{T}_p$ ——帆板驱动力矩；

$\boldsymbol{I}$ ——卫星的惯量阵；

$\boldsymbol{I}_a$ ——帆板绕驱动轴的惯量阵；

$\boldsymbol{R}_{as}$ ——帆板驱动运动与星体转动运动的耦合系数；

$\boldsymbol{F}_s$ ——帆板振动运动与星体转动运动的耦合系数；

$\boldsymbol{F}_a$ ——帆板振动运动与帆板驱动运动的耦合系数；

$\boldsymbol{F}_f$ ——姿轨控推力平动系数；

$\boldsymbol{\omega}_a$ ——帆板转动角速度；

$\boldsymbol{\eta}$ ——帆板挠性模态坐标；

$\boldsymbol{\xi}$ ——帆板挠性模态阻尼系数；

$\boldsymbol{\Lambda}$ ——帆板挠性模态振型频率；

$\boldsymbol{a}$ ——除 X 方向以外的推力加速度；

$\boldsymbol{b}_1$ —— X 方向的推力加速度；

$\boldsymbol{\tau}_i$ ——单摆摆动方向，Y 和 Z 两个方向摆动，形成圆锥摆；

m_i ——贮箱中等效摆质量；

l_i ——贮箱液体等效摆长；

α_i ——等效摆摆角；

d_i ——等效摆阻尼系数；

λ_i ——等效摆频率；

$\boldsymbol{r}_{ci}$ ——贮箱参考中心矢量；

$\boldsymbol{r}_i$ ——摆质量相对参考中心的位置矢量。

令

$$\dot{\boldsymbol{\omega}} = [\omega_x \quad \omega_y \quad \omega_z]^{\mathrm{T}} \tag{3-72}$$

$$\boldsymbol{r}_{li} = \boldsymbol{r}_{ci} + \boldsymbol{r}_i = [r_{lxi} \quad r_{lyi} \quad r_{lzi}]^{\mathrm{T}} \tag{3-73}$$

$$\boldsymbol{\tau}_i = [0 \quad \tau_{yi} \quad \tau_{zi}]^{\mathrm{T}} \tag{3-74}$$

$$\boldsymbol{a} = [0 \quad a_y \quad a_z]^{\mathrm{T}} \tag{3-75}$$

$$\boldsymbol{b}_1 = [a_x \quad 0 \quad 0]^{\mathrm{T}} \tag{3-76}$$

$$\boldsymbol{\alpha}_i = \alpha_i \boldsymbol{\tau}_i = [0 \quad \alpha_{yi} \quad \alpha_{zi}]^{\mathrm{T}} \tag{3-77}$$

$$\dot{\boldsymbol{\alpha}}_i = \dot{\alpha}_i \boldsymbol{\tau}_i = [0 \quad \dot{\alpha}_{yi} \quad \dot{\alpha}_{zi}]^{\mathrm{T}} \tag{3-78}$$

$$\ddot{\boldsymbol{\alpha}}_i = \ddot{\alpha}_i \boldsymbol{\tau}_i = [0 \quad \ddot{\alpha}_{yi} \quad \ddot{\alpha}_{zi}]^{\mathrm{T}} \tag{3-79}$$

不考虑帆板驱动挠性和液体晃动动力学简化模型如下：

$$\begin{gathered}\boldsymbol{I}_s\dot{\boldsymbol{\omega}} + \boldsymbol{F}_s\ddot{\boldsymbol{\eta}} + \dot{\boldsymbol{H}} + \boldsymbol{\omega} \times (\boldsymbol{I}_s\boldsymbol{\omega} + \boldsymbol{H} + \boldsymbol{F}_s\dot{\boldsymbol{\eta}}) + \\ \sum_{i=1}^{n} m_i \boldsymbol{r}_{li} \times \boldsymbol{a} + \sum_{i=1}^{n} m_i l_i \tilde{\boldsymbol{r}}_{li} \ddot{\boldsymbol{\alpha}}_i - \sum_{i=1}^{n} m_i l_i \boldsymbol{b}_1 \times \boldsymbol{\alpha}_i = \boldsymbol{T}_c + \boldsymbol{T}_d\end{gathered} \tag{3-80}$$

$$\ddot{\boldsymbol{\eta}} + \boldsymbol{F}_s^{\mathrm{T}}\dot{\boldsymbol{\omega}} + 2\boldsymbol{\xi}\boldsymbol{\Lambda}\dot{\boldsymbol{\eta}} + \boldsymbol{\Lambda}^2\boldsymbol{\eta} + \boldsymbol{F}_f(\boldsymbol{a} + \boldsymbol{b}_1) = 0 \tag{3-81}$$

$$\ddot{\boldsymbol{\alpha}}_i - \frac{1}{l_i}\tilde{\boldsymbol{r}}_{li}\dot{\boldsymbol{\omega}} + 2d_i\lambda_i\dot{\boldsymbol{\alpha}}_i + \lambda_i^2\boldsymbol{\alpha}_i + \frac{1}{l_i}\boldsymbol{a} = 0 \tag{3-82}$$

3.2　格林尼治恒星时计算

3.2.1　格林尼治平恒星时

从历元 J2000.0（2000 年 1 月 1 日 UTC.12 时）起算的儒略世纪数如下：

$$T=\frac{\mathrm{JD}-2\ 451\ 545.0}{365\ 25}=\frac{\mathrm{MJD}-51\ 544.5}{36\ 525} \tag{3-83}$$

其中

$$\begin{aligned}\mathrm{JD}=&D-32\ 075+[1\ 461\times(Y+4\ 800+\mathrm{M1412})/4]+\\&[367\times(M-2-\mathrm{M1412}\times 12)/12]-\\&[3\times(Y+4\ 900+\mathrm{M1412}/100)/4]-0.5\end{aligned}$$

$$\mathrm{M1412}=\left[\frac{M-14}{12}\right]$$

$$\mathrm{MJD}=365\cdot Y+N_1+\left[\frac{275\cdot M}{9}\right]-(2+N_1-N_0)\left[\frac{M+9}{12}\right]-678\ 971+D$$

$$N_0=\left[\frac{Y}{4}\right]-\left[\frac{Y}{100}\right]+\left[\frac{Y}{400}\right]$$

$$N_1=\left[\frac{Y-1}{4}\right]-\left[\frac{Y-1}{100}\right]+\left[\frac{Y-1}{400}\right]$$

式中，[] 表示取整数部分；N_0，N_1 为整数。

2000 年 1 月 1 日 UTC.12 时 JD=2 451 545，可以直接计算从 2000 年 1 月 1 日 UTC.12 时至当前天数，计算中要考虑闰平年，且北京时与格林尼治时差 8 小时。

格林尼治平恒星时 $\overline{S}g$ 为

$$\begin{aligned}\overline{S}g=&18^{\mathrm{h}}41^{\mathrm{m}}50^{\mathrm{s}}.548\ 41+(876\ 600^{\mathrm{h}}+8\ 640\ 184^{\mathrm{s}}.812\ 866)T+\\&0^{\mathrm{s}}.093\ 104T^2-0^{\mathrm{s}}.000\ 006\ 2T^3\\=&18^{\mathrm{h}}.6\ 973\ 746+879\ 000^{\mathrm{h}}.051\ 336\ 7T+\\&0^{\mathrm{s}}.093\ 104T^2-0^{\mathrm{s}}.000\ 006\ 2T^3\end{aligned} \tag{3-84}$$

以小时为单位表示的格林尼治平恒星时 $\overline{S}g(h)$ 为

$$\begin{aligned}\overline{S}g(h)=&18.697\ 374\ 6+87\ 900\ 0.051\ 336\ 7T+\\&(0.093\ 104T^2-0.000\ 006\ 2\ T^3)/3\ 600(\mathrm{h})\end{aligned} \tag{3-85}$$

地球每小时转动 15°，可以将格林尼治平恒星时转换为角度单位，以（°）为单位表示的格林尼治平恒星时 $\overline{S}g(°)$ 为

$$\overline{S}g(°)=15\times\overline{S}g(h)(°) \tag{3-86}$$

3.2.2　地球绕太阳章动角

地球绕太阳黄经章动

$$\Delta\psi=\sum_{j=1}^{106}c_j\sin\left(\sum_{k=1}^{5}n_{jk}A_k\right) \tag{3-87}$$

地球绕太阳交角章动

$$\Delta\varepsilon = \sum_{j=1}^{106} d_j \cos\left(\sum_{k=1}^{5} n_{jk} A_k\right) \tag{3-88}$$

其中

$$A_1 = 134°57'46.733'' + (1\ 325^r + 198°52'02.633'')T + 31.310''T^2 + 0.064''T^3$$

$$A_2 = 357°31'39.804'' + (99^r + 359°03'01.224'')T - 0.577''T^2 - 0.012''T^3$$

$$A_3 = 93°16'18.877'' + (1\ 342^r + 82°01'03.137'')T - 13.257''T^2 + 0.011''T^3$$

$$A_4 = 297°51'01.307'' + (1\ 236^r + 307°06'41.328'')T - 6.891''T^2 + 0.019''T^3$$

$$A_5 = 125°02'40.280'' - (5^r + 134°08'10.539'')T + 7.455''T^2 + 0.008''T^3$$

$1^r = 360° = 129\ 600\ 0''$（r 表示圈）

式中 c_j，d_j ——常系数；

n_{jk} ——引数乘数；

A_k ——章动基本角引数；

A_1 ——月球平近点角；

A_2 ——太阳平近点角；

A_3 ——月球平升交角距；

A_4 ——日月平角距；

A_5 ——月球轨道对黄道平均升交点的黄经。

n_{jk}，c_j，d_j 为章动常数参量，IAU1980 章动序列前 5 项见表 3-10，T 为从历元 J2000.0（2000 年 1 月 1 日 UTC.12 时）起算的儒略世纪数。

表 3-10　IAU1980 章动序列前 5 项

j \ k	n_{jk}					c_j	d_j
	1	2	3	4	5	0.000 1″	0.000 1″
1	0	0	0	0	1	−171 996−174.2T	92 025+8.9T
2	0	0	2	−2	2	−13 187−1.60T	5 736−3.1T
3	0	0	2	0	2	−2 274−0.2T	977−0.5T
4	0	0	0	0	2	2 026+0.2T	−895+0.5T
5	0	1	0	0	0	1 426−3.4T	54−0.1T

3.2.3 格林尼治真恒星时

地球绕太阳平黄赤交角如下：

$$\bar{\varepsilon} = 84\ 381.488'' - 46.815\ 0'' \cdot T - 0.000\ 597'' \cdot T^2 - 0.001\ 813'' \cdot T^3 \tag{3-89}$$

式中，T 为从历元 J2000.0（2000 年 1 月 1 日 UTC.12 时）起算的儒略世纪数。

地球绕太阳真黄赤交角为

$$\varepsilon = \bar{\varepsilon} + \Delta\varepsilon \tag{3-90}$$

式中 $\Delta\varepsilon$ ——地球绕太阳交角章动角。

格林尼治平恒星时 $\overline{S}g$ 加上赤经章动修正项，得到格林尼治真恒星时 Sg 如下：

$$Sg = \overline{S}g + \Delta\psi \cdot \cos\varepsilon \tag{3-91}$$

式中　$\Delta\psi$ ——地球绕太阳黄经章动角。

以小时为单位表示的格林尼治平恒星时 $Sg(h)$ 为

$$Sg(h) = \overline{S}g(h) + \Delta\psi \cdot \cos\varepsilon \tag{3-92}$$

地球每小时转动 15°，可以将格林尼治平恒星时转换为角度单位，以（°）为单位表示的格林尼治平恒星时 $Sg(°)$ 为

$$Sg(°) = 15 \times Sg(h)(°) \tag{3-93}$$

3.3　微波和光学基本公式

3.3.1　天线

天线增益

$$G = 5.18\left(\frac{D}{\lambda}\right)^2 \tag{3-94}$$

式中　D ——天线直径；

λ ——波长。

天线波束宽度

$$\theta = 2.44\left(\frac{\lambda}{D}\right) \tag{3-95}$$

有效辐射功率

$$\mathrm{ERP} = G \cdot P \tag{3-96}$$

式中　P ——输入功率。

辐射强度

$$I = \mathrm{ERP}/S \tag{3-97}$$

式中　S ——辐射立体角。

3.3.2　磁场与磁矩

$$M = B \cdot \frac{r^3}{200} \tag{3-98}$$

式中　B ——磁场，nT；

M ——磁矩，$A \cdot m^2$；

r ——距离，m。

3.3.3　光学成像

薄透镜成像物、像与焦点关系

$$\frac{1}{s} + \frac{1}{s'} = \frac{1}{f} \tag{3-99}$$

式中　f ——焦距，f 为负表示焦点与物在同一侧（凹透镜），凹透镜焦距为负值，凸透镜焦距为正值；

s ——物距；

s' ——像距，s' 为负表示像与物在同一侧。

薄透镜成像放大倍数

$$v=-\frac{s'}{s} \tag{3-100}$$

式中，v 为负值表示倒立像，为正值表示正立像。

探测器边长、视场和焦距关系

$$f=\frac{b}{2\tan(\alpha/2)} \tag{3-101}$$

式中　b ——探测器边长；

α ——视场角。

探测器 F 数

$$F=f/D \tag{3-102}$$

式中　f ——焦距；

D ——光学镜头孔径。

物像关系

$$a=\frac{f}{r}\cdot l \tag{3-103}$$

式中　a ——成像尺寸；

f ——焦距；

r ——视线距；

l ——物体尺寸。

透镜成像物体最大尺寸

$$l_{\max}=2r\cdot\tan(\alpha/2) \tag{3-104}$$

式中　r ——视线距；

α ——视场角。

星敏感器光轴在天球坐标系中指向为（α_0，δ_0），将恒星在天球坐标系中指向坐标（α，δ）转换成星敏感器下坐标（x，y，$-f$）如下：

$$x=\frac{N_x}{2}\cdot\frac{1}{\tan(\alpha_x/2)}\cdot\frac{\cos\delta\cdot\sin(\alpha-\alpha_0)}{\sin\delta\cdot\sin\delta_0+\cos\delta\cdot\cos\delta_0\cdot\cos(\alpha-\alpha_0)} \tag{3-105}$$

$$y=\frac{N_y}{2}\cdot\frac{1}{\tan(\alpha_y/2)}\cdot\frac{\sin\delta\cdot\cos\delta_0-\cos\delta\cdot\sin\delta_0\cdot\cos(\alpha-\alpha_0)}{\sin\delta\cdot\sin\delta_0+\cos\delta\cdot\cos\delta_0\cdot\cos(\alpha-\alpha_0)} \tag{3-106}$$

式中　N_x，N_y ——探测器像元数；

α_x，α_y ——视场角；

f ——焦距。

Hausdorff 距离

$$H(A,B)=\max_{a\in A}\ \min_{b\in B}\|a-b\| \tag{3-107}$$

式中　A ——视场内恒星集；

B ——与某一折射后恒星相邻的折射后恒星集，从 B 中选出与某一折射后恒星夹角最小的恒星作为匹配识别星，所有折射星匹配识别后最大夹角作为匹配识别后距离。

恒星成像如图 3-1 所示，恒星 1 成像坐标 $\boldsymbol{r}_{p1}=(x_1,\ y_1,\ -f)$，恒星 2 成像坐标 $\boldsymbol{r}_{p2}=(x_2,\ y_2,\ -f)$，两恒星之间夹角 R 如下：

$$R=\arccos\left(\frac{\boldsymbol{r}_{p1}\cdot\boldsymbol{r}_{p2}}{\|\boldsymbol{r}_{p1}\|\cdot\|\boldsymbol{r}_{p2}\|}\right) \tag{3-108}$$

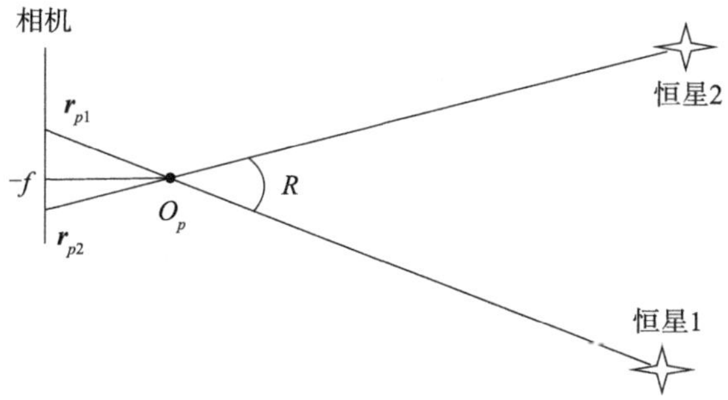

图 3-1　恒星成像示意图

求得两个星点之间夹角

$$R=\arccos\left(\frac{x_1\cdot dx\cdot x_2\cdot dx+y_1\cdot dy\cdot y_2\cdot dy+f\cdot f}{\sqrt{x_1^2\cdot dx^2+y_1^2\cdot dy^2+f^2}\cdot\sqrt{x_2^2\cdot dx^2+y_2^2\cdot dy^2+f^2}}\right) \tag{3-109}$$

式中　dx，dy ——像元尺寸；

f ——焦距。

恒星在相平面投影如图 3-2 所示，求得两恒星在相平面投影中点 $\boldsymbol{r}_{pc}$ 如下：

$$\boldsymbol{r}_{pc}=(\boldsymbol{r}_{p1}+\boldsymbol{r}_{p2})/2=\begin{bmatrix}\dfrac{x_1+x_2}{2} & \dfrac{y_1+y_2}{2} & -f\end{bmatrix} \tag{3-110}$$

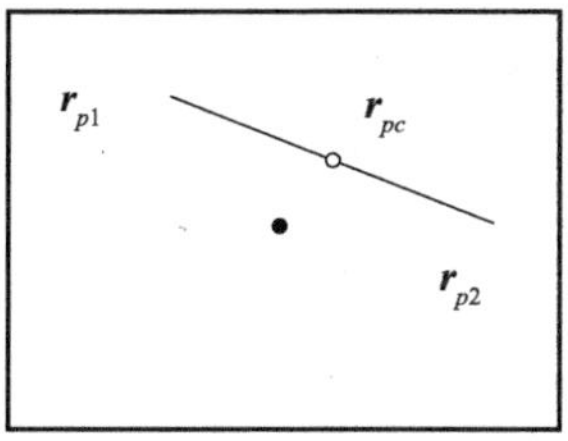

图 3-2　恒星在相平面投影

$\boldsymbol{r}_{p1}$ 与 $\boldsymbol{r}_{p2}$ 夹角 R

$$R = 2\arctan\left(\frac{\sqrt{(x_1 - x_2)^2 \cdot \mathrm{d}x^2 + (y_1 - y_2)^2 \cdot \mathrm{d}y^2}}{2f}\right) \tag{3-111}$$

式（3-111）精度更高。

3.3.4 星等

天文学家发现 1 等星亮度大约是 6 等星的 100 倍，重新规定：1 等星亮度严格等于 6 等星的 100 倍。

两个光通量相差 100 倍的星体，其亮度相差 5 个星等，即

$$M = -2.5\log_{10}(E/E_0) = -1.085\,736\ln(E/E_0) \tag{3-112}$$

式中 E_0 ——0 等星的光通量；

E ——待测星等恒星的光通量。

3.4 单/双目视觉

3.4.1 单目视觉

如图 3-3 所示，目标 1 在单目相机成像 $\boldsymbol{r}_{p1} = [u_1 \quad v_1 \quad 0]^{\mathrm{T}}$，目标 2 在单目相机中成像 $\boldsymbol{r}_{p2} = [u_2 \quad v_2 \quad 0]^{\mathrm{T}}$，目标星坐标原点 O_a 在单目相机坐标系中的坐标为 $\boldsymbol{r} = [x \quad y \quad z]^{\mathrm{T}}$，目标 1 在目标星坐标系中的坐标为 $\boldsymbol{r}_1 = [x_1 \quad y_1 \quad z_1]^{\mathrm{T}}$，目标 2 在目标星坐标系中的坐标为 $\boldsymbol{r}_2 = [x_2 \quad y_2 \quad z_2]^{\mathrm{T}}$，$f$ 为焦距。

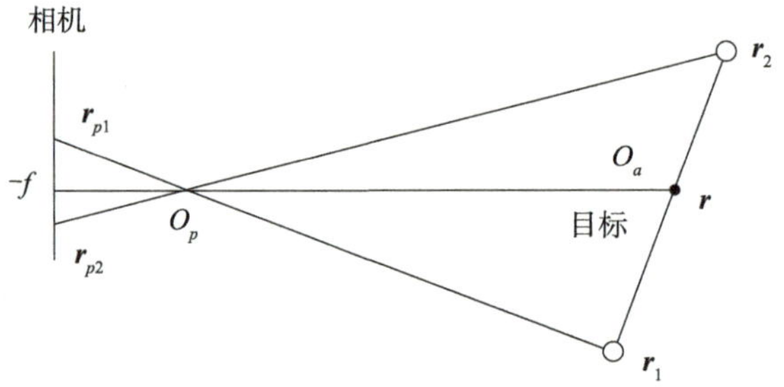

图 3-3 单目相机成像示意图

不考虑相对姿态影响，单目标多特征点单目视觉导航

$$\frac{u_1}{x + x_1} = \frac{v_1}{y + y_1} = \frac{f}{z + z_1} \tag{3-113}$$

$$\frac{u_2}{x + x_2} = \frac{v_2}{y + y_2} = \frac{f}{z + z_2} \tag{3-114}$$

单目视觉一般用于合作目标视觉导航。

3.4.2 双目视觉

左眼相机坐标系 $S_lX_lY_lZ_l$，左眼相机焦距为 f_l，左眼相机坐标系在导航坐标系中相

对位置 $\boldsymbol{S}_{l0}=[x_{l0} \quad y_{l0} \quad z_{l0}]^{\mathrm{T}}$，目标星基准点在左眼相机中成像 $[u_l \quad v_l \quad 0]^{\mathrm{T}}$；右眼相机坐标系 $S_rX_rY_rZ_r$，右眼相机焦距为 f_r，右眼相机坐标系在导航坐标系中相对位置 $\boldsymbol{S}_{r0}=[x_{r0} \quad y_{r0} \quad z_{r0}]^{\mathrm{T}}$，目标星基准点在右眼相机中成像 $[u_r \quad v_r \quad 0]^{\mathrm{T}}$。目标星基准点在导航坐标系中的坐标为 $\boldsymbol{r}=[x \quad y \quad z]^{\mathrm{T}}$，得到视线投影方程

$$\frac{u_l}{x-x_{l0}}=\frac{v_l}{y-y_{l0}}=\frac{f_l}{z-z_{l0}} \tag{3-115}$$

$$\frac{u_r}{x-x_{r0}}=\frac{v_r}{y-y_{r0}}=\frac{f_r}{z-z_{r0}} \tag{3-116}$$

左眼相机相对姿态转换矩阵为 $\boldsymbol{A}_l$，右眼相机相对姿态转换矩阵为 $\boldsymbol{A}_r$，目标星上不共线三个特征点在目标星坐标系下坐标为 $\boldsymbol{S}_{T1}$，$\boldsymbol{S}_{T2}$，$\boldsymbol{S}_{T3}$，其在跟踪星坐标系下坐标为 $\boldsymbol{S}_{S1}$，$\boldsymbol{S}_{S2}$，$\boldsymbol{S}_{S3}$，根据目标星上三个特征点建立特征点矢量矩阵

$$\boldsymbol{x}_T=\frac{\boldsymbol{S}_{T2}-\boldsymbol{S}_{T1}}{\|\boldsymbol{S}_{T2}-\boldsymbol{S}_{T1}\|},\boldsymbol{z}_T=\frac{(\boldsymbol{S}_{T2}-\boldsymbol{S}_{T1})\times(\boldsymbol{S}_{T3}-\boldsymbol{S}_{T1})}{\|(\boldsymbol{S}_{T2}-\boldsymbol{S}_{T1})\times(\boldsymbol{S}_{T3}-\boldsymbol{S}_{T1})\|} \tag{3-117}$$

$$\boldsymbol{y}_T=\boldsymbol{z}_T\times\boldsymbol{x}_T \tag{3-118}$$

$$\boldsymbol{A}_T=[\boldsymbol{x}_T \quad \boldsymbol{y}_T \quad \boldsymbol{z}_T] \tag{3-119}$$

根据跟踪星上三个特征点建立特征点矢量矩阵

$$\boldsymbol{x}_S=\frac{\boldsymbol{S}_{S2}-\boldsymbol{S}_{S1}}{\|\boldsymbol{S}_{S2}-\boldsymbol{S}_{S1}\|},\boldsymbol{z}_S=\frac{(\boldsymbol{S}_{S2}-\boldsymbol{S}_{S1})\times(\boldsymbol{S}_{S3}-\boldsymbol{S}_{S1})}{\|(\boldsymbol{S}_{S2}-\boldsymbol{S}_{S1})\times(\boldsymbol{S}_{S3}-\boldsymbol{S}_{S1})\|} \tag{3-120}$$

$$\boldsymbol{y}_S=\boldsymbol{z}_S\times\boldsymbol{x}_S \tag{3-121}$$

$$\boldsymbol{A}_S=[\boldsymbol{x}_S \quad \boldsymbol{y}_S \quad \boldsymbol{z}_S] \tag{3-122}$$

根据刚体旋转变换保持点之间的相对位置求相对姿态矩阵

$$\boldsymbol{A}_S=\boldsymbol{A}_{ST}\cdot\boldsymbol{A}_T \tag{3-123}$$

得

$$\boldsymbol{A}_{ST}=\boldsymbol{A}_S\cdot\boldsymbol{A}_T^{-1}=\boldsymbol{A}_S\cdot\boldsymbol{A}_T^{\mathrm{T}} \tag{3-124}$$

双目视觉相对定姿时三个特征点建立的坐标系要与目标星坐标系一致，否则需要进一步转换到目标星坐标系。

双目视觉相机基线 B（两相机之间的距离）越大精度越高；相机焦距越大，视线方向精度越高；焦距和成像位置精度越高测量精度越高；两相机视线夹角为 90°（与视线向成 ±45°）时精度最高。

双目视觉可以用于非合作目标视线距和视线角测量。

3.5 大气密度

3.5.1 轨道空间大气密度

只考虑大气的重力平衡，在一定的近似下，根据流体静力学可知，其密度分布是指数函数形式，大气密度 ρ 是高度的函数，采用标准大气模型 GJB 544—88，分段采用指数型

密度变化规律

$$\rho=\rho_0\cdot\exp\left(-\frac{r-r_0}{H}\right) \tag{3-125}$$

其中，标高 $H=\dfrac{R_g\cdot T_m}{M_0\cdot g+R_g\cdot\dfrac{\mathrm{d}T_m}{\mathrm{d}h}}$，$R_g$ 为普适气体常数，T_m 为分子标尺温度，M_0 为海平面处的大气相对分子质量，g 为重力加速度。

对于理想大气，由于重力加速度和分子标尺温度随高度变化，H 也相应地随高度变化，在一个有限的高度范围内，H 的变化非常小

$$H=H_0+\mu_0\cdot(r-r_0) \tag{3-126}$$

式中，$H_0=37.4$ km，μ_0 为常数，约为 0.2，最大不超过 0.4 ，r 为地心距，r_0 为地面 200 km 高处地心距，r_0 处大气密度约为 $\rho_0=3.6\times10^{-10}\mathrm{kg/m^3}$ 。

轨道空间大气密度受太阳峰年和平年影响，轨道空间不同高度处大气密度变化范围见表 3－11。

表 3－11　轨道空间不同高度处大气密度变化范围

高度/km	密度/($\mathrm{kg/m^3}$)	高度/km	密度/($\mathrm{kg/m^3}$)
100	5×10^{-7}	25	0.040 084 9
200	$2.56\times10^{-10}\sim3.6\times10^{-10}$	440	$1.09\times10^{-12}\sim4.36\times10^{-12}$
300	$1.71\times10^{-11}\sim3.53\times10^{-11}$	500	$3.92\times10^{-13}\sim2.04\times10^{-12}$
360	$4.825\times10^{-12}\sim1.34\times10^{-11}$	600	$8.07\times10^{-14}\sim6.39\times10^{-13}$
400	$2.25\times10^{-12}\sim7.49\times10^{-12}$	800	$7.07\times10^{-15}\sim8.06\times10^{-14}$

3.5.2　低层大气压力及密度

120 km 以下均匀大气层大气压力 $p(h)$ 及大气密度 $\rho(h)$ 随高度 h 变化关系如下：

$$p(h)=p_0\mathrm{e}^{-h/H} \tag{3-127}$$

$$\rho(h)=\rho_0\mathrm{e}^{-h/H} \tag{3-128}$$

式中，p_0 为海平面压力；H 为标高，$H=\dfrac{\sigma T}{\overline{m}g}=6\ 667$ m，$\overline{m}$ 为平均分子量，g 为重力加速度，$\sigma=5.668\ 5\times10^{-3}\mathrm{J/(m^2\cdot K^4\cdot s)}$ 为玻耳兹曼常数，T 为温度；$\rho_0=1.225\times10^{-3}\ \mathrm{g/cm^3}$ 为海平面密度。

120 km 以下大气密度

$$\rho=\rho_0\cdot\exp\left(-\frac{h-h_0}{H}\right)=\rho_0\cdot\exp\left(\frac{h_0}{H}\right)\cdot\exp\left(-\frac{h}{H}\right)=\rho_b\cdot\exp\left(-\frac{h}{H}\right) \tag{3-129}$$

选取参考高度 $h_0=25$ km，根据《1976 年美国标准大气》给出的数据，$\rho_0=40.084\ 9\ \mathrm{g/m^3}=0.040\ 084\ 9\ \mathrm{kg/m^3}$，密度标高 $H=6.366$ km，$\rho_b=2.034\ 718\ \mathrm{kg/m^3}$。

3.6　轨道参数转换

3.6.1　二体系统常用计算公式

二体系统常用计算公式如下：

$$r=\frac{a(1-e^2)}{1+e\cos f}=a(1-e\cos E) \tag{3-130}$$

$$p=a(1-e^2) \tag{3-131}$$

$$r=\frac{p}{1+e\cos f} \tag{3-132}$$

$$h=\sqrt{\mu p} \tag{3-133}$$

$$n=\sqrt{\frac{\mu}{a^3}} \tag{3-134}$$

$$M=E-e\sin E \tag{3-135}$$

$$\tan\frac{f}{2}=\sqrt{\frac{1+e}{1-e}}\tan\frac{E}{2} \tag{3-136}$$

$$\tan\frac{E}{2}=\sqrt{\frac{1-e}{1+e}}\tan\frac{f}{2} \tag{3-137}$$

由偏近点角求真近点角

$$\cos f=\frac{\cos E-e}{1-e\cos E} \tag{3-138}$$

$$\sin f=\frac{\sin E\sqrt{1-e^2}}{1-e\cos E} \tag{3-139}$$

由真近点角求偏近点角

$$\cos E=\frac{e+\cos f}{1+e\cos f} \tag{3-140}$$

$$\sin E=\frac{\sin f\sqrt{1-e^2}}{1+e\cos f} \tag{3-141}$$

速度倾角

$$\cos\beta=\frac{r}{v}\cdot\dot{f}=\frac{1+e\cdot\cos f}{\sqrt{1+e^2+2e\cdot\cos f}} \tag{3-142}$$

$$\sin\beta=\frac{1}{v}\cdot\dot{r}=\frac{e\cdot\sin f}{\sqrt{1+e^2+2e\cdot\cos f}} \tag{3-143}$$

$$\cos\beta=\sqrt{\frac{a^2(1-e^2)}{r(2a-r)}} \tag{3-144}$$

轨道交点周期计算公式

$$T_0=2\pi\sqrt{\frac{a^3}{\mu}} \tag{3-145}$$

$$T=T_0\left[1-\frac{3J_2}{2(1-e^2)^2}\left(\frac{R_e}{a}\right)^2\left(3-\frac{5}{2}\sin^2 i\right)\right] \tag{3-146}$$

轨道周期与半长轴的变化关系

$$\frac{\mathrm{d}T}{\mathrm{d}a}=3\pi\sqrt{\frac{a}{\mu}}=\frac{3\pi}{na} \tag{3-147}$$

3.6.2　椭圆轨道近点角 MEf 相互转换

椭圆轨道牛顿迭代算法

$$f(E)=(E-e\cdot\sin E)-M \tag{3-148}$$

$$f'(E)=1-e\cdot\cos E \tag{3-149}$$

$$f'(E_k)=1-e\cdot\cos E_k \tag{3-150}$$

$$E_{k+1}=E_k-\frac{f(E_k)}{f'(E_k)},E_0=M \tag{3-151}$$

由平近点角 M 求偏近点角 E 如下：

(1) 差分求解

$$E_0=M \tag{3-152}$$

$$E=M+e\sin E \tag{3-153}$$

$$\frac{\mathrm{d}E}{\mathrm{d}M}=\frac{1}{1-e\cdot\cos E} \tag{3-154}$$

$$\Delta E=\frac{1}{1-e\cdot e\cos E}\cdot\Delta M \tag{3-155}$$

$$M=E-e\sin E \tag{3-156}$$

$$\Delta M=M_0-M=(E_0-e\cdot\sin E_0)-M=-e\cdot\sin E_0=-e\cdot\sin M \tag{3-157}$$

$$E_1=E_0-\Delta E=E_0-\frac{\mathrm{d}E}{\mathrm{d}M}\cdot\Delta M=E_0-\frac{1}{1-e\cdot\cos E_0}\cdot\Delta M \tag{3-158}$$

$$E=M+\frac{e\sin M}{1-e\cos M} \tag{3-159}$$

(2) 一次差分迭代（精度较高）

$$E_0=M+\frac{e\cdot\sin M}{1-e\cdot\cos M} \tag{3-160}$$

$$E=M+e\cdot\sin E_0 \tag{3-161}$$

(3) 二次差分迭代（精度很高）

$$E_0=M+\frac{e\cdot\sin M}{1-e\cdot\cos M} \tag{3-162}$$

$$E=M+e\sin E \tag{3-163}$$

$$\frac{\mathrm{d}E}{\mathrm{d}M}=\frac{1}{1-e\cdot\cos E} \tag{3-164}$$

$$\Delta E=\frac{1}{1-e\cdot e\cos E}\cdot\Delta M \tag{3-165}$$

$$M = E - e\sin E$$

$$\Delta M = M_1 - M_0 = (E_0 - e \cdot \sin E_0) - M_0 \tag{3-166}$$

$$E_1 = E_0 - \Delta E = E_0 - \frac{\mathrm{d}E}{\mathrm{d}M} \cdot \Delta M = E_0 - \frac{1}{1 - e \cdot \cos E_0} \cdot \Delta M \tag{3-167}$$

$$E_1 = E_0 - \Delta E = E_0 - \frac{(E_0 - e \cdot \sin E_0) - M_0}{1 - e \cdot \cos E_0} \tag{3-168}$$

（4）泰勒展形（精度较低）

$$f = M + \left(2e - \frac{e^3}{4}\right) \cdot \sin M + \frac{5}{4}e^2 \cdot \sin 2M + \frac{13}{12}e^3 \cdot \sin 3M \tag{3-169}$$

由真近点角 f 求偏近点角 E 如下：

$$\tan\frac{E}{2} = \sqrt{\frac{1-e}{1+e}}\tan\frac{f}{2} \tag{3-170}$$

3.6.3　双曲轨道近点角 MEf 相互转换

3.6.3.1　双曲函数

双曲正弦

$$\sinh x = \mathrm{sh}x = \frac{e^x - e^{-x}}{2} \tag{3-171}$$

双曲余弦

$$\cosh x = \mathrm{ch}x = \frac{e^x + e^{-x}}{2} \tag{3-172}$$

双曲正切

$$\tanh x = \mathrm{th}x = \frac{e^x - e^{-x}}{e^x + e^{-x}} \tag{3-173}$$

双曲余切

$$\mathrm{ctanh}x = \mathrm{cth}x = \frac{e^x + e^{-x}}{e^x - e^{-x}} \tag{3-174}$$

3.6.3.2　双曲轨道

双曲轨道偏心率

$$e = \sqrt{\frac{a^2 + b^2}{a^2}} (e > 1) \tag{3-175}$$

双曲轨道真近点角 f 、偏近点角 H 关系如下：

$$\cos f = \frac{e - \cosh H}{e \cdot \cosh H - 1} \tag{3-176}$$

$$\sin f = \frac{\sqrt{e^2 - 1} \cdot \sinh H}{e \cdot \cosh H - 1} \tag{3-177}$$

$$\tan\frac{f}{2} = \sqrt{\frac{e+1}{e-1}} \cdot \tanh\frac{H}{2} \tag{3-178}$$

$$\cosh H = \frac{e + \cos f}{1 + e \cdot \cos f} \tag{3-179}$$

$$\sinh H = \frac{\sqrt{e^2 - 1} \cdot \sin f}{1 + e \cdot \cos f} \tag{3-180}$$

$$\tanh \frac{H}{2} = \sqrt{\frac{e-1}{e+1}} \cdot \tan \frac{f}{2} \tag{3-181}$$

双曲轨道真近点角 f 范围如下：

$$-(\pi - \beta) < f < \pi - \beta \tag{3-182}$$

其中

$$\beta = \arctan\left(\frac{b}{a}\right)$$

由偏心率 e 和半长轴 a ，求得半短轴

$$b = a \cdot \sqrt{e^2 - 1} \tag{3-183}$$

3.6.3.3　由双曲轨道真近点角求平近点角和偏近点角

由

$$\sinh H = \frac{e^H - e^{-H}}{2} = \frac{\sqrt{e^2 - 1} \cdot \sin f}{1 + e \cdot \cos f} = c \tag{3-184}$$

求得

$$e^H = c \pm \sqrt{c^2 + 1} \tag{3-185}$$

$e^H > 0$，得

$$e^H = c + \sqrt{c^2 + 1} \tag{3-186}$$

$$H = \ln\left(c + \sqrt{c^2 + 1}\right) \tag{3-187}$$

双曲轨道平近点角与偏近点角关系如下：

$$M = e \cdot \sinh H - H \tag{3-188}$$

3.6.3.4　由双曲轨道平近点角迭代求真近点角和偏近点角

令

$$a_1 = -a \tag{3-189}$$

求得双曲轨道平角速率如下：

$$n = \sqrt{\frac{\mu}{a_1^3}} \tag{3-190}$$

双曲轨道平近点角 M 为

$$M = n \cdot \Delta t = \sqrt{\frac{\mu}{-a^3}} \cdot \Delta t = \sqrt{\frac{\mu}{a_1^3}} \cdot \Delta t \tag{3-191}$$

$$M = e \cdot \sinh H - H \tag{3-192}$$

对上式求导

$$(e \cdot \cosh H - 1)\dot{H} = n \tag{3-193}$$

双曲轨道牛顿迭代算法

$$f(H)=(e\cdot\sinh H-H)-M \tag{3-194}$$

$$f'(H)=e\cdot\cosh H-1 \tag{3-195}$$

$$M_k=e\cdot\sinh H_k-H_k \tag{3-196}$$

$$f(H_k)=(e\cdot\sinh H_k-H_k)-M \tag{3-197}$$

$$f'(H_k)=e\cdot\cosh H_k-1 \tag{3-198}$$

$$H_{k+1}=H_k-\frac{f(H_k)}{f'(H_k)},H_0=M \tag{3-199}$$

$$\mathrm{sh}H=\sinh H=\frac{e^H-e^{-H}}{2} \tag{3-200}$$

$$\mathrm{ch}H=\cosh H=\frac{e^H+e^{-H}}{2} \tag{3-201}$$

迭代算法推导如下：

$$M=e\cdot\sinh H-H \tag{3-202}$$

$$\frac{\mathrm{d}M}{\mathrm{d}H}=e\cdot\cosh H-1 \tag{3-203}$$

$$\mathrm{d}H=\frac{\mathrm{d}M}{e\cdot\cosh H-1} \tag{3-204}$$

$$\Delta H=\frac{\Delta M}{e\cdot\cosh H-1} \tag{3-205}$$

$$\begin{aligned}\Delta M&=M_k-M\\&=(e\cdot\sinh H_k-H_k)-M\end{aligned} \tag{3-206}$$

$$\begin{aligned}H_{k+1}&=H_k-\Delta H\\&=H_k-\frac{(e\cdot\sinh H_k-H_k)-M}{e\cdot\cosh H_k-1}\end{aligned} \tag{3-207}$$

迭代初值

$$H_0=M \tag{3-208}$$

3.7　日月轨道计算

3.7.1　太阳轨道计算

设 JD 是儒略日数，T 为历元 J2000.0（2000 年 1 月 1 日世界时 12 点 TDT）起算的儒略世纪数

$$T=(\mathrm{JD}-2\ 451\ 545)/36\ 525 \tag{3-209}$$

地日平距离（天文单位长度，单位：m）AU=1.495 978 70e11，地球绕太阳轨道半长轴 a_s =1.000 001 02 AU，地球轨道偏心率

$$e_s=0.016\ 708\ 617-0.000\ 042\ 037T-0.000\ 001\ 236T^2 \tag{3-210}$$

地球绕太阳轨道平黄赤交角

$$i_s = 23^\circ.439\ 29 - 0^\circ.013\ 004\ 2T - 0^\circ.000\ 000\ 164T^2 \tag{3-211}$$

地球绕太阳轨道平近地点幅角

$$\omega_s = 282^\circ.937\ 35 + 1^\circ.719\ 53T + 0^\circ.000\ 459\ 7T^2 \tag{3-212}$$

太阳几何平黄经

$$\lambda_s = 280^\circ.466\ 45 + 36\ 000^\circ.769\ 82T + 0^\circ.000\ 303\ 6T^2 \tag{3-213}$$

太阳平近点角

$$M_s = \lambda_s - \omega_s = 357^\circ.529\ 1 + 35\ 999^\circ.050\ 289T - 0^\circ.000\ 156\ 1T^2 - 0^\circ.000\ 000\ 48T^3 \tag{3-214}$$

太阳真近点角

$$f_s = M_s + 2e_s \cdot \sin M_s + \frac{5}{4}e_s^2 \cdot \sin 2M_s - \frac{1}{4}e_s^3 \cdot \sin M_s \tag{3-215}$$

太阳在瞬时地心平赤道坐标系下的位置矢量为

$$\boldsymbol{R}_s = \boldsymbol{R}_x(-i_s) \cdot \begin{bmatrix} R_s \cdot \cos u_s \\ R_s \cdot \sin u_s \\ 0 \end{bmatrix} \tag{3-216}$$

太阳地心距

$$R_s = a_s \cdot \left(1 + \frac{1}{2}e_s^2 - e_s^2 \cdot \cos M_s - \frac{1}{2}e_s^2 \cdot \cos 2M_s\right) \tag{3-217}$$

太阳相对于当日平春分点的真黄经 u_s（小偏心率近似计算）

$$u_s = \lambda_s + 2e_s \cdot \sin M_s + \frac{5}{4}e_s^2 \cdot \sin 2M_s - \frac{1}{4}{e_s}^3 \cdot \sin M_s \tag{3-218}$$

地球公转平角速率

$$\mathrm{d}M_s = 2\pi/365.242\ 2/24/3\ 600$$

考虑地球自转受潮汐等影响减慢，为保持时间与日出日落一致性，通过跳秒修正世界时，UTC 时间与力学时存在时差，采用 UTC 时计算的太阳真实位置与实际位置有误差，需要采用力学时或对太阳真黄经或真近点角进行修正，修正量计算如下：

$$\begin{aligned} C = &(1^\circ.914\ 600 - 0^\circ.004\ 817T - 0^\circ.000\ 014T^2)\sin(M_s) + \\ &(0^\circ.019\ 993 - 0^\circ.000\ 101T)\sin(2M_s) + 0^\circ.000\ 290\sin(3M_s) \end{aligned} \tag{3-219}$$

λ_s、M_s、ω_s、f_s 是相对当天平春分点的几何平黄经、平近点角、平近地点辐角、真近点角，转换为 J2000.0 标准历元平春分点的值，需要进行岁差改正。

3.7.2 月球轨道及位置/速度计算

（1）地心黄道坐标系中月球轨道平根数

月球引力常数

$$\mu_m = 4.902\ 802\ 627\text{e}12$$

月球轨道半长轴

$$a_m = 384\ 747.981\ \text{km}$$

月球轨道偏心率

$$e_m = 0.054\ 879\ 905$$

黄白交角

$$i_m = 5.145°$$

月球平黄经

$$\lambda_m = 218°.316\ 656 + 481\ 267°.881\ 342\ 5T - 0°.001\ 329\ 72T^2 \quad (3-220)$$

近地点平均经度

$$\tilde{\omega}_m = \Omega_m + \omega_m = 83.353\ 243° + 4\ 069°.013\ 711\ 91T - 0°.010\ 321\ 7T^2 \quad (3-221)$$

升交点平黄经

$$\Omega_m = 125°.044\ 556 - 1\ 934°.136\ 185T + 0°.002\ 076\ 7T^2 \quad (3-222)$$

月球平近点角

$$M_m = \lambda_m - \Omega_m - \omega_m \quad (3-223)$$

月球平升交角距

$$F_m = \lambda_m - \omega_m \quad (3-224)$$

$$F_m = 93°.272\ 1 + 483\ 202°.017\ 527\ 5T - 0°.003\ 403\ 89T^2 \quad (3-225)$$

月球与太阳平角距（月相角）

$$D_m = \lambda_m - \lambda_s \quad (3-226)$$

$$D_m = 297°.850\ 21 + 445\ 267°.111\ 519\ 2T - 0°.001\ 633\ 9T^2 \quad (3-227)$$

T 的起算历元 J2000.0（2000 年 1 月 1 日世界时 12 点 TDT）。

(2) 月球轨道瞬时根数和位置/速度计算

瞬时地心平赤道坐标系中月球位置和速度矢量

$$\boldsymbol{R}_m = \boldsymbol{R}_x(-i_s) \cdot (R_m \cdot \cos u \cdot \boldsymbol{P} + R_m \cdot \sin u \cdot \boldsymbol{Q}) \quad (3-228)$$

$$\boldsymbol{V}_m = \sqrt{\frac{\mu_m}{a_m \cdot (1 - e_m^2)}} \boldsymbol{R}_x(-i_s) \cdot [(-\sin u + \eta) \cdot \boldsymbol{P} + (\cos u + \xi) \cdot \boldsymbol{Q}] \quad (3-229)$$

其中

$$\boldsymbol{P} = \begin{bmatrix} \cos\Omega_{mx} \\ \sin\Omega_{mx} \\ 0 \end{bmatrix}$$

$$\boldsymbol{Q} = \begin{bmatrix} -\sin\Omega_{mx} \cdot \cos i_{mx} \\ \cos\Omega_{mx} \cdot \cos i_{mx} \\ \sin i_{mx} \end{bmatrix}$$

$$u = u_{mx} - \Omega_{mx}$$

$$\xi = e_m \cdot \cos(\omega_m - \Omega_{mx})$$

$$\eta = -e_m \cdot \sin(\omega_m - \Omega_{mx})$$

$$u_{mx} = u_m + C_1 + \sum_j K_j \cdot \sin\alpha_j$$

$$\Omega_{mx}=\Omega_m+C_3+\sum_j \Omega_j\cdot\sin\alpha_j$$

$$\frac{1}{R_m}=\frac{1}{60.268\ 207\ 51\cdot R_e}\left(1+C_2+\sum_j Q_j\cdot\cos\alpha_j\right)$$

$$i_{mx}=i_m+\sum_j J_j\cdot\cos\alpha_j$$

$$C_1=0.109\ 76\sin M_{mx}+0.003\ 73\sin 2M_{mx}+0.000\ 17\sin 3M_{mx}$$

$$C_2=0.054\ 50\cos M_{mx}+0.002\ 97\cos 2M_{mx}+0.000\ 18\cos 3M_{mx}$$

$$C_3=0.000\ 47\sin M_{mx}$$

修正月球平近点角

$$M_{mx}=M_m+E_v-A_e-A_3 \tag{3-230}$$

其中扰动修正项

$$E_v=1.273\ 9\sin(2\lambda_m-2u_s-M_m) \tag{3-231}$$

$$A_e=0.185\ 8\sin(M_s) \tag{3-232}$$

$$A_3=0.37\sin(M_s) \tag{3-233}$$

月球瞬时轨道根数计算参数 K_j、Q_j、Ω_j、 J_j 和 α_j 见表 3-12，j 取前 12 项位置精度可达 $10^{-3}\sim10^{-4}$ 量级。

表 3-12　月球瞬时轨道根数计算参数

j	K_j	Q_j	Ω_j	J_j	α_j
1	0.022 23	0.010 02	0.000 82	0	$2D_m-M_m$
2	0.011 61	0.008 25	−0.002 3	−0.001 9	$2D_m$
3	0.003 24	0.000 12	0.002 83	0	$M_s+\pi$
4	0	0	−0.002 13	−0.000 19	$2F_m+\pi$
5	0.001 03	0.000 09	0.000 45	0	$2M_m-2D_m+\pi$
6	0.001	0.000 42	0	0	$2D_m-M_m-M_s$
7	0.000 93	0.000 9	−0.000 08	0	$2D_m+M_m$
8	0.000 8	0.000 56	−0.000 12	0	$2D_m-M_s$
9	0.000 72	0.000 34	0	0	M_m-M_s
10	0.000 61	0.000 29	0	0	$D_m+\pi$
11	0.000 53	0.000 28	0	0	$M_m+M_s+\pi$
12	0.000 27	0	−0.002 724	−0.002 41	$2F_m-2D_m+\pi$

上述求得的 u_m、ω_m、Ω_m 和位置 $\boldsymbol{R}_m$ 为瞬时地心平赤道坐标系下的值，要转换为 J2000.0 标准历元平春分点的值，需要进行岁差改正。

(3) 月球轨道瞬时根数简单计算

计算中用到的太阳参数：

距当天平春分点几何平黄经 λ_s，近点角 ω_s，轨道偏心率 e_s，轨道半长轴 a_s，轨道周期 $T_s=1.000\ 04$ 回归年，平近点角 M_s，真近点角 f_s，太阳黄道经度(真黄经)u_s，太阳黄

道纬度 $\beta_s=0$。

月球轨道以黄道面来定义，月球在黄道上平均经度（平黄经）

$$\lambda_m=218.316\,656^\circ+481\,267.881\,272\,751^\circ T-0.001\,466\,4^\circ T^2 \tag{3-234}$$

月球平近点角

$$M_m=\lambda_m-\Omega_m-\omega_m \tag{3-235}$$

月球升交点平黄经（升交点引数）

$$\Omega_m=125^\circ.044\,555-1\,934^\circ.136\,185\,17T+0^\circ.002\,075\,6T^2 \tag{3-236}$$

月球月面轨道倾角

$$i_m=5.145^\circ$$

修正月球平近点角

$$M_{mx}=M_m+E_v-A_e-A_3 \tag{3-237}$$

其中扰动修正项

$$E_v=1.273\,9\sin(2\lambda_m-2u_s-M_m) \tag{3-238}$$

$$A_e=0.185\,8\sin(M_s) \tag{3-239}$$

$$A_3=0.37\sin(M_s) \tag{3-240}$$

修正月球的平均经度（平黄经）

$$\lambda_{mx}=\lambda_m+E_v+E_c-A_e+A_4 \tag{3-241}$$

$$E_v=1.273\,9\sin(2\lambda_m-2u_s-M_m) \tag{3-242}$$

$$E_c=6.288\,6\sin(M_{mx}) \tag{3-243}$$

$$A_e=0.185\,8\sin(M_s) \tag{3-244}$$

$$A_4=0.214\sin(2M_{mx}) \tag{3-245}$$

再次修正月球的平均经度

$$\lambda_{mxx}=\lambda_{mx}+V \tag{3-246}$$

$$V=0.658\,3\sin(2\lambda_{mx}-2u_s) \tag{3-247}$$

修正月球升交点平黄经（升交点引数）

$$\Omega_{mx}=\Omega_m-0.16\sin(M_s) \tag{3-248}$$

计算月球黄道经度与纬度

$$\sin(\theta)=\sin(\lambda_{mxx}-\Omega_{mx})\cdot\cos(i_m) \tag{3-249}$$

$$\cos(\theta)=\cos(\lambda_{mxx}-\Omega_{mx}) \tag{3-250}$$

求得 θ

$$\theta=\operatorname{arctan2}\frac{\sin(\lambda_{mxx}-\Omega_{mx})\cdot\cos(i_m)}{\cos(\lambda_{mxx}-\Omega_{mx})} \tag{3-251}$$

月球黄道经度

$$\alpha_m=\theta+\Omega_{mx} \tag{3-252}$$

月球黄道纬度

$$\beta_m=\arcsin(\sin(\lambda_{mxx}-\Omega_{mx})\cdot\sin(i_m)) \tag{3-253}$$

再进一步转换到 J2000 惯性系。

3.7.3 标准数据校验

北京时 2000 年 9 月 1 日 10：31：5.088，JD=2 451 788.604 92，T =243.604 92/36 525，查得当年力学时与平太阳时的差值为 64 s，即

$$ET = UT + 64\ s$$

太阳轨道参数：

距当天平春分点几何平黄经

$$\lambda_s = 520.492\ 123° - 360° = 160.492\ 123°$$

近点角

$$\omega_s = 282.948\ 812°$$

偏心率

$$e_s = 0.016\ 71$$

平近点角

$$M_s = 237.543\ 311°$$

太阳黄道经度（真黄经）

$$u_s = 158.894\ 7°$$

太阳黄道纬度

$$\beta_s = 0°$$

计算月球轨道参数（以黄道面定义）：

月球在黄道上的平经度（平黄经）

$$\lambda_m = 188.375\ 976\ 1°$$

月球平近点角

$$M_m = \lambda_m - \omega_m = 77.882\ 390\ 44°$$

月球升交点平黄经（升交点引数）

$$\Omega_m = 112.143\ 856\ 44°$$

月球月面轨道倾角

$$i_m = 5.156\ 689\ 83°$$

修正月球平近点角

$$M_{mx} = 77.934\ 720\ 97°$$

扰动修正项

$$E_v = -0.417\ 170\ 13°$$

$$A_e = -0.156\ 950\ 74°$$

$$A_3 = -0.312\ 549\ 92°$$

$$E_c = 6.149\ 685\ 36°$$

$$A_4 = 0.087\ 486\ 89°$$

修正月球的平均经度（平黄经）

$$\lambda_{mx}=194.35292896°$$

$$V=0.62138281°$$

再次修正月球的平均经度

$$\lambda_{mxx}=194.97431177°$$

修正月球升交点平黄经（升交点引数）

$$\Omega_{mx}=112.27901316°$$

计算月球黄道经度与纬度

$$\sin(\theta)=0.98786949$$

$$\cos(\theta)=0.127146$$

求得 θ

$$\theta=82.66593614°$$

月球黄道经度

$$\alpha_m=194.9449493°$$

月球黄道纬度

$$\beta_m=5.11472622°$$

月球赤经

$$\alpha_e=13^{\mathrm{h}}2^{\mathrm{m}}56^{\mathrm{s}}=195.733°$$

月球赤纬

$$\beta_e=-1°10'7''=-1.1686°$$

经过多项摄动计算后，更精确结果如下：

月球赤经

$$\alpha_e=13^{\mathrm{h}}1^{\mathrm{m}}24^{\mathrm{s}}$$

月球赤纬

$$\beta_e=-1°2'31''$$

3.8　世界时转换

3.8.1　协调世界时

世界时 UT0 至 UT1

$$\mathrm{UT1}=\mathrm{UT0}+\Delta\lambda \tag{3-254}$$

$$\Delta\lambda=\frac{1}{15}(y_p\cos\lambda+x_p\sin\lambda)\tan\varphi \tag{3-255}$$

式中　$\Delta\lambda$ ——极移修正量（s）；

x_p 、y_p ——极移；

λ ——经度；

φ ——纬度。

世界时 UT1 至 UT2

$$UT2 = UT1 + \Delta T_s \tag{3-256}$$

$$\Delta T_s = 0.022^s \sin 2\pi t - 0.012^s \cos 2\pi t - 0.006^s \sin 4\pi t + 0.007^s \cos 4\pi t \tag{3-257}$$

式中，ΔT_s 为地球自转季节性变化修正量；$t = \frac{D}{365.2422}$，D 为年内天数。

世界时 UTC 至 UT1

$$UT1 = UTC + dUT1 \tag{3-258}$$

式中，dUT1 为考虑地球自转长期变慢、地球自转季节性变化和不规则变化后的修正量，通过跳秒方式修正，使 UTC 与 UT1 时间之差保持在 0.9 s 内，dUT1 由国际时间局每月公布一次。

1958 年 1 月 1 日 0 点原子时 TAI 与协调世界时 UT1 对齐误差为

$$UT1 - TAI = 0.0039\ \text{s} \tag{3-259}$$

原子时 TAI 与历书时 ET 关系

$$ET = 32.184\ \text{s} + TAI \tag{3-260}$$

1977 年 1 月 1 日 0 点原子时 TAI 瞬间对应的地球力学时 TDT 为 1977 年 1 月 1 日 0：0：32.184s，即

$$\Delta T = TDT - UT1 = 32.184\ \text{s} + TAI - UT1 \tag{3-261}$$

历书时（ET）是过去用于天体的星历表中，特别是太阳（从地球观测）、月球、行星和其他许多太阳系内天体位置所用的时间尺度，但现已经废弃不用了。ET 不同于世界时（UT）：依据地球绕轴自转制定的时间尺度。历书时已经在 1976 年经国际天文联合会决定由地球力学时（Terrestrial Dynamical Time，TDT）与质心力学时（Barycentric Dynamical Time，TDB）取代，在 1991 年 TDT 重新更名为地球时（Terrestrial Time，TT）。

3.8.2 跳秒/闰秒

科学上有两种时间计量系统：基于地球自转的天文测量而得出的“世界时”和以原子振荡周期确定的“原子时”。“世界时”由于地球自转的不稳定（由地球物质分布不均匀和其他星球的摄动力等引起的）会带来时间的差异，“原子时”（一种较恒定的时制，由原子钟得出）则是相对恒定不变的。这两种时间尺度速率上的差异，一般来说一至两年会差大约 1 秒时间。

1971 年国际计量大会通过决议：使用“协调世界时”来计量时间。当“协调世界时”和“世界时”之差超过 0.9 秒时，国际地球自转服务组织（IERS）就负责对“协调世界时”拨快或拨慢 1 秒，这就是闰秒。

闰秒是指为保持协调世界时接近于世界时时刻，由国际计量局统一规定在年底或年中（也可能在季末）对协调世界时增加或减少 1 秒的调整。由于地球自转的不均匀性和长期变慢性（主要由潮汐摩擦引起的），会使世界时（民用时）和原子时之间相差超过 ±0.9 秒时，就把协调世界时向前拨 1 秒（负闰秒，最后一分钟为 59 秒）或向后拨 1 秒（正闰

秒，最后一分钟为 61 秒）；闰秒一般加在公历年末或公历六月末。

自 1971 年首次增加闰秒以来，协调世界时全球已经进行了 27 次闰秒，均为正闰秒，最近一次闰秒在北京时间 2017 年 1 月 1 日 7 时 59 分 59 秒（时钟显示 07：59：60），世界时拨慢 1 秒，即 2017 年 1 月 1 日 7：59：60 多走 1 秒，这也是 21 世纪的第五次闰秒，其他四次分别在 2015 年 6 月 30 日、2012 年 6 月 30 日、2008 年 12 月 31 日、2005 年 12 月 31 日。

1958 年到 2006 年原子时与世界时两个计时系统之间已累计差了 33 秒，协调世界时已经调整了 27 个闰秒（截至 2017 年）。

2022 年 11 月 18 日，科学家和政府代表在法国举行的一次会议上投票决定将在 2035 年取消闰秒。

3.9　挠性动力学模型解耦及局部迭代算法

随着航天技术的发展，大型航天器上安装了大面积的挠性太阳帆板、挠性天线，并携带大量的推进剂。为了减重，大面积的太阳帆板、天线刚度越来越低，推进剂贮箱不加防晃装置，柔性太阳帆板和天线，以及液体晃动的阻尼系数只有 0.001，如东方红四号（DFH－4）卫星[1]2 个大型太阳帆板面积达 62.3 m^2，携带的燃烧剂和氧化剂的总质量约 3 100 kg，推进剂贮箱不加防晃装置，最小晃动阻尼比仅 0.001。

航天器轨道机动能力不断提高，一些航天器要求具备 6 个方向轨控推力输出，全方位轨控推力输出进一步加剧了航天器挠性振荡的发生。1958 年发射的探险者 1 号由于鞭状天线挠性振荡失效；1982 年美国陆地 4 号卫星观测仪的旋转部分受到挠性太阳帆板驱动系统和姿态控制器的相互干扰而未能达到预期的性能；国际 5 号通信卫星帆板的高阶扭转模态与驱动系统发生谐振导致帆板停转和打滑。为了防止在轨出现挠性振荡，地面必须针对挠性部件建立挠性动力学模型对控制规律进行仿真验证。

航天器控制系统频率一般较低，控制周期一般超过 100 ms，对动力学输出数据更新周期要求不高，刚体动力学可以按 50 ms 周期迭代运算，但挠性动力学按 50 ms 周期迭代运算受迭代误差影响而发散，要求毫秒级周期迭代运算；尤其是带有大型帆板、大量推进剂的航天器挠性模态阶数可以达到上百阶，其挠性动力学要实现毫秒级周期迭代运算，需要高性能的计算机。

本章节基于挠性模态 $\ddot{\boldsymbol{\eta}}$ 和星体转动 $\dot{\boldsymbol{\omega}}$ 解耦，以及局部迭代等措施，避免迭代误差导致挠性动力学运算发散，降低了对计算机的性能要求，且易于工程实现，仿真验证了解耦及迭代运算方法的有效性。

3.9.1　挠性动力学模型

一般航天器挠性动力学模型[2]如下：

$$\boldsymbol{I}\cdot\dot{\boldsymbol{\omega}}+\boldsymbol{\omega}\times(\boldsymbol{I}\cdot\boldsymbol{\omega}+\boldsymbol{H}+\boldsymbol{F}_s\cdot\dot{\boldsymbol{\eta}})+\dot{\boldsymbol{H}}+\boldsymbol{F}_s\cdot\ddot{\boldsymbol{\eta}}=\boldsymbol{T}_c+\boldsymbol{T}_d \tag{3-262}$$

$$\ddot{\boldsymbol{\eta}} + 2\xi \cdot \boldsymbol{\Lambda} \cdot \dot{\boldsymbol{\eta}} + \boldsymbol{\Lambda}^2 \cdot \boldsymbol{\eta} + \boldsymbol{F}_s^{\mathrm{T}} \cdot \dot{\boldsymbol{\omega}} + \boldsymbol{F}_f \cdot \boldsymbol{a} = 0 \qquad (3-263)$$

式中 $\boldsymbol{I}$ ——卫星本体的转动惯量；

$\boldsymbol{\omega}$ ——卫星本体坐标系相对惯性空间的角速率；

$\boldsymbol{H}$ ——飞轮角动量；

$\boldsymbol{F}_s$ ——挠性振动运动与星体转动运动的耦合系数；

$\boldsymbol{\eta}$ ——挠性模态振幅；

$\boldsymbol{T}_c$ ——姿控力矩；

$\boldsymbol{T}_d$ ——干扰力矩；

ξ ——挠性模态阻尼系数；

$\boldsymbol{\Lambda}$ ——挠性模态振型频率；

$\boldsymbol{F}_f$ ——挠性振动运动与星体平动运动的耦合系数；

$\boldsymbol{a}$ ——卫星本体的加速度。

挠性动力学模型迭代计算时，先用式（3－262）求 $\dot{\boldsymbol{\omega}}$ 需要 $\ddot{\boldsymbol{\eta}}$ ，而 $\ddot{\boldsymbol{\eta}}$ 还未求解，只能用上一次迭代结果；同样先用式（3－263）求 $\ddot{\boldsymbol{\eta}}$ 需要 $\dot{\boldsymbol{\omega}}$ ，而 $\dot{\boldsymbol{\omega}}$ 还未求解，只能用上一次迭代结果。

总之，基于式（3－262）和式（3－263）存在 $\dot{\boldsymbol{\omega}}$ 和 $\ddot{\boldsymbol{\eta}}$ 耦合的挠性动力学模型进行迭代运算，$\dot{\boldsymbol{\omega}}$ 和 $\ddot{\boldsymbol{\eta}}$ 有一个要用到上一次迭代结果，而不是本拍实际状态，从而产生迭代误差。

3.9.2 挠性振动与本体转动解耦

式（3－262）和式（3－263）挠性动力学模型存在挠性模态 $\ddot{\boldsymbol{\eta}}$ 和星体转动 $\dot{\boldsymbol{\omega}}$ 之间的耦合，对于动力学及控制耦合经常采取解耦处理。罗绪涛等[3]针对空空导弹通道耦合问题采用直接动态反馈补偿理论控制策略的解耦控制器，较好地实现了大攻角导弹控制。丁亮等[4]针对高度耦合的月球车轮地相互作用力学积分模型推导了解耦的封闭解析模型，较好地应用于月球车的动力学仿真和控制算法设计。霍炬等[5]针对飞行器运行参数估计中旋转和平移参数耦合问题，设计了一种串行式参数估计模型，将旋转运动参数与平移运动参数进行解耦。胡立坤等[6]针对航天器姿态控制采用逆系统方法对模型进行解耦，并采用内模原理设计闭环控制器以弥补解耦的非理想性。张国忠等[7]针对循环流化床锅炉（CFBB）汽压-床温耦合系统，采用预测控制和在线辨识自适应控制实现 CFBB 的汽压-床温解耦模型的自适应控制。

对式（3－262）和式（3－263）$\dot{\boldsymbol{\omega}}$ 和 $\ddot{\boldsymbol{\eta}}$ 耦合挠性动力学模型解耦，由式（3－262）得

$$\dot{\boldsymbol{\omega}} = \boldsymbol{I}^{-1} \cdot [\boldsymbol{T}_c + \boldsymbol{T}_d - \boldsymbol{\omega} \times (\boldsymbol{I} \cdot \boldsymbol{\omega} + \boldsymbol{H} + \boldsymbol{F}_s \cdot \dot{\boldsymbol{\eta}}) - \dot{\boldsymbol{H}}] - \boldsymbol{I}^{-1} \cdot \boldsymbol{F}_s \cdot \ddot{\boldsymbol{\eta}} \qquad (3-264)$$

式中 $\boldsymbol{I}^{-1}$ ——卫星本体转动惯量 $\boldsymbol{I}$ 的逆矩阵。

由式（3－263）得

$$\ddot{\boldsymbol{\eta}} = -2\xi \cdot \boldsymbol{\Lambda} \cdot \dot{\boldsymbol{\eta}} - \boldsymbol{\Lambda}^2 \cdot \boldsymbol{\eta} - \boldsymbol{F}_s^{\mathrm{T}} \cdot \dot{\boldsymbol{\omega}} - \boldsymbol{F}_f \cdot \boldsymbol{a} \qquad (3-265)$$

令

$$\boldsymbol{f}_1=\boldsymbol{I}^{-1}\cdot[\boldsymbol{T}_c+\boldsymbol{T}_d-\boldsymbol{\omega}\times(\boldsymbol{I}\cdot\boldsymbol{\omega}+\boldsymbol{H}+\boldsymbol{F}_s\cdot\dot{\boldsymbol{\eta}})-\dot{\boldsymbol{H}}] \tag{3-266}$$

$$\boldsymbol{f}_2=-2\xi\cdot\boldsymbol{\Lambda}\cdot\dot{\boldsymbol{\eta}}-\boldsymbol{\Lambda}^2\cdot\boldsymbol{\eta}-\boldsymbol{F}_f\cdot\boldsymbol{a} \tag{3-267}$$

式（3－264）和式（3－265）可以写成

$$\dot{\boldsymbol{\omega}}=\boldsymbol{f}_1-\boldsymbol{I}^{-1}\cdot\boldsymbol{F}_s\cdot\ddot{\boldsymbol{\eta}} \tag{3-268}$$

$$\ddot{\boldsymbol{\eta}}=\boldsymbol{f}_2-\boldsymbol{F}_s{}^{\mathrm{T}}\cdot\dot{\boldsymbol{\omega}} \tag{3-269}$$

式（3－269）代入式（3－268）得

$$(\boldsymbol{I}_{3\times3}-\boldsymbol{I}^{-1}\cdot\boldsymbol{F}_s\cdot\boldsymbol{F}_s^{\mathrm{T}})\cdot\dot{\boldsymbol{\omega}}=\boldsymbol{f}_1-\boldsymbol{I}^{-1}\cdot\boldsymbol{F}_s\cdot\boldsymbol{f}_2 \tag{3-270}$$

式中　$\boldsymbol{I}_{3\times3}$ ——3 乘 3 阶单位阵。

式（3－268）代入式（3－269）得

$$(\boldsymbol{I}_{n\times n}-\boldsymbol{F}_s^{\mathrm{T}}\cdot\boldsymbol{I}^{-1}\cdot\boldsymbol{F}_s)\cdot\ddot{\boldsymbol{\eta}}=\boldsymbol{f}_2-\boldsymbol{F}_s{}^{\mathrm{T}}\cdot\boldsymbol{f}_1 \tag{3-271}$$

式中　$\boldsymbol{I}_{n\times n}$ —— n 乘 n 阶单位阵，n 为挠性模态阶数。

式（3－270）和式（3－271）消去了式（3－264）和式（3－265）中的星体转动 $\dot{\omega}$ 和挠性振动 $\ddot{\eta}$ 耦合项，令

$$\boldsymbol{K}_1=(\boldsymbol{I}_{3\times3}-\boldsymbol{I}^{-1}\cdot\boldsymbol{F}_s\cdot\boldsymbol{F}_s^{\mathrm{T}})^{-1} \tag{3-272}$$

$$\boldsymbol{K}_2=(\boldsymbol{I}_{n\times n}-\boldsymbol{F}_s^{\mathrm{T}}\cdot\boldsymbol{I}^{-1}\cdot\boldsymbol{F}_s)^{-1} \tag{3-273}$$

得到 $\dot{\boldsymbol{\omega}}$ 和 $\ddot{\boldsymbol{\eta}}$ 解耦后的挠性动力学模型

$$\dot{\boldsymbol{\omega}}=\boldsymbol{K}_1\cdot\boldsymbol{f}_1-\boldsymbol{K}_1\cdot\boldsymbol{I}^{-1}\cdot\boldsymbol{F}_s\cdot\boldsymbol{f}_2 \tag{3-274}$$

$$\ddot{\boldsymbol{\eta}}=\boldsymbol{K}_2\cdot\boldsymbol{f}_2-\boldsymbol{K}_2\cdot\boldsymbol{F}_s^{\mathrm{T}}\cdot\boldsymbol{f}_1 \tag{3-275}$$

其中，$\boldsymbol{K}_1$ 、$\boldsymbol{K}_2$ 、$\boldsymbol{I}^{-1}$ 可以离线计算；$\boldsymbol{F}_s$ 、$\boldsymbol{F}_s^{\mathrm{T}}$ 为常数；$\boldsymbol{f}_1$ 、$\boldsymbol{f}_2$ 根据式（3－274）和式（3－275）积分后得到的 $\boldsymbol{\omega}$ 、$\dot{\boldsymbol{\eta}}$ 和 $\boldsymbol{\eta}$ ，再代入式（3－266）和式（3－267）迭代计算。

式（3－274）和式（3－275）$\dot{\boldsymbol{\omega}}$ 和 $\ddot{\boldsymbol{\eta}}$ 解耦后的挠性动力学可以根据上一次迭代结果进行精确迭代运算，相对式（3－262）和式（3－263）挠性动力学减小了迭代误差，且 $\boldsymbol{K}_1$ 、$\boldsymbol{K}_2$ 、$\boldsymbol{I}^{-1}$ 离线计算减小了迭代计算量。

3.9.3　局部迭代及简单积分

对于复杂耦合动力学模型可以采用迭代计算求解，王龙等[8]针对视线方程中位置和姿态信息严重耦合问题研究了一种解耦迭代确定算法。管宇等[9]针对卫星在轨运行时存在的执行机构故障和空间干扰问题，运用迭代学习实现了执行机构的在线故障重构。陈卫明等[10]针对产品开发过程建立了不确定条件下基于混合迭代的耦合集求解模型。

挠性动力学模型精度与迭代计算步长相关，针对式（3－262）和式（3－263）$\dot{\boldsymbol{\omega}}$ 和 $\ddot{\boldsymbol{\eta}}$ 耦合的挠性动力学模型或式（3－274）和式（3－275）$\dot{\boldsymbol{\omega}}$ 和 $\ddot{\boldsymbol{\eta}}$ 解耦后的挠性动力学模型，在动力学仿真周期内进行局部多次迭代计算，不仅可以避免积分误差导致动力学发散，而且可以提高动力学的仿真精度。一般航天器动力学仿真周期可设为 50 ms，挠性动力学迭代计算机周期可以为 1～5 ms，即在动力学仿真周期内局部迭代运算 10～50 次，采用局部多次迭代减小迭代误差，迭代时积分可以采用简单积分。

设需要积分的微分方程如下：

$$\dot{\boldsymbol{x}}=f(t,\boldsymbol{x}),\boldsymbol{x}(t_0)=\boldsymbol{x}_0 \tag{3-276}$$

简单积分算法如下：

$$\boldsymbol{x}_{n+1}=\boldsymbol{x}_n+\mathrm{d}\boldsymbol{x}_n \tag{3-277}$$

其中，$\mathrm{d}\boldsymbol{x}_n=h\cdot f(t_n,\ \boldsymbol{x}_n)$，$h$ 为积分步长。

3.9.4 解耦及局部迭代算法仿真验证

挠性模态取三阶，采用四阶龙格库塔积分，结合姿态控制进行仿真验证。姿态采用喷气控制，控制周期为400 ms，初始姿态误差5°。

基于式（3-262）和式（3-263）$\dot{\boldsymbol{\omega}}$ 和 $\ddot{\boldsymbol{\eta}}$ 耦合挠性动力学迭代运算，迭代步长为0.1 ms时模态振动输出如图3-4所示，迭代步长为1 ms时模态振动输出如图3-5所示，模态振幅已变大，迭代步长为2 ms时模态振动输出如图3-6所示，模态振幅已发散。

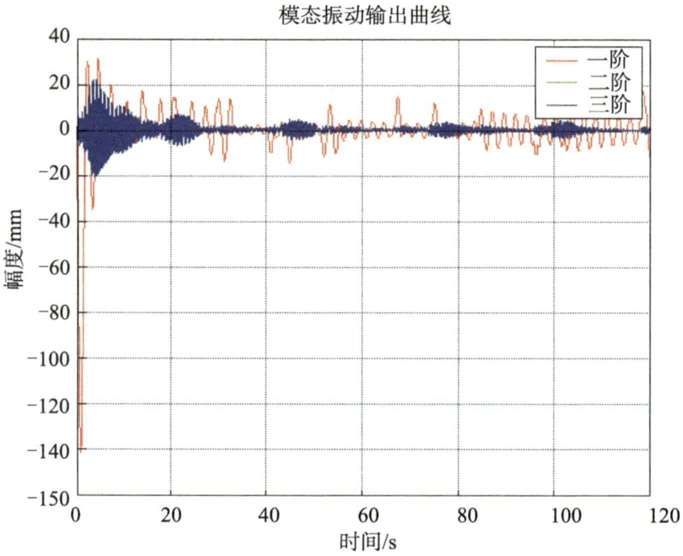

图3-4　$\dot{\boldsymbol{\omega}}$ 和 $\ddot{\boldsymbol{\eta}}$ 耦合挠性动力学0.1 ms迭代运算

基于式（3-274）和式（3-275）$\dot{\boldsymbol{\omega}}$ 和 $\ddot{\boldsymbol{\eta}}$ 解耦挠性动力学迭代运算，迭代步长为80 ms模态振动输出如图3-7所示，其模态振动波形与 $\dot{\boldsymbol{\omega}}$ 和 $\ddot{\boldsymbol{\eta}}$ 耦合挠性动力学0.1 ms迭代步长相似，说明迭代步长为80 ms时仍具有较高仿真精度，迭代步长为100 ms模态振动输出如图3-8所示，模态振幅已发散。

仿真结果表明 $\dot{\boldsymbol{\omega}}$ 和 $\ddot{\boldsymbol{\eta}}$ 解耦挠性动力学可以大幅加快仿真速度。

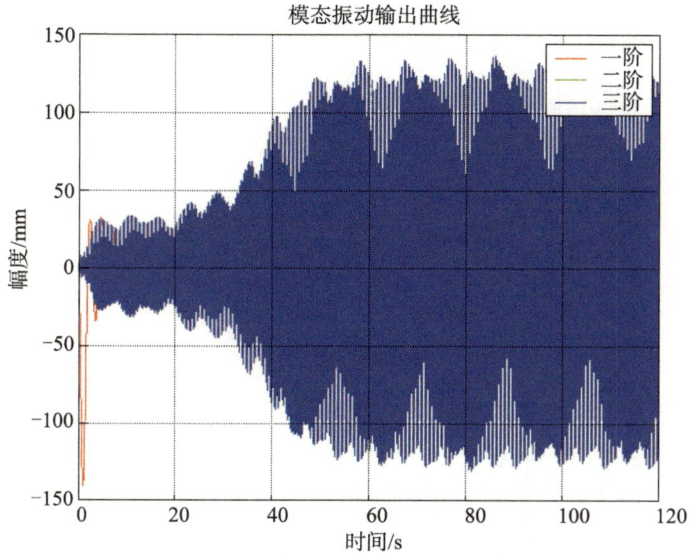

图 3-5　$\dot{\omega}$ 和 $\ddot{\eta}$ 耦合挠性动力学 1 ms 迭代运算

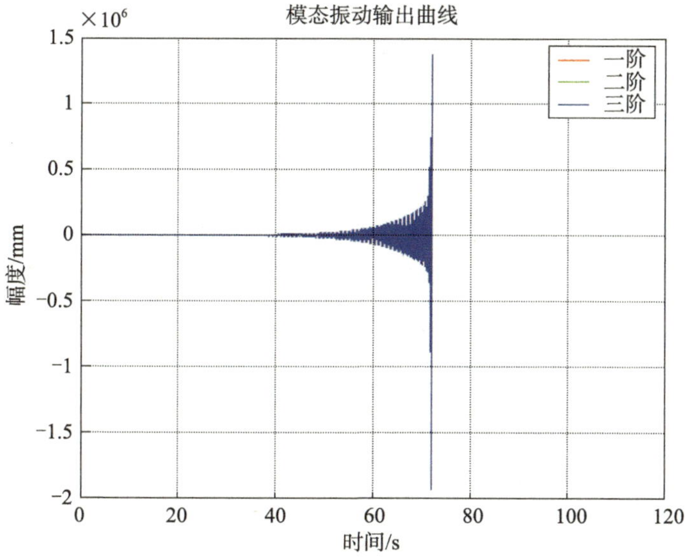

图 3-6　$\dot{\omega}$ 和 $\ddot{\eta}$ 耦合挠性动力学 2 ms 迭代运算

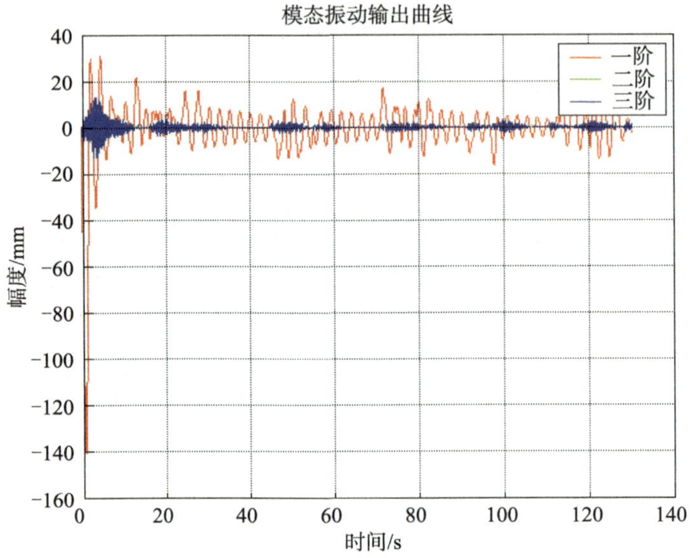

图 3-7　$\dot{\omega}$ 和 $\ddot{\eta}$ 解耦挠性动力学 80 ms 迭代运算

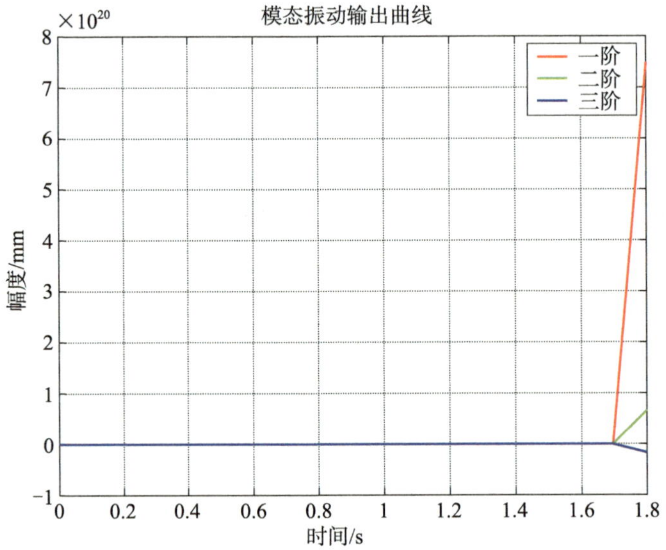

图 3-8　$\dot{\omega}$ 和 $\ddot{\eta}$ 解耦挠性动力学 100 ms 迭代运算

3.10　挠性和晃动动力学模型解耦及局部迭代

对于携带大量推进剂且推进剂贮箱不加防晃装置的飞行器，除了考虑挠性振动外，还需考虑液体晃动的影响。

本章节基于挠性振动及液体晃动模态 $\ddot{\boldsymbol{\eta}}_s$ 和星体转动 $\dot{\boldsymbol{\omega}}$ 解耦，以及局部迭代等措施，避免迭代误差导致挠性和晃动动力学运算发散，解耦后的挠性和晃动动力学模型参数 $\boldsymbol{g}_1$，$\boldsymbol{g}_2$，$\boldsymbol{K}_1$，$\boldsymbol{K}_2$，$\boldsymbol{I}_s^{-1}$ 等可以离线计算，从而减小了迭代计算量，降低了对计算机的性能要求，且易于工程实现。仿真验证了解耦及迭代运算方法的有效性，仿真结果表明计算速度可以提高一至两个数量级。

3.10.1　帆板挠性和液体晃动动力学

一般航天器挠性动力学模型[2]如下：

$$\boldsymbol{I}\dot{\boldsymbol{\omega}} + \boldsymbol{\omega} \times (\boldsymbol{I}\boldsymbol{\omega} + \boldsymbol{H} + \boldsymbol{F}_s\dot{\boldsymbol{\eta}}) + \dot{\boldsymbol{H}} + \boldsymbol{F}_s\ddot{\boldsymbol{\eta}} = \boldsymbol{T}_c + \boldsymbol{T}_d \tag{3-278}$$

$$\ddot{\boldsymbol{\eta}} + 2\xi\boldsymbol{\Lambda}\dot{\boldsymbol{\eta}} + \boldsymbol{\Lambda}^2\boldsymbol{\eta} + \boldsymbol{F}_s^{\mathrm{T}}\dot{\boldsymbol{\omega}} + \boldsymbol{F}_f\boldsymbol{a} = \boldsymbol{0} \tag{3-279}$$

式中　$\boldsymbol{I}$ ——卫星本体的转动惯量；

$\boldsymbol{\omega}$ ——卫星本体坐标系相对惯性空间的角速率；

$\boldsymbol{H}$ ——飞轮角动量；

$\boldsymbol{F}_s$ ——挠性振动运动与星体转动运动的耦合系数；

$\boldsymbol{\eta}$ ——挠性模态振幅；

$\boldsymbol{T}_c$ ——姿控力矩；

$\boldsymbol{T}_d$ ——干扰力矩；

ξ ——挠性模态阻尼系数；

$\boldsymbol{\Lambda}$ ——挠性模态振型频率；

$\boldsymbol{F}_f$ ——挠性振动运动与星体平动运动的耦合系数；

$\boldsymbol{a}$ ——卫星本体的加速度。

一般航天器装有多个推进剂贮箱，n 个推进剂贮箱液体晃动动力学模型如下：

$$\begin{aligned}&\boldsymbol{I}_s\dot{\boldsymbol{\omega}} + \dot{\boldsymbol{H}} + \boldsymbol{\omega} \times (\boldsymbol{I}_s\boldsymbol{\omega} + \boldsymbol{H}) + \sum_{i=1}^{n} m_i(\boldsymbol{r}_{ci} + \boldsymbol{r}_i) \times \boldsymbol{a}_{yz} + \\ &\sum_{i=1}^{n} m_i l_i(\boldsymbol{r}_{ci} + \boldsymbol{r}_i) \times \ddot{\alpha}_i\boldsymbol{\tau}_i - \sum_{i=1}^{n} m_i l_i \alpha_i \boldsymbol{a}_x \times \boldsymbol{\tau}_i = \boldsymbol{T}_c + \boldsymbol{T}_d\end{aligned} \tag{3-280}$$

$$(\ddot{\alpha}_i + 2d_i\lambda_i\dot{\alpha}_i + \lambda_i^2\alpha_i)\boldsymbol{\tau}_i + \frac{1}{l_i}[\boldsymbol{a}_{yz} - (\boldsymbol{r}_{ci} + \boldsymbol{r}_i) \times \dot{\boldsymbol{\omega}}] = 0 \tag{3-281}$$

式中　$\boldsymbol{I}_s$ ——卫星的转动惯量；

$\boldsymbol{\omega}$ ——卫星本体坐标系相对惯性空间的角速率；

$\boldsymbol{H}$ ——卫星内部转动部件角动量；

$\boldsymbol{a}_{yz}$ ——除 X 方向以外的推力加速度，$\boldsymbol{a}_{yz}=[0 \quad a_y \quad a_z]^{\mathrm{T}}$；

$\boldsymbol{a}_x$ —— X 方向的推力加速度，$\boldsymbol{a}_x=[a_x \quad 0 \quad 0]^{\mathrm{T}}$；

$\boldsymbol{\tau}_i$——单摆摆动方向，沿 Y 和 Z 两个方向摆动，形成圆锥摆，$\boldsymbol{\tau}_i=[0 \quad \tau_{yi} \quad \tau_{zi}]^{\mathrm{T}}$；

m_i ——贮箱中等效摆质量；

l_i ——贮箱液体等效摆长；

α_i ——等效摆摆角；

d_i ——等效摆阻尼系数；

λ_i ——等效摆频率；

$\boldsymbol{r}_{ci}$ ——贮箱参考中心矢量；

$\boldsymbol{r}_i$ ——摆质量相对参考中心的位置矢量；

$\boldsymbol{T}_c$ ——控制力矩；

$\boldsymbol{T}_d$ ——外干扰力矩。

令

$$\boldsymbol{r}_{li}=\boldsymbol{r}_{ci}+\boldsymbol{r}_i=[r_{lxi} \quad r_{lyi} \quad r_{lzi}]^{\mathrm{T}} \tag{3-282}$$

$$\boldsymbol{\alpha}_i=\alpha_i\boldsymbol{\tau}_i=[0 \quad \alpha_{yi} \quad \alpha_{zi}]^{\mathrm{T}} \tag{3-283}$$

$$\dot{\boldsymbol{\alpha}}_i=\dot{\alpha}_i\boldsymbol{\tau}_i=[0 \quad \dot{\alpha}_{yi} \quad \dot{\alpha}_{zi}]^{\mathrm{T}} \tag{3-284}$$

$$\ddot{\boldsymbol{\alpha}}_i=\ddot{\alpha}_i\boldsymbol{\tau}_i=[0 \quad \ddot{\alpha}_{yi} \quad \ddot{\alpha}_{zi}]^{\mathrm{T}} \tag{3-285}$$

液体晃动动力学模型改写为

$$\begin{gathered}\boldsymbol{I}_s\dot{\boldsymbol{\omega}}+\dot{\boldsymbol{H}}+\boldsymbol{\omega}\times(\boldsymbol{I}_s\boldsymbol{\omega}+\boldsymbol{H})+\sum_{i=1}^{n}m_i\boldsymbol{r}_{li}\times\boldsymbol{a}_{yz}+\\ \sum_{i=1}^{n}m_il_i\tilde{\boldsymbol{r}}_{li}\ddot{\boldsymbol{\alpha}}_i-\sum_{i=1}^{n}m_il_i\boldsymbol{a}_x\times\boldsymbol{\alpha}_i=\boldsymbol{T}_c+\boldsymbol{T}_d\end{gathered} \tag{3-286}$$

$$\ddot{\boldsymbol{\alpha}}_i-\frac{1}{l_i}\tilde{\boldsymbol{r}}_{li}\dot{\boldsymbol{\omega}}+2d_i\lambda_i\dot{\boldsymbol{\alpha}}_i+\lambda_i^2\boldsymbol{\alpha}_i+\frac{1}{l_i}\boldsymbol{a}_{yz}=0 \tag{3-287}$$

其中

$$\tilde{\boldsymbol{r}}_{li}=\begin{bmatrix}0 & -r_{lzi} & r_{lyi}\\ r_{lzi} & 0 & -r_{lxi}\\ -r_{lyi} & r_{lxi} & 0\end{bmatrix}$$

令

$$\ddot{\boldsymbol{\alpha}}=\begin{bmatrix}\ddot{\boldsymbol{\alpha}}_1 & \cdots & \ddot{\boldsymbol{\alpha}}_i & \cdots & \ddot{\boldsymbol{\alpha}}_n\end{bmatrix}^{\mathrm{T}} \tag{3-288}$$

$$\boldsymbol{F}_{p1}=[m_1l_1\tilde{\boldsymbol{r}}_{l1} \quad \cdots \quad m_il_i\tilde{\boldsymbol{r}}_{li} \quad \cdots \quad m_nl_n\tilde{\boldsymbol{r}}_{ln}] \tag{3-289}$$

$$\boldsymbol{F}_{p2}=[-\tilde{\boldsymbol{r}}_{l1}/l_1 \quad \cdots \quad -\tilde{\boldsymbol{r}}_{li}/l_i \quad \cdots \quad -\tilde{\boldsymbol{r}}_{ln}/l_n]^{\mathrm{T}} \tag{3-290}$$

n 个推进剂贮箱液体晃动动力学模型如下：

$$\boldsymbol{I}_s\dot{\boldsymbol{\omega}}+\dot{\boldsymbol{H}}+\boldsymbol{\omega}\times(\boldsymbol{I}_s\boldsymbol{\omega}+\boldsymbol{H})+\sum_{i=1}^{n}m_i\boldsymbol{r}_{li}\times\boldsymbol{a}_{yz}+\boldsymbol{F}_{p1}\ddot{\boldsymbol{\alpha}}-\sum_{i=1}^{n}m_il_i\boldsymbol{a}_x\times\boldsymbol{\alpha}_i=\boldsymbol{T}_c+\boldsymbol{T}_d \tag{3-291}$$

$$\ddot{\boldsymbol{\alpha}} + \boldsymbol{F}_{p2}\dot{\boldsymbol{\omega}} + 2\boldsymbol{d}\boldsymbol{\lambda}\dot{\boldsymbol{\alpha}} + \boldsymbol{\lambda}^2\boldsymbol{\alpha} + \boldsymbol{l}\boldsymbol{a}_{yz} = 0 \tag{3-292}$$

其中，$\boldsymbol{\lambda} = \mathrm{diag}(\lambda_1, \lambda_2, \cdots, \lambda_n)$，$d = \mathrm{diag}(d_1, d_2, \cdots, d_n)$；$\boldsymbol{l} = [1/l_1, 1/l_2, \cdots, 1/l_n]$

晃动动力学模型迭代计算时，先用式（3－291）求 $\dot{\boldsymbol{\omega}}$ 需要 $\ddot{\boldsymbol{\alpha}}$，而 $\ddot{\boldsymbol{\alpha}}$ 还未求解，只能用上一次迭代结果；同样先用式（3－292）求 $\ddot{\boldsymbol{\alpha}}$ 需要 $\dot{\boldsymbol{\omega}}$，而 $\dot{\boldsymbol{\omega}}$ 还未求解，只能用上一次迭代结果。

总之，基于式（3－291）和式（3－292）存在 $\dot{\boldsymbol{\omega}}$ 和 $\ddot{\boldsymbol{\alpha}}$ 耦合的挠性动力学模型进行迭代运算，$\dot{\boldsymbol{\omega}}$ 和 $\ddot{\boldsymbol{\alpha}}$ 有一个要用到上一次迭代结果，而不是本拍实际状态，从而产生迭代误差。

3.10.2　挠性和晃动动力学模型

设航天器装有多个太阳翼或大面积天线等挠性部件和多个推进剂贮箱，由式（3－278）、式（3－279）、式（3－291）和式（3－292）得挠性和晃动动力学模型如下：

$$\begin{aligned}&\boldsymbol{I}_s\dot{\boldsymbol{\omega}} + \dot{\boldsymbol{H}} + \boldsymbol{F}_s\ddot{\boldsymbol{\eta}} + \boldsymbol{\omega} \times (\boldsymbol{I}_s\boldsymbol{\omega} + \boldsymbol{H} + \boldsymbol{F}_s\dot{\boldsymbol{\eta}}) + \\ &\sum_{i=1}^{n} m_i \boldsymbol{r}_{li} \times \boldsymbol{a}_{yz} + \boldsymbol{F}_{p1}\ddot{\boldsymbol{\alpha}} - \sum_{i=1}^{n} m_i l_i \boldsymbol{a}_x \times \boldsymbol{\alpha}_i = \boldsymbol{T}_c + \boldsymbol{T}_d\end{aligned} \tag{3-293}$$

$$\ddot{\boldsymbol{\eta}} + 2\xi\boldsymbol{\Lambda}\dot{\boldsymbol{\eta}} + \boldsymbol{\Lambda}^2\boldsymbol{\eta} + \boldsymbol{F}_s^{\mathrm{T}}\dot{\boldsymbol{\omega}} + \boldsymbol{F}_f\boldsymbol{a} = 0 \tag{3-294}$$

$$\ddot{\boldsymbol{\alpha}} + \boldsymbol{F}_{p2}\dot{\boldsymbol{\omega}} + 2\boldsymbol{d}\boldsymbol{\lambda}\dot{\boldsymbol{\alpha}} + \boldsymbol{\lambda}^2\boldsymbol{\alpha} + \boldsymbol{l}\boldsymbol{a}_{yz} = 0 \tag{3-295}$$

3.10.3　挠性和晃动与本体转动解耦

式（3－293）～式（3－295）挠性和晃动动力学模型存在挠性模态 $\ddot{\boldsymbol{\eta}}$、晃动模态 $\ddot{\boldsymbol{\alpha}}$ 和星体转动 $\dot{\boldsymbol{\omega}}$ 之间的耦合，对于动力学及控制耦合经常采取解耦处理。王献忠等[11]基于挠性模态 $\ddot{\boldsymbol{\eta}}$ 和星体转动 $\dot{\boldsymbol{\omega}}$ 解耦、局部迭代等措施避免迭代误差导致挠性动力学运算发散，解耦后的挠性动力学模型参数 $\boldsymbol{K}_1$，$\boldsymbol{K}_2$，$\boldsymbol{I}^{-1}$ 等可以离线计算，从而减小了迭代计算量。罗绪涛等[3]针对空空导弹通道耦合问题采用直接动态反馈补偿理论控制策略的解耦控制器，较好地实现了大攻角导弹控制。丁亮等[4]针对高度耦合的月球车轮地相互作用力学积分模型推导了解耦的封闭解析模型，较好地应用于月球车的动力学仿真和控制算法设计。霍炬等[5]针对飞行器运行参数估计中旋转和平移参数耦合问题，设计了一种串行式参数估计模型，将旋转运动参数与平移运动参数进行解耦。胡立坤等[6]针对航天器姿态控制采用逆系统方法对模型进行解耦，并采用内模原理设计闭环控制器以弥补解耦的非理想性。张国忠等[7]针对循环流化床锅炉（CFBB）汽压-床温耦合系统，采用预测控制和在线辨识自适应控制实现 CFBB 的汽压-床温解耦模型的自适应控制。

对式（3－293）～式（3－295）挠性和晃动动力学模型解耦，令

$$\ddot{\boldsymbol{\eta}}_s = \begin{bmatrix} \ddot{\boldsymbol{\eta}} \\ \ddot{\boldsymbol{\alpha}} \end{bmatrix} \tag{3-296}$$

$$\boldsymbol{f}_1 = \boldsymbol{T}_c + \boldsymbol{T}_d - \dot{\boldsymbol{H}} - \boldsymbol{\omega} \times (\boldsymbol{I}_s\boldsymbol{\omega} + \boldsymbol{H} + \boldsymbol{F}_s\dot{\boldsymbol{\eta}}) - \sum_{i=1}^{n} m_i \boldsymbol{r}_{li} \times \boldsymbol{a}_{yz} + \sum_{i=1}^{n} m_i l_i \boldsymbol{a}_x \times \boldsymbol{\alpha}_i \tag{3-297}$$

$$\boldsymbol{f}_2=\begin{bmatrix}-2\xi\boldsymbol{\Lambda}\dot{\boldsymbol{\eta}}-\boldsymbol{\Lambda}^2\boldsymbol{\eta}-\boldsymbol{F}_f\boldsymbol{a}\\ -2d_1\lambda_1\dot{\boldsymbol{\alpha}}_1-\lambda_1^2\boldsymbol{\alpha}_1-\dfrac{1}{l_1}\boldsymbol{a}_{yz}\\ \cdots\\ -2d_i\lambda_i\dot{\boldsymbol{\alpha}}_i-\lambda_i^2\boldsymbol{\alpha}_i-\dfrac{1}{l_i}\boldsymbol{a}_{yz}\\ \cdots\\ -2d_n\lambda_n\dot{\boldsymbol{\alpha}}_n-\lambda_n^2\boldsymbol{\alpha}_n-\dfrac{1}{l_n}\boldsymbol{a}_{yz}\end{bmatrix} \tag{3-298}$$

$$\boldsymbol{g}_1=[\boldsymbol{F}_s\quad \boldsymbol{F}_{p1}] \tag{3-299}$$

$$\boldsymbol{g}_2=\begin{bmatrix}\boldsymbol{F}_s^{\mathrm{T}}\\ \boldsymbol{F}_{p2}\end{bmatrix} \tag{3-300}$$

挠性和晃动动力学模型改写如下：

$$\boldsymbol{I}_s\dot{\boldsymbol{\omega}}+\boldsymbol{g}_1\ddot{\boldsymbol{\eta}}_s=\boldsymbol{f}_1 \tag{3-301}$$

$$\ddot{\boldsymbol{\eta}}_s+\boldsymbol{g}_2\dot{\boldsymbol{\omega}}=\boldsymbol{f}_2 \tag{3-302}$$

式（3-301）和式（3-302）可以写成

$$\dot{\boldsymbol{\omega}}=\boldsymbol{I}_s^{-1}\boldsymbol{f}_1-\boldsymbol{I}_s^{-1}\boldsymbol{g}_1\ddot{\boldsymbol{\eta}}_s \tag{3-303}$$

$$\ddot{\boldsymbol{\eta}}_s=\boldsymbol{f}_2-\boldsymbol{g}_2\dot{\boldsymbol{\omega}} \tag{3-304}$$

式（3-304）代入式（3-303）得

$$(\boldsymbol{I}_{3\times3}-\boldsymbol{I}_s^{-1}\boldsymbol{g}_1\boldsymbol{g}_2)\dot{\boldsymbol{\omega}}=\boldsymbol{I}_s^{-1}(\boldsymbol{f}_1-\boldsymbol{g}_1\boldsymbol{f}_2) \tag{3-305}$$

式中　$\boldsymbol{I}_{3\times3}$ ——3 乘 3 阶单位阵。

式（3-303）代入式（3-304）得

$$(\boldsymbol{I}_{j\times j}-\boldsymbol{g}_2\boldsymbol{I}_s^{-1}\boldsymbol{g}_1)\ddot{\boldsymbol{\eta}}_s=\boldsymbol{f}_2-\boldsymbol{g}_2\boldsymbol{I}_s^{-1}\boldsymbol{f}_1 \tag{3-306}$$

式中　$\boldsymbol{I}_{j\times j}$ —— j 乘 j 阶单位阵，$j=2n+m$，n 为贮箱个数，m 为挠性模态阶数。

式（3-305）和式（3-306）消去了式（3-301）和式（3-302）中的星体转动 $\dot{\boldsymbol{\omega}}$ 和挠性及晃动振动 $\ddot{\boldsymbol{\eta}}_s$ 耦合项，令

$$\boldsymbol{K}_1=(\boldsymbol{I}_{3\times3}-\boldsymbol{I}_s^{-1}\boldsymbol{g}_1\boldsymbol{g}_2)^{-1} \tag{3-307}$$

$$\boldsymbol{K}_2=(\boldsymbol{I}_{j\times j}-\boldsymbol{g}_2\boldsymbol{I}_s^{-1}\boldsymbol{g}_1)^{-1} \tag{3-308}$$

得到 $\dot{\boldsymbol{\omega}}$ 和 $\ddot{\boldsymbol{\eta}}_s$ 解耦后的挠性动力学模型

$$\dot{\boldsymbol{\omega}}=\boldsymbol{K}_1\boldsymbol{I}_s^{-1}(\boldsymbol{f}_1-\boldsymbol{g}_1\boldsymbol{f}_2) \tag{3-309}$$

$$\ddot{\boldsymbol{\eta}}_s=\boldsymbol{K}_2(\boldsymbol{f}_2-\boldsymbol{g}_2\boldsymbol{I}_s^{-1}\boldsymbol{f}_1) \tag{3-310}$$

其中，$\boldsymbol{g}_1$，$\boldsymbol{g}_2$，$\boldsymbol{K}_1$，$\boldsymbol{K}_2$，$\boldsymbol{I}_s^{-1}$ 可以离线计算，$\boldsymbol{f}_1$，$\boldsymbol{f}_2$ 根据式（3-309）和式（3-310）积分后得到的 $\boldsymbol{\omega}$，$\dot{\boldsymbol{\eta}}_s$ 和 $\boldsymbol{\eta}_s$，再代入式（3-297）和式（3-298）迭代计算。

式（3-309）和式（3-310）$\dot{\boldsymbol{\omega}}$ 和 $\ddot{\boldsymbol{\eta}}_s$ 解耦后的挠性和晃动动力学可以根据上一次迭代结果进行精确迭代运算，相对式（3-293）～式（3-295）挠性和晃动动力学减小了迭代误差，且 $\boldsymbol{g}_1$，$\boldsymbol{g}_2$，$\boldsymbol{K}_1$，$\boldsymbol{K}_2$，$\boldsymbol{I}_s^{-1}$ 离线计算，减小了迭代计算量。

3.10.4　局部迭代及简单积分

对于复杂耦合动力学模型可以采用迭代计算求解，王龙等[8]针对视线方程中位置和姿态信息严重耦合问题研究了一种解耦迭代确定算法。管宇等[9]针对卫星在轨运行时存在的执行机构故障和空间干扰问题，运用迭代学习实现了执行机构的在线故障重构。陈卫明等[10]针对产品开发过程建立了不确定条件下基于混合迭代的耦合集求解模型。

挠性动力学模型一般与轨道动力学模型、姿态和轨道运动学模型、单机模型等一起迭代运算，航天器姿态和轨道运动学模型、单机模型根据姿态和轨道动力学输出计算，仿真系统对其更新频率要求不高，可以 50 ms 左右更新输出。

挠性和晃动动力学模型精度与迭代计算步长相关，针对式（3－293）～式（3－295）$\dot{\boldsymbol{\omega}}$ 和 $\ddot{\boldsymbol{\eta}}_s$ 耦合的挠性和晃动动力学模型或式（3－309）和式（3－310）$\dot{\boldsymbol{\omega}}$ 和 $\ddot{\boldsymbol{\eta}}_s$ 解耦后的挠性和晃动动力学模型在动力学仿真周期内进行局部多次迭代计算，不仅可以避免积分误差导致动力学发散，而且可以提高动力学的仿真精度。

一般航天器动力学仿真周期可设为 50 ms，挠性动力学迭代计算机周期可以为 1～5 ms，即在动力学仿真周期内局部迭代运算 10～50 次。采用局部多次迭代可以减小迭代误差，迭代时积分可以采用简单积分。

设需要积分的微分方程如下：

$$\boldsymbol{x}(t_0)=\boldsymbol{x}_0,\dot{\boldsymbol{x}}=f(t,\boldsymbol{x}) \tag{3-311}$$

简单积分算法如下：

$$\boldsymbol{x}_{n+1}=\boldsymbol{x}_n+\mathrm{d}\boldsymbol{x}_n \tag{3-312}$$

式中，$\mathrm{d}\boldsymbol{x}_n=h\cdot f(t_n,\ \boldsymbol{x}_n)$，$h$ 为积分步长。

3.10.5　解耦及局部迭代算法仿真验证

挠性部件 2 个，每个挠性部件挠性模态取 7 阶，推进剂贮箱 4 个，燃料贮箱和氧化剂贮箱各 2 个，每个贮箱用 1 个圆锥摆模拟液体晃动，采用 4 阶龙格库塔积分，并结合轨控期间姿态控制进行仿真验证，初始姿态误差 5°，控制周期 200 ms。

基于式（3－293）～式（3－295）$\dot{\boldsymbol{\omega}}$ 和 $\ddot{\boldsymbol{\eta}}_s$ 耦合挠性和晃动动力学迭代运算，迭代步长为1 ms 挠性振动前四阶模态输出如图 3－9 所示，挠性模态振幅小于 50 mm，高阶模态振幅更小；其中一个燃料贮箱液体晃动角输出如图 3－10 所示，液体晃动角振幅小于 4°，其他三个贮箱液体晃动角振幅类似。迭代步长为 5 ms 时挠性振动前四阶模态输出如图 3－11 所示，挠性模态振幅已发散；其中一个燃料贮箱液体晃动角输出如图 3－12 所示，液体晃动角振幅已发散。

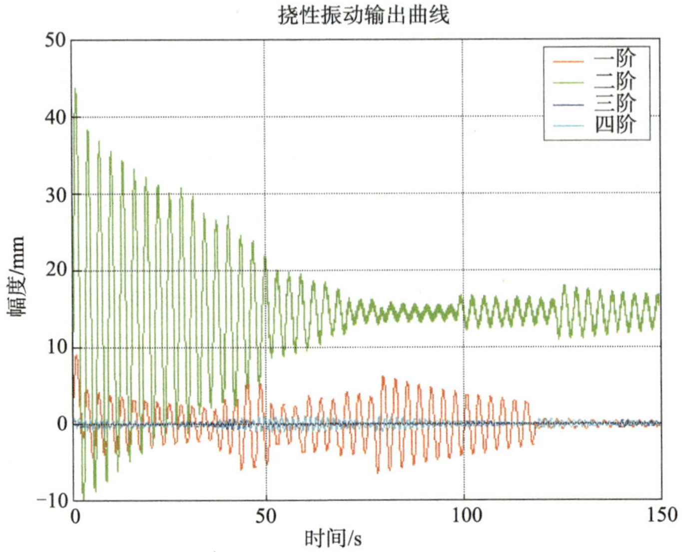

图 3-9 $\dot{\boldsymbol{\omega}}$ 和 $\ddot{\boldsymbol{\eta}}_s$ 耦合 1 ms 迭代挠性振动输出曲线

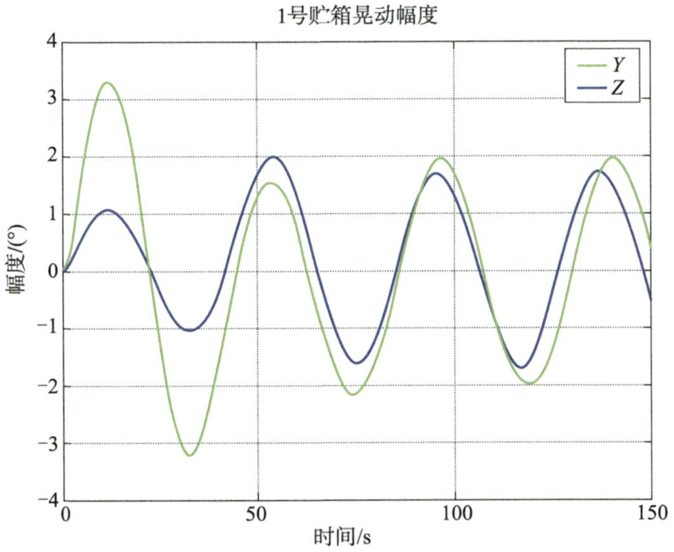

图 3-10 $\dot{\boldsymbol{\omega}}$ 和 $\ddot{\boldsymbol{\eta}}_s$ 耦合 1 ms 迭代液体晃动输出曲线

基于式（3-309）和式（3-310）$\dot{\boldsymbol{\omega}}$ 和 $\ddot{\boldsymbol{\eta}}_s$ 解耦挠性和晃动动力学迭代运算，迭代步长 50 ms 挠性振动前四阶模态输出如图 3-13 所示，挠性模态振幅小于 50 mm，高阶模态振幅更小；其中一个燃料贮箱液体晃动角输出如图 3-14 所示，液体晃动角振幅小于 4°，其他三个贮箱液体晃动角振幅类似。迭代步长 50 ms 挠性和晃动动力学运算收敛，挠性振动和液体晃动波形与 $\dot{\boldsymbol{\omega}}$ 和 $\ddot{\boldsymbol{\eta}}_s$ 耦合挠性动力学 1 ms 迭代步长相似，说明迭代步长为 50 ms 时仍具有较高仿真精度。迭代步长为 100 ms 挠性振动输出如图 3-15 所示，挠性模态振幅

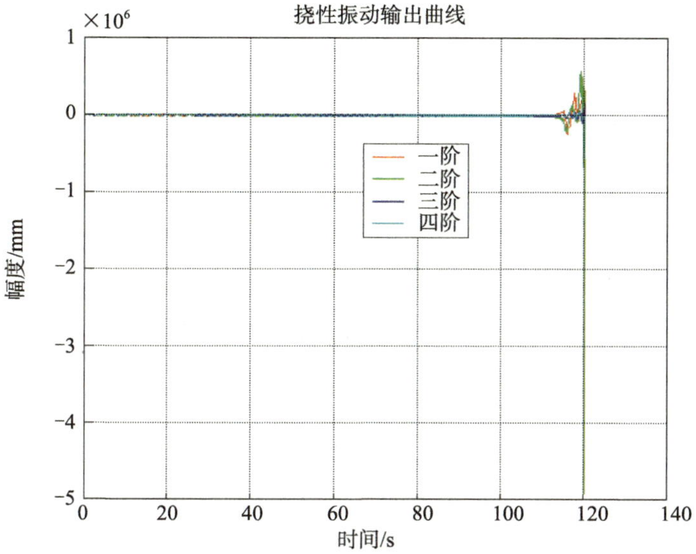

图 3 - 11　$\dot{\boldsymbol{\omega}}$ 和 $\ddot{\boldsymbol{\eta}}_s$ 耦合 5 ms 迭代挠性振动输出曲线

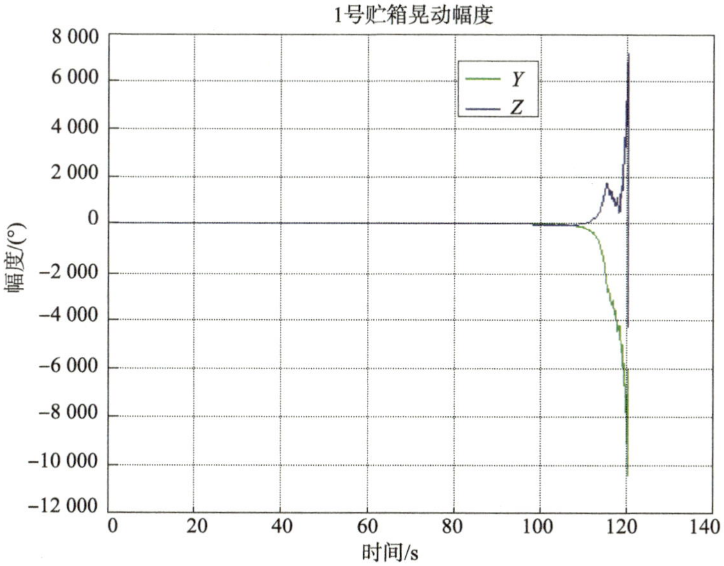

图 3 - 12　$\dot{\boldsymbol{\omega}}$ 和 $\ddot{\boldsymbol{\eta}}_s$ 耦合 5 ms 迭代液体晃动输出曲线

已发散；液体晃动输出如图 3 - 16 所示，液体晃动角已发散，挠性和晃动动力学迭代运算发散。

仿真结果表明 $\dot{\boldsymbol{\omega}}$ 和 $\ddot{\boldsymbol{\eta}}_s$ 解耦挠性和晃动动力学可以大幅加快仿真速度。

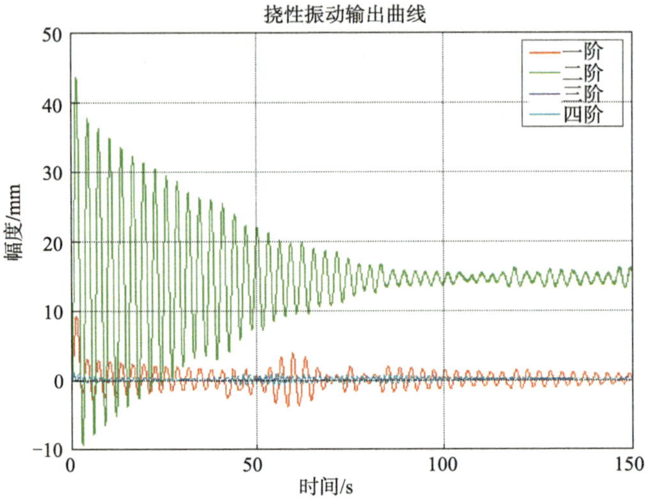

图 3-13　$\dot{\boldsymbol{\omega}}$ 和 $\ddot{\boldsymbol{\eta}}_s$ 解耦 50 ms 迭代挠性振动输出曲线

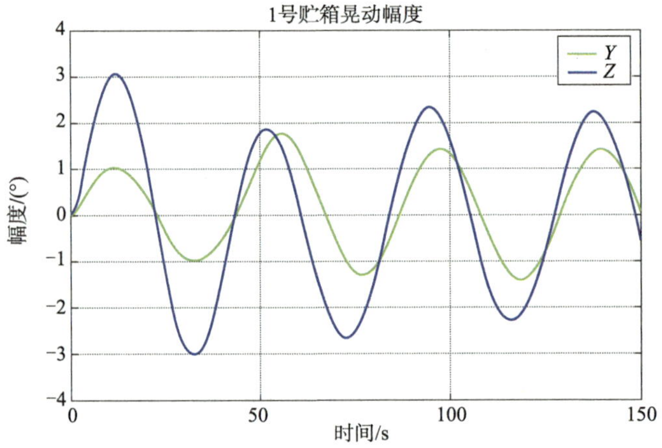

图 3-14　$\dot{\boldsymbol{\omega}}$ 和 $\ddot{\boldsymbol{\eta}}_s$ 解耦 50 ms 迭代液体晃动输出曲线

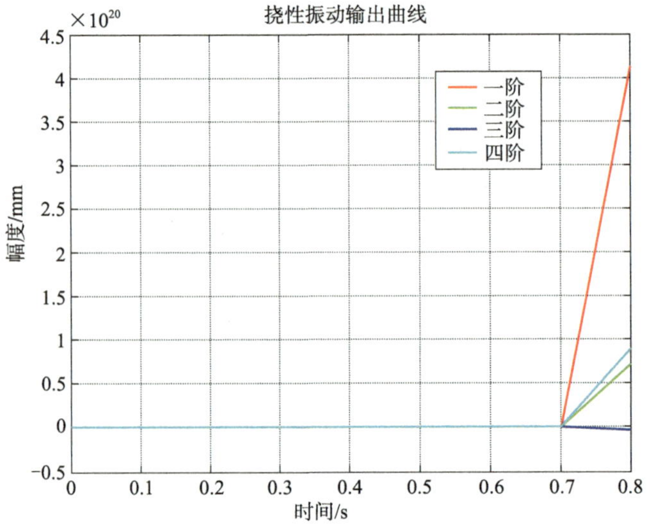

图 3-15　$\dot{\boldsymbol{\omega}}$ 和 $\ddot{\boldsymbol{\eta}}_s$ 解耦 100 ms 迭代挠性振动输出曲线

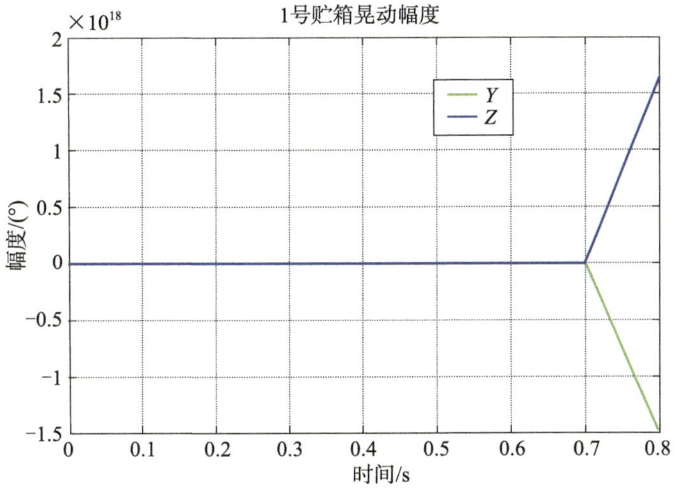

图 3-16　$\dot{\omega}$ 和 $\ddot{\eta}_s$ 解耦 100 ms 迭代液体晃动输出曲线

3.11　习题

1. 编写质点轨道动力学 Simulink 仿真模块；
2. 编写刚体姿态动力学 Simulink 仿真模块；
3. 编写从历元 J2000.0 起算的儒略世纪数 Simulink 仿真模块；
4. 编写格林尼治真恒星时 Simulink 仿真模块；
5. 编写轨道空间大气密度计算 Simulink 仿真模块；
6. 编写近点角 MEF 相互转换 Simulink 仿真模块；
7. 编写太阳指向 Simulink 仿真模块；
8. 编写月亮指向 Simulink 仿真模块。

参 考 文 献

[1] 孙宝祥，崔静．大型挠性充液卫星自适应PID智能控制技术研究 [J]．航天控制，2007，25 (4)：26-30.

[2] 章仁为．卫星轨道姿态动力学与控制 [M]．北京：北京航空航天大学出版社，2006.

[3] 罗绪涛，梁晓庚，贾晓洪，等．大攻角导弹DDFC变结构解耦控制器设计 [J]．计算机仿真，2012，29 (7)：101-104.

[4] 丁亮，高海波，邓宗全，等．月球车轮地相互作用力学模型解耦及其应用 [J]．哈尔滨工业大学学报，201 1，43 (1)：56-61.

[5] 霍炬，仲小清，杨明．基于视觉的飞行器运动参数串行式递归估计 [J]．宇航学报，2010，31 (2)：361-368.

[6] 胡立坤，王庆超．基于逆系统方法与内模原理的航天器姿态控制 [J]．系统工程与电子技术，2009，31 (11)：2719-2722.

[7] 张国忠，吴俊，刘毅，等．循环流化床锅炉解耦模型的自适应控制研究 [J]．浙江电力，2008，30 (2)：1-4.

[8] 王龙，董新民，贾海燕．无人机空中加油相对位姿解耦迭代确定算法 [J]．应用科学学报，2012，30 (4)：427-432.

[9] 管宇，张迎春，沈毅，等．基于迭代学习观测器的卫星姿态控制系统的鲁棒容错控制 [J]．宇航学报，2012，33 (8)：1080-1086.

[10] 陈卫明，陈庭贵，肖人彬．动态环境下基于混合迭代的耦合集求解方法 [J]．计算机集成制造系统，2010，16 (2)：271-279，309.

[11] 王献忠，汤敏兰，董晋芳．一种挠性动力学模型解耦及局部迭代方法 [J]．系统仿真学报，2015，27 (6)：1204-1208.

第 4 章　组合定姿算法及仿真

本章讲述常用的组合定姿算法及工程应用方式，具体包括陀螺＋星敏组合定姿、陀螺＋地平仪轨道罗盘定姿、陀螺＋磁强计组合定姿等。

为了方便论述，首先介绍了陀螺的建模，偏差四元数与角速率关系等基本模型及算法。

考虑到卡尔曼滤波组合定姿物理概念不是很清晰，且算法比较复杂，本章给出的滤波算法大部分采用 PI 滤波算法，该算法简单可靠，适合于工程应用；对于陀螺＋磁强计组合定姿，本章同时给出了基于卡尔曼滤波的组合定姿算法，及基于 PI 滤波的组合定姿算法。

最后考虑到星敏感器普遍使用，对于星敏感器在实际工程应用中所需要用到的观星方案、安装四元数估算等进行了论述。

4.1　组合定姿基本模型

4.1.1　地固系标准地磁场模型

地磁场的球谐波模型为

$$V = r \cdot \sum_{n=1}^{N} \sum_{m=0}^{n} \left(\frac{R_e}{r}\right)^{n+2} \cdot f \tag{4-1}$$

其中

$$f = (g_n^m \cdot \cos m\lambda + h_n^m \cdot \sin m\lambda) \cdot P_n^m(\cos\eta)$$

$$P_n^m(\cos\eta) = \sqrt{\frac{2(n-m)!}{(n+m)!\ \delta_m}} \cdot P_{n,m}(\cos\eta)$$

$$\delta_m = \begin{cases} 2 & m = 0 \\ 1 & m \neq 0 \end{cases}$$

$$P_{n,m}(\cos\eta) = \frac{\sin^m \eta}{2^n} \cdot g$$

$$g = \sum_{s=0}^{\left[\frac{n-m}{2}\right]} \frac{(-1)^s (2n-2s)!}{s!\ (n-s)!\ (n-m-2s)!} \cdot (\cos\eta)^{n-m-2s}$$

$$\left[\frac{n-m}{2}\right] = \begin{cases} \dfrac{n-m}{2} & n-m \text{ 为偶数} \\ \dfrac{n-m-1}{2} & n-m \text{ 为奇数} \end{cases}$$

由 $\boldsymbol{B} = -\nabla V$ 得

$$B_x = \frac{1}{r} \cdot \frac{\partial V}{\partial \eta} = \sum_{n=1}^{N}\sum_{m=0}^{n}\left(\frac{R_e}{r}\right)^{n+2} \cdot f_x \tag{4-2}$$

$$B_y = -\frac{1}{r\sin\eta} \cdot \frac{\partial V}{\partial \lambda} = \sum_{n=1}^{N}\sum_{m=0}^{n}\left(\frac{R_e}{r}\right)^{n+2} \cdot f_y \tag{4-3}$$

$$B_z = \frac{\partial V}{\partial r} = -\sum_{n=1}^{N}\sum_{m=0}^{n}\left(\frac{R_e}{r}\right)^{n+2} \cdot f_z \tag{4-4}$$

其中

$$f_x = (g_n^m \cos m\lambda + h_n^m \sin m\lambda) \cdot \frac{\mathrm{d}P_n^m(\cos\eta)}{\mathrm{d}\eta}$$

$$f_y = (g_n^m \sin m\lambda - h_n^m \cos m\lambda) \cdot m \cdot \frac{P_n^m(\cos\eta)}{\sin\eta}$$

$$f_z = (g_n^m \cos m\lambda + h_n^m \sin m\lambda) \cdot (n+1) \cdot P_n^m(\cos\eta)$$

式中，λ 为地理经度；η 为地理余纬；r 为地心距；R_e 为地球半径；g_n^m，h_n^m 为高斯系数。

考虑到星载计算机的计算能力，取一阶近似如下[1]

$$B_x = -\frac{R_e^3}{r^3} \cdot f_x \tag{4-5}$$

$$B_y = \frac{R_e^3}{r^3} \cdot f_y \tag{4-6}$$

$$B_z = -\frac{2R_e^3}{r^3} \cdot f_z \tag{4-7}$$

其中

$$f_x = g_1^0 \cdot \sin\eta - (g_1^1 \cdot \cos\lambda + h_1^1 \cdot \sin\lambda) \cdot \cos\eta$$

$$f_y = g_1^1 \cdot \sin\lambda - h_1^1 \cdot \cos\lambda$$

$$f_z = g_1^0 \cdot \cos\eta + (g_1^1 \cdot \cos\lambda + h_1^1 \cdot \sin\lambda) \cdot \sin\eta$$

g_1^0，g_1^1，h_1^1 通过国际公布的 IGRF 数据得到，可取 $g_1^0 = -0.303\ 39$，$g_1^1 = -0.021\ 23$，$h_1^1 = 0.057\ 58$，表 4-1 为 2005 年国际公布的 IGRF 前 10 阶数据。

则北东地地理坐标系下地磁场矢量为

$$\boldsymbol{B}_e = [B_x \quad B_y \quad B_z]^{\mathrm{T}} \tag{4-8}$$

表 4-1　2005 年国际公布的 IGRF 前 10 阶数据

n	m	g_n^m/nT	h_n^m/nT	n	m	g_n^m/nT	h_n^m/nT
1	0	−29 556.8	0.0	7	6	5.5	−26.4
1	1	−1 671.8	5 080.0	7	7	2.0	−4.8
2	0	−2 340.5	0.0	8	0	24.8	0.0
2	1	3 047.0	−2 594.9	8	1	7.7	11.2
2	2	1 656.9	−516.7	8	2	−11.4	−21.0
3	0	1 335.7	0.0	8	3	−6.8	9.7
3	1	−2 305.3	−200.4	8	4	−18.0	−19.8

续表

n	m	g_n^m/nT	h_n^m/nT	n	m	g_n^m/nT	h_n^m/nT
3	2	1 246.8	269.3	8	5	10.0	16.1
3	3	674.4	−524.5	8	6	9.4	7.7
4	0	919.8	0.0	8	7	−11.4	−12.8
4	1	798.2	281.4	8	8	−5.0	−0.1
4	2	211.5	−225.8	9	0	5.6	0.0
4	3	−379.5	145.7	9	1	9.8	−20.1
4	4	100.2	−304.7	9	2	3.6	12.9
5	0	−227.6	0.0	9	3	−7.0	12.7
5	1	354.4	42.7	9	4	5.0	−6.7
5	2	208.8	179.8	9	5	−10.8	−8.1
5	3	−136.6	−123.0	9	6	−1.3	8.1
5	4	−168.3	−19.5	9	7	8.7	2.9
5	5	−14.1	103.6	9	8	−6.7	−7.9
6	0	72.9	0.0	9	9	−9.2	5.9
6	1	69.6	−20.2	10	0	−2.2	0.0
6	2	76.6	54.7	10	1	−6.3	2.4
6	3	−151.1	63.7	10	2	1.6	0.2
6	4	−15.0	−63.4	10	3	−2.5	4.4
6	5	14.7	0.0	10	4	−0.1	4.7
6	6	−86.4	50.3	10	5	3.0	−6.5
7	0	79.8	0.0	10	6	0.3	−1.0
7	1	−74.4	−61.4	10	7	2.1	−3.4
7	2	−1.4	−22.5	10	8	3.9	−0.9
7	3	38.6	6.9	10	9	−0.1	−2.3
7	4	12.3	25.4	10	10	−2.2	−8.0
7	5	9.4	10.9				

4.1.2　轨道系简化地磁场模型

基于地固系建立地磁场模型应用时需要将地固系磁场转换到轨道系和本体系，为了简化仿真，可以直接在轨道系建立地磁场模型，基于轨道系直接建立地磁场模型不考虑地理经度对磁场的影响，只考虑纬度影响。

轨道系简化地磁场模型适用于倾角 90°左右轨道，如太阳同步轨道。轨道系简化地磁场模型建立可以基于在轨实测数据，也可以用更简化的正余弦函数模拟

$$\begin{cases}B_{xo}=-0.25k_h\cdot\cos(\omega_0\cdot t+u_0)\\B_{yo}=0.0\\B_{zo}=0.47k_h\cdot\sin(\omega_0\cdot t+u_0)\end{cases}\tag{4-9}$$

式中，$k_h=\left(\frac{R_e+h_0}{R_e+h}\right)^3$，$R_e$ 为地球半径，$h_0=600$ km，h 为飞行器轨道高度；ω_0 为轨道角速率；t 为飞行器从初始时刻 t_0 开始的飞行时间；u_0 为 t_0 时刻飞行器纬度幅角。

4.1.3 陀螺模型

空间飞行器在轨运行时推力等产生的除重力以外的加速度较小，且有星敏、地平仪、太敏等修正陀螺积分姿态误差，空间飞行器用陀螺建模不同于运载、导弹等纯陀螺积分应用，可以只考虑常值漂移和随时间线性变化的漂移，其他三轴非正交误差、加速度带来的摄动项、三轴之间的耦合等均可以看作噪声。

设星体真实角速率为 $\boldsymbol{\omega}$，陀螺角速率测量值为 $\boldsymbol{\omega}_g$，常值漂移为 $\boldsymbol{b}$，随时间线性变化的漂移为 $\boldsymbol{k}_g$，噪声为 $\boldsymbol{n}_g$，则陀螺角速率测量模型如下：

$$\boldsymbol{\omega}_g=\boldsymbol{\omega}+\boldsymbol{b}+\boldsymbol{k}_g\cdot t+\boldsymbol{n}_g\tag{4-10}$$

滤波估计陀螺漂移时可以将随时间线性变化的漂移分解为慢变漂移和噪声，慢变漂移在短时间内作常值漂移进行估计。

陀螺精度指标可采用随机漂移和随机游走两种形式，随机漂移计算如下：

$$\mathrm{d}\omega=\sqrt{\frac{\omega_1^2+\omega_2^2+\cdots+\omega_n^2}{n-1}}\tag{4-11}$$

式中 ω_i ——采样时间 T 内的角速率均值。

随机游走计算如下：

$$\mathrm{d}\omega=\sqrt{\frac{(\omega_1\cdot\mathrm{d}t_1)^2+(\omega_2\cdot\mathrm{d}t_2)^2+\cdots+(\omega_n\cdot\mathrm{d}t_n)^2}{\mathrm{d}t_1+\mathrm{d}t_2+\cdots+\mathrm{d}t_n}}\tag{4-12}$$

式中 $\omega_i\cdot\mathrm{d}t_i$ ——采样时间 T 内的角增量。

随机漂移和随机游走与每个样本的采样时间密切相关，采样时间越长，$\mathrm{d}\omega$ 越小，比较精度要在同样采样周期下进行，同样采样频率，随机漂移约为随机游走的 60 倍（$\sqrt{3\,600}$）。

采样时间由系统工作频率决定，对于直接测量角增量的陀螺一般采用随机游走指标，如光纤陀螺；对于直接测量角速率的陀螺一般采用随机漂移指标，如液浮陀螺。

4.2 组合定姿基本算法

4.2.1 偏差四元数与角速率关系

定义姿态偏差四元数如下：

$$\hat{\boldsymbol{q}}=\boldsymbol{q}\otimes\boldsymbol{q}_e\tag{4-13}$$

式中　$\boldsymbol{q}$ ——星体坐标系相对轨道坐标系真实姿态四元数；

$\boldsymbol{q}_e$ ——姿态偏差四元数；

$\hat{\boldsymbol{q}}$ ——姿态四元数估计值。

对式（4－13）求导可以得到

$$\dot{\hat{\boldsymbol{q}}} = \dot{\boldsymbol{q}} \otimes \boldsymbol{q}_e + \boldsymbol{q} \otimes \dot{\boldsymbol{q}}_e \tag{4-14}$$

姿态运动学方程

$$\dot{\boldsymbol{q}} = \frac{1}{2}\boldsymbol{q} \otimes \begin{Bmatrix} 0 \\ \boldsymbol{\omega} \end{Bmatrix} \tag{4-15}$$

$$\dot{\hat{\boldsymbol{q}}} = \frac{1}{2}\hat{\boldsymbol{q}} \otimes \begin{Bmatrix} 0 \\ \hat{\boldsymbol{\omega}} \end{Bmatrix} \tag{4-16}$$

式中　$\boldsymbol{\omega}$ ——星体真实角速率；

$\hat{\boldsymbol{\omega}}$ ——星体角速率估计值。

将式（4－15）和式（4－16）代入式（4－14）得

$$\frac{1}{2}\hat{\boldsymbol{q}} \otimes \begin{Bmatrix} 0 \\ \hat{\boldsymbol{\omega}} \end{Bmatrix} = \frac{1}{2}\boldsymbol{q} \otimes \begin{Bmatrix} 0 \\ \boldsymbol{\omega} \end{Bmatrix} \otimes \boldsymbol{q}_e + \boldsymbol{q} \otimes \dot{\boldsymbol{q}}_e \tag{4-17}$$

将式（4－13）代入式（4－17）得

$$\frac{1}{2}\boldsymbol{q} \otimes \boldsymbol{q}_e \otimes \begin{Bmatrix} 0 \\ \hat{\boldsymbol{\omega}} \end{Bmatrix} = \frac{1}{2}\boldsymbol{q} \otimes \begin{Bmatrix} 0 \\ \boldsymbol{\omega} \end{Bmatrix} \otimes \boldsymbol{q}_e + \boldsymbol{q} \otimes \dot{\boldsymbol{q}}_e \tag{4-18}$$

考虑 $\boldsymbol{q}$ 可以为任意四元数，求得

$$\frac{1}{2}\boldsymbol{q}_e \otimes \begin{Bmatrix} 0 \\ \hat{\boldsymbol{\omega}} \end{Bmatrix} = \frac{1}{2}\begin{Bmatrix} 0 \\ \boldsymbol{\omega} \end{Bmatrix} \otimes \boldsymbol{q}_e + \dot{\boldsymbol{q}}_e \tag{4-19}$$

即

$$\dot{\boldsymbol{q}}_e = \frac{1}{2}\boldsymbol{q}_e \otimes \begin{Bmatrix} 0 \\ \hat{\boldsymbol{\omega}} \end{Bmatrix} - \frac{1}{2}\begin{Bmatrix} 0 \\ \boldsymbol{\omega} \end{Bmatrix} \otimes \boldsymbol{q}_e \tag{4-20}$$

由

$$\begin{Bmatrix} 0 \\ \boldsymbol{\omega} \end{Bmatrix} \otimes \boldsymbol{q}_e = \boldsymbol{q}_e \otimes \begin{Bmatrix} 0 \\ \boldsymbol{\omega} \end{Bmatrix} - 2\begin{Bmatrix} 0 \\ \boldsymbol{Q}_e \times \boldsymbol{\omega} \end{Bmatrix} \tag{4-21}$$

求得

$$\dot{\boldsymbol{q}}_e = \frac{1}{2}\boldsymbol{q}_e \otimes \begin{Bmatrix} 0 \\ \hat{\boldsymbol{\omega}} - \boldsymbol{\omega} \end{Bmatrix} + \begin{Bmatrix} 0 \\ \boldsymbol{Q}_e \times \boldsymbol{\omega} \end{Bmatrix} \tag{4-22}$$

式中　$\boldsymbol{Q}_e$ ——四元数 $\boldsymbol{q}_e$ 的向量部分。

考虑卫星姿态偏差为小角度

$$\boldsymbol{q}_e \approx \{1 \quad \boldsymbol{Q}_e\} = [1 \quad q_{e1} \quad q_{e2} \quad q_{e3}]^{\mathrm{T}} \tag{4-23}$$

将式（4－23）代入式（4－22），并整理得

$$\begin{bmatrix} 0 \\ \dot{\boldsymbol{Q}}_e \end{bmatrix} = \frac{1}{2} \begin{bmatrix} 1 & -\boldsymbol{Q}_e^{\mathrm{T}} \\ \boldsymbol{Q}_e & [\boldsymbol{Q}_e \times] + \boldsymbol{I}_{3\times 3} \end{bmatrix} \cdot \begin{bmatrix} 0 \\ \hat{\boldsymbol{\omega}} - \boldsymbol{\omega} \end{bmatrix} - \begin{bmatrix} 0 \\ [\boldsymbol{\omega} \times] \cdot \boldsymbol{Q}_e \end{bmatrix} \tag{4-24}$$

其中

$$[\boldsymbol{\omega} \times] = \begin{bmatrix} 0 & -\omega_z & \omega_y \\ \omega_z & 0 & -\omega_x \\ -\omega_y & \omega_x & 0 \end{bmatrix}$$

$$[\boldsymbol{Q}_e \times] = \begin{bmatrix} 0 & -q_{e3} & q_{e2} \\ q_{e3} & 0 & -q_{e1} \\ -q_{e2} & q_{e1} & 0 \end{bmatrix}$$

4.2.2 偏差四元数与陀螺角速率漂移关系

设第 $k-1$ 步陀螺漂移估计为 $\hat{\boldsymbol{b}}_{k-1}$ ，第 k 步陀螺漂移估计增量为 $\Delta\boldsymbol{b}$ ，则第 k 步陀螺漂移估计为

$$\hat{\boldsymbol{b}}_k = \hat{\boldsymbol{b}}_{k-1} + \Delta\boldsymbol{b} = \sum \Delta\boldsymbol{b} \tag{4-25}$$

设陀螺坐标系到星体坐标系的姿态转换矩阵为 $\boldsymbol{A}_{bg}$ ，陀螺角速率测量值为 $\boldsymbol{\omega}_g$ ，星体角速率估计值 $\hat{\boldsymbol{\omega}}$ 为

$$\hat{\boldsymbol{\omega}} = \boldsymbol{A}_{bg} \cdot (\boldsymbol{\omega}_g - \hat{\boldsymbol{b}}_{k-1}) \tag{4-26}$$

设陀螺量测噪声为 $\boldsymbol{n}_g$ ，则星体的真实角速率可表示为

$$\boldsymbol{\omega} = \boldsymbol{A}_{bg} \cdot (\boldsymbol{\omega}_g - \hat{\boldsymbol{b}}_k - \boldsymbol{n}_g) = \hat{\boldsymbol{\omega}} - \boldsymbol{A}_{bg} \cdot (\Delta\boldsymbol{b} + \boldsymbol{n}_g) \tag{4-27}$$

将式（4-27）代入式（4-24），并考虑陀螺漂移估计增量 $\Delta\boldsymbol{b}$ 和陀螺量测噪声 $\boldsymbol{n}_g$ 为小量，忽略高阶小量后可得

$$\dot{\boldsymbol{Q}}_e = -[\hat{\boldsymbol{\omega}} \times] \cdot \boldsymbol{Q}_e + \frac{1}{2}\boldsymbol{A}_{bg} \cdot (\Delta\boldsymbol{b} + \boldsymbol{n}_g) \tag{4-28}$$

由式（4-28）得

$$\Delta\boldsymbol{b} = 2\boldsymbol{A}_{bg}^{-1} \cdot \dot{\boldsymbol{Q}}_e + 2\boldsymbol{A}_{bg}^{-1} \cdot [\hat{\boldsymbol{\omega}} \times] \cdot \boldsymbol{Q}_e - \boldsymbol{n}_g \tag{4-29}$$

设姿态确定周期为 T ，式（4-29）可近似为

$$\Delta\boldsymbol{b} = 2\boldsymbol{A}_{bg}^{-1} \cdot \frac{\boldsymbol{Q}_e}{T} + 2\boldsymbol{A}_{bg}^{-1} \cdot [\hat{\boldsymbol{\omega}} \times] \cdot \boldsymbol{Q}_e - \boldsymbol{n}_g \tag{4-30}$$

当陀螺坐标系与星体坐标系一致时，即 $\boldsymbol{A}_{bg} = \boldsymbol{I}_{3\times 3}$ ，得

$$\Delta\boldsymbol{b} = \frac{2\boldsymbol{Q}_e}{T} + 2[\hat{\boldsymbol{\omega}} \times] \cdot \boldsymbol{Q}_e - \boldsymbol{n}_g \tag{4-31}$$

式（4-31）叉乘项为三轴之间的耦合项，稳态控制时角速率和姿态误差都为小量，$\boldsymbol{n}_g$ 为白噪声，忽略高阶小量和白噪声后得

$$\Delta\boldsymbol{b} = \frac{2\boldsymbol{Q}_e}{T} \tag{4-32}$$

设 $\Delta \boldsymbol{b} = [\Delta b_x \quad \Delta b_y \quad \Delta b_z]^{\mathrm{T}}$，陀螺漂移估计误差导致的姿态角误差为小量，小角度下忽略三轴之间的耦合，得到三轴姿态误差分别为

$$\begin{cases} \mathrm{d}\varphi = \Delta b_x \cdot T \\ \mathrm{d}\theta = \Delta b_y \cdot T \\ \mathrm{d}\psi = \Delta b_z \cdot T \end{cases} \tag{4-33}$$

由此求得偏差姿态四元数

$$\boldsymbol{q}_e = \begin{bmatrix} 1 \\ \boldsymbol{Q}_e \end{bmatrix} = \begin{bmatrix} 1 \\ \sin(\mathrm{d}\varphi/2) \\ \sin(\mathrm{d}\theta/2) \\ \sin(\mathrm{d}\psi/2) \end{bmatrix} \approx \begin{bmatrix} 1 \\ \mathrm{d}\varphi/2 \\ \mathrm{d}\theta/2 \\ \mathrm{d}\psi/2 \end{bmatrix} = \begin{bmatrix} 1 \\ \Delta b_x \cdot T/2 \\ \Delta b_y \cdot T/2 \\ \Delta b_z \cdot T/2 \end{bmatrix} \tag{4-34}$$

由式（4-34）得

$$\boldsymbol{Q}_e = \frac{T \cdot \Delta \boldsymbol{b}}{2} \tag{4-35}$$

式（4-35）与式（4-32）是一致的，说明陀螺漂移三轴可以独立估计。

4.2.3 双矢量及多矢量定姿

4.2.3.1 双矢量定姿算法

参考坐标系中有两个互不平行的矢量 $\boldsymbol{v}_1$ 和 $\boldsymbol{v}_2$，在星体坐标系中测得的矢量为 $\boldsymbol{u}_1$ 和 $\boldsymbol{u}_2$，即

$$\boldsymbol{u}_1 = \boldsymbol{A} \cdot \boldsymbol{v}_1 \tag{4-36}$$

$$\boldsymbol{u}_2 = \boldsymbol{A} \cdot \boldsymbol{v}_2 \tag{4-37}$$

式中　$\boldsymbol{A}$ ——参考坐标系到星体坐标系的转换矩阵。

在参考坐标系中建立新的正交坐标系如下：

$$\boldsymbol{r}_1 = \frac{\boldsymbol{v}_1}{\|\boldsymbol{v}_1\|} \tag{4-38}$$

$$\boldsymbol{r}_2 = \frac{\boldsymbol{v}_1 \times \boldsymbol{v}_2}{\|\boldsymbol{v}_1 \times \boldsymbol{v}_2\|} \tag{4-39}$$

$$\boldsymbol{r}_3 = \boldsymbol{r}_1 \times \boldsymbol{r}_2 \tag{4-40}$$

$$\boldsymbol{M}_r = [\boldsymbol{r}_1 \quad \boldsymbol{r}_2 \quad \boldsymbol{r}_3] \tag{4-41}$$

在星体坐标系中建立新的正交坐标系如下：

$$\boldsymbol{s}_1 = \frac{\boldsymbol{u}_1}{\|\boldsymbol{u}_1\|} \tag{4-42}$$

$$\boldsymbol{s}_2 = \frac{\boldsymbol{u}_1 \times \boldsymbol{u}_2}{\|\boldsymbol{u}_1 \times \boldsymbol{u}_2\|} \tag{4-43}$$

$$\boldsymbol{s}_3 = \boldsymbol{s}_1 \times \boldsymbol{s}_2 \tag{4-44}$$

$$\boldsymbol{M}_s = [\boldsymbol{s}_1 \quad \boldsymbol{s}_2 \quad \boldsymbol{s}_3] \tag{4-45}$$

由 $\boldsymbol{M}_s = \boldsymbol{A} \cdot \boldsymbol{M}_r$ 得

$$\boldsymbol{A}=\boldsymbol{M}_s\cdot\boldsymbol{M}_r^{-1}=\boldsymbol{M}_s\cdot\boldsymbol{M}_r^{\mathrm{T}} \tag{4-46}$$

4.2.3.2　多矢量定姿算法

设

$$\boldsymbol{u}=\boldsymbol{A}\cdot\boldsymbol{v} \tag{4-47}$$

$$\boldsymbol{v}=\boldsymbol{B}\cdot\boldsymbol{u} \tag{4-48}$$

则

$$\boldsymbol{B}=\boldsymbol{A}^{\mathrm{T}} \tag{4-49}$$

$$\boldsymbol{B}=\boldsymbol{v}\cdot\boldsymbol{u}^{\mathrm{T}}(\boldsymbol{u}\cdot\boldsymbol{u}^{\mathrm{T}})^{-1} \tag{4-50}$$

$\boldsymbol{B}$ 为非正交矩阵，正交化后，矩阵 $\boldsymbol{B}$ 不满足观测方程，多矢量姿态确定的最优解为

$$\boldsymbol{B}^{*}=\frac{1}{2}\boldsymbol{B}\cdot(3\boldsymbol{I}-\boldsymbol{B}^{\mathrm{T}}\boldsymbol{B}) \tag{4-51}$$

4.3　地平仪与陀螺轨道罗盘组合定姿

4.3.1　单扫描地平仪弦宽计算

$$\cos\left(\frac{H_\theta}{2}\right)=-\cot\alpha\cdot\tan\varphi+\frac{\sqrt{(R_e+h)^2-R_e^2}}{(R_e+h)\cdot\sin\alpha\cdot\cos\varphi}\approx\frac{\sqrt{(R_e+h)^2-Re^2}}{(R_e+h)\cdot\sin\alpha} \tag{4-52}$$

$$\cos\left(\frac{H_\varphi}{2}\right)=\cot\alpha\cdot\tan\theta+\frac{\sqrt{(R_e+h)^2-R_e^2}}{(R_e+h)\cdot\sin\alpha\cdot\cos\theta}\approx\frac{\sqrt{(R_e+h)^2-R_e^2}}{(R_e+h)\cdot\sin\alpha} \tag{4-53}$$

式中，α 为扫描圆锥角（45°或 55°）；θ 为俯仰姿态角；H_φ 为滚动弦宽；φ 为滚动姿态角；H_θ 为俯仰弦宽。

$\theta=0$，$\varphi=0$ 时

$$h=\left(\frac{1}{\sqrt{1-\sin^2\alpha}}-1\right)\cdot R_e \tag{4-54}$$

45°锥角 $h=0.414R_e=2\ 640$ km 时弦宽为 0；55°锥角 $h=0.743\ 4R_e=4\ 741$ km 时弦宽为 0。

4.3.2　轨道罗盘定姿算法

轨道角速率 ω_0 取正的，轨道罗盘公式如下：

$$\hat{\phi}_k=\hat{\phi}_{k-1}+[\omega_0\hat{\psi}+\omega_{bix}+k_\phi\times(\phi_H-\hat{\phi}_{k-1})]\times T \tag{4-55}$$

$$\hat{\theta}_k=\hat{\theta}_{k-1}+[\omega_0+\omega_{biy}+k_\theta(\theta_H-\hat{\theta}_{k-1})]\times T \tag{4-56}$$

$$\hat{\psi}_k=\hat{\psi}_{k-1}+[-\omega_0\hat{\phi}+\omega_{biz}+k_\psi\times(\phi_H-\hat{\phi}_{k-1})]\times T \tag{4-57}$$

轨道角速率 ω_0 取负的，轨道罗盘公式如下：

$$\hat{\phi}_k=\hat{\phi}_{k-1}+[-\omega_0\hat{\psi}+\omega_{bix}+k_\phi\times(\phi_H-\hat{\phi}_{k-1})]\times T \tag{4-58}$$

$$\hat{\theta}_k=\hat{\theta}_{k-1}+[-\omega_0+\omega_{biy}+k_\theta(\theta_H-\hat{\theta}_{k-1})]\times T \tag{4-59}$$

$$\hat{\psi}_k = \hat{\psi}_{k-1} + [\omega_0 \hat{\phi} + \omega_{biZ} + k_\psi \times (\phi_H - \hat{\phi}_{k-1})] \times T \tag{4-60}$$

式中　$\hat{\varphi}$，$\hat{\theta}$，$\hat{\psi}$ ——三轴估计姿态；

φ_H，θ_H ——地平仪测量姿态；

ω_0 ——轨道角速度；

k_φ，k_θ，k_ψ ——滤波参数，范围为 0.005～0.05，一般取 0.005。

4.3.3　星体相对轨道系角速率

姿态相对于轨道系转换矩阵小角度近似如下：

$$\boldsymbol{A}_{bo} = \begin{bmatrix} 1 & \psi & -\theta \\ -\psi & 1 & \varphi \\ \theta & -\varphi & 1 \end{bmatrix} \tag{4-61}$$

轨道角速率 ω_0 取正，星体相对轨道系角速率如下：

$$\begin{aligned} \omega_{bo}^{b} &= \omega_{bi}^{b} - \omega_{bo}^{b} = \omega_{bi}^{b} - A_{bo} \cdot \omega_{oi}^{o} \\ &= \omega_{bi}^{b} - \begin{bmatrix} 1 & \psi & -\theta \\ -\psi & 1 & \varphi \\ \theta & -\varphi & 1 \end{bmatrix} \cdot \begin{bmatrix} 0 \\ -\omega_0 \\ 0 \end{bmatrix} \\ &= \omega_{bi}^{b} + \begin{bmatrix} \psi \cdot \omega_0 \\ \omega_0 \\ -\varphi \cdot \omega_0 \end{bmatrix} = \begin{bmatrix} \psi \cdot \omega_0 + \omega_{bix} \\ \omega_0 + \omega_{biy} \\ -\varphi \cdot \omega_0 + \omega_{biz} \end{bmatrix} \end{aligned} \tag{4-62}$$

轨道角速率 ω_0 取负，可以类似推导。

4.4　陀螺+磁强计卡尔曼滤波组合定姿

随着微电子、微机械等新技术的发展，航天产品越来越小型化，如具备三轴角速率测量功能的硅微陀螺只有几十克，具备三轴磁场强度测量功能的磁强计甚至更轻，这些小型化的产品在小卫星上得到了广泛应用，出现了纳星、皮星等微小卫星。

低轨卫星在轨运行期间通过三轴磁强计测得的地磁场矢量与应用国际地磁场模型（IGRF）计算得到的地磁场矢量比较估算卫星姿态[2-3]，在某一时刻单独利用磁强计只能确定二轴姿态，要确定三轴姿态至少需要具有一定夹角的双矢量观测，如与太阳敏感器测得的太阳矢量、地平仪测得的地心矢量等组合定姿。

单独利用磁强计不能连续三轴定姿，但可以利用轨道运动断续获取三轴姿态，单独利用磁强计定姿应用上有一定的局限性，通常将磁强计与陀螺组合进行定姿。

对陀螺测得的三轴姿态角速率积分也可以确定卫星姿态，但其测量精度受陀螺角速率漂移影响，只能用于短期姿态确定。单独利用磁强计可以利用轨道运动断续获取三轴姿态，但不能连续三轴定姿，通常将磁强计与陀螺组合进行定姿。将陀螺与磁强计组合，利用磁强计的测量值估算和修正陀螺角速率漂移，同时利用陀螺弥补磁强计定姿实时性差的缺点。

工程应用中还必须考虑敏感器测量误差对姿态确定精度的影响，文献［3］仿真条件中没有给出磁强计的测量精度，文献［2］仿真条件中假定磁强计只有测量噪声，且最大测量噪声为 $10^{-4}Gs$（10 nT），实际磁强计测量误差还应包括常值偏差，以及根据 IGRF 推算的基准地磁场与实际地磁场之间的偏差。

目前空间应用高精度磁强计的测量精度可以达到 10 nT，考虑到卫星剩磁的影响，在轨时磁强计测量地磁场的精度要比单机本身的测量精度低 1 至 2 个数量级。

文献［2］和文献［3］基于卫星动力学建立状态方程，需要对控制力矩和干扰力矩进行估计，本书基于卫星运动学建立状态方程，应用 EKF 进行陀螺与磁强计组合定姿研究，并进行工程应用算法简化和精度分析。

本节基于卫星运动学建立状态方程，应用 EKF 进行陀螺与磁强计组合定姿研究。卡尔曼滤波器中用的 $\boldsymbol{R}_k^{-1}$ 可以根据三轴磁强计测量精度在地面预先计算，星载软件中作为常值矩阵装定，$\boldsymbol{Q}_{k-1}$ 也由地面预设，星载软件中作为常值装定，因此整个卡尔曼滤波器不存在矩阵求逆运算，适合星载应用。

4.4.1 陀螺与磁强计组合定姿状态方程

定义如下姿态偏差四元数

$$\hat{\boldsymbol{q}} = \boldsymbol{q} \otimes \boldsymbol{q}_e \tag{4-63}$$

式中 $\boldsymbol{q}$ ——本体坐标系相对轨道坐标系真实姿态四元数；

$\boldsymbol{q}_e$ ——姿态偏差四元数；

$\hat{\boldsymbol{q}}$ ——姿态四元数估计值。

对式（4-63）求导可以得到

$$\dot{\hat{\boldsymbol{q}}} = \dot{\boldsymbol{q}} \otimes \boldsymbol{q}_e + \boldsymbol{q} \otimes \dot{\boldsymbol{q}}_e \tag{4-64}$$

姿态运动学方程

$$\dot{\boldsymbol{q}} = \frac{1}{2}\boldsymbol{q} \otimes \{0 \quad \boldsymbol{\omega}\} \tag{4-65}$$

$$\dot{\hat{\boldsymbol{q}}} = \frac{1}{2}\hat{\boldsymbol{q}} \otimes \{0 \quad \hat{\boldsymbol{\omega}}\} \tag{4-66}$$

式中 $\boldsymbol{\omega}$ ——星体真实角速率；

$\hat{\boldsymbol{\omega}}$ ——星体角速率估计值。

将式（4-65）和式（4-66）代入式（4-64）得到

$$\frac{1}{2}\boldsymbol{q} \otimes \boldsymbol{q}_e \otimes \begin{Bmatrix} 0 \\ \hat{\boldsymbol{\omega}} \end{Bmatrix} = \frac{1}{2}\boldsymbol{q} \otimes \begin{Bmatrix} 0 \\ \boldsymbol{\omega} \end{Bmatrix} \otimes \boldsymbol{q}_e + \boldsymbol{q} \otimes \dot{\boldsymbol{q}}_e \tag{4-67}$$

考虑下述恒等式

$$\boldsymbol{p} \otimes \boldsymbol{q} = \begin{bmatrix} q_0 & -\boldsymbol{Q}^{\mathrm{T}} \\ \boldsymbol{Q} & -[\boldsymbol{Q}\times] + q_0 \cdot \boldsymbol{I}_{3\times3} \end{bmatrix} \cdot \begin{bmatrix} p_0 \\ \boldsymbol{P} \end{bmatrix} \tag{4-68}$$

$$\boldsymbol{q} \otimes \boldsymbol{p} = \begin{bmatrix} q_0 & -\boldsymbol{Q}^{\mathrm{T}} \\ \boldsymbol{Q} & [\boldsymbol{Q} \times] + q_0 \cdot \boldsymbol{I}_{3\times3} \end{bmatrix} \cdot \begin{bmatrix} p_0 \\ \boldsymbol{P} \end{bmatrix} \tag{4-69}$$

式中　$\boldsymbol{P}$ ——四元数 $\boldsymbol{p}$ 的向量部分；

$\boldsymbol{Q}$ ——四元数 $\boldsymbol{q}$ 的向量部分。

由式（4-68）和式（4-69）得

$$\boldsymbol{p} \otimes \boldsymbol{q} = \boldsymbol{q} \otimes \boldsymbol{p} - 2\begin{bmatrix} 0 & \boldsymbol{0}_{1\times3} \\ \boldsymbol{0}_{3\times1} & [\boldsymbol{Q} \times] \end{bmatrix} \cdot \begin{bmatrix} p_0 \\ \boldsymbol{P} \end{bmatrix} \tag{4-70}$$

由式（4-70）可得

$$\begin{Bmatrix} 0 \\ \boldsymbol{\omega} \end{Bmatrix} \otimes \boldsymbol{q}_e = \boldsymbol{q}_e \otimes \begin{Bmatrix} 0 \\ \boldsymbol{\omega} \end{Bmatrix} - 2\begin{Bmatrix} 0 \\ \boldsymbol{Q}_e \times \boldsymbol{\omega} \end{Bmatrix} \tag{4-71}$$

式中　$\boldsymbol{Q}_e$ ——四元数 $\boldsymbol{q}_e$ 的向量部分。

将式（4-63）和式（4-71）代入式（4-67），并考虑 $\hat{\boldsymbol{q}}$ 的任意性，整理得

$$\dot{\boldsymbol{q}}_e = \frac{1}{2}\boldsymbol{q}_e \otimes \{0 \quad \hat{\boldsymbol{\omega}} - \boldsymbol{\omega}\} - \{0 \quad \hat{\boldsymbol{\omega}} \times \boldsymbol{Q}_e\} \tag{4-72}$$

考虑卫星姿态偏差为小角度

$$\boldsymbol{q}_e \approx \{1 \quad \boldsymbol{Q}_e\} = [1 \quad q_{e1} \quad q_{e2} \quad q_{e3}]^{\mathrm{T}} \tag{4-73}$$

将式（4-73）代入式（4-72），并整理得

$$\begin{bmatrix} 0 \\ \dot{\boldsymbol{Q}}_e \end{bmatrix} = \frac{1}{2}\begin{bmatrix} 1 & -\boldsymbol{Q}_e^{\mathrm{T}} \\ \boldsymbol{Q}_e & \tilde{\boldsymbol{Q}}_e \end{bmatrix} \cdot \begin{bmatrix} 0 \\ \hat{\boldsymbol{\omega}} - \boldsymbol{\omega} \end{bmatrix} - \begin{bmatrix} 0 \\ [\hat{\boldsymbol{\omega}} \times] \cdot \boldsymbol{Q}_e \end{bmatrix} \tag{4-74}$$

其中

$$[\hat{\boldsymbol{\omega}} \times] = \begin{bmatrix} 0 & -\hat{\omega}_z & \hat{\omega}_y \\ \hat{\omega}_z & 0 & -\hat{\omega}_x \\ -\hat{\omega}_y & \hat{\omega}_x & 0 \end{bmatrix}$$

$$\tilde{\boldsymbol{Q}}_e = \begin{bmatrix} 1 & -q_{e3} & q_{e2} \\ q_{e3} & 1 & -q_{e1} \\ -q_{e2} & q_{e1} & 1 \end{bmatrix}$$

设陀螺的真实漂移为 $\boldsymbol{b}$，漂移估计为 $\hat{\boldsymbol{b}}$，漂移估计误差为 $\Delta\boldsymbol{b} = \boldsymbol{b} - \hat{\boldsymbol{b}}$，陀螺量测噪声为 $\boldsymbol{n}_g$，陀螺坐标系到星体坐标系的姿态转换矩阵为 $\boldsymbol{A}_{bg}$，陀螺角速率测量值为 $\boldsymbol{\omega}_g$，星体角速率估计值 $\hat{\boldsymbol{\omega}}$ 为

$$\hat{\boldsymbol{\omega}} = \boldsymbol{A}_{bg} \cdot (\boldsymbol{\omega}_g - \hat{\boldsymbol{b}}) \tag{4-75}$$

则星体的真实角速率可表示为

$$\boldsymbol{\omega} = \boldsymbol{A}_{bg} \cdot (\boldsymbol{\omega}_g - \boldsymbol{b} - \boldsymbol{n}_g) = \hat{\boldsymbol{\omega}} - \boldsymbol{A}_{bg} \cdot (\Delta\boldsymbol{b} + \boldsymbol{n}_g) \tag{4-76}$$

将式（4-76）代入式（4-74），并考虑陀螺漂移估计误差 $\Delta\boldsymbol{b}$ 和陀螺量测噪声 $\boldsymbol{n}_g$ 为小量，忽略高阶小量后可得

$$\dot{\boldsymbol{Q}}_e = -[\hat{\boldsymbol{\omega}}\times]\cdot\boldsymbol{Q}_e - \frac{1}{2}\boldsymbol{A}_{bg}\cdot(\Delta\boldsymbol{b}+\boldsymbol{n}_g) \tag{4-77}$$

设陀螺角速率漂移估计误差 $\Delta\boldsymbol{b}$ 对时间微分为噪声 $\boldsymbol{n}_s$，即

$$\Delta\dot{\boldsymbol{b}} = \boldsymbol{n}_s \tag{4-78}$$

由式（4-77）和上式构成滤波器状态方程

$$\begin{bmatrix}\dot{\boldsymbol{Q}}_e\\ \Delta\dot{\boldsymbol{b}}\end{bmatrix} = \begin{bmatrix}-[\hat{\boldsymbol{\omega}}\times] & \frac{1}{2}\boldsymbol{A}_{bg}\\ \boldsymbol{0}_{3\times3} & \boldsymbol{0}_{3\times3}\end{bmatrix}\cdot\begin{bmatrix}\boldsymbol{Q}_e\\ \Delta\boldsymbol{b}\end{bmatrix} + \begin{bmatrix}\frac{1}{2}\boldsymbol{A}_{bg} & \boldsymbol{0}_{3\times3}\\ \boldsymbol{0}_{3\times3} & \boldsymbol{I}_{3\times3}\end{bmatrix}\cdot\begin{bmatrix}\boldsymbol{n}_g\\ \boldsymbol{n}_s\end{bmatrix} \tag{4-79}$$

卫星稳态运行时，姿态角速率和姿态误差都为小量，当陀螺坐标系与星体坐标系一致时，忽略二阶小量后得

$$\begin{bmatrix}\dot{\boldsymbol{Q}}_e\\ \Delta\dot{\boldsymbol{b}}\end{bmatrix} = \begin{bmatrix}\boldsymbol{0}_{3\times3} & \frac{1}{2}\boldsymbol{I}_{3\times3}\\ \boldsymbol{0}_{3\times3} & \boldsymbol{0}_{3\times3}\end{bmatrix}\cdot\begin{bmatrix}\boldsymbol{Q}_e\\ \Delta\boldsymbol{b}\end{bmatrix} + \begin{bmatrix}\frac{1}{2}\boldsymbol{I}_{3\times3} & \boldsymbol{0}_{3\times3}\\ \boldsymbol{0}_{3\times3} & \boldsymbol{I}_{3\times3}\end{bmatrix}\cdot\begin{bmatrix}\boldsymbol{n}_g\\ \boldsymbol{n}_s\end{bmatrix} \tag{4-80}$$

4.4.2 建立离散化状态方程

将式（4-73）和式（4-80）状态方程写成如下形式

$$\dot{\boldsymbol{X}}(t) = \boldsymbol{F}(t)\cdot\boldsymbol{X}(t) + \boldsymbol{G}\cdot\boldsymbol{W}(t) \tag{4-81}$$

将式（4-81）离散化为

$$\boldsymbol{X}_k = \boldsymbol{\Phi}_{k,k-1}\cdot\boldsymbol{X}_{k-1} + \boldsymbol{\Gamma}_{k,k-1}\cdot\boldsymbol{W}_{k-1} \tag{4-82}$$

其中

$$\boldsymbol{\Phi}_{k.k-1} = \boldsymbol{I}_{6\times6} + \boldsymbol{F}\cdot T + \frac{T^2}{2}\cdot\boldsymbol{F}^2$$

$$\boldsymbol{\Gamma}_{k,k-1} = (\boldsymbol{I}_{6\times6}\cdot T + \frac{T^2}{2}\cdot\boldsymbol{F} + \frac{T^3}{6}\cdot\boldsymbol{F}^2)\cdot\boldsymbol{G}$$

式中，T 为计算步长。

4.4.3 建立磁强计观测方程

磁强计输出的星体坐标系下三轴磁场强度矢量 $\boldsymbol{B}_b$ 可表示为

$$\boldsymbol{B}_b = \boldsymbol{A}(\boldsymbol{q})\cdot\boldsymbol{B}_o = \boldsymbol{A}(\boldsymbol{q}_e)\cdot\boldsymbol{A}(\boldsymbol{q}_{k/k-1})\cdot\boldsymbol{B}_o \tag{4-83}$$

式中 $\boldsymbol{A}(\boldsymbol{q}_e)$ 在小角度下近似为

$$\boldsymbol{A}(\boldsymbol{q}_e) = \begin{bmatrix}1 & 2q_{e3} & -2q_{e2}\\ -2q_{e3} & 1 & 2q_{e1}\\ 2q_{e2} & -2q_{e1} & 1\end{bmatrix} = \boldsymbol{I}_{3\times3} - 2[\boldsymbol{Q}_{e\times}]_{3\times3} \tag{4-84}$$

设根据 IGRF 数据和姿态估值推算的星体坐标系下三轴磁场强度矢量 $\boldsymbol{B}_{b,\ k/k-1}$ 为

$$\boldsymbol{B}_{b,k/k-1} = \boldsymbol{A}(\boldsymbol{q}_{k/k-1})\cdot\boldsymbol{B}_o \tag{4-85}$$

将式（4-84）和式（4-85）代入式（4-83）得

$$\boldsymbol{B}_{b,k/k-1}\times\boldsymbol{Q}_e = (\boldsymbol{B}_b - \boldsymbol{B}_{b,k/k-1})/2 \tag{4-86}$$

考虑观测噪声 $\boldsymbol{V}_k$，建立观测方程如下：

$$\boldsymbol{Z}_k=[\boldsymbol{B}_{b\times,k/k-1}\quad 0]_{3\times 6}\cdot\begin{bmatrix}\boldsymbol{Q}_{e,k/k-1}\\ \Delta\boldsymbol{b}_{k/k-1}\end{bmatrix}+\boldsymbol{V}_k \tag{4-87}$$

将式（4-87）写成如下形式

$$\boldsymbol{Z}_k=\boldsymbol{H}_k\cdot\begin{bmatrix}\boldsymbol{Q}_{e,k/k-1}\\ \Delta\boldsymbol{b}_{k/k-1}\end{bmatrix}+\boldsymbol{V}_k=[(\boldsymbol{B}_b-\boldsymbol{B}_{b,k/k-1})/2] \tag{4-88}$$

其中

$$\boldsymbol{B}_{b\times,k/k-1}=\begin{bmatrix}0 & -B_{bz,k/k-1} & B_{by,k/k-1}\\ B_{bz,k/k-1} & 0 & -B_{bx,k/k-1}\\ -B_{by,k/k-1} & B_{bx,k/k-1} & 0\end{bmatrix}$$

4.4.4　状态更新算法

状态更新算法如下：

$$\begin{bmatrix}\boldsymbol{Q}_{e,k/k-1}\\ \Delta\boldsymbol{b}_{k/k-1}\end{bmatrix}=\boldsymbol{\Phi}_{k,k-1}\cdot\begin{bmatrix}\boldsymbol{Q}_{e,k-1}\\ \Delta\boldsymbol{b}_{k-1}\end{bmatrix} \tag{4-89}$$

$$\begin{bmatrix}\boldsymbol{Q}_{e,k}\\ \Delta\boldsymbol{b}_k\end{bmatrix}=\boldsymbol{K}_k\cdot\left(\boldsymbol{Z}_k-\boldsymbol{H}_k\begin{bmatrix}\boldsymbol{Q}_{e,k/k-1}\\ \Delta\boldsymbol{b}_{k/k-1}\end{bmatrix}\right) \tag{4-90}$$

$$\hat{\boldsymbol{b}}_k=\hat{\boldsymbol{b}}_{k-1}+\Delta\boldsymbol{b}_k \tag{4-91}$$

$$\boldsymbol{q}_{k/k-1}=\boldsymbol{q}_{k-1}\otimes\left(\boldsymbol{q}_{k-1}\otimes\begin{bmatrix}0\\ \hat{\boldsymbol{\omega}}\end{bmatrix}\cdot\frac{T}{2}\right) \tag{4-92}$$

式中　T——计算步长，计算中注意四元数归一化。

修正后第 k 步输出姿态四元数为

$$\boldsymbol{q}_k=\boldsymbol{q}_{k/k-1}\otimes\boldsymbol{q}_{e,k}=\boldsymbol{q}_{k/k-1}\otimes\{1\quad \boldsymbol{Q}_{e,k}\} \tag{4-93}$$

4.4.5　EKF 滤波算法

$$\boldsymbol{Q}_{k-1}=\boldsymbol{W}_{k-1}\cdot\boldsymbol{W}_{k-1}^{\mathrm{T}} \tag{4-94}$$

$$\boldsymbol{P}_{k/k-1}=\boldsymbol{\Phi}_{k,k-1}\cdot\boldsymbol{P}_{k-1}\cdot\boldsymbol{\Phi}_{k,k-1}^{\mathrm{T}}+\boldsymbol{\Gamma}_{k,k-1}\cdot\boldsymbol{Q}_{k-1}\cdot\boldsymbol{\Gamma}_{k,k-1}^{\mathrm{T}} \tag{4-95}$$

$$\boldsymbol{R}_k=\boldsymbol{V}_k\cdot\boldsymbol{V}_k^{\mathrm{T}} \tag{4-96}$$

$$\boldsymbol{K}_k=\boldsymbol{P}_{k/k-1}\cdot\boldsymbol{H}_k^{\mathrm{T}}\cdot(\boldsymbol{H}_k\cdot\boldsymbol{P}_{k/k-1}\cdot\boldsymbol{H}_k^{\mathrm{T}}+\boldsymbol{R}_k)^{-1} \tag{4-97}$$

$$\boldsymbol{P}_k=(\boldsymbol{I}-\boldsymbol{K}_k\cdot\boldsymbol{H}_k)\cdot\boldsymbol{P}_{k/k-1} \tag{4-98}$$

$$\boldsymbol{X}_k=\boldsymbol{X}_{k/k-1}+\boldsymbol{K}_k\cdot(\boldsymbol{Z}_k-\boldsymbol{H}_k\cdot\boldsymbol{X}_{k/k-1}) \tag{4-99}$$

卡尔曼滤波器中用的 $\boldsymbol{R}_k^{-1}$ 可以根据三轴磁强计测量精度在地面预先计算，星载软件中作为常值矩阵装定，$\boldsymbol{Q}_{k-1}$ 也由地面预设，星载软件中作为常值装定，因此整个卡尔曼滤波器不存在矩阵求逆运算，适合星载应用。

4.4.6　EKF 滤波算法仿真验证

设星上应用 IGRF 计算的地磁场与真实地磁场存在常值偏差 10 nT，随机偏差 100 nT，磁强计测量常值偏差 100 nT，测量噪声 100 nT，陀螺角速率常值漂移 0.005（°）/s，随机漂移 0.001（°）/s，随时间变化的漂移 0.000 1（°）/s/h。姿态确定仿真结果如图 4-1 所示，姿态测量精度约 0.5°，陀螺的常值漂移和随时间变化的漂移估计如图 4-2 所示。

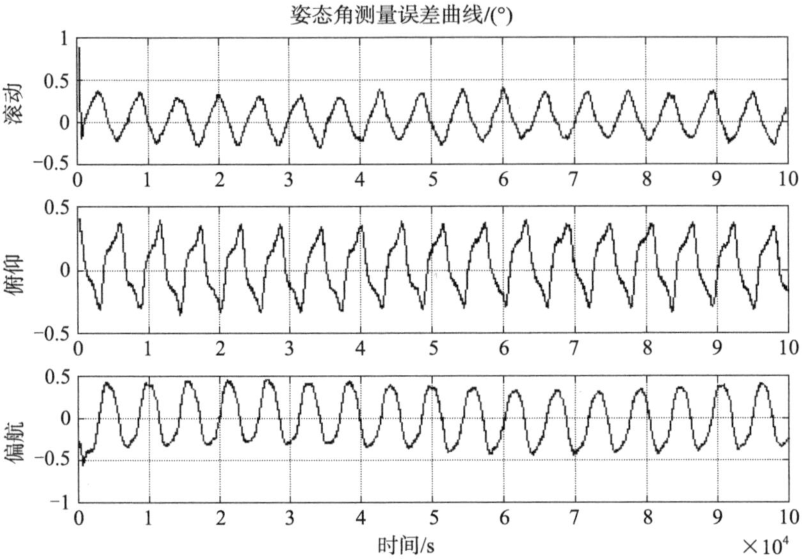

图 4-1　一般应用姿态确定精度

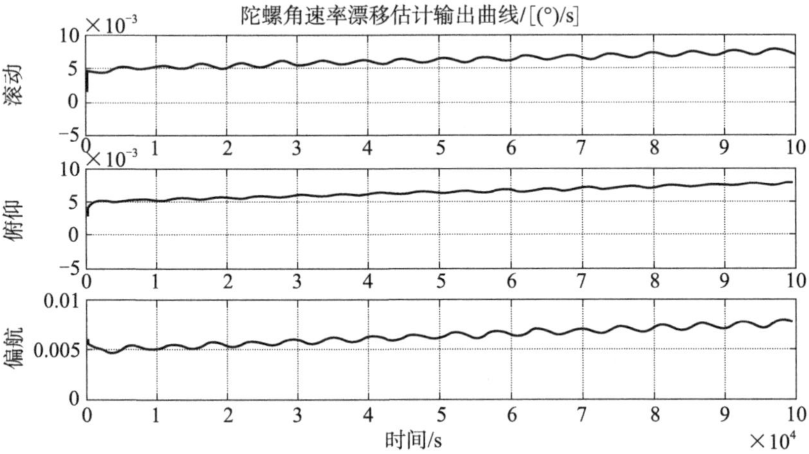

图 4-2　陀螺角速率漂移估计

设星上应用 IGRF 计算的地磁场与真实地磁场存在常值偏差 100 nT，随机偏差 100 nT，三轴磁强计测量常值偏差 1 000 nT，测量噪声 1 000 nT，陀螺角速率常值漂移 0.005（°）/s，随机漂移 0.001（°）/s。初始姿态估计误差 5°，姿态确定仿真结果如图 4-3 所示，姿态确定精度约 2°。

轨道确定精度影响星上应用 IGRF 计算的地磁场，主要影响的参数为升交点赤经 Ω、轨道倾角 i、纬度辐角 u，Ω、i、u 的轨道确定精度一般可以达到 0.07°，仿真试验表明

Ω、i、u 的确定精度对姿态确定精度影响较小，可以忽略。

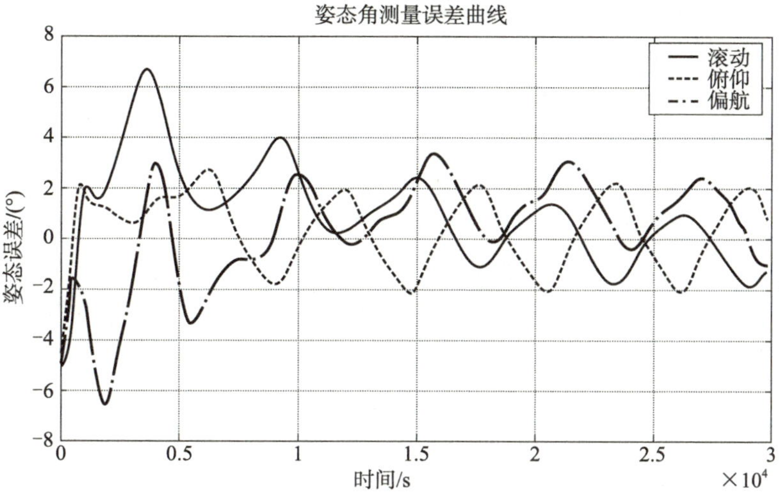

图 4-3　粗精度应用姿态确定精度

基于卫星运动学建立状态方程，并设计了适合于星上应用的陀螺与磁强计组合定姿算法，仿真试验结果表明基于陀螺＋磁强计组合定姿姿态确定精度 1°左右，适合在纳星、皮星等微小卫星上应用。

4.5　陀螺＋磁强计 PI 滤波组合定姿

利用磁强计测得的前后时刻磁场强度，基于双矢量定姿确定本体相对惯性系姿态，并与陀螺积分姿态比较得到姿态误差。基于地磁场矢量修正后的姿态误差校正陀螺积分姿态，并基于 PI 滤波估计陀螺漂移，算法简单可靠。仿真试验结果表明基于陀螺＋磁强计组合定姿姿态确定精度 1°左右，适合在纳星、皮星等微小卫星上应用。

文献［2-7］基于卡尔曼滤波进行陀螺与磁强计组合定姿。文献［8-9］利用 UKF（Unscented Kalman Filter）处理地磁场测量数据，进行低轨道（LEO）卫星自主定姿的算法研究。文献［10］对扩展卡尔曼滤波（EKF）和无迹卡尔曼滤波（UKF）磁强计组合定姿算法进行综合分析和对比。

文献［11］从定姿算法的在线实时实现出发，采用梯度下降法对加速度、磁强计的测量结果进行处理，采用实现较为简单、高效的互补滤波算法与陀螺得到的结果进行融合，得到准确的姿态角，并对磁场进行校正，对陀螺仪进行零偏补偿。文献［12］利用小波变换和 BP 神经网络建立误差网络预测模型，解决了卡尔曼滤波由测量误差带来的发散失效问题，使得卡尔曼滤波适应了陀螺/磁强计这一非线性系统。

文献［13］基于低成本低精度的 MEMS 陀螺、太阳敏感器、磁强计组合，设计了无迹卡尔曼融合滤波算法。文献［14］基于陀螺、太阳敏感器、磁强计和星敏感器 4 种敏感器，研究了微小卫星在速率阻尼模式、太阳捕获模式、对日对地定向及维持模式、试验模式下的系统建模方法，以及基于无迹卡尔曼滤波的组合定姿方法。文献［15］将扩展卡尔曼滤波器与两步滤波器相结合，以太阳敏感器、星敏感器、MEMS 陀螺、磁强计为敏感器件进行多传感器融合滤波定姿算法研究。文献［12］利用小波变换和 BP 神经网络建立误差网络预测模型，解决了卡尔曼滤波由测量误差带来的发散失效问题，使得卡尔曼滤波适应了陀螺/磁强计这一非线性系统。

工程应用中还必须考虑敏感器测量误差对姿态确定精度的影响，首先利用磁强计测得前后时刻磁场强度，基于双矢量定姿确定本体相对惯性系姿态，并与陀螺积分姿态比较得到姿态误差；接着考虑到姿态误差在垂直于地磁场矢量方向敏感性强，沿地磁场矢量方向敏感性弱，减小地磁场矢量方向姿态误差修正的权重；最后基于地磁场矢量修正后的姿态误差校正陀螺积分姿态，并基于 PI 滤波估计陀螺漂移。

4.5.1　前后时刻不同轨道位置惯性系地磁场矢量

随着卫星轨道运动，不同位置处的地磁场矢量在惯性系中的方向不同，图 4－4 中 $\boldsymbol{B}_{i,k}$ 和 $\boldsymbol{B}_{i,k-1}$ 为惯性系前后时刻地磁场矢量。

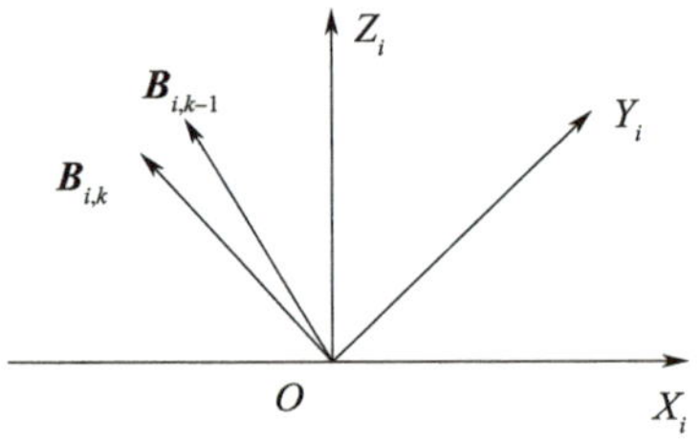

图 4－4　前后时刻惯性系地磁场矢量

4.5.2　基于双矢量定姿确定本体相对惯性系姿态

不考虑测量误差 $\boldsymbol{B}_{b,k-1}$ 和 $\boldsymbol{B}_{i,k-1}$、$\boldsymbol{B}_{b,k}$ 和 $\boldsymbol{B}_{i,k}$ 在空间的指向是相同的，可以基于双矢量确定本体相对惯性系的姿态。

令

$$\boldsymbol{v}_1=\boldsymbol{B}_{i,k-1} \tag{4-100}$$

$$\boldsymbol{v}_2=\boldsymbol{B}_{i,k} \tag{4-101}$$

$$\boldsymbol{u}_1=\boldsymbol{B}_{b,k-1} \tag{4-102}$$

$$\boldsymbol{u}_2=\boldsymbol{B}_{b,k} \tag{4-103}$$

基于惯性系磁场计算值构造标称矢量阵 $\boldsymbol{M}_s$

$$\boldsymbol{s}_1=\frac{\boldsymbol{v}_1}{\|\boldsymbol{v}_1\|} \tag{4-104}$$

$$\boldsymbol{s}_2=\frac{\boldsymbol{v}_1\times\boldsymbol{v}_2}{\|\boldsymbol{v}_1\times\boldsymbol{v}_2\|} \tag{4-105}$$

$$\boldsymbol{s}_3=\boldsymbol{s}_1\times\boldsymbol{s}_2 \tag{4-106}$$

$$\boldsymbol{M}_s = [\boldsymbol{s}_1 \quad \boldsymbol{s}_2 \quad \boldsymbol{s}_3] \tag{4-107}$$

基于本体系磁场测量值构造标称矢量阵 $\boldsymbol{M}_r$

$$\boldsymbol{r}_1 = \frac{\boldsymbol{u}_1}{\|\boldsymbol{u}_1\|} \tag{4-108}$$

$$\boldsymbol{r}_2 = \frac{\boldsymbol{u}_1 \times \boldsymbol{u}_2}{\|\boldsymbol{u}_1 \times \boldsymbol{u}_2\|} \tag{4-109}$$

$$\boldsymbol{r}_3 = \boldsymbol{r}_1 \times \boldsymbol{r}_2 \tag{4-110}$$

$$\boldsymbol{M}_r = [\boldsymbol{r}_1 \quad \boldsymbol{r}_2 \quad \boldsymbol{r}_3] \tag{4-111}$$

设本体到惯性系姿态转换矩阵为 $\boldsymbol{A}_{bi}$ ，则

$$\boldsymbol{u}_1 = \boldsymbol{A}_{bi} \cdot \boldsymbol{v}_1 \tag{4-112}$$

$$\boldsymbol{u}_2 = \boldsymbol{A}_{bi} \cdot \boldsymbol{v}_2 \tag{4-113}$$

$$\boldsymbol{M}_r = \boldsymbol{A}_{bi} \cdot \boldsymbol{M}_s \tag{4-114}$$

求得姿态转换矩阵 $\boldsymbol{A}_{bi}$ 为

$$\boldsymbol{A}_{bi} = \boldsymbol{M}_r \cdot \boldsymbol{M}_s^{-1} = \boldsymbol{M}_r \cdot \boldsymbol{M}_s^{\mathrm{T}} \tag{4-115}$$

基于 3－1－2 转序求得姿态转换矩阵

$$\boldsymbol{A}_{bi} = \boldsymbol{R}_y(\theta) \cdot \boldsymbol{R}_x(\varphi) \cdot \boldsymbol{R}_z(\psi) = \begin{bmatrix} a_{11} & a_{12} & a_{13} \\ a_{21} & a_{22} & a_{23} \\ a_{31} & a_{32} & a_{33} \end{bmatrix} \tag{4-116}$$

其中

$$a_{11} = \cos\theta \cdot \cos\psi - \sin\varphi \cdot \sin\theta \cdot \sin\psi$$
$$a_{12} = \cos\theta \cdot \sin\psi + \sin\varphi \cdot \sin\theta \cdot \cos\psi$$
$$a_{13} = -\cos\varphi \cdot \sin\theta$$
$$a_{21} = -\cos\varphi \cdot \sin\psi$$
$$a_{22} = \cos\varphi \cdot \cos\psi$$
$$a_{23} = \sin\varphi$$
$$a_{31} = \sin\theta \cdot \cos\psi + \sin\varphi \cdot \cos\theta \cdot \sin\psi$$
$$a_{32} = \sin\theta \cdot \sin\psi - \sin\varphi \cdot \cos\theta \cdot \cos\psi$$
$$a_{33} = \cos\varphi \cdot \cos\theta$$

如果 $|a_{23}| > 0.9999$，求得姿态为

$$\varphi = \arcsin(a_{23}) \tag{4-117}$$

$$\theta = 0 \tag{4-118}$$

$$\psi = \mathrm{arctan2}\left(\frac{a_{12}}{a_{11}}\right) \tag{4-119}$$

否则

$$\varphi = \arcsin(a_{23}) \tag{4-120}$$

$$\theta = \mathrm{arctan2}\left(\frac{-a_{13}/\cos\varphi}{a_{33}/\cos\varphi}\right) \tag{4-121}$$

$$\psi = \arctan2\left(\frac{-a_{21}/\cos\varphi}{a_{22}/\cos\varphi}\right) \tag{4-122}$$

由姿态角求姿态四元数 $\boldsymbol{q}_{bi}$

$$\boldsymbol{q}_{bi} = \begin{bmatrix} \cos\frac{\varphi}{2}\cos\frac{\theta}{2}\cos\frac{\psi}{2} - \sin\frac{\varphi}{2}\sin\frac{\theta}{2}\sin\frac{\psi}{2} \\ \sin\frac{\varphi}{2}\cos\frac{\theta}{2}\cos\frac{\psi}{2} - \cos\frac{\varphi}{2}\sin\frac{\theta}{2}\sin\frac{\psi}{2} \\ \cos\frac{\varphi}{2}\sin\frac{\theta}{2}\cos\frac{\psi}{2} + \sin\frac{\varphi}{2}\cos\frac{\theta}{2}\sin\frac{\psi}{2} \\ \cos\frac{\varphi}{2}\cos\frac{\theta}{2}\sin\frac{\psi}{2} + \sin\frac{\varphi}{2}\sin\frac{\theta}{2}\cos\frac{\psi}{2} \end{bmatrix} \tag{4-123}$$

4.5.3 前后时刻当前本体系地磁场矢量

设前后时刻本体系陀螺测得的角速率分别为 $\boldsymbol{\omega}_{b'i,k-1}$ 和 $\boldsymbol{\omega}_{bi,k}$，则前后时刻陀螺积分姿态增量 $\mathrm{d}\boldsymbol{Q}_{bb'}$ 为

$$\mathrm{d}\boldsymbol{Q}_{bb'} = [\boldsymbol{\omega}_{b'i,k-1} + (\boldsymbol{\omega}_{bi,k} - \boldsymbol{\omega}_{b'i,k-1})/2] \cdot T/2 \tag{4-124}$$

式中　T——积分步长。

求得姿态四元数增量 $\mathrm{d}\boldsymbol{q}_{bb'}$ 为

$$\mathrm{d}\boldsymbol{q}_{bb'} = \begin{bmatrix} \sqrt{1-\|\mathrm{d}\boldsymbol{Q}_{bb'}\|} \\ \mathrm{d}\boldsymbol{Q}_{bb'} \end{bmatrix} \tag{4-125}$$

设前后时刻磁强计测得的本体系地磁场分别为 $\boldsymbol{B}_{b',k-1}$ 和 $\boldsymbol{B}_{b,k}$，将前一时刻本体系地磁场转换到当前时刻本体系

$$\boldsymbol{B}_{b,k-1} = \boldsymbol{A}_{bb'} \cdot \boldsymbol{B}_{b',k-1} \tag{4-126}$$

式中　$\boldsymbol{A}_{bb'}$——前一时刻本体系到当前时刻本体系转换矩阵，可由姿态四元数增量 $\mathrm{d}\boldsymbol{q}_{bb'}$ 求得。

前后时刻磁场测量值在当前本体系投影 $\boldsymbol{B}_{b,k-1}$ 和 $\boldsymbol{B}_{b,k}$ 如图 4-5 所示。

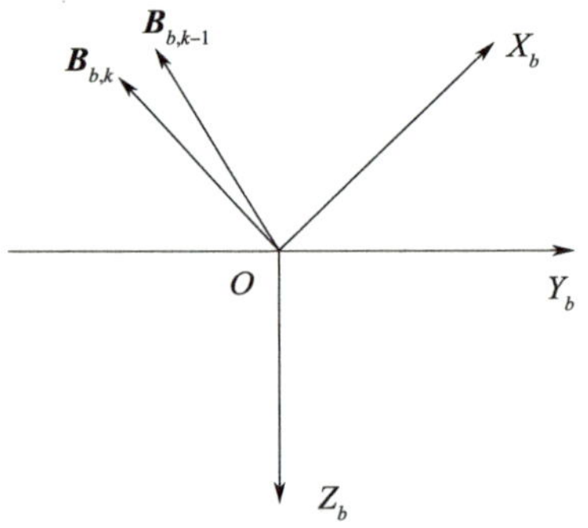

图 4-5　前后时刻磁场测量值在当前本体系投影

4.5.4　计算姿态误差四元数及修正

基于陀螺积分一步预报姿态四元数 $\boldsymbol{q}_{bi,k/k-1}$

$$\boldsymbol{q}_{bi,k/k-1} = \boldsymbol{q}_{bi,k-1} \otimes \mathrm{d}\boldsymbol{q}_{bb'} \tag{4-127}$$

式中　$\mathrm{d}\boldsymbol{q}_{bb'}$ ——陀螺积分求得的姿态四元数增量；

$\boldsymbol{q}_{bi,\ k-1}$ ——上一节拍修正后的姿态四元数。

设姿态误差四元数为 $\mathrm{d}\boldsymbol{q}$，基于双矢量定姿求得的本体相对惯性系姿态四元数 $\boldsymbol{q}_{bi}$，得

$$\boldsymbol{q}_{bi,k/k-1} = \boldsymbol{q}_{bi} \otimes \mathrm{d}\boldsymbol{q} \tag{4-128}$$

由此求得姿态误差四元数 $\mathrm{d}\boldsymbol{q}$

$$\mathrm{d}\boldsymbol{q} = \boldsymbol{q}_{bi}^{*} \otimes \boldsymbol{q}_{bi,k/k-1} \tag{4-129}$$

令

$$\mathrm{d}\boldsymbol{q} = \begin{bmatrix} \mathrm{d}q_0 \\ \mathrm{d}\boldsymbol{Q} \end{bmatrix} \tag{4-130}$$

设 $\mathrm{d}\boldsymbol{Q}$ 与 $\boldsymbol{B}_b$ 矢量间夹角为 α

$$\alpha = \arccos\left(\frac{\mathrm{d}\boldsymbol{Q}}{\|\mathrm{d}\boldsymbol{Q}\|} \cdot \frac{\boldsymbol{B}_b}{\|\boldsymbol{B}_b\|}\right) \tag{4-131}$$

姿态误差在垂直于地磁场 $\boldsymbol{B}_b$ 矢量方向敏感性强，沿地磁场 $\boldsymbol{B}_b$ 矢量方向敏感性弱，基于 $\boldsymbol{B}_b$ 矢量修正姿态误差四元数 $\mathrm{d}\boldsymbol{q}$，姿态误差四元数修正方式如下：

$$d\boldsymbol{Q}_e = k_0 \cdot \sin\alpha \cdot \mathrm{d}\boldsymbol{Q} \tag{4-132}$$

式中　k_0 ——误差修正强弱系数。

求得修正后姿态误差四元数 $\mathrm{d}\boldsymbol{q}_e$

$$\mathrm{d}\boldsymbol{q}_e = \begin{bmatrix} 1 - \|\mathrm{d}\boldsymbol{Q}_e\| \\ \mathrm{d}\boldsymbol{Q}_e \end{bmatrix} \tag{4-133}$$

基于修正后姿态四元数误差校正本体相对惯性系姿态四元数如下：

$$\boldsymbol{q}_{bi,k} = \boldsymbol{q}_{bi,k/k-1} \otimes \mathrm{d}\boldsymbol{q}_e \tag{4-134}$$

4.5.5　基于 PI 滤波估计陀螺漂移

PI 滤波估计陀螺漂移如下：

$$\mathrm{d}\boldsymbol{\omega} = k_p \cdot \mathrm{d}\boldsymbol{Q}_e + \int k_i \cdot \mathrm{d}\boldsymbol{Q}_e \cdot \mathrm{d}t \tag{4-135}$$

式中　k_p ——比例系数；

k_i ——积分系数。

陀螺角速率漂移修正

$$\boldsymbol{\omega}_{bi,k} = \boldsymbol{\omega}_{bi} - \mathrm{d}\boldsymbol{\omega} \tag{4-136}$$

式中　$\boldsymbol{\omega}_{bi}$ ——陀螺当前节拍测量值。

4.5.6　陀螺+磁强计组合定姿仿真验证

磁强计三轴常值偏差 100 nT，噪声 100nT；陀螺三轴常值漂移分别为 0.005 (°) /s、

0.003（°）/s、0.002（°）/s，三轴噪声 0.001（°）/s；三轴初始姿态误差都为 5°。姿态角测量误差如图 4-6 所示，陀螺漂移估计如图 4-7 所示。

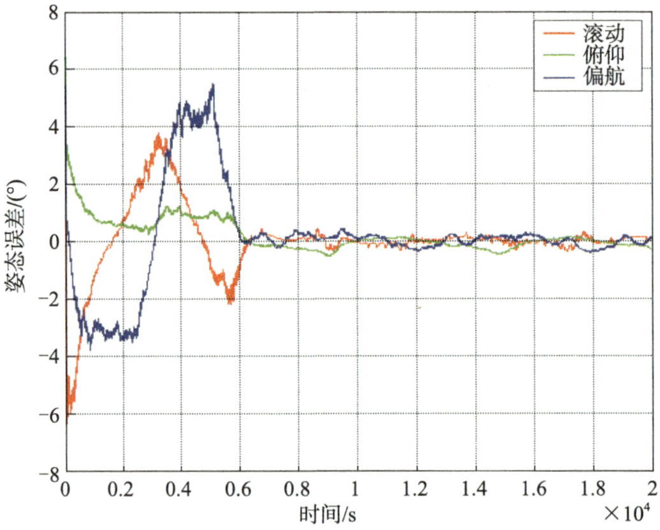

图 4-6　姿态角测量误差曲线

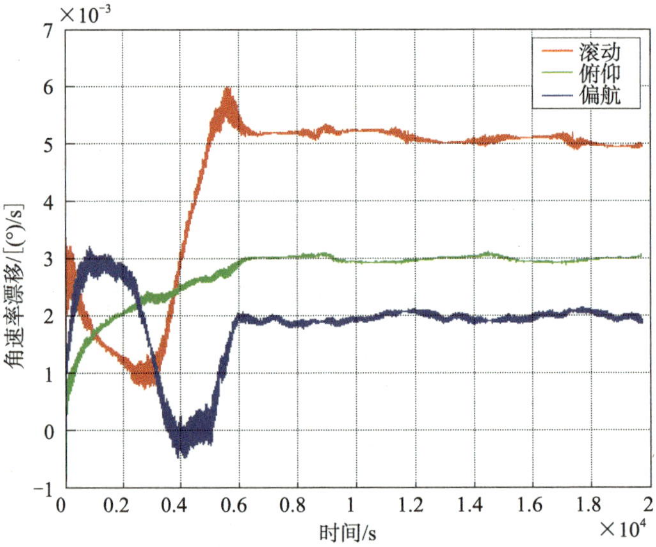

图 4-7　陀螺漂移估计曲线

磁强计常值偏差 1 000 nT，噪声 1 000 nT，噪声增大滤波作用要相应加强；三轴初始姿态误差分别为 50°、50°、50°，磁强计增大测量误差在初始大姿态误差下仍能收敛，如图 4-8 所示。

利用磁强计测得的前后时刻磁场强度，基于双矢量定姿确定本体相对惯性系姿态，并与陀螺积分姿态比较得到姿态误差；考虑到姿态误差在垂直于地磁场矢量方向敏感性强，沿地磁场矢量方向敏感性弱，减小地磁场矢量方向姿态误差修正的权重；最后基于地磁场

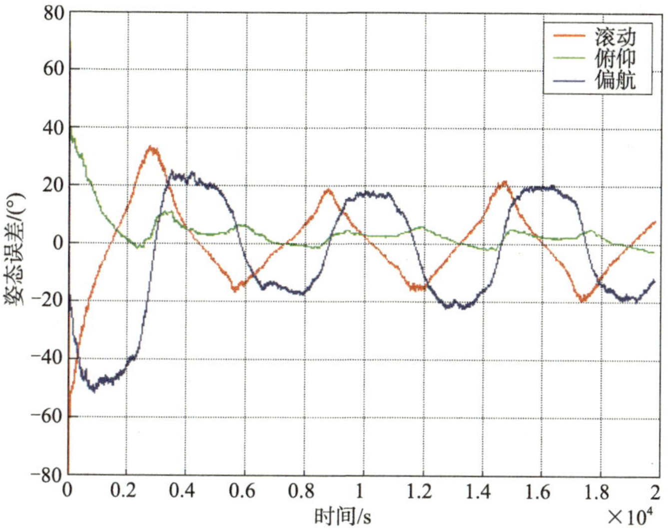

图 4-8　基于粗精度磁强计组合定姿误差曲线

矢量修正后的姿态误差校正陀螺积分姿态，并基于 PI 滤波估计陀螺漂移，设计了适合于星上应用的陀螺与磁强计组合定姿算法。仿真试验结果表明姿态确定精度 1°左右，适合在纳星、皮星等微小卫星上应用。

4.6　陀螺+磁强计组合定姿优化

工程应用中还必须考虑姿态确定算法复杂度对软件运行存贮空间和运行时间的影响，基于相同的敏感器获得同等的姿态确定精度，姿态确定算法越简单越适合于工程应用。首先利用磁强计测得的当前时刻磁场强度，与基于卫星轨道和姿态角速率推算的当前时刻磁场强度比较，估计陀螺积分姿态误差；接着利用磁强计测得的前后时刻磁场强度，与基于卫星轨道和姿态角速率推算的前后时刻磁场强度比较，估计姿态推算误差；最后基于前后时刻磁场强度估计的姿态误差校正陀螺积分姿态，并基于 PI 滤波估计陀螺漂移。

4.6.1　基于轨道推算惯性系地磁场强度

基于轨道根数计算轨道位置，再基于轨道位置推算地固系磁场强度

$$r=\frac{a(1-e^2)}{1+e\cos f} \tag{4-137}$$

$$\lambda=\Omega+\operatorname{arctan2}\left(\frac{\sin u\cdot\cos i}{\cos u}\right)-Sg \tag{4-138}$$

$$\eta=\pi/2-\arcsin(\sin u\cdot\sin i) \tag{4-139}$$

式中　a ——轨道半长轴；

e ——轨道偏心率；

f ——真近点角；

Ω ——升交点赤经；

u ——轨道纬度幅角；

i ——轨道倾角；

Sg ——格林尼治恒星时。

考虑到星载计算机的计算能力，地磁场的球谐波模型取一阶近似如下：

$$B_x = -\frac{R_e^3}{r^3} \cdot f_x \tag{4-140}$$

$$f_x = g_1^0 \cdot \sin\eta - (g_1^1 \cdot \cos\lambda + h_1^1 \cdot \sin\lambda) \cdot \cos\eta \tag{4-141}$$

$$B_y = \frac{R_e^3}{r^3} \cdot f_y \tag{4-142}$$

$$f_y = g_1^1 \cdot \sin\lambda - h_1^1 \cdot \cos\lambda \tag{4-143}$$

$$B_z = -\frac{2R_e^3}{r^3} \cdot f_z \tag{4-144}$$

$$f_z = g_1^0 \cdot \cos\eta + (g_1^1 \cdot \cos\lambda + h_1^1 \cdot \sin\lambda) \cdot \sin\eta \tag{4-145}$$

式中 g_1^0，g_1^1，h_1^1 ——查国际公布的IGRF得到的数据；

λ ——地理经度；

η ——地理余纬；

r ——地心距；

R_e ——地球半径。

则地固系下地磁场矢量为

$$\boldsymbol{B}_{ce} = [B_x \quad B_y \quad B_z]^{\mathrm{T}} \tag{4-146}$$

将地固系磁场强度转换到惯性系

$$\boldsymbol{B}_{ci} = \boldsymbol{A}_{ie} \cdot \boldsymbol{B}_{ce} \tag{4-147}$$

式中 $\boldsymbol{A}_{ie}$ ——地固系到惯性系转换矩阵。

4.6.2 基于陀螺推算本体系磁场强度

假定陀螺坐标系与卫星本体系一致，基于修正漂移后的陀螺角速率，求得前后节拍姿态变化四元数 $\mathrm{d}\boldsymbol{q}_\omega$

$$\mathrm{d}\boldsymbol{q}_\omega = \begin{bmatrix} \mathrm{d}q_{\omega 0} \\ \mathrm{d}\boldsymbol{Q}_\omega \end{bmatrix} \tag{4-148}$$

$$\mathrm{d}\boldsymbol{Q}_\omega = [(\boldsymbol{\omega}_k - \boldsymbol{\omega}_{k-1})/2 + \boldsymbol{\omega}_{k-1}] \cdot T/2 \tag{4-149}$$

$$\mathrm{d}q_{\omega 0} = \sqrt{1 - \mathrm{d}\boldsymbol{Q}_\omega \cdot \mathrm{d}\boldsymbol{Q}_\omega} \tag{4-150}$$

式中 $\boldsymbol{\omega}_k$ ——陀螺输出的当前节拍本体系角速率；

$\boldsymbol{\omega}_{k-1}$ ——陀螺输出的前一节拍本体系角速率。

基于前一节拍修正后的本体相对惯性系姿态四元数 $\boldsymbol{Q}_{bi,\,k-1}$，推算当前节拍本体相对惯性系姿态四元数 $\boldsymbol{q}_{bi,\,k/k-1}$

$$\boldsymbol{q}_{bi,k/k-1}=\boldsymbol{q}_{bi,k-1}\otimes \mathrm{d}\boldsymbol{q}_{\omega}=\begin{bmatrix} q_{bi0,k/k-1} \\ q_{bi1,k/k-1} \\ q_{bi2,k/k-1} \\ q_{bi3,k/k-1} \end{bmatrix} \tag{4-151}$$

基于轨道位置计算的惯性系磁场强度推算本体系磁场强度

$$\boldsymbol{B}_{cb,k/k-1}=\boldsymbol{A}_{bi,k/k-1}\cdot \boldsymbol{B}_{ci,k} \tag{4-152}$$

其中

$$\boldsymbol{A}_{bi,k/k-1}=\begin{bmatrix} q_0^2+q_1^2-q_2^2-q_3^2 & 2(q_0q_3+q_1q_2) & 2(q_1q_3-q_0q_2) \\ 2(q_1q_2-q_0q_3) & q_0^2-q_1^2+q_2^2-q_3^2 & 2(q_0q_1+q_2q_3) \\ 2(q_0q_2+q_1q_3) & 2(q_2q_3-q_0q_1) & q_0^2-q_1^2-q_2^2+q_3^2 \end{bmatrix}$$

$$q_0=q_{bi0,k/k-1},q_1=q_{bi1,k/k-1},q_2=q_{bi2,k/k-1},q_3=q_{bi3,k/k-1}$$

4.6.3　磁场强度变化规律

地磁场的球谐波模型近似如下：

$$B_x\approx -\frac{R_e^3}{r^3}\cdot g_1^0\cdot \sin\eta=B_{x0}\cdot \cos B \tag{4-153}$$

$$B_y=0 \tag{4-154}$$

$$B_z\approx -\frac{2R_e^3}{r^3}\cdot g_1^0\cdot \cos\eta=B_{z0}\cdot \sin B \tag{4-155}$$

其中

$$\text{纬度 } B=\pi/2-\eta,B_{x0}=-\frac{R_e^3}{r^3}\cdot g_1^0,B_{z0}=-\frac{2R_e^3}{r^3}\cdot g_1^0$$

卫星从南纬最高纬度到北纬最高纬度升轨飞行，X 轴和 Z 轴磁场强度都变化了一周，卫星从北纬最高纬度到南纬最高纬度降轨飞行，X 轴和 Z 轴磁场强度也都变化了一周。

姿态保持惯性定向，地磁场每轨平均以 2 倍的轨道角速率变化；姿态保持对地定向，姿态按轨道角速率变化，地磁场每轨平均以 1 倍的轨道角速率变化。地磁场在卫星本体系指向随卫星轨道运动和姿态转动变化。

4.6.4　基于前后时刻磁场强度估计姿态误差

4.6.4.1　基于当前时刻磁场强度估计姿态误差

假定磁强计坐标系与本体系一致，磁强计输出的本体系磁场强度和基于轨道及陀螺推算的本体系磁场强度如图 4-9 所示，求得姿态四元数误差 $\mathrm{d}\boldsymbol{q}_{e1}$

$$\mathrm{d}\boldsymbol{q}_{e1}=\begin{bmatrix} \mathrm{d}q_{e10} \\ \mathrm{d}\boldsymbol{Q}_{e1} \end{bmatrix} \tag{4-156}$$

其中

$$\mathrm{d}\boldsymbol{Q}_{e1}=\frac{\boldsymbol{B}_{cb,\,k/k-1}\times \boldsymbol{B}_{mb,\,k}}{\|\boldsymbol{B}_{cb,\,k/k-1}\|\cdot \|\boldsymbol{B}_{mb,\,k}\|}$$

式中　$\boldsymbol{B}_{cb,\ k/k-1}$ ——基于轨道及姿态推算的磁场强度；

$\boldsymbol{B}_{mb,\ k}$ ——当前节拍磁强计测得的磁场强度。

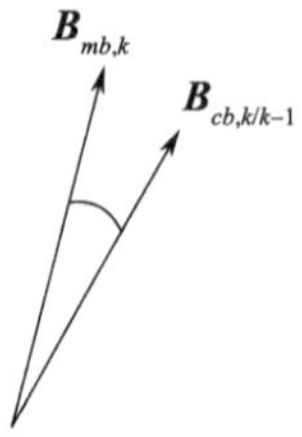

图 4-9　基于当前节拍磁场强度估计姿态误差

4.6.4.2　基于前后时刻磁场强度估计姿态误差

磁强计测得的前后时刻磁场强度如图 4-10 所示，求得前后节拍磁场强度等效的姿态变化四元数 $\mathrm{d}\boldsymbol{q}_m$

$$\mathrm{d}\boldsymbol{q}_m = \begin{bmatrix} \mathrm{d}q_{m0} \\ \mathrm{d}\boldsymbol{Q}_m \end{bmatrix} \tag{4-157}$$

其中

$$\mathrm{d}\boldsymbol{Q}_m = \frac{\boldsymbol{B}_{mb,\ k-1} \times \boldsymbol{B}_{mb,\ k}}{\|\boldsymbol{B}_{mb,\ k-1}\| \cdot \|\boldsymbol{B}_{mb,\ k}\|}$$

式中　$\boldsymbol{B}_{mb,\ k-1}$ ——前一节拍磁强计测得的磁场强度；

$\boldsymbol{B}_{mb,\ k}$ ——当前节拍磁强计测得的磁场强度。

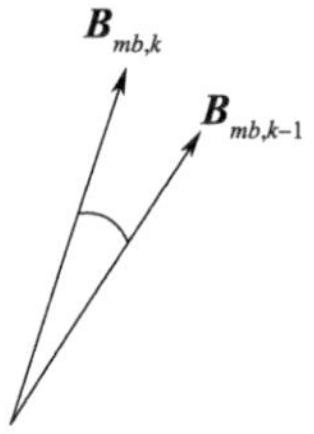

图 4-10　磁强计测得的前后节拍磁场强度

基于轨道位置推算的前后节拍磁场强度如图 4-11 所示，求得前后节拍轨道位置变化导致的姿态变化四元数 $\mathrm{d}\boldsymbol{q}_r$

$$\mathrm{d}\boldsymbol{q}_r = \begin{bmatrix} \mathrm{d}q_{r0} \\ \mathrm{d}\boldsymbol{Q}_r \end{bmatrix} \tag{4-158}$$

其中

$$\mathrm{d}\boldsymbol{Q}_r = \frac{\boldsymbol{B}_{ce,\ k-1} \times \boldsymbol{B}_{ce,\ k}}{\|\boldsymbol{B}_{ce,\ k-1}\| \cdot \|\boldsymbol{B}_{ce,\ k}\|}$$

式中　$\boldsymbol{B}_{ce,\ k-1}$ ——基于轨道推算的前一节拍地固系磁场强度；

$\boldsymbol{B}_{ce,\ k}$ ——基于轨道推算的当前节拍地固系磁场强度。

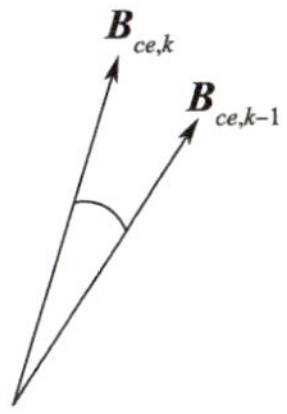

图 4-11　轨道位置导致的前后节拍磁场强度变化

轨道位置和姿态角速率导致的前后节拍姿态变化四元数 $\mathrm{d}\boldsymbol{q}_c$ 为

$$\mathrm{d}\boldsymbol{q}_c = \mathrm{d}\boldsymbol{q}_r \otimes \mathrm{d}\boldsymbol{q}_\omega \tag{4-159}$$

磁强计测得的前后节拍姿态变化由轨道位置、姿态运动和姿态推算误差导致，求得姿态推算误差四元数 $\mathrm{d}\boldsymbol{q}_{e2}$

$$\mathrm{d}\boldsymbol{Q}_{e2} = \mathrm{d}\boldsymbol{q}_c^* \otimes \mathrm{d}\boldsymbol{q}_m = \begin{bmatrix} \mathrm{d}q_{e20} \\ \mathrm{d}\boldsymbol{Q}_{e2} \end{bmatrix} \tag{4-160}$$

4.6.4.3　姿态四元数误差修正

基于磁强计前后时刻磁场强计估计的姿态误差四元数，求得姿态误差四元数 $\mathrm{d}\boldsymbol{q}_e$

$$\mathrm{d}\boldsymbol{q}_e = \mathrm{d}\boldsymbol{Q}_{e1} \otimes \mathrm{d}\boldsymbol{Q}_{e2} \tag{4-161}$$

考虑误差为小量，简化为

$$\mathrm{d}\boldsymbol{q}_e = \begin{bmatrix} \mathrm{d}q_{e0} \\ \mathrm{d}\boldsymbol{Q}_e \end{bmatrix} \begin{bmatrix} \mathrm{d}q_{e0} \\ \mathrm{d}\boldsymbol{q}_{e1} + \mathrm{d}\boldsymbol{q}_{e2} \end{bmatrix} \tag{4-162}$$

其中

$$\mathrm{d}q_{e0} = \sqrt{1 - (\mathrm{d}\boldsymbol{Q}_{e1} + \mathrm{d}\boldsymbol{Q}_{e2}) \cdot (\mathrm{d}\boldsymbol{Q}_{e1} + \mathrm{d}\boldsymbol{Q}_{e2})}$$

姿态四元数误差修正量为

$$\mathrm{d}\boldsymbol{q}_c = \begin{bmatrix} \mathrm{d}q_{c0} \\ \mathrm{d}\boldsymbol{Q}_c \end{bmatrix} \tag{4-163}$$

式中

$$\mathrm{d}\boldsymbol{Q}_c = k_{cp} \cdot \mathrm{d}\boldsymbol{Q}_e$$

$$\mathrm{d}q_{c0} = \sqrt{1 - \mathrm{d}\boldsymbol{Q}_c \cdot \mathrm{d}\boldsymbol{Q}_c}$$

修正后本体相对惯性系姿态四元数为

$$\boldsymbol{q}_{bi,k} = \boldsymbol{q}_{bi,k/k-1} \otimes \mathrm{d}\boldsymbol{q}_c^* \tag{4-164}$$

4.6.5　陀螺漂移估计及姿态解算

(1) 基于 PI 滤波估计陀螺漂移

PI 滤波估计陀螺漂移如下：

$$\mathrm{d}\boldsymbol{\omega} = k_p \cdot \mathrm{d}\boldsymbol{Q}_e + \int k_i \cdot \mathrm{d}\boldsymbol{Q}_e \cdot \mathrm{d}t \tag{4-165}$$

式中　k_p ——比例系数；

k_i ——积分系数。

陀螺角速率漂移修正

$$\boldsymbol{\omega}_{bi,k} = \boldsymbol{\omega}_{bi} - \mathrm{d}\boldsymbol{\omega} \tag{4-166}$$

式中　$\boldsymbol{\omega}_{bi}$ ——陀螺当前节拍测量值。

（2）相对轨道系姿态解算

惯性系到轨道系姿态四元数 $\boldsymbol{q}_{oi}$ 为

$$\boldsymbol{q}_{oi} = \begin{bmatrix} \cos(\Omega/2) \\ 0 \\ 0 \\ \sin(\Omega/2) \end{bmatrix} \otimes \begin{bmatrix} \cos[(i-\pi/2)/2] \\ \sin[(i-\pi/2)/2] \\ 0 \\ 0 \end{bmatrix} \otimes \begin{bmatrix} \cos[-(u+\pi/2)/2] \\ 0 \\ \sin[-(u+\pi/2)/2] \\ 0 \end{bmatrix} \tag{4-167}$$

式中　Ω ——升交点赤经；

i ——轨道倾角；

u ——轨道纬度幅角。

本体相对轨道系姿态四元数 $\boldsymbol{q}_{bo}$ 为

$$\boldsymbol{q}_{bo} = \boldsymbol{q}_{oi}^{*} \otimes \boldsymbol{q}_{bi} = \begin{bmatrix} q_0 \\ q_1 \\ q_2 \\ q_3 \end{bmatrix} \tag{4-168}$$

根据 $\boldsymbol{q}_{bo}$ 求得本体相对轨道系姿态转换矩阵 $\boldsymbol{A}_{bo}$

$$\boldsymbol{A}_{bo} = \begin{bmatrix} a_{11} & a_{12} & a_{13} \\ a_{21} & a_{22} & a_{23} \\ a_{31} & a_{32} & a_{33} \end{bmatrix} = \begin{bmatrix} q_0^2+q_1^2-q_2^2-q_3^2 & 2(q_0q_3+q_1q_2) & 2(q_1q_3-q_0q_2) \\ 2(q_1q_2-q_0q_3) & q_0^2-q_1^2+q_2^2-q_3^2 & 2(q_0q_1+q_2q_3) \\ 2(q_0q_2+q_1q_3) & 2(q_2q_3-q_0q_1) & q_0^2-q_1^2-q_2^2+q_3^2 \end{bmatrix} \tag{4-169}$$

设滚动、俯仰、偏航三轴姿态角分别为 φ 、θ 、ψ ，按 3－1－2 转序求得本体相对轨道系姿态转换矩阵 $\boldsymbol{A}_{bo}$

$$\boldsymbol{A}_{bo} = \begin{bmatrix} \cos\theta\cos\psi - \sin\varphi\sin\theta\sin\psi & \cos\theta\sin\psi + \sin\varphi\sin\theta\cos\psi & -\cos\varphi\sin\theta \\ -\cos\varphi\sin\psi & \cos\varphi\cos\psi & \sin\varphi \\ \sin\theta\cos\psi + \sin\varphi\cos\theta\sin\psi & \sin\theta\sin\psi - \sin\varphi\cos\theta\cos\psi & \cos\varphi\cos\theta \end{bmatrix} \tag{4-170}$$

如果 $|a_{23}| > 0.9999$

$$\varphi = \arcsin(a_{23}) \tag{4-171}$$

$$\theta = 0 \tag{4-172}$$

$$\psi = \arctan2\left(\frac{a_{12}}{a_{11}}\right) \tag{4-173}$$

否则

$$\varphi = \arcsin(a_{23}) \tag{4-174}$$

$$\theta = \arctan2\left(\frac{-a_{13}/\cos\varphi}{a_{33}/\cos\varphi}\right) \tag{4-175}$$

$$\psi = \arctan2\left(\frac{-a_{21}/\cos\varphi}{a_{22}/\cos\varphi}\right) \tag{4-176}$$

4.6.6　磁强计+陀螺组合定姿仿真验证

磁强计三轴常值偏差 100 nT，噪声 100 nT；陀螺三轴常值漂移分别为 0.008（°）/s、0.004（°）/s、−0.006（°）/s，三轴噪声 0.001（°）/s；三轴初始姿态误差都为 5°。姿态角测量误差如图 4-12 和图 4-13 所示，陀螺漂移估计如图 4-14 和图 4-15 所示。

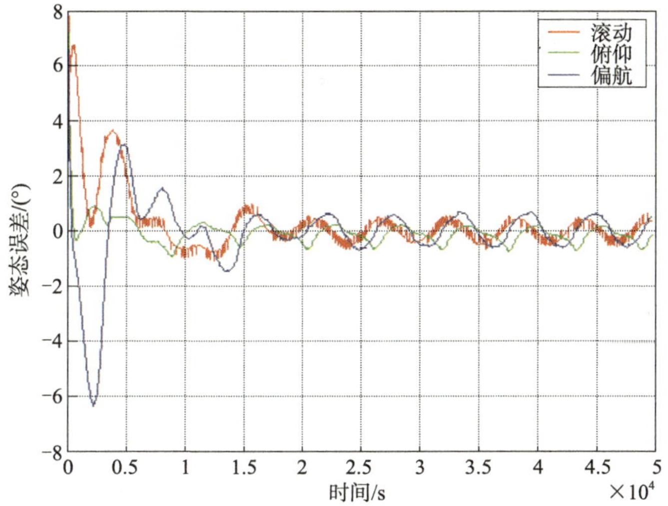

图 4-12　姿态角误差曲线

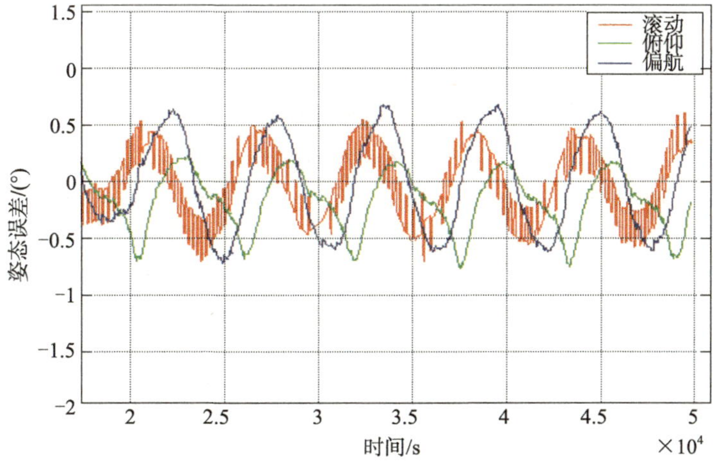

图 4-13　姿态角误差放大曲线

磁强计常值偏差 1 000 nT，噪声 1 000 nT，噪声增大滤波作用要相应加强；三轴初始姿态误差均为 50°，磁强计增大测量误差在初始大姿态误差下仍能收敛，如图 4-16 和图 4-17 所示。

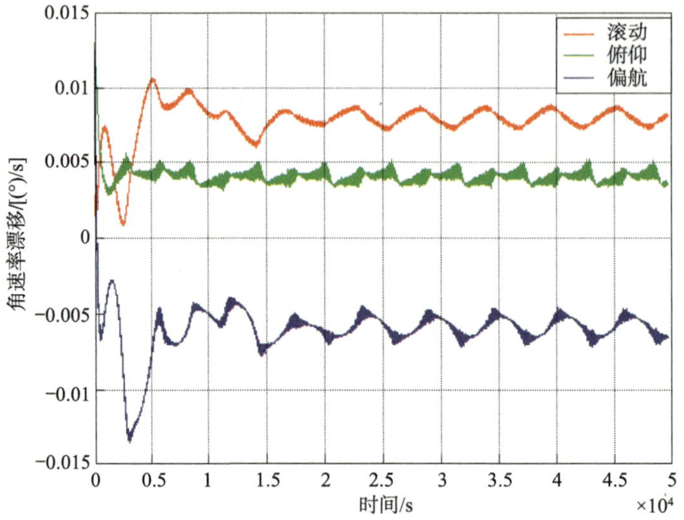

图 4-14　陀螺漂移估计曲线

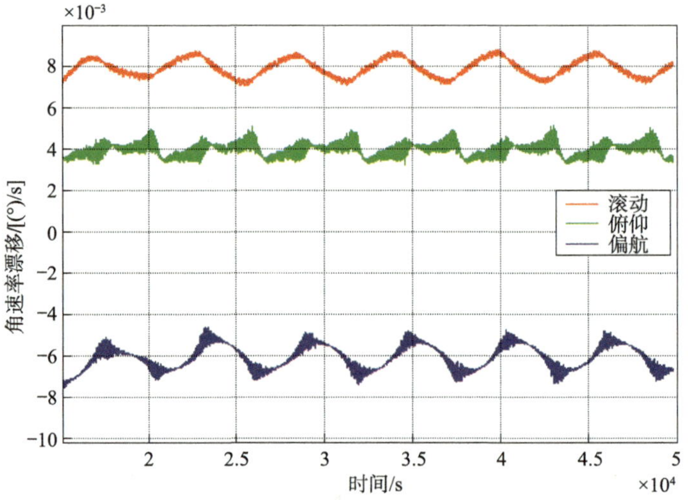

图 4-15　陀螺漂移估计放大曲线

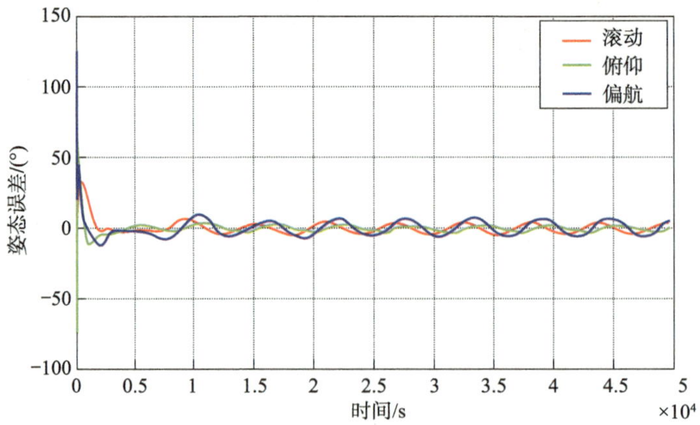

图 4-16　基于粗精度磁强计组合定姿误差曲线

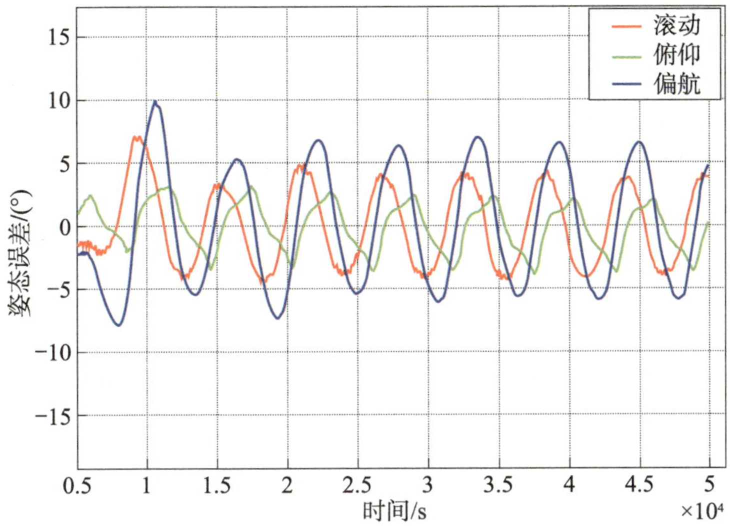

图 4-17　基于粗精度磁强计组合定姿误差放大曲线

利用磁强计测得的前后时刻磁场强度，与卫星轨道和姿态角速率推算的磁场强度比较，估计陀螺积分姿态误差；基于磁强计估计的姿态误差校正陀螺积分姿态，并基于 PI 滤波估计陀螺漂移，设计了适合于星上应用的陀螺与磁强计组合定姿算法。仿真试验结果表明姿态确定精度 1°左右，适合在纳星、皮星等微小卫星上应用。

4.7　陀螺+星敏感器组合定姿

陀螺能够连续输出卫星相对惯性空间的角速率，对陀螺角速率积分可以确定卫星姿态，但陀螺存在漂移，不能长时间使用；星敏能够直接提供卫星姿态，但可能受月亮、地球、太阳等干扰不能连续输出姿态，特别是卫星姿态机动期间。

基于星敏估计陀螺漂移，对陀螺漂移修正后积分输出卫星姿态，既可以确保姿态输出的连续性，又可以抑制星敏观测噪声对姿态确定精度的影响。

文献 [16] 至文献 [25] 基于卡尔曼滤波进行星敏与陀螺组合定姿研究；文献 [26] 将 SINS 确定的载体相对惯性空间的四元数姿态信息与星敏感器输出的高精度四元数姿态信息进行信息融合，实时估计出陀螺漂移量及失准角，并对 SINS 进行在线修正；文献 [27] 研究了捷联惯导、星敏感器和北斗接收机长航时高精度组合导航方法。

在稳态小姿态角变化和小角速率条件下，陀螺角速率漂移与姿态偏差四元数满足线性关系。本节首先介绍了 PI 滤波估计陀螺角速率漂移，接着给出了分别基于 J2000 惯性系和轨道坐标系的星敏与陀螺组合定姿算法和姿态偏差四元数求解算法，最后进行了工程应用方式分析和仿真验证。

4.7.1 基于 PI 滤波估计陀螺角速率漂移

基于 PI 滤波估计陀螺漂移的星敏与陀螺组合定姿算法简单，且易于工程实现，并已通过在轨考核验证。

陀螺漂移和姿态偏差四元数之间存在线性关系：

当陀螺坐标系与星体坐标系一致时，即 $\boldsymbol{A}_{bg}=\boldsymbol{I}_{3\times3}$，且设陀螺漂移初始估计值 $\hat{\boldsymbol{b}}_0=\boldsymbol{0}$，得

$$\hat{\boldsymbol{b}}_k=2\boldsymbol{Q}_e+\int 2\,[\hat{\boldsymbol{\omega}}\times]\cdot\boldsymbol{Q}_e\cdot \mathrm{d}t \tag{4-177}$$

式（4-177）积分项为三轴之间的耦合项，稳态控制时角速率和姿态误差都为小量，忽略高阶小量后可得

$$\hat{\boldsymbol{b}}_k=2\boldsymbol{Q}_e \tag{4-178}$$

基于 PI 滤波估计陀螺漂移如下：

$$\hat{\boldsymbol{b}}_k=\boldsymbol{k}_p\cdot\boldsymbol{Q}_e+\int\boldsymbol{k}_i\cdot\boldsymbol{Q}_e\cdot \mathrm{d}t \tag{4-179}$$

式中 $\boldsymbol{k}_p$ ——PI 滤波估计比例系数；

$\boldsymbol{k}_i$ ——PI 滤波估计积分系数。

$\boldsymbol{k}_p$、$\boldsymbol{k}_i$ 为 3×3 对角阵，可以独立估计陀螺三轴角速率漂移。

令 $\boldsymbol{Q}_e=[q_{e1}\quad q_{e2}\quad q_{e3}]^{\mathrm{T}}$ 和 $\hat{\boldsymbol{b}}_k=\left[\hat{b}_{x,k}\quad \hat{b}_{y,k}\quad \hat{b}_{z,k}\right]^{\mathrm{T}}$，式（4-179）三轴独立估计陀螺角速率漂移形式如下：

$$\hat{b}_{x,k}=k_{px}\cdot q_{e1}+\int k_{ix}\cdot q_{e1}\cdot \mathrm{d}t \tag{4-180}$$

$$\hat{b}_{y,k}=k_{py}\cdot q_{e2}+\int k_{iy}\cdot q_{e2}\cdot \mathrm{d}t \tag{4-181}$$

$$\hat{b}_{z,k}=k_{pz}\cdot q_{e3}+\int k_{iz}\cdot q_{e3}\cdot \mathrm{d}t \tag{4-182}$$

式中 k_{px}、k_{py}、k_{pz} ——三轴 PI 滤波估计比例系数；

k_{ix}、k_{iy}、k_{iz} ——三轴 PI 滤波估计积分系数。

4.7.2 基于 J2000 惯性系星敏与陀螺组合定姿

4.7.2.1 求陀螺积分四元数

由式（4-26）求得的扣除陀螺漂移的角速率，在 J2000 惯性系下直接积分，应用简化积分算法求得四元数增量 d$\boldsymbol{q}$ 如下：

$$\mathrm{d}\boldsymbol{q}=\begin{bmatrix}\sqrt{1-\mathrm{d}\boldsymbol{Q}^{\mathrm{T}}\cdot\mathrm{d}\boldsymbol{Q}}\\ \mathrm{d}\boldsymbol{Q}\end{bmatrix} \tag{4-183}$$

式中，$\mathrm{d}\boldsymbol{Q}=[\hat{\boldsymbol{\omega}}_{k-1}+(\hat{\boldsymbol{\omega}}_k-\hat{\boldsymbol{\omega}}_{k-1})/2]\cdot T/2$，d$\boldsymbol{Q}$ 表示四元数 d$\boldsymbol{q}$ 的向量部分；$\hat{\boldsymbol{\omega}}_{k-1}$ 为第 $k-1$ 步扣除陀螺漂移的角速率；$\hat{\boldsymbol{\omega}}_k$ 为第 k 步扣除陀螺漂移的角速率；T 为积分周期。

由式（4－183）求得 J2000 惯性系陀螺积分姿态四元数 $\boldsymbol{q}_{bi,k/k-1}$ 如下：

$$\boldsymbol{q}_{bi,k/k-1}=\boldsymbol{q}_{bi,k-1}\otimes \mathrm{d}\boldsymbol{q} \tag{4-184}$$

式中　$\boldsymbol{q}_{bi,k-1}$ ——第 $k-1$ 步基于星敏修正后陀螺积分姿态四元数。

4.7.2.2　陀螺积分姿态四元数修正

设星敏考虑曝光时差及数据采集延时修正后，并扣除安装矩阵，得 J2000 惯性系下姿态四元数为 $\boldsymbol{q}_{bi,s}$，求得姿态偏差四元数如下：

$$\mathrm{d}\boldsymbol{q}_e=\boldsymbol{q}_{bi,s}{}^{-1}\otimes \boldsymbol{q}_{bi,k/k-1} \tag{4-185}$$

基于星敏修正陀螺积分姿态四元数 $\mathrm{d}\boldsymbol{q}_e$ 如下：

$$\boldsymbol{q}_{bi,k}=\boldsymbol{q}_{bi,k/k-1}\otimes \begin{Bmatrix}\sqrt{1-(k_e\cdot \mathrm{d}\boldsymbol{Q}_e)^{\mathrm{T}}\cdot k_e\cdot \mathrm{d}\boldsymbol{Q}_e}\\ -k_e\cdot \mathrm{d}\boldsymbol{Q}_e\end{Bmatrix} \tag{4-186}$$

式中，$\mathrm{d}\boldsymbol{Q}_e$ 表示四元数 $\mathrm{d}\boldsymbol{q}_e$ 的向量部分；$0\leqslant k_e\leqslant 1$ 为星敏修正陀螺积分姿态四元数强度系数。

求得星体相对轨道系姿态四元数 $\boldsymbol{q}_{bo,k}$ 如下：

$$\boldsymbol{q}_{bo,k}=\boldsymbol{q}_{oi,k}{}^{-1}\otimes \boldsymbol{q}_{bi,k} \tag{4-187}$$

式中　$\boldsymbol{q}_{oi,k}$ ——J2000 惯性系转到轨道坐标系姿态四元数。

4.7.3　基于轨道坐标系星敏与陀螺组合定姿

（1）求相对轨道系姿态四元数

设轨道角速率为 $\boldsymbol{\omega}_{oi}=[0\quad \omega_0\quad 0]^{\mathrm{T}}$，基于式（4－26）求得的扣除陀螺漂移的角速率，再扣除轨道角速率 $\boldsymbol{\omega}_{oi}$，得相对轨道系角速率如下：

$$\hat{\boldsymbol{\omega}}_{bo}=\boldsymbol{A}_{bg}\cdot(\boldsymbol{\omega}_g-\hat{\boldsymbol{b}}_{k-1})-\boldsymbol{A}_{bo}\cdot \boldsymbol{\omega}_{oi} \tag{4-188}$$

式中　$\boldsymbol{A}_{bo}$ ——轨道系到星体系转换矩阵。

在轨道系下积分，应用简化积分算法求得四元数增量 $\mathrm{d}\boldsymbol{q}$ 如下：

$$\mathrm{d}\boldsymbol{q}=\begin{bmatrix}\sqrt{1-\mathrm{d}\boldsymbol{Q}^{\mathrm{T}}\cdot \mathrm{d}\boldsymbol{Q}}\\ \mathrm{d}\boldsymbol{Q}\end{bmatrix} \tag{4-189}$$

式中，$\mathrm{d}\boldsymbol{Q}=[\hat{\boldsymbol{\omega}}_{bo,k-1}+(\hat{\boldsymbol{\omega}}_{bo,k}-\hat{\boldsymbol{\omega}}_{bo,k-1})/2]\cdot T/2$，$\mathrm{d}\boldsymbol{Q}$ 表示四元数 $\mathrm{d}\boldsymbol{q}$ 的向量部分；$\hat{\boldsymbol{\omega}}_{bo,k-1}$ 为第 $k-1$ 步扣除陀螺漂移的星体相对轨道系角速率；$\hat{\boldsymbol{\omega}}_{bo,k}$ 为第 k 步扣除陀螺漂移的星体相对轨道系角速率；T 为积分周期。

由式（4－189）求得相对轨道系陀螺积分姿态四元数 $\boldsymbol{q}_{bo,k/k-1}$ 如下：

$$\boldsymbol{q}_{bo,k/k-1}=\boldsymbol{q}_{bo,k-1}\otimes \mathrm{d}\boldsymbol{q} \tag{4-190}$$

式中　$\boldsymbol{q}_{bo,k-1}$ ——第 $k-1$ 步基于星敏修正后陀螺积分姿态四元数。

（2）陀螺积分姿态四元数修正

基于星敏求得相对轨道系姿态四元数如下：

$$\boldsymbol{q}_{bo,s}=\boldsymbol{q}_{oi,k}{}^{-1}\otimes \boldsymbol{q}_{bi,s} \tag{4-191}$$

得姿态偏差四元数 $\mathrm{d}\boldsymbol{q}_e$ 如下：

$$\mathrm{d}\boldsymbol{q}_e=\boldsymbol{q}_{bo,s}{}^{-1}\otimes\boldsymbol{q}_{bo,k/k-1} \tag{4-192}$$

基于星敏修正陀螺积分姿态四元数如下：

$$\boldsymbol{q}_{bo,k}=\boldsymbol{q}_{bo,k/k-1}\otimes\begin{Bmatrix}\sqrt{1-(k_e\cdot\mathrm{d}\boldsymbol{Q}_e)^{\mathrm{T}}\cdot k_e\cdot\mathrm{d}\boldsymbol{Q}_e}\\ -k_e\cdot\mathrm{d}\boldsymbol{Q}_e\end{Bmatrix} \tag{4-193}$$

式中，$\mathrm{d}\boldsymbol{Q}_e$ 表示四元数 $\mathrm{d}\boldsymbol{q}_e$ 的向量部分；$0\leqslant k_e\leqslant 1$ 为星敏修正陀螺积分姿态四元数强度系数。

4.7.4　求相对轨道系姿态角

令式（4－193）中 $\boldsymbol{q}_{bo,k}=[q_0\quad q_1\quad q_2\quad q_3]^{\mathrm{T}}$，以四元数形式表示的转换矩阵如下：

$$\boldsymbol{A}_{bo}=\begin{bmatrix}q_0^2+q_1^2-q_2^2-q_3^2 & 2q_0q_3+2q_1q_2 & -2q_0q_2+2q_1q_3\\ -2q_0q_3+2q_1q_2 & q_0^2-q_1^2+q_2^2-q_3^2 & 2q_0q_1+2q_2q_3\\ 2q_0q_2+2q_1q_3 & -2q_0q_1+2q_2q_3 & q_0^2-q_1^2-q_2^2+q_3^2\end{bmatrix}=\begin{bmatrix}a_{11} & a_{12} & a_{13}\\ a_{21} & a_{22} & a_{23}\\ a_{31} & a_{32} & a_{33}\end{bmatrix} \tag{4-194}$$

以 3－1－2 转序欧拉角表示的转换矩阵如下：

$$\boldsymbol{A}_{bo}=\begin{bmatrix}\cos\theta\cos\psi-\sin\varphi\sin\theta\sin\psi & \cos\theta\sin\psi+\sin\varphi\sin\theta\cos\psi & -\cos\varphi\sin\theta\\ -\cos\varphi\sin\psi & \cos\varphi\cos\psi & \sin\varphi\\ \sin\theta\cos\psi+\sin\varphi\cos\theta\sin\psi & \sin\theta\sin\psi-\sin\varphi\cos\theta\cos\psi & \cos\varphi\cos\theta\end{bmatrix} \tag{4-195}$$

式中　φ ——滚动姿态角；

θ ——俯仰姿态角；

ψ ——偏航姿态角。

由式（4－194）和式（4－195）求得相对轨道系姿态，当 $|a_{23}|>0.9999$ 时，求得姿态角为

$$\varphi=\arcsin(a_{23}) \tag{4-196}$$

$$\theta=0 \tag{4-197}$$

$$\psi=\mathrm{arctan2}\left(\frac{a_{12}}{a_{11}}\right) \tag{4-198}$$

否则

$$\varphi=\arcsin(a_{23}) \tag{4-199}$$

$$\theta=\mathrm{arctan2}\left(\frac{-a_{13}/\cos\varphi}{a_{33}/\cos\varphi}\right) \tag{4-200}$$

$$\psi=\mathrm{arctan2}\left(\frac{-a_{21}/\cos\varphi}{a_{22}/\cos\varphi}\right) \tag{4-201}$$

4.7.5　工程应用方式及仿真验证

姿态偏差四元数用于估计陀螺角速率漂移，陀螺角速率测量值扣除陀螺角速率漂移后进行角速率积分和姿态求解，基于陀螺积分求得连续输出的姿态，抑制星敏观测噪声；基

于星敏估计陀螺漂移，消除陀螺长时间累积误差。

基于 J2000 惯性系直接积分不受轨道角速率估计误差影响；轨道角速率估计误差会影响基于轨道坐标系角速率积分，轨道角速率估计误差导致陀螺角速率漂移估计值波动，陀螺角速率漂移估计值不能真实反映陀螺漂移状态，不利于地面上注陀螺漂移修正量。

陀螺积分三轴初始姿态误差为－5°，陀螺三轴角速率常值漂移分别为 0.005（°）/s，0.008（°）/s，－0.005（°）/s，随机漂移为 0.000 5（°）/s。

陀螺角速率漂移估计仿真结果如图 4－18 和图 4－19 所示，陀螺的常值漂移被准确估计，漂移估计受随机漂移影响波动，波动幅度不超过加入的随机漂移幅度。

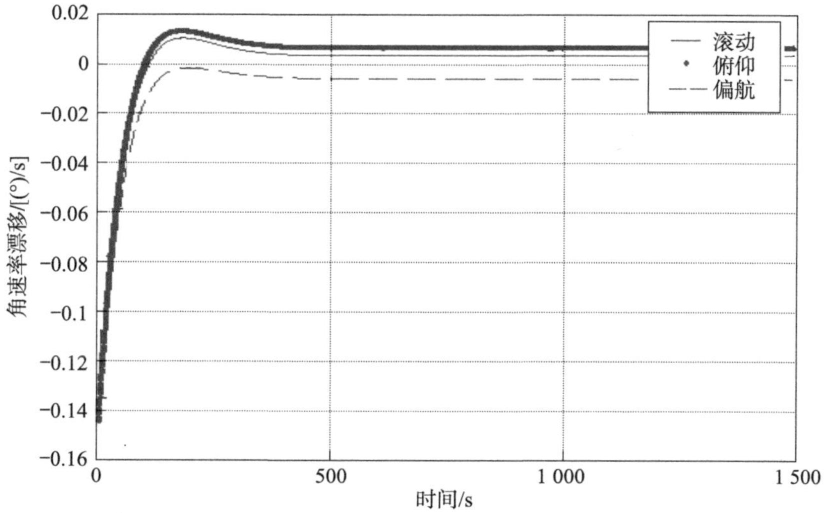

图 4－18　陀螺角速率漂移估计曲线

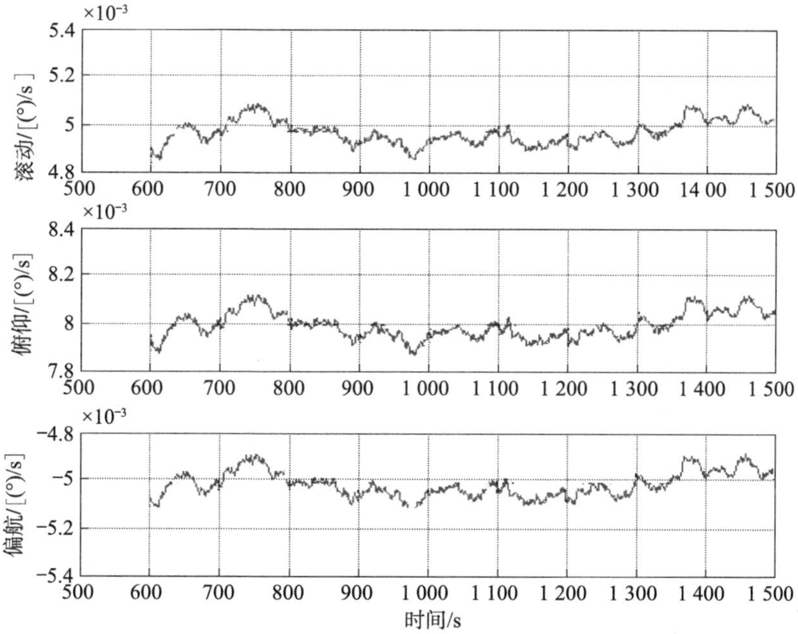

图 4－19　陀螺角速率漂移估计局部放大曲线

星敏与陀螺组合定姿姿态角误差仿真结果如图 4-20 和图 4-21 所示，陀螺积分初始姿态误差通过自主调整陀螺角速率漂移消除，PI 滤波稳定后姿态误差小于 0.005°。

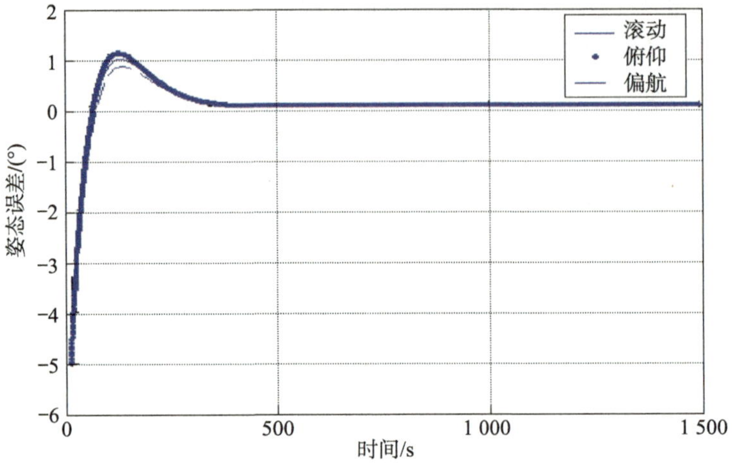

图 4-20　组合定姿误差曲线

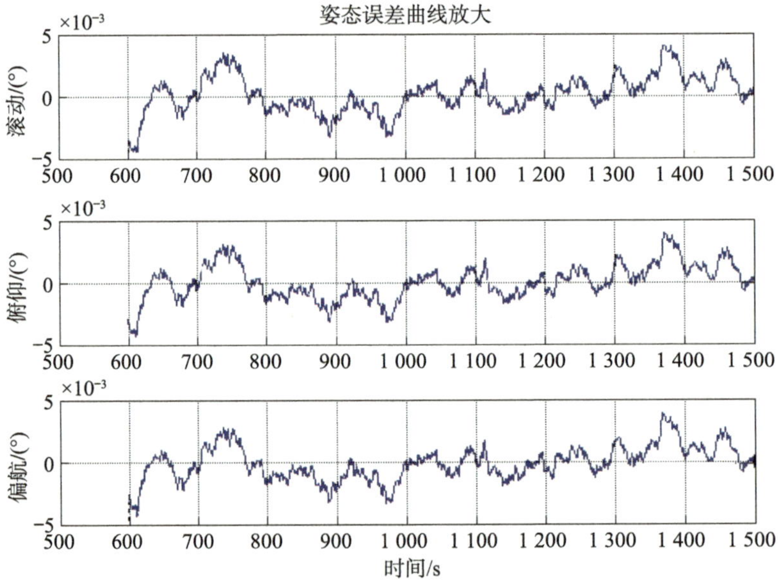

图 4-21　组合定姿误差曲线放大

基于 PI 滤波估计陀螺角速率漂移，进行星敏与陀螺组合定姿算法研究，仿真验证了组合定姿算法的有效性。本书基于 PI 滤波估计陀螺漂移的星敏与陀螺组合定姿算法简单，且易于工程实现，并已通过在轨考核验证。

4.8　星敏外场观星姿态及极性测试

4.8.1　星敏外场观星目的

星敏外场观星目的是验证星敏输出姿态四元数及极性的正确性，根据试验点地理经纬度和星敏三轴指向与当地东北天坐标系的关系，将偏差四元数按一定转序转换成姿态偏差角，如果三轴姿态偏差角较小，可以判别星敏输出姿态四元数正确，判别阈值与试验设备所能得到的星敏相对东北天坐标系安装四元数准确性相关。

4.8.2　估算星敏安装四元数

外场观星需要计算星敏放置后星敏坐标系与东北天坐标系的关系，这与星敏在星体上安装计算星敏坐标系与星体坐标系的关系是类似的。

星敏在星体上安装后，星敏坐标系与星体坐标系不一定一致，应用中需要将基于星敏 $OX_sY_sZ_s$ 坐标系输出的姿态四元数通过安装矩阵转换到飞行器本体 $OX_bY_bZ_b$ 坐标系。

如图 4－22 所示，为了将星敏的量测坐标系 $OX_sY_sZ_s$ 转换到飞行器本体坐标系 $OX_bY_bZ_b$，先绕星敏的 Y_s 轴转（180°＋30°），再绕 Z_s 轴转－90°。

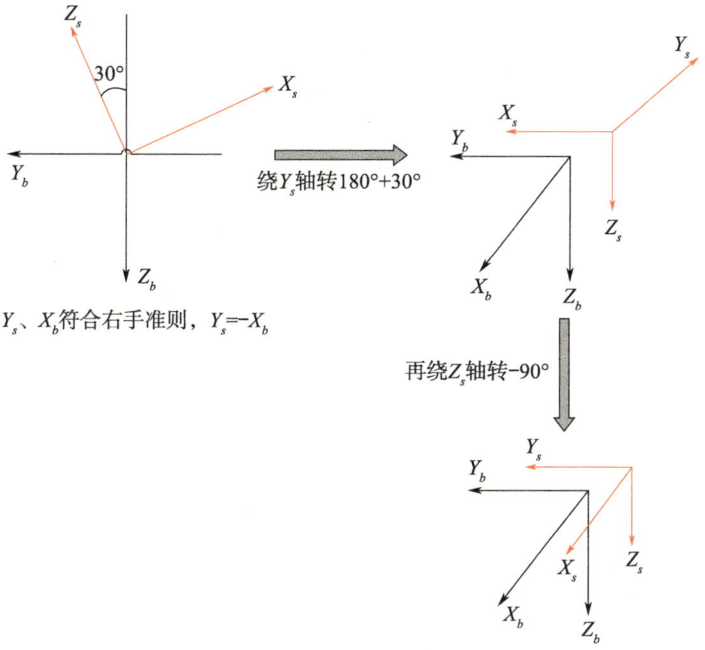

图 4－22　星敏坐标系到本体坐标系旋转过程

星敏量测系到飞行器本体系的安装四元数 $\boldsymbol{q}_{bs}$ 为

$$
\boldsymbol{q}_{bs}=\begin{bmatrix}\cos\left(\dfrac{180^\circ+30^\circ}{2}\right)\\0\\\sin\left(\dfrac{180^\circ+30^\circ}{2}\right)\\0\end{bmatrix}\otimes\begin{bmatrix}\cos\left(-\dfrac{90^\circ}{2}\right)\\0\\0\\\sin\left(-\dfrac{90^\circ}{2}\right)\end{bmatrix}=\begin{bmatrix}0.183\ 01\\0.683\ 01\\-0.683\ 01\\-0.183\ 01\end{bmatrix}\tag{4-202}
$$

4.8.3 估算偏差姿态角

星敏姿态四元数正确性验证需要比对估算的四元数 $\boldsymbol{q}_{sg}$ 与星敏输出的四元数 $\boldsymbol{q}_s$ ，偏差四元数计算如下：

$$
\mathrm{d}\boldsymbol{q}=\boldsymbol{q}_s^{-1}\otimes\boldsymbol{q}_{sg}\tag{4-203}
$$

将偏差四元数按一定转序转换成姿态偏差角，如果三轴姿态偏差角较小，可以判别星敏输出姿态四元数正确，判别阈值与试验设备所能得到的星敏相对东北天坐标系安装四元数准确性相关，星敏参加 GNC 系统试验只需进行功能性测试，判别阈值可以为 10°。

星敏极性正确性测试需要比对旋转前姿态四元数 $\boldsymbol{q}_{s0}$ 与旋转后姿态四元数 $\boldsymbol{q}_s$ ，偏差四元数计算如下：

$$
\mathrm{d}\boldsymbol{q}=\boldsymbol{q}_{s0}^{-1}\otimes\boldsymbol{q}_s\tag{4-204}
$$

将偏差四元数按一定转序转换成姿态偏差角，如果计算的旋转轴角度与实际旋转方向及角度一致，另二轴姿态偏差较小，可以判别星敏输出姿态极性正确，GNC 系统星敏极性测试主要验证极性的正确性。

4.9 习题

1. 编写计算星敏相对东北天坐标系姿态四元数 Simulink 仿真程序。

星敏坐标系相对于东北天坐标系放置方式如下：

1） 星敏 X 轴指向南，Y 轴指向东，Z 轴指向天；

2） 星敏 X 轴指向北，Y 轴指向西，Z 轴指向天。

2. 编写外场观星星敏姿态四元数正确性判别 Simulink 仿真程序。

根据当地经纬度、星敏姿态四元数输出对应的北京时和星敏坐标系相对东北天坐标系放置关系，计算星敏理论输出四元数，并与星敏实际输出姿态四元数比对，判别星敏姿态四元数正确性。

在上海进行外场观星，上海地区经度 $\lambda=121.409\ 2^\circ$，纬度 $\delta=31.173\ 1^\circ$，星敏放置方向如下：

1） 星敏 X 轴指向东，Y 轴指向北，Z 轴指向天；

2） 星敏 X 轴指向南，Y 轴指向东，Z 轴指向天；

3） 星敏 X 轴指向西，Y 轴指向南，Z 轴指向天；

4） 星敏 X 轴指向北，Y 轴指向西，Z 轴指向天。

3. 编写外场观星星敏姿态四元数极性正确性判别 Simulink 仿真程序。

星敏分别绕 X 轴、Y 轴、Z 轴正负转动。

4. 编写计算星敏安装矩阵 Simulink 仿真程序。

为了将星敏的量测坐标系 $OX_sY_sZ_s$ 转换到飞行器本体坐标系 $OX_bY_bZ_b$，先绕星敏的 Y_s 轴转（180°－40°），再绕 Z_s 轴转－90°，如图 4－23 所示。

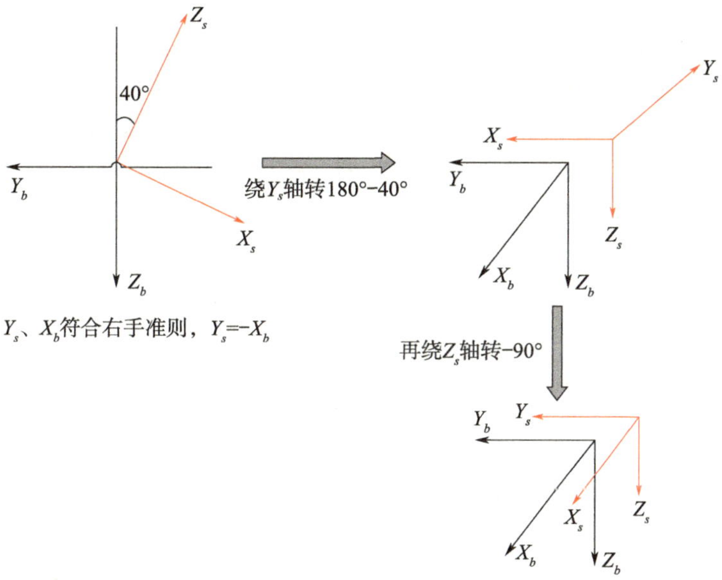

图 4－23　星敏坐标系到本体坐标系旋转过程

5. 编写地固系磁场表和轨道系简易磁场表 Simulink 仿真程序。

6. 编写磁强计与陀螺卡尔曼滤波组合定姿 Simulink 仿真程序。

2006 年 3 月 21 日北京时 20：00：00 对应的轨道高度 h =568 km，偏心率 e =0.003，倾角 i =97.635°，近地点幅角 ω =0°，升交点赤经 Ω =30°，初始时刻卫星处于降交点，即纬度幅角 u =180°，按简化轨道系磁场表建立磁强计模型。

7. 编写地平仪与陀螺轨道罗盘组合定姿 Simulink 仿真程序。

参考文献

[1] 黄圳圭．航天器姿态动力学［M］．长沙：国防科技大学出版社，1997，1：212－215.

[2] 田菁，等．三轴磁强计姿态确定［J］．国防科技大学学报，2001，23（5）：17－21.

[3] 周健，等．利用磁强计数据确定卫星三轴姿态的方法［J］．宇航学报，2001，22（2）：106－110.

[4] 张锐，朱振才，张静．基于磁强计的微小卫星姿态确定［J］．宇航学报，2009，27（5）：43－47.

[5] 王献忠．陀螺与磁强计组合定姿及工程应用分析［J］．航天控制，2009，27（5）：43－47.

[6] 李茜，贾旭东，马寅峰，等．弹箭定姿系统的改进卡尔曼滤波算法研究［J］．电光与控制，2011，18（8）：47－50.

[7] 段方，刘建业，李荣冰．小卫星多传感器融合滤波定姿算法［J］．宇航学报，2006，27（2）：297－300.

[8] 蒙涛，王昊，金仲和，等．基于低成本MEMS传感器的皮卫星融合定姿算法研究［J］．宇航学报，2009，30（4）：1569－1573，1605.

[9] 秦伟，苑伟政，常洪龙，薛亮．基于自适应UKF算法的MEMS陀螺空中在线标定技术［J］．中国惯性技术学报，2011，33（2）：48－50，55.

[10] 朱建丰，徐世杰．基于地磁场测量估计卫星姿态的UKF算法［J］．宇航学报，2006，27（6）：1401－1405.

[11] 张晓霞，曹咏弘．基于磁强计/陀螺的卡尔曼滤波定姿算法［J］．探测与控制学报，2011，33（4）：48－50，55.

[12] 杨斌，徐广涵，靳瑾，等．磁定姿近地轨道卫星EKF与UKF算法比较［J］．中国空间科学技术，2012，32（6）：23－30，38.

[13] 李果．磁强计测量卡尔曼滤波定姿方法研究［J］．控制工程，1995，2（4）：20－26.

[14] 朱文杰，王广龙，高凤岐，等．基于MIMU和磁强计的在线实时定姿方法［J］．传感技术学报，2013，26（4）：536－540.

[15] 张翠，崔培玲，杨照华，等．基于UKF的微小卫星姿态确定方法研究［J］．航天控制，2010，28（2）：12－16.

[16] 王炯琦，矫媛媛，周海银，等．基于星敏感器/陀螺组合定姿建模及精度仿真［J］．系统仿真学报，2009，21（23）：7408－7412，7417.

[17] 边志强，程卫强，薛孝补，等．基于陀螺和星敏感器的卫星姿态确定算法［J］．航天器工程，2011，20（2）：29－34.

[18] 李晨，韩崇昭，朱洪艳，等．一种陀螺与星敏感器组合定姿算法［J］．火力与指挥控制，2011，36（10）：24－27.

[19] 吴廷元，刘建业，郁丰，等．基于陀螺/星敏感器的微小卫星姿态确定方法研究［J］．计算机测量与控制，2008，16（5）：634－636.

[20] 杨波，柴艳，秦永元．基于惯性/星敏感器的高精度定姿方法研究［J］．航空兵器，2007，3：15－24.

[21]　王岩，张路，郑辛，等．在飞航导弹中用星敏感器修正捷联惯导陀螺漂移 [J]. 中国惯性技术学报，2007，15 (5)：550 - 554.

[22]　杨锋，周宗锡，刘曙光．基于星敏感器/光纤陀螺的卫星定姿算法 [J]. 控制工程，2006，13 (4)：29 - 34，39.

[23]　穆华，吴美平，胡小平．卫星惯性/星光组合自主定姿方法研究 [J]. 中国惯性技术学报，2004，12 (3)：41 - 44.

[24]　张利宾，崔乃刚，浦甲伦．火箭上面级星敏感器/陀螺组合定姿实时仿真系统 [J]. 中国惯性技术学报，2010，18 (5)：585 - 590.

[25]　曲从善，许化龙，谭营，等．基于自适应采样滤波器的临近空间飞行器姿态确定 [J]. 宇航学报，2009，30 (3)：994 - 999.

[26]　吴小娟，王新龙．基于姿态四元数的 SINS/星敏感器组合导航方法 [J]. 航空兵器，2010，1：29 - 34,39.

[27]　杨波，王跃钢，单斌，等．长航时环境下高精度组合导航方法研究与仿真 [J]. 宇航学报，2011，32 (5)：1054 - 1059.

第 5 章　组合导航算法与仿真

5.1　WGS-84 地固系与 J2000 惯性系转换

5.1.1　基于岁差协议天球系到瞬时平天球系转换

协议天球坐标系到瞬时平天球坐标系转换受岁差影响，转换矩阵求解如下：

$$\boldsymbol{PR}=\boldsymbol{R}_z(-Z_A)\cdot\boldsymbol{R}_y(\theta_A)\cdot\boldsymbol{R}_z(-h_A) \tag{5-1}$$

其中

$$h_A=2\ 306.218\ 1''\cdot T+0.301\ 88''\cdot T^2+0.017\ 998''\cdot T^3$$

$$Z_A=2\ 306.218\ 1''\cdot T+1.094\ 68''\cdot T^2+0.018\ 203''\cdot T^3$$

$$\theta_A=2\ 004.310\ 9''\cdot T-0.426\ 65''\cdot T^2-0.041\ 833''\cdot T^3$$

T 为从历元 J2000.0（2000 年 1 月 1 日 UTC.12 时）起算的儒略世纪数。

从 1984 年起，岁差和章动的计算均采用标准历元 J2000.0，以儒略（Julian）世纪为单位，T 为从历元 J2000.0 起算的时间间隔，即

$$T=\frac{\mathrm{JD}(t)-\mathrm{JD}(\mathrm{J}2000.0)}{36\ 525.0} \tag{5-2}$$

式中　JD(t)——观测时刻 t 对应的儒略日；

JD(J2000.0)——历元 J2000.0 对应的儒略日。

公式取自 IAU1976（IAU 是国际天文学联合会的英文缩写）。

若不考虑 Y 轴的变换，可简化为

$$\boldsymbol{D}=\boldsymbol{R}_z(-Z_A)\cdot\boldsymbol{R}_z(-h_A) \tag{5-3}$$

5.1.2　基于章动瞬时平天球系到瞬时天球系转换

瞬时平天球坐标系到瞬时天球坐标系转换受地球章动影响，转换矩阵求解如下：

$$\boldsymbol{NR}=\boldsymbol{R}_x(-\varepsilon-\Delta\varepsilon)\cdot\boldsymbol{R}_z(-\Delta\psi)\cdot\boldsymbol{R}_x(\varepsilon) \tag{5-4}$$

式中　ε——地球绕太阳平黄赤交角；

$\Delta\varepsilon$——地球绕太阳交角章动角；

$\Delta\psi$——地球绕太阳黄经章动角。

黄赤交角的计算公式如下：

$$\varepsilon=23^\circ26'21''.448-46''.815\ 0T-0''.000\ 59T^2+0''.001\ 813T^3 \tag{5-5}$$

IAU2000A（IAU 是国际天文学联合会的英文缩写）章动序列给出的黄经章动 $\Delta\psi$ 和

交角章动 $\Delta\varepsilon$ 的计算公式包括日月引力相关的 678 项以及行星相关的 87 项，周期从 4.7 天到 6798.4 天（18.6 年），其形式如下：

$$\begin{cases}\Delta\psi = \sum_{j=1}^{N}(A_{0j}+A_{1j}T)\sin\beta_j + \sum_{j=1}^{N}(M_{0j}+M_{1j}T)\cos\beta_j \\ \Delta\varepsilon = \sum_{j=1}^{N}(B_{0j}+B_{1j}T)\cos\beta_j + \sum_{j=1}^{N}(N_{0j}+N_{1j}T)\sin\beta_j\end{cases} \tag{5-6}$$

式中，$\beta_j=\sum_{i=1}^{5}k_{ji}\alpha_i(T)$，$\alpha_i(i=1,\cdots,5)$ 分别为月球的平近点角 M_m、太阳的平近点角 M_s、月球平升交角距 F_m、日/月平角距 D_m 和月球轨道升交点平黄经 Ω_m，$\alpha_i(i=1,\cdots,5)$ 计算见第 3 章日月轨道计算，A_{0j}、A_{1j}、B_{0j}、B_{1j}、M_{0j}、M_{1j}、N_{0j}、N_{1j} 和 k_{ji} 前 5 项系数见表 5－1 和表 5－2。

表 5－1　地球绕太阳章动前 5 项系数（单位：0″.001）

j	1	2	3	4	5
A_{0j}	−17 206.416 1	−1 317.090 6	−227.641 3	207.455 4	147.587 7
A_{1j}	−17.466 6	−0.167 5	−0.023 4	0.020 7	−0.363 3
B_{0j}	9 205.233 1	537.033 6	97.845 9	−89.749 2	7.387 1
B_{1j}	0.908 6	−0.301 5	−0.048 5	0.047 0	−0.018 4
M_{0j}	3.338 6	−1.369 6	0.279 6	−0.069 8	1.181 7
M_{1j}	0.002 9	0.001 2	0.000 2	0.000 0	−0.001 5
N_{0j}	1.537 7	−0.458 7	0.137 4	−0.029 1	−0.192 4
N_{1j}	0.000 2	−0.000 3	−0.000 1	0.000 0	0.000 5

表 5－2　地球绕太阳章动 α_i 系数 k_{ji}

α_i	M_m	M_s	F_m	D_m	Ω_m	周期/天
k_{1i}	0	0	0	0	1	6 798.383
k_{2i}	0	0	2	−2	2	182.621
k_{3i}	0	0	2	0	2	13.661
k_{4i}	0	0	0	0	2	3 399.192
k_{5i}	0	1	0	0	0	365.260

若不考虑 X 轴的变换则，可简化为

$$\boldsymbol{C}=\boldsymbol{R}_z(-\Delta\psi) \tag{5-7}$$

5.1.3　基于 Sg 瞬时天球坐标系到瞬时地球坐标系转换

基于格林尼治真恒星时 Sg 瞬时天球坐标系到瞬时地球坐标系转换 $\boldsymbol{ER}$ 和 $\frac{\mathrm{d}}{\mathrm{d}t}\boldsymbol{ER}$ 如下：

$$\boldsymbol{ER}=\boldsymbol{R}_z(Sg)=\begin{bmatrix}\cos Sg & \sin Sg & 0\\ -\sin Sg & \cos Sg & 0\\ 0 & 0 & 1\end{bmatrix} \tag{5-8}$$

$$\frac{\mathrm{d}}{\mathrm{d}t}\boldsymbol{ER}=\begin{bmatrix}-\sin Sg & \cos Sg & 0\\ -\cos Sg & -\sin Sg & 0\\ 0 & 0 & 0\end{bmatrix}\cdot\omega_e \tag{5-9}$$

式中　Sg ——计算时刻格林尼治真恒星时；

ω_e ——地球自转角速度，$\omega_e=\dot{S}g$。

格林尼治真/平恒星时角的计算公式分别如下：

$$Sg=Sg_0+\Delta\psi\cos\varepsilon \tag{5-10}$$

$$Sg_0=18^{\mathrm{h}}.6973746+879000^{\mathrm{h}}.0513367T+0^{\mathrm{s}}.093104T^2-6^{\mathrm{s}}.2\times10^{-6}T^3 \tag{5-11}$$

5.1.4　基于极移瞬时地球坐标系到协议地球坐标系转换

基于极移瞬时地球坐标系到协议地球坐标系转换 $\boldsymbol{EP}$ 如下：

$$\boldsymbol{EP}=\boldsymbol{R}_y(-x_p)\cdot\boldsymbol{R}_x(-y_p)=\begin{bmatrix}1 & 0 & x_p\\ 0 & 1 & -y_p\\ -x_p & y_p & 1\end{bmatrix} \tag{5-12}$$

式中　x_p、y_p ——计算时刻的极移量，x_p 和 y_p 都很小。

5.1.5　协议天球坐标系与协议地球坐标系转换

协议天球坐标系简称为J2000.0地心惯性系，协议地球坐标系常简记为地固系，WGS－84为典型的地固系。

J2000.0地心惯性系到WGS－84地固系转换如下：

$$\boldsymbol{r}_e=\boldsymbol{EP}\cdot\boldsymbol{ER}\cdot\boldsymbol{NR}\cdot\boldsymbol{PR}\cdot\boldsymbol{r}_i \tag{5-13}$$

$$\boldsymbol{v}_e=\boldsymbol{EP}\cdot\left[\boldsymbol{ER}\cdot\boldsymbol{NR}\cdot\boldsymbol{PR}\cdot\boldsymbol{v}_i+\left(\frac{\mathrm{d}}{\mathrm{d}t}\boldsymbol{ER}\right)\cdot\boldsymbol{NR}\cdot\boldsymbol{PR}\cdot\boldsymbol{r}_i\right] \tag{5-14}$$

WGS－84地固系到J2000.0地心惯性系转换如下：

$$\boldsymbol{r}_i=\boldsymbol{PR}^{\mathrm{T}}\cdot\boldsymbol{NR}^{\mathrm{T}}\cdot\boldsymbol{ER}^{\mathrm{T}}\cdot\boldsymbol{EP}^{\mathrm{T}}\cdot\boldsymbol{r}_e \tag{5-15}$$

$$\boldsymbol{v}_i=\boldsymbol{PR}^{\mathrm{T}}\cdot\boldsymbol{NR}^{\mathrm{T}}\cdot\left[\boldsymbol{ER}^{\mathrm{T}}\cdot\boldsymbol{EP}^{\mathrm{T}}\cdot\boldsymbol{v}_e+\left(\frac{\mathrm{d}}{\mathrm{d}t}\boldsymbol{ER}\right)^{\mathrm{T}}\cdot\boldsymbol{EP}^{\mathrm{T}}\cdot\boldsymbol{r}_e\right] \tag{5-16}$$

5.1.6　转换精度验证

2008年11月7日天文参数如下：

极移 $x_p=0''.163837$，　$y_p=0''.144674$；

时间修正量 UT1－UTC＝－0.530 181 9 s。

以同一时刻标称的 WGS-84 和 J2000 位置/速度为参考值，见表 5-3～表 5-7，验证 WGS-84 与 J2000 位置和速度转换精度。

表 5-3 2008 年 11 月 7 日 UTCG 时 00：04：46

R/V	WGS-84	J2000
R_x /m	−76 290.251	−289 150.032
R_y /m	329 683.547	165 939.534
R_z /m	6 681 683.899	6 681 935.910
V_x /(m/s)	−7 672.874 59	−5 585.885 31
V_y /(m/s)	547.129 18	−5 323.046 86
V_z /(m/s)	−114.410 10	−109.333 90

表 5-4 2008 年 11 月 7 日 UTCG 时 00：19：46

R/V	WGS-84	J2000
R_x /m	−5 742 126.251	−4 322 799.166
R_y /m	951 584.513	−3 894 216.678
R_z /m	3 313 501.214	3 317 423.865
V_x /(m/s)	−3 772.428 05	−2 560.289 74
V_y /(m/s)	620.686 47	−2 876.897 95
V_z /(m/s)	−6 689.608 56	−6 687.271 65

表 5-5 2008 年 11 月 7 日 UTCG 时 00：39：46

R/V	WGS-84	J2000
R_x /m	−4 312 585.204	−2 999 026.958
R_y /m	731 235.492	−3 188 530.866
R_z /m	−5 086 449.139	−5 083 716.116
V_x /(m/s)	5 696.187 50	4 396.002 20
V_y /(m/s)	−1 221.052 29	3 851.621 95
V_z /(m/s)	−5 009.730 79	−5 013.717 16

表 5-6 2008 年 11 月 7 日 UTCG 时 00：59：46

R/V	WGS-84	J2000
R_x /m	3 875 382.167	3 180 826.247
R_y /m	−1 516 967.984	2 678 019.816
R_z /m	−5 261 928.032	−5 264 809.557
V_x /(m/s)	5 712.815 77	4 225.275 25
V_y /(m/s)	−1 918.079 15	4 332.537 62
V_z /(m/s)	4 764.453 05	4 760.606 77

表 5-7　2008 年 11 月 7 日 UTCG 时 01：19：46

R/V	WGS-84	J2000
R_x /m	5 540 305.439	4 212 815.559
R_y /m	−2 177 592.949	4 208 633.823
R_z /m	3 070 438.532	3 066 606.364
V_x /(m/s)	−3 303.473 77	−2 796.697 69
V_y /(m/s)	1 282.594 63	−2 208.505 27
V_z /(m/s)	6 842.082 25	6 844.612 35

5.2　WGS-84 位置/速度与经纬高及地平系速度转换

5.2.1　由经纬高及地平系速度求 WGS-84 系位置/速度

北东地坐标系：

X 轴指北，Y 轴指东，Z 轴指向地心，按 3-2-1 转序定义姿态角。

由经纬高及地平系速度求 WGS-84 系位置/速度如下：

$$N = \frac{R_e}{\sqrt{1 - f_e^2 \sin^2 B}} \tag{5-17}$$

$$x_e = (N + H)\cos B \cos L \tag{5-18}$$

$$y_e = (N + H)\cos B \sin L \tag{5-19}$$

$$z_e = [N(1 - f_e^2) + H] \sin B \tag{5-20}$$

式中　L ——地理经度；

　　　B ——地理纬度。

从导航系转到 WGS-84 系，先绕 Y 轴转 $B + \pi/2$，再绕负 Z 轴转 L，求得

$$\boldsymbol{A}_{en} = \begin{bmatrix} -\sin B \cos L & -\sin B \sin L & \cos B \\ -\sin L & \cos L & 0 \\ -\cos B \cos L & -\cos B \sin L & -\sin B \end{bmatrix}^{\mathrm{T}} \tag{5-21}$$

WGS-84 系下地速矢量

$$\boldsymbol{v}_e = \boldsymbol{A}_{en} \boldsymbol{v}_n \tag{5-22}$$

5.2.2　由 WGS-84 系位置/速度求经纬高及地平系速度

设 WGS-84 系下位置和速度为 x_e、y_e、z_e、v_{xe}、v_{ye}、v_{ze}；$r_e = \sqrt{x_e^2 + y_e^2 + z_e^2}$，由 WGS-84 系位置/速度求经纬高及地平系速度有迭代和泰勒级数展开两种方式：

(1) 迭代方式

经度

$$L = \arctan 2\left(\frac{y_e}{x_e}\right) \tag{5-23}$$

纬度

$$B = \arctan\left[\frac{z_e}{\sqrt{x_e^2 + y_e^2}}\left(1 - \frac{f_e^2 N}{N + H}\right)^{-1}\right] \tag{5-24}$$

高度

$$H = \frac{\sqrt{x_e^2 + y_e^2}}{\cos B} - N \tag{5-25}$$

迭代初值

$$N_0 = R_e \tag{5-26}$$

$$H_0 = \sqrt{x_e^2 + y_e^2 + z_e^2} - \sqrt{R_e b} \tag{5-27}$$

$$B_0 = \arctan\left[\frac{z_e}{\sqrt{x_e^2 + y_e^2}}\left(1 - \frac{f_e^2 N_0}{N_0 + H_0}\right)^{-1}\right] \tag{5-28}$$

迭代

$$N_i = \frac{R_e}{\sqrt{1 - f_e^2 \sin^2 B_{i-1}}} \tag{5-29}$$

$$H_i = \frac{\sqrt{x_e^2 + y_e^2}}{\cos B_{i-1}} - N_i \tag{5-30}$$

$$B_i = \arctan\left[\frac{z_e}{\sqrt{x_e^2 + y_e^2}}\left(1 - \frac{f_e^2 N_i}{N_i + H_i}\right)^{-1}\right] \tag{5-31}$$

迭代四次 H 精度可达 1 mm，B 精度可达十万分之一角秒。

(2) 泰勒展开方式

令

$$\delta = \arcsin\left(\frac{z_e}{r_e}\right) \tag{5-32}$$

经度

$$L = \arctan 2\left(\frac{y_e}{x_e}\right) \tag{5-33}$$

纬度

$$B = \arcsin\left\{\frac{R_e}{r_e}\left[f_e \sin(2\delta) + f_e^2 \sin(4\delta)\left(\frac{R_e}{r_e} - 0.25\right)\right]\right\} + \delta \tag{5-34}$$

$$\delta = \arctan\left[(1 - f_e)^2 \tan B\right] \tag{5-35}$$

高度

$$H = r_e - R_e\left[1 - f_e \sin^2\delta - \frac{f_e^2}{2}\sin^2 2\delta\left(\frac{R_e}{r_e} - 0.25\right)\right] \tag{5-36}$$

$$\boldsymbol{A}_{ne} = \begin{bmatrix} -\sin B\cos L & -\sin B\sin L & \cos B \\ -\sin L & \cos L & 0 \\ -\cos B\cos L & -\cos B\sin L & -\sin B \end{bmatrix} \tag{5-37}$$

地平系下地速矢量

$$\boldsymbol{v}_n = \boldsymbol{A}_{ne}\boldsymbol{v}_e \tag{5-38}$$

北东地坐标系速度标量

$$v = \sqrt{v_{xe}^2 + v_{ye}^2 + v_{ze}^2} = \sqrt{v_{xn}^2 + v_{yn}^2 + v_{zn}^2} \tag{5-39}$$

航迹倾角

$$\gamma = \arcsin\left(\frac{-v_{zn}}{\sqrt{v_{xn}^2 + v_{yn}^2 + v_{zn}^2}}\right) \tag{5-40}$$

航迹方位角

$$\chi = \arctan 2\left(\frac{v_{yn}}{v_{xn}}\right) \tag{5-41}$$

地平系速度三分量

$$v_{xn} = v\cos\chi\cos\gamma \tag{5-42}$$

$$v_{yn} = v\sin\chi\cos\gamma \tag{5-43}$$

$$v_{zn} = -v\sin\gamma \tag{5-44}$$

在 WGS-84 系地心纬度 δ 为

$$\delta = \arcsin\frac{z_e}{\sqrt{x_e^2 + y_e^2 + z_e^2}} \tag{5-45}$$

飞行器与地心的连线和椭球面交点 G 的地心纬度 δ_G 为

$$\delta_G = \arctan\frac{z_G}{\sqrt{x_G^2 + y_G^2}} = \arctan\frac{(1 - f_e^2)\sin B}{\cos B} \tag{5-46}$$

式中　B ——地理纬度。

飞行器相对地平系（北东地坐标系）角速率为

$$\boldsymbol{\omega}_{pe}^n = \begin{bmatrix} \dfrac{v_{yn}}{R_N} \\ -\dfrac{v_{xn}}{R_M} \\ -\dfrac{v_{yn}}{R_N}\tan B \end{bmatrix} \tag{5-47}$$

其中

$$R_M = R_e(1 - 2f_e + 3f_e\sin^2 B)$$

$$R_N = R_e(1 + f_e\sin^2 B)$$

地球自转角速率在北东地坐标系分量为

$$\boldsymbol{\omega}_{ei}^n = \begin{bmatrix} \omega_{ei}^e\cos B \\ 0 \\ -\omega_{ei}^e\sin B \end{bmatrix} = \begin{bmatrix} \omega_e\cos B \\ 0 \\ -\omega_e\sin B \end{bmatrix} \tag{5-48}$$

5.2.3 标称数据验证

(1) 标称数据一

WGS-84 位置:

[−76 290.251; 329 683.547; 6 681 683.899] m

WGS-84 速度:

[−7 672.874 59; 547.129 18; −114.410 10] m/s

经纬高:

$L=103^\circ$; $B=87.12^\circ$; $H=3.334\mathrm{e}5\,\mathrm{m}$

北东地坐标系位置:

[−2 251.3; 172.28; −6.690 2e6] m

北东地坐标系速度:

[−2 266; 7 352; 0.535] m/s

$\|v_n\|=7\ 693$ m/s

$x=107.1^\circ$; $\gamma=-0.003\ 985^\circ$

北东地系下:

$\omega_{ei}^{n}=$ [0.000 21; 0; −0.004 173] (°)/s

北东地系下:

$\omega_{pe}^{n}=$ [0.065 82; 0.020 29; −1.308] (°)/s;

(2) 标称数据二

经纬高:

$L=121^\circ$; $B=33^\circ$; $H=1\ 000$ m

WGS-84 位置:

[−2.759e6; 4.59e6; 3.455e6] m

$\|R_{84}\|=6\ 373$ km

$\delta=32.82^\circ$

5.3 轨道根数与 J2000 惯性系位置/速度相互转换

5.3.1 由 J2000 惯性系位置/速度求轨道根数

由位置和速度计算轨道根数

$$\boldsymbol{h}=\boldsymbol{r}\times\dot{\boldsymbol{r}}=\begin{bmatrix}h_x\\h_y\\h_z\end{bmatrix} \tag{5-49}$$

$$h=|\boldsymbol{h}|=\sqrt{h_x^2+h_y^2+h_z^2} \tag{5-50}$$

$$i=\arccos\left(\frac{h_z}{h}\right) \tag{5-51}$$

$$\Omega = \arctan2\left(\frac{h_x}{-h_y}\right) \tag{5-52}$$

$$\boldsymbol{e} = \frac{1}{\mu}(\dot{\boldsymbol{r}} \times \boldsymbol{h}) - \frac{\boldsymbol{r}}{r} = \begin{bmatrix} e_x \\ e_y \\ e_z \end{bmatrix} \tag{5-53}$$

$$e = |\boldsymbol{e}| = \sqrt{e_x^2 + e_y^2 + e_z^2} \tag{5-54}$$

$$\omega = \arctan2\left[\frac{e_z}{(e_y \sin\Omega + e_x \cos\Omega)\sin i}\right] \tag{5-55}$$

$$a = \frac{h^2}{\mu(1 - e^2)} \tag{5-56}$$

$$u = \arctan2\left(\frac{z}{(y\sin\Omega + x\cos\Omega)\sin i}\right) \tag{5-57}$$

$$f = u - \omega \tag{5-58}$$

$$\tan\frac{E}{2} = \sqrt{\frac{1-e}{1+e}}\tan\frac{f}{2} \tag{5-59}$$

$$E = 2\arctan\left(\sqrt{\frac{1-e}{1+e}} \cdot \tan\frac{f}{2}\right) \tag{5-60}$$

$$M = E - e\sin E \tag{5-61}$$

5.3.2 由轨道根数求 J2000 惯性系位置/速度

由轨道根数计算位置和速度

$$\boldsymbol{r} = \begin{bmatrix} x \\ y \\ z \end{bmatrix} = \boldsymbol{R}_z(-\Omega) \cdot \boldsymbol{R}_x(-i) \cdot \boldsymbol{R}_z(-\omega) \cdot \begin{bmatrix} r\cos f \\ r\sin f \\ 0 \end{bmatrix} \tag{5-62}$$

$$\boldsymbol{P} = \boldsymbol{R}_z(-\Omega) \cdot \boldsymbol{R}_x(-i) \cdot \boldsymbol{R}_z(-\omega) \cdot \begin{bmatrix} 1 \\ 0 \\ 0 \end{bmatrix} = \begin{bmatrix} \cos\Omega\cos\omega - \sin\Omega\sin\omega\cos i \\ \sin\Omega\cos\omega + \cos\Omega\sin\omega\cos i \\ \sin\omega\sin i \end{bmatrix} \tag{5-63}$$

$$\boldsymbol{Q} = \boldsymbol{R}_z(-\Omega) \cdot \boldsymbol{R}_x(-i) \cdot \boldsymbol{R}_z(-\omega - 90°) \cdot \begin{bmatrix} 1 \\ 0 \\ 0 \end{bmatrix} = \begin{bmatrix} -\cos\Omega\sin\omega - \sin\Omega\cos\omega\cos i \\ -\sin\Omega\sin\omega + \cos\Omega\cos\omega\cos i \\ \cos\omega\sin i \end{bmatrix} \tag{5-64}$$

$$\boldsymbol{r} = r\cos f \cdot \boldsymbol{P} + r\sin f \cdot \boldsymbol{Q} \tag{5-65}$$

$$r = \sqrt{x^2 + y^2 + z^2} \tag{5-66}$$

$$n = \sqrt{\frac{\mu}{a^3}} \tag{5-67}$$

$$\dot{\boldsymbol{r}} = -\frac{a^2 n}{r}\sin E \cdot \boldsymbol{P} + \frac{a^2 n}{r}\sqrt{1-e^2}\cos E \cdot \boldsymbol{Q} \tag{5-68}$$

椭圆轨道

$$\boldsymbol{r}=a(\cos E-e)\cdot\boldsymbol{P}+a\sqrt{1-e^{2}}\sin E\cdot\boldsymbol{Q} \tag{5-69}$$

$$\dot{\boldsymbol{r}}=-\frac{a^{2}n}{r}\sin E\cdot\boldsymbol{P}+\frac{a^{2}n}{r}\sqrt{1-e^{2}}\cos E\cdot\boldsymbol{Q} \tag{5-70}$$

双曲轨道（$e>1$）

$$a_{1}=-a \tag{5-71}$$

$$n_{1}=\sqrt{\frac{\mu}{a_{1}^{3}}} \tag{5-72}$$

$$\cos f=\frac{e-\cosh H}{e\cdot\cosh H-1},\sin f=\frac{\sqrt{e^{2}-1}\cdot\sinh H}{e\cdot\cosh H-1} \tag{5-73}$$

$$\cosh H=\frac{e+\cos f}{1+e\cdot\cos f},\sinh H=\frac{\sqrt{e^{2}-1}\cdot\sin f}{1+e\cdot\cos f} \tag{5-74}$$

$$\tanh\frac{H}{2}=\sqrt{\frac{e-1}{e+1}}\cdot\tan\frac{f}{2} \tag{5-75}$$

$$\tan\frac{f}{2}=\sqrt{\frac{e+1}{e-1}}\cdot\tanh\frac{H}{2} \tag{5-76}$$

$$M=e\cdot\sinh H-H \tag{5-77}$$

$$\boldsymbol{r}=a_{1}(e-\cosh H)\cdot\boldsymbol{P}+a_{1}\cdot\sqrt{e^{2}-1}\cdot\sinh H\cdot\boldsymbol{Q} \tag{5-78}$$

$$\dot{\boldsymbol{r}}=-\frac{a_{1}^{2}\cdot n_{1}}{r}\sinh H\cdot\boldsymbol{P}+\frac{a_{1}^{2}\cdot n_{1}}{r}\sqrt{e^{2}-1}\cdot\cosh H\cdot\boldsymbol{Q} \tag{5-79}$$

5.4　轨道平根与瞬根相互转换

设 t_0 时刻格林尼治真恒星时为 Sg_0，轨道半长轴平根为 a_0，偏心率平根为 e，倾角平根为 i，近地点幅角平根为 ω，升交点赤经平根为 Ω，半长轴变化率为 $\mathrm{d}a$，求得下列常数

$$c_{1}=1.5\cdot\frac{J_{2}}{a_{0}^{2}}\cdot R_{e}^{2}=1.5J_{2}\cdot\left(\frac{R_{e}}{a_{0}}\right)^{2} \tag{5-80}$$

$$c_{2}=\sin^{2}i \tag{5-81}$$

$$c_{3}=n=\sqrt{\frac{\mu}{a_{0}^{3}}} \tag{5-82}$$

定义

$$u=\omega+f \tag{5-83}$$

$$\lambda=\omega+M \tag{5-84}$$

$$(f-M)\in(-\pi,\pi) \tag{5-85}$$

$$\xi=e\cdot\cos\omega \tag{5-86}$$

$$\eta=-e\cdot\sin\omega \tag{5-87}$$

$$e = \sqrt{\xi^2 + \eta^2} \tag{5-88}$$

$$\omega = \arctan2\left(\frac{-\eta}{\xi}\right) \tag{5-89}$$

$$M = E + e \cdot \sin E \tag{5-90}$$

$$f = 2\arctan\left[\left(\frac{\sqrt{1+e}}{\sqrt{1-e}}\right) \cdot \tan\left(\frac{E}{2}\right)\right] \tag{5-91}$$

5.4.1 大偏心率轨道长期项和短周期项

半长轴归一化

$$a = \frac{a_0}{R_e} \tag{5-92}$$

$$p = a(1 - e^2) \tag{5-93}$$

$$r = \frac{a \cdot (1 - e^2)}{1 + e \cdot \cos f} \tag{5-94}$$

$$\frac{a}{r} = \frac{1 + e \cdot \cos f}{1 - e^2} \tag{5-95}$$

一阶长期项

$$\dot{a}_l = \mathrm{d}a \tag{5-96}$$

$$\dot{e}_l = \dot{i}_l = 0 \tag{5-97}$$

$$\dot{\omega}_l = 0.75 \cdot \frac{J_2}{p^2} \cdot n \cdot (4 - 5\sin^2 i) = 0.5c_1 \cdot n \cdot (4 - 5c_2)/(1 - e^2)^2 \tag{5-98}$$

$$\dot{\Omega}_l = -1.5\frac{J_2}{p^2} \cdot n \cdot \cos i = -c_1 \cdot n \cdot \cos i/(1 - e^2)^2 \tag{5-99}$$

$$\dot{\lambda}_l = 0.5c_1 \cdot n \cdot \left[(2 - 3c_2) \cdot \sqrt{1 - e^2} + (4 - 5c_2)\right]/(1 - e^2)^2 \tag{5-100}$$

$$\begin{aligned} \dot{M} &= n + \dot{M}_l = n + \dot{\lambda}_l - \dot{\omega}_l \\ &= n \cdot \left[1 + 0.5c_1 \cdot (2 - 3c_2)/(1 - e^2)^{1.5}\right] \end{aligned} \tag{5-101}$$

二阶长期摄动项系数

$$\begin{aligned} M_{2l} &= n \cdot \frac{9}{4} \cdot \frac{R_e^4 \cdot J_2^2}{p^4}\left(\frac{9}{2} + \frac{9}{2} - \frac{263}{12}\sin^2 i + \frac{682}{48}\sin^4 i\right) \\ &= c_1^2 \cdot n\left(9 - \frac{263}{12}\sin^2 i + \frac{341}{24}\sin^4 i\right)/(1 - e^2)^4 \end{aligned} \tag{5-102}$$

$$\begin{aligned} \dot{M} &= n + \dot{M}_l + M_{2l} = n + \dot{\lambda}_l - \dot{\omega}_l + M_{2l} \\ &= n \cdot \left[1 + 0.5c_1 \cdot (2 - 3c_2)/(1 - e^2)^{1.5}\right] + \\ &\quad c_1^2 \cdot n\left(9 - \frac{263}{12}\sin^2 i + \frac{341}{24}\sin^4 i\right)/(1 - e^2)^4 \end{aligned} \tag{5-103}$$

一阶短周期项

$$a_s=\frac{J_2\cdot R_e^2}{a_0}\cdot\left\{(1-1.5\sin^2 i)\cdot\left[\left(\frac{a_0}{r}\right)^3-(1-e^2)^{-1.5}\right]+1.5\cdot\left(\frac{a_0}{r}\right)^3\cdot\sin^2 i\cdot\cos 2u\right\} \tag{5-104}$$

$$i_s=0.25\cdot c_1\cdot\sin 2i\cdot\cos 2u/(1-e^2)^2 \tag{5-105}$$

$$\Omega_s=c_1\cdot\cos i\cdot[-(f-M)+0.5\cdot\sin 2u]/(1-e^2)^2 \tag{5-106}$$

$$\xi_s=c_1\cdot\left[\cos u+c_2\cdot\left(-1.25\cdot\cos u+\frac{7}{12}\cdot\cos 3u\right)\right]/(1-e^2)^2 \tag{5-107}$$

$$\eta_s=c_1\cdot\left[-\sin u+c_2\cdot\left(1.75\cdot\sin u-\frac{7}{12}\cdot\sin 3u\right)\right]/(1-e^2)^2 \tag{5-108}$$

$$\lambda_s=c_1\cdot[(2-2.5\cdot c_2)\cdot(f-M)+(1.25\cdot c_2-0.5)\cdot\sin 2u]/(1-e^2)^2 \tag{5-109}$$

5.4.2 小偏心率轨道长期项和短周期项

一阶长期项

$$\dot{a}_l=\mathrm{d}a \tag{5-110}$$

$$\dot{e}_l=\dot{i}_l=0 \tag{5-111}$$

$$\dot{\omega}_l=0.5\cdot c_1\cdot n\cdot(4-5\cdot c_2) \tag{5-112}$$

$$\dot{\Omega}_l=-c_1\cdot n\cdot\cos i \tag{5-113}$$

$$\dot{M}_l=0.5\cdot c_1\cdot n\cdot(2-3\cdot c_2) \tag{5-114}$$

$$\dot{\lambda}_l=c_1\cdot n\cdot(3-4c_2) \tag{5-115}$$

$$\begin{aligned}\dot{M}&=n+\dot{M}_l=n+\dot{\lambda}_l-\dot{\omega}_l\\&=n\cdot[1+0.5c_1\cdot(2-3c_2)]\end{aligned} \tag{5-116}$$

短周期项

$$a_s=a_0\cdot c_1\cdot c_2\cdot\cos 2u \tag{5-117}$$

$$i_s=0.25\cdot c_1\cdot\sin 2i\cdot\cos 2u \tag{5-118}$$

$$\Omega_s=c_1\cdot\cos i\cdot[-(f-M)+0.5\cdot\sin 2u] \tag{5-119}$$

$$\xi_s=c_1\cdot[\cos u+c_2\cdot(-1.25\cdot\cos u+0.5833\cdot\cos 3u)] \tag{5-120}$$

$$\eta_s=c_1\cdot[-\sin u+c_2\cdot(1.75\cdot\sin u-0.5833\cdot\sin 3u)] \tag{5-121}$$

$$\lambda_s=c_1\cdot[(2-2.5\cdot c_2)\cdot(f-M)+(1.25\cdot c_2-0.5)\cdot\sin 2u] \tag{5-122}$$

5.4.3 平根推算

平根推算如下：

$$Sg=Sg_0+\omega_e\cdot(t-t_0) \tag{5-123}$$

$$a_p=a_0+\dot{a}_l\cdot(t-t_0) \tag{5-124}$$

$$e_p=e, i_p=i \tag{5-125}$$

$$\omega_p=\omega+\dot{\omega}_l\cdot(t-t_0) \tag{5-126}$$

$$\Omega_p = \Omega + \dot{\Omega}_l \cdot (t - t_0) \tag{5-127}$$

$$M_p = M + \dot{M}_l \cdot (t - t_0) \tag{5-128}$$

5.4.4 平根转瞬根

平根转瞬根如下

$$a = a_p + a_s \tag{5-129}$$

$$i = i_p + i_s \tag{5-130}$$

$$\xi = \xi_p + \xi_s \tag{5-131}$$

$$\eta = \eta_p + \eta_s \tag{5-132}$$

$$\Omega = \Omega_p + \Omega_s \tag{5-133}$$

$$\lambda = \lambda_p + \lambda_s \tag{5-134}$$

5.4.5 瞬根转平根

瞬根转平根，可以先用轨道瞬根代替平根计算短周期项，再将瞬根扣除短周期项得平根

$$a_p = a - a_s \tag{5-135}$$

$$i_p = i - i_s \tag{5-136}$$

$$\xi_p = \xi - \xi_s \tag{5-137}$$

$$\eta_p = \eta - \eta_s \tag{5-138}$$

$$\Omega_p = \Omega - \Omega_s \tag{5-139}$$

$$\lambda_p = \lambda - \lambda_s \tag{5-140}$$

为提高精度，可以在获得平根后再重新计算短周期项，再用瞬根扣除短周期项得到更高精度平根。

5.4.6 标称数据验证

轨道平根标称参数：

a_0 =6 962.727 6 km；e =0.002 403；i =1.703 874 916 rad；ω =5.500 163 479 4 rad；Ω =4.329 945 907 2 rad；M =1.434 099 801 0 rad。

轨道瞬根：u =0.655 980 062 0

J2000 系位置：[−2 583.362 376；−4 910.405 235；4 210.934 009] km

J2000 系速度：[978.976；4 566.907；5 950.362] m/s

5.5 基于最小二乘地面静态对准

5.5.1 地球比力、引力、离心力

纬度 B 处地球自转导致的离心加速度为

$$a_{lx}=R_e\cdot\omega_e^2\cdot\cos B \tag{5-141}$$

离心加速度在北东地坐标系分量如下：

$$\begin{cases}a_{lxx}=-a_{lx}\cdot\sin B=-R_e\cdot\omega_e^2\cdot\sin B\cdot\cos B\\a_{lxy}=0\\a_{lxz}=-a_{lx}\cdot\cos B=-R_e\cdot\omega_e^2\cdot\cos^2 B\end{cases} \tag{5-142}$$

式中　ω_e——地球自转角速率。

考虑 J2 项摄动的地球引力势函数如下：

$$V=\frac{\mu}{r}\left[1-J_2\left(\frac{R_e}{r}\right)^2\left(\frac{3}{2}\sin^2 B-\frac{1}{2}\right)\right] \tag{5-143}$$

纬度 B 处地球引力加速度在北东地坐标系分量如下：

$$\begin{cases}a_{gx}=0\\a_{gy}=0\\a_{gz}=-\dfrac{\partial V}{\partial r}=\dfrac{\mu}{r^2}-\dfrac{3\mu\cdot J_2\cdot R_e{}^2\cdot\left(\dfrac{3}{2}\sin^2 B-\dfrac{1}{2}\right)}{r^4}\end{cases} \tag{5-144}$$

地面静态物体比力如下：

$$\begin{cases}f_x=-(a_{lxx}+a_{gx})=-a_{lxx}\\f_y=-(a_{lxy}+a_{gy})=0\\f_z=-(a_{lxz}+a_{gz})=-g\end{cases} \tag{5-145}$$

5.5.2　静态重力加速度和比力

纬度 B 处重力加速度拟合公式为

$$g=9.780\,326\,771\,4\times\frac{1+0.001\,931\,851\,386\,39\cdot\sin^2 B}{\sqrt{1-0.006\,694\,379\,990\,13\cdot\sin^2 B}}\cdot\frac{R_e^2}{(R_e+h)^2} \tag{5-146}$$

地面静态物体比力在北东地坐标系为

$$\boldsymbol{f}^n=\begin{bmatrix}f_x\\f_y\\f_z\end{bmatrix}=\begin{bmatrix}0\\0\\-g\end{bmatrix} \tag{5-147}$$

地面静态物体比力在本体系为

$$\boldsymbol{f}^b=\boldsymbol{A}_{bn}\cdot\boldsymbol{f}^n \tag{5-148}$$

5.5.3　粗对准

惯组数据预处理

$$\boldsymbol{f}_k^b=(1-k_{lv})\cdot\boldsymbol{f}_{k-1}^b+k_{lv}\cdot\boldsymbol{f}^b=[f_x^b\quad f_y^b\quad f_z^b]^{\mathrm{T}} \tag{5-149}$$

$$\boldsymbol{\omega}_{bi,k}^b=(1-k_{lv})\cdot\boldsymbol{\omega}_{bi,k-1}^b+k_{lv}\cdot\boldsymbol{\omega}_{bi}^b=[\omega_x^b\quad\omega_y^b\quad\omega_z^b]^{\mathrm{T}} \tag{5-150}$$

式中　k_{lv} ——滤波系数。

计算本体相对北东地初始姿态角（3－2－1 转序）：

如果 $\left|\dfrac{f_x^b}{g}\right| > 0.9999$，则

$$\gamma = 0 \tag{5-151}$$

$$\theta = \frac{\pi}{2} \cdot \operatorname{sign}\left(\frac{f_x^b}{g}\right) \tag{5-152}$$

$$\psi = \operatorname{arctan2}\left(\frac{-(\omega_y^b \cos\gamma - \omega_z^b \sin\gamma)}{\omega_x^b \cos\theta + \omega_y^b \sin\theta \sin\gamma + \omega_z^b \sin\theta \cos\gamma}\right) \tag{5-153}$$

否则

$$\gamma = \operatorname{arctan2}\left(\frac{-f_y^b}{-f_z^b}\right) \tag{5-154}$$

$$\theta = \arcsin\left(\frac{f_x^b}{g}\right) \tag{5-155}$$

$$\psi = \operatorname{arctan2}\left(\frac{-(\omega_y^b \cos\gamma - \omega_z^b \sin\gamma)}{\omega_x^b \cos\theta + \omega_y^b \sin\theta \sin\gamma + \omega_z^b \sin\theta \cos\gamma}\right) \tag{5-156}$$

计算 3－2－1 转序姿态四元数

$$\boldsymbol{q}_{bn} = \begin{bmatrix} \sin\left(\frac{\gamma}{2}\right)\sin\left(\frac{\theta}{2}\right)\sin\left(\frac{\psi}{2}\right) + \cos\left(\frac{\gamma}{2}\right)\cos\left(\frac{\theta}{2}\right)\cos\left(\frac{\psi}{2}\right) \\ \sin\left(\frac{\gamma}{2}\right)\cos\left(\frac{\theta}{2}\right)\cos\left(\frac{\psi}{2}\right) - \cos\left(\frac{\gamma}{2}\right)\sin\left(\frac{\theta}{2}\right)\sin\left(\frac{\psi}{2}\right) \\ \cos\left(\frac{\gamma}{2}\right)\sin\left(\frac{\theta}{2}\right)\cos\left(\frac{\psi}{2}\right) + \sin\left(\frac{\gamma}{2}\right)\cos\left(\frac{\theta}{2}\right)\sin\left(\frac{\psi}{2}\right) \\ -\sin\left(\frac{\gamma}{2}\right)\sin\left(\frac{\theta}{2}\right)\cos\left(\frac{\psi}{2}\right) + \cos\left(\frac{\gamma}{2}\right)\cos\left(\frac{\theta}{2}\right)\sin\left(\frac{\psi}{2}\right) \end{bmatrix} \tag{5-157}$$

计算姿态转换阵

$$\boldsymbol{A}_{bn} = \begin{bmatrix} \cos\theta\cos\psi & \cos\theta\sin\psi & -\sin\theta \\ \sin\gamma\sin\theta\cos\psi - \cos\gamma\sin\psi & \cos\gamma\cos\psi + \sin\gamma\sin\theta\sin\psi & \sin\gamma\cos\theta \\ \cos\gamma\sin\theta\cos\psi + \sin\gamma\sin\psi & \cos\gamma\sin\theta\sin\psi - \sin\gamma\cos\psi & \cos\theta\cos\gamma \end{bmatrix} \tag{5-158}$$

5.5.4　精对准

（1）一步积分推算

计算地球自转角速率在导航系分量

$$\boldsymbol{\omega}_{ei}^n = \begin{bmatrix} \omega_e \cdot \cos B \\ 0 \\ -\omega_e \cdot \sin B \end{bmatrix} \tag{5-159}$$

计算角度增量

$$\Delta\boldsymbol{\theta}_{bn}=\begin{bmatrix}\Delta\theta_x\\ \Delta\theta_y\\ \Delta\theta_z\end{bmatrix}=(\boldsymbol{\omega}_{bi,k}^{b}-\boldsymbol{A}_{bn,k-1}\cdot\boldsymbol{\omega}_{ei}^{n})\cdot T \tag{5-160}$$

则

$$\mathrm{d}\boldsymbol{q}=\begin{bmatrix}\sqrt{1-\Delta\theta^2/4}\\ \Delta\theta_x/2\\ \Delta\theta_y/2\\ \Delta\theta_z/2\end{bmatrix} \tag{5-161}$$

其中

$$\Delta\theta^2=\Delta\theta_x^2+\Delta\theta_y^2+\Delta\theta_z^2$$

更新四元数及转换矩阵

$$\boldsymbol{q}_{bn,k/k-1}=\boldsymbol{q}_{bn,k-1}\otimes\mathrm{d}\boldsymbol{q} \tag{5-162}$$

$$\boldsymbol{A}_{bn,k/k-1}=\begin{bmatrix}q_0^2+q_1^2-q_2^2-q_3^2 & 2q_0q_3+2q_1q_2 & -2q_0q_2+2q_1q_3\\ -2q_0q_3+2q_1q_2 & q_0^2-q_1^2+q_2^2-q_3^2 & 2q_0q_1+2q_2q_3\\ 2q_0q_2+2q_1q_3 & -2q_0q_1+2q_2q_3 & q_0^2-q_1^2-q_2^2+q_3^2\end{bmatrix} \tag{5-163}$$

本体相对北东地坐标系加速度为

$$\dot{\boldsymbol{v}}_{bn}^{n}=\boldsymbol{A}_{bn,k/k-1}^{\mathrm{T}}\cdot\boldsymbol{f}_k^b+\begin{bmatrix}0\\0\\g\end{bmatrix} \tag{5-164}$$

(2) 最小二乘滤波

令

$$\dot{\boldsymbol{v}}_{bn}^{n}=\begin{bmatrix}a_N\\a_E\\a_D\end{bmatrix} \tag{5-165}$$

迭代初始化

$$\begin{cases}(a_E)_0=a_E\\(a_N)_0=a_N\\(b_E)_0=0\\(b_N)_0=0\end{cases} \tag{5-166}$$

地向陀螺漂移估计初值

$$\varepsilon_{D,0}=0 \tag{5-167}$$

迭代计算

$$\begin{cases}(\delta f_N)_k=a_N-[(a_N)_{k-1}+(b_N)_{k-1}\cdot k\cdot T]\\(\delta f_E)_k=a_E-[(a_E)_{k-1}+(b_E)_{k-1}\cdot k\cdot T]\end{cases} \tag{5-168}$$

$$\begin{cases}(a_E)_k=(a_E)_{k-1}-\dfrac{2(\delta f_E)_k}{k}\\(a_N)_k=(a_N)_{k-1}-\dfrac{2(\delta f_N)_k}{k}\end{cases}\tag{5-169}$$

$$\begin{cases}(b_E)_k=(b_E)_{k-1}+\dfrac{6(\delta f_E)_k}{k(k+1)T}\\(b_N)_k=(b_N)_{k-1}+\dfrac{6(\delta f_N)_k}{k(k+1)T}\end{cases}\tag{5-170}$$

$$(a_N)_{k-1}=(a_N)_k\tag{5-171}$$

$$(a_E)_{k-1}=(a_E)_k\tag{5-172}$$

$$(b_N)_{k-1}=(b_N)_k\tag{5-173}$$

$$(b_E)_{k-1}=(b_E)_k\tag{5-174}$$

(3) 计算失准角

$$\boldsymbol{\phi}=\begin{bmatrix}\phi_N\\\phi_E\\\phi_D\end{bmatrix}=\begin{bmatrix}-\dfrac{(a_E)_k+(b_E)_k\cdot k\cdot T}{g}\\\dfrac{(a_N)_k+(b_N)_k\cdot k\cdot T}{g}\\\dfrac{(b_N)_k+(a_E)_k\cdot\omega_{ei}\cdot\sin L}{g\cdot\omega_{ei}\cdot\cos L}\end{bmatrix}\tag{5-175}$$

得偏差四元数

$$\mathrm{d}\boldsymbol{q}=\begin{bmatrix}\sqrt{1-\Delta\phi^2/4}\\\phi_N/2\\\phi_E/2\\\phi_D/2\end{bmatrix}\tag{5-176}$$

其中

$$\Delta\phi^2=\Delta\phi_N^2+\Delta\phi_E^2+\Delta\phi_D^2$$

更新姿态四元数

$$\boldsymbol{q}_{bn,k}=\boldsymbol{q}_{bn,k/k-1}\otimes\mathrm{d}\boldsymbol{q}\tag{5-177}$$

由 $\boldsymbol{q}_{bn,k}$ 求 $\boldsymbol{A}_{bn}$，再由 $\boldsymbol{A}_{bn}$ 按 3-2-1 转序求取三轴姿态角。

5.6 基于准北东地系地面静态对准

地面运载和武器系统发射前需要进行初始对准，一般基于捷联惯组测量的本体系下地球自转角速率和重力加速度确定飞行器初始姿态。

国内外学者对捷联惯导初始对准进行了广泛的研究，文献 [1] 基于 H_∞ 的鲁棒无迹粒子滤波算法进行捷联惯导初始对准研究；文献 [2] 应用改进的 UKF 算法进行捷联惯导初始对准研究；文献 [3] 应用模糊自适应卡尔曼滤波算法进行捷联惯导初始对准研究；

文献［4］基于边缘采样 UKF 滤波进行捷联惯导初始对准研究；文献［5］基于四元数自适应卡尔曼滤波进行捷联惯导初始对准研究；文献［6］基于改进型容积卡尔曼滤波进行捷联惯导初始对准研究；文献［7］基于二阶非线性量测方程的二阶泰勒级数展开的滤波算法进行捷联惯导大失准角初始对准研究；文献［8］基于降维滤波器进行捷联惯导初始对准研究；文献［9］基于自适应无迹粒子滤波进行捷联惯导大方位失准角初始对准研究；文献［10］研究小波算法在信号去噪和初始对准中的应用，提高初始对准速度和精度；文献［11］基于东北天坐标系推导快速对准算法，采用小波滤波和卡尔曼滤波进行静基座初始对准；文献［12］基于强跟踪容积卡尔曼滤波进行捷联惯导初始对准研究；文献［13］基于粒子群算法优化的捷联罗经进行初始对准研究；文献［14］基于线性最优控制进行捷联惯导大方位失准角初始对准研究；文献［15］采用四元数变换矩阵求得姿态的捷联惯导初始对准方法，克服了与旋转顺序相关的问题，实现全姿态初始对准。

基于捷联惯组确定飞行器在地面初始姿态算法，首先推导了地面粗对准算法，并基于粗对准姿态建立准北东地系；接着估算准北东地系重力加速度和地球自转角速率，并给出了易于工程实现的精对准算法；最后进行了算法精度及收敛性仿真验证。

5.6.1　地面粗对准

5.6.1.1　计算重力加速度

基于对准点纬度和高度计算重力加速度

$$g = g_0 \times \frac{1 + k_1 \cdot \sin^2 B}{\sqrt{1 - k_2 \cdot \sin^2 B}} \cdot \frac{R_e^2}{(R_e + h)^2} \tag{5-178}$$

其中，$g_0 = 9.780\ 326\ 771\ 4\,\mathrm{m/s^2}$，为地面标准重力加速度；$k_1 = 0.001\ 931\ 851\ 386\ 39$ 和 $k_2 = 0.006\ 694\ 379\ 990\ 13$，为重力加速度修正系数；$B$ 为地理纬度；R_e 为地球半径；h 为对准点地面高度。

5.6.1.2　计算本体系重力加速度和地球自转角速率

基于加表输出的比力 $\boldsymbol{f}^s$ 计算本体系比力 $\boldsymbol{f}^b$

$$\boldsymbol{f}^b = \boldsymbol{A}_{sb,a}^{\mathrm{T}} \cdot \boldsymbol{f}^s \tag{5-179}$$

式中，$\boldsymbol{A}_{sb,a}$ ——加表在本体系安装矩阵。

基于陀螺输出的角速率 $\boldsymbol{\omega}^s$ 计算本体系地球自转角速率 $\boldsymbol{\omega}^b$

$$\boldsymbol{\omega}^b = \boldsymbol{A}_{sb,g}^{\mathrm{T}} \cdot \boldsymbol{\omega}^s \tag{5-180}$$

式中　$\boldsymbol{A}_{sb,g}$ ——陀螺在本体系安装矩阵。

5.6.1.3　计算本体相对北东地系粗对准姿态

北东地坐标系如图 5-1 所示，在静态对准点基于重力加速度方向建立北东地（NED）坐标系，NED 系加表比力为

$$\boldsymbol{f}^n = [0 \quad 0 \quad -g]^{\mathrm{T}} \tag{5-181}$$

本体相对 NED 系 3-2-1 转序姿态转换阵 $\boldsymbol{A}_{bn}$ 为

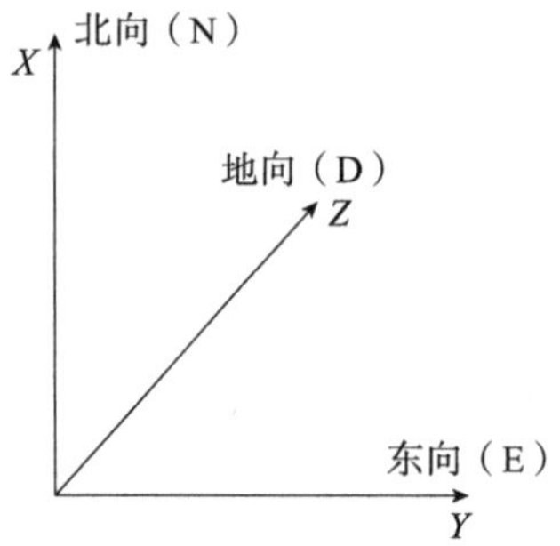

图5-1　北东地坐标系示意图

$$\boldsymbol{A}_{bn}=\begin{bmatrix}1&0&0\\0&\cos\gamma&\sin\gamma\\0&-\sin\gamma&\cos\gamma\end{bmatrix}\cdot\begin{bmatrix}\cos\theta&0&-\sin\theta\\0&1&0\\\sin\theta&0&\cos\theta\end{bmatrix}\cdot\begin{bmatrix}\cos\psi&\sin\psi&0\\-\sin\psi&\cos\psi&0\\0&0&1\end{bmatrix}$$
$$=\begin{bmatrix}\cos\theta\cos\psi&\cos\theta\sin\psi&-\sin\theta\\\sin\gamma\sin\theta\cos\psi-\cos\gamma\sin\psi&\cos\gamma\cos\psi+\sin\gamma\sin\theta\sin\psi&\sin\gamma\cos\theta\\\cos\gamma\sin\theta\cos\psi+\sin\gamma\sin\psi&\cos\gamma\sin\theta\sin\psi-\sin\gamma\cos\psi&\cos\gamma\cos\theta\end{bmatrix}\tag{5-182}$$

式中　ψ——偏航姿态；

θ——俯仰姿态；

γ——滚动姿态。

按3-2-1转序计算本体系比力 $\boldsymbol{f}^b=[f_x^b\quad f_y^b\quad f_z^b]^{\mathrm{T}}$

$$\boldsymbol{f}^b=\boldsymbol{A}_{bn}\cdot\boldsymbol{f}^n=\begin{bmatrix}\sin\theta\\-\sin\gamma\cos\theta\\-\cos\gamma\cos\theta\end{bmatrix}\cdot g\tag{5-183}$$

求得

$$\theta=\arcsin\left(\frac{f_x^b}{g}\right)\tag{5-184}$$

$$\gamma=\arctan2\left(\frac{-f_y^b}{-f_z^b}\right)\tag{5-185}$$

如图5-2所示，求得NED系地球自转角速率 $\boldsymbol{\omega}_e^n$

$$\boldsymbol{\omega}_e^n=\begin{bmatrix}\omega_e\cdot\cos B\\0\\-\omega_e\cdot\sin B\end{bmatrix}=\begin{bmatrix}\omega_x^n\\0\\\omega_z^n\end{bmatrix}\tag{5-186}$$

本体系地球自转角速率 $\boldsymbol{\omega}_e^b$

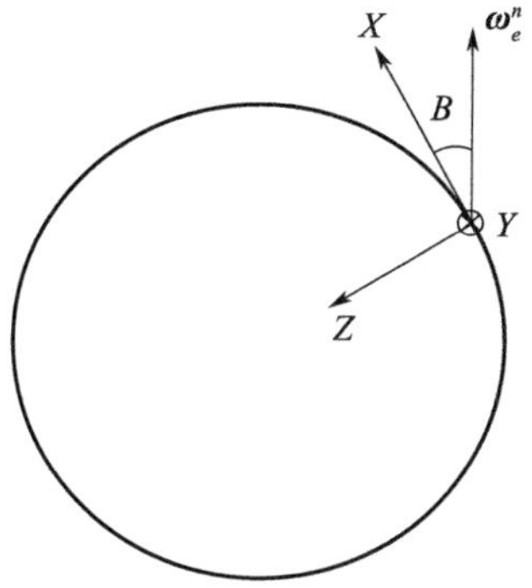

图 5-2　NED 系地球自转角速率

$$\boldsymbol{\omega}_e^b=[\omega_x^b\quad \omega_y^b\quad \omega_z^b]^{\mathrm{T}}=\boldsymbol{A}_{bn}\cdot\boldsymbol{\omega}_e^n$$

$$=\begin{bmatrix}\cos\theta\cdot\omega_x^n\cdot\cos\psi-\sin\theta\cdot\omega_z^n\\ \sin\gamma\cdot\sin\theta\cdot\omega_x^n\cdot\cos\psi-\cos\gamma\cdot\omega_x^n\cdot\sin\psi+\sin\gamma\cdot\cos\theta\cdot\omega_z^n\\ \cos\gamma\cdot\sin\theta\cdot\omega_x^n\cdot\cos\psi+\sin\gamma\cdot\omega_x^n\cdot\sin\psi+\cos\gamma\cdot\cos\theta\cdot\omega_z^n\end{bmatrix} \tag{5-187}$$

上式消去 ω_z^n 、ω_x^n ，求得偏航姿态 ψ 为

$$\psi=\arctan2\left[\frac{-(\omega_y^b\cos\gamma-\omega_z^b\sin\gamma)}{\omega_x^b\cos\theta+\omega_y^b\sin\theta\sin\gamma+\omega_z^b\sin\theta\cos\gamma}\right] \tag{5-188}$$

按 3-2-1 转序计算本体相对 NED 系初始姿态角，如果 $\left|\frac{f_x^b}{g}\right|<0.9999$

$$\begin{cases}\gamma=\arctan2\left(\dfrac{-f_y^b}{-f_z^b}\right)\\ \theta=\arcsin\left(\dfrac{f_x^b}{g}\right)\\ \psi=\arctan2\left[\dfrac{-(\omega_y^b\cos\gamma-\omega_z^b\sin\gamma)}{\omega_x^b\cos\theta+\omega_y^b\sin\theta\sin\gamma+\omega_z^b\sin\theta\cos\gamma}\right]\end{cases} \tag{5-189}$$

否则

$$\begin{cases}\gamma=0\\ \theta=\dfrac{\pi}{2}\cdot\mathrm{sign}\left(\dfrac{f_x^b}{g}\right)\\ \psi=\arctan2\left[\dfrac{-(\omega_y^b\cos\gamma-\omega_z^b\sin\gamma)}{\omega_x^b\cos\theta+\omega_y^b\sin\theta\sin\gamma+\omega_z^b\sin\theta\cos\gamma}\right]\end{cases} \tag{5-190}$$

式中　ψ ——方位角；

θ ——俯仰角；

γ ——滚动角；

f_x^b 、f_y^b 、f_z^b ——本体系比力；

ω_x^b 、ω_y^b 、ω_z^b ——本体系地球自转角速率。

5.6.2 估算准北东地系重力加速度和地球自转角速率

5.6.2.1 本体系重力加速度和地球自转角速率转换到准北东地系

基于粗对准姿态建立准北东地系，将本体系比力 $\boldsymbol{f}^b$ 转换到准北东地系

$$\boldsymbol{f}^{n'}=\boldsymbol{A}_{bn'}^{\mathrm{T}}\cdot\boldsymbol{f}^b \tag{5-191}$$

式中 $\boldsymbol{A}_{bn'}$ ——准北东地系到本体系转换矩阵。

将本体系地球自转角速率 $\boldsymbol{\omega}^b$ 转换到准北东地系

$$\boldsymbol{\omega}^{n'}=\boldsymbol{A}_{bn'}^{\mathrm{T}}\cdot\boldsymbol{\omega}^b \tag{5-192}$$

5.6.2.2 准北东地系比力 $\boldsymbol{f}^{n'}$ 和地球自转角速率 $\boldsymbol{\omega}^{n'}$ 滤波

准北东地系比力 $\boldsymbol{f}^{n'}$ 和地球自转角速率 $\boldsymbol{\omega}^{n'}$ 滤波为

$$\boldsymbol{f}_k^{n'}=(1-k_{lv})\cdot\boldsymbol{f}_{k-1}^{n'}+k_{lv}\cdot\boldsymbol{f}^{n'} \tag{5-193}$$

$$\boldsymbol{\omega}_k^{n'}=(1-k_{lv})\cdot\boldsymbol{\omega}_{k-1}^{n'}+k_{lv}\cdot\boldsymbol{\omega}^{n'} \tag{5-194}$$

式中 $\boldsymbol{f}_k^{n'}$ ——准北东地系第 k 步比力滤波值，$\boldsymbol{f}_k^{n'}=[f_{x,k}^{n'}\quad f_{y,k}^{n'}\quad f_{z,k}^{n'}]^{\mathrm{T}}$；

$\boldsymbol{f}_{k-1}^{n'}$ ——准北东地系第 $k-1$ 步比力滤波值；

$\boldsymbol{\omega}_k^{n'}$ ——准北东地系第 k 步地球自转角速率滤波值；

$\boldsymbol{\omega}_{k-1}^{n'}$ ——准北东地系第 $k-1$ 步地球自转角速率滤波值；

k_{lv} ——滤波系数。

5.6.3 基于准北东地系精对准

5.6.3.1 估计水平失准角

基于准北东地系比力北向和东向分量估计水平失准角

$$\mathrm{d}\varphi_k=k_a\cdot f_{y,k}^{n'} \tag{5-195}$$

$$\mathrm{d}\theta_k=-k_a\cdot f_{x,k}^{n'} \tag{5-196}$$

对水平失准角进行限幅处理，水平失准角大时比例作用强一些，加快收敛；水平失准角小时比例作用弱一些，避免振荡。

根据比例系数 k_a 进行分段处理

$$\begin{cases}k_a=k_{a1} & |f_{y,k}^{n'}|\geqslant f_0 \text{ 或 } |f_{x,k}^{n'}|\geqslant f_0\\ k_a=k_{a2} & |f_{y,k}^{n'}|<f_0 \text{ 或 } |f_{x,k}^{n'}|<f_0\end{cases} \tag{5-197}$$

式中 k_{a1} ——水平失准角未收敛时比例系数；

k_{a2} ——水平失准角收敛时比例系数；

f_0 ——比力水平方向分量判别阈值。

5.6.3.2 估计方位失准角

基于准北东地坐标系地球自转角速率东向分量估计方位失准角

$$\mathrm{d}\psi_k=k_\omega\cdot\omega_{y,k}^{n'} \tag{5-198}$$

对方位失准角进行限幅处理，方位失准角大时比例作用强一些，加快收敛；方位失准角小时比例作用弱一些，避免振荡。

根据比例系数 k_ω 进行分段处理

$$\begin{cases} k_\omega = k_{\omega 1} & |\omega_{y,k}^{n'}| \geqslant \omega_0 \\ k_\omega = k_{\omega 2} & |\omega_{y,k}^{n'}| < \omega_0 \end{cases} \tag{5-199}$$

式中　$k_{\omega 1}$ ——方位失准角未收敛时比例系数；

$k_{\omega 2}$ ——方位失准角收敛时比例系数；

ω_0 ——地球自转角速率东向分量判别阈值。

5.6.3.3　估计精对准姿态四元数

基于水平和方位姿态失准角估计精对准姿态误差四元数

$$\mathrm{d}\boldsymbol{q}_k = \begin{bmatrix} \sqrt{1-(\mathrm{d}\varphi_k^2 + \mathrm{d}\theta_k^2 + \mathrm{d}\psi_k^2)/4} \\ \mathrm{d}\varphi_k/2 \\ \mathrm{d}\theta_k/2 \\ \mathrm{d}\psi_k/2 \end{bmatrix} \tag{5-200}$$

求得精对准姿态四元数

$$\boldsymbol{q}_{bn,k} = \boldsymbol{q}_{bn,k-1} \otimes \mathrm{d}\boldsymbol{q}_k \tag{5-201}$$

$$\boldsymbol{q}_{bn,0} = \boldsymbol{q}_{bn'} \tag{5-202}$$

式中　$\boldsymbol{q}_{bn,k}$ ——第 k 步推算的本体系相对 NED 系姿态四元数；

$\boldsymbol{q}_{bn,k-1}$ ——第 $k-1$ 步推算的本体系相对 NED 系姿态四元数；

$\boldsymbol{q}_{bn'}$ ——基于粗对准姿态确定的本体系相对 NED 系姿态四元数。

5.6.3.4　计算精对准姿态

令

$$\boldsymbol{q}_{bn} = [q_0 \quad q_1 \quad q_2 \quad q_3]^{\mathrm{T}} \tag{5-203}$$

基于精对准姿态四元数 $\boldsymbol{q}_{bn}$，求得 $\boldsymbol{A}_{bn}$

$$\boldsymbol{A}_{bn} = \begin{bmatrix} q_0^2+q_1^2-q_2^2-q_3^2 & 2q_0q_3+2q_1q_2 & -2q_0q_2+2q_1q_3 \\ -2q_0q_3+2q_1q_2 & q_0^2-q_1^2+q_2^2-q_3^2 & 2q_0q_1+2q_2q_3 \\ 2q_0q_2+2q_1q_3 & -2q_0q_1+2q_2q_3 & q_0^2-q_1^2-q_2^2+q_3^2 \end{bmatrix} \tag{5-204}$$

姿态按 3－2－1 转序求得 $\boldsymbol{A}_{bn}$

$$\boldsymbol{A}_{bn} = \begin{bmatrix} \cos\theta\cos\psi & \cos\theta\sin\psi & -\sin\theta \\ \sin\gamma\sin\theta\cos\psi - \cos\gamma\sin\psi & \cos\gamma\cos\psi + \sin\gamma\sin\theta\sin\psi & \sin\gamma\cos\theta \\ \cos\gamma\sin\theta\cos\psi + \sin\gamma\sin\psi & \cos\gamma\sin\theta\sin\psi - \sin\gamma\cos\psi & \cos\theta\cos\gamma \end{bmatrix} \tag{5-205}$$

按 3－2－1 转序求精对准姿态：

如果 $|a_{13}| \leqslant 0.99999$

$$
\begin{cases}
\gamma = \arctan 2\left(\dfrac{a_{23}/\cos\theta}{a_{33}/\cos\theta}\right) \\
\theta = \arcsin(-a_{13}) \\
\psi = \arctan 2\left(\dfrac{a_{12}/\cos\theta}{a_{11}/\cos\theta}\right)
\end{cases}
\tag{5-206}
$$

否则

$$
\begin{cases}
\gamma = 0 \\
\theta = \arcsin(-a_{13}) \\
\psi = \arctan 2\left(\dfrac{-a_{21}}{a_{22}}\right)
\end{cases}
\tag{5-207}
$$

5.6.4 算法精度及收敛性仿真验证

5.6.4.1 算法精度仿真验证

地球表面静态对准点地固系经度 121.253 8°，纬度 31.101 985°，高度 0 m；3-2-1 转序标称姿态 $\psi=41.5°$，$\theta=-87.99°$，$\varphi=41.0°$。

陀螺角速率常值漂移 0.01（°）/h，随机漂移 0.001（°）/h；加表比力常值漂移 1.0e−5g，加表加速度随机漂移 1.0e−6g。在粗对准基础上进行精对准，高精度惯组三轴姿态对准误差如图 5-3 所示，对准精度约 0.04°。

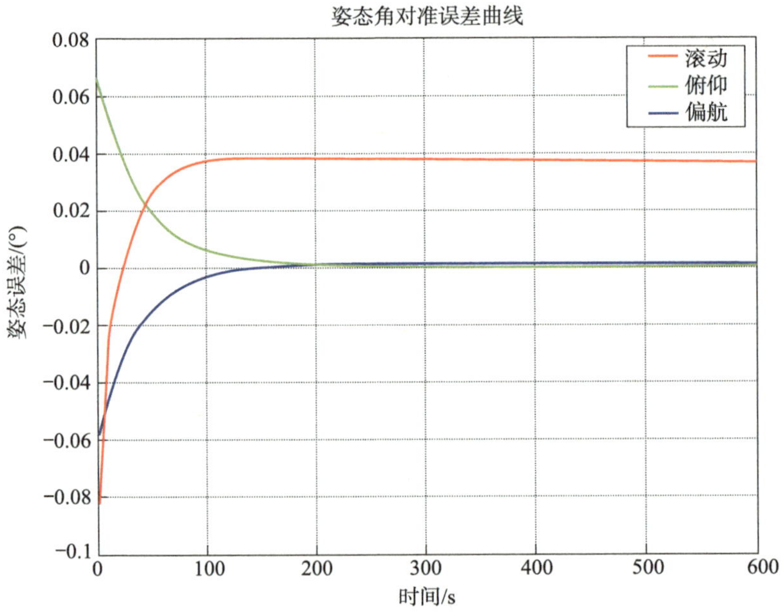

图 5-3　高精度惯组三轴姿态对准误差曲线

陀螺角速率常值漂移 0.1（°）/h，随机漂移 0.01（°）/h；加表比力常值漂移 1.0e−4g，加表加速度随机漂移 1.0e−5g。在粗对准基础上进行精对准，一般惯组三轴姿态对准误差如图 5-4 所示，对准精度约 0.4°。

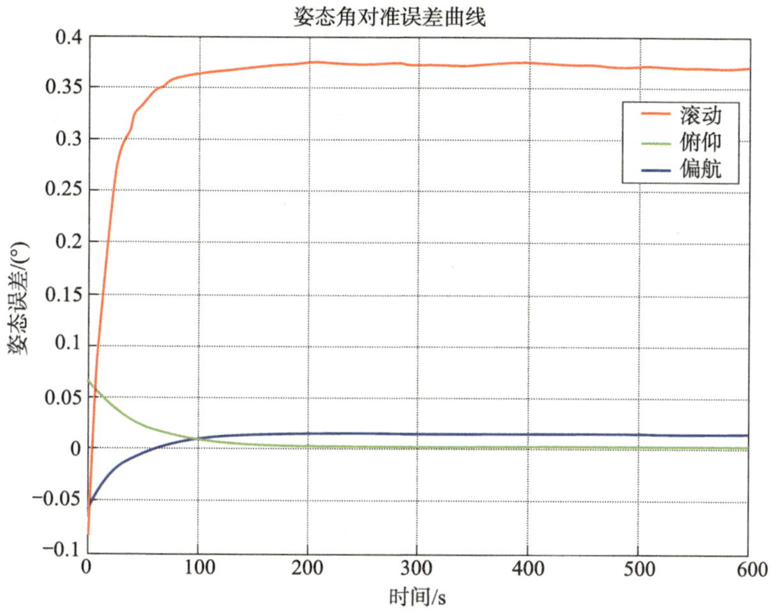

图 5-4　一般惯组三轴姿态对准误差曲线

5.6.4.2　算法收敛性仿真验证

高精度惯组陀螺角速率常值漂移 0.01（°）/h，随机漂移 0.001（°）/h；加表比力常值漂移 1.0e−5g，加表加速度随机漂移 1.0e−6g。不估计粗对准姿态，设初始姿态 $\psi=0.0°$，$\theta=0.0°$，$\varphi=0.0°$，直接进行精对准，高精度惯组三轴姿态对准误差如图 5-5 和图 5-6 所示，对准精度约 0.04°。

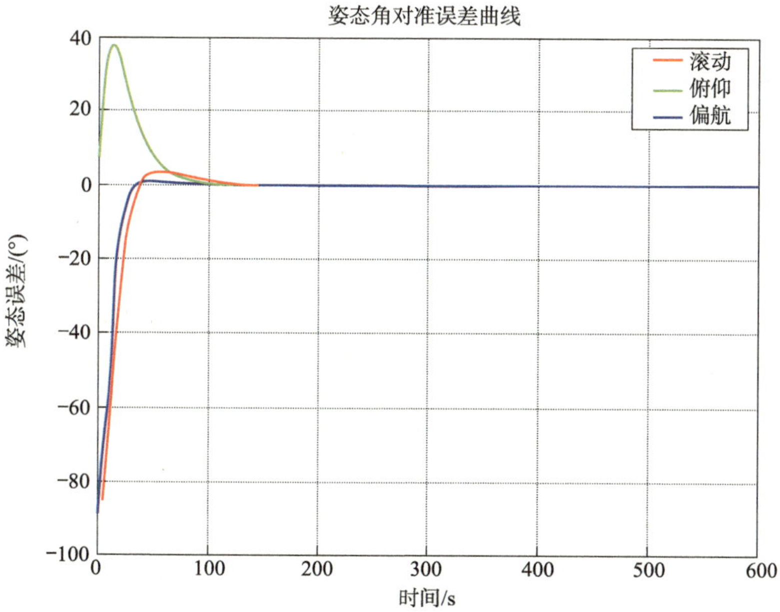

图 5-5　高精度惯组直接精对准三轴姿态对准误差曲线

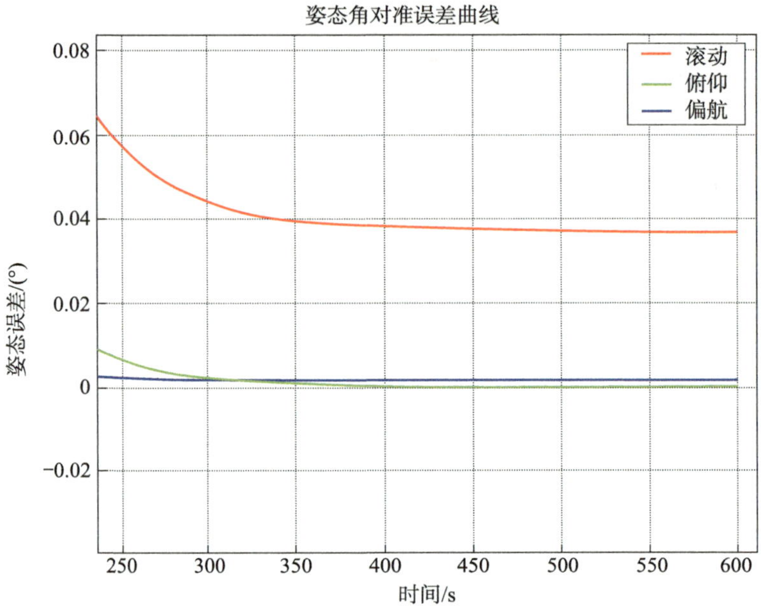

图 5-6　高精度惯组三轴姿态对准误差放大曲线

基于捷联惯组确定飞行器在地面相对北东地系姿态，仿真验证了静态对准算法的有效性和收敛性。本书基于捷联惯组确定飞行器在地面初始姿态算法简单，易于工程实现。

5.7　纯惯导

5.7.1　基于惯性系直接积分

由初始位置 $\boldsymbol{r}_{n-1}=[x_{n-1}\quad y_{n-1}\quad z_{n-1}]^{\mathrm{T}}$ 得到初始地心引力 $\boldsymbol{g}_{n-1}$

$$\boldsymbol{g}_{n-1}=\begin{bmatrix} g_{x n-1} \\ g_{y n-1} \\ g_{z n-1} \end{bmatrix}=\begin{bmatrix} -\dfrac{\mu}{r_{n-1}^{3}}x_{n-1}+\dfrac{\mu R_{e}^{2}}{r_{n-1}^{5}}J_{2}\left(7.5\left(\dfrac{z_{n-1}}{r_{n-1}}\right)^{2}-1.5\right)x_{n-1} \\ -\dfrac{\mu}{r_{n-1}^{3}}y_{n-1}+\dfrac{\mu R_{e}^{2}}{r_{n-1}^{5}}J_{2}\left(7.5\left(\dfrac{z_{n-1}}{r_{n-1}}\right)^{2}-1.5\right)y_{n-1} \\ -\dfrac{\mu}{r_{n-1}^{3}}z_{n-1}+\dfrac{\mu R_{e}^{2}}{r_{n-1}^{5}}J_{2}\left(7.5\left(\dfrac{z_{n-1}}{r_{n-1}}\right)^{2}-4.5\right)z_{n-1} \end{bmatrix} \tag{5-208}$$

惯导位置解算

$$\begin{cases} x_{n}=x_{n-1}+v_{x n-1}T+\dfrac{1}{2}(a_{x_{n}}+g_{x n-1})T^{2} \\ y_{n}=y_{n-1}+v_{y n-1}T+\dfrac{1}{2}(a_{y_{n}}+g_{y n-1})T^{2} \\ z_{n}=z_{n-1}+v_{z n-1}T+\dfrac{1}{2}(a_{z_{n}}+g_{z n-1})T^{2} \end{cases} \tag{5-209}$$

式中　a_{x_n}，a_{y_n}，a_{z_n} ——非惯性力产生的加速度；

T ——惯导解算周期。

惯导系统速度解算

$$\begin{cases} v_{xn} = v_{xn-1} + (a_{xn} + g_{xn-1}) \cdot T \\ v_{yn} = v_{yn-1} + (a_{yn} + g_{yn}) \cdot T \\ v_{zn} = v_{zn-1} + (a_{zn} + g_{zn-1}) \cdot T \end{cases} \tag{5-210}$$

5.7.2　基于惯性系重力平均法积分

由初始位置 $\boldsymbol{r}_{n-1} = [x_{n-1} \quad y_{n-1} \quad z_{n-1}]^{\mathrm{T}}$，可以得到初始地心引力 $\boldsymbol{g}_{n-1}$

$$\begin{bmatrix} g_{xn-1} \\ g_{yn-1} \\ g_{zn-1} \end{bmatrix} = \begin{bmatrix} -\dfrac{\mu}{r_{n-1}^3} x_{n-1} + \dfrac{\mu R_e^2}{r_{n-1}^5} J_2 \left(7.5\left(\dfrac{z_{n-1}}{r_{n-1}}\right)^2 - 1.5\right) x_{n-1} \\ -\dfrac{\mu}{r_{n-1}^3} y_{n-1} + \dfrac{\mu R_e^2}{r_{n-1}^5} J_2 \left(7.5\left(\dfrac{z_{n-1}}{r_{n-1}}\right)^2 - 1.5\right) y_{n-1} \\ -\dfrac{\mu}{r_{n-1}^3} z_{n-1} + \dfrac{\mu R_e^2}{r_{n-1}^5} J_2 \left(7.5\left(\dfrac{z_{n-1}}{r_{n-1}}\right)^2 - 4.5\right) z_{n-1} \end{bmatrix} \tag{5-211}$$

惯导系统位置解算

$$\begin{cases} x_n = x_{n-1} + v_{xn-1} T + \dfrac{1}{2}(a_{xn} + g_{xn-1}) T^2 \\ y_n = y_{n-1} + v_{yn-1} T + \dfrac{1}{2}(a_{yn} + g_{yn-1}) T^2 \\ z_n = z_{n-1} + v_{zn-1} T + \dfrac{1}{2}(a_{zn} + g_{zn-1}) T^2 \end{cases} \tag{5-212}$$

式中　T ——惯导解算周期。

由推算后位置计算地球引力

$$\begin{bmatrix} g_{xn} \\ g_{yn} \\ g_{zn} \end{bmatrix} = \begin{bmatrix} -\dfrac{\mu}{r_n^3} x_n + \dfrac{\mu R_e^2}{r_n^5} J_2 \left(7.5\left(\dfrac{z_n}{r_n}\right)^2 - 1.5\right) x_n \\ -\dfrac{\mu}{r_n^3} y_n + \dfrac{\mu R_e^2}{r_n^5} J_2 \left(7.5\left(\dfrac{z_n}{r_n}\right)^2 - 1.5\right) y_n \\ -\dfrac{\mu}{r_n^3} z_n + \dfrac{\mu R_e^2}{r_n^5} J_2 \left(7.5\left(\dfrac{z_n}{r_n}\right)^2 - 4.5\right) z_n \end{bmatrix} \tag{5-213}$$

在求解惯导系统速度时，地球引力项 $\boldsymbol{g}_{ni}$ 用该 T 内平均值来近似代替，则惯导系统速度解算

$$\begin{cases} v_{xn} = v_{xn-1} + \left[a_{xn} + \dfrac{1}{2}(g_{xn-1} + g_{xn})\right] T \\ v_{yn} = v_{yn-1} + \left[a_{yn} + \dfrac{1}{2}(g_{yn-1} + g_{yn})\right] T \\ v_{zn} = v_{zn-1} + \left[a_{zn} + \dfrac{1}{2}(g_{zn-1} + g_{zn})\right] T \end{cases} \tag{5-214}$$

5.7.3 基于惯性系重力平均法积分改进

由初始位置 $\boldsymbol{r}_{n-1}=[x_{n-1}\quad y_{n-1}\quad z_{n-1}]^{\mathrm{T}}$，可以得到初始地心引力 $\boldsymbol{g}_{n-1}$。

$$\begin{bmatrix} g_{x n-1} \\ g_{y n-1} \\ g_{z n-1} \end{bmatrix}=\begin{bmatrix} -\dfrac{\mu}{r_{n-1}^{3}}x_{n-1}+\dfrac{\mu R_e^2}{r_{n-1}^{5}}J_2\left(7.5\left(\dfrac{z_{n-1}}{r_{n-1}}\right)^2-1.5\right)x_{n-1} \\ -\dfrac{\mu}{r_{n-1}^{3}}y_{n-1}+\dfrac{\mu R_e^2}{r_{n-1}^{5}}J_2\left(7.5\left(\dfrac{z_{n-1}}{r_{n-1}}\right)^2-1.5\right)y_{n-1} \\ -\dfrac{\mu}{r_{n-1}^{3}}z_{n-1}+\dfrac{\mu R_e^2}{r_{n-1}^{5}}J_2\left(7.5\left(\dfrac{z_{n-1}}{r_{n-1}}\right)^2-4.5\right)z_{n-1} \end{bmatrix} \tag{5-215}$$

一步推算如下

$$\begin{cases} v_{x_{n/n-1}}=v_{x n-1}+(a_{x n}+g_{x n-1})T \\ v_{y_{n/n-1}}=v_{y n-1}+(a_{y n}+g_{y n-1})T \\ v_{z_{n/n-1}}=v_{z n-1}+(a_{z n}+g_{z n-1})T \end{cases} \tag{5-216}$$

$$\begin{cases} x_{n/n-1}=x_{n-1}+v_{x_{n/n-1}}T \\ y_{n/n-1}=y_{n-1}+v_{y_{n/n-1}}T \\ z_{n/n-1}=z_{n-1}+v_{z_{n/n-1}}T \end{cases} \tag{5-217}$$

式中　T ——惯导解算周期。

基于一步推算位置计算地球引力

$$\begin{bmatrix} g_{x n} \\ g_{y n} \\ g_{z n} \end{bmatrix}=\begin{bmatrix} -\dfrac{\mu}{r_{n}^{3}}x_{n/n-1}+\dfrac{\mu R_e^2}{r_{n1}^{5}}J_2\left(7.5\left(\dfrac{z_{n-1}}{r_{n-1}}\right)^2-1.5\right)x_{n/n-1} \\ -\dfrac{\mu}{r_{n}^{3}}y_{n/n-1}+\dfrac{\mu R_e^2}{r_{n1}^{5}}J_2\left(7.5\left(\dfrac{z_{n-1}}{r_{n-1}}\right)^2-1.5\right)y_{n/n-1} \\ -\dfrac{\mu}{r_{n}^{3}}z_{n/n-1}+\dfrac{\mu R_e^2}{r_{n1}^{5}}J_2\left(7.5\left(\dfrac{z_{n-1}}{r_{n-1}}\right)^2-4.5\right)z_{n/n-1} \end{bmatrix} \tag{5-218}$$

在求解惯导系统速度时，地球引力项 $\boldsymbol{g}_{ni}$ 用该 T 内平均值来近似代替，则惯导速度解算

$$\begin{cases} v_{x_n}=v_{x n-1}+\left[a_{x n}+\dfrac{1}{2}(g_{x n-1}+g_{x n/n-1})\right]T \\ v_{y_n}=v_{y n-1}+\left[a_{y n}+\dfrac{1}{2}(g_{y n-1}+g_{y n/n-1})\right]T \\ v_{z_n}=v_{z n-1}+\left[a_{z n}+\dfrac{1}{2}(g_{z n-1}+g_{z n/n-1})\right]T \end{cases} \tag{5-219}$$

$$\begin{cases} v_{x_n}=\dfrac{v_{x_n}+v_{x n-1}}{2} \\ v_{y_n}=\dfrac{v_{y_n}+v_{y n-1}}{2} \\ v_{z_n}=\dfrac{v_{z_n}+v_{z n-1}}{2} \end{cases} \tag{5-220}$$

惯导系统位置解算

$$\begin{cases} x_n = x_{n-1} + v_{x_n} \cdot T \\ y_n = y_{n-1} + v_{y_n} \cdot T \\ z_n = z_{n-1} + v_{z_n} \cdot T \end{cases} \tag{5-221}$$

5.8　GNSS 兼容机与惯组卡尔曼滤波组合导航

5.8.1　基于兼容机输出位置/速度组合导航

不考虑地球非球形摄动项影响，卫星的运动方程可以表示为

$$\begin{cases} \ddot{x} = -\dfrac{\mu}{r^3}x + a_x + w_x \\ \ddot{y} = -\dfrac{\mu}{r^3}y + a_y + w_y \\ \ddot{z} = -\dfrac{\mu}{r^3}z + a_z + w_z \end{cases} \tag{5-222}$$

其中

$$r = \sqrt{x^2 + y^2 + z^2}$$

式中　μ ——地球引力常数；

w_x ，w_y ，w_z ——加表的测量噪声。

选取状态变量为 $\boldsymbol{X} = [x \quad y \quad z \quad \dot{x} \quad \dot{y} \quad \dot{z}]^{\mathrm{T}}$ ，则状态方程可表示为

$$\begin{bmatrix} \dot{x} \\ \dot{y} \\ \dot{z} \\ \ddot{x} \\ \ddot{y} \\ \ddot{z} \end{bmatrix} = \begin{bmatrix} \boldsymbol{0}_{3\times 3} & \boldsymbol{I}_{3\times 3} \\ -\dfrac{\mu}{r^3} \cdot \boldsymbol{I}_{3\times 3} & \boldsymbol{0}_{3\times 3} \end{bmatrix} \cdot \begin{bmatrix} x \\ y \\ z \\ \dot{x} \\ \dot{y} \\ \dot{z} \end{bmatrix} + \begin{bmatrix} 0 \\ 0 \\ 0 \\ a_x \\ a_y \\ a_z \end{bmatrix} + \begin{bmatrix} 0 \\ 0 \\ 0 \\ w_x \\ w_y \\ w_z \end{bmatrix} \tag{5-223}$$

将式（5-223）写成如下形式

$$\dot{\boldsymbol{X}}(t) = f(\boldsymbol{X}) + \boldsymbol{u}_a(t) + \boldsymbol{w}(t) \tag{5-224}$$

其中

$$\boldsymbol{u}_a(t) = [0 \quad 0 \quad 0 \quad a_x \quad a_y \quad a_z]^{\mathrm{T}}$$

将式（5-224）离散化为

$$\boldsymbol{X}_k = \boldsymbol{\Phi}_{k,k-1} \cdot \boldsymbol{X}_{k-1} + \boldsymbol{u}_k \cdot T \tag{5-225}$$

其中

$$\boldsymbol{\Phi}_{k,k-1}=\boldsymbol{I}+\left.\frac{\partial f(\boldsymbol{X})}{\partial \boldsymbol{X}}\right|_{\boldsymbol{X}=\hat{\boldsymbol{X}}_{k-1}}\cdot T$$

$$=\boldsymbol{I}+\left.\begin{bmatrix}0&0&0&1&0&0\\0&0&0&0&1&0\\0&0&0&0&0&1\\f_{\ddot{x}x}&f_{\ddot{x}y}&f_{\ddot{x}z}&0&0&0\\f_{\ddot{y}x}&f_{\ddot{y}y}&f_{\ddot{y}z}&0&0&0\\f_{\ddot{z}x}&f_{\ddot{z}y}&f_{\ddot{z}z}&0&0&0\end{bmatrix}\right|_{\boldsymbol{X}=\hat{\boldsymbol{X}}_{k-1}}\cdot T$$

$$=\left.\begin{bmatrix}1&0&0&T&0&0\\0&1&0&0&T&0\\0&0&1&0&0&T\\f_{\ddot{x}x}\cdot T&f_{\ddot{x}y}\cdot T&f_{\ddot{x}z}\cdot T&1&0&0\\f_{\ddot{y}x}\cdot T&f_{\ddot{y}y}\cdot T&f_{\ddot{y}z}\cdot T&0&1&0\\f_{\ddot{z}x}\cdot T&f_{\ddot{z}y}\cdot T&f_{\ddot{z}z}\cdot T&0&0&1\end{bmatrix}\right|_{\boldsymbol{X}=\hat{\boldsymbol{X}}_{k-1}}$$

$$\boldsymbol{u}_k=f(\hat{\boldsymbol{X}}_{k-1})-\left.\frac{\partial f(\boldsymbol{X})}{\partial \boldsymbol{X}}\right|_{\boldsymbol{X}=\hat{\boldsymbol{X}}_{k-1}}\cdot\hat{\boldsymbol{X}}_{k-1}+\boldsymbol{u}_a$$

$$f_{\ddot{x}x}=\frac{\partial\ddot{x}}{\partial x}=-\mu\frac{r^2-3x^2}{r^5}$$

$$f_{\ddot{x}y}=\frac{\partial\ddot{x}}{\partial y}=\frac{3\mu xy}{r^5}$$

$$f_{\ddot{x}z}=\frac{\partial\ddot{x}}{\partial z}=\frac{3\mu xz}{r^5}$$

$$f_{\ddot{y}x}=\frac{\partial\ddot{y}}{\partial x}=\frac{3\mu xy}{r^5}$$

$$f_{\ddot{y}y}=\frac{\partial\ddot{y}}{\partial y}=-\mu\frac{r^2-3y^2}{r^5}$$

$$f_{\ddot{y}z}=\frac{\partial\ddot{y}}{\partial z}=\frac{3\mu yz}{r^5}$$

$$f_{\ddot{z}x}=\frac{\partial\ddot{z}}{\partial x}=\frac{3\mu xz}{r^5}$$

$$f_{\ddot{z}y}=\frac{\partial\ddot{z}}{\partial y}=\frac{3\mu yz}{r^5}$$

$$f_{\ddot{z}z}=\frac{\partial\ddot{z}}{\partial z}=-\mu\frac{r^2-3z^2}{r^5}$$

位置/速度组合导航观测方程为

$$\boldsymbol{Z}(k)=\boldsymbol{H}(k)\cdot\boldsymbol{X}(k)+\boldsymbol{v}(k)\tag{5-226}$$

其中

$$\boldsymbol{Z}(k)=\begin{bmatrix} x_{\mathrm{GNSS}} \\ y_{\mathrm{GNSS}} \\ z_{\mathrm{GNSS}} \\ v_{x\,\mathrm{GNSS}} \\ v_{y\,\mathrm{GNSS}} \\ v_{z\,\mathrm{GNSS}} \end{bmatrix}$$

$$\boldsymbol{H}(k)=\boldsymbol{I}_{6\times 6}$$

式中　$\boldsymbol{v}(k)$——量测噪声向量。

5.8.2　基于兼容机输出伪距组合导航

考虑 J2 项摄动的影响，卫星的运动方程可以表示为

$$\begin{cases} \ddot{x}=-\dfrac{\mu}{r^3}x-\dfrac{3}{2}J_2R_e^2\mu\dfrac{x}{r^5}\left(1-\dfrac{5z^2}{r^2}\right)+a_x \\ \ddot{y}=-\dfrac{\mu}{r^3}y-\dfrac{3}{2}J_2R_e^2\mu\dfrac{y}{r^5}\left(1-\dfrac{5z^2}{r^2}\right)+a_y \\ \ddot{z}=-\dfrac{\mu}{r^3}z-\dfrac{3}{2}J_2R_e^2\mu\dfrac{z}{r^5}\left(3-\dfrac{5z^2}{r^2}\right)+a_z \end{cases} \tag{5-227}$$

式中，$r=\sqrt{x^2+y^2+z^2}$；μ 为地球引力常数。

选取状态变量 $\boldsymbol{X}=[x\quad y\quad z\quad \dot{x}\quad \dot{y}\quad \dot{z}]^{\mathrm{T}}$，则状态方程可表示为

$$\begin{bmatrix} \dot{x} \\ \dot{y} \\ \dot{z} \\ \ddot{x} \\ \ddot{y} \\ \ddot{z} \end{bmatrix}=\begin{bmatrix} \dot{x} \\ \dot{y} \\ \dot{z} \\ -\dfrac{\mu}{r^3}x-\dfrac{3}{2}J_2R_e^2\mu\dfrac{x}{r^5}\left(1-\dfrac{5z^2}{r^2}\right) \\ -\dfrac{\mu}{r^3}y-\dfrac{3}{2}J_2R_e^2\mu\dfrac{y}{r^5}\left(1-\dfrac{5z^2}{r^2}\right) \\ -\dfrac{\mu}{r^3}z-\dfrac{3}{2}J_2R_e^2\mu\dfrac{z}{r^5}\left(3-\dfrac{5z^2}{r^2}\right) \end{bmatrix}+\begin{bmatrix} 0 \\ 0 \\ 0 \\ a_x \\ a_y \\ a_z \end{bmatrix}+\begin{bmatrix} 0 \\ 0 \\ 0 \\ w_x \\ w_y \\ w_z \end{bmatrix} \tag{5-228}$$

将式（5－228）写成如下形式

$$\dot{\boldsymbol{X}}(t)=f(\boldsymbol{X})+\boldsymbol{u}_a(t)+\boldsymbol{w}(t) \tag{5-229}$$

其中

$$\boldsymbol{u}_a(t)=[0\quad 0\quad 0\quad a_x\quad a_y\quad a_z]^{\mathrm{T}}$$

将式（5－229）离散化为

$$\boldsymbol{X}_k=\boldsymbol{\Phi}_{k,k-1}\cdot\boldsymbol{X}_{k-1}+\boldsymbol{u}_k\cdot T \tag{5-230}$$

其中

$$\boldsymbol{\Phi}_{k,k-1}=\boldsymbol{I}+\left.\frac{\partial f(\boldsymbol{X})}{\partial \boldsymbol{X}}\right|_{\boldsymbol{X}=\hat{\boldsymbol{X}}_{k-1}}\cdot T$$

$$=\boldsymbol{I}+\left.\begin{bmatrix}0&0&0&1&0&0\\0&0&0&0&1&0\\0&0&0&0&0&1\\f_{\ddot{x}x}&f_{\ddot{x}y}&f_{\ddot{x}z}&0&0&0\\f_{\ddot{y}x}&f_{\ddot{y}y}&f_{\ddot{y}z}&0&0&0\\f_{\ddot{z}x}&f_{\ddot{z}y}&f_{\ddot{z}z}&0&0&0\end{bmatrix}\right|_{\boldsymbol{X}=\hat{\boldsymbol{X}}_{k-1}}\cdot T$$

$$=\left.\begin{bmatrix}1&0&0&T&0&0\\0&1&0&0&T&0\\0&0&1&0&0&T\\f_{\ddot{x}x}\cdot T&f_{\ddot{x}y}\cdot T&f_{\ddot{x}z}\cdot T&1&0&0\\f_{\ddot{y}x}\cdot T&f_{\ddot{y}y}\cdot T&f_{\ddot{y}z}\cdot T&0&1&0\\f_{\ddot{z}x}\cdot T&f_{\ddot{z}y}\cdot T&f_{\ddot{z}z}\cdot T&0&0&1\end{bmatrix}\right|_{\boldsymbol{X}=\hat{\boldsymbol{X}}_{k-1}}$$

$$\boldsymbol{u}_k=f(\hat{\boldsymbol{X}}_{k-1})-\left.\frac{\partial f(\boldsymbol{X})}{\partial \boldsymbol{X}}\right|_{\boldsymbol{X}=\hat{\boldsymbol{X}}_{k-1}}\cdot\hat{\boldsymbol{X}}_{k-1}+\boldsymbol{u}_a$$

$$f_{\ddot{x}x}=\frac{\partial\ddot{x}}{\partial x}=-\mu\frac{r^2-3x^2}{r^5}-c\mu\frac{r^2-5x^2}{r^7}+5c\mu z^2\frac{r^2-7x^2}{r^9}$$

$$f_{\ddot{x}y}=\frac{\partial\ddot{x}}{\partial y}=\frac{3\mu xy}{r^5}+\frac{5c\mu xy}{r^7}-\frac{35c\mu xyz^2}{r^9}$$

$$f_{\ddot{x}z}=\frac{\partial\ddot{x}}{\partial z}=\frac{3\mu xz}{r^5}+\frac{5c\mu xz}{r^7}+5c\mu xz\frac{2r^2-7z^2}{r^9}$$

$$f_{\ddot{y}x}=\frac{\partial\ddot{y}}{\partial x}=\frac{3\mu xy}{r^5}+\frac{5c\mu xy}{r^7}-\frac{35c\mu xyz^2}{r^9}$$

$$f_{\ddot{y}y}=\frac{\partial\ddot{y}}{\partial y}=-\mu\frac{r^2-3y^2}{r^5}-c\mu\frac{r^2-5y^2}{r^7}+5c\mu z^2\frac{r^2-7y^2}{r^9}$$

$$f_{\ddot{y}z}=\frac{\partial\ddot{y}}{\partial z}=\frac{3\mu yz}{r^5}+\frac{5c\mu yz}{r^7}+5c\mu yz\frac{2r^2-7z^2}{r^9}$$

$$f_{\ddot{z}x}=\frac{\partial\ddot{z}}{\partial x}=\frac{3\mu xz}{r^5}+\frac{15c\mu xz}{r^7}-\frac{35c\mu xz^3}{r^9}$$

$$f_{\ddot{z}y}=\frac{\partial\ddot{z}}{\partial y}=\frac{3\mu yz}{r^5}+\frac{15c\mu yz}{r^7}-\frac{35c\mu yz^3}{r^9}$$

$$f_{\ddot{z}z}=\frac{\partial\ddot{z}}{\partial z}=-\mu\frac{r^2-3z^2}{r^5}-3c\mu\frac{r^2-5z^2}{r^7}+5c\mu z^2\frac{3r^2-7y^2}{r^9}$$

$$c=\frac{3}{2}J_2R_e^2$$

伪距的观测方程为

$$\rho_i=\sqrt{(x-x_i)^2+(y-y_i)^2+(z-z_i)^2}+\Delta\rho_i \tag{5-231}$$

伪距变化率的观测方程为

$$\dot{\rho}_i=\frac{(x_i-x)(\dot{x}_i-\dot{x})+(y_i-y)(\dot{y}_i-\dot{y})+(z_i-z)(\dot{z}_i-\dot{z})}{\sqrt{(x-x_i)^2+(y-y_i)^2+(z-z_i)^2}}+\Delta\dot{\rho}_i \tag{5-232}$$

其中，$(x_i,\ y_i,\ z_i)$ 和 $(\dot{x}_i,\ \dot{y}_i,\ \dot{z}_i)$ 表示第 i 颗 GPS 卫星当前的位置和速度，且 $i=1$，2，3，4；$\Delta\rho_i$ 为伪距所有误差的总和；$\Delta\dot{\rho}_i$ 为伪距变化率所有误差的总和。

伪距组合导航观测方程为

$$\boldsymbol{Z}(k)=C(\boldsymbol{X})+\boldsymbol{v}(t)=[\rho_1\quad \rho_2\quad \rho_3\quad \rho_4\quad \dot{\rho}_1\quad \dot{\rho}_2\quad \dot{\rho}_3\quad \dot{\rho}_4]^{\mathrm{T}}+\boldsymbol{v}(t) \tag{5-233}$$

观测方程线性化为

$$\boldsymbol{Z}(k)=\boldsymbol{H}(k)\cdot\boldsymbol{X}(k/k-1)+\boldsymbol{y}(k)+\boldsymbol{v}(k) \tag{5-234}$$

其中

$$\boldsymbol{H}(k)=\left.\frac{\partial C(\boldsymbol{X})}{\partial\boldsymbol{X}}\right|_{\boldsymbol{X}=\hat{\boldsymbol{X}}(k/k-1)}=\left.\begin{bmatrix}
\frac{\partial\rho_1}{\partial x} & \frac{\partial\rho_1}{\partial y} & \frac{\partial\rho_1}{\partial z} & \frac{\partial\rho_1}{\partial\dot{x}} & \frac{\partial\rho_1}{\partial\dot{y}} & \frac{\partial\rho_1}{\partial\dot{z}}\\
\frac{\partial\rho_2}{\partial x} & \frac{\partial\rho_2}{\partial y} & \frac{\partial\rho_2}{\partial z} & \frac{\partial\rho_2}{\partial\dot{x}} & \frac{\partial\rho_2}{\partial\dot{y}} & \frac{\partial\rho_2}{\partial\dot{z}}\\
\frac{\partial\rho_3}{\partial x} & \frac{\partial\rho_3}{\partial y} & \frac{\partial\rho_3}{\partial z} & \frac{\partial\rho_3}{\partial\dot{x}} & \frac{\partial\rho_3}{\partial\dot{y}} & \frac{\partial\rho_3}{\partial\dot{z}}\\
\frac{\partial\rho_4}{\partial x} & \frac{\partial\rho_4}{\partial y} & \frac{\partial\rho_4}{\partial z} & \frac{\partial\rho_4}{\partial\dot{x}} & \frac{\partial\rho_4}{\partial\dot{y}} & \frac{\partial\rho_4}{\partial\dot{z}}\\
\frac{\partial\dot{\rho}_1}{\partial x} & \frac{\partial\dot{\rho}_1}{\partial y} & \frac{\partial\dot{\rho}_1}{\partial z} & \frac{\partial\dot{\rho}_1}{\partial\dot{x}} & \frac{\partial\dot{\rho}_1}{\partial\dot{y}} & \frac{\partial\dot{\rho}_1}{\partial\dot{z}}\\
\frac{\partial\dot{\rho}_2}{\partial x} & \frac{\partial\dot{\rho}_2}{\partial y} & \frac{\partial\dot{\rho}_2}{\partial z} & \frac{\partial\dot{\rho}_2}{\partial\dot{x}} & \frac{\partial\dot{\rho}_2}{\partial\dot{y}} & \frac{\partial\dot{\rho}_2}{\partial\dot{z}}\\
\frac{\partial\dot{\rho}_3}{\partial x} & \frac{\partial\dot{\rho}_3}{\partial y} & \frac{\partial\dot{\rho}_3}{\partial z} & \frac{\partial\dot{\rho}_3}{\partial\dot{x}} & \frac{\partial\dot{\rho}_3}{\partial\dot{y}} & \frac{\partial\dot{\rho}_3}{\partial\dot{z}}\\
\frac{\partial\dot{\rho}_4}{\partial x} & \frac{\partial\dot{\rho}_4}{\partial y} & \frac{\partial\dot{\rho}_4}{\partial z} & \frac{\partial\dot{\rho}_4}{\partial\dot{x}} & \frac{\partial\dot{\rho}_4}{\partial\dot{y}} & \frac{\partial\dot{\rho}_4}{\partial\dot{z}}
\end{bmatrix}\right|_{\boldsymbol{X}=\hat{\boldsymbol{X}}(k/k-1)}$$

$$\begin{aligned}
\boldsymbol{y}(k)&=C[\hat{\boldsymbol{X}}(k/k-1)]-\left.\frac{\partial C(\boldsymbol{X})}{\partial\boldsymbol{X}}\right|_{\boldsymbol{X}=\hat{\boldsymbol{X}}(k/k-1)}\cdot\hat{\boldsymbol{X}}(k/k-1)\\
&=C[\hat{\boldsymbol{X}}(k/k-1)]-\boldsymbol{H}(k)\cdot\hat{\boldsymbol{X}}(k/k-1)
\end{aligned}$$

$$\frac{\partial\rho_i}{\partial s}=\frac{s-s_i}{\rho_i},\ \frac{\partial\rho_i}{\partial\dot{s}}=0$$

$$\frac{\partial\dot{\rho}_i}{\partial s}=\frac{\dot{s}-\dot{s}_i}{\rho_i}-\frac{\dot{\rho}_i(s-s_i)}{\rho_i^2},\ \frac{\partial\dot{\rho}_i}{\partial\dot{s}}=\frac{s-s_i}{\rho_i}$$

$$i=1,2,3,4,s=x,y,z$$

5.9　基于 PI 滤波 GNSS 兼容机与加表组合导航

加表能够连续输出非惯性力产生的加速度，基于加表惯导可以确定卫星在惯性空间的位置和速度，但加表存在漂移，不能长时间使用；兼容机能够直接提供卫星在惯性空间的位置和速度，但兼容机可能受单粒子翻转、姿态机动或翻滚时天线被地球遮挡、地面局部区域人为干扰等影响，不能连续输出卫星在惯性空间的位置和速度，特别是在高能粒子导致兼容机复位或重加载期间。

基于兼容机估计加表漂移，对加表漂移修正后进行惯导解算输出卫星在惯性空间的位置和速度，既可以确保位置和速度输出的连续性，又可以抑制兼容机观测噪声对组合导航精度的影响。

国内外学者对 SINS/GPS 组合导航进行了广泛的研究，文献［16］介绍了 INS/CNS/兼容机组合导航的信息融合和滤波方法，分析了 INS/CNS/兼容机组合导航技术的发展和应用现状。众多学者基于卡尔曼滤波及扩展型进行 SINS/GPS 组合导航研究，文献［17］基于 EKF 进行 SINS/兼容机深组合导航应用研究；文献［18］基于卡尔曼滤波进行运载火箭 SINS/兼容机组合导航研究；文献［19］基于集中式卡尔曼滤波结构进行提高 SINS/兼容机组合导航定位精度方法研究；文献［20］基于 UKF 进行 MIMU/GPS/DVS 组合导航方法研究。也有一些学者基于新型滤波方法进行 SINS/GPS 组合导航滤波算法研究，文献［21］基于小波技术进行 GPS/SINS 组合导航方法研究；文献［22］研究了改进高斯粒子滤波算法及其在 SINS/GPS 深组合导航系统中的应用。

本节推导了基于兼容机位置/速度误差估计加表加速度漂移的 PI 滤波方法；接着给出了兼容机与加表组合导航算法，利用估计得到的加速度漂移分别对位置和速度进行修正；其次进行了工程应用分析，在无法获取高精度速度测量信息时仅利用兼容机位置对加速度漂移进行估计；最后针对仅用兼容机位置信息作为观测量的滤波方法进行仿真验证，仿真结果表明采用仅基于兼容机位置信息作为观测量的 PI 滤波组合导航能准确估计加速度漂移，方法简单有效，可应用于工程实践。

5.9.1 基于 J2000 惯性系的卫星惯导解算算法

设卫星在 J2000 惯性下的位置矢量为 $\boldsymbol{r}=[x \quad y \quad z]^{\mathrm{T}}$，则卫星在 J2000 惯性系下的重力加速度三轴分量为

$$a_{gx,i}=\frac{-\mu x}{r^3}+\frac{3}{2}R_e^2\cdot\mu\cdot J_2\left(\frac{5xz^2}{r^7}-\frac{x}{r^5}\right) \tag{5-235}$$

$$a_{gy,i}=\frac{-\mu y}{r^3}+\frac{3}{2}R_e^2\cdot\mu\cdot J_2\left(\frac{5yz^2}{r^7}-\frac{y}{r^5}\right) \tag{5-236}$$

$$a_{gz,i}=\frac{-\mu z}{r^3}+\frac{3}{2}R_e^2\cdot\mu\cdot J_2\left(\frac{5z^3}{r^7}-\frac{3z}{r^5}\right) \tag{5-237}$$

其中，$r=\sqrt{x^2+y^2+z^2}$ 为卫星到地心的距离；μ 为地球引力常数；R_e 为地球半径；J_2 为地球非球形摄动系数。

设加表坐标系到 J2000 惯性系的姿态转换矩阵为 $\boldsymbol{A}_{ia}$，求得 J2000 惯性系下卫星非惯性加速度 $\boldsymbol{a}_{a,i}$ 为

$$\boldsymbol{a}_{a,i}=\boldsymbol{A}_{ia}\cdot\boldsymbol{a}_{a,a} \tag{5-238}$$

式中 $\boldsymbol{a}_{a,a}$ ——加表测得的加表坐标系下的加速度。

令 $\boldsymbol{a}_{g,i}=[a_{gx,i} \quad a_{gy,i} \quad a_{gz,i}]^{\mathrm{T}}$，由式（5－235）～式（5－238）求得 J2000 惯性系下卫星加速度 $\boldsymbol{a}_i$ 为

$$\boldsymbol{a}_i = \boldsymbol{a}_{g,i} + \boldsymbol{a}_{a,i} \tag{5-239}$$

在 J2000 惯性系进行惯导解算，求得位置 $\boldsymbol{r}_i$ 和速度 $\boldsymbol{v}_i$ 为

$$\boldsymbol{v}_i = \int \boldsymbol{a}_i \cdot \mathrm{d}t \tag{5-240}$$

$$\boldsymbol{r}_i = \int \boldsymbol{v}_i \cdot \mathrm{d}t \tag{5-241}$$

5.9.2　兼容机与加表 PI 滤波组合导航

5.9.2.1　基于兼容机修正惯导误差和估计加表漂移

由于自然遮挡或人为干扰影响，尤其是高轨兼容机灵敏度要求高，收到的导航星数量有限，导致兼容机不一定能连续输出位置信息；加表加速度存在漂移，基于加表的纯惯导不能长时间使用，因此可以用兼容机信息修正惯导位置/速度误差，并估计加表漂移。

设加表加速度漂移转换到 J2000 系为 $\mathrm{d}\boldsymbol{a}_i$ ，根据式（5－240）和式（5－241）惯导解算算法求得加表漂移引起的位置/速度误差 $\mathrm{d}\boldsymbol{v}_i/\mathrm{d}\boldsymbol{r}_i$ 为

$$\mathrm{d}\boldsymbol{v}_i = \int \mathrm{d}\boldsymbol{a}_i \cdot \mathrm{d}t \tag{5-242}$$

$$\mathrm{d}\boldsymbol{r}_i = \int \mathrm{d}\boldsymbol{v}_i \cdot \mathrm{d}t \tag{5-243}$$

设惯导第 k 步解算输出的位置/速度为 $\boldsymbol{r}_{i,k}/\boldsymbol{v}_{i,k}$ ，兼容机经时间对齐后输出的位置/速度为 $\boldsymbol{r}_{i,G}/\boldsymbol{v}_{i,G}$ ，求得惯导解算位置/速度误差 $\Delta\boldsymbol{r}_{i,k}/\Delta\boldsymbol{v}_{i,k}$ 为

$$\Delta\boldsymbol{r}_{i,k} = \boldsymbol{r}_{i,k} - \boldsymbol{r}_{i,G} \tag{5-244}$$

$$\Delta\boldsymbol{v}_{i,k} = \boldsymbol{v}_{i,k} - \boldsymbol{v}_{i,G} \tag{5-245}$$

基于兼容机求得的惯导解算位置/速度误差 $\Delta\boldsymbol{r}_{i,k}/\Delta\boldsymbol{v}_{i,k}$ ，结合式（5－240）和式（5－241）惯导解算积分过程，在惯导积分过程中逐步增加位置/速度误差修正量，可以确保误差修正的平稳性。第 k 步惯导解算位置/速度误差修正量 $\mathrm{d}\boldsymbol{r}_{i,k}/\mathrm{d}\boldsymbol{v}_{i,k}$ 为

$$\mathrm{d}\boldsymbol{r}_{i,k} = \boldsymbol{k}_{p,r} \cdot \Delta\boldsymbol{r}_{i,k} \tag{5-246}$$

$$\mathrm{d}\boldsymbol{v}_{i,k} = \boldsymbol{k}_{p,v} \cdot \Delta\boldsymbol{v}_{i,k} \tag{5-247}$$

式中，$\boldsymbol{k}_{p,r}$ ，$\boldsymbol{k}_{p,v}$ 表示位置/速度误差修正量估计比例系数，$\boldsymbol{k}_{p,r}$ ，$\boldsymbol{k}_{p,v}$ 为 3×3 对角阵，三轴可以独立估计位置/速度误差修正量。

将兼容机求得的惯导解算速度误差 $\Delta\boldsymbol{v}_{i,k}$ 转换到加表坐标系

$$\Delta\boldsymbol{v}_{a,k} = \boldsymbol{A}_{ai} \cdot \Delta\boldsymbol{v}_{i,k} \tag{5-248}$$

式中　$\boldsymbol{A}_{ai}$ ——J2000 惯性系到加表坐标系的姿态转换矩阵。

基于 PI 滤波估计加表加速度漂移算法如下：

$$\mathrm{d}\boldsymbol{a}_{a,k} = \boldsymbol{k}_{p,a} \cdot \Delta\boldsymbol{v}_{a,k} + \int \boldsymbol{k}_{i,a} \cdot \Delta\boldsymbol{v}_{a,k} \cdot \mathrm{d}t \tag{5-249}$$

式中　$\mathrm{d}\boldsymbol{a}_{a,k}$ ——第 k 步估计的加表漂移；

$\boldsymbol{k}_{p,a}$ ——PI 滤波估计比例系数；

$\boldsymbol{k}_{i,a}$ ——PI 滤波估计积分系数。

$\boldsymbol{k}_{p,a}$ 和 $\boldsymbol{k}_{i,a}$ 为 3×3 对角阵，三轴可以独立估计加速度漂移。

5.9.2.2 兼容机与加表组合导航

考虑到兼容机输出信息可能不连续，组合导航的输出并不直接采用兼容机信息，而是基于加速度计测量得到的加速度，扣除采用兼容机估计得到的加速度常值漂移后积分得到惯性系位置、速度，既能保证长时高精度，又能保证数据的连续性。

设加表坐标系到 J2000 惯性系的姿态转换矩阵为 $\boldsymbol{A}_{ia}$，$\boldsymbol{a}_{a,a}$ 为加表测得的加表坐标系下的加速度，加表加速度漂移估计为 $\mathrm{d}\boldsymbol{a}_a$，求得 J2000 惯性系下扣除加表漂移的卫星非惯性加速度 $\boldsymbol{a}_{a,i}$ 为

$$\boldsymbol{a}_{a,i} = \boldsymbol{A}_{ia} \cdot (\boldsymbol{a}_{a,a} - \mathrm{d}\boldsymbol{a}_a) \tag{5-250}$$

通过式（5－239）～式（5－241）求解 J2000 惯性系的位置 $\boldsymbol{r}_i$ /速度 $\boldsymbol{v}_i$ 。

5.9.3 基于 PI 滤波估计加表漂移

兼容机基于伪距测量滤波估计位置和速度，其输出的速度相当于对位置微分，速度精度远低于位置精度，且观测噪声较大；为防止低精度的速度观测量影响组合导航精度，且考虑到位置误差也反映速度误差，位置误差修正量可以估计速度误差修正量，因此工程应用时可以仅基于兼容机输出的位置与加表进行组合导航，并对加表加速度漂移进行估计。

惯导解算过程对位置和速度误差修正量进行积分，为防止积分饱和，需要对积分进行限幅，实际工程应用中可以对位置误差 $\Delta\boldsymbol{r}_{i,k}$ 进行限幅。设对 $\Delta\boldsymbol{r}_{i,k}$ 限幅后位置误差为 $\Delta\bar{\boldsymbol{r}}_{i,k}$，那么得速度误差修正量 $\mathrm{d}\boldsymbol{v}_{i,k}$ 为

$$\mathrm{d}\boldsymbol{v}_{i,k} = \boldsymbol{k}_{p,v} \cdot \mathrm{d}\bar{\boldsymbol{r}}_{i,k} \tag{5-251}$$

式中，$\boldsymbol{k}_{p,v}$ 表示速度误差修正量估计比例系数，$\boldsymbol{k}_{p,v}$ 为 3×3 对角阵，三轴可以独立估计速度误差修正量。

将速度误差修正量 $\mathrm{d}\boldsymbol{v}_{i,k}$ 转换到加表坐标系

$$\mathrm{d}\boldsymbol{v}_{a,k} = \boldsymbol{A}_{ai} \cdot \mathrm{d}\boldsymbol{v}_{i,k} \tag{5-252}$$

式中　$\boldsymbol{A}_{ai}$ ——J2000 惯性系到加表坐标系的姿态转换矩阵。

由速度误差修正量 $\mathrm{d}\boldsymbol{v}_{a,k}$ 估计加表漂移，为防积分饱和也需要对 $\mathrm{d}\boldsymbol{v}_{a,k}$ 限幅，设对 $\mathrm{d}\boldsymbol{v}_{a,k}$ 限幅后的位置误差修正量为 $\mathrm{d}\bar{\boldsymbol{v}}_{a,k}$，基于 PI 滤波估计加表加速度漂移算法如下：

$$\mathrm{d}\boldsymbol{a}_{a,k} = \boldsymbol{k}_{p,a} \cdot \mathrm{d}\bar{\boldsymbol{v}}_{a,k} + \int \boldsymbol{k}_{i,a} \cdot \mathrm{d}\bar{\boldsymbol{v}}_{a,k} \cdot \mathrm{d}t \tag{5-253}$$

式中　$\mathrm{d}\boldsymbol{a}_{a,k}$ ——第 k 步估计的加表漂移；

$\boldsymbol{k}_{p,a}$ ——PI 滤波估计比例系数；

$\boldsymbol{k}_{i,a}$ ——PI 滤波估计积分系数。

$\boldsymbol{k}_{p,a}$ 和 $\boldsymbol{k}_{i,a}$ 为 3×3 对角阵，三轴可以独立估计加速度漂移。

求得 J2000 惯性系下扣除加表漂移的卫星非惯性加速度 $\boldsymbol{a}_{a,i}$ 如下：

$$\boldsymbol{a}_{a,i} = \boldsymbol{A}_{ia} \cdot (\boldsymbol{a}_{a,a} - \mathrm{d}\boldsymbol{a}_a) \tag{5-254}$$

采用式（5－239）求解 J2000 惯性系下卫星加速度 $\boldsymbol{a}_i$，应用简化积分算法进行惯导解

算如下：

$$\boldsymbol{v}_{i,k}=\boldsymbol{v}_{i,k-1}+[\boldsymbol{a}_{i,k-1}+(\boldsymbol{a}_{i,k}-\boldsymbol{a}_{i,k-1})/2]\cdot T-\mathrm{d}\boldsymbol{v}_{i,k-1} \tag{5-255}$$

$$\boldsymbol{r}_{i,k}=\boldsymbol{r}_{i,k-1}+[\boldsymbol{v}_{i,k-1}+(\boldsymbol{v}_{i,k}-\boldsymbol{v}_{i,k-1})/2]\cdot T-\mathrm{d}\boldsymbol{r}_{i,k-1} \tag{5-256}$$

式中　$\boldsymbol{a}_{i,\ k-1}$ ——第 $k-1$ 步扣除加表漂移的加速度；

$\boldsymbol{a}_{i,\ k}$ ——第 k 步扣除加表漂移的加速度；

$\mathrm{d}\boldsymbol{v}_{i,\ k-1}$ ——第 $k-1$ 步估计的速度误差修正量；

$\boldsymbol{v}_{i,\ k-1}$ ——第 $k-1$ 步扣除速度误差修正量的速度；

$\boldsymbol{v}_{i,\ k}$ ——第 k 步扣除速度误差修正量的速度；

$\mathrm{d}\boldsymbol{r}_{i,\ k-1}$ ——第 $k-1$ 步估计的位置误差修正量；

$\boldsymbol{r}_{i,\ k-1}$ ——第 $k-1$ 步扣除位置误差修正量的位置；

$\boldsymbol{r}_{i,\ k}$ ——第 k 步扣除位置误差修正量的位置；

T ——导航周期。

5.9.4　组合导航算法仿真验证

加表三轴加速度常值漂移分别为 0.005 m/s^2，0.008 m/s^2，$-$0.005 m/s^2，随机漂移 0.000 5 m/s^2；兼容机三轴位置常值偏差分别为 5 m，10 m，15 m，速度误差小于 0.5 m/s (3σ)。

对兼容机与加表组合导航算法进行仿真验证，并分别对仅用兼容机输出的位置作为观测量，同时采用兼容机输出的位置/速度作为观测量进行对比仿真。

5.9.4.1　仅基于兼容机位置信息作为观测量

仅基于兼容机位置信息作为观测量仿真结果如图 5－7～图 5－9 所示。

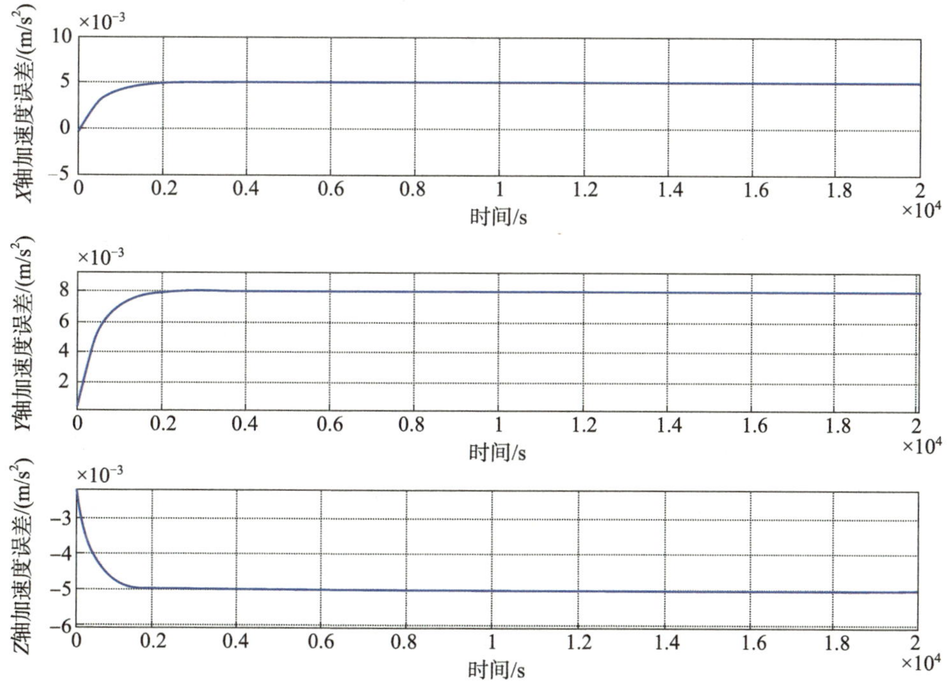

图 5－7　基于兼容机位置观测信息加表漂移估计值

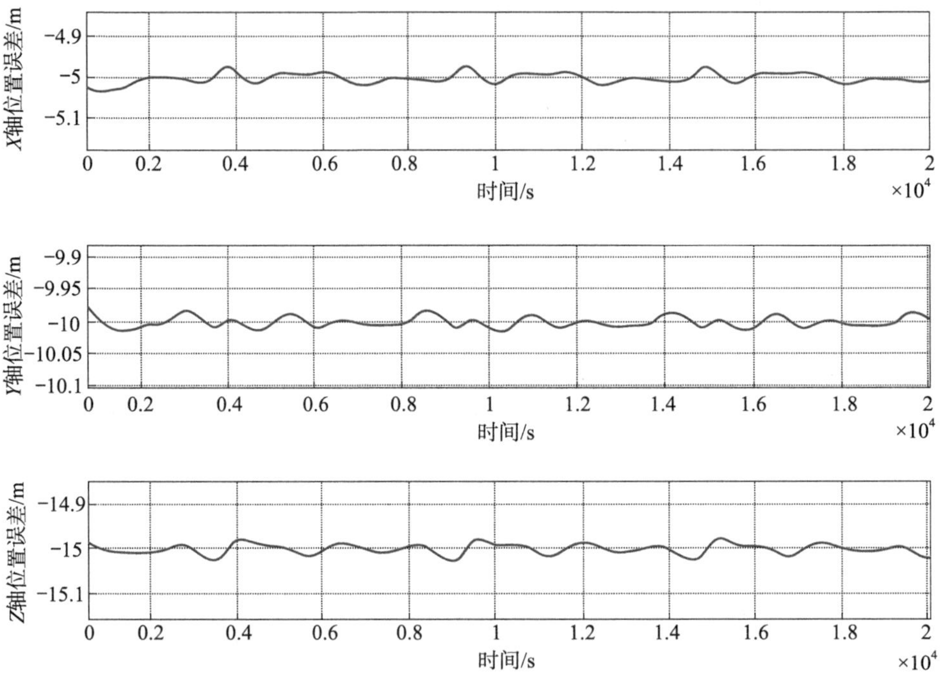

图 5-8　基于位置观测信息组合导航位置误差

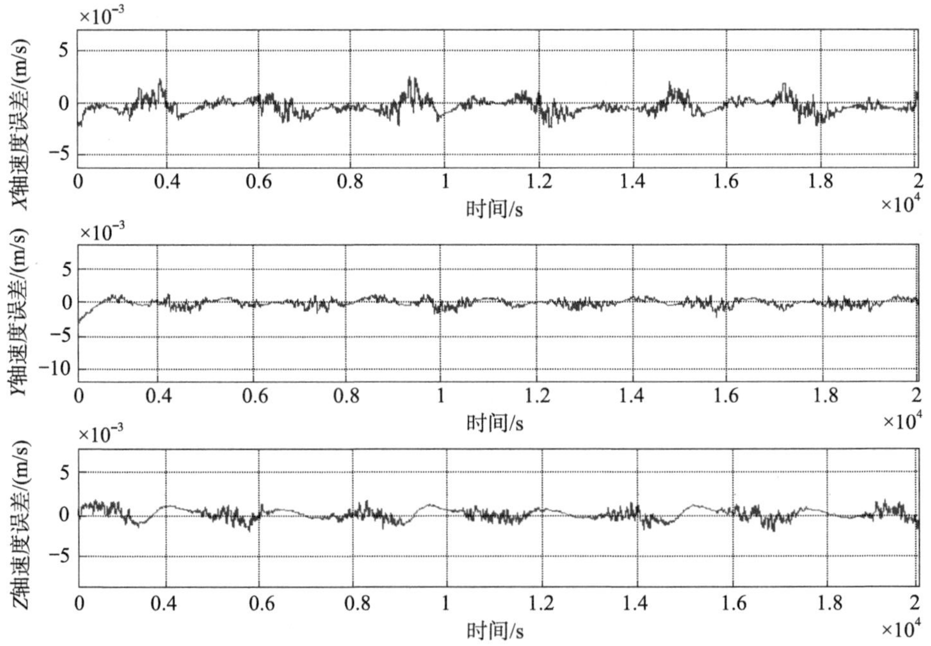

图 5-9　基于位置观测信息组合导航速度误差

5.9.4.2　同时基于兼容机位置/速度作为观测信息

同时基于兼容机位置/速度作为观测信息仿真结果如图 5-10～图 5-12 所示。

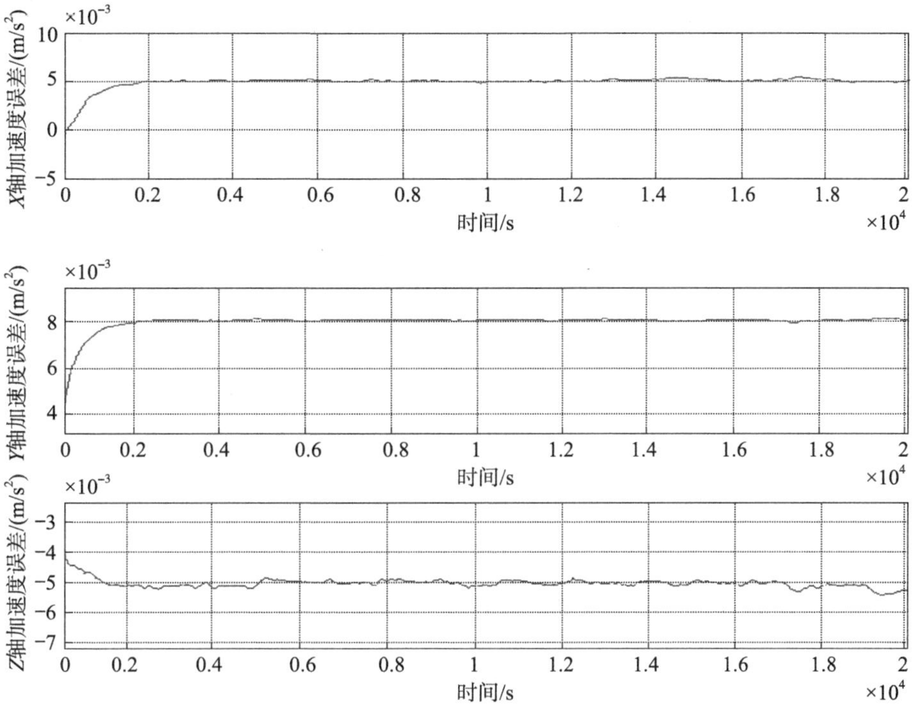

图 5-10　基于兼容机位置/速度观测信息加表漂移估计值

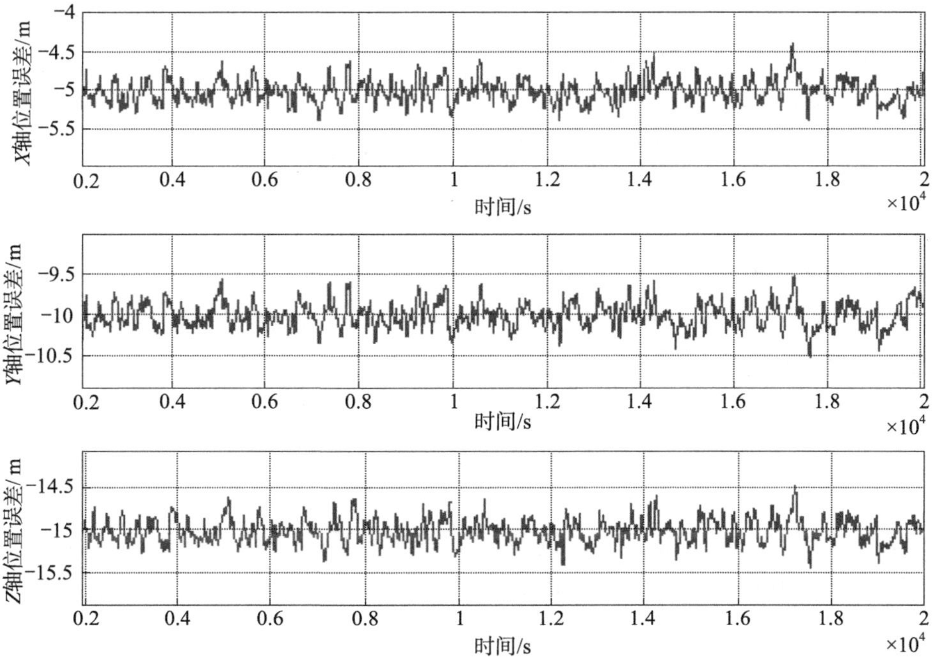

图 5-11　基于位置/速度观测信息组合导航位置误差

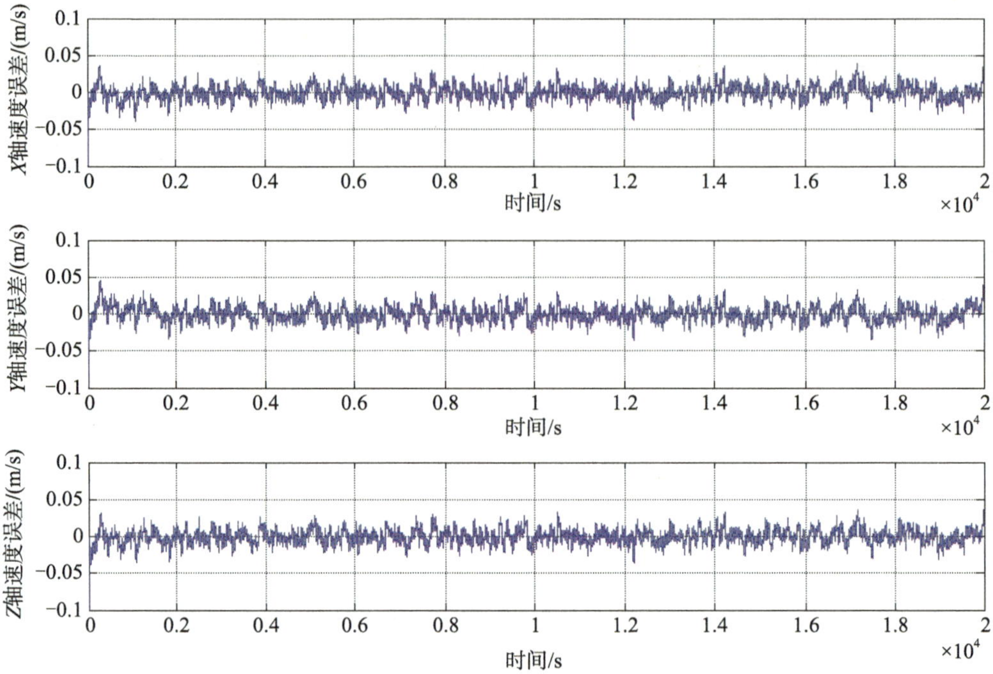

图 5-12　基于位置/速度观测信息组合导航速度误差

从仿真结果可以看出，基于兼容机位置信息作为观测量，或基于兼容机位置/速度信息作为观测量均可以有效估计加表漂移；其中基于位置信息作为观测量时，位置估计误差波动优于 0.1 m，速度估计精度优于 0.005 m/s；同时基于位置/速度信息作为观测量时，位置估计误差波动优于 0.5 m，速度估计精度优于 0.05 m。这是由于兼容机速度测量精度较低，其在引入系统滤波时影响了位置估计精度。

基于 PI 滤波估计加表加速度漂移，进行兼容机与加表组合导航算法研究，尤其针对兼容机输出速度精度不高的问题进行了仅基于兼容机位置信息作为观测量，对加表加速度漂移进行估计。仿真验证表明算法有效，组合导航位置、速度估计精度均优于同时引入兼容机速度信息作为观测量的情况。针对目前兼容机速度测量精度不高的情况，工程应用时可以仅采用兼容机位置信息作为观测量与加表进行组合导航。

基于 PI 滤波估计加表漂移的兼容机与加表组合导航算法简单有效，易于工程实现，并已通过在轨考核验证。

5.10　GNSS 兼容机伪距及伪距变化率与加表组合导航

基于兼容机伪距估计加表漂移，进行基于兼容机伪距及伪距变化率组合导航算法研究，尤其针对基于兼容机伪距组合导航输出速度精度不高的问题，进行了基于兼容机伪距及伪距变化率信息作为观测量的组合导航，提高了速度精度。仿真验证表明算法有效，兼容机接收到 2 颗导航星就能够稳定组合导航及估计加表漂移。针对目前基于伪距组合导航速度精度不高的情况，工程应用时可以采用兼容机伪距及伪距变化率信息作为观测量与加表进行组合导航。

5.10.1　基于 J2000 惯性系的卫星惯导解算算法

设卫星在 J2000 惯性下的位置矢量为 $\boldsymbol{r}=[x \quad y \quad z]^{\mathrm{T}}$，则卫星在 J2000 惯性系下的重力加速度三轴分量为

$$a_{gx,i}=\frac{-\mu x}{r^3}+\frac{3}{2}R_e^2\cdot\mu\cdot J_2\left(\frac{5xz^2}{r^7}-\frac{x}{r^5}\right) \tag{5-257}$$

$$a_{gy,i}=\frac{-\mu y}{r^3}+\frac{3}{2}R_e^2\cdot\mu\cdot J_2\left(\frac{5yz^2}{r^7}-\frac{y}{r^5}\right) \tag{5-258}$$

$$a_{gz,i}=\frac{-\mu z}{r^3}+\frac{3}{2}R_e^2\cdot\mu\cdot J_2\left(\frac{5z^3}{r^7}-\frac{3z}{r^5}\right) \tag{5-259}$$

式中　r ——卫星到地心的距离，$r=\sqrt{x^2+y^2+z^2}$；

μ ——地球引力常数；

R_e ——地球半径；

J_2 ——地球非球形摄动系数。

设加表坐标系到 J2000 惯性系的姿态转换矩阵为 $\boldsymbol{A}_{ia}$，求得 J2000 惯性系下卫星非惯性加速度 $\boldsymbol{a}_{a,i}$ 如下：

$$\boldsymbol{a}_{a,i}=\boldsymbol{A}_{ia}\cdot\boldsymbol{a}_{a,a} \tag{5-260}$$

式中　$\boldsymbol{a}_{a,a}$ ——加表测得的加表坐标系下的加速度。

令 $\boldsymbol{a}_{g,i}=[a_{gx,i} \quad a_{gy,i} \quad a_{gz,i}]^{\mathrm{T}}$，由式（5－257）～式（5－260）求得 J2000 惯性系下卫星加速度 $\boldsymbol{a}_i$ 为

$$\boldsymbol{a}_i=\boldsymbol{a}_{g,i}+\boldsymbol{a}_{a,i} \tag{5-261}$$

在 J2000 惯性系进行惯导解算，求得位置 $\boldsymbol{r}_i$ /速度 $\boldsymbol{v}_i$ 如下：

$$\boldsymbol{v}_i=\int\boldsymbol{a}_i\cdot\mathrm{d}t \tag{5-262}$$

$$\boldsymbol{r}_i=\int\boldsymbol{v}_i\cdot\mathrm{d}t \tag{5-263}$$

设加表加速度漂移转换到 J2000 系为 $d\boldsymbol{a}_i$，根据式（5－262）和式（5－263）惯导解算算法求得加表漂移引起的位置/速度误差 $\mathrm{d}\boldsymbol{v}_i/\mathrm{d}\boldsymbol{r}_i$ 为

$$\mathrm{d}\boldsymbol{v}_i=\int\mathrm{d}\boldsymbol{a}_i\cdot\mathrm{d}t \tag{5-264}$$

$$\mathrm{d}\boldsymbol{r}_i=\int\mathrm{d}\boldsymbol{v}_i\cdot\mathrm{d}t \tag{5-265}$$

在惯导积分过程中逐步增加位置/速度误差修正量，可以确保误差修正的平稳性。在 J2000 惯性系扣除位置/速度误差修正量，应用简化积分算法进行惯导解算如下：

$$\boldsymbol{v}_{i,k}=\boldsymbol{v}_{i,k-1}+[\boldsymbol{a}_{i,k-1}+(\boldsymbol{a}_{i,k}-\boldsymbol{a}_{i,k-1})/2]\cdot T-\mathrm{d}\boldsymbol{v}_{i,k-1} \tag{5-266}$$

$$\boldsymbol{r}_{i,k}=\boldsymbol{r}_{i,k-1}+[\boldsymbol{v}_{i,k-1}+(\boldsymbol{v}_{i,k}-\boldsymbol{v}_{i,k-1})/2]\cdot T-\mathrm{d}\boldsymbol{r}_{i,k-1} \tag{5-267}$$

式中 $\boldsymbol{a}_{i,k-1}$ ——第 $k-1$ 步加速度；

$\boldsymbol{a}_{i,k}$ ——第 k 步加速度；

$\mathrm{d}\boldsymbol{v}_{i,k-1}$ ——第 $k-1$ 步估计的速度误差修正量；

$\boldsymbol{v}_{i,k-1}$ ——第 $k-1$ 步扣除速度误差修正量的速度；

$\boldsymbol{v}_{i,k}$ ——第 k 步扣除速度误差修正量的速度；

$\mathrm{d}\boldsymbol{r}_{i,k-1}$ ——第 $k-1$ 步估计的位置误差修正量；

$\boldsymbol{r}_{i,k-1}$ ——第 $k-1$ 步扣除位置误差修正量的位置；

$\boldsymbol{r}_{i,k}$ ——第 k 步扣除位置误差修正量的位置；

T ——导航解算周期。

5.10.2 基于 GNSS 伪距及伪距变化率估计位置和速度误差

5.10.2.1 基于兼容机伪距估计位置误差

忽略导航星位置误差，第 j 颗 GNSS 导航星和卫星相对位置关系如图 5-13 所示。

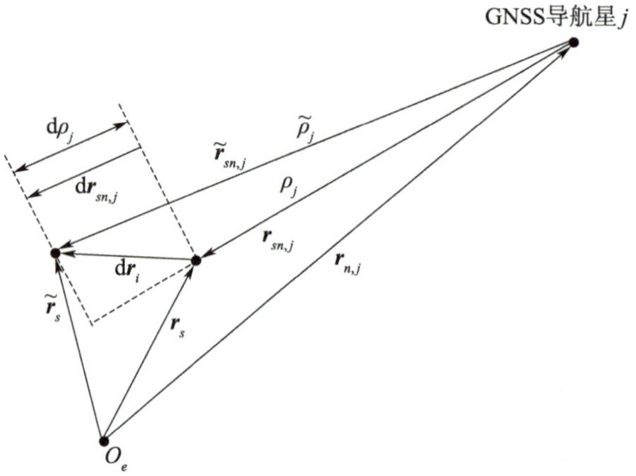

图 5-13 卫星与 GNSS 导航星相对位置关系

根据惯导推算的卫星位置 $\tilde{\boldsymbol{r}}_s$ 和 GNSS 兼容机输出的第 j 颗 GNSS 导航星位置 $\boldsymbol{r}_{n,j}$，求得卫星相对第 j 颗 GNSS 导航星位置估计值 $\tilde{\boldsymbol{r}}_{sn,j}$

$$\tilde{\boldsymbol{r}}_{sn,j}=\tilde{\boldsymbol{r}}_s-\boldsymbol{r}_{n,j} \tag{5-268}$$

式中 $\tilde{\boldsymbol{r}}_s$ ——惯导解算的卫星在 J2000 系位置；

$\boldsymbol{r}_{n,j}$ ——第 j 颗 GNSS 导航星在 J2000 系位置。

求得伪距估计值 $\tilde{\rho}_j$

$$\tilde{\rho}_j=\|\tilde{\boldsymbol{r}}_{sn,j}\|=\|\tilde{\boldsymbol{r}}_s-\boldsymbol{r}_{n,j}\|=\sqrt{(\tilde{x}-x_j)^2+(\tilde{y}-y_j)^2+(\tilde{z}-z_j)^2} \tag{5-269}$$

式中，$\tilde{\boldsymbol{r}}_s=(\tilde{x},\ \tilde{y},\ \tilde{z})$，$\tilde{x}$、$\tilde{y}$、$\tilde{z}$ 为惯导解算输出的卫星位置；$\boldsymbol{r}_{n,j}=(x_j,\ y_j,\ z_j)$，$x_j$、$y_j$、$z_j$ 为第 j 颗导航星位置。

设 GNSS 兼容机输出卫星相对第 j 颗 GNSS 导航星伪距测量值为 ρ_j，求得伪距误差

$d\rho_j$ 为

$$d\rho_j = \tilde{\rho}_j - \rho_j \tag{5-270}$$

由式（5－269）得

$$\tilde{\rho}_j^2 = (\tilde{x} - x_j)^2 + (\tilde{y} - y_j)^2 + (\tilde{z} - z_j)^2 \tag{5-271}$$

式中　$\tilde{\rho}_j$——估计的第 j 颗导航星到卫星的伪距。

对式（5－271）两边微分求得

$$\tilde{\rho}_j \cdot d\rho_j = (\tilde{x} - x_j)\,dx + (\tilde{y} - y_j)\,dy + (\tilde{z} - z_j)\,dz \tag{5-272}$$

其中

$$d\rho_j = \tilde{\rho}_j - \rho_j, dx = \tilde{x} - x, dy = \tilde{y} - y, dz = \tilde{z} - z$$

式中　ρ_j——GNSS 兼容机输出的第 j 颗导航星到卫星的伪距；

x、y、z——卫星的真实位置。

若 GNSS 兼容机接收到三颗导航星，则

$$\begin{bmatrix} \tilde{x} - x_1 & \tilde{y} - y_1 & \tilde{z} - z_1 \\ \tilde{x} - x_2 & \tilde{y} - y_2 & \tilde{z} - z_2 \\ \tilde{x} - x_3 & \tilde{y} - y_3 & \tilde{z} - z_3 \end{bmatrix} \cdot \begin{bmatrix} dx \\ dy \\ dz \end{bmatrix} = \begin{bmatrix} \rho_1 \cdot d\rho_1 \\ \rho_2 \cdot d\rho_2 \\ \rho_3 \cdot d\rho_3 \end{bmatrix} \tag{5-273}$$

即

$$\boldsymbol{A} \cdot d\boldsymbol{r}_i = \boldsymbol{B} \tag{5-274}$$

其中

$$\boldsymbol{A} = \begin{bmatrix} \tilde{x} - x_1 & \tilde{y} - y_1 & \tilde{z} - z_1 \\ \tilde{x} - x_2 & \tilde{y} - y_2 & \tilde{z} - z_2 \\ \tilde{x} - x_3 & \tilde{y} - y_3 & \tilde{z} - z_3 \end{bmatrix}, d\boldsymbol{r}_i = \tilde{\boldsymbol{r}}_i - \boldsymbol{r}_i = \begin{bmatrix} dx \\ dy \\ dz \end{bmatrix}, \boldsymbol{B} = \begin{bmatrix} \rho_1 \cdot d\rho_1 \\ \rho_2 \cdot d\rho_2 \\ \rho_3 \cdot d\rho_3 \end{bmatrix}$$

如果已有卫星粗精度位置，且三颗导航星不在同一直线上，即 $\boldsymbol{A}^{-1}$ 存在，基于三颗导航星可以确定卫星位置误差

$$d\boldsymbol{r}_i = \boldsymbol{A}^{-1} \cdot \boldsymbol{B} \tag{5-275}$$

高轨卫星受地球遮挡和探测灵敏度影响，低轨卫星在姿态异常天线指向地球或受地面人为干扰时，GNSS 兼容机不能捕获三颗导航星，只有一颗或两颗导航星时，无法解算位置误差。

如图 5－13 所示，$d\boldsymbol{r}_i$ 在导航星视线方向 $\tilde{\boldsymbol{r}}_{sn,j}$ 上的投影 $d\boldsymbol{r}_{sn,j}$ 为

$$d\boldsymbol{r}_{sn,j} = d\rho \cdot \frac{\tilde{\boldsymbol{r}}_{sn,j}}{\|\tilde{\boldsymbol{r}}_{sn,j}\|} \tag{5-276}$$

n 颗导航星伪距估计位置误差 $\Delta\boldsymbol{r}_i$ 为

$$\Delta\boldsymbol{r}_i = k_{pr} \cdot \sum_{j=1}^{n} d\boldsymbol{r}_{sn,j} \tag{5-277}$$

式中　k_{pr}——位置误差估计比例系数。

5.10.2.2　基于兼容机伪距变化率估计速度误差

第 j 颗 GNSS 导航星伪距变化率如图 5－14 所示。

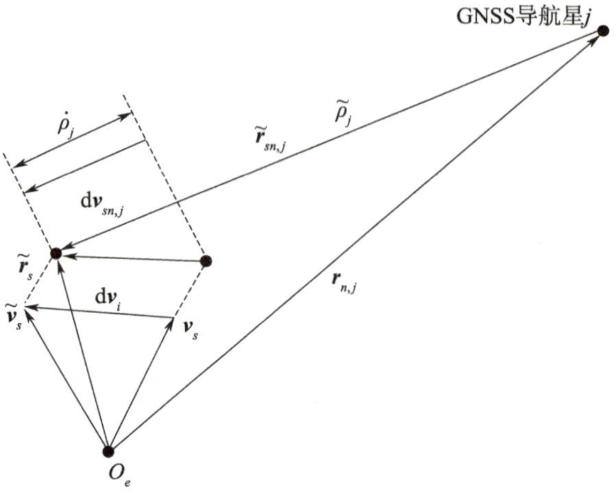

图 5-14 第 j 颗 GNSS 导航星伪距变化率

根据 GNSS 兼容机输出的第 j 颗 GNSS 导航星伪距变化率 $\dot{\rho}_j$ ，求得伪距在导航星视线方向上的速度误差 $\mathrm{d}\boldsymbol{v}_{sn,j}$

$$\mathrm{d}\boldsymbol{v}_{sn,j}=\dot{\rho}_j\cdot\frac{\widetilde{\boldsymbol{r}}_{sn,j}}{\|\widetilde{\boldsymbol{r}}_{sn,j}\|} \tag{5-278}$$

n 颗导航星伪距变化率估计速度误差 $\Delta\boldsymbol{v}_i$ 为

$$\Delta\boldsymbol{v}_i=\sum_{j=1}^{n}\mathrm{d}\boldsymbol{v}_{sn,j} \tag{5-279}$$

5.10.3 基于兼容机伪距组合导航和估计加表漂移

高轨兼容机由于地球遮挡，接收到导航星数量有限，兼容机不能连续解算输出位置信息；加表加速度存在漂移，基于加表的纯惯导不能长时间使用；因此用兼容机输出的少数导航星伪距信息估计惯导位置/速度误差和加表漂移，并修正惯导位置/速度误差。

根据式（5-277）求得基于兼容机伪距估计的第 k 步位置误差 $\Delta\boldsymbol{r}_{i,k}$ ，式（5-266）和式（5-267）组合导航解算过程对位置和速度误差修正量进行积分，为防止积分饱和，需要对积分进行限幅。工程应用中对位置误差 $\Delta\boldsymbol{r}_{i,k}$ 进行限幅，设对 $\Delta\boldsymbol{r}_{i,k}$ 限幅后位置/速度误差为 $\Delta\overline{\boldsymbol{r}}_{i,k}$ ，第 k 步惯导解算位置误差修正量 $\mathrm{d}\boldsymbol{r}_{i,k}$ 为

$$\mathrm{d}\boldsymbol{r}_{i,k}=\boldsymbol{k}_{p,r}\cdot\Delta\overline{\boldsymbol{r}}_{i,k} \tag{5-280}$$

式中，$\boldsymbol{k}_{p,r}$ 为位置误差修正量估计比例系数，为 3×3 对角阵，可以独立估计位置误差修正量。

考虑到位置误差也反映速度误差，基于位置误差修正量 $\mathrm{d}\boldsymbol{r}_{i,k}$ 估计速度误差修正量。由位置误差修正量 $\mathrm{d}\boldsymbol{r}_{i,k}$ 估计速度误差修正量 $\mathrm{d}\boldsymbol{v}_{i,k}$ ，为防积分饱和也需要对 $\mathrm{d}\boldsymbol{r}_{i,k}$ 限幅，设对 $\mathrm{d}\boldsymbol{r}_{i,k}$ 限幅后的位置误差修正量为 $\mathrm{d}\overline{\boldsymbol{r}}_{i,k}$ ，第 k 步惯导解算速度误差修正量 $\mathrm{d}\boldsymbol{v}_{i,k}$ 为

$$\mathrm{d}\boldsymbol{v}_{i,k}=\boldsymbol{k}_{p,v}\cdot\mathrm{d}\overline{\boldsymbol{r}}_{i,k} \tag{5-281}$$

式中，$\boldsymbol{k}_{p,v}$ 为速度误差修正量估计比例系数，为 3×3 对角阵，可以独立估计速度误差修

正量。

将兼容机求得的惯导解算速度误差 $\mathrm{d}\boldsymbol{v}_{i,k}$ 转换到加表坐标系

$$\mathrm{d}\boldsymbol{v}_{a,k}=\boldsymbol{A}_{ai}\cdot\mathrm{d}\boldsymbol{v}_{i,k} \tag{5-282}$$

式中　$\boldsymbol{A}_{ai}$ ——J2000 惯性系到加表坐标系的姿态转换矩阵。

为防积分饱和也需要对 $\mathrm{d}\boldsymbol{v}_{a,k}$ 限幅，设对 $\mathrm{d}\boldsymbol{v}_{a,k}$ 限幅后的速度误差修正量为 $\mathrm{d}\overline{\boldsymbol{v}}_{a,k}$，基于 PI 滤波估计加表加速度漂移 $\mathrm{d}\boldsymbol{a}_{a,k}$

$$\mathrm{d}\boldsymbol{a}_{a,k}=\boldsymbol{k}_{p,a}\cdot\mathrm{d}\overline{\boldsymbol{v}}_{a,k}+\int\boldsymbol{k}_{i,a}\cdot\mathrm{d}\overline{\boldsymbol{v}}_{a,k}\cdot\mathrm{d}t \tag{5-283}$$

式中　$\mathrm{d}\boldsymbol{a}_{a,k}$ ——第 k 步估计的加表漂移；

$\boldsymbol{k}_{p,a}$ ——PI 滤波估计比例系数；

$\boldsymbol{k}_{i,a}$ ——PI 滤波估计积分系数。

$\boldsymbol{k}_{p,a}$ 和 $\boldsymbol{k}_{i,a}$ 为 3×3 对角阵，三轴可以独立估计加速度漂移。

设加表加速度漂移估计为 $\mathrm{d}\boldsymbol{a}_{a,k}$，求得 J2000 惯性系下扣除加表漂移的卫星非惯性加速度 $\boldsymbol{a}_{i,k}$ 为

$$\boldsymbol{a}_{i,k}=\boldsymbol{A}_{ia}\cdot(\boldsymbol{a}_{a,k}-\mathrm{d}\boldsymbol{a}_{a,k}) \tag{5-284}$$

式中　$\boldsymbol{A}_{ia}$ ——加表坐标系到 J2000 惯性系的姿态转换矩阵；

$\boldsymbol{a}_{a,k}$ ——加表第 k 步测得的加表坐标系下加速度。

5.10.4　基于兼容机伪距及伪距变化率组合导航

根据式（5-277）和式（5-279）求得基于兼容机伪距及伪距变化率估计的第 k 步位置/速度误差 $\Delta\boldsymbol{r}_{i,k}/\Delta\boldsymbol{v}_{i,k}$，式（5-266）和式（5-267）组合导航解算过程对位置和速度误差修正量进行积分，为防止积分饱和，需要对积分进行限幅。工程应用中对位置误差 $\Delta\boldsymbol{r}_{i,k}/\Delta\boldsymbol{v}_{i,k}$ 进行限幅，设对 $\Delta\boldsymbol{r}_{i,k}/\Delta\boldsymbol{v}_{i,k}$ 限幅后位置/速度误差为 $\Delta\overline{\boldsymbol{r}}_{i,k}/\Delta\overline{\boldsymbol{v}}_{i,k}$，第 k 步惯导解算位置/速度误差修正量 $\mathrm{d}\boldsymbol{r}_{i,k}/\mathrm{d}\boldsymbol{v}_{i,k}$ 为

$$\mathrm{d}\boldsymbol{r}_{i,k}=\boldsymbol{k}_{p,r}\cdot\Delta\overline{\boldsymbol{r}}_{i,k} \tag{5-285}$$

$$\mathrm{d}\boldsymbol{v}_{i,k}=\boldsymbol{k}_{p,v}\cdot\Delta\overline{\boldsymbol{v}}_{i,k} \tag{5-286}$$

式中，$\boldsymbol{k}_{p,r}$ 和 $\boldsymbol{k}_{p,v}$ 表示位置/速度误差修正量估计比例系数，$\boldsymbol{k}_{p,r}$ 和 $\boldsymbol{k}_{p,v}$ 为 3×3 对角阵，三轴可以独立估计位置/速度误差修正量。

位置误差反映速度误差，位置误差修正量可以估计速度误差修正量，因此工程应用时可以仅基于兼容机输出的位置与加表进行组合导航，并对加表加速度漂移进行估计。

高轨兼容机接收的导航星数有限，基于位置误差估计速度误差导致惯导输出的速度精度较低，基于伪距变化率估计速度误差，基于伪距估计位置误差和加速度漂移，可以获得较高精度的位置/速度。

5.10.5　组合导航算法仿真验证

地球同步静止轨道卫星（GEO）受地球对导航星遮挡影响，且为了降低对兼容机接收灵敏度需求，兼容机只接收 GPS/GLONASS /BD 三种导航星波束主瓣，不能探测导航星

波束副瓣，因此兼容机接收的导航星数有限，可见导航星数如图 5-15 所示。

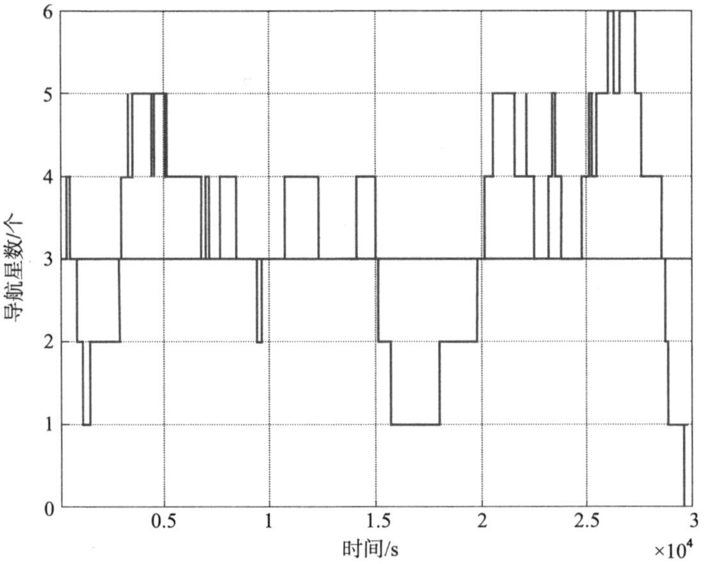

图 5-15　GEO 卫星可见 GPS/GLONASS/BD 导航星数

加表三轴加速度常值漂移分别为 $-0.006\ m/s^2$，$-0.004\ m/s^2$，$0.005\ m/s^2$，随机漂移 $0.0005\ m/s^2$；兼容机伪距常值误差 4 m 和随机误差 4 m，兼容机伪距变化率常值误差 0.04 m/s 和随机误差 0.04 m/s。

基于兼容机伪距估计加表漂移如图 5-16 所示，基于兼容机伪距组合导航位置误差如图 5-17 和图 5-18 所示，位置误差 200 m，出现在导航收敛后只能接收到 1 颗导航星时；基于兼容机伪距组合导航速度误差如图 5-19 和图 5-20 所示，速度误差 0.5 m/s，也出现在导航收敛后只能接收到 1 颗导航星时。

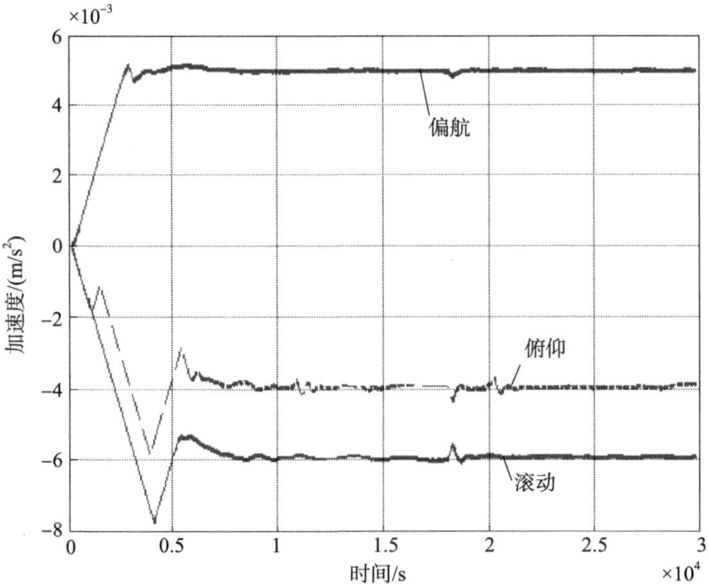

图 5-16　基于兼容机伪距估计加表漂移

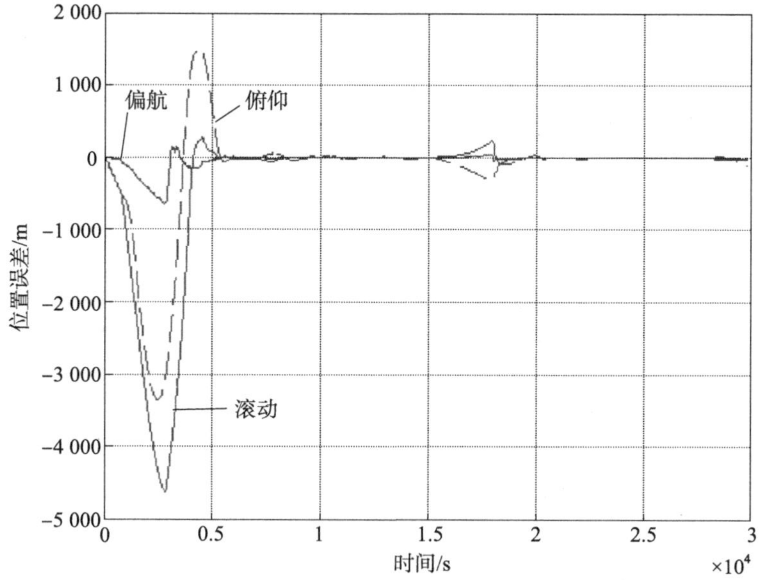

图 5－17　基于兼容机伪距组合导航位置误差

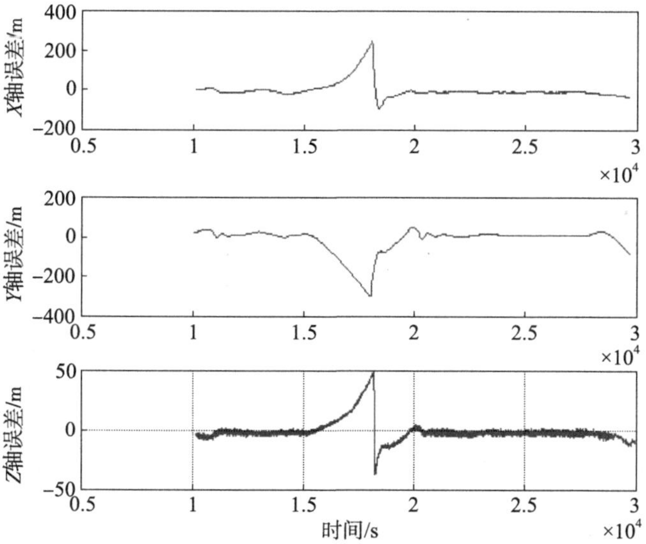

图 5－18　基于兼容机伪距组合导航位置误差放大曲线

加表漂移基于兼容机伪距估计，基于兼容机伪距和伪距变化率组合导航速度误差如图 5－21 所示，速度误差 0.2 m/s，优于仅基于伪距组合导航，也出现在导航收敛后只能接收到 1 颗导航星时。

基于兼容机伪距组合导航允许短期没有导航星，基于加表惯导；兼容机接收到 2 颗导航星能够稳定组合导航，长时间只有 1 颗导航星，轨道精度受影响。

基于兼容机伪距估计加表漂移，进行基于兼容机伪距及伪距变化率组合导航算法研究，尤其针对基于兼容机伪距组合导航输出速度精度不高的问题，进行了基于兼容机伪距

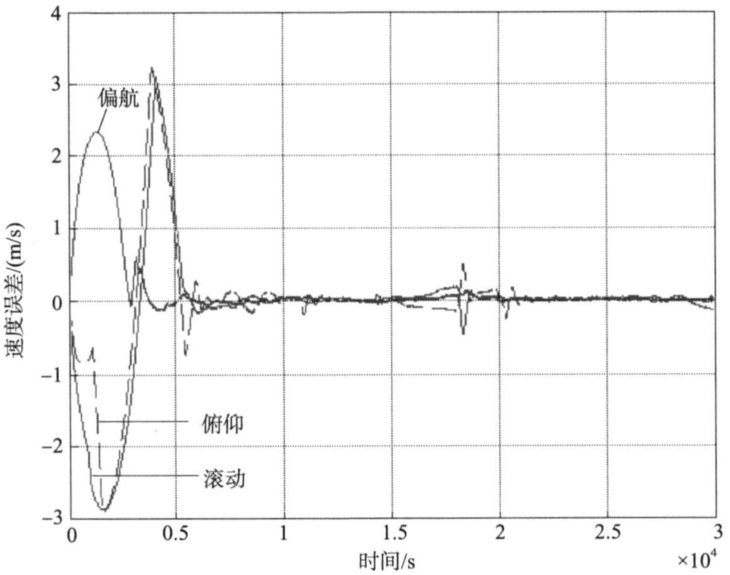

图 5-19　基于兼容机伪距组合导航速度误差

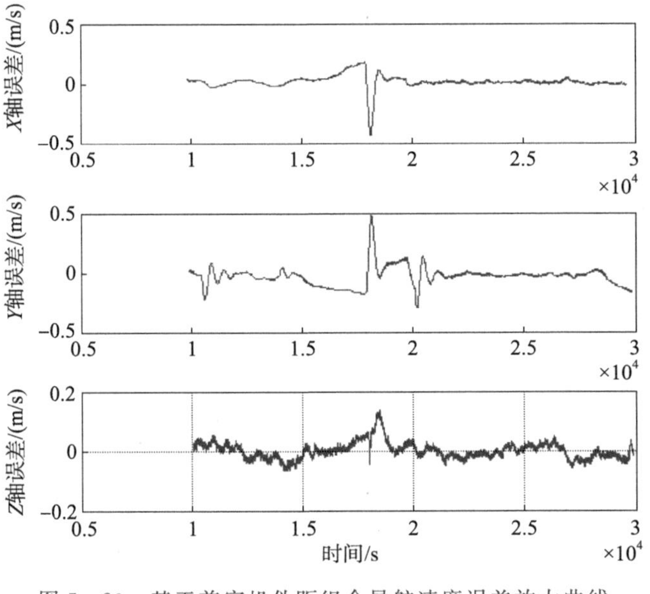

图 5-20　基于兼容机伪距组合导航速度误差放大曲线

及伪距变化率信息作为观测量的组合导航，提高了速度精度。仿真验证表明算法有效，兼容机接收到 2 颗导航星就能够稳定组合导航及估计加表漂移。针对目前基于伪距组合导航速度精度不高的情况，工程应用时可以采用兼容机伪距及伪距变化率信息作为观测量与加表进行组合导航。

兼容机伪距及伪距变化率与加表组合导航算法简单有效，易于工程实现。

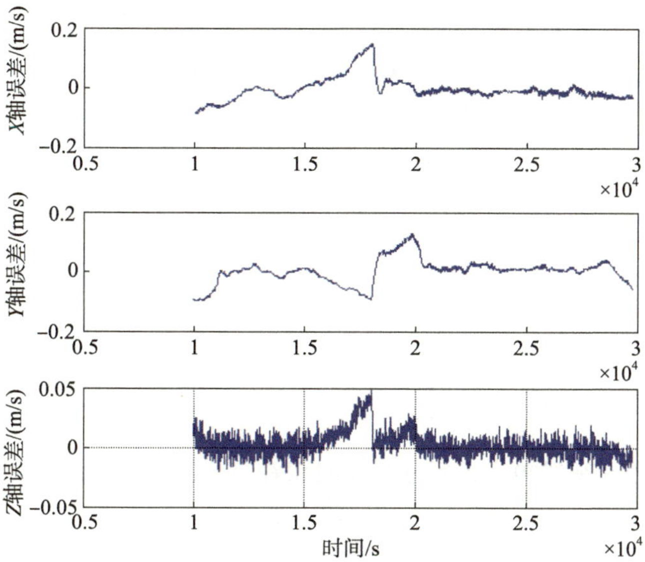

图 5-21　基于兼容机伪距变化率组合导航速度误差放大曲线

5.11　基于跟瞄近程相对导航卡尔曼滤波算法

5.11.1　相对运动状态方程

根据 C-W 相对运动方程

$$\begin{cases}\ddot{x}-2\omega\cdot\dot{z}=0\\ \ddot{y}+\omega^2\cdot y=0\\ \ddot{z}-3\omega^2\cdot z+2\omega\cdot\dot{x}=0\end{cases}\tag{5-287}$$

式中　ω——跟踪星轨道角速率，$\omega=\sqrt{\mu/a^3}$；

μ——地球引力常数。

轨控期间相对运动方程为

$$\begin{cases}\ddot{x}=2\omega\cdot\dot{z}+a_x\\ \ddot{y}=-\omega^2\cdot y+a_y\\ \ddot{z}=3\omega^2\cdot z-2\omega\cdot\dot{x}+a_z\end{cases}\tag{5-288}$$

选取状态变量 $\boldsymbol{X}=[x\quad y\quad z\quad \dot{x}\quad \dot{y}\quad \dot{z}]^{\mathrm{T}}$，求得相对运动状态方程为

$$\begin{bmatrix}\dot{x}\\ \dot{y}\\ \dot{z}\\ \ddot{x}\\ \ddot{y}\\ \ddot{z}\end{bmatrix}=\begin{bmatrix}0&0&0&1&0&0\\0&0&0&0&1&0\\0&0&0&0&0&1\\0&0&0&0&0&2\omega\\0&-\omega^2&0&0&0&0\\0&0&3\omega^2&-2\omega&0&0\end{bmatrix}\cdot\begin{bmatrix}x\\ y\\ z\\ \dot{x}\\ \dot{y}\\ \dot{z}\end{bmatrix}+\begin{bmatrix}0\\0\\0\\a_x\\a_y\\a_z\end{bmatrix}\tag{5-289}$$

将式（5－289）写成如下形式

$$\dot{\boldsymbol{X}}(t)=\boldsymbol{F}(t)\cdot\boldsymbol{X}(t)+\boldsymbol{u}(t) \tag{5-290}$$

将式（5－290）离散化为

$$\boldsymbol{X}_k=\boldsymbol{\Phi}_{k,k-1}\cdot\boldsymbol{X}_{k-1}+\boldsymbol{u}_k\cdot T \tag{5-291}$$

其中

$$\boldsymbol{\Phi}_{k,k-1}=\boldsymbol{I}_{6\times6}+\boldsymbol{F}\cdot T+\frac{T^2}{2}\cdot\boldsymbol{F}^2$$

式中　T——计算步长。

5.11.2　相对运动观测方程

基于跟瞄视线距和视线角求得目标星相对跟踪星位置

$$x_{AtoT}=\rho\cdot\cos\beta\cdot\cos\alpha \tag{5-292}$$

$$y_{AtoT}=\rho\cdot\cos\beta\cdot\sin\alpha \tag{5-293}$$

$$z_{AtoT}=-\rho\cdot\sin\beta \tag{5-294}$$

则跟踪星相对目标星位置如下：

$$x_{TtoA}=-\rho\cdot\cos\beta\cdot\cos\alpha \tag{5-295}$$

$$y_{TtoA}=-\rho\cdot\cos\beta\cdot\sin\alpha \tag{5-296}$$

$$z_{TtoA}=\rho\cdot\sin\beta \tag{5-297}$$

得观测方程

$$\boldsymbol{Z}(k)=\begin{bmatrix}x_{TtoA}\\y_{TtoA}\\z_{TtoA}\end{bmatrix}=\boldsymbol{H}(k)\cdot\boldsymbol{X}(k)+\boldsymbol{v}(k) \tag{5-298}$$

观测矩阵 $\boldsymbol{H}(k)$ 为

$$\boldsymbol{H}(k)=[\boldsymbol{I}_{3\times3}\quad\boldsymbol{0}_{3\times3}] \tag{5-299}$$

5.12　基于跟瞄近程相对导航PI滤波算法

跟踪星近距离跟踪目标星时，二星相对位置和相对速度可以基于光电组合、微波雷达、激光雷达等跟瞄测量，但跟瞄可能受单粒子翻转、姿态机动或翻滚时失捕目标，以及地面局部区域人为干扰等影响，不能连续输出二星相对位置和相对速度，特别是在高能粒子导致跟瞄复位或重加载期间。

近程相对导航一般基于C－W方程进行相对位置和相对速度推算，近距离跟踪时二星惯性加速度基本一致，目标星非惯性加速度一般不可获得，其导致的二星相对位置和相对速度误差可以基于跟瞄输出的相对位置和相对速度修正。跟踪星配置的加表能够连续输出推力等非惯性力产生的加速度，但加表输出加速度存在漂移，不能长时间使用，加表加速度漂移可以基于跟瞄相对测量信息估计。

基于跟瞄估计加表漂移，对加表漂移修正后近程相对导航解算输出二星相对位置和相对速度，既可以确保相对位置和相对速度输出的连续性，又可以抑制跟瞄观测噪声对近程相对导航精度的影响。

国内外学者对近程相对导航进行了广泛的研究，众多学者基于卡尔曼滤波及扩展型进行相对导航研究，文献［23］利用最大熵滤波算法改进高阶容积卡尔曼滤波的测量更新方程，进行无人机相对导航研究；文献［24］基于激光成像雷达和卡尔曼滤波进行空间非合作目标相对导航研究；文献［25］基于双目视觉和扩展卡尔曼滤波进行航天器相对导航研究；文献［26］基于模糊迭代均方根容积卡尔曼滤波算法，进行无人机着陆相对导航研究；文献［27］基于模糊迭代均方根容积卡尔曼滤波进行天基非合作目标相对导航研究；文献［28］基于简化强跟踪 UKF 滤波算法进行编队卫星自主相对导航研究；文献［29］基于激光测距和卡尔曼滤波进行非合作目标远程交会相对导航研究；文献［30］基于相机偏心安装且仅测角和平方根无损卡尔曼滤波进行自主交会相对导航研究；文献［31］基于伪距差分和卡尔曼滤波进行飞机编队相对导航研究；文献［32］利用追踪器轨道机动时潜在的相对距离信息来提高仅测角相对导航可观测度，基于仅测角和扩展卡尔曼滤波进行自主交会相对导航研究。

本节基于 PI 滤波估计加表漂移的跟瞄与加表近程相对导航算法研究，首先推导了基于 C－W 方程的近程相对导航推算算法，并基于相对导航与跟瞄输出计算的相对位置/相对速度误差和 PI 滤波估计加表加速度漂移；接着给出了分别基于跟瞄输出相对位置/相对速度和相对位置的跟瞄与加表近程相对导航算法；最后进行了工程应用方式分析和仿真验证。

5.12.1　基于 C－W 方程的近程相对导航推算算法

近距离跟踪时二星轨道坐标系基本一致，轨道角速率也基本一致，考虑到目标星轨道一般未知，基于跟踪星轨道系进行近程相对导航，并用跟踪星轨道角速率代替目标星轨道角速率。

设加表坐标系到跟踪星轨道系的姿态转换矩阵为 $\boldsymbol{A}_{oa}$，求得轨道系下跟踪星非惯性加速度 $\boldsymbol{a}_{a,o}=[a_x \quad a_y \quad a_z]^{\mathrm{T}}$ 如下：

$$\boldsymbol{a}_{a,o}=\boldsymbol{A}_{oa}\cdot\boldsymbol{a}_{a,a} \tag{5-300}$$

式中　$\boldsymbol{a}_{a,a}$ ——加表测得的加表坐标系下的非惯性加速度。

设跟踪星相对目标星质心在跟踪星轨道系下的位置矢量为 $\boldsymbol{r}=[x \quad y \quad z]^{\mathrm{T}}$，并考虑跟踪星加速度，跟踪星轨道系下二星相对运动方程如下：

$$\begin{cases}\ddot{x}=2n\cdot\dot{z}+a_x\\ \ddot{y}=-n^2\cdot y+a_y\\ \ddot{z}=3n^2\cdot z-2n\cdot\dot{x}+a_z\end{cases} \tag{5-301}$$

$$n=\sqrt{\mu/a^3} \tag{5-302}$$

式中　n ——跟踪星轨道角速度；

μ ——地球引力常数；

a ——跟踪星轨道半长轴；

a_x 、a_y 、a_z ——跟踪星在跟踪星轨道系下的非惯性加速度。

令

$$\boldsymbol{a}_{k,o}=[2n\cdot\dot{z}\quad -n^2\cdot y\quad 3n^2\cdot z-2n\cdot\dot{x}]^{\mathrm{T}} \tag{5-303}$$

则

$$\boldsymbol{a}_o=[\ddot{x}\quad\ddot{y}\quad\ddot{z}]^{\mathrm{T}}=\boldsymbol{a}_{k,o}+\boldsymbol{a}_{a,o} \tag{5-304}$$

在跟踪星轨道系进行近程相对导航解算，求得相对位置 $\boldsymbol{r}_o$ /相对速度 $\boldsymbol{v}_o$ 如下：

$$\boldsymbol{v}_o=\int\boldsymbol{a}_o\cdot\mathrm{d}t \tag{5-305}$$

$$\boldsymbol{r}_o=\int\boldsymbol{v}_o\cdot\mathrm{d}t \tag{5-306}$$

5.12.2 基于跟瞄修正相对位置/速度误差和估计加表漂移

由于加表加速度存在漂移和目标星加速度未知，基于加表的近程相对导航不能长时间使用，可以用跟瞄输出的二星相对位置和相对速度修正近程相对导航相对位置/相对速度误差和估计加表漂移。

如图 5 - 22 所示，跟踪星相对目标星位置如下：

$$x_{TtoA}=-\rho\cdot\cos\beta\cdot\cos\alpha \tag{5-307}$$

$$y_{TtoA}=-\rho\cdot\cos\beta\cdot\sin\alpha \tag{5-308}$$

$$z_{TtoA}=\rho\cdot\sin\beta \tag{5-309}$$

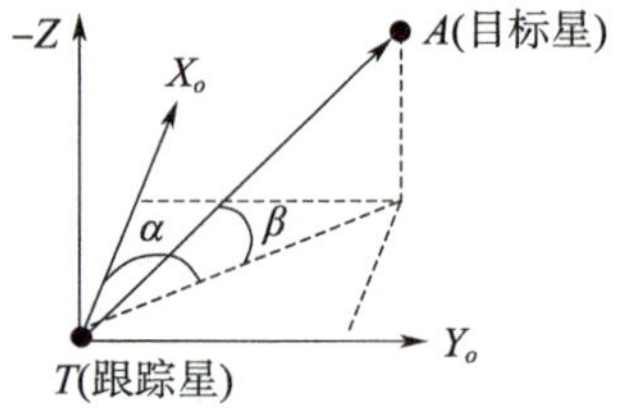

图 5 - 22　跟瞄测量示意图

基于跟瞄视线距变化率和视线角变化率求得相对速度

$$\dot{x}_{TtoA}=-\dot{\rho}\cdot\cos\beta\cdot\cos\alpha+\rho\cdot\sin\beta\cdot\cos\alpha\cdot\dot{\beta}+\rho\cdot\cos\beta\cdot\sin\alpha\cdot\dot{\alpha} \tag{5-310}$$

$$\dot{y}_{TtoA}=-\dot{\rho}\cdot\cos\beta\cdot\sin\alpha+\rho\cdot\sin\beta\cdot\sin\alpha\cdot\dot{\beta}-\rho\cdot\cos\beta\cdot\cos\alpha\cdot\dot{\alpha} \tag{5-311}$$

$$\dot{z}_{TtoA}=\dot{\rho}\cdot\sin\beta+\rho\cdot\cos\beta\cdot\dot{\beta} \tag{5-312}$$

式中　ρ ——跟瞄输出的视线距；

α ——跟瞄输出的方位角；

β ——跟瞄输出的高低角；

$\dot{\rho}$ ——跟瞄输出的视线距变化率；

$\dot{\alpha}$ ——跟瞄输出的方位角变化率；

$\dot{\beta}$ ——跟瞄输出的高低角变化率。

设加表加速度漂移转换到跟踪星轨道系为 $\mathrm{d}\boldsymbol{a}_o$，根据式（5 - 305）和式（5 - 306）近程相对导航解算算法求得加表漂移引起的相对位置/相对速度误差 $\mathrm{d}\boldsymbol{v}_o/\mathrm{d}\boldsymbol{r}_o$ 如下：

$$\mathrm{d}\boldsymbol{v}_o=\int \mathrm{d}\boldsymbol{a}_o\cdot \mathrm{d}t \tag{5-313}$$

$$\mathrm{d}\boldsymbol{r}_o=\int \mathrm{d}\boldsymbol{v}_o\cdot \mathrm{d}t \tag{5-314}$$

设基于跟瞄解算输出的相对位置和相对速度为

$$\boldsymbol{r}_{o,T}=\begin{bmatrix} x_{TtoA} & y_{TtoA} & z_{TtoA}\end{bmatrix}^{\mathrm{T}} \tag{5-315}$$

$$\boldsymbol{v}_{o,T}=\begin{bmatrix} \dot{x}_{TtoA} & \dot{y}_{TtoA} & \dot{z}_{TtoA}\end{bmatrix}^{\mathrm{T}} \tag{5-316}$$

近程相对导航第 k 步解算输出的相对位置/相对速度为 $\boldsymbol{r}_{o,k}/\boldsymbol{v}_{o,k}$ ，求得近程相对导航解算相对位置/相对速度误差 $\Delta\boldsymbol{r}_{o,k}/\Delta\boldsymbol{v}_{o,k}$ 如下：

$$\Delta\boldsymbol{r}_{o,k}=\boldsymbol{r}_{o,k}-\boldsymbol{r}_{o,T} \tag{5-317}$$

$$\Delta\boldsymbol{v}_{o,k}=\boldsymbol{v}_{o,k}-\boldsymbol{v}_{o,T} \tag{5-318}$$

基于跟瞄求得的近程相对导航相对位置/相对速度误差 $\Delta\boldsymbol{r}_{o,k}/\Delta\boldsymbol{v}_{o,k}$ ，结合式（5-305）和式（5-306）近程相对导航解算积分过程，在近程相对导航积分过程中逐步增加相对位置/相对速度误差修正量，可以确保误差修正的平稳性。第 k 步近程相对导航解算相对位置/相对速度误差修正量 $\mathrm{d}\boldsymbol{r}_{o,k}/\mathrm{d}\boldsymbol{v}_{o,k}$ 如下：

$$\mathrm{d}\boldsymbol{r}_{o,h}=\boldsymbol{k}_{p,r}\cdot\Delta\boldsymbol{r}_{o,k} \tag{5-319}$$

$$\mathrm{d}\boldsymbol{v}_{o,k}=\boldsymbol{k}_{p,v}\cdot\Delta\boldsymbol{v}_{o,k} \tag{5-320}$$

式中，$\boldsymbol{k}_{p,r}$ ，$\boldsymbol{k}_{p,v}$ 为相对位置/相对速度误差修正量估计比例系数，为 3×3 对角阵，三轴可以独立估计相对位置/相对速度误差修正量。

将跟瞄求得的近程相对导航相对速度误差 $\Delta\boldsymbol{v}_{o,k}$ 转换到加表坐标系

$$\Delta\boldsymbol{v}_{a,k}=\boldsymbol{A}_{ao}\cdot\Delta\boldsymbol{v}_{o,k} \tag{5-321}$$

式中　$\boldsymbol{A}_{ao}$ ——跟踪星轨道系到加表坐标系的姿态转换矩阵。

基于 PI 滤波估计加表加速度漂移算法如下：

$$\mathrm{d}\boldsymbol{a}_{a,k}=\boldsymbol{k}_{p,a}\cdot\Delta\boldsymbol{v}_{a,k}+\int\boldsymbol{k}_{i,a}\cdot\Delta\boldsymbol{v}_{a,k}\cdot\mathrm{d}t \tag{5-322}$$

式中　$\mathrm{d}\boldsymbol{a}_{a,k}$ ——第 k 步估计的加表漂移；

$\boldsymbol{k}_{p,a}$ ——PI 滤波估计比例系数；

$\boldsymbol{k}_{i,a}$ ——PI 滤波估计积分系数。

$\boldsymbol{k}_{p,a}$ ，$\boldsymbol{k}_{i,a}$ 为 3×3 对角阵，三轴可以独立估计加速度漂移。

5.12.3　跟瞄与加表近程相对导航

设加表加速度漂移估计为 $\mathrm{d}\boldsymbol{a}_a$ ，求得跟踪星轨道系下扣除加表漂移的跟踪星非惯性加速度 $\boldsymbol{a}_{a,o}$ 为

$$\boldsymbol{a}_{a,o}=\boldsymbol{A}_{oa}\cdot(\boldsymbol{a}_{a,a}-\mathrm{d}\boldsymbol{a}_a) \tag{5-323}$$

式中　$\boldsymbol{A}_{oa}$ ——加表坐标系到跟踪星轨道系的姿态转换矩阵；

$\boldsymbol{a}_{a,a}$ ——加表测得的加表坐标系下的加速度。

求得跟踪星轨道系下扣除加表漂移的二星相对运动加速度 $\boldsymbol{a}_o$ 为

$$\boldsymbol{a}_o = \boldsymbol{a}_{k,o} + \boldsymbol{a}_{a,o} \tag{5-324}$$

在跟踪星轨道系扣除相对位置/相对速度误差修正量，应用简化积分算法进行近程相对导航解算如下：

$$\boldsymbol{v}_{o,k} = \boldsymbol{v}_{o,k-1} + [\boldsymbol{a}_{o,k-1} + (\boldsymbol{a}_{o,k} - \boldsymbol{a}_{o,k-1})/2] \cdot T - \mathrm{d}\boldsymbol{v}_{o,k-1} \tag{5-325}$$

$$\boldsymbol{r}_{o,k} = \boldsymbol{r}_{o,k-1} + [\boldsymbol{v}_{o,k-1} + (\boldsymbol{v}_{o,k} - \boldsymbol{v}_{o,k-1})/2] \cdot T - \mathrm{d}\boldsymbol{r}_{o,k-1} \tag{5-326}$$

式中　$\boldsymbol{a}_{o,k-1}$ ——第 $k-1$ 步扣除加表漂移的加速度；

$\boldsymbol{a}_{o,k}$ ——第 k 步扣除加表漂移的加速度；

$\mathrm{d}\boldsymbol{v}_{o,k-1}$ ——第 $k-1$ 步估计的相对速度误差修正量；

$\boldsymbol{v}_{o,k-1}$ ——第 $k-1$ 步扣除相对速度误差修正量的相对速度；

$\boldsymbol{v}_{o,k}$ ——第 k 步扣除相对速度误差修正量的相对速度；

$\mathrm{d}\boldsymbol{r}_{o,k-1}$ ——第 $k-1$ 步估计的相对位置误差修正量；

$\boldsymbol{r}_{o,k-1}$ ——第 $k-1$ 步扣除相对位置误差修正量的相对位置；

$\boldsymbol{r}_{o,k}$ ——第 k 步扣除相对位置误差修正量的相对位置；

T ——相对导航周期。

5.12.4 相对位置/速度误差修正量及加表漂移估计算法

5.12.4.1 基于跟瞄相对位置/相对速度估计

式（5-325）和式（5-326）近程相对导航解算过程对相对位置和相对速度误差修正量进行积分，为防止积分饱和，需要对积分进行限幅，实际工程应用中可以对相对位置/相对速度误差 $\Delta\boldsymbol{r}_{o,k}/\Delta\boldsymbol{v}_{o,k}$ 进行限幅。设对 $\Delta\boldsymbol{r}_{o,k}/\Delta\boldsymbol{v}_{o,k}$ 限幅后相对位置/相对速度误差为 $\Delta\bar{\boldsymbol{r}}_{o,k}/\Delta\bar{\boldsymbol{v}}_{o,k}$，由式（5-319）和式（5-320）得相对位置/相对速度误差修正量 $\mathrm{d}\boldsymbol{r}_{o,k}/\mathrm{d}\boldsymbol{v}_{o,k}$ 如下：

$$\mathrm{d}\boldsymbol{r}_{o,k} = \boldsymbol{k}_{p,r} \cdot \Delta\bar{\boldsymbol{r}}_{o,k} \tag{5-327}$$

$$\mathrm{d}\boldsymbol{v}_{o,k} = \boldsymbol{k}_{p,v} \cdot \Delta\bar{\boldsymbol{v}}_{o,k} \tag{5-328}$$

令 $\mathrm{d}\boldsymbol{r}_{o,k} = [\mathrm{d}x_{o,k} \quad \mathrm{d}y_{o,k} \quad \mathrm{d}z_{o,k}]^{\mathrm{T}}$ 和 $\Delta\bar{\boldsymbol{r}}_{o,k} = [\Delta\bar{x}_{o,k} \quad \Delta\bar{y}_{o,k} \quad \Delta\bar{z}_{o,k}]^{\mathrm{T}}$，式（5-327）三轴独立估计相对位置误差修正量形式如下：

$$\mathrm{d}x_{o,k} = k_{p,x} \cdot \Delta\bar{x}_{o,k} \tag{5-329}$$

$$\mathrm{d}y_{o,k} = k_{p,y} \cdot \Delta\bar{y}_{o,k} \tag{5-330}$$

$$\mathrm{d}z_{o,k} = k_{p,z} \cdot \Delta\bar{z}_{o,k} \tag{5-331}$$

式中　$k_{p,x}$，$k_{p,y}$，$k_{p,z}$ ——三轴相对位置误差修正量估计比例系数。

令 $\mathrm{d}\boldsymbol{v}_{o,k} = [\mathrm{d}v_{xo,k} \quad \mathrm{d}v_{yo,k} \quad \mathrm{d}v_{zo,k}]^{\mathrm{T}}$ 和 $\Delta\bar{\boldsymbol{v}}_{o,k} = [\Delta\bar{v}_{x\,o,k} \quad \Delta\bar{v}_{yo,k} \quad \Delta\bar{v}_{zo,k}]^{\mathrm{T}}$，式（5-328）三轴独立估计相对速度误差修正量形式如下：

$$\mathrm{d}v_{x_{o,k}} = k_{p,v_x} \cdot \Delta\bar{v}_{x_{o,k}} \tag{5-332}$$

$$\mathrm{d}v_{y_{o,k}} = k_{p,v_y} \cdot \Delta\bar{v}_{y_{o,k}} \tag{5-333}$$

$$\mathrm{d}v_{z_{o,k}} = k_{p,v_z} \cdot \Delta\bar{v}_{z_{o,k}} \tag{5-334}$$

式中　k_{p,v_x}，k_{p,v_y}，k_{p,v_z}——三轴相对速度误差修正量估计比例系数。

由式（5-323）和惯性系下速度误差 $\Delta \boldsymbol{v}_{o,k}$ 可求得加表坐标系下速度误差 $\Delta \boldsymbol{v}_{a,k}$，由 $\Delta \boldsymbol{v}_{a,k}$ 估计加表加速度漂移，为防积分饱和，需要对积分进行限幅，实际工程应用中可以对相对速度误差修正量 $\Delta \boldsymbol{v}_{a,k}$ 进行限幅。设对 $\Delta \boldsymbol{v}_{a,k}$ 限幅后相对速度误差修正量为 $\Delta \overline{\boldsymbol{v}}_{a,k}$，基于 PI 滤波估计加速度漂移如下：

$$d\boldsymbol{a}_{a,k} = \boldsymbol{k}_{p,a} \cdot \Delta \overline{\boldsymbol{v}}_{a,k} + \int \boldsymbol{k}_{i,a} \cdot \Delta \overline{\boldsymbol{v}}_{a,k} \cdot dt \tag{5-335}$$

令 $d\boldsymbol{a}_{a,k} = [da_{x_{a,k}} \quad da_{y_{a,k}} \quad da_{z_{a,k}}]^{\mathrm{T}}$ 和 $\Delta \overline{\boldsymbol{v}}_{a,k} = [\Delta \overline{v}_{x_{a,k}} \quad \Delta \overline{v}_{y_{a,k}} \quad \Delta \overline{v}_{z_{a,k}}]^{\mathrm{T}}$，式（5-335）三轴独立估计加速度漂移形式如下：

$$da_{x_{a,k}} = k_{p,a_x} \cdot \Delta \overline{v}_{x_{a,k}} + \int k_{i,a_x} \cdot \Delta \overline{v}_{x_{a,k}} \cdot dt \tag{5-336}$$

$$da_{y_{a,k}} = k_{p,a_y} \cdot \Delta \overline{v}_{y_{a,k}} + \int k_{i,a_y} \cdot \Delta \overline{v}_{y_{a,k}} \cdot dt \tag{5-337}$$

$$da_{z_{a,k}} = k_{p,a_z} \cdot \Delta \overline{v}_{z_{a,k}} + \int k_{i,a_z} \cdot \Delta \overline{v}_{z_{a,k}} \cdot dt \tag{5-338}$$

式中　k_{p,a_x}，k_{p,a_y}，k_{p,a_z}——三轴加速度漂移估计比例系数；

　　k_{i,a_x}，k_{i,a_y}，k_{i,a_z}——三轴加速度漂移估计积分系数。

5.12.4.2　基于跟瞄位置估计

跟瞄基于视线距和视线角滤波估计相对位置和相对速度，相对速度基于视线距和视线角微分计算，相对速度精度远低于相对位置精度，且观测噪声较大。为防止低精度的相对速度观测量影响近程相对导航精度，可以基于跟瞄输出的相对位置与加表进行近程相对导航。

基于相对位置误差估计相对位置/相对速度误差修正量及加表漂移算法与基于相对位置/相对速度误差估计类似，只是没有相对速度误差直接观测量。考虑到相对位置误差也反映相对速度误差，基于相对位置误差修正量 $d\boldsymbol{r}_{o,k}$ 估计相对速度误差修正量。

基于相对位置误差估计相对位置误差修正量算法同前。由相对位置误差修正量 $d\boldsymbol{r}_{o,k}$ 估计相对速度误差修正量 $d\boldsymbol{v}_{o,k}$，为防积分饱和也需要对 $d\boldsymbol{r}_{o,k}$ 限幅，设对 $d\boldsymbol{r}_{o,k}$ 限幅后的相对位置误差修正量为 $d\overline{\boldsymbol{r}}_{o,k}$，得相对速度误差修正量 $d\boldsymbol{v}_{o,k}$ 如下：

$$d\boldsymbol{v}_{o,k} = \boldsymbol{k}_{p,v} \cdot d\overline{\boldsymbol{r}}_{o,k} \tag{5-339}$$

式中，$\boldsymbol{k}_{p,v}$ 为相对速度误差修正量估计比例系数，为 3×3 对角阵，三轴可以独立估计相对速度误差修正量。

令 $d\boldsymbol{v}_{o,k} = [dv_{x_{o,k}} \quad dv_{y_{o,k}} \quad dv_{z_{o,k}}]^{\mathrm{T}}$ 和 $d\overline{\boldsymbol{r}}_{o,k} = [d\overline{x}_{o,k} \quad d\overline{y}_{o,k} \quad d\overline{z}_{o,k}]^{\mathrm{T}}$，式（5-339）三轴独立估计相对速度误差修正量形式如下：

$$dv_{x_{o,k}} = k_{p,dx} \cdot d\overline{x}_{o,k} \tag{5-340}$$

$$dv_{y_{o,k}} = k_{p,dy} \cdot d\overline{y}_{o,k} \tag{5-341}$$

$$dv_{z_{o,k}} = k_{p,dz} \cdot d\overline{z}_{o,k} \tag{5-342}$$

式中　$k_{p,dx}$，$k_{p,dy}$，$k_{p,dz}$——三轴速度误差修正量估计比例系数。

将相对速度误差修正量 $d\boldsymbol{v}_{o,k}$ 转换到加表坐标系

$$\mathrm{d}\boldsymbol{v}_{a,k} = \boldsymbol{A}_{ao} \cdot \mathrm{d}\boldsymbol{v}_{o,k} \tag{5-343}$$

式中 $\boldsymbol{A}_{ao}$ ——跟踪星轨道系到加表坐标系的姿态转换矩阵。

由相对速度误差修正量 $\mathrm{d}\boldsymbol{v}_{a,k}$ 估计加表漂移，为防积分饱和也需要对 $\mathrm{d}\boldsymbol{v}_{a,k}$ 限幅，设对 $\mathrm{d}\boldsymbol{v}_{a,k}$ 限幅后的相对速度误差修正量为 $\mathrm{d}\bar{\boldsymbol{v}}_{a,k}$ ，基于 PI 滤波估计加表加速度漂移算法同上节所述。

5.12.5 工程应用方式及仿真验证

5.12.5.1 工程应用方式

基于跟瞄估计加表漂移，对加表漂移修正后近程相对导航解算输出跟踪星相对目标星的位置和速度，既可以确保相对位置和相对速度输出的连续性，又可以抑制跟瞄观测噪声和消除长时间积分累积误差。

跟瞄基于视线距和视线角测量，相对速度精度远低于相对位置精度，且观测噪声较大。为防止低精度的相对速度观测量影响近程相对导航精度，可以基于跟瞄输出的相对位置与加表进行近程相对导航。

基于星间通信、差分 GNSS 等可以类似跟瞄获得二星相对位置，再基于 PI 滤波估计加表漂移，可以不需要相对速度观测信息。

5.12.5.2 仿真验证

加表三轴加速度常值漂移分别为 $-0.005\ \mathrm{m/s^2}$，$0.002\ \mathrm{m/s^2}$，$0.006\ \mathrm{m/s^2}$，随机漂移 $0.000\ 5\ \mathrm{m/s^2}$，跟瞄视线距常值偏差为 15m，视线角常值偏差为 0.1°。

利用跟瞄输出的视线距和视线角计算二星相对位置，再与加表基于 PI 滤波进行近程相对导航仿真；其中加表加速度漂移估计仿真结果如图 5-23 和图 5-24 所示，跟瞄与加表近程相对导航收敛后相对位置和相对速度误差仿真结果如图 5-25 和图 5-26 所示。

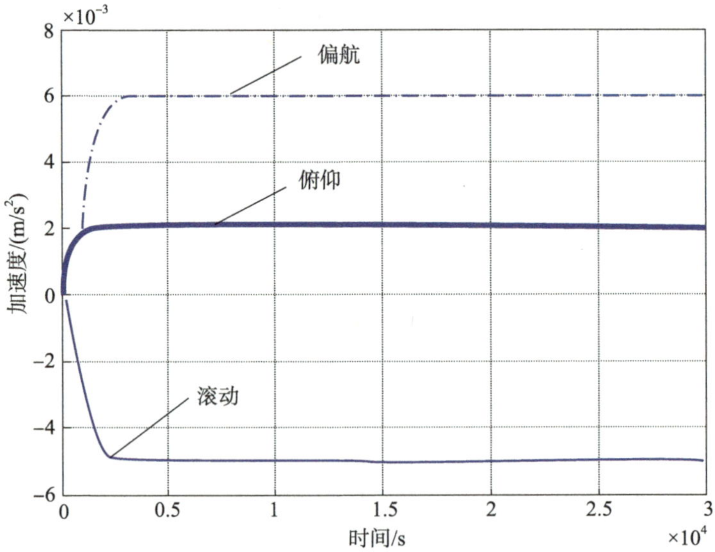

图 5-23 基于相对位置观测信息加表加速度漂移估计

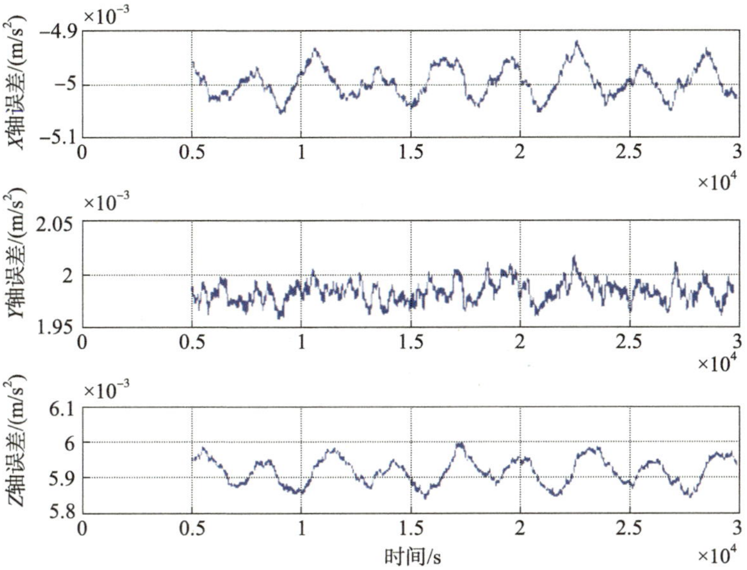

图 5－24　基于相对位置观测信息加表加速度漂移估计曲线放大

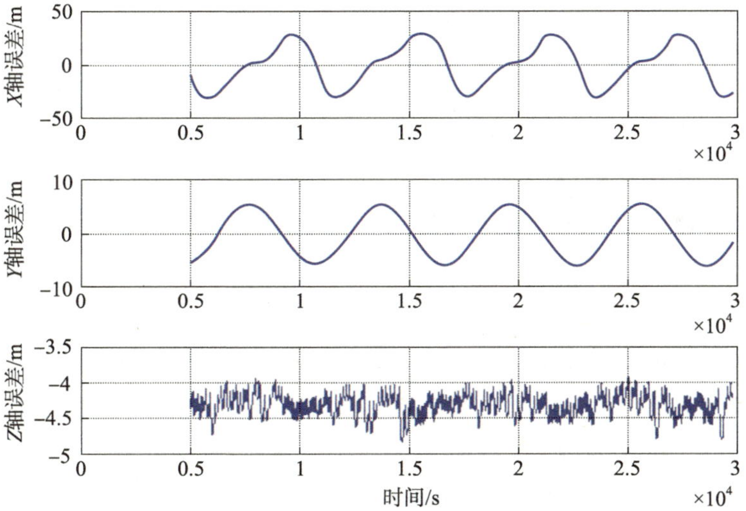

图 5－25　基于相对位置观测信息组合导航位置误差

从仿真结果可以看出，加表的常值漂移被准确估计，漂移估计受随机漂移影响波动，波动幅度不超过加入的随机漂移幅度。

基于 PI 滤波估计加表加速度漂移，进行跟瞄与加表近程相对导航算法研究，仿真验证了近程相对导航算法的有效性。基于 PI 滤波估计加表漂移的跟瞄与加表近程相对导航算法简单，且易于工程实现，并已通过在轨考核验证。

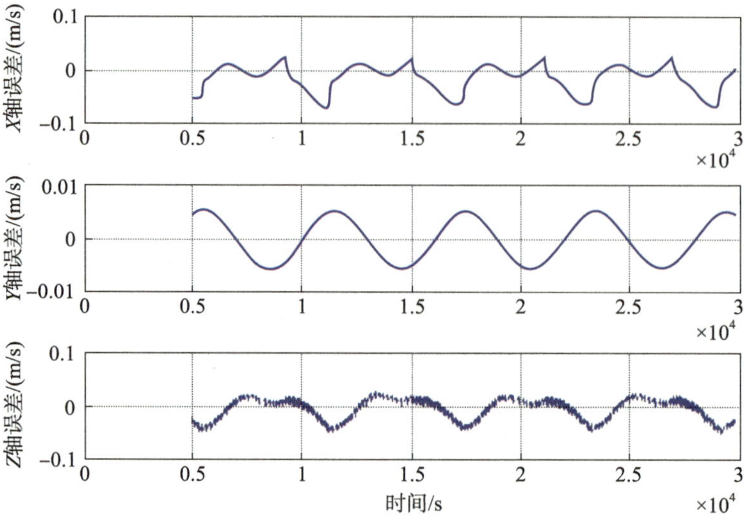

图 5-26　基于相对位置观测信息组合导航速度误差

5.13　基于 PI 滤波星敏与地平仪惯性-天文组合导航

惯性导航技术（以下简称惯导）可以确定卫星在惯性空间的位置和速度，但加速度计存在漂移，惯导不能长时间使用，基于星敏感器与地平仪确定的地心指向偏差修正惯导输出的位置和速度，进行惯性-天文组合导航，可以抑制惯导累积误差。

国内外学者对惯性-天文组合导航进行了广泛的研究，文献 [33] 采用卡尔曼滤波进行高超声速临近空间飞行器自主天文导航研究；文献 [34] 同时利用天体的方位和高度观测信息，实现多星矢量天文定位；文献 [35] 基于模糊推理的自适应无迹卡尔曼滤波 (Fuzzy Unscented Kalman Filter，FUKF) 方法进行天文导航研究；文献 [36] 对直接敏感地平和间接敏感地平信息融合的自主天文导航方法进行研究；文献 [37] 分析了影响地心矢量和地心距解算精度的因素；文献 [38] 基于星光角距观测信息和无迹卡尔曼滤波 (Unscented Particle Filter，UPF) 算法进行天文导航研究；文献 [39] 基于遗传算法对再采样的月球探测器自主天文导航粒子滤波新方法进行研究；文献 [40] 研究了改进的代价参考粒子滤波 (Cost Reference Particle Filter，CRPF) 方法在自主天文导航中应用；文献 [41] 研究了直接敏感地平和利用星光折射间接敏感地平信息融合的自主天文导航方法；文献 [42-43] 均研究了基于无迹卡尔曼滤波自主天文导航；文献 [44] 基于非线性滤波方法进行自主天文导航研究。

基于比例-积分 (Proportional-Integral，PI) 滤波进行星敏感器与地平仪惯性-天文组合导航算法研究，首先推导了基于 J2000 惯性系的卫星惯导解算算法，并给出了基于位置/速度误差修正量的组合导航算法；接着基于星敏感器与地平仪地心指向偏差计算惯导位置误差，并基于 PI 滤波估计位置/速度误差修正量；最后进行了工程应用方式分析和仿真验证。

5.13.1　基于 J2000 惯性系的卫星惯导解算算法

设卫星在 J2000 惯性下的位置矢量为 $\boldsymbol{r}=[x \quad y \quad z]^{\mathrm{T}}$，则卫星在 J2000 惯性系下的重力加速度三轴分量为

$$a_{gx,i}=\frac{-\mu x}{r^3}+\frac{3}{2}R_e^2\cdot\mu\cdot J_2\left(\frac{5xz^2}{r^7}-\frac{x}{r^5}\right) \tag{5-344}$$

$$a_{gy,i}=\frac{-\mu y}{r^3}+\frac{3}{2}R_e^2\cdot\mu\cdot J_2\left(\frac{5yz^2}{r^7}-\frac{y}{r^5}\right) \tag{5-345}$$

$$a_{gz,i}=\frac{-\mu z}{r^3}+\frac{3}{2}R_e^2\cdot\mu\cdot J_2\left(\frac{5z^3}{r^7}-\frac{3z}{r^5}\right) \tag{5-346}$$

式中　r ——卫星到地心的距离，$r=\sqrt{x^2+y^2+z^2}$ ；

μ ——地球引力常数；

R_e ——地球半径；

J_2 ——地球非球形摄动系数。

设加表坐标系到 J2000 惯性系的姿态转换矩阵为 $\boldsymbol{A}_{ia}$ ，求得 J2000 惯性系下卫星非惯性加速度 $\boldsymbol{a}_{a,i}$ 如下：

$$\boldsymbol{a}_{a,i}=\boldsymbol{A}_{ia}\cdot\boldsymbol{a}_{a,a} \tag{5-347}$$

式中　$\boldsymbol{a}_{a,a}$ ——加表测得的加表坐标系下的加速度。

令 $\boldsymbol{a}_{g,i}=[a_{gx,i} \quad a_{gy,i} \quad a_{gz,i}]^{\mathrm{T}}$，由式（5-344）～式（5-347）求得 J2000 惯性系下卫星加速度 $\boldsymbol{a}_i$ 如下：

$$\boldsymbol{a}_i=\boldsymbol{a}_{g,i}+\boldsymbol{a}_{a,i}$$

在 J2000 惯性系进行惯导解算，求得位置 $\boldsymbol{r}_i$ /速度 $\boldsymbol{v}_i$ 如下：

$$\boldsymbol{v}_i=\int\boldsymbol{a}_i\cdot\mathrm{d}t \tag{5-348}$$

$$\boldsymbol{r}_i=\int\boldsymbol{v}_i\cdot\mathrm{d}t \tag{5-349}$$

5.13.2　基于位置/速度误差修正量组合导航

结合式（5-348）和式（5-349）惯导解算积分过程，在惯导积分过程中逐步增加位置/速度误差修正量，可以确保误差修正的平稳性。在 J2000 惯性系扣除位置/速度误差修正量，应用简化积分算法进行惯导解算如下：

$$\boldsymbol{v}_{i,k}=\boldsymbol{v}_{i,k-1}+[\boldsymbol{a}_{i,k-1}+(\boldsymbol{a}_{i,k}-\boldsymbol{a}_{i,k-1})/2]\cdot T-\mathrm{d}\boldsymbol{v}_{i,k-1} \tag{5-350}$$

$$\boldsymbol{r}_{i,k}=\boldsymbol{r}_{i,k-1}+[\boldsymbol{v}_{i,k-1}+(\boldsymbol{v}_{i,k}-\boldsymbol{v}_{i,k-1})/2]\cdot T-\mathrm{d}\boldsymbol{r}_{i,k-1} \tag{5-351}$$

式中　$\boldsymbol{a}_{i,k-1}$ ——第 $k-1$ 步加速度；

$\boldsymbol{a}_{i,k}$ ——第 k 步加速度；

$\mathrm{d}\boldsymbol{v}_{i,k-1}$ ——第 $k-1$ 步估计的速度误差修正量；

$\boldsymbol{v}_{i,\ k-1}$ ——第 $k-1$ 步扣除速度误差修正量的速度；

$\boldsymbol{v}_{i,\ k}$ ——第 k 步扣除速度误差修正量的速度；

$\mathrm{d}\boldsymbol{r}_{i,\ k-1}$ ——第 $k-1$ 步估计的位置误差修正量；

$\boldsymbol{r}_{i,\ k-1}$ ——第 $k-1$ 步扣除位置误差修正量的位置；

$\boldsymbol{r}_{i,\ k}$ ——第 k 步扣除位置误差修正量的位置；

T ——导航解算周期。

5.13.3 基于星敏感器与地平仪计算惯导位置误差

5.13.3.1 由位置/速度求 $\boldsymbol{q}_{oi}$

设 J2000 惯性系下位置 $\boldsymbol{r}_i=[x \quad y \quad z]^{\mathrm{T}}$，速度 $\boldsymbol{v}_i=[\dot{x} \quad \dot{y} \quad \dot{z}]^{\mathrm{T}}$，由此求得位置/速度标量 r/v 和轨道面法向矢量 $\boldsymbol{\sigma}$ 如下：

$$r=\sqrt{x^2+y^2+z^2} \tag{5-352}$$

$$v=\sqrt{\dot{x}^2+\dot{y}^2+\dot{z}^2} \tag{5-353}$$

$$\boldsymbol{\sigma}=\boldsymbol{r}\times\dot{\boldsymbol{r}}=\begin{bmatrix} y\dot{z}-z\dot{y} \\ z\dot{x}-x\dot{z} \\ x\dot{y}-y\dot{x} \end{bmatrix} \tag{5-354}$$

令 $\boldsymbol{\sigma}=[\sigma_1 \quad \sigma_2 \quad \sigma_3]^{\mathrm{T}}$，求得升交点赤经 Ω、轨道倾角 i 和纬度幅角 u 如下：

$$\Omega=\arctan\left(\frac{k}{h}\right) \tag{5-355}$$

$$i=\arccos(\sigma_3/\sigma) \tag{5-356}$$

$$u=\arccos\left[\frac{y\cdot\sigma_1-x\cdot\sigma_2}{\sqrt{r^2\cdot(\sigma_1^2+\sigma_2^2)}}\right] \tag{5-357}$$

式（5-355）至式（5-357）中

$$k=\sigma_1/\sigma$$

$$h=-\sigma_2/\sigma$$

$$\sigma=\sqrt{\sigma_1^2+\sigma_2^2+\sigma_3^2}$$

Ω、i 和 u 求解中要进行象限判别。

由 Ω、i 和 u 求得 J2000 惯性系到轨道系姿态四元数 $\boldsymbol{q}_{oi}$ 如下：

$$\boldsymbol{q}_{oi}=\boldsymbol{q}_1\otimes\boldsymbol{q}_2\otimes\boldsymbol{q}_3\otimes\boldsymbol{q}_4\otimes\boldsymbol{q}_5 \tag{5-358}$$

其中

$$\boldsymbol{q}_1=\left[\cos\frac{\Omega}{2} \quad 0 \quad 0 \quad \sin\frac{\Omega}{2}\right]^{\mathrm{T}}$$

$$\boldsymbol{q}_2=\left[\cos\frac{i}{2} \quad \sin\frac{i}{2} \quad 0 \quad 0\right]^{\mathrm{T}}$$

$$\boldsymbol{q}_3=\left[\cos\frac{U}{2} \quad 0 \quad 0 \quad \sin\frac{U}{2}\right]^{\mathrm{T}}$$

$$\boldsymbol{q}_4=\left[\cos\frac{\pi}{4}\quad 0\quad 0\quad \sin\frac{\pi}{4}\right]^{\mathrm{T}}$$

$$\boldsymbol{q}_5=\left[\cos\left(-\frac{\pi}{4}\right)\quad \sin\left(-\frac{\pi}{4}\right)\quad 0\quad 0\right]^{\mathrm{T}}$$

5.13.3.2　基于星敏感器与地平仪求地心指向偏差角

设星敏感器考虑曝光时差及数据采集延时修正，并扣除安装矩阵后，得到星体相对 J2000 惯性系姿态四元数为 $\boldsymbol{q}_{bi}$，结合轨道系相对 J2000 惯性系姿态四元数 $\boldsymbol{q}_{oi}$，求得本体相对轨道系姿态四元数 $\boldsymbol{q}_{bo}$ 如下：

$$\boldsymbol{q}_{bo}=\boldsymbol{q}_{oi}^{-1}\otimes\boldsymbol{q}_{bi} \tag{5-359}$$

令 $\boldsymbol{q}_{bo}=[q_0\quad q_1\quad q_2\quad q_3]^{\mathrm{T}}$，以四元数形式表示的转换矩阵如下：

$$\boldsymbol{A}_{bo}=\begin{bmatrix} q_0^2+q_1^2-q_2^2-q_3^2 & 2q_0q_3+2q_1q_2 & -2q_0q_2+2q_1q_3 \\ -2q_0q_3+2q_1q_2 & q_0^2-q_1^2+q_2^2-q_3^2 & 2q_0q_1+2q_2q_3 \\ 2q_0q_2+2q_1q_3 & -2q_0q_1+2q_2q_3 & q_0^2-q_1^2-q_2^2+q_3^2 \end{bmatrix} \tag{5-360}$$

$$=\begin{bmatrix} a_{11} & a_{12} & a_{13} \\ a_{21} & a_{22} & a_{23} \\ a_{31} & a_{32} & a_{33} \end{bmatrix}$$

以欧拉角 3－1－2 转序表示的转换矩阵如下：

$$\boldsymbol{A}_{bo}=\begin{bmatrix} \cos\theta\cos\psi-\sin\varphi\sin\theta\sin\psi & \cos\theta\sin\psi+\sin\varphi\sin\theta\cos\psi & -\cos\varphi\sin\theta \\ -\cos\varphi\sin\psi & \cos\varphi\cos\psi & \sin\varphi \\ \sin\theta\cos\psi+\sin\varphi\cos\theta\sin\psi & \sin\theta\sin\psi-\sin\varphi\cos\theta\cos\psi & \cos\varphi\cos\theta \end{bmatrix} \tag{5-361}$$

式中　φ ——滚动姿态角；

θ ——俯仰姿态角；

ψ ——偏航姿态角。

由式（5－360）和式（5－361）求得星体相对轨道系姿态，如果 $|a_{23}|>0.9999$，求得姿态误差角为

$$\varphi=\arcsin(a_{23}) \tag{5-362}$$

$$\theta=0 \tag{5-363}$$

$$\psi=\operatorname{arctan2}\left(\frac{a_{12}}{a_{11}}\right) \tag{5-364}$$

否则

$$\varphi=\arcsin(a_{23}) \tag{5-365}$$

$$\theta=\operatorname{arctan2}\left(\frac{-a_{13}/\cos\varphi}{a_{33}/\cos\varphi}\right) \tag{5-366}$$

$$\psi=\operatorname{arctan2}\left(\frac{-a_{21}/\cos\varphi}{a_{22}/\cos\varphi}\right) \tag{5-367}$$

设地平仪在水平面内偏航安装角为 ψ_H ，将星敏感器求得的滚动和俯仰姿态转换到地平仪坐标系，得地平仪坐标系下滚动姿态角 φ' 和俯仰姿态角 θ' 如下：

$$\begin{bmatrix}\varphi' \\ \theta'\end{bmatrix}=\begin{bmatrix}\cos\psi' & \sin\psi' \\ -\sin\psi' & \cos\psi'\end{bmatrix}\cdot\begin{bmatrix}\varphi \\ \theta\end{bmatrix} \tag{5-368}$$

其中

$$\psi'=\psi+\psi_H$$

设地平仪求得的滚动姿态角为 φ_H ，俯仰姿态角为 θ_H ，求得地平仪坐标系下滚动和俯仰姿态偏差如下：

$$\mathrm{d}\varphi'=\varphi'-\varphi_H \tag{5-369}$$

$$\mathrm{d}\theta'=\theta'-\theta_H \tag{5-370}$$

将地平仪坐标系下滚动和俯仰姿态偏差转换到轨道系，求得相对轨道系地心指向滚动偏差角 $\mathrm{d}\varphi$ 和俯仰偏差角 $\mathrm{d}\theta$ 如下：

$$\begin{bmatrix}\mathrm{d}\varphi \\ \mathrm{d}\theta\end{bmatrix}=\begin{bmatrix}\cos\psi' & -\sin\psi' \\ \sin\psi' & \cos\psi'\end{bmatrix}\cdot\begin{bmatrix}\mathrm{d}\varphi' \\ \mathrm{d}\theta'\end{bmatrix} \tag{5-371}$$

地平仪一般在水平面内正装，即 $\psi_H=0$，稳态时三轴姿态角为小角度，地心指向偏差角可以近似解算如下：

$$\mathrm{d}\varphi=\varphi-\varphi_H \tag{5-372}$$

$$\mathrm{d}\theta=\theta-\theta_H \tag{5-373}$$

5.13.3.3 基于地心指向误差角估计位置误差

由相对轨道系地心指向滚动偏差角 $\mathrm{d}\varphi$ 、俯仰偏差角 $\mathrm{d}\theta$ 和惯导解算输出的地心距 r ，求得轨道系下 X 向和 Y 向位置误差如下：

$$\mathrm{d}x=r\cdot\mathrm{d}\theta \tag{5-374}$$

$$\mathrm{d}y=-r\cdot\mathrm{d}\varphi \tag{5-375}$$

考虑 $\mathrm{d}x$ 和 $\mathrm{d}z$ 之间的耦合关系，可以基于 $\mathrm{d}x$ 估计 $\mathrm{d}z$ ，即

$$\mathrm{d}z=f(\mathrm{d}x) \tag{5-376}$$

近圆轨道卫星速度 $v_x=\sqrt{\mu/a}\approx\sqrt{\mu/z}$ ，求导得 $\mathrm{d}z=-2\sqrt{a^3/\mu}\cdot\mathrm{d}v_x\approx-2\sqrt{a^3/\mu}\cdot k_{px}\mathrm{d}x$ ，式（5-376）中 $\mathrm{d}z$ 基于 $\mathrm{d}x$ 采用比例估计如下：

$$\mathrm{d}z=k_{pxz}\cdot\mathrm{d}x \tag{5-377}$$

式中 k_{pxz} ——比例估计系数。

轨道系下位置误差 $\Delta\boldsymbol{r}_o=[\mathrm{d}x \quad \mathrm{d}y \quad \mathrm{d}z]^{\mathrm{T}}$，转换到J2000惯性系下位置误差 $\Delta\boldsymbol{r}_i$ 如下：

$$\Delta\boldsymbol{r}_i=\boldsymbol{A}_{oi}^{\mathrm{T}}\cdot\Delta\boldsymbol{r}_o \tag{5-378}$$

式中 $\boldsymbol{A}_{oi}$ ——惯性系到轨道系转换矩阵，可以类似式（5-360）由 q_{oi} 求得。

5.13.4 基于PI滤波估计位置/速度误差修正量

式（5-350）和式（5-351）组合导航解算过程对位置和速度误差修正量进行积分，

为防止积分饱和，需要对积分进行限幅，实际工程应用中可以对位置误差 $\Delta \boldsymbol{r}_{i,k}$ 进行限幅。令基于星敏感器与地平仪估计的 J2000 惯性系下第 k 步位置误差为 $\Delta \boldsymbol{r}_{i,k}$，设对 $\Delta \boldsymbol{r}_{i,k}$ 限幅后位置/速度误差为 $\Delta \overline{\boldsymbol{r}}_{i,k}$，第 k 步惯导解算位置误差修正量 $\mathrm{d}\boldsymbol{r}_{i,k}$ 如下：

$$\mathrm{d}\boldsymbol{r}_{i,k}=\boldsymbol{k}_{p,r}\cdot \Delta \overline{\boldsymbol{r}}_{i,k} \tag{5-379}$$

式中，$\boldsymbol{k}_{p,r}$ 为位置误差修正量估计比例系数，为 3×3 对角阵，可以独立估计位置误差修正量。

令 $\mathrm{d}\boldsymbol{r}_{i,k}=[\mathrm{d}x_{i,k}\quad \mathrm{d}y_{i,k}\quad \mathrm{d}z_{i,k}]^{\mathrm{T}}$ 和 $\Delta \overline{\boldsymbol{r}}_{i,k}=[\Delta \overline{x}_{i,k}\quad \Delta \overline{y}_{i,k}\quad \Delta \overline{z}_{i,k}]^{\mathrm{T}}$，式（5-379）三轴独立估计位置误差修正量形式如下：

$$\mathrm{d}x_{i,k}=k_{p,x}\cdot \Delta \overline{x}_{i,k} \tag{5-380}$$

$$\mathrm{d}y_{i,k}=k_{p,y}\cdot \Delta \overline{y}_{i,k} \tag{5-381}$$

$$\mathrm{d}z_{i,k}=k_{p,z}\cdot \Delta \overline{z}_{i,k} \tag{5-382}$$

式中　$k_{p,x}$，$k_{p,y}$，$k_{p,z}$——三轴位置误差修正量估计比例系数。

考虑到位置误差也反映速度误差，基于位置误差修正量 $\mathrm{d}\boldsymbol{r}_{i,k}$ 估计速度误差修正量。由位置误差修正量 $\mathrm{d}\boldsymbol{r}_{i,k}$ 估计速度误差修正量 $\mathrm{d}\boldsymbol{v}_{i,k}$，为防积分饱和也需要对 $\mathrm{d}\boldsymbol{r}_{i,k}$ 限幅，设对 $\mathrm{d}\boldsymbol{r}_{i,k}$ 限幅后的位置误差修正量为 $\mathrm{d}\overline{\boldsymbol{r}}_{i,k}$，第 k 步惯导解算速度误差修正量 $\mathrm{d}\boldsymbol{v}_{i,k}$ 如下：

$$\mathrm{d}\boldsymbol{v}_{i,k}=\boldsymbol{k}_{p,v}\cdot \mathrm{d}\overline{\boldsymbol{r}}_{i,k} \tag{5-383}$$

式中，$\boldsymbol{k}_{p,v}$ 为速度误差修正量估计比例系数，为 3×3 对角阵，可以独立估计速度误差修正量。

令 $\mathrm{d}\boldsymbol{v}_{i,k}=[\mathrm{d}v_{x_{i,k}}\quad \mathrm{d}v_{y_{i,k}}\quad \mathrm{d}v_{z_{i,k}}]^{\mathrm{T}}$ 和 $\mathrm{d}\overline{\boldsymbol{r}}_{i,k}=[\mathrm{d}\overline{x}_{i,k}\quad \mathrm{d}\overline{y}_{i,k}\quad \mathrm{d}\overline{z}_{i,k}]^{\mathrm{T}}$，式（5-383）三轴独立估计速度误差修正量形式如下：

$$\mathrm{d}v_{x_{i,k}}=k_{p,\mathrm{d}x}\cdot \mathrm{d}\overline{x}_{i,k} \tag{5-384}$$

$$\mathrm{d}v_{y_{i,k}}=k_{p,\mathrm{d}y}\cdot \mathrm{d}\overline{y}_{i,k} \tag{5-385}$$

$$\mathrm{d}v_{z_{i,k}}=k_{p,\mathrm{d}z}\cdot \mathrm{d}\overline{z}_{i,k} \tag{5-386}$$

式中　$k_{p,\mathrm{d}x}$，$k_{p,\mathrm{d}y}$，$k_{p,\mathrm{d}z}$——三轴速度误差修正量估计比例系数。

5.13.5　工程应用方式及仿真验证

5.13.5.1　工程应用方式

由星敏感器与地平仪地心指向偏差可以获得二维位置误差，轨道系下 Z 向的位置误差利用 X 和 Z 之间耦合间接获取，其实时性不如直接获得三维位置误差的组合导航。

星敏感器定姿误差相对地平仪一般可以忽略，星敏感器与地平仪天文导航主要考虑地平仪定姿误差。地平仪姿态测量误差包括地球非球形误差、随季节变化的交变误差、观测噪声等，单扫描地平仪还包括升降轨交变误差。

为确保天文导航精度，需要对地平仪姿态测量误差进行修正，基于地面测定轨或星上兼容机（GPS+GLONASS GNSS）组合导航，用星敏感器输出的姿态修正地平仪测量误差，修正方式一般有两种，一种是基于误差模型修正，适用于双扫描或成像型精度较高的地平仪，另一种是查表修正，适用于单扫描等精度较差、误差规律不具有建模特性的地平仪。

星敏感器与地平仪地心指向偏差不直接反映速度偏差，且只有二维观测量，组合导航的实时修正性不如 GNSS 兼容机。

受地平仪测量精度限制，基于星敏感器与地平仪惯性-天文组合导航精度远低于 GNSS 兼容机与惯导组合导航精度，目前主要用于异常情况下为星敏感器提供粗精度轨道根数，在星上 GNSS 兼容机异常，且没有地面实时上注轨道根数情况下仍能基于星敏感器确定本体相对轨道系的姿态。

5.13.5.2　*仿真试验及在轨验证情况*

惯导用加速度计加速度常值漂移为 $1.0\times10^{-4}g$ ，地平仪输出滚动和俯仰姿态常值偏差 0.02°，按轨道周期正弦波动滚动姿态偏差幅值为 0.02°，按半个轨道周期正弦波动俯仰姿态偏差幅值为 0.02°，忽略星敏感器测量误差，惯导积分周期 0.4 s。

基于 PI 滤波进行星敏感器与地平仪惯性-天文组合导航仿真，轨道系下位置误差仿真结果如图 5-27 和图 5-28 所示，位置精度约 5 km。

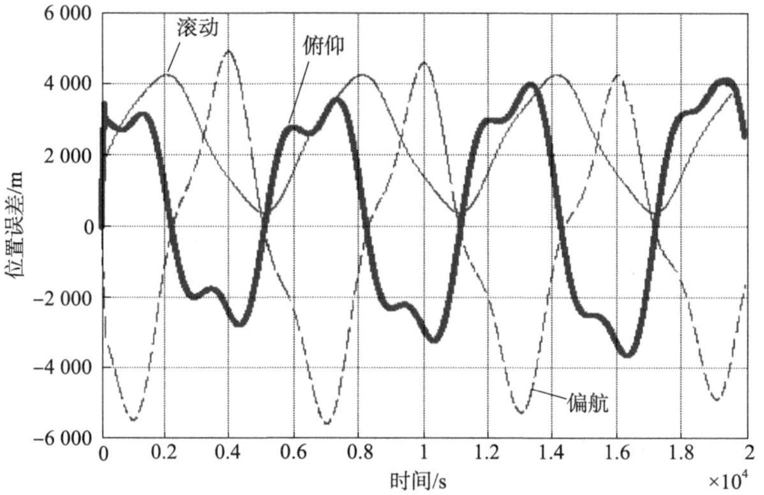

图 5-27　惯性-天文组合导航位置误差

在轨基于单扫描地平仪与星敏感器组合导航，天文导航精度与 GNSS 兼容机定位误差约 30 km，主要因为沿俯仰轴安装的地平仪在升降交点附近与星敏感器存在约 0.5°误差，地平仪测量精度是影响天文导航精度的主要因素，粗精度地平仪与星敏感器天文导航算法仍能收敛。

本节基于 PI 滤波进行星敏感器与地平仪惯性-天文组合导航算法研究，首先推导了基于 J2000 惯性系的卫星惯导解算算法，并给出了基于位置/速度误差修正量的组合导航算法，接着基于星敏感器与地平仪地心指向偏差计算惯导位置误差，并基于 PI 滤波估计位置/速度误差修正量；最后仿真验证了组合导航算法的有效性。基于 PI 滤波的星敏感器与地平仪惯性-天文组合导航算法简单，且易于工程实现，并已通过在轨考核验证。

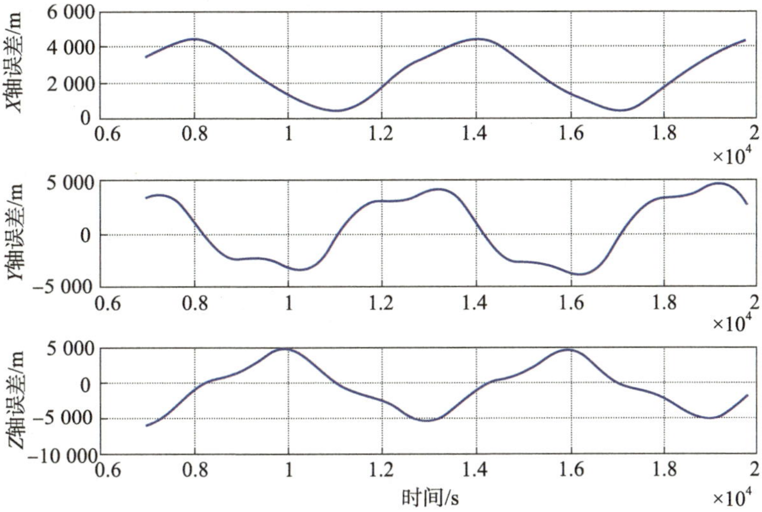

图 5-28　惯性-天文组合导航位置误差放大曲线

5.14　星光折射天文导航原理及精度分析

5.14.1　星光折射原理

星光折射如图 5-29 所示，$\boldsymbol{s}=-\boldsymbol{s}_j$ 为未折射前星光方向矢量，$\boldsymbol{S}$ 为单位矢量，$\boldsymbol{s}_j$ 为恒星在 J2000 惯性系指向，$\boldsymbol{r}$ 为航天器位置矢量，$\boldsymbol{u}$ 为 $\boldsymbol{r}$ 在 $\boldsymbol{S}$ 上的投影，即

$$\boldsymbol{u}=(\boldsymbol{r}^{\mathrm{T}}\cdot\boldsymbol{s})\boldsymbol{s} \tag{5-387}$$

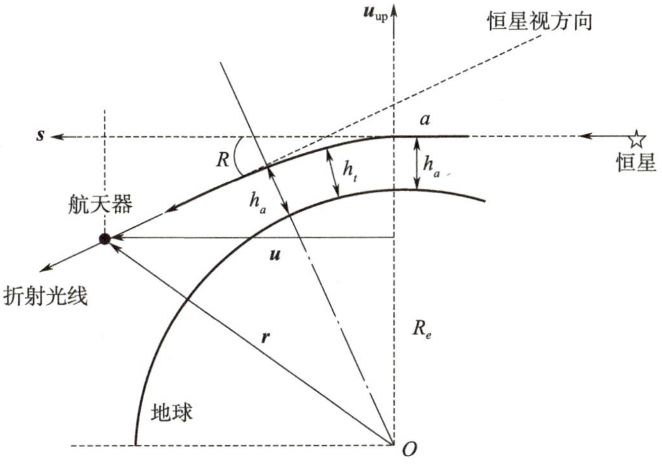

图 5-29　星光折射示意图

星光折射角与高度的几何关系如下：

$$h_a=\sqrt{r^2-u^2}+u\cdot\tan R-R_e-a \tag{5-388}$$

其中

$$r = |\boldsymbol{r}|, u = |\boldsymbol{u}|$$

式中 R ——星光折射角；

R_e ——地球半径；

a ——投影误差，小量，可忽略。

星光切线高度 h_t 是光的轨迹离地面高度的最小值，折射光线相对于地球的高度称为视高度，记作 h_a 。从航天器上观测到的恒星位置比恒星的实际位置要高，当恒星位于地平面下方时仍然是可观的。

来自恒星的入射光线与折射后的光线形成的夹角称为星光折射角 R

$$R = k(\lambda) \cdot \rho \cdot \sqrt{\frac{2\pi(R_e + h_t)}{H}} \tag{5-389}$$

式中 $k(\lambda)$ ——不同波长光折射率系数，$k(\lambda) = \left(77.6 + \frac{0.584}{\lambda^2}\right) \cdot R_0$；

λ ——波长（μm）；

R_0 ——通用气体常数，$R_0 = 2.870\ 6 \times 10^{-6}$（m^3/kg）；

ρ ——星光折射处大气密度；

H ——大气密度标高。

120 km 以下大气密度为

$$\rho = \rho_0 \cdot \exp\left(-\frac{h - h_0}{H}\right) \tag{5-390}$$

选取参考高度 $h_0 = 25$ km，根据《1976 年美国标准大气》给出的数据，$\rho_0 = 40.084\ 9\ \text{g/m}^3 = 0.040\ 084\ 9\ \text{kg/m}^3$，密度标高 $H = 6.366$ km。

将大气密度代入折射角公式

$$R = k(\lambda) \cdot \rho_0 \cdot \sqrt{\frac{2\pi(R_e + h_t)}{H}} \cdot \exp\left(-\frac{h_t - h_0}{H}\right) \tag{5-391}$$

R_e 远大于 h_t ，式（5-391）得

$$R = k(\lambda) \cdot \rho_0 \cdot \sqrt{\frac{2\pi R_e}{H}} \cdot \exp\left(-\frac{h_t - h_0}{H}\right) \tag{5-392}$$

求得

$$h_t = h_0 - H \cdot \ln R + H \ln\left[k(\lambda) \cdot \rho_0 \cdot \sqrt{\frac{2\pi R_e}{H}}\right] \tag{5-393}$$

5.14.2　高度和折射角之间关系

从航天器上观测的折射光线相对于地球的高度为 h_a ，星光受大气折射后距地面高度为 h_t ，两者之间的关系为

$$h_a = h_t + k(\lambda) \cdot \rho \cdot (R_e + h_t), h_t < h_a$$

R_e 远大于 h_t ，由（5-389）得

$$h_a - h_t = k(\lambda) \cdot \rho \cdot (R_e + h_t) \approx R \cdot \sqrt{\frac{H \cdot R_e}{2\pi}} \tag{5-394}$$

将（5-393）代入式（5-394）求得

$$h_a = h_0 - H \cdot \ln R + H \ln\left[k(\lambda) \cdot \rho_0 \cdot \sqrt{\frac{2\pi R_e}{H}}\right] + R \cdot \sqrt{\frac{HR_e}{2\pi}} \tag{5-395}$$

定义如下两个常数

$$C_1 = H \cdot \ln\left[k(\lambda) \cdot \sqrt{\frac{2\pi R_e}{H}}\right] \tag{5-396}$$

$$C_2 = \sqrt{\frac{HR_e}{2\pi}} \tag{5-397}$$

$$\begin{cases} h_t = h_0 - H \cdot \ln R + H \cdot \ln \rho_0 + C_1 \\ h_a = h_0 - H \cdot \ln R + H \cdot \ln \rho_0 + C_1 + C_2 \cdot R \end{cases} \tag{5-398}$$

5.14.3　状态方程和观测方程

选取状态变量为 $\boldsymbol{X} = [\boldsymbol{r} \quad \boldsymbol{v}]^{\mathrm{T}} = [x \quad y \quad z \quad \dot{x} \quad \dot{y} \quad \dot{z}]^{\mathrm{T}}$，状态方程类似基于兼容机伪距与惯性组合导航建立。

忽略小量 a，观测方程为

$$h_a = \sqrt{r^2 - u^2} + u \cdot \tan R - R_e - a \approx \sqrt{r^2 - u^2} + u \cdot \tan R - R_e \tag{5-399}$$

令

$$\boldsymbol{u}_{\mathrm{up}} = \frac{(\boldsymbol{s} \times \boldsymbol{r}) \times \boldsymbol{s}}{|(\boldsymbol{s} \times \boldsymbol{r}) \times \boldsymbol{s}|} \tag{5-400}$$

星光折射角 R 为小量，视高度 h_a 近似为

$$h_a \approx \boldsymbol{r}^{\mathrm{T}} \cdot \boldsymbol{u}_{\mathrm{up}} + \boldsymbol{r}^{\mathrm{T}} \cdot \boldsymbol{s} \cdot R - R_e \tag{5-401}$$

h_a 对 $\boldsymbol{r}$ 求偏导数

$$\frac{\partial h_a}{\partial \boldsymbol{r}} = \boldsymbol{u}_{\mathrm{up}}^{\mathrm{T}} + \boldsymbol{s}^{\mathrm{T}} \cdot R + \boldsymbol{r}^{\mathrm{T}} \cdot \boldsymbol{s} \cdot \frac{\partial R}{\partial \boldsymbol{r}} = \boldsymbol{u}_{\mathrm{up}}^{\mathrm{T}} + \boldsymbol{s}^{\mathrm{T}} \cdot R + \boldsymbol{r}^{\mathrm{T}} \cdot \boldsymbol{s} \cdot \frac{\partial R}{\partial h_a} \cdot \frac{\partial h_a}{\partial \boldsymbol{r}} \tag{5-402}$$

基于星光折射角 R 计算的 h_a 为

$$h_a = h_0 - H \cdot \ln R + H \ln\left[k(\lambda) \cdot \rho_0 \cdot \sqrt{\frac{2\pi R_e}{H}}\right] + R \cdot \sqrt{\frac{HR_e}{2\pi}} \tag{5-403}$$

h_a 对 R 求偏导数

$$\frac{\partial h_a}{\partial R} = -\frac{H}{R} + \sqrt{\frac{H \cdot R_e}{2\pi}} \tag{5-404}$$

则

$$\frac{\partial h_a}{\partial \boldsymbol{r}} = \boldsymbol{u}_{\mathrm{up}}^{\mathrm{T}} + \boldsymbol{s}^{\mathrm{T}} \cdot R + \boldsymbol{r}^{\mathrm{T}} \cdot \boldsymbol{s} \cdot \frac{1}{-\dfrac{H}{R} + \sqrt{\dfrac{H \cdot R_e}{2\pi}}} \cdot \frac{\partial h_a}{\partial \boldsymbol{r}} \tag{5-405}$$

$$\frac{\partial h_a}{\partial \boldsymbol{r}}=\frac{-\frac{H}{R}+\sqrt{\frac{H\cdot R_e}{2\pi}}}{-\frac{H}{R}+\sqrt{\frac{H\cdot R_e}{2\pi}}-\boldsymbol{r}^{\mathrm{T}}\cdot \boldsymbol{s}}\cdot(\boldsymbol{u}_{\mathrm{up}}^{\mathrm{T}}+\boldsymbol{s}^{\mathrm{T}}\cdot R) \tag{5-406}$$

得观测方程

$$Z(k)=h_a=\boldsymbol{H}(k)\cdot X(k)+\boldsymbol{v}(k) \tag{5-407}$$

其中

$$h_a=h_0-H\cdot\ln R+H\ln\left[k(\lambda)\cdot\rho_0\cdot\sqrt{\frac{2\pi R_e}{H}}\right]+R\cdot\sqrt{\frac{HR_e}{2\pi}}$$

$$\boldsymbol{H}_k=\frac{\partial h_a}{\partial \boldsymbol{X}}=\begin{bmatrix}\frac{\partial h_a}{\partial \boldsymbol{r}} & \frac{\partial h_a}{\partial \boldsymbol{v}}\end{bmatrix}=\begin{bmatrix}\frac{-\frac{H}{R}+\sqrt{\frac{H\cdot R_e}{2\pi}}}{-\frac{H}{R}+\sqrt{\frac{H\cdot R_e}{2\pi}}-\boldsymbol{r}^{\mathrm{T}}\cdot \boldsymbol{s}}\cdot(\boldsymbol{u}_{\mathrm{up}}^{\mathrm{T}}+\boldsymbol{s}^{\mathrm{T}}\cdot R) & \boldsymbol{0}_{1\times 3}\end{bmatrix}$$

5.14.4 精度分析

位置精度与折射角和大气密度的关系

$$\sqrt{r^2-u^2}=h_0-H\cdot\ln R+H\ln\left[k(\lambda)\cdot\rho_0\cdot\sqrt{\frac{2\pi R_e}{H}}\right]+R\cdot\sqrt{\frac{HR_e}{2\pi}}-u\cdot R+R_e \tag{5-408}$$

对上式进行微分

$$d\sqrt{r^2-u^2}=H\cdot\frac{\mathrm{d}\rho_0}{\rho_0}-H\cdot\frac{\mathrm{d}R}{R}+\sqrt{\frac{HR_e}{2\pi}}\cdot\mathrm{d}R-u\cdot\mathrm{d}R \tag{5-409}$$

$$u\approx\sqrt{r^2-R_e^{\ 2}} \tag{5-410}$$

可以通过上式求解大气密度和折射角探测精度对位置误差的影响，大气密度1%误差，相当于位置误差64 m；折射角1角秒误差相当于位置误差60 m。

5.15 星光折射敏感器谱宽选择及探测能力分析

星光通过大气时，由于存在密度或折射率梯度，导致光程增加以及光线传播路径弯曲的现象称为大气折射效应。当星光通过地球大气时，其光线会向地心方向弯曲，从轨道上看，当恒星的真实位置已经下沉，其视位置仍保持在地平之上，如图5-30所示[45]。

文献［46］和［47］基于星光折射敏感器应用扩展卡尔曼滤波算法进行高精度天文导航研究。用于星光折射导航的星光折射敏感器探测大气密度相对平稳的平流层中折射的星光指向，并与星库中该恒星未折射前星光指向作差，得到星光折射角。

星光折射角与星光穿越的平流层大气高度和大气密度相关。文献［48］对地球大气密度随高度分布规律进行了研究；文献［49］建立了连续高度大气密度修正模型，分析了高度、地球形状、昼夜和季节等影响大气密度变化的因素及修正算法。

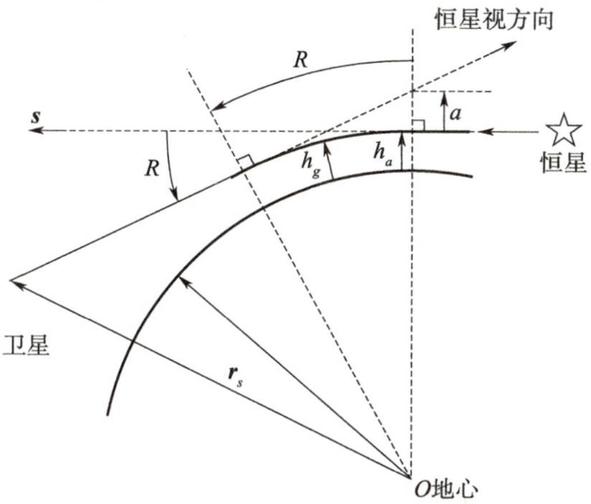

图 5-30　星光折射示意图

星光折射敏感器探测大气折射星光能力与目标信号特征、背景、探测器视场、探测器性能等相关。文献［46］通过对目标光度信号特征和背景，以及 CCD 噪声光信号特征的分析，导出了天基光电望远镜对空间目标的极限星等探测能力；文献［50］分析了暗电流、A/D 转换电路等噪声对星敏感器探测灵敏度的影响；文献［51］证明了星敏感器仪器星等可以由波段星等线性拟合计算；文献［52］根据恒星和白天大气背景辐射的对比度，计算和分析了 CCD 可探测星等极限值随观测高度、太阳天顶角、波段和恒星光谱类型的变化情况；文献［47］综合考虑空间点目标成像的弥散斑、背景辐射和大气衰减的影响，推导了地基红外探测系统对空间点目标的作用距离；文献［53］分析了激光在大气中传输时气体分子和大气气溶胶粒子、尘埃、雾、雨等对激光信号的吸收、散射和折射，导致激光信号能量衰减。

星光折射敏感器探测大气折射星光与被探测恒星类型相关，不同类型的恒星辐射温度不同，峰值辐射波长也不同，即使视星等相同，不同类型的恒星不同波长处的辐射强度不同[45]。文献［48］推导了视场内平流层条带面积占视场面积的比例系数，并在视场内可观测星数概率分布模型的基础上，得到了折射星数的概率分布模型，给出了星光折射敏感器视场、极限观测星等、轨道远地点距离与视场内折射星数分布之间的关系。

本节首先分析可见和近红外星光大气衰减系数和等效视星等差，接着分析谱宽对星光折射角测量精度影响和窄谱段探测等效视星等差，确定可见光中心波长 0.55 μm 和近红外中心波长 0.85 μm 星光折射敏感器谱宽，最后基于信噪比 SNR 计算分析星光折射敏感器探测折射星光能力和探测概率。

5.15.1　恒星辐射强度大气衰减系数

星光在大气中传播时辐射强度衰减，导致辐射强度衰减的因素包括大气折射引起的色散、气体分子散射、米氏散射、臭氧吸收、水气吸收等。米氏散射针对气溶胶等，其粒子尺寸与星光波长可比拟，大气微粒、水气主要出现在对流层中，平流层中米氏散射和水气吸收可以忽略，下面分析平流层中色散、分子散射和臭氧吸收导致的星光辐射强度衰减系数。

5.15.1.1　色散衰减系数

色散指不同波长的光通过大气时产生不同的折射角，星光折射指数 k 与波长 λ 的关系[45]如下：

$$k=\left(221.051+\frac{1.663}{\lambda^2}\right)\times 10^{-6}\ \mathrm{m^3/kg} \tag{5-411}$$

式中，λ 单位为 μm。

星光折射角 R_s 还与大气密度或高度相关

$$R_s=k\cdot\rho_0\cdot e^{-\frac{h_g-h_0}{H}}\cdot\sqrt{\frac{2\pi(R_e+h_g)}{H}} \tag{5-412}$$

式中　k ——大气折射指数；

ρ_0 —— $h_0=25$ km 处的大气密度，$\rho_0=0.040\ 084\ 9\ \mathrm{kg/m^3}$；

h_g ——星光折射高度；

H ——特征高度，$H=6.366$ km；

R_e ——地球半径。

不同高度星光折射角如图5-31所示，可见光0.55 μm和近红外0.85 μm星光折射角差如图5-32所示。

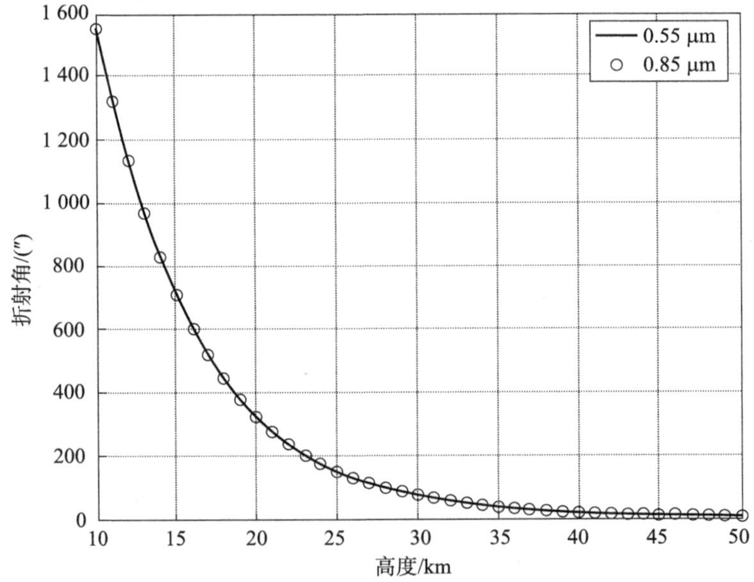

图5-31　不同高度星光折射角

色散导致的星光辐射强度衰减系数 k_{dr}[45]如下：

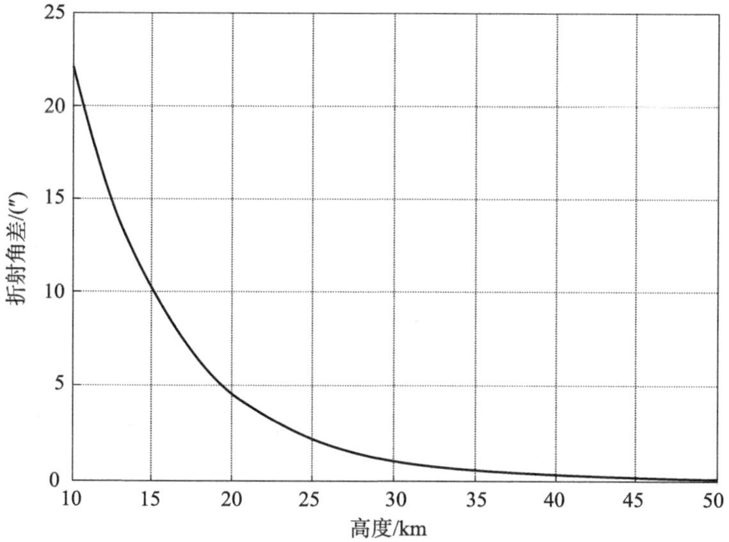

图 5 - 32　可见光 0.55 μm 和近红外 0.85 μm 星光折射角差

$$k_{dr}=\frac{1}{1+\frac{r_s\cdot\cos\beta}{H}\cdot\sqrt{\frac{2\pi r_g}{H}}\cdot k\cdot\rho} \tag{5-413}$$

式中　r_s ——航天器地心距；

ρ —— h_g 处的大气密度，$\rho=\rho_0\cdot e^{-\frac{h_g-h_0}{H}}$；

β ——恒星折射前星光方向矢量 $\boldsymbol{s}$ 与航天器位置矢量 $\boldsymbol{r}_s$ 的夹角，$\beta=\arccos(\boldsymbol{s}\cdot\boldsymbol{r}_s)=\frac{\pi}{2}-\arcsin\left[\frac{r_g\cdot(1+k\cdot\rho)}{r_s}\right]-R_s$；

r_g ——星光折射处地心距，$r_g=R_e+h_g$。

航天器处于 1 000 km 轨道高度探测大气折射星光，星光通过 10～50 km 高度平流层大气时发生色散，色散导致中心波长 0.55 μm 可见光和 0.85 μm 近红外光辐射强度衰减，色散导致的辐射强度衰减系数如图 5 - 33 所示。

5.15.1.2　分子散射衰减系数

星光通过大气时碰到气体分子发生分子散射，分子散射导致的星光辐射强度衰减系数 k_{ms} [45] 如下：

$$k_{ms}=e^{-\frac{32\pi^4}{3\lambda^4}\cdot k^2\cdot m\cdot\rho\cdot(2r_g+H)\cdot\sqrt{\frac{H}{2\pi r_g}}} \tag{5-414}$$

其中，$m=4.808\times10^{-2}$ kg，λ 的单位为 μm。

星光通过高度 10～50 km 平流层大气时发生分子散射，对中心波长 0.55 μm 可见光和 0.85 μm 近红外光，分子散射导致的星光辐射强度衰减系数如图 5 - 34 所示。

5.15.1.3　臭氧吸收衰减系数

臭氧吸收对星光辐射强度衰减与大气中臭氧的垂直分布相关，臭氧密度 ρ_{O_3} 与高度的

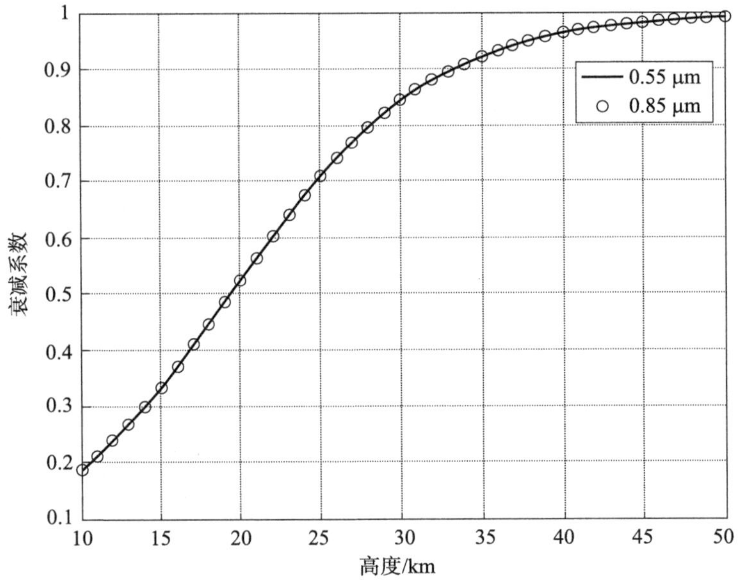

图 5-33　色散导致的星光辐射强度衰减系数

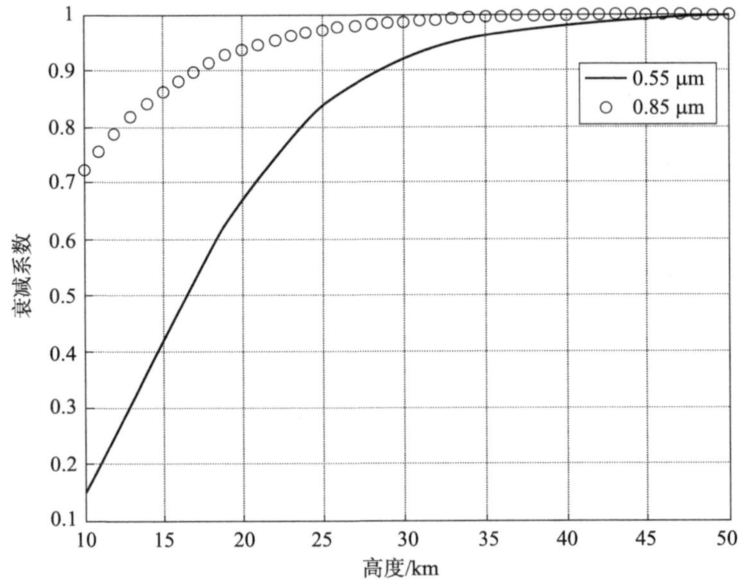

图 5-34　分子散射导致的星光辐射强度衰减系数

近似关系[45]如下：

$$\rho_{O_3} = \frac{\omega_p}{y_p} \cdot \frac{e^{\frac{h-h_p}{y_p}}}{\left(1 + e^{\frac{h-h_p}{y_p}}\right)^2} \tag{5-415}$$

式中，h 为大气高度；$h_p = 23.25$ km；$y_p = 4.63$ km；$\omega_p = 0.218$ cm；ρ_{O_3} 单位为 cm/km，含义为星光在大气中传播 1 km 碰到的臭氧等效厚度。

星光穿越大气层传播路径如图 5－35 所示，星光从进入大气到出大气碰到的臭氧等效厚度 m_{O_3} [45] 为

$$m_{O_3}=\int_{-\infty}^{\infty}\rho_{O_3}\cdot ds=2\sum_{i=1}^{\infty}\left[(\rho_i-\beta_i)\cdot\int_{r_i}^{r_{i+1}}\frac{r\cdot dr}{\sqrt{r^2-r_g^2}}+\beta_i\cdot\int_{r_i}^{r_{i+1}}\frac{r^2\cdot dr}{\sqrt{r^2-r_g^2}}\right] \tag{5-416}$$

式中　ds ——星光在大气层中传播的一段路径长度；

r ，r_i ，r_{i+1} ——星光传播路径处的地心距，$r_1=r_g$， $r_{i+1}=r_i+\Delta r$；

ρ_i ——星光传播路径处的臭氧密度；

β_i ——臭氧密度随传播路径变化斜率，$\beta_i=\dfrac{\rho_{i+1}-\rho_i}{r_{i+1}-r_i}$ 。

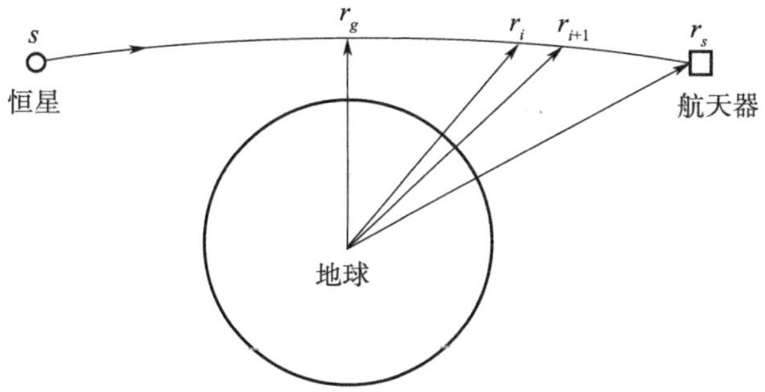

图 5－35　星光穿越大气层传播路径示意图

令

$$k_i=\int_{r_i}^{r_{i+1}}\frac{r\cdot dr}{\sqrt{r^2-r_g^2}}=\sqrt{r_{i+1}^2-r_g^2}-\sqrt{r_i^2-r_g^2} \tag{5-417}$$

$$\begin{aligned}k_{i+1}&=\int_{ri}^{ri+1}\frac{r^2\cdot dr}{\sqrt{r^2-r_g^2}}\\&=\frac{r_{i+1}}{2}\cdot\sqrt{r_{i+1}^2-r_g^2}-\frac{r_i}{2}\cdot\sqrt{r_i^2-r_g^2}+\frac{r_g^2}{2}\cdot\ln\left(\frac{r_{i+1}+\sqrt{r_{i+1}^2-r_g^2}}{r_i+\sqrt{r_i^2-r_g^2}}\right)\end{aligned} \tag{5-418}$$

将式（5－417）和式（5－418）代入式（5－416）得

$$m_{O_3}=2\sum_{i=1}^{\infty}\left[(\rho_i-\beta_i)\cdot k_i+\beta_i\cdot k_{i+1}\right] \tag{5-419}$$

星光通过高度 10～50 km 平流层，估算臭氧等效厚度，令 $\Delta r=1$ km ，通过不到 50 次累加可以求得臭氧等效厚度。

臭氧吸收导致的星光辐射强度衰减系数 k_{oa} [47] 如下：

$$k_{oa}=e^{-k_{O_3}\cdot m_{O_3}} \tag{5-420}$$

其中，k_{O_3} 为臭氧吸收系数，k_{O_3} 单位为 1/cm，含义为等效厚度 1 cm 的臭氧吸收系数。

臭氧对波长小于 0.36 μm 的紫外波段吸收较强，对波长在 0.36～0.45 μm 的紫色光和波长大于 0.9 μm 的红外波段基本不吸收。对于波长在 0.45～0.9 μm 的可见光和近红外波段，臭氧吸收系数与波长关系见表 5－8，中间波长可以内插求取。

表 5-8　臭氧吸收系数与波长关系

λ	0.45	0.50	0.55	0.60	0.65
k_{O_3}	0	0.04	0.113	0.147	0.073
λ	0.70	0.75	0.80	0.85	0.90
k_{O_3}	0.027	0.01	0.007	0.003	0

星光通过高度 10～50 km 平流层大气，臭氧对中心波长 0.55 μm 可见光和 0.85 μm 近红外光吸收，臭氧吸收导致的星光辐射强度衰减系数如图 5-36 所示。

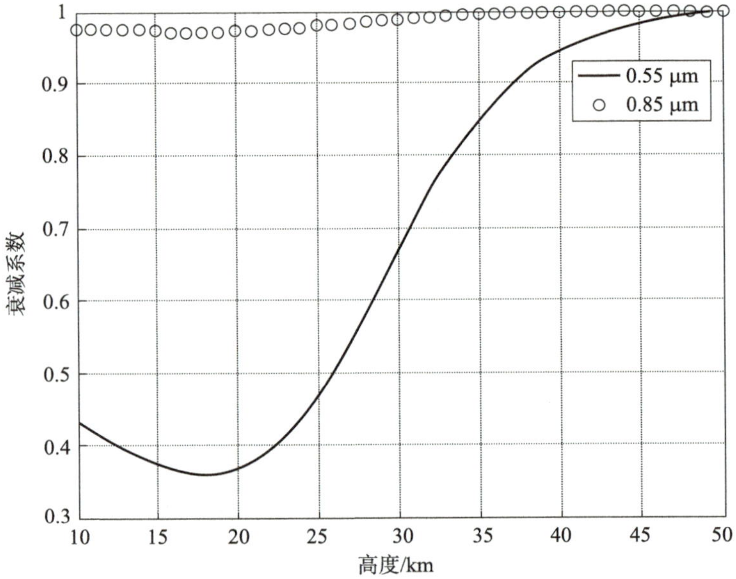

图 5-36　臭氧吸收导致的星光辐射强度衰减系数

5.15.1.4　大气衰减等效视星等差

色散、分子散射和臭氧吸收导致的恒星辐射强度大气衰减等效视星等差如下：

$$dMva = -1.086 \times [\ln(k_{dr}) + \ln(k_{ms}) + \ln(k_{oa})] \tag{5-421}$$

高度 10～50 km 平流层大气对中心波长 0.55 μm 和 0.85 μm 星光辐射强度衰减等效视星等差如图 5-37 所示。

5.15.2　恒星窄谱段探测等效视星等差

5.15.2.1　恒星类型及辐射特性

恒星视星等 Mv 与中心波长 ($\lambda_0 = 0.55$ μm) 处的辐射强度相关，波长 λ 处的辐射强度 I 与恒星视星等关系[45]如下：

$$I(\lambda, T) = e^{-(0.921Mv+19.3875)} \cdot \frac{\lambda_0^5 \cdot \left(e^{\frac{1.438}{\lambda_0 \cdot T \cdot 10^{-4}}} - 1\right)}{\lambda^5 \cdot \left(e^{\frac{1.438}{\lambda \cdot T \cdot 10^{-4}}} - 1\right)} \tag{5-422}$$

式中，T 为恒星辐射温度，与恒星类型相关，见表 5-9。

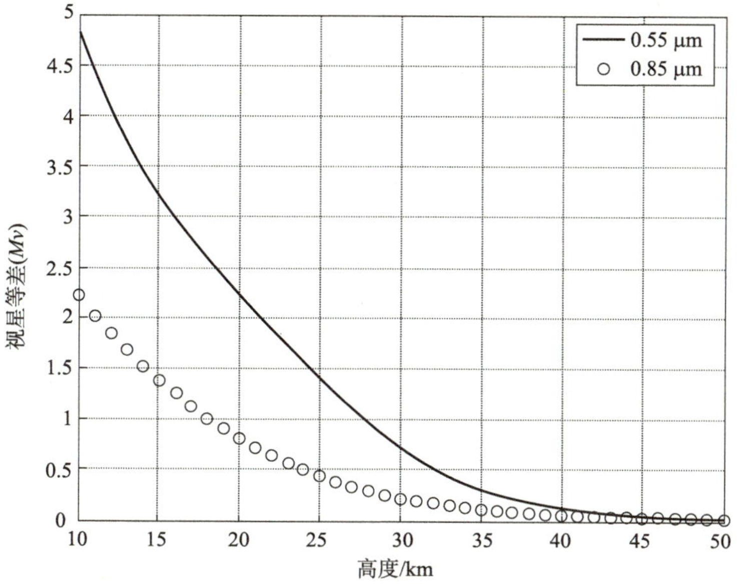

图 5－37　恒星辐射强度大气衰减等效视星等差

由式（5－422）得同一恒星波长 λ 处辐射强度相对 $\lambda_0=0.55\ \mu\text{m}$ 处辐射强度比如下：

$$\frac{I(\lambda,T)}{I(\lambda_0,T)}=\frac{\lambda_0^5\cdot\left(e^{\frac{1.438}{\lambda_0\cdot T\cdot 10^{-4}}}-1\right)}{\lambda^5\cdot\left(e^{\frac{1.438}{\lambda\cdot T\cdot 10^{-4}}}-1\right)} \tag{5-423}$$

表 5－9　恒星类型与温度关系

类型	O	B	A	F	G	K	M
温度/K	40 000～25 000	25 000～12 000	12 000～7 600	7 600～6 000	6 000～5 000	5 000～3 600	3 600～2 600

近红外 0.85 μm 相对可见光 0.55 μm 辐射强度随恒星温度 T 变化曲线如图 5－38 所示，根据维恩位移定律，恒星温度低时峰值辐射波长处于近红外波段，近红外辐射强度强；恒星温度高时峰值辐射波长较短，可见光辐射强度强。

5.15.2.2　窄谱段探测等效视星等差

对恒星进行窄谱段探测，能量密度 P_c 如下：

$$P_c=\int_{\lambda_0-\Delta\lambda/2}^{\lambda_0+\Delta\lambda/2} I(\lambda,T)\cdot k_a\cdot QE\cdot\tau\cdot \mathrm{d}\lambda \tag{5-424}$$

式中　λ_0 ——探测器的中心波长；

$\Delta\lambda$ ——探测器的探测谱宽；

k_a ——大气衰减因子；

QE ——探测器的量子效率；

τ ——镜头透过率。

对恒星窄谱段探测，可见光谱段等效视星等差如下：

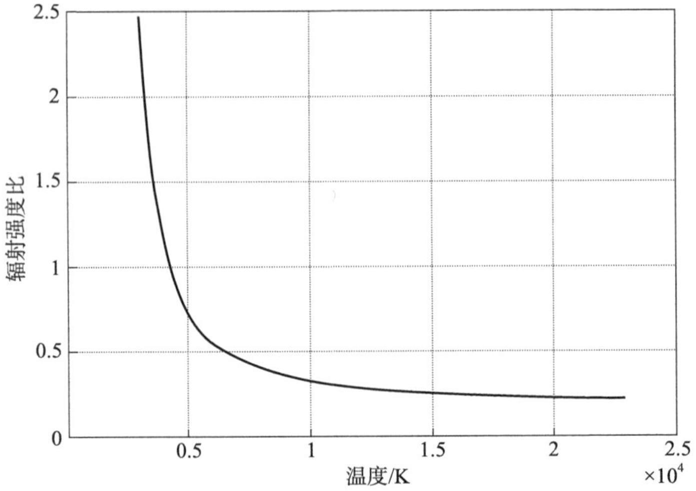

图 5-38　不同恒星温度近红外 0.85 μm 相对可见光 0.55 μm 辐射强度比

$$dMvc = -1.086\ln(P_c/P_0) \tag{5-425}$$

式中，$P_0 = 3.1\times10^{-9}\times e^{-0.921Mv}$ W/m²，是视星等为 Mv 的恒星可见光波段辐射能量密度。

不考虑大气衰减对探测能量密度的影响，探测器量子效率和镜头透过率取 1，仅考虑窄谱段的影响，可见光 0.55 μm 窄谱段探测辐射能量密度等效视星等差如图 5-39 所示，恒星温度对可见光窄谱段探测辐射能量密度影响较小；近红外 0.85 μm 窄谱段探测辐射能量密度等效视星等差如图 5-40 所示，恒星温度对近红外窄谱段探测辐射能量密度影响较大；探测能量密度与谱宽成正比，需要根据探测星等要求和不同波长折射误差选择合适的谱宽。

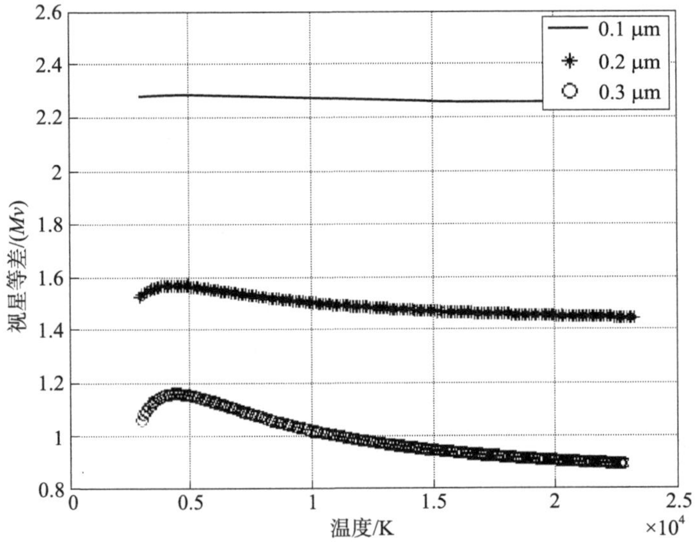

图 5-39　可见光窄谱段探测辐射能量密度等效视星等差

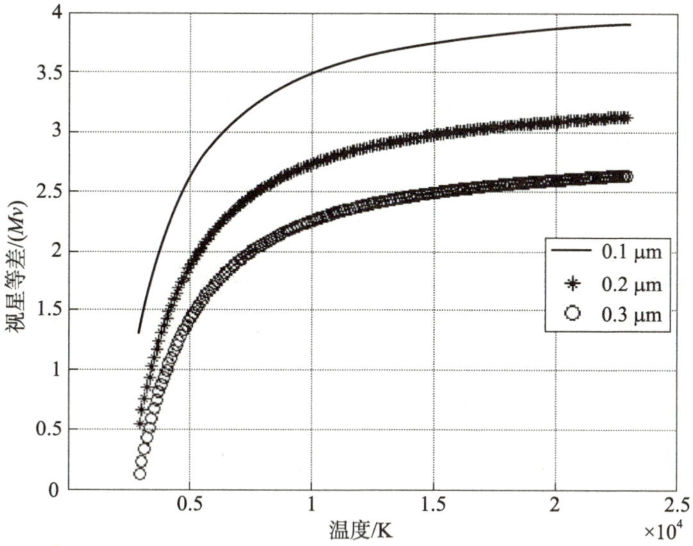

图 5-40　近红外窄谱段探测辐射能量密度等效视星等差

5.15.2.3　探测谱宽

不同波长星光折射角不同，星光辐射能量密度也不同，探测器对不同波长星光量子效率不同，这些因素影响星点质心提取精度，并最终影响星光折射角测量精度。

式（5-412）对波长 λ 求导得

$$\frac{\mathrm{d}R_s}{\mathrm{d}\lambda}=-3.326\times10^{-6}\frac{R_s}{k\cdot\lambda^3} \tag{5-426}$$

可见光中心波长为 0.55 μm，谱宽 $\Delta\lambda=0.1$ μm，可求得谱段两边相对于中心波长折射角偏差约 6.8 角秒；近红外中心波长为 0.85 μm，谱宽 $\Delta\lambda=0.2$ μm，可求得谱段两边相对于中心波长折射角偏差约 3.8 角秒。

为提高星光折射角测量精度需要限制星光探测波谱宽度，但波谱宽度太窄影响星光折射敏感器探测信号强度，因此波谱宽度需要结合折射角测量精度和星光折射敏感器探测能力综合选择。

探测器对可见光的量子效率一般高于近红外，大多数恒星的峰值辐射波长在可见光区，结合折射角在可见光区比近红外区偏差大，选择可见光谱宽小于近红外，可见光中心波长为 0.55 μm，谱宽选为 $\Delta\lambda=0.1$ μm，近红外中心波长为 0.85 μm，谱宽选为 $\Delta\lambda=0.2$ μm。

5.15.3　星光折射敏感器探测大气折射星光信噪比分析

5.15.3.1　探测大气折射星光信号强度

为了提高星点质心提取精度，星光折射敏感器光学系统一般采用弱离焦设计，使星点成像在 4 个像元，每个像元探测能量衰减为 1/4，星光折射敏感器探测信号强度如下：

$$S_c = P_c \cdot \pi \cdot \left(\frac{D}{2}\right)^2 \cdot \Delta t / 4 \tag{5-427}$$

式中　D ——镜头通光孔径；

Δt ——曝光时间。

5.15.3.2　成像噪声和背景噪声

CCD探测器比APS探测器噪声低，考虑大气衰减和气辉等背景噪声影响，按现有器件水平，星光折射敏感器优选CCD探测器。基于CCD的星光折射敏感器噪声包括暗电流噪声、逻辑驱动电路噪声、直流偏置驱动电路噪声和A/D转换电路噪声，暗电流为CCD组件噪声，其他为读出电路噪声[50]。

星光折射敏感器成像噪声强度如下：

$$N_s = N_{out} + N_{DC} \cdot \Delta t \tag{5-428}$$

式中　N_{out} ——读出电路噪声；

N_{DC} ——探测器暗电流噪声。

星光折射敏感器探测大气折射星光时受月亮、行星、气辉、恒星和银河背景、黄道面太阳散射光、极光等背景星空影响。

星光折射敏感器背景噪声主要考虑气辉影响，气辉出现在80～120 km高度，星光折射敏感器探测大气折射星光时气辉可能部分进入星光折射敏感器视场，气辉产生的背景噪声强度如下：

$$N_b = I_{ag} \cdot A_s \cdot k_{ag} \cdot S_p \cdot \Delta t \tag{5-429}$$

式中　I_{ag} ——气辉辐射能量密度，一般可取为 1×10^{-12} W/cm^2/(°)^2 ；

A_s ——星光折射敏感器探测视场立体角；

k_{ag} ——气辉在星光折射敏感器探测视场立体角内所占的比例；

S_p ——CCD像元面积。

5.15.3.3　信噪比

星光折射敏感器探测大气折射星光信噪比如下：

$$\mathrm{SNR} = \frac{S_c}{N_s + N_b} \tag{5-430}$$

星光折射敏感器用于探测大气折射星光时要求SNR ≥ 5。

将式（5－422）改写为

$$I(\lambda, T) = \mathrm{e}^{-0.921Mv} \cdot I_0(\lambda, T) \tag{5-431}$$

其中，$I_0(\lambda, T) = \mathrm{e}^{-19.3875} \cdot \dfrac{\lambda_0^5 \cdot \left(\mathrm{e}^{\frac{1.438}{\lambda_0 \cdot T \cdot 10^{-4}}} - 1\right)}{\lambda^5 \cdot \left(\mathrm{e}^{\frac{1.438}{\lambda \cdot T \cdot 10^{-4}}} - 1\right)}$，为视星等为0的恒星辐射强度。

星光折射敏感器探测视星等为0的恒星信噪比为

$$\mathrm{SNR}_0 = \frac{P_{c0} \cdot \pi \cdot \left(\frac{D}{2}\right)^2 \cdot \Delta t / 4}{N_s + N_b} \tag{5-432}$$

其中，$P_{c0}=\int_{\lambda_0-\Delta\lambda/2}^{\lambda_0+\Delta\lambda/2} I_0(\lambda, T)\cdot k_a \cdot QE \cdot \tau \cdot \mathrm{d}\lambda$，为视星等为 0 的恒星窄谱段探测能量密度。

由式（5－430）、式（5－431）和式（5－432）求得

$$\mathrm{SNR}=\mathrm{e}^{-0.921Mv}\cdot \mathrm{SNR}_0 \geqslant 5 \tag{5-433}$$

5.15.4 星光折射敏感器可探测星等及概率分析

5.15.4.1 可探测星等

由式（5－433）求得星光折射敏感器可探测的大气折射最暗星等如下：

$$Mv_{\max}=1.086\ln(\mathrm{SNR}_0/5) \tag{5-434}$$

可见光中心波长 0.55 μm，谱宽 $\Delta\lambda$ = 0.1 μm，探测器量子效率 QE = 0.6，每电子生成电压 31 μV，像元数 2 048×2 048，像元大小 7.4 μm×7.4 μm，暗电流 N_{DC} = 0.2 eV/pixel/s，探测器读出噪声 N_{out} = 12 eV，视场 8°×8°，通光孔径 D =70 mm，镜头透过率为 τ = 0.8，曝光时间 Δt = 0.2 s，取气辉在星光折射敏感器探测视场立体角内所占比例 k_{ag} 为 1，求得可见光谱段可探测星等如图 5－41 所示。

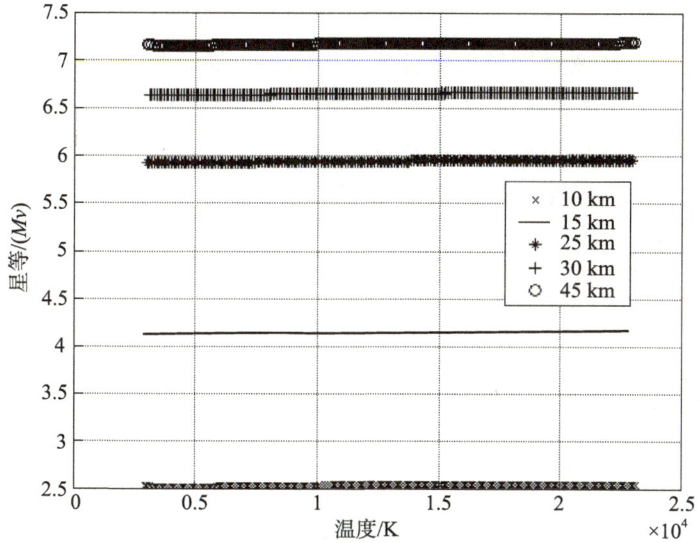

图 5－41　可见光谱段可探测星等

近红外中心波长 0.85 μm，谱宽 $\Delta\lambda$ =0.2 μm，探测器量子效率 QE =0.48，像元数 2 048×2 048，像元大小 13.5 μm×13.5 μm，暗电流 N_{DC} =0.2 eV/pixel/s，探测器读出噪声 N_{out} =8 eV，视场 8°×8°，通光孔径 D =70 mm，镜头透过率 τ =0.8，曝光时间 Δt =0.2s，取气辉在星光折射敏感器探测视场立体角内所占比例 k_{ag} 为 1，求得近红外谱段可探测星等如图 5－42 所示。

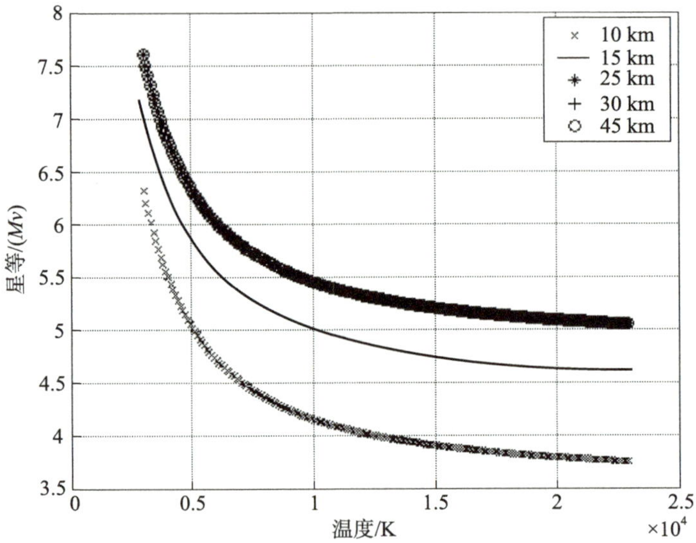

图 5-42　近红外谱段可探测星等

5.15.4.2　探测概率

综合折射角大小、谱宽对折射角测量精度影响、可探测星等，折射星光探测高度优选 15～30 km，基于依巴谷星表统计的七种类型恒星不同星等星数（见表 5-10），统计优选高度范围可探测星数、折射角测量精度及折射角大小，见表 5-11。

按优选高度范围，折射星光探测概率如下：

$$\eta=\frac{2\pi\cdot R_e\cdot\Delta h}{4\pi\cdot(R_e+h)^2}=\frac{R_e\cdot\Delta h}{2(R_e+h)^2} \tag{5-435}$$

式中　R_e ——地球半径；

h ——轨道高度；

Δh ——优选高度范围，$\Delta h=15$ km。

1 000 km 轨道高度探测概率 $\eta\approx0.000\ 8$，结合表 5-11 星光折射高度，可探测星数在 1 颗左右。

表 5-10　七种类型恒星不同星等星数

星等	O	B	A	F	G	K	M	总数
<1 等	0	5	3	2	1	2	2	15
<2 等	1	17	11	7	1	7	4	48
<3 等	5	54	36	16	16	30	11	168
<4 等	7	140	98	51	62	126	25	509
<5 等	12	356	300	174	189	361	85	1 477
<6 等	22	632	652	407	375	672	169	2 929

表 5-11　优选高度 15～30 km 星光探测参数

高度/km	折射角/(″)	折射角测量精度/(″)		可探测星数	
		λ_0=0.55 μm	λ_0=0.85 μm	λ_0=0.55 μm	λ_0=0.85 μm
15	720	3.2	1.8	509	约 730
25	150	0.7	0.4	约 2 929	约 2 000
30	60	0.3	0.15	多于 2 929	约 2 000

5.15.5　谱宽选择

通过可见和近红外星光大气衰减系数分析，求得 0.55 μm 和 0.85 μ 两种中心波长在不同高度大气衰减等效视星等差见表 5-12。

表 5-12　不同高度大气衰减等效视星等差

中心波长/高度	10 km	15 km	25 km	30 km	45 km	50 km
0.55 μm	4.8	3.2	1.4	0.7	0.15	0
0.85 μm	2.25	1.4	0.95	0.2	0.05	0

根据谱宽对星光折射角测量精度影响分析和窄谱段探测等效视星等差分析，中心波长 0.55 μm 可见光谱宽选 $\Delta\lambda=0.1$ μm，中心波长 0.85 μm 近红外谱宽选 $\Delta\lambda=0.2$ μm。

基于信噪比 SNR 计算，得到星光折射敏感器对不同高度和不同温度恒星的极限探测星等和探测概率，对星光折射敏感器参数设计具有指导作用。

5.16　基于 PI 滤波星光折射敏感器与加表组合导航

加表能够连续输出非惯性力产生的加速度，基于加表惯导可以确定卫星在惯性空间的位置和速度，但加表存在漂移，不能长时间使用；星光折射敏感器能够测量星光被地球平流层大气产生的折射角，但星光折射敏感器受视场内大气折射恒星数量、日月杂散光干扰、单粒子翻转、姿态机动或翻滚时敏感器视场未对准大气层顶端等影响，不能连续输出星光折射角，特别是在高能粒子导致星光折射敏感器复位或重加载期间。

基于星光折射敏感器估计加表漂移，对加表漂移修正后惯导解算输出卫星在惯性空间的位置和速度，既可以确保位置和速度输出的连续性，又可以抑制星光折射敏感器观测噪声对组合导航精度的影响。

国内外学者对星光折射导航进行了广泛的研究，文献[54]介绍了基于星光折射方向矢量的地球卫星星光折射导航量测量获取和量测模型建立方法；文献[55]提出了一种构造折射星场的方法用于导航算法研究和评估；文献[56]分析比较了折射视高度、星光折射角、折射星矢量三种量测量的导航性能；文献[57]设计了一种基于双星敏感器的星光折射卫星自主导航系统；文献[58]基于双星敏感器，利用连续高度星图模拟与匹配技术实现高精度折射星识别和折射角获取，并设计了一种基于星光折射的卫星自主导航系统；文献[59]设计了地心惯性坐标系下惯性/星光姿态、位置全组合导航算法。一些学者基于新型滤波方法进行SINS/CNS组合导航滤波算法研究，文献[60]基于星光折射测量，采用扩展卡尔曼滤波算法自主确定卫星姿态及轨道；文献[61]将无迹卡尔曼滤波用于自主天文导航；文献[62]基于飞行器处于低轨段的卫星导航数据，通过神经网络在线拟合星光折射模型，避免大气参数不确定性的影响，提高了星光折射导航精度；文献[63]建立了自适应连续高度的星光折射观测模型，利用无迹卡尔曼滤波算法进行自主导航研究；文献[64]基于组合大视场星敏感器同时观测地球边缘的三颗恒星，利用扩展卡尔曼滤波算法实现高精度自主导航；文献[65]将模糊推理系统应用于自主天文导航，研究基于无迹卡尔曼滤波的模糊自适应算法；文献[66]基于单个星敏感器的星光折射圆锥扫描观测，采用扩展卡尔曼滤波（EKF）进行自主天文导航；文献[67]利用星敏感器测得姿态和星光折射信息，基于UKF滤波算法进行INS/CNS组合导航。

本书推导了基于星光大气折射角误差估计加速度漂移的PI滤波方法，利用估计得到的加速度漂移分别对位置和速度进行修正，给出了星光折射敏感器与加表组合导航算法。在无法获取高精度速度测量信息时，利用星光折射敏感器大气折射角作为观测量，与基于惯导推算的星光折射角估计位置误差，采用PI滤波估计加表漂移，并与加表组合导航给出连续位置/速度信息，仿真结果表明采用基于星光折射敏感器星光大气折射角信息作为观测量的PI滤波组合导航能准确估计加速度漂移，方法简单有效，可应用于工程实践。

5.16.1 基于J2000惯性系惯导解算

设卫星在J2000惯性下的位置矢量为$\boldsymbol{r}=[x \quad y \quad z]^{\mathrm{T}}$，则卫星在J2000惯性系下的重力加速度三轴分量为

$$a_{gx,i}=\frac{-\mu x}{r^3}+\frac{3}{2}R_e^2\cdot\mu\cdot J_2\left(\frac{5xz^2}{r^7}-\frac{x}{r^5}\right) \tag{5-436}$$

$$a_{gy,i}=\frac{-\mu y}{r^3}+\frac{3}{2}R_e^2\cdot\mu\cdot J_2\left(\frac{5yz^2}{r^7}-\frac{y}{r^5}\right) \tag{5-437}$$

$$a_{gz,i}=\frac{-\mu z}{r^3}+\frac{3}{2}R_e^2\cdot\mu\cdot J_2\left(\frac{5z^3}{r^7}-\frac{3z}{r^5}\right) \tag{5-438}$$

式中 r ——卫星到地心的距离，$r=\sqrt{x^2+y^2+z^2}$；

μ ——地球引力常数；

R_e ——地球半径；

J_2 ——地球非球形摄动系数。

设加表坐标系到J2000惯性系的姿态转换矩阵为$\boldsymbol{A}_{ia}$，求得J2000惯性系下卫星非惯性加速度$\boldsymbol{a}_{a,i}$为

$$\boldsymbol{a}_{a,i}=\boldsymbol{A}_{ia}\cdot\boldsymbol{a}_{a,a} \tag{5-439}$$

式中 $\boldsymbol{a}_{a,a}$ ——加表测得的加表坐标系下的加速度。

令$\boldsymbol{a}_{g,i}=[a_{gx,i} \quad a_{gy,i} \quad a_{gz,i}]^{\mathrm{T}}$，由式（5-436）～式（5-439）求得J2000惯性系

下卫星加速度 $\boldsymbol{a}_i$ 为

$$\boldsymbol{a}_i = \boldsymbol{a}_{g,i} + \boldsymbol{a}_{a,i} \tag{5-440}$$

在 J2000 惯性系进行惯导解算，求得速度 $\boldsymbol{v}_i$ 和位置 $\boldsymbol{r}_i$：

$$\boldsymbol{v}_i = \int \boldsymbol{a}_i \cdot \mathrm{d}t \tag{5-441}$$

$$\boldsymbol{r}_i = \int \boldsymbol{v}_i \cdot \mathrm{d}t \tag{5-442}$$

设加表加速度漂移转换到 J2000 系为 $\mathrm{d}\boldsymbol{a}_i$，根据式（5-441）和式（5-442）惯导解算算法求得加表漂移引起的位置/速度误差 $\mathrm{d}\boldsymbol{v}_i/\mathrm{d}\boldsymbol{r}_i$

$$\mathrm{d}\boldsymbol{v}_i = \int \mathrm{d}\boldsymbol{a}_i \cdot \mathrm{d}t \tag{5-443}$$

$$\mathrm{d}\boldsymbol{r}_i = \int \mathrm{d}\boldsymbol{v}_i \cdot \mathrm{d}t \tag{5-444}$$

在惯导积分过程中逐步增加位置/速度误差修正量，可以确保误差修正的平稳性。在 J2000 惯性系扣除位置/速度误差修正量，应用简化积分算法进行惯导解算如下：

$$\boldsymbol{v}_{i,k} = \boldsymbol{v}_{i,k-1} + [\boldsymbol{a}_{i,k-1} + (\boldsymbol{a}_{i,k} - \boldsymbol{a}_{i,k-1})/2] \cdot T - \mathrm{d}\boldsymbol{v}_{i,k-1} \tag{5-445}$$

$$\boldsymbol{r}_{i,k} = \boldsymbol{r}_{i,k-1} + [\boldsymbol{v}_{i,k-1} + (\boldsymbol{v}_{i,k} - \boldsymbol{v}_{i,k-1})/2] \cdot T - \mathrm{d}\boldsymbol{r}_{i,k-1} \tag{5-446}$$

式中　$\boldsymbol{a}_{i,\ k-1}$ ——第 $k-1$ 步加速度；

$\boldsymbol{a}_{i,\ k}$ ——第 k 步加速度；

$\mathrm{d}\boldsymbol{v}_{i,\ k-1}$ ——第 $k-1$ 步估计的速度误差修正量；

$\boldsymbol{v}_{i,\ k-1}$ ——第 $k-1$ 步扣除速度误差修正量的速度；

$\boldsymbol{v}_{i,\ k}$ ——第 k 步扣除速度误差修正量的速度；

$\mathrm{d}\boldsymbol{r}_{i,\ k-1}$ ——第 $k-1$ 步估计的位置误差修正量；

$\boldsymbol{r}_{i,\ k-1}$ ——第 $k-1$ 步扣除位置误差修正量的位置；

$\boldsymbol{r}_{i,\ k}$ ——第 k 步扣除位置误差修正量的位置；

T ——导航解算周期。

5.16.2　星光折射大气折射角与高度关系

星光折射如图 5-43 所示，$\boldsymbol{s}_j$ 为未折射前恒星在 J2000 惯性系指向，$\boldsymbol{s}_j$ 为单位矢量，$\boldsymbol{r}_s$ 为航天器位置矢量，$\boldsymbol{u}$ 为 $\boldsymbol{r}_s$ 在 $\boldsymbol{s}_j$ 上的投影，即

$$\boldsymbol{u} = (\boldsymbol{r}_s \cdot \boldsymbol{s}_j) \cdot \boldsymbol{s}_j \tag{5-447}$$

星光折射角与高度的几何关系如下：

$$h_a = \sqrt{r_s^2 - u^2} + u \cdot \tan R_s - R_e - a \tag{5-448}$$

其中

$$r_s = \|\boldsymbol{r}_s\|, u = \|\boldsymbol{u}\|$$

式中　R_s ——星光折射角；

R_e ——地球半径；

a ——投影误差，小量，可忽略。

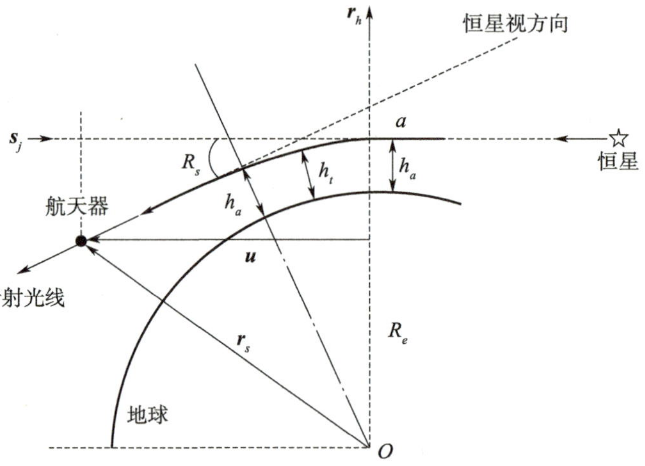

图 5-43 星光折射示意图

星光切线高度 h_t 是光的轨迹离地面高度的一个最小值，折射光线相对于地球的高度称为视高度，记作 h_a 。从航天器上观测到的恒星位置比恒星的实际位置要高，当恒星位于地平面下方时仍然是可观的。

来自恒星的入射光线与折射后的光线形成的夹角称为星光折射角 R_s

$$R_s = k(\lambda) \cdot \rho \cdot \sqrt{\frac{2\pi(R_e + h_t)}{H}} \tag{5-449}$$

式中 $k(\lambda)$ ——不同波长光折射率系数，$k(\lambda) = \left(77.6 + \dfrac{0.584}{\lambda^2}\right) \cdot R_0$ ；

λ ——波长；

R_0——通用气体常数，$R_0 = 2.870\,6 \times 10^{-6}\ \mathrm{m^3/kg}$；

ρ ——星光折射处大气密度，$\rho = \rho_0 \cdot \mathrm{e}^{-(h-h_0)/H}$ ；

ρ_0 —— $h_0 = 25$ km 高度大气密度；

H ——大气密度标高，$H = H_0 + \mu_0 \cdot (h - h_0)$， $H_0 = 6.366$ km ；

μ_0 ——大气密度标高修正系数。

5.16.3 星光折射点高度和折射角估计

如图 5-44 所示，恒星指向相对卫星至地心指向夹角 α 为

$$\alpha = \arccos\left(-\frac{\tilde{\boldsymbol{r}}_s}{\|\tilde{\boldsymbol{r}}_s\|} \cdot \boldsymbol{s}_j\right) \tag{5-450}$$

式中 $\tilde{\boldsymbol{r}}_s$ ——组合导航输出的卫星在 J2000 地心惯性系位置；

$\boldsymbol{s}_j$ ——恒星 j 在 J2000 惯性系指向。

卫星、恒星和地心平面法向指向 $\tilde{\boldsymbol{s}}_v$ 为

$$\tilde{\boldsymbol{s}}_v = \frac{\tilde{\boldsymbol{r}}_s \times \boldsymbol{s}_j}{\|\tilde{\boldsymbol{r}}_s \times \boldsymbol{s}_j\|} \tag{5-451}$$

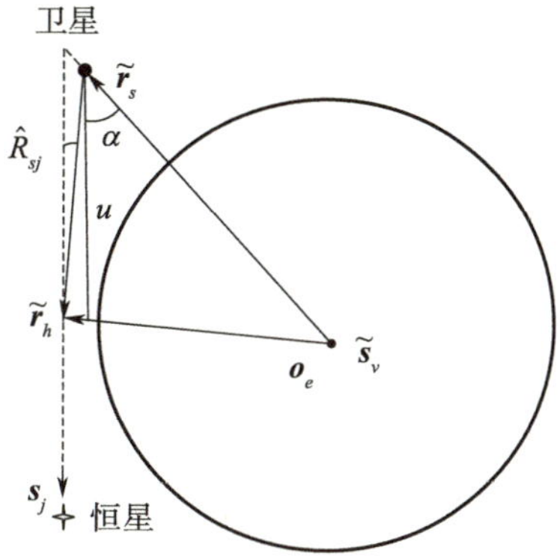

图 5-44 星光折射高度和折射角关系

地心至星光折射点惯性指向 $\tilde{\boldsymbol{s}}_h$ 为

$$\tilde{\boldsymbol{s}}_h = \boldsymbol{s}_j \times \tilde{\boldsymbol{s}}_v = [x_h \quad y_h \quad z_h]^{\mathrm{T}} \tag{5-452}$$

星光折射点地心纬度 δ 为

$$\delta = \arcsin(z_h) \tag{5-453}$$

考虑到星光折射角为小角度，地心至星光折射点位置矢量 $\tilde{\boldsymbol{r}}_h$ 为

$$\tilde{\boldsymbol{r}}_h \approx (\|\tilde{\boldsymbol{r}}_s\| \cdot \sin\alpha + \|\tilde{\boldsymbol{r}}_s\| \cdot \cos\alpha \cdot \hat{R}_{sj}) \cdot \tilde{\boldsymbol{s}}_h \tag{5-454}$$

式中 $\hat{R}_{sj}$ ——星光折射角实测值。

星光折射点地面高度 $\tilde{h}_j$ 为

$$\tilde{h}_j = \tilde{r}_h - R_e \cdot \left[1 - f_e \sin^2\delta - \frac{f_e^2}{2}\sin^2 2\delta\left(\frac{R_e}{r_h} - 0.25\right)\right] \tag{5-455}$$

式中，$\tilde{r}_h = \|\tilde{\boldsymbol{r}}_h\|$；$a$ 为地球长半轴；$f_e = 1/298.257\ 223\ 563$ 为地球扁率。

由式（5-449）求得星光折射角估计值 $\tilde{R}_{sj}$

$$\tilde{R}_{sj} = k(\lambda) \cdot \rho \cdot \sqrt{\frac{2\pi(R_e + \tilde{h}_j)}{H}} \tag{5-456}$$

5.16.4 基于星光折射角估计位置误差

如图 5-45 所示，星光折射角估计误差 $\mathrm{d}R_{sj}$ 为

$$\mathrm{d}R_{sj} = \tilde{R}_{sj} - \hat{R}_{sj} \tag{5-457}$$

折射角 R_{sj} 为小角度，位置误差 $\mathrm{d}r_s$ 在 $\tilde{\boldsymbol{r}}_h$ 方向上的投影 $\mathrm{d}\tilde{r}_{sj}$ 如下：

$$\mathrm{d}\tilde{\boldsymbol{r}}_{sj} = \mathrm{d}R_{sj} \cdot \|\tilde{\boldsymbol{r}}_s\| \cdot \cos\alpha \cdot \frac{\tilde{\boldsymbol{r}}_h}{\|\tilde{\boldsymbol{r}}_h\|} = \mathrm{d}\tilde{r}_{sj} \cdot \tilde{\boldsymbol{s}}_h \tag{5-458}$$

其中

$$\mathrm{d}\tilde{r}_{sj} = \|\mathrm{d}\tilde{\boldsymbol{r}}_{sj}\| = \mathrm{d}R_{sj} \cdot \|\tilde{\boldsymbol{r}}_s\| \cdot \cos\alpha$$

由式（5-458）得

$$\mathrm{d}\tilde{r}_{sj} \propto \mathrm{d}R_{sj} \tag{5-459}$$

由式（5-449）得

$$\mathrm{d}R_{sj} \propto \mathrm{d}\rho \tag{5-460}$$

由式（5-459）和式（5-460）得

$$\mathrm{d}\tilde{r}_{sj} \propto \mathrm{d}\rho \tag{5-461}$$

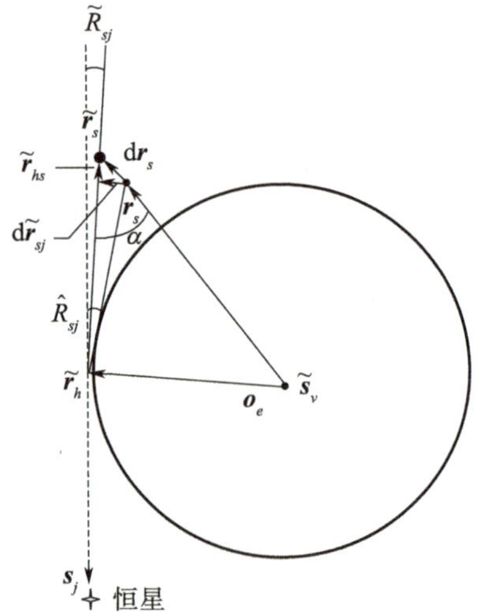

图 5-45　星光折射导航位置误差示意图

由式（5-461），星光折射导航精度受大气密度估计误差影响，大气密度受季节、纬度和昼夜等影响，大气密度估计相对误差一般为 10%～30%。

低高度处大气密度高，大气密度估计绝对误差大，星光折射导航精度受低高度大气密度绝对误差影响大。

低高度处大气密度高，根据式（5-461），低高度处星光折射角误差大，为降低低高度大气密度估计误差对导航精度影响，基于星光折射角大小设置位置误差 $\mathrm{d}\tilde{r}_{sj}$ 权重 k_{sj}

$$k_{sj} = \begin{cases} 1 & R_{sj} \leqslant R_{sj0} \\ \dfrac{R_{sj0}}{R_{sj}} & R_{sj} > R_{sj0} \end{cases} \tag{5-462}$$

基于多个折射星估计的位置误差 $\Delta \boldsymbol{r}_i$ 如下：

$$\Delta \boldsymbol{r}_i = \sum_j k_{sj} \cdot \mathrm{d}\tilde{\boldsymbol{r}}_{sj} \tag{5-463}$$

5.16.5　基于星光大气折射角组合导航和估计加表漂移

星光折射敏感器受地球大气衰减影响和大气厚度限制，接收到大气折射恒星数量有限，基于星光折射敏感器大气折射角不能连续解算输出位置信息；加表加速度存在漂移，基于加表的纯惯导不能长时间使用。因此用星光折射敏感器输出的少量恒星大气折射角误差信息估计惯导位置/速度误差和加表漂移，并修正惯导位置/速度误差。

根据式（5-463）求得基于星光折射角估计的第 k 步位置误差 $\Delta \boldsymbol{r}_{i,k}$，式（5-445）

和式（5－446）组合导航解算过程对位置和速度误差修正量进行积分，为防止积分饱和，需要对积分进行限幅。工程应用中对位置误差 $\Delta \boldsymbol{r}_{i,k}$ 进行限幅，设对 $\Delta \boldsymbol{r}_{i,k}$ 限幅后位置/速度误差为 $\Delta \overline{\boldsymbol{r}}_{i,k}$，第 k 步惯导解算位置误差修正量 $\mathrm{d}\boldsymbol{r}_{i,k}$ 为

$$\mathrm{d}\boldsymbol{r}_{i,k}=\boldsymbol{k}_{p,r}\cdot\Delta\overline{\boldsymbol{r}}_{i,k} \tag{5-464}$$

式中，$\boldsymbol{k}_{p,r}$ 为位置误差修正量估计比例系数，为 3×3 对角阵，可以独立估计位置误差修正量。

考虑到位置误差也反映速度误差，基于位置误差修正量 $\mathrm{d}\boldsymbol{r}_{i,k}$ 估计速度误差修正量。由位置误差修正量 $\mathrm{d}\boldsymbol{r}_{i,k}$ 估计速度误差修正量 $\mathrm{d}\boldsymbol{v}_{i,k}$，为防积分饱和也需要对 $\mathrm{d}\boldsymbol{r}_{i,k}$ 限幅，设对 $\mathrm{d}\boldsymbol{r}_{i,k}$ 限幅后的位置误差修正量为 $\mathrm{d}\overline{\boldsymbol{r}}_{i,k}$，第 k 步惯导解算速度误差修正量 $\mathrm{d}\boldsymbol{v}_{i,k}$ 如下：

$$\mathrm{d}\boldsymbol{v}_{i,k}=\boldsymbol{k}_{p,v}\cdot\mathrm{d}\overline{\boldsymbol{r}}_{i,k} \tag{5-465}$$

式中，$\boldsymbol{k}_{p,v}$ 为速度误差修正量估计比例系数，为 3×3 对角阵，可以独立估计速度误差修正量。

将求得的惯导解算速度误差 $\mathrm{d}\boldsymbol{v}_{i,k}$ 转换到加表坐标系

$$\mathrm{d}\boldsymbol{v}_{a,k}=\boldsymbol{A}_{ai}\cdot\mathrm{d}\boldsymbol{v}_{i,k} \tag{5-466}$$

式中　$\boldsymbol{A}_{ai}$ ——J2000 惯性系到加表坐标系的姿态转换矩阵。

为防积分饱和也需要对 $\mathrm{d}\boldsymbol{v}_{a,k}$ 限幅，设对 $\mathrm{d}\boldsymbol{v}_{a,k}$ 限幅后的速度误差修正量为 $\mathrm{d}\overline{\boldsymbol{v}}_{a,k}$，基于 PI 滤波估计加表加速度漂移 $\mathrm{d}\boldsymbol{a}_{a,k}$

$$\mathrm{d}\boldsymbol{a}_{a,k}=\boldsymbol{k}_{p,a}\cdot\mathrm{d}\overline{\boldsymbol{v}}_{a,k}+\int\boldsymbol{k}_{i,a}\cdot\mathrm{d}\overline{\boldsymbol{v}}_{a,k}\cdot\mathrm{d}t \tag{5-467}$$

式中　$\mathrm{d}\boldsymbol{a}_{a,k}$ ——第 k 步估计的加表漂移；

$\boldsymbol{k}_{p,a}$ ——PI 滤波估计比例系数；

$\boldsymbol{k}_{i,a}$ ——PI 滤波估计积分系数。

$\boldsymbol{k}_{p,a}$ 和 $\boldsymbol{k}_{i,a}$ 为 3×3 对角阵，三轴可以独立估计加速度漂移。

设加表加速度漂移估计为 $\mathrm{d}\boldsymbol{a}_{a,k-1}$，求得 J2000 惯性系下扣除加表漂移的卫星非惯性加速度 $\boldsymbol{a}_{i,k}$ 为

$$\boldsymbol{a}_{i,k}=\boldsymbol{A}_{ia}\cdot(\boldsymbol{a}_{a,k}-\mathrm{d}\boldsymbol{a}_{a,k-1}) \tag{5-468}$$

式中　$\boldsymbol{A}_{ia}$ ——加表坐标系到 J2000 惯性系的姿态转换矩阵；

$\boldsymbol{a}_{a,k}$ ——加表第 k 步测得的加表坐标系下加速度。

5.16.6　星光折射导航算法仿真验证

1 台星光折射敏感器斜装在对地指向转台上，以 4（°）/s 的速度圆锥扫描地球大气折射恒星，星光折射敏感器视场 8°×8°，探测星等为 7.0、星光折射角测量随机误差 3″。

大气密度估计随机误差 20%；三轴加速度漂移－0.006（°）/s，－0.004（°）/s，0.005（°）/s，随机漂移 0.000 5m/s^2。

基于星光折射角估计加表漂移如图 5-46 所示，基于星光折射角组合导航位置误差如图 5-47 和图 5-48 所示，位置误差约 500 m；基于星光折射角组合导航速度误差如图 5-49 所示，速度误差约 2.0 m/s。

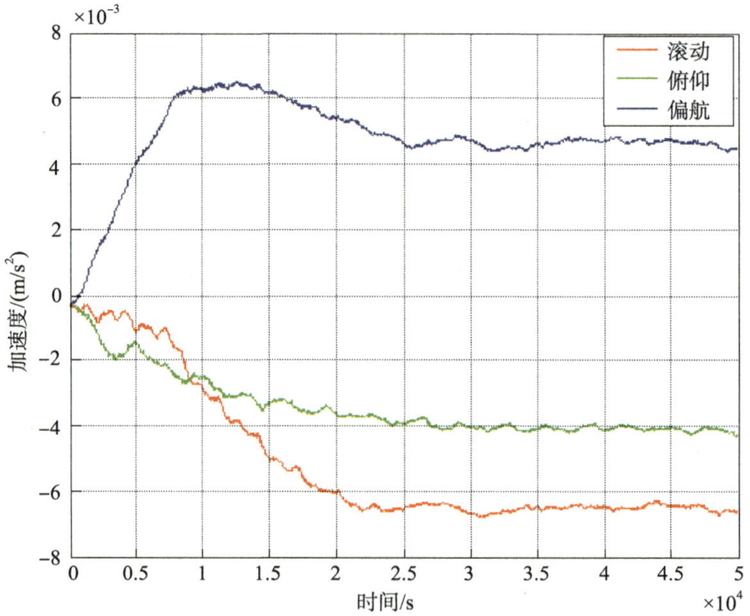

图 5-46　基于星光折射角估计加表漂移

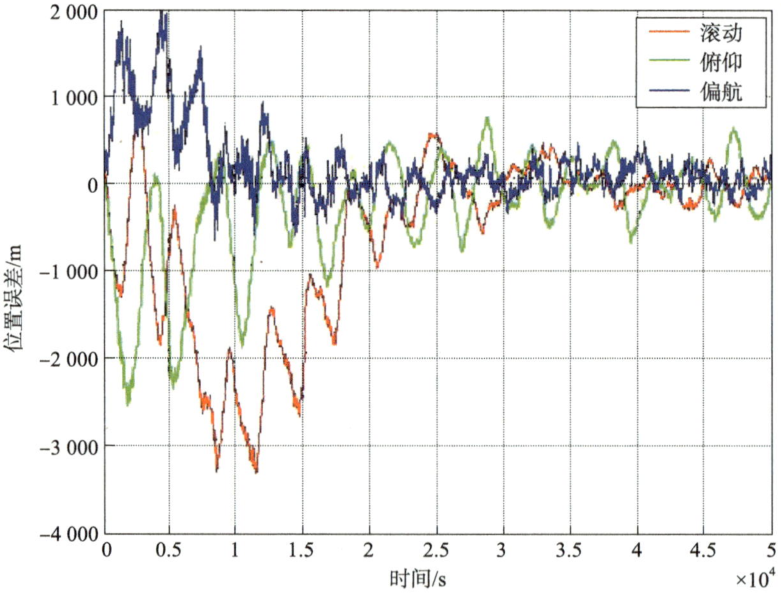

图 5-47　基于星光折射角组合导航位置误差

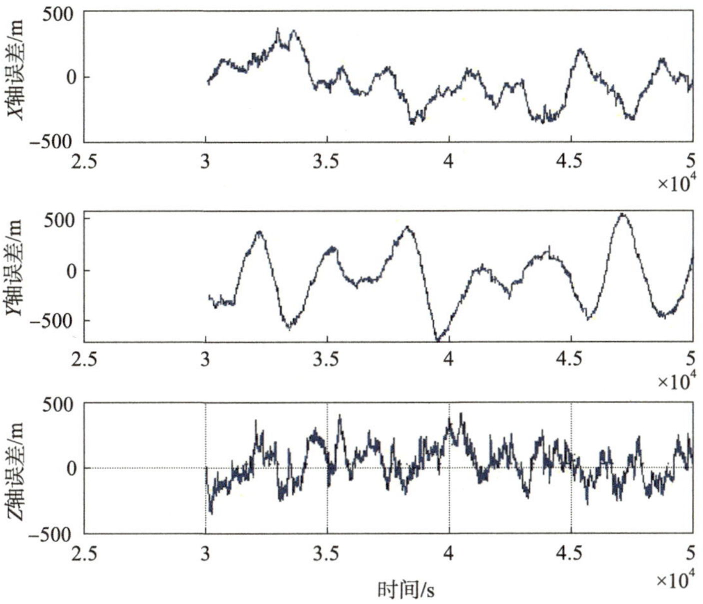

图 5-48　基于星光折射角组合导航位置误差放大曲线

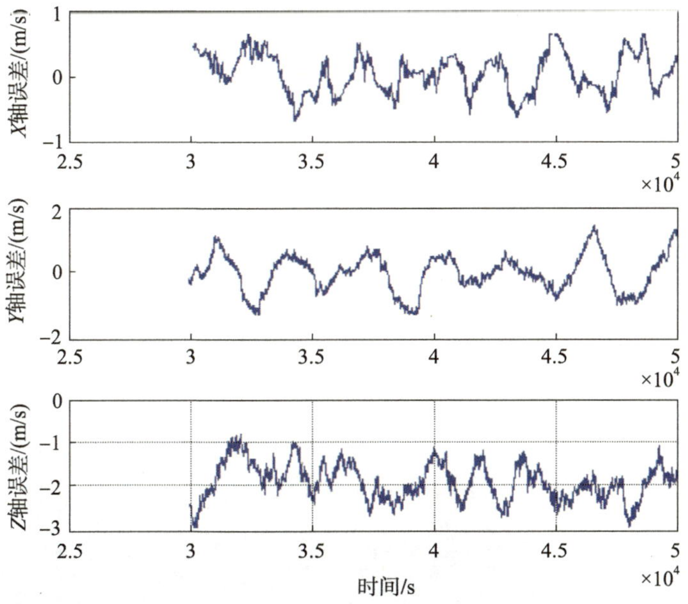

图 5-49　基于星光折射角组合导航速度误差放大曲线

星光受大气衰减影响，高度 10～50 km 平流层大气对中心波长 0.55 μm 和0.85 μm 星光辐射强度衰减等效视星等差如图 5-50 所示[68]。

受地球大气衰减影响和大气厚度限制，星光折射敏感器接收的导航星数有限，可见导航星数如图 5-51 所示。

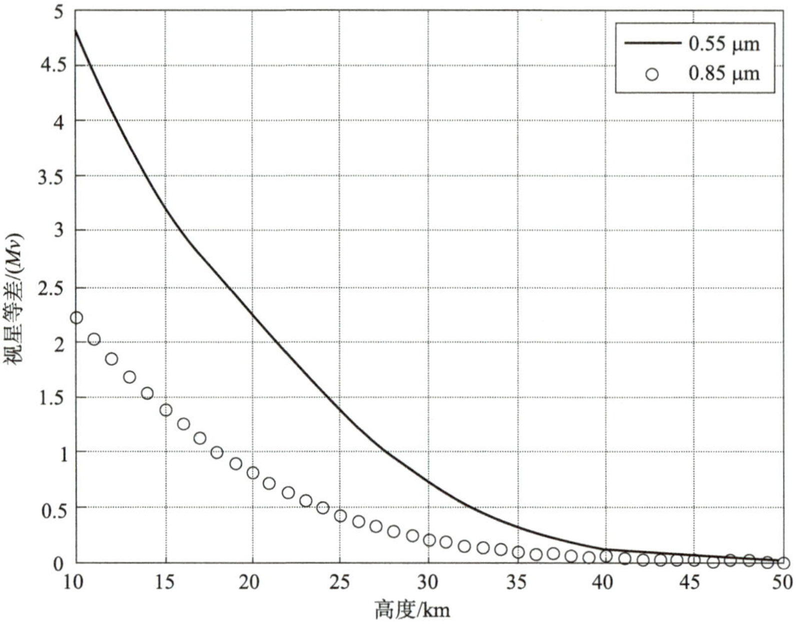

图 5-50　恒星辐射强度大气衰减等效视星等差

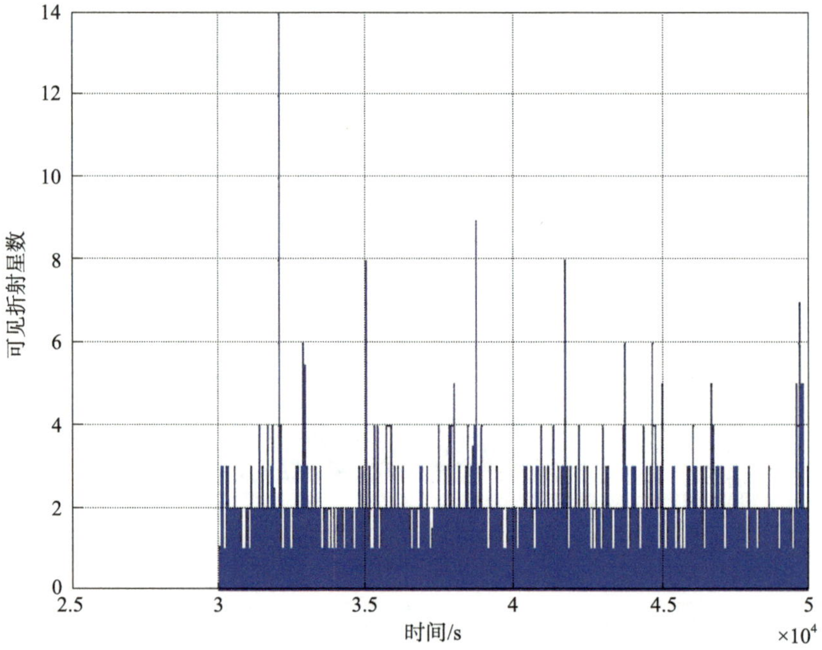

图 5-51　星光折射敏感器探测折射星数

基于星光折射敏感器星光折射角组合导航允许短期没有折射星，通过加表惯导；星光折射敏感器接收到 2 颗折射星能够稳定组合导航，长时间只有 1 颗折射星，轨道精度受影响。

5.17　恒星及行星星等及数量

5.17.1　恒星星等及星数统计

Mv 等星总数

$$N_{Mv}=6.57e^{1.08Mv} \tag{5-469}$$

视星等高于 4 等约有 509 颗，高于 5 等有 1 477 颗；高于 6 等有 4 283 颗，高于 6.5 等有 7 000 多颗，高于 8 等约有 3.7 万颗。

七种类型恒星不同星等星数见表 5 - 13。

表 5 - 13　七种类型恒星不同星等星数

星等	O	B	A	F	G	K	M	总数
<1 等	0	5	3	2	1	2	2	15
<2 等	1	17	11	7	1	7	4	48
<3 等	5	54	36	16	16	30	11	
<4 等	7	140	98	51	62	126	25	
<5 等	12	356	300	174	189	361	85	
<6 等	22	632	652	407	375	672	169	

注：<6 等星光折射可用恒星。

5.17.2　十五颗 1 等以上亮度恒星

十五颗 1 等以上亮度恒星星等（M）和指向（赤径 ψ、赤纬 θ）如下：

（1）天狼星/大犬座

$M=-1.44$，$\psi=101.287°$，$\theta=-16.716°$。

（2）老人星/船底座

$M=-0.736$，$\psi=95.988°$，$\theta=-52.696°$。

（3）大角/牧夫座

$M=-0.05$，$\psi=-146.085°$，$\theta=19.182°$。

（4）南门二/半人马座

$M=-0.01$，$\psi=-140.101°$，$\theta=-60.835°$。

（5）织女星/天琴座

$M=0.033$，$\psi=-80.765°$，$\theta=38.784°$。

（6）五车二/御夫座

$M=0.080$，$\psi=79.172°$，$\theta=45.998°$。

（7）参宿七/猎户座

$M=0.100$，$\psi=78.634°$，$\theta=-8.202°$。

（8）南河三/小犬座

$M=0.400$，$\psi=114.825°$，$\theta=5.225°$。

(9) 水委一/波江座

$M=0.453$，$\psi=24.429°$，$\theta=-57.237°$。

(10) 马腹一/半人马座

$M=0.610$，$\psi=-149.044°$，$\theta=-60.373°$。

(11) 牛郎星/天鹰座

$M=0.765$，$\psi=-62.304°$，$\theta=8.868°$。

(12) 十字架二/南十字座

$M=0.775$，$\psi=-173.349°$，$\theta=-63.099°$。

(13) 毕宿五/金牛座

$M=0.867$，$\psi=68.980°$，$\theta=16.509°$。

(14) 参宿四/猎户座

$M=0.870$，$\psi=88.793°$，$\theta=7.407°$。

(15) 角宿一/室女座

$M=0.976$，$\psi=-158.702°$，$\theta=-11.161°$。

5.17.3 八大行星视星等排名

从地球上看八大行星最亮时视星等排名如下：

1) 金星最亮时视星等 4.4；

2) 水星最亮时视星等 2.6；

3) 火星最亮时视星等 2.91；

4) 木星最亮时视星等 2.94；

5) 土星最亮时视星等 0.3；

6) 天王星最亮时视星等 5.5；

7) 海王星最亮时视星等 7.8；

8) 冥王星最亮时视星等 13.65～16.3。

5.18 习题

1. 编写 WGS-84 与 J2000 位置/速度相互转换 Simulink 仿真程序。

以提供的 WGS-84 和 J2000 位置/速度为参考值（见表 5-3～表 5-7），天文参数如下：

极移 $x_p=0''.163\,837$，$y_p=0''.144\,674$；UT1−UTC=−0.530 181 9。

2. 编写 WGS-84 位置/速度与经纬高及地平系位置/速度相互转换 Simulink 仿真程序。

3. 编写轨道根数与 J2000 惯性系位置/速度相互转换 Simulink 仿真程序。

4. 编写地面重力及比力计算 Simulink 仿真程序。
5. 编写地面粗对准及精对准 Simulink 仿真程序。
6. 编写基于 J2000 惯性系纯惯导 Simulink 仿真程序。
7. 编写 GNSS 兼容机与惯性卡尔曼滤波组合导航 Simulink 仿真程序。
8. 编写基于跟瞄近程相对导航卡尔曼滤波 Simulink 仿真程序。
9. 编写大偏心率轨道平根与瞬根相互转换 Simulink 仿真程序。
10. 编写小偏心率轨道平根与瞬根相互转换 Simulink 仿真程序。

参考文献

[1] 徐晓苏，刘心雨．一种改进的粒子滤波算法在 SINS 初始对准中的应用 [J]. 中国惯性技术学报，2016，24 (3)：299 - 305.

[2] 马宏阳，程鹏飞，王潜心．一种改进的 UKF 算法在捷联惯导初始对准中的应用 [J]. 测绘通报，2015，51 (7)：18 - 22.

[3] 王跃钢，蔚跃，雷堰龙，等．模糊自适应滤波在捷联惯导初始对准中的应用 [J]. 压电与声光，2013，35 (1)：59 - 62.

[4] 李方能，许江宁，亓洪标．基于边缘采样 UKF 滤波的捷联惯导初始对准方法 [J]. 中国惯性技术学报，2014，22 (5)：612 - 618.

[5] 徐晓苏，周峰，张涛，等．基于四元数自适应卡尔曼滤波的快速对准算法 [J]. 中国惯性技术学报，2016，24 (4)：454 - 459.

[6] 徐晓苏，田泽鑫，刘义亭，等．基于改进型 CKF 的 SINS 初始对准方法 [J]. 华中科技大学学报，2016，44 (1)：81 - 86.

[7] 梅春波，秦永元，游金川．SINS 基于非线性量测的大失准角初始对准算法 [J]. 宇航学报，2016，37 (3)：291 - 297.

[8] 王荣颖，刘文超，卞鸿巍，等．基于降维滤波器的 SINS 快速初始对准算法 [J]. 中国惯性技术学报，2016，24 (5)：607 - 611，618.

[9] 孙进，徐晓苏，刘义亭，等．基于自适应无迹粒子滤波的 SINS 大方位失准角初始对准 [J]. 中国惯性技术学报，2016，24 (2)：154 - 159.

[10] 刘育浩，黄新生．提升小波在 SINS 信号去噪及初始对准中的应用 [J]. 系统仿真学报，2009，21 (19)：6013 - 6016.

[11] 徐清雷，邓正隆，张传斌．捷联惯导系统快速初始对准方法仿真研究 [J]. 系统仿真学报，2004，16 (6)：1228 - 1230.

[12] 郭士荦，许江宁，李峰．强跟踪 CKF 及其在惯导系统初始对准中的应用 [J]. 中国惯性技术学报，2017，25 (4)：436 - 441.

[13] 朱兵，许江宁，何泓洋，等．粒子群算法优化的捷联罗经初始对准方法 [J]. 中国惯性技术学报，2017，25 (1)：85 - 88，95.

[14] 李兵军，高伟，王慧，等．基于线性最优控制的捷联惯导初始对准方法研究 [J]. 弹箭与制导学报，2008，28 (2)：8 - 12.

[15] 刘生炳，魏宗康，陈东生，等．捷联惯导系统全姿态初始对准方法 [J]. 导弹与航天运载技术，2013，XX (6)：42 - 45.

[16] 魏伟，武云云．惯性/天文/卫星组合导航技术的现状与展望 [J]. 现代导航，2014，5 (1)：62 - 65.

[17] 连文浩，杨小龙，朱磊，等．EKF 在 SINS/兼容机深组合导航中的应用 [J]. 现代防御技术，2017，45 (5)：53 - 62.

[18] 张卫东，邱伟，毛承元，等．一种可用于运载火箭的 SINS/兼容机自主导航方案 [J]. 中国惯性技术学报，2017，25 (1)：52－56.

[19] 王健．提高 SINS/兼容机组合导航系统定位精度的方法研究 [J]. 现代导航，2014，5 (1)：7－10.

[20] 郝向阳，汪小飞，杨波，等．基于 UKF 的 MIMU/GPS/DVS 组合导航方法研究 [J]. 计算机测量与控制，2013，21 (11)：3072－3074.

[21] 林雪原，徐进，石晓辉．一种基于小波技术的 GPS/SINS 组合导航技术及试验 [J]. 海军航空工程学院学报，2009，24 (1)：69－72，76.

[22] 周翟和，刘建业，赖际舟，等．一种新的改进高斯粒子滤波算法及其在 SINS/GPS 深组合导航系统中的应用 [J]. 控制与决策，2011，26 (1)：85－88，95.

[23] 金红新，杨涛，王小刚，等．基于鲁棒高阶容积滤波的无人机相对导航状态估计方法 [J]. 国防科技大学学报，2017，39 (4)：139－143.

[24] 陈凤，朱洁，顾冬晴，等．基于激光成像雷达的空间非合作目标相对导航技术 [J]. 红外与激光工程，2016，45 (5)：1030005－1～1030005－8.

[25] 赵逸伦，乔兵，靳永强，等．一种采用双目视觉加惯性测量的航天器组合相对导航方法 [J]. 航天控制，2016，34 (4)：47－52.

[26] 陈诚，王小刚，秦武韬，等．基于鲁棒滤波的无人机着陆相对导航方法 [J]. 中国惯性技术学报，2017，25 (3)：415－420.

[27] 岳聪，薄煜明，吴盘龙，等．基于模糊迭代均方根容积卡尔曼滤波的天基非合作目标跟踪 [J]. 中国惯性技术学报，2017，25 (3)：395－398，404.

[28] 杨文革，李兆铭，楼鑫．编队卫星自主相对导航简化强跟踪 UKF 滤波算法 [J]. 科学技术与工程，2016，16 (31)：106－112.

[29] 杨东春，赵春慧，顾冬晴．基于激光测距和近程相对导航的非合作目标远程交会相对导航算法研究 [J]. 上海航天，2016，33 (4)：75－80.

[30] 尤岳，王华，CHRISTOPHE PACCOLAT，等．基于 SRUKF 的偏心仅测角相对导航方法 [J]. 宇航学报，2016，37 (11)：1312－1322.

[31] 樊建文，雷创．飞机编队相对导航技术研究 [J]. 现代导航，2016，7 (3)：161－165.

[32] 李九人，李海阳，唐国金，等．基于仅测角的自主交会相对导航策略研究 [J]. 中国科学：技术科学，2011，41 (9)：1197－1204.

[33] 李崇辉，李铸洋，郑勇，等．利用多星矢量观测信息进行天文导航定位技术的研究 [J]. 导航定位学报，2013，1 (3)：62－65.

[34] 张迎春，李璟璟，吴丽娜，等．模糊自适应无迹卡尔曼滤波方法用于天文导航 [J]. 哈尔滨工业大学学报，2012，44 (1)：12－16.

[35] 王鹏，张迎春．基于信息融合的自主天文导航方法 [J]. 系统工程与电子技术，2012，34 (5)：1001－1006.

[36] 崔文楠，张涛．一种适用于近地卫星天文导航的地心距和地心矢量解算方法 [J]. 光学与光电技术，2012，10 (5)：30－33.

[37] 杨亚非，李建国．改进的粒子滤波在深空探测自主天文导航中的应用 [J]. 测试技术学报，2009，23 (6)：477－481.

[38] 房建成，宁晓琳．月球探测器天文导航的遗传粒子滤波方法 [J]. 北京航空航天大学学报，2006，32 (11)：1273－1276.

[39] 董唯光，李言俊，张科．改进的CRPF在自主天文导航中的应用 [J]. 计算机测量与控制，2008，16 (11)：1682-1684，1688.

[40] 宁晓琳，房建成．一种基于信息融合的卫星自主天文导航新方法 [J]. 宇航学报，2003，24 (6)：579-583，633.

[41] 张瑜，房建成．基于Unscented卡尔曼滤波器的卫星自主天文导航研究 [J]. 宇航学报，2003，24 (6)：646-650.

[42] 宋利芳，房建成．基于UPF的航天器自主天文导航方法 [J]. 航天控制，2005，23 (6)：31-34，40.

[43] 颜东，张洪械，范耀祖，等．非线性滤波及其在航天器天文导航中的应用 [J]. 中国惯性技术学报，1997，5 (3)：6-9，16.

[44] 李海林，吴德伟．基于非开普勒轨道的高超声速临近空间飞行器自主天文导航研究 [J]. 空间科学学报，2012，32 (6)：874-880.

[45] F F FISCHBACH，M E GRAVES，P B HAYS，et al. Satellite measurement of atmospheric structure by stellar refraction [M]. Greenbelt Maryland：The University of Michigan，1965.

[46] 王国权，金声震，孙才红，等．组合大视场星敏感器星光折射卫星自主导航方法及仿真 [J]. 系统仿真学报，2005，17 (3)：529-532.

[47] 房建成，宁晓琳. 天文导航原理及应用 [M]. 北京：北京航空航天大学出版社，2006.

[48] 王五生．卫星高精度自主定轨中大气密度模型 [J]. 邢台学院学报，2008，23 (2)：89-91.

[49] 薛大同．对地球大气密度随高度分布规律的讨论 [J]. 真空科学与技术学报，2009，29 (增刊)：1-8.

[50] 强希文，张辉，屠琴芬，等．激光雷达信号大气衰减效应 [J]. 应用光学，2000，21 (4)：21-25，38.

[51] 魏合理，陈秀红，余凯，等．白天CCD观星可探测极限星等值分析 [J]. 强激光与粒子束，2007，19 (2)：187-192.

[52] 牟达，李全勇，董家宁．地基红外系统探测空间目标红外星等的分析 [J]. 红外与激光工程，2011，40 (9)：1609-1613.

[53] 周建涛，蔡伟，武延鹏．星敏感器用仪器星等的确定 [J]. 空间控制技术与应用，2009，35 (2)：46-50.

[54] 宁晓琳，梁晓钰，孙晓函，等．基于折射方向矢量的地球卫星星光折射导航新方法 [J]. 飞控与探测，2020，3 (2)：8-16.

[55] 刘禹，陈浩，张丽敏．构造折射星场方法用于星光折射导航仿真的研究 [J]. 上海航天，2018，35 (1)：43-47.

[56] 宁晓琳，梁晓钰，孙晓函，等．地球卫星星光折射导航量测量及其性能对比 [J]. 航空学报，2020，41 (8)：90-103.

[57] 宁晓琳，王龙华，白鑫贝，等．一种星光折射卫星自主导航系统方案设计 [J]. 宇航学报，2012，33 (11)：1601-1610.

[58] 宋峰，张奕群．星光大气折射观测导航方法可观性研究 [J]. 现代防御技术，2012，40 (2)：65-70，81.

[59] 王融，熊智，刘建业．星光折射定位辅助的惯性/星光全组合导航算法 [J]. 传感器与微系统，2017，36 (12)：134-136，140.

[60] 李琳琳，孙辉先．基于星敏感器的星光折射卫星自主导航方法研究 [J]. 系统工程与电子技术，2004，26 (3)：353 - 357.

[61] 张瑜，房建成．基于 Unscented 卡尔曼滤波器的卫星自主天文导航研究 [J]. 宇航学报，2003，24 (6)：646 - 650.

[62] 温永智，吴杰．基于卫星导航数据在线拟合星光折射模型方法 [J]. 国防科技大学学报，2011，33 (1)：7 - 10.

[63] 胡静，杨博．精确星光大气折射导航观测模型的研究 [J]. 北京航空航天大学学报，2006，32 (7)：773 - 777.

[64] 王国权，金声震，孙才红，等．组合大视场星敏感器星光折射卫星自主导航方法及仿真 [J]. 系统仿真学报，2005，17 (3)：529 - 532.

[65] 张瑜，房建成．航天器天文导航模糊自适应卡尔曼滤波研究 [J]. 北京航空航天大学学报，2004，30 (8)：735 - 738.

[66] 宋峰，张奕群．星光大气折射圆锥扫描观测导航方法研究 [J]. 现代防御技术，2012，40 (1)：95 - 99，127.

[67] 杨淑洁，杨功流，尹洪亮，等．一种航天飞行器的 INS/CNS 自主导航方案 [J]. 中国惯性技术学报，2014，22 (6)：728 - 733.

[68] 王献忠，汤敏兰，刘禹，等．星光折射敏感器谱宽选择及探测能力分析 [J]. 系统仿真学报，2018，30 (2)：722 - 730.

第6章 姿态控制算法及仿真

为了提高飞轮控制可靠性，本章给出了基于飞轮不同安装方式下多种飞轮控制算法，包括零动量、固定偏置动量、双自由度偏置动量，及仅一个飞轮的非偏置动量和磁力矩器的稳定控制算法。考虑到单翼帆板的低轨卫星受气动干扰力矩比较严重，为了降低硬件配置，同时提高固定偏置动量控制的抗干扰能力和控制精度，本章给出基于固定偏置动量加单个反作用飞轮进行低轨卫星干扰力矩补偿的控制算法，具有较强的工程实用性。

对于配置大型挠性太阳翼和天线的飞行器，快速姿态机动可能导致太阳翼或天线折断，基于角动量交换的轮控姿态机动角速率受飞轮角动量限制。本章考虑角速率约束和初始偏置角动量进行快速姿态机动控制最佳路径规划，并给出基于角速率约束的喷气和飞轮姿态快速机动控制算法。

大多数卫星在空间不能长时间近距离相互观测，轨道高度相近的卫星在异轨交会过程有短时间的近距离相互观测时机，需要跟踪星在异轨交会过程对目标星高精度指向跟踪控制，再通过跟踪星相机对目标星成像。异轨交会过程指向控制不仅要求快速姿态机动，且要求姿态机动过程对目标高精度指向。二星异轨交会过程视线角速率较大，交会过程时间较短，特别是轨道面夹角较大，轨道高度差较小时，需要跟踪星在大角速率下快速高精度指向跟踪目标星。

考虑一般卫星执行机构配置，基于力矩陀螺/大力矩动量轮、大力矩飞轮和喷气、飞轮和喷气三种执行机构组合，给出了异轨交会过程高精度指向跟踪控制算法。

考虑到部分低轨卫星由于体积、质量等受限，仅配置磁力矩器作为姿态执行机构；或者因为故障等原因，执行机构仅有磁力矩器，本章给出了仅基于磁力矩器的控制方案，进一步提高卫星的可靠性。

6.1 挠性动力学模态增益

6.1.1 挠性动力学模型

考虑帆板驱动及帆板挠性影响挠性动力学模型如下：

$$
\begin{cases}
\boldsymbol{I}\dot{\boldsymbol{\omega}}+\boldsymbol{R}_{as}\dot{\boldsymbol{\omega}}_a+\boldsymbol{\omega}\times(\boldsymbol{I}\omega+\boldsymbol{H}+\boldsymbol{R}_{as}\boldsymbol{\omega}_a+\boldsymbol{F}_s\dot{\boldsymbol{\eta}})+\dot{\boldsymbol{H}}+\boldsymbol{F}_s\ddot{\boldsymbol{\eta}}=\boldsymbol{T}_c+\boldsymbol{T}_d \\
\boldsymbol{R}_{as}^{\mathrm{T}}\dot{\boldsymbol{\omega}}+\boldsymbol{I}_a\dot{\boldsymbol{\omega}}_a+\boldsymbol{F}_a\ddot{\boldsymbol{\eta}}+\boldsymbol{\omega}_a\times(\boldsymbol{R}_{as}^{\mathrm{T}}\boldsymbol{\omega}+\boldsymbol{I}_a\boldsymbol{\omega}_a+\boldsymbol{F}_a\dot{\boldsymbol{\eta}})=\boldsymbol{T}_p \\
\ddot{\boldsymbol{\eta}}+2\xi\boldsymbol{\Lambda}\dot{\boldsymbol{\eta}}+\boldsymbol{\Lambda}^2\boldsymbol{\eta}+\boldsymbol{F}_s^{\mathrm{T}}\dot{\omega}+\boldsymbol{F}_a^{\mathrm{T}}\dot{\boldsymbol{\omega}}_a+\boldsymbol{F}_f\boldsymbol{a}=0
\end{cases}
\tag{6-1}
$$

式中 $\boldsymbol{\omega}$ ——卫星相对惯性空间的姿态角速度；

$\boldsymbol{H}$ ——卫星内部转动部件角动量；

$\boldsymbol{T}_c$ ——控制力矩；

$\boldsymbol{T}_d$ ——外干扰力矩；

$\boldsymbol{T}_p$ ——帆板驱动力矩；

$\boldsymbol{I}$ ——卫星的惯量阵；

$\boldsymbol{I}_a$ ——帆板绕驱动轴的惯量阵；

$\boldsymbol{R}_{as}$ ——帆板驱动运动与星体转动运动的耦合系数；

$\boldsymbol{F}_s$ ——帆板振动运动与星体转动运动的耦合系数；

$\boldsymbol{F}_a$ ——帆板振动运动与帆板驱动运动的耦合系数；

$\boldsymbol{F}_f$ ——姿轨控推力平动系数；

$\boldsymbol{a}$ ——卫星加速度；

$\boldsymbol{\omega}_a$ ——帆板转动角速度；

$\boldsymbol{\eta}$ ——帆板挠性模态坐标；

$\boldsymbol{\xi}$ ——帆板挠性模态阻尼系数；

$\boldsymbol{\Lambda}$ ——帆板挠性模态振型频率。

6.1.2 模态增益及基频

带有挠性的被控对象可控性与模态增益和基频相关，基频越低，模态增益越大，可控性越差。

模态增益计算如下：

$$k_i = \frac{C_i^2}{I_s} \tag{6-2}$$

式中　C_i ——某一轴某一基频对应的耦合系数；

I_s ——星体该轴转动惯量。

刚度与基频关系如下：

$$f = \frac{1}{2\pi}\sqrt{\frac{K}{m}} \tag{6-3}$$

式中　K ——刚度；

m ——部件质量。

某机械臂长度为 4 m，质量为 70 kg，估算其展开刚度约为 100 N/m，此时频率约为

$$f = \frac{1}{2\pi}\sqrt{\frac{K}{m}} = \frac{1}{2\pi}\sqrt{\frac{100}{70}} \approx 0.2\ \text{Hz} \tag{6-4}$$

6.2 干扰力矩分析

6.2.1 气动干扰力矩

气动干扰力和干扰力矩计算如下：

$$\boldsymbol{F}_a = C_D \cdot \frac{\rho V_R^2}{2} \cdot A_p \cdot \boldsymbol{v} \tag{6-5}$$

$$\boldsymbol{T}_a = C_D \cdot \frac{\rho V_R^2}{2} \cdot A_p (\boldsymbol{R}_p \times \boldsymbol{v}) \tag{6-6}$$

式中 $\frac{\rho V_R^2}{2}$ ——动压；

C_D ——阻力系数，取值范围为 2.2～2.6；

A_p ——迎风面面积；

$\boldsymbol{R}_p$ ——卫星质心到气动压心的矢径；

$\boldsymbol{v}$ ——来流方向的单位矢量。

6.2.2 重力梯度干扰力矩

重力梯度干扰力矩计算如下：

惯量积采用正极性定义

$$I_{xy} = \iiint xy \mathrm{d}m \mathrm{d}x \mathrm{d}y \tag{6-7}$$

$$I_{yz} = \iiint yz \mathrm{d}m \mathrm{d}y \mathrm{d}z \tag{6-8}$$

$$I_{zx} = \iiint zx \mathrm{d}m \mathrm{d}z \mathrm{d}x \tag{6-9}$$

惯量阵定义

$$\boldsymbol{I} = \begin{bmatrix} I_x & -I_{xy} & -I_{xz} \\ -I_{xy} & I_y & -I_{yz} \\ -I_{xz} & -I_{yz} & I_z \end{bmatrix} \tag{6-10}$$

$$\boldsymbol{T}_g = \frac{3\mu}{r^5} \cdot \boldsymbol{r} \times (\boldsymbol{I} \cdot \boldsymbol{r}) = \frac{3\mu}{r^3} \cdot \boldsymbol{E} \times (\boldsymbol{I} \cdot \boldsymbol{E}) \tag{6-11}$$

式中 $\boldsymbol{E}$ —— $\boldsymbol{I}_{3\times3}$ 单位阵。

惯量积采用正定义，重力梯度公式如下：

$$T_{gx} = -3\omega_o^2 \cdot [(I_y - I_z) \cdot \varphi - I_{yz} + I_{xy} \cdot \theta] \tag{6-12}$$

$$T_{gy} = -3\omega_o^2 \cdot [(I_x - I_z) \cdot \theta + I_{zx} + I_{xy} \cdot \varphi] \tag{6-13}$$

$$T_{gz} = 3\omega_o^2 \cdot (I_{yz} \cdot \theta + I_{zx} \cdot \varphi) \tag{6-14}$$

没有姿态误差，重力梯度如下：

$$T_{gx} = 3\omega_o^2 I_{yz} \tag{6-15}$$

$$T_{gy} = -3\omega_o^2 I_{zx} \tag{6-16}$$

$$T_{gz} \approx 0 \tag{6-17}$$

惯量积采用负极性定义

$$I_{xy} = -\iiint xy \mathrm{d}m \mathrm{d}x \mathrm{d}y \tag{6-18}$$

$$I_{yz} = -\iiint yz\,\mathrm{d}m\,\mathrm{d}y\,\mathrm{d}z \tag{6-19}$$

$$I_{zx} = -\iiint zx\,\mathrm{d}m\,\mathrm{d}z\,\mathrm{d}x \tag{6-20}$$

惯量阵定义

$$\boldsymbol{I} = \begin{bmatrix} I_x & I_{xy} & I_{xz} \\ I_{xy} & I_y & I_{yz} \\ I_{xz} & I_{yz} & I_z \end{bmatrix} \tag{6-21}$$

$$\boldsymbol{T}_g = \frac{3\mu}{r^5} \cdot \boldsymbol{r} \times (\boldsymbol{I} \cdot \boldsymbol{r}) = \frac{3\mu}{r^3} \cdot \boldsymbol{E} \times (\boldsymbol{I} \cdot \boldsymbol{E}) \tag{6-22}$$

式中　$\boldsymbol{E}$ —— $\boldsymbol{I}_{3\times3}$ 单位阵。

$$T_{gx} = -3\omega_o^2 \cdot [(I_y - I_z) \cdot \varphi + I_{yz} - I_{xy} \cdot \theta] \tag{6-23}$$

$$T_{gy} = -3\omega_o^2 \cdot [(I_x - I_z) \cdot \theta - I_{zx} - I_{xy} \cdot \varphi] \tag{6-24}$$

$$T_{gz} = -3\omega_o^2 \cdot (I_{yz} \cdot \theta + I_{zx} \cdot \varphi) \tag{6-25}$$

没有姿态误差，重力梯度如下：

$$T_{gx} = -3\omega_o^2 I_{yz} \tag{6-26}$$

$$T_{gy} = +3\omega_o^2 I_{zx} \tag{6-27}$$

$$T_{gz} \approx 0 \tag{6-28}$$

6.2.3　太阳光压力干扰力矩

$$\boldsymbol{F}_s = C_s \cdot \frac{I_s}{c} \cdot A \cdot \cos^2\psi \cdot \boldsymbol{n} \tag{6-29}$$

式中　C_s ——太阳光压系数，镜面反射取 2.0，黑体取 1.0，漫反射取值范围为 1.0～2.0；

I_s ——太阳通量，$I_s = 1\ 358\ \mathrm{W/m^2}$ ；

c ——光速；

A ——受照面面积；

ψ ——入射角；

$\boldsymbol{n}$ ——受照面的法线。

6.2.4　剩磁干扰力矩

剩磁干扰力矩如下：

$$\boldsymbol{T}_m = \boldsymbol{M}_m \times \boldsymbol{B}_b \tag{6-30}$$

式中　$\boldsymbol{M}_m$ ——星体剩磁；

$\boldsymbol{B}_b$ ——地磁场强度。

6.2.5　转动部件静不平衡干扰力矩

转动部件产生静不平衡干扰力矩和动不平衡干扰力矩，两种干扰力矩本质都是由离心力导致，质量不平衡块产生的离心力如下：

$$F = m \cdot \Omega^2 \cdot r = m \cdot \frac{v^2}{r} \tag{6-31}$$

式中 Ω ——绕转动部件 Z 轴转动角速率；

m ——不平衡块质量；

r ——不平衡块质心离转轴中心距离；

v ——质量不平衡块旋转产生的切向速度。

静不平衡干扰力矩如图 6-1 所示，在空间失重状态下，静不平衡力矩由静不平衡块随转动部件转动过程中的离心力产生。

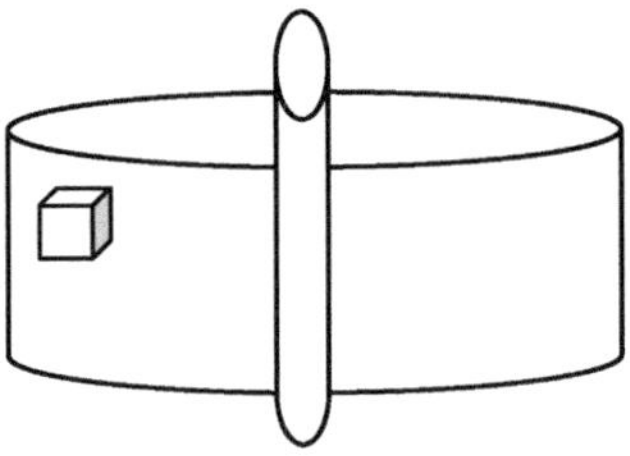

图 6-1 静不平衡

静不平衡力矩在水平面上的两个分量 T_x 、T_y 如下：

$$T_x = u_s \cdot r_{sc} \cdot \Omega^2 \cos(\Omega t + \alpha_0) \tag{6-32}$$

$$T_y = u_s \cdot r_{sc} \cdot \Omega^2 \sin(\Omega t + \alpha_0) \tag{6-33}$$

其中

$$u_s = m_s \cdot r_s$$

式中 s ——静不平衡；

m_s ——静不平衡块质量；

r_s ——静不平衡块质心离转轴中心距离；

r_{sc} ——卫星质心到静不平衡块所在旋转平面的距离；

Ω ——转动角速率；

α_0 ——静不平衡块初始相位。

静不平衡度 T_s

$$T_s = m_s \cdot g \cdot r_s \tag{6-34}$$

式中 g ——重力加速度。

静不平衡度 T_s 用于衡量静不平衡程度，单位为 N·m，15 N·m·s 反作用飞轮静不平衡度可以做到小于 2×10^{-4} N·m。

空间处于失重状态 $T_s \approx 0$，地面模拟空间全物理仿真试验时 T_s 量值远大于其他干扰力矩，严重影响地面模拟试验，需要采取吊挂、气浮等平衡措施，给地面模拟试验带来较大的困难。

静不平衡力矩与卫星质心到静不平衡块所在旋转平面的距离 r_{sc} 相关，为减小静不平衡力矩，飞轮要尽量靠近质心安装。

6.2.6　转动部件动不平衡干扰力矩

动不平衡干扰力矩如图 6-2 所示，在空间失重状态下，动不平衡力矩也由动不平衡块随转动部件转动过程中的离心力产生，其由一对力偶力矩产生。

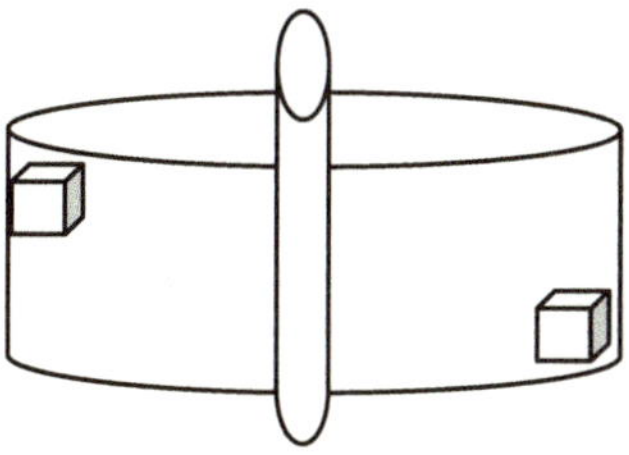

图 6-2　动不平衡

动不平衡力矩在水平面上的两个分量 T_x 、T_y 如下：

$$T_x = u_d \cdot \Omega^2 \cos(\Omega t + \beta_0) \tag{6-35}$$

$$T_y = u_d \cdot \Omega^2 \sin(\Omega t + \beta_0) \tag{6-36}$$

其中

$$u_d = 2m_d \cdot r_d \cdot h$$

式中　d ——动不平衡；

m_d ——动不平衡块质量；

r_d ——动不平衡块离轴心距离；

h ——动不平衡块高度差；

Ω ——转动角速率；

β_0 ——动不平衡块初始相位。

动不平衡度 I_d

$$I_d = m_d \cdot r_d^2 \tag{6-37}$$

动不平衡度 I_d 用于衡量动不平衡程度，单位为 kg · m²，15 N · m · s 反作用飞轮动不平衡度可以做到小于 2×10^{-6} kg · m²。

以沿 Z 轴安装的飞轮为例，飞轮在 $X-Y$ 平面产生动不平衡角动量如下：

$$\begin{aligned}\boldsymbol{h}_d &= [I_{xz}\Omega_z \quad I_{yz}\Omega_z \quad 0]^{\mathrm{T}} \\ &= \sqrt{I_{xz}^2 + I_{yz}^2} \cdot \Omega_z \cdot [\sin(\Omega_z t + \gamma_0) \quad \cos(\Omega_z t + \gamma_0) \quad 0]^{\mathrm{T}}\end{aligned} \tag{6-38}$$

式中，惯量积 I_{xz} 和 I_{yz} 采用正极性定义；Ω_z 为沿 Z 轴安装飞轮转速；γ_0 为飞轮初始相位角。

飞轮在 $X-Y$ 平面产生动不平衡干扰力矩如下：

$$\boldsymbol{T}_d = \boldsymbol{h}_d \times \boldsymbol{\Omega} = \begin{bmatrix} \Omega_z^2 \cdot \sqrt{I_{xz}^2 + I_{yz}^2} \cdot \cos(\Omega_z t + \gamma_0) \\ -\Omega_z^2 \cdot \sqrt{I_{xz}^2 + I_{yz}^2} \cdot \sin(\Omega_z t + \gamma_0) \\ 0 \end{bmatrix} \tag{6-39}$$

式中

$$\boldsymbol{\Omega} = [0 \quad 0 \quad \Omega_z]$$

飞轮动不平衡干扰力矩与轮体的惯量积和转速相关，15 N · m · s 反作用飞轮额定转速下惯量积可以做到小于 27 g · cm^2。

动静不平衡合成干扰力矩为

$$T_x = u_d \cdot \Omega^2 \cos(\Omega t + \beta_0) + u_s \cdot r_{sc} \cdot \Omega^2 \cos(\Omega t + \alpha_0) \tag{6-40}$$

$$T_y = u_d \cdot \Omega^2 \sin(\Omega t + \beta_0) + u_s \cdot r_{sc} \cdot \Omega^2 \sin(\Omega t + \alpha_0) \tag{6-41}$$

其中

$$u_d = 2m_d \cdot r_d \cdot h$$

$$u_s = m_s \cdot r_s$$

6.2.7 太阳翼和天线驱动机构传递函数

太阳翼和天线驱动机构传递函数

$$\omega = \frac{k_1}{(s + k_2) \cdot (s^2 + k_3 s + k_4)} \tag{6-42}$$

某天线驱动机构传递函数如下：

$$\begin{aligned}\omega &= \frac{3\ 079\ 802\ 290}{(s + 0.752\ 5) \cdot (s^2 + 4\ 845s + 8\ 378\ 000)} \\ &= \frac{488.5}{(1.329s + 1) \cdot (1.194 \times 10^{-7} s^2 + 5.783 \times 10^{-4} s + 1)}((°)/\mathrm{s/V})\end{aligned}$$

6.3 磁消旋及磁速率阻尼控制

6.3.1 磁消旋控制

磁消旋控制如下：

$$\boldsymbol{M} = -k \cdot (\boldsymbol{B} \times \boldsymbol{\omega}) \tag{6-43}$$

式中 $\boldsymbol{M}$ ——消旋磁矩；

k ——磁消旋系数；

$\boldsymbol{B}$ ——三轴磁场强度矢量；

$\boldsymbol{\omega}$ ——需要消旋的角速率。

Y 轴可以进行角速率偏置控制，使 Y 轴有一定的角动量，即

$$\boldsymbol{\omega} = \boldsymbol{\omega}_g - [0 \quad \omega_{y0} \quad 0]^{\mathrm{T}} \tag{6-44}$$

式中 $\boldsymbol{\omega}_g$ ——陀螺测量的三轴角速率矢量；

ω_{y0} ——Y 轴偏置角速率。

三轴磁消旋控制如下：

$$M_x = -k(B_y \cdot \omega_z - B_z \cdot \omega_y) \tag{6-45}$$

$$M_y = -k(B_z \cdot \omega_x - B_x \cdot \omega_z) \tag{6-46}$$

$$M_z = -k(B_x \cdot \omega_y - B_y \cdot \omega_x) \tag{6-47}$$

6.3.2　磁速率阻尼控制

角速率阻尼磁控制如下：

$$\boldsymbol{M} = -k \cdot \dot{\boldsymbol{B}}_b \tag{6-48}$$

式中　$\boldsymbol{M}$ ——角速率阻尼控制磁矩；

k ——磁速率阻尼系数；

$\dot{\boldsymbol{B}}_b$ ——三轴磁场强度变化率，$\dot{\boldsymbol{B}}_b = [\dot{B}_{bx} \quad \dot{B}_{by} \quad \dot{B}_{bz}]^{\mathrm{T}}$。

三轴角速率阻尼磁控制如下：

$$M_x = -k \cdot \dot{B}_{bx} \tag{6-49}$$

$$M_y = -k \cdot \dot{B}_{by} \tag{6-50}$$

$$M_z = -k \cdot \dot{B}_{bz} \tag{6-51}$$

三轴角速率阻尼采用棒-棒磁控制如下：

$$M_x = -M_{\max} \cdot \mathrm{sign}(\dot{B}_{bx}) \tag{6-52}$$

$$M_y = -M_{\max} \cdot \mathrm{sign}(\dot{B}_{by}) \tag{6-53}$$

$$M_z = -M_{\max} \cdot \mathrm{sign}(\dot{B}_{bz}) \tag{6-54}$$

式中　$M_{\max}$ ——磁力矩器最大输出磁矩。

6.4　飞轮加磁稳定控制

6.4.1　飞轮摩擦力矩

飞轮摩擦力矩减弱飞轮输出力矩，为了使飞轮输出控制力矩满足精度要求，飞轮内部控制要对摩擦力矩进行补偿。

飞轮干摩擦力矩

$$T_f = T_{df0} \cdot (1 + \lambda e^{-b \cdot |\Omega|}) \cdot \mathrm{sign}(\Omega) \tag{6-55}$$

$$T_{df0} = \frac{T_{sf0}}{1+\lambda} \tag{6-56}$$

式中　Ω ——飞轮转速；

b，λ ——摩擦力矩系数，15 N·m·s 反作用飞轮可取 $b=8$，$\lambda=0.25$；

T_{sf0} ——静摩擦力矩；

T_{df0} ——动摩擦力矩。

飞轮静摩擦力矩大于动摩擦力矩，且对温度等环境变化敏感，静摩擦力矩不易补偿，飞轮转速过零期间动静摩擦转换，力矩输出精度下降，高稳定度控制系统要尽量避免飞轮转速过零。

6.4.2 飞轮参数及建模

飞轮参数主要包括角动量范围、最大有效输出力矩、最大转速、角动量控制精度、转动惯量等，飞轮根据输入指令分为力矩控制飞轮和角动量控制飞轮，相应的建模方式也分为力矩建模和角动量建模两种方式。

下面以 15 N·m·s 反作用飞轮为例说明力矩和角动量两种建模方式，15 N·m·s 反作用飞轮主要参数如下：

最大角动量 $H_{\max}$ ：15 N·m·s。

最大转速 $\omega_{\max}$ ：3 000 r/min。

最大输出力矩 $T_{c\max}$ ：0.15 N·m。

角动量误差：<0.002 N·m·s。

补偿摩擦力矩后工作在标称转速（7 N·m·s）的转速稳定度：$<1.5\times10^{-4}$（最大转速波动/标称转速）。

飞轮响应时间 t_r ：<0.1 s。

飞轮转动惯量 I_w ：0.047 75 kg·m^2。

（1）力矩建模

飞轮简化力矩输出模型

$$T_c = \frac{k_r}{1 + t_r s} V_c + \mathrm{d}T \tag{6-57}$$

式中，$k_r = 0.015$ N·m/V 为控制电压到力矩转换系数；一般仿真周期大于飞轮响应时间 t_r ，为方便建模 t_r 可取为仿真周期 T ；控制电压 V_c 范围为 $-10 \sim 10$ V；$\mathrm{d}T$ 为力矩控制误差。

（2）角动量建模

当前仿真周期角动量增量 ΔH 为

$$\begin{cases} \Delta H = H_f - H_{k-1} & |\Delta H| \leqslant T_{c\max} \cdot T \\ \Delta H = T_{c\max} \cdot T \cdot \mathrm{sign}(H_f - H_{k-1}) & |\Delta H| > T_{c\max} \cdot T \end{cases} \tag{6-58}$$

式中 H_f ——当前仿真周期控制要求的目标角动量；

H_{k-1} ——飞轮前一时刻角动量；

T ——仿真周期，一般大于飞轮响应时间 t_r ；

$T_{c\max}$ ——最大输出力矩。

当前仿真周期输出角动量 H_k 为

$$H_k = H_{k-1} + \Delta H + \mathrm{d}H \tag{6-59}$$

式中 $\mathrm{d}H$ ——角动量控制误差。

6.4.3 零动量加磁卸载控制

设三轴姿态为

$$\boldsymbol{A}_{bo}=[\varphi\quad\theta\quad\psi]\tag{6-60}$$

基于飞轮姿态零动量 PID 控制如下：

$$\boldsymbol{H}_w=k_p\cdot\boldsymbol{A}_{bo}+\int k_i\cdot\boldsymbol{A}_{bo}\cdot\mathrm{d}t+k_d\cdot\dot{\boldsymbol{A}}_{bo}\tag{6-61}$$

三轴零动量 PID 控制如下：

$$\begin{cases}H_{wx}=k_p\cdot\mathrm{d}\varphi+\int k_i\cdot\mathrm{d}\varphi+k_d\cdot\dot{\varphi}\\H_{wy}=k_p\cdot\mathrm{d}\theta+\int k_i\cdot\mathrm{d}\theta+k_d\cdot\dot{\theta}\\H_{wz}=k_p\cdot\mathrm{d}\psi+\int k_i\cdot\mathrm{d}\psi+k_d\cdot\dot{\psi}\end{cases}\tag{6-62}$$

磁卸载控制如下：

$$\boldsymbol{M}=-k\cdot(\boldsymbol{B}\times\boldsymbol{H})\tag{6-63}$$

式中　$\boldsymbol{M}$ ——卸载磁矩；

k ——磁卸载系数；

$\boldsymbol{B}$ ——三轴磁场强度矢量；

$\boldsymbol{H}$ ——需要卸载的飞轮角动量。

为了防止飞轮频繁过零和 Y 轴偏置角动量需要，可以设定一个飞轮角动量卸载零位 $\boldsymbol{H}_0$，即

$$\boldsymbol{H}=\boldsymbol{H}_w-\boldsymbol{H}_0\tag{6-64}$$

三轴磁卸载

$$M_x=-k(B_y\cdot H_z-B_z\cdot H_y)\tag{6-65}$$

$$M_y=-k(B_z\cdot H_x-B_x\cdot H_z)\tag{6-66}$$

$$M_z=-k(B_x\cdot H_y-B_y\cdot H_x)\tag{6-67}$$

6.4.4　双自由度偏置动量控制

双自由度偏置动量控制可以采用类似零动量加磁控制方式，俯仰轴有偏置角动量，双自由度偏置动量 PID 控制如下：

$$\begin{cases}H_{wx}=k_p\cdot\mathrm{d}\varphi+\int k_i\cdot\mathrm{d}\varphi+k_d\cdot\dot{\varphi}\\H_{wy}=k_p\cdot\mathrm{d}\theta+\int k_i\cdot\mathrm{d}\theta+k_d\cdot\dot{\theta}+H_{wy0}\\H_{wz}=k_p\cdot\mathrm{d}\psi+\int k_i\cdot\mathrm{d}\psi+k_d\cdot\dot{\psi}\end{cases}\tag{6-68}$$

式中　H_{wy0} —— Y 轴偏置角动量，不需要磁卸载。

6.4.5　固定偏置动量加磁控制

固定偏置动量控制飞轮只对俯仰轴控制

$$H_{wy}=k_p\cdot\mathrm{d}\theta+\int k_i\cdot\mathrm{d}\theta+k_d\cdot\dot{\theta}+H_{wy0}\tag{6-69}$$

式中 H_{wy0} ——Y轴偏置角动量，不需要磁卸载。

三轴磁卸载控制如下：

$$M_x = -k(B_y \cdot H_z - B_z \cdot H_y) \tag{6-70}$$

$$M_z = -k(B_x \cdot H_y - B_y \cdot H_x) \tag{6-71}$$

偏航姿态基于固定偏置动量滚动和偏航之间的耦合，通过滚动姿态间接控制，滚动姿态磁章动、进动控制如下：

$$\begin{cases} M_y = -k_{mx} \cdot B_x \cdot \varphi - k_{mz} \cdot B_z \cdot \dot{\varphi} & (B_x \cdot B_z \geqslant B_{xz0}) \\ M_y = 0 & (B_x \cdot B_z < B_{xz0}) \end{cases} \tag{6-72}$$

式中 k_{mx}、k_{mz} ——磁章动、进动控制系数，磁控阈值 B_{xz0} 可通过仿真确定，一般可选为 $B_{xz0} = -0.005Gs^2$ 。

6.5 非偏置动量单飞轮加磁控制

利用飞轮与卫星的角动量交换进行姿态控制是三轴稳定卫星在轨运行广泛采用的一项成熟技术。长期以来诸多学者对于飞轮稳定控制问题进行了各方面的研究，但研究方向主要为三轴零动量控制和固定偏置动量控制。

零动量控制至少需要3个飞轮实现三轴姿态稳定控制，文献［1－2］对零动量控制中的解耦问题和解决方法进行了重点分析和论述。偏置动量控制可以只用一个偏置动量轮和磁力矩器实现姿态三轴稳定控制；固定偏置动量控制在卫星的－Y轴（即轨道法线方向）安装一个偏置在固定角动量的动量轮，通过偏置动量定向性产生的陀螺罗盘效应，使偏航误差随卫星在轨道上的运动耦合为滚动误差，从而只需要对滚动和俯仰姿态进行直接控制，偏航姿态就能被动保持稳定。文献［3］重点对固定偏置动量控制的安装方式和运动特点进行了分析；文献［4］同样研究了固定偏置动量控制，重点对误差源及如何提高控制精度进行了分析和讨论。

本节针对一般零动量控制需要多个飞轮，及偏置动量控制受飞轮安装限制的问题，对非偏置轴安装的单个反作用飞轮加磁控实现非偏置动量卫星三轴稳定控制进行研究，仿真结果表明在多个飞轮故障只有一个可用飞轮情况下仍可实现稳定控制，提高了飞轮控制的可靠性。

6.5.1 单飞轮安装方式

飞轮安装方式如图6－3所示。

飞轮角动量在 XZ 平面上的投影与 X 轴夹角为 α，角动量与 XZ 平面上投影的夹角为 β，则星体角动量 H 在三轴的分量 H_x、H_y、H_z 为

$$H = [H_x \quad H_y \quad H_z]^{\mathrm{T}} = [\cos\alpha\cos\beta \quad \sin\beta \quad \sin\alpha\cos\beta]^{\mathrm{T}} \cdot h \tag{6-73}$$

式中 h ——飞轮角动量。

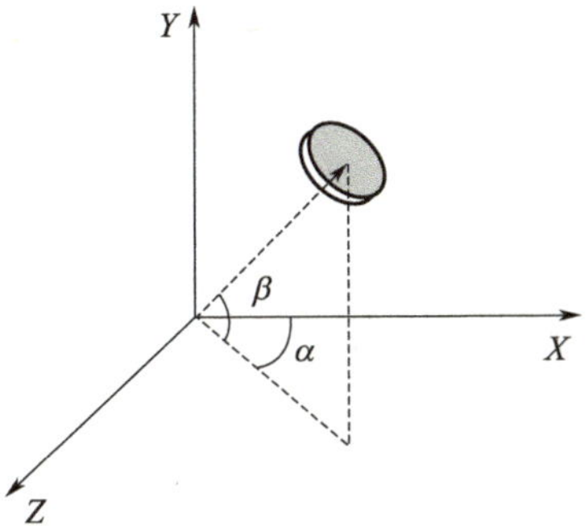

图 6－3　飞轮安装示意图

6.5.2　俯仰姿态控制算法设计

设滚动、俯仰、偏航三轴姿态角分别为 φ 、θ 、ψ ，滚动、俯仰、偏航三轴姿态伪速率为 $\dot{\varphi}$ 、$\dot{\theta}$ 、$\dot{\psi}$ ，俯仰姿态基于 X 轴和 Z 轴磁力矩器控制。

X 轴磁控电流 M_{xc} 如下：

$$M_{xc}=(k_{y_1}\theta+k_{y_2}\dot{\theta})\cdot B_z \tag{6-74}$$

式中　k_{y_1} 和 k_{y_2} ——磁控系数。

Z 轴磁控电流 M_{zc} 如下：

$$M_{zc}=-(k_{y3}\theta+k_{y4}\dot{\theta})B_x \tag{6-75}$$

式中　k_{y_3} 和 k_{y_4} ——磁控系数。

6.5.3　滚动和偏航姿态控制算法设计

滚动和偏航姿态控制算法设计时存在两种情况：

(1) 飞轮用于 X 轴姿态控制

如果 $|B_x|\geqslant|B_z|$ ，此时飞轮控制 X 轴姿态，Y 轴磁力矩器控制 Z 轴姿态，控制算法如下：

$$H_x=k_{px}\varphi+\int k_{ix}\varphi\,\mathrm{d}t+k_{dx}\dot{\varphi} \tag{6-76}$$

$$M_{yc}=(k_{z1}\psi+k_{z2}\dot{\psi})B_x \tag{6-77}$$

式中　k_{px} ，k_{ix} ，k_{dx} ——轮控 PID 参数；

k_{z1} ，k_{z2} ——磁控系数；

M_{yc} —— Y 轴磁控电流。

飞轮的角动量 h 为

$$h=\frac{H_x}{\cos\alpha\cos\beta} \tag{6-78}$$

(2) 飞轮用于 Z 轴姿态控制

如果 $|B_x|<|B_z|$，此时飞轮控制 Z 轴姿态，Y 轴磁力矩器控制 X 轴姿态，控制算法如下：

$$H_z = k_{pz}\psi + \int k_{iz}\psi \mathrm{d}t + k_{dz}\dot{\psi} \tag{6-79}$$

$$M_{yc} = -(k_{x_1}\varphi + k_{x_2}\dot{\varphi})B_z \tag{6-80}$$

式中 k_{pz}，k_{iz}，k_{dz} ——轮控 PID 参数；

k_{x1}，k_{x2} ——磁控系数。

飞轮的角动量 h 为

$$h = \frac{H_z}{\sin\alpha\cos\beta} \tag{6-81}$$

B_x，B_z 磁场强度要考虑磁滞区，防止测量误差导致往复切换；X 轴，Y 轴和 Z 轴磁控磁矩与飞轮的磁卸载磁矩合成后输出。

6.5.4 飞轮磁卸载控制算法

飞轮磁卸载控制算法如下：

$$\begin{aligned} \boldsymbol{M}_w &= [M_{xw} \quad M_{yw} \quad M_{zw}]^{\mathrm{T}} \\ &= -k_w(\boldsymbol{B}_b \times \boldsymbol{H}) \\ &= -k_w \begin{bmatrix} B_yH_z - B_zH_y \\ B_zH_x - B_xH_z \\ B_xH_y - B_yH_x \end{bmatrix} \end{aligned} \tag{6-82}$$

式中 M_{xw}，M_{yw}，M_{zw} ——三轴磁卸载磁矩；

k_w ——磁卸载系数。

6.5.5 飞轮控制干扰力矩分析及磁控抑制

Y 轴姿态可以通过 X 轴和 Z 轴磁力矩器控制，不需要轮控，因此图 6-3 中的 $\beta=0$，即飞轮安装在 XZ 平面内。

由式 (6-73) 可知，飞轮对 X 轴控制时对 Z 轴的角动量分量为

$$H_z = h\sin\alpha\cos\beta = h\sin\alpha \tag{6-83}$$

相应的干扰力矩为

$$T_{zw} = \dot{h}\sin\alpha \tag{6-84}$$

由式 (6-73) 可知，飞轮对 Z 轴控制时对 X 轴的角动量分量为

$$H_x = h\cos\alpha\cos\beta = h\cos\alpha \tag{6-85}$$

相应的干扰力矩为

$$T_{xw} = \dot{h}\cos\alpha \tag{6-86}$$

飞轮在 XZ 平面内斜装，在对 X 轴或 Z 轴姿态进行主动控制时对 Z 轴或 X 轴产生干

扰，此干扰需要 Y 轴磁力矩器磁控抑制。

近地轨道地磁场三轴分量在轨道系下可近似表示为

$$B_o = \begin{bmatrix} B_{xm}\cos u \\ 0 \\ B_{zm}\sin u \end{bmatrix} \tag{6-87}$$

式中　B_{xm} ，B_{zm} ——轨道系下 X 向和 Z 向地磁场正余弦变化的幅值；

u ——卫星纬度幅角。

根据 JGRF[5] 数据

$$B_{zm} \approx 2B_{xm} \tag{6-88}$$

对地定向时 Y 轴磁矩输出 M_y 对 X 轴和 Z 轴磁控力矩近似为

$$T_{xm} = M_y B_{zm} \sin u \tag{6-89}$$

$$T_{zm} = -M_y B_{xm} \cos u \tag{6-90}$$

飞轮对 X 轴控制时 Y 轴磁力矩器需要抑制 Z 轴干扰力矩 T_{zw} ，那么 Z 轴需产生的磁控矩 T_{zm} 为

$$T_{zm} = -T_{zw} \tag{6-91}$$

由式（6-84）、式（6-90）和式（6-91）得出飞轮对 X 轴控制时 Y 轴磁力矩器抑制飞轮对 Z 轴干扰力矩的控制磁矩

$$M_y = \dot{h}\sin\alpha/(B_{xm}\cos u)$$

飞轮对 Z 轴控制时 Y 轴磁力矩器需要抑制 X 轴干扰力矩 T_{xw} ，那么 X 轴需产生的磁控矩 T_{xm} 为

$$T_{xm} = -T_{xw} \tag{6-92}$$

由式（6-86）、式（6-89）和式（6-92）得出飞轮对 Z 轴控制时 Y 轴磁力矩器抑制飞轮对 X 轴干扰力矩的控制磁矩

$$M_y = -\dot{h}\cos\alpha/(B_{zm}\sin u) \tag{6-93}$$

6.5.6　工程中常用飞轮安装方式

飞轮在工程应用中常采用三正交安装加一斜装方式，当飞轮仅沿滚动或偏航正装时飞轮只能对 X 轴或 Z 轴控制。

（1）沿滚动轴正装

飞轮沿滚动轴正装时飞轮控制滚动姿态，磁力矩器控制偏航姿态。

如果 $|B_x| \geqslant |B_z|$ ，则 Y 轴磁力矩器磁控算法如式（6-77）所示。

如果 $|B_x| < |B_z|$ ，则 Y 轴磁力矩器磁控算法如下：

$$M_{yc} = (k_{z1}\psi + k_{z2}\dot{\psi})B_z \tag{6-94}$$

式（6-94）计算的 Y 轴磁矩对 X 轴产生干扰力矩如下：

$$T_{xd} = (k_{z1}\psi + k_{z2}\dot{\psi})B_z^2 \tag{6-95}$$

飞轮控制抑制干扰力矩，在 X 轴产生角动量 H_x 如下：

$$H_x = \int (k_{z1}\psi + k_{z2}\dot{\psi}) B_z^2 \mathrm{d}t \tag{6-96}$$

设卫星轨道角速率为 $-\omega_0$，H_x 通过轨道运动对偏航姿态的力矩为

$$T_z = -\omega_0 \int (k_{z1}\psi + k_{z_2}\dot{\psi}) B_z^2 \mathrm{d}t \tag{6-97}$$

(2) 沿偏航轴正装

飞轮沿偏航轴正装时飞轮控制偏航姿态，磁力矩器控制滚动姿态。

如果 $|B_z| \geqslant |B_x|$，则 Y 轴磁力矩器磁控算法如式 (6-80) 所示；

如果 $|B_z| < |B_x|$，则 Y 轴磁力矩器磁控算法如下：

$$M_{yc} = (k_{x1}\varphi + k_{x2}\dot{\varphi}) B_x \tag{6-98}$$

式 (6-98) 计算的 Y 轴磁矩对 Z 轴产生干扰力矩如下：

$$T_{zd} = -(k_{x1}\varphi + k_{x2}\dot{\varphi}) B_x^2 \tag{6-99}$$

飞轮控制抑制干扰力矩，在 Z 轴产生角动量 H_z 如下：

$$H_z = -\int (k_{x1}\varphi + k_{x2}\dot{\varphi}) B_x^2 \mathrm{d}t \tag{6-100}$$

H_z 通过轨道运动对滚动姿态的力矩为

$$T_x = -\omega_0 \int (k_{x1}\varphi + k_{x2}\dot{\varphi}) B_x^2 \mathrm{d}t \tag{6-101}$$

6.5.7 非偏置动量单飞轮加磁控制仿真验证

卫星质量为 1 200 kg，三轴主惯量分别为 1 000 kg·m^2，1 100 kg·m^2，700 kg·m^2，太阳同步晨昏轨道，轨道高度为 600 km。采用 15 N·m·s 反作用飞轮，45 A·m^2 磁力矩器，三轴分别加 1 g·cm 干扰力矩。为了提高飞轮控制可靠性，卫星上常安装 4 个飞轮，其中 3 个飞轮沿星体三轴正装，另外一个飞轮斜装作为备份；若仅沿 Y 轴正装飞轮可用时采用常规固定偏置动量控制，因此本节对可用飞轮仅沿滚动轴正装、沿偏航轴正装和在 XZ 平面斜装 3 种方式进行仿真验证。

6.5.7.1 沿滚动轴正装

当其他方向飞轮异常，仅沿滚动轴正装飞轮可用时姿态控制精度曲线如图 6-4 所示，姿态控制精度约为 1°。

6.5.7.2 沿偏航轴正装

当其他方向飞轮异常，仅沿偏航轴正装飞轮可用时姿态控制精度曲线如图 6-5 所示，姿态控制精度约为 2°。

6.5.7.3 在 XZ 平面斜装

当其他方向飞轮异常，仅在 XZ 平面斜装飞轮可用时，姿态控制精度曲线如图 6-6 所示，姿态控制精度约为 0.3°。

对仅单个反作用飞轮分别采用沿滚动轴正装、沿偏航轴正装、XZ 平面斜装方式设计了飞轮加磁控算法；并对控制耦合及抗干扰性能进行了分析。仿真结果表明仅用单个反作

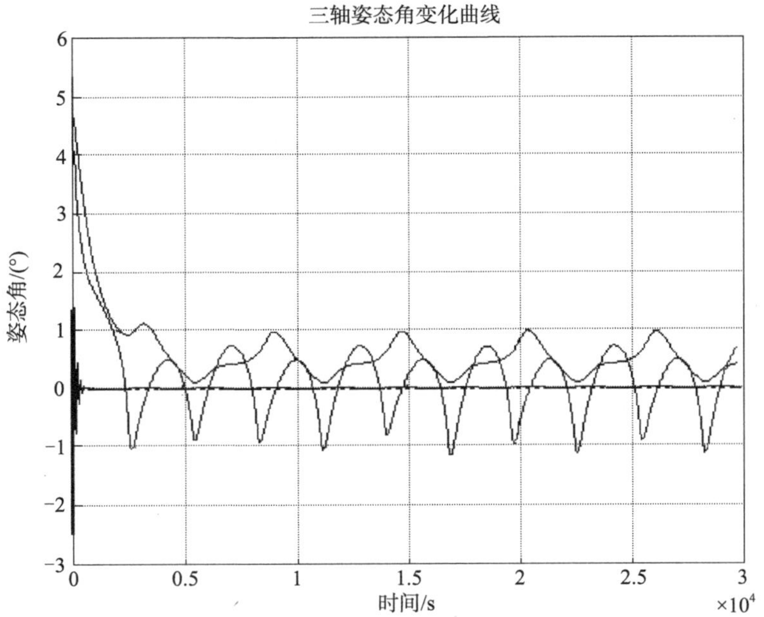

图 6－4　单个飞轮沿滚动轴正装姿态控制精度曲线

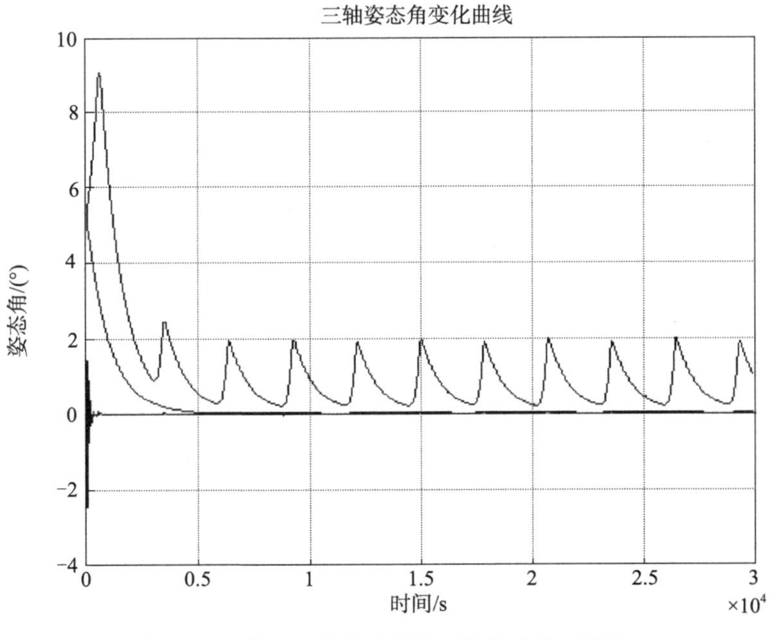

图 6－5　单个飞轮沿偏航轴正装姿态控制精度

用飞轮加磁控可以实现非偏置动量卫星三轴稳定控制，其中仅沿 X 轴正装时姿态控制精度约为 1°，仅沿 Z 轴正装时姿态控制精度约为 2°，仅在 XZ 平面斜装时姿态控制精度约为 0.3°，即当仅有一个非偏置飞轮可用且斜装时的控制精度要优于沿星体轴正装。

控制算法解决了一般零动量控制要求至少配置 3 个飞轮，固定偏置动量控制飞轮安装

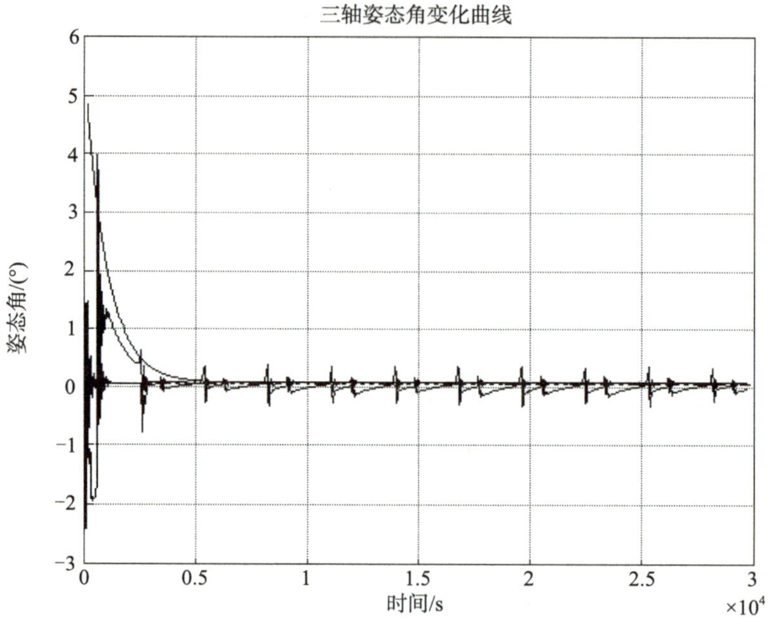

图 6-6　单个飞轮斜装方式姿态控制精度曲线

受限的问题，适合卫星上多个飞轮故障情况下应用，或由于布局或重量原因不能安装多个飞轮的纳星、皮星等微小卫星上应用。

6.6　低轨偏置动量卫星气动干扰力矩补偿控制

偏置动量控制分为固定偏置动量控制、单自由度偏置动量控制和双自由度偏置动量控制，固定偏置动量控制和单自由度偏置动量控制只需测量滚动和俯仰姿态，不需要测量偏航姿态，且不需要陀螺角速率。

固定偏置动量控制飞轮只对俯仰轴进行主动控制，滚动和偏航基于磁控制，固定偏置动量控制精度与干扰力矩的大小相关，干扰力矩较大时为了提高控制精度需要增加偏置角动量，偏置角动量增大导致偏置动量轮的重量和功耗增加。

单翼帆板的低轨卫星受气动干扰力矩比较严重，为了降低硬件配置，同时提高固定偏置动量控制的抗干扰能力和控制精度，本节基于固定偏置动量加单个反作用飞轮进行低轨卫星干扰力矩补偿控制研究。由于偏置动量控制系统可靠性比较高，国内外一些卫星姿控系统采用偏置动量控制方案；有学者已经对如何改善偏置动量卫星控制精度的方法进行研究，提出由安装在卫星滚动、偏航轴上的反作用飞轮对干扰力矩进行补偿，但仅针对周期性干扰力矩进行分析，且需要对星体的干扰力矩较精确建模；本节针对单方向的气动干扰力矩进行分析和研究，不需要已知精确干扰力矩，并进行磁补偿控制，进一步提高了固定偏置动量的控制精度，具有较强的工程实用性。

下面首先进行低轨卫星二维对日定向下气动干扰力矩分析；接着针对气动干扰力矩设

计飞轮加磁补偿控制算法。

6.6.1 对日定向时气动干扰力矩分析

帆板在星体上的安装方式及零位位置如图 6－7 所示，帆板可以绕偏置轴最大正负 70°偏置，可以绕旋转角正负 360°旋转。

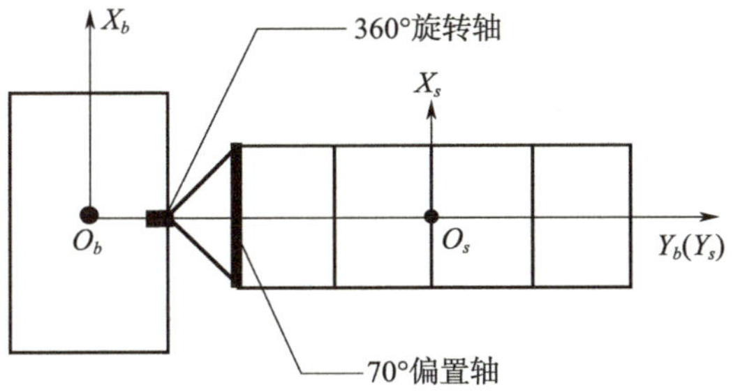

图 6－7　帆板在星体上的安装方式及零位位置

二维对日定向时帆板先绕 Y_b 轴旋转，使太阳矢量位于 $O_sY_sZ_s$ 平面内，再绕偏置轴偏置一定的角度使帆板法线指向太阳。

不考虑卫星对地定向时星体姿态偏差（下同），卫星在轨时相对惯性空间按一定的轨道角速率绕轨道面法向（负 Y_o 轴）旋转，太阳相对惯性空间静止，帆板需要绕轨道面负法向（Y_o 轴）旋转才能保持帆板对日定向。

升交点处帆板二维对日定向先绕 Y_b 轴旋转角度 u_0，再绕 X_b 轴偏置角度 β 实现对日定向；卫星按轨道角速率 ω_0 飞行到纬度幅角 u 处，帆板绕 Y_b 轴旋转角度 u_0+u，再绕 X_b 轴偏置角度 β 实现对日定向，帆板法线在轨道坐标系下的坐标

$$\boldsymbol{r}_{no}=\begin{bmatrix} x_{no} \\ y_{no} \\ z_{no} \end{bmatrix}=\boldsymbol{A}_{os}\cdot\boldsymbol{r}_{ns} \tag{6-102}$$

其中

$$\boldsymbol{A}_{os}=\begin{bmatrix} 1 & 0 & 0 \\ 0 & \cos\beta & \sin\beta \\ 0 & -\sin\beta & \cos\beta \end{bmatrix}\begin{bmatrix} \cos(u_0+u) & 0 & -\sin(u_0+u) \\ 0 & 1 & 0 \\ \sin(u_0+u) & 0 & \cos(u_0+u) \end{bmatrix}$$

$$\boldsymbol{r}_{ns}=[0\quad 0\quad -1]^{\mathrm{T}}$$

式中　$\boldsymbol{A}_{os}$ ——帆板系至轨道系的转换矩阵；

$\boldsymbol{r}_{ns}$ ——帆板系下帆板法线指向。

对日定向状态下帆板法线指向太阳，得

$$\boldsymbol{r}_{no}=\boldsymbol{r}_{so}=[x_{so}\quad x_{so}\quad x_{so}]^{\mathrm{T}} \tag{6-103}$$

由上式可求得

$$u_0=\arctan2\left(\frac{x_{so}}{z_{so}}\right)-u \tag{6-104}$$

$$\beta = -\arctan \frac{y_{so}}{z_{so}} \tag{6-105}$$

对于倾角为 42°的近地轨道，考虑太阳南北回归 23.5°影响，帆板最大偏置角度约为 65.5°，一般要求帆板具备 70°的偏置能力。

对日定向时气动干扰力矩作用在星体的 Z 轴，设帆板面积为 s，帆板二维对日定向时等效气动面积如下：

$$A = |\sin(u+u_0)| \cdot \cos\beta \cdot s \tag{6-106}$$

由式（6-6）得 Z 轴气动干扰力矩如下：

$$T_{daz} = T_{daz0} \cdot |\sin(u+u_0)| \tag{6-107}$$

式中　T_{daz0} ——气动干扰力矩幅值。

近地卫星单翼帆板气动干扰力矩较严重，采用双翼对称安装帆板，气动干扰力矩可以相互抵消。

6.6.2　偏置动量卫星干扰力矩补偿控制

由式（6-106）可知，气动干扰力矩具有正弦绝对值波形，波动周期为轨道周期。当 $u+u_0=90°$ 或 $u+u_0=270°$ 时气动干扰力矩最大，以下气动干扰力矩控制考虑 $u_0=0$ 情况。

基于磁力矩器输出磁矩计算磁控力矩如下：

$$T_m = M \times B \tag{6-108}$$

式中　M ——磁力矩器输出磁矩；

　　B ——地磁场强度。

考虑到太阳矢量基本在卫星赤道面附近，近地卫星对日定向时气动干扰力矩峰值一般出现在高纬度区，此区域 Z 轴磁场强度较强，X 和 Y 轴磁场强度较弱，由式（6-108）可知 Z 轴姿态处于磁不可控区。

固定偏置动量卫星 X 和 Z 轴基于磁力矩器控制，气动干扰力矩严重时又处于磁不可控区，为了确保姿态控制精度，考虑增加一台反作用飞轮抑制气动干扰力矩。反作用飞轮可以与偏置动量轮组成单自由度偏置动量控制，考虑到气动干扰力矩作用在 Z 轴，采用单自由度偏置动量控制需要测量偏航姿态，因此将反作用飞轮用作补偿轮，沿 X 轴安装。

（1）飞轮补偿控制

基于 X 轴补偿轮角动量与轨道角速率叉乘产生的陀螺力矩控制气动干扰，为了防止赤道上空 X 轴处于磁不可控区时补偿轮角动量变化对 X 轴的干扰，对补偿轮角动量输出进行限幅，得到补偿控制算法如下：

$$H_x = \begin{cases} H_{xm} \cdot |\sin(u_0)| & u < u_0 \\ H_{xm} \cdot |\sin(u)| & u \geq u_0 \end{cases} \tag{6-109}$$

式中　H_{xm} ——飞轮补偿控制输出角动量幅值；

u ——卫星纬度幅角，纬度幅角 u 要归一化到 $[-\pi,\ \pi)$；

u_0 ——赤道上空 X 轴磁不可控区确定的纬度幅角。

飞轮补偿控制力矩如下：

$$T_{zb} \approx -H_x \cdot \omega_0 \tag{6-110}$$

式中　ω_0 ——轨道角速度。

(2) 磁控制算法

固定偏置动量常规磁章动、进动控制算法如下：

$$M_{yc} = -k_{mx} \cdot \varphi \cdot B_x - k_{mz} \cdot \dot{\varphi} \cdot B_z \tag{6-111}$$

式中　k_{mx}，k_{mz} ——滚动角和角速度控制增益；

φ——星体滚动角。

在赤道上空反作用飞轮限幅后的角动量与轨道角速率叉乘对 Z 轴产生干扰，导致 Z 轴角速率波动，Z 轴角速率与偏置动量叉乘又影响 X 轴姿态，赤道上空 X 轴处于磁不可控区，因此基于磁控抑制 Z 轴角速率波动，得到磁补偿控制策略如下：

$$M_{ybu} = -k_{mybu} \cdot |\cos(u)| \cdot B_x$$

式中　k_{mybu} ——磁补偿控制增益。

得到磁控制算法如下：

$$M_{yc} = -k_{mx} \cdot \varphi \cdot B_x - k_{mz} \cdot \dot{\varphi} \cdot B_z + M_{ybu} \tag{6-112}$$

6.6.3　偏置动量卫星干扰力矩补偿控制仿真验证

卫星偏航轴加幅值为 10 g·cm 的正弦绝对值气动干扰力矩，俯仰轴加 1 g·cm 重力梯度常值干扰力矩，固定偏置角动量为 60 N·m·s，X 轴补偿轮角动量取 1 N·m·s，最大磁矩为 100 A·m^2，进行仿真验证。

不考虑补偿固定偏置动量姿态角稳态控制精度如图 6-8 所示，姿态控制精度约为 0.55°。

采用飞轮抑制气动干扰补偿轮角动输出如图 6-9 所示，补偿轮补偿控制姿态角稳态控制精度如图 6-10 所示，姿态控制精度约为 0.3°。

飞轮加磁补偿姿态控制精度如图 6-11 所示，姿态控制精度约为 0.2°。

仿真结果表明在增加飞轮补偿后，在相同气动干扰力矩作用下，姿态角控制精度由 0.55°提高至 0.3°，且补偿轮角动量最大值约为 0.55 N·ms，小于补偿轮的允许角动量输出范围；在考虑磁补偿后，姿态角控制精度进一步提高至 0.2°。

基于固定偏置动量加单个反作用飞轮进行低轨卫星干扰力矩补偿控制研究，首先进行低轨卫星对日定向下气动干扰力矩分析；接着针对气动干扰力矩设计飞轮加磁补偿控制算法；最后通过仿真验证了干扰力矩补偿控制算法的有效性。

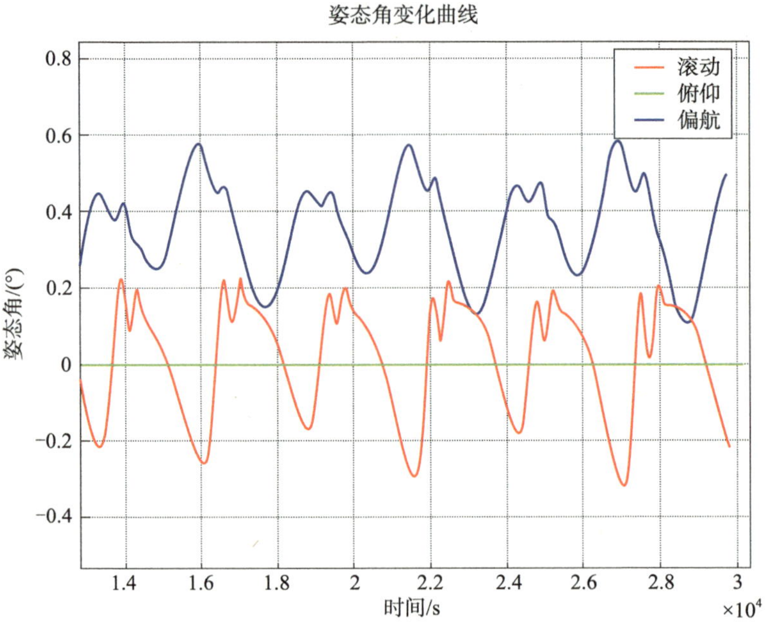

图 6-8　不考虑补偿固定偏置动量姿态角稳态控制精度

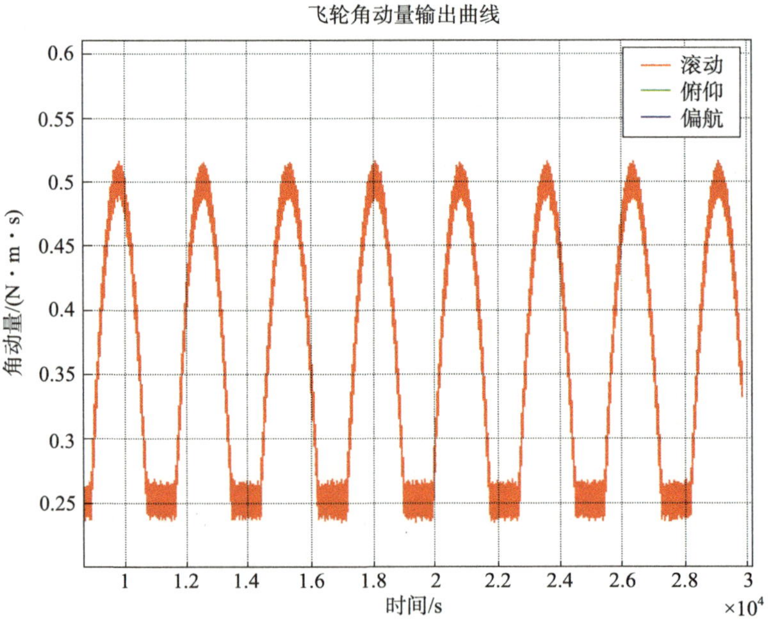

图 6-9　飞轮补偿控制角动量输出

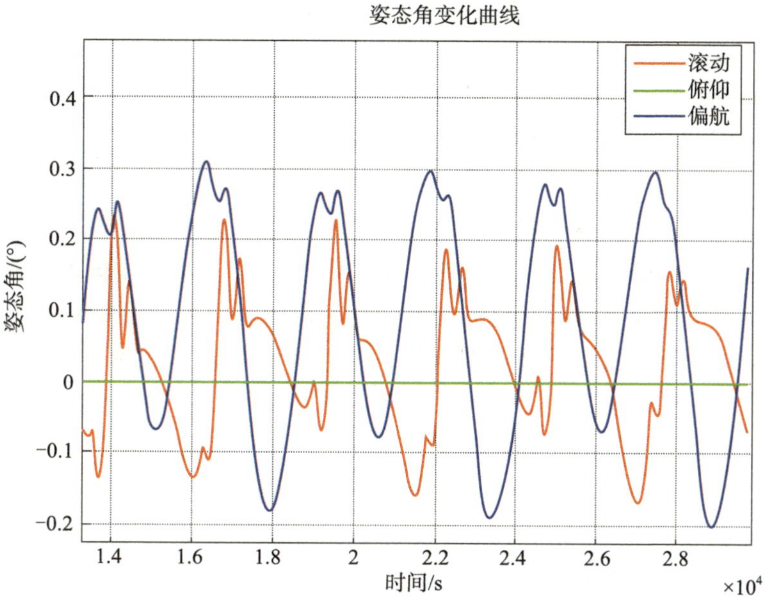

图 6-10　仅基于飞轮补偿控制的姿态角稳态控制精度

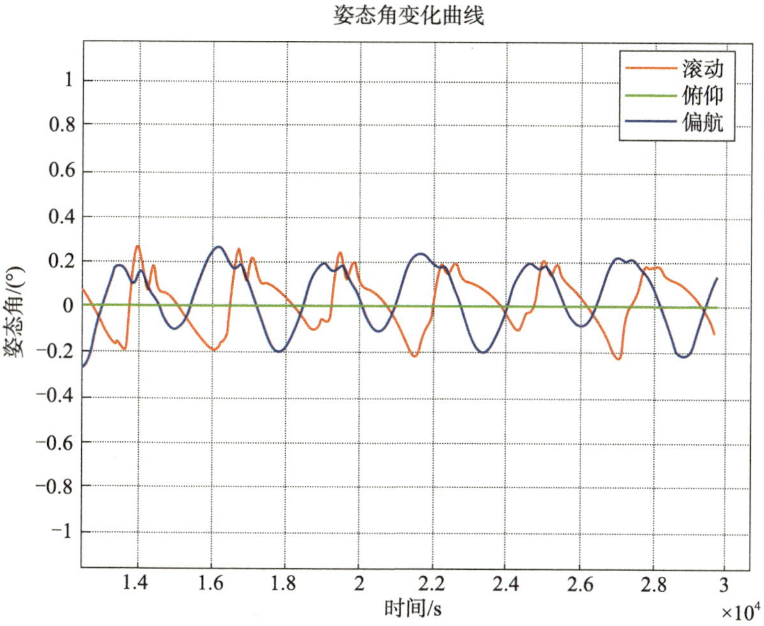

图 6-11　基于飞轮加磁补偿姿态角稳态控制精度

6.7　近地零动量卫星气动干扰力矩补偿控制

近地空间稀薄大气不仅会影响卫星轨道，还会对卫星姿态控制产生较大的气动干扰力矩，特别是安装单翼太阳帆板进行二维对日定向控制的近地卫星，如轨道高度 200～300 km 的卫星，气动干扰力矩幅值可达 100 g·cm。

磁力矩器只能进行二轴姿态控制，全磁控制一般用于星体角速率阻尼，卫星稳态运行时一般采用飞轮加磁控制[2]。不需要快速姿态机动的卫星一般采用偏置动量控制，偏置动量卫星磁力矩器用于动量轮卸载和章进动控制；目前较多卫星采用零动量控制，零动量卫星磁力矩器一般用于对飞轮角动量卸载，国内外学者也对磁和飞轮联合控制进行了研究，磁和飞轮联合控制时磁力矩器除了对飞轮卸载，还直接用于星体姿态控制。

气动力与卫星相对大气的飞行速度方向相反，产生的气动干扰力矩与卫星的飞行速度方向正交，一般作用在卫星的 Z 轴。考虑到太阳矢量基本在卫星赤道面附近，近地卫星对日定向时气动干扰力矩峰值一般出现在高纬度区，此区域 Z 轴磁场强度最强，X 和 Y 轴磁场强度较弱，根据磁矩的叉乘特性 $T_m = M \times B$，Z 轴姿态处于磁不可控区，气动干扰力矩主要由飞轮转速控制。

近地卫星气动干扰力矩严重，直接基于零动量加磁卸载控制，要求配置较大磁矩输出的磁力矩器，导致磁力矩器的重量大幅增加。下面首先分析近地卫星对日定向时气动干扰力矩；接着针对气动干扰力矩进行飞轮补偿控制算法和防止飞轮过零干扰研究。

6.7.1　气动干扰力矩分析

气动干扰力和气动干扰力矩如下：

$$\boldsymbol{F}_a = -\frac{1}{2} c_d \cdot \rho \cdot v^2 \cdot A \tag{6-113}$$

$$\boldsymbol{T}_{da} = \boldsymbol{L}_a \times \boldsymbol{F}_a \tag{6-114}$$

式中　c_d ——气动阻力系数，取值在 2.2～2.4 之间；

ρ ——卫星所在高度的大气密度；

v ——飞行器相对大气的速度；

A ——帆板受气动影响的等效面积；

$\boldsymbol{L}_a$ ——迎风面压力中心相对飞行器质心的距离。

气动干扰力矩作用在星体的 Z 轴，设帆板面积为 s，帆板二维对日定向时等效气动面积如下：

$$A = |\sin(u + u_0)| \cdot \cos\beta \cdot s \tag{6-115}$$

由式（6-114）得 Z 轴气动干扰力矩如下：

$$T_{daz} = T_{daz0} \cdot |\sin(u + u_0)| \tag{6-116}$$

式中　T_{daz0} ——气动干扰力矩幅值，单翼安装在相对飞行方向的左侧（$T_{daz0} < 0$），反之右侧（$T_{daz0} > 0$）。

近地卫星单翼帆板气动干扰力矩较严重，采用双翼对称安装帆板，气动干扰力矩可以相互抵消。

由式（6－115）可知，气动干扰力矩具有正弦绝对值波形，波动周期为轨道周期。当 $u+u_0=90°$，或 $u+u_0=270°$ 时气动干扰力矩最大。

考虑到太阳矢量基本在卫星赤道面附近，近地卫星对日定向时气动干扰力矩峰值一般出现在高纬度区，此区域 Z 轴磁场强度最强，X 和 Y 轴磁场强度较弱，根据磁矩的叉乘特性 $T_m=M\times B$，Z 轴姿态处于磁不可控区，气动干扰力矩主要由飞轮转速控制。

$u_0=0$ 气动干扰力矩如图 6－12 所示，气动干扰力矩最大时磁控最弱，以下气动干扰力矩控制考虑 $u_0=0$ 的情况。

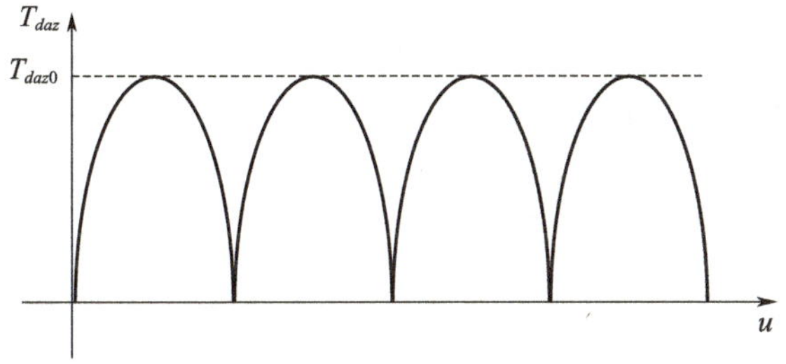

图 6－12 气动干扰力矩曲线

6.7.2 零动量卫星干扰力矩补偿控制

近地卫星气动干扰力矩严重，直接基于零动量加磁卸载控制要求配置较大磁矩输出的磁力矩器，导致磁力矩器的重量大幅增加。

基于 X 轴飞轮偏置角动量与轨道角速率叉乘产生的陀螺力矩控制气动干扰，飞轮补偿控制力矩如下：

$$T_{zb}=-Hx\cdot\omega_0 \tag{6-117}$$

补偿角动量与根据滚动姿态角计算的飞轮控制量合成后控制 X 轴飞轮，磁力矩器不对 X 轴飞轮补偿角动量卸载。

X 轴飞轮偏置角动量用于磁不可控区干扰力矩补偿，为避免 X 轴飞轮角动量变化对 X 轴干扰，磁可控区 X 轴飞轮角动量保持不变，针对气动干扰力矩设计飞轮补偿角动量如图 6－13 所示。

由式（6－116）和式（6－117）可得 X 轴飞轮角动量补偿最大值为

$$H_{x\max}<\frac{T_{daz0}}{\omega_0} \tag{6-118}$$

式中 T_{Tdaz0}——气动干扰力矩最大值。

Z 轴干扰力矩磁不可控区出现在南北极附近的较小区域内，磁可控区 X 轴飞轮角动量保持值产生的补偿力矩幅值大于气动干扰力矩平均值。由式（6－116）得到气动干扰力矩均值如下：

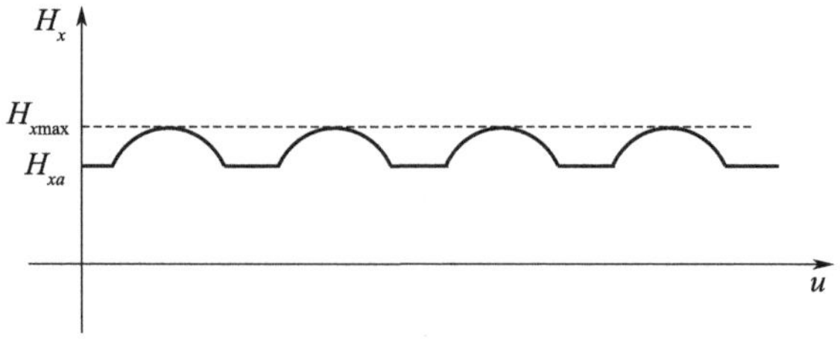

图 6-13　补偿气动干扰力矩 X 轴飞轮角动量偏置曲线

$$\begin{aligned}\overline{T}_{daz} &= \frac{1}{2\pi}\int_0^{2\pi} T_{daz0} \cdot |\sin u| \cdot \mathrm{d}u \\ &= \frac{1}{\pi}\int_0^{\pi} T_{daz0} \cdot \sin u \cdot \mathrm{d}u = \frac{2}{\pi} \cdot T_{daz0}\end{aligned} \tag{6-119}$$

由上式得 X 轴飞轮角动量保持值要求如下：

$$\omega_0 \cdot |H_{xa}| > \frac{2}{\pi} |T_{daz0}| \approx 0.64 |T_{daz0}| \tag{6-120}$$

针对气动干扰力矩的飞轮角动量补偿策略也可以应用于受地球阴影遮挡的太阳光压干扰力矩补偿，受地球阴影遮挡的太阳光压干扰力矩如图 6-14 所示，相应 X 轴飞轮角动量偏置曲线如图 6-15 所示，X 轴飞轮角动量保持值可以适当减小。

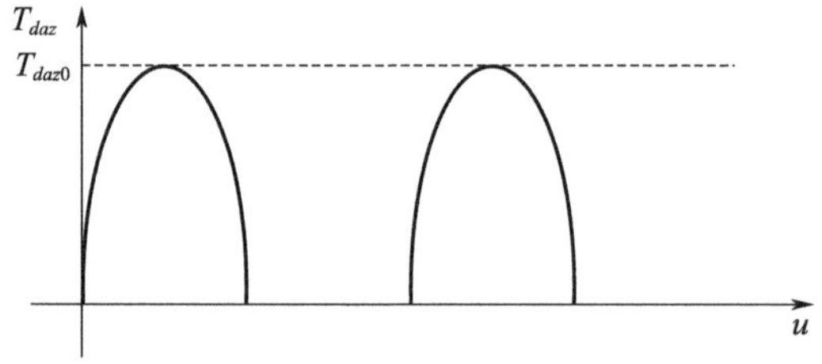

图 6-14　受地球阴影遮挡的太阳光压干扰力矩曲线

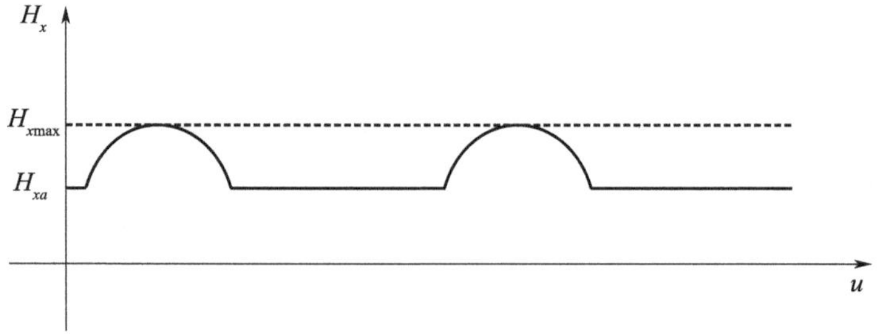

图 6-15　补偿光压干扰力矩 X 轴飞轮角动量偏置曲线

类似双自由度偏置动量控制，可以对俯仰轴角动量进行适当偏置 H_b，根据斜装飞轮安装角得 3 台飞轮工作时中心角动量如下：

$$H_s = H_b / \sin\beta \tag{6-121}$$

$$H_x = -\cos\alpha \cdot \cos\beta \cdot H_s \tag{6-122}$$

$$H_y = -\sin\alpha \cdot \cos\beta \cdot H_s \tag{6-123}$$

斜装飞轮工作在弱偏置状态，可以避免转速过零，其对 X 和 Z 轴的角动量分量可以避免 X 和 Z 轴飞轮转速过零。

不考虑 X 轴飞轮对气动干扰力矩补偿，斜装飞轮弱偏置极性使俯仰轴角动量 H_b 为负；X 轴飞轮对气动干扰力矩补偿角动量较大时，要使斜装飞轮在 X 轴的角动量与气动干扰力矩补偿角动量极性一致，降低 X 轴飞轮转速；反之要极性相反，避免 X 轴飞轮过零。

6.7.3　气动干扰力矩补偿控制仿真验证

卫星偏航轴加幅值为－100 g·cm 的正弦绝对值气动干扰力矩，结合近地轨道角速率，理论计算 X 轴补偿角动量约为－5.5 N·m·s，反作用飞轮角动量为 15 N·m·s。

不考虑飞轮补偿气动干扰力矩磁力矩器输出如图 6－16 所示，稳定时最大输出磁矩约为 300 A·m²。

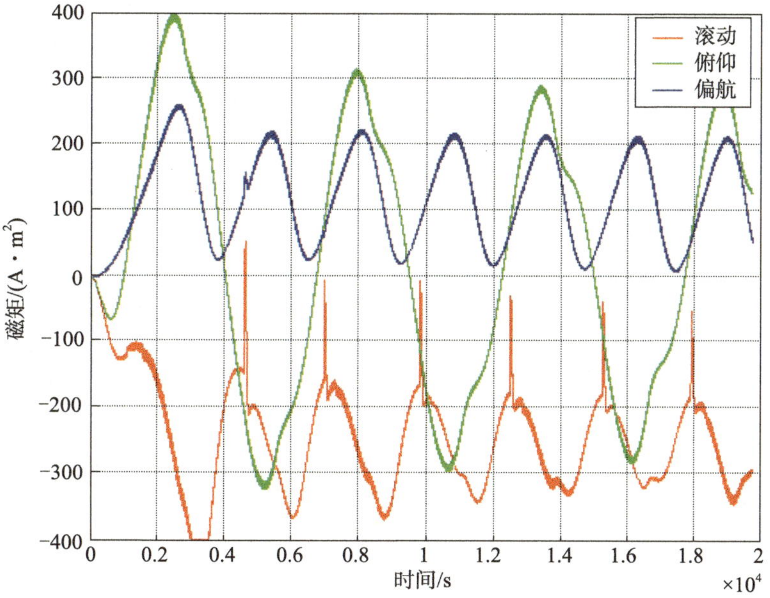

图 6－16　不考虑飞轮补偿磁力矩器磁矩输出曲线

采用飞轮补偿气动干扰力矩磁力矩器磁矩输出如图 6－17 所示，稳定时最大输出磁矩约为 50 A·m²，且稳态姿态控制精度也得到了提高。飞轮角动量输出曲线如图 6－18 所示，稳定时 Y 和 Z 轴飞轮转速会过零，可以通过 Y 轴弱偏置避免飞轮过零。

仿真结果表明，在卫星偏航轴存在幅值为－100 g·cm 的正弦绝对值气动干扰力矩情况下，结合近地轨道角速率，理论计算 X 轴补偿角动量约为－5.5 N·m·s，反作用飞轮角动量为 15 N·m·s。不考虑飞轮补偿气动干扰力矩磁力矩器最大输出磁矩约 300 A·m²。采用飞轮补偿气动干扰力矩后最大输出磁矩约 50 A·m²，且稳态姿态控制精度也得到了提高，可大幅减小磁力矩器磁矩，减轻卫星重量。

首先进行近地卫星对日定向时气动干扰力矩分析；接着针对气动干扰力矩设计飞轮补

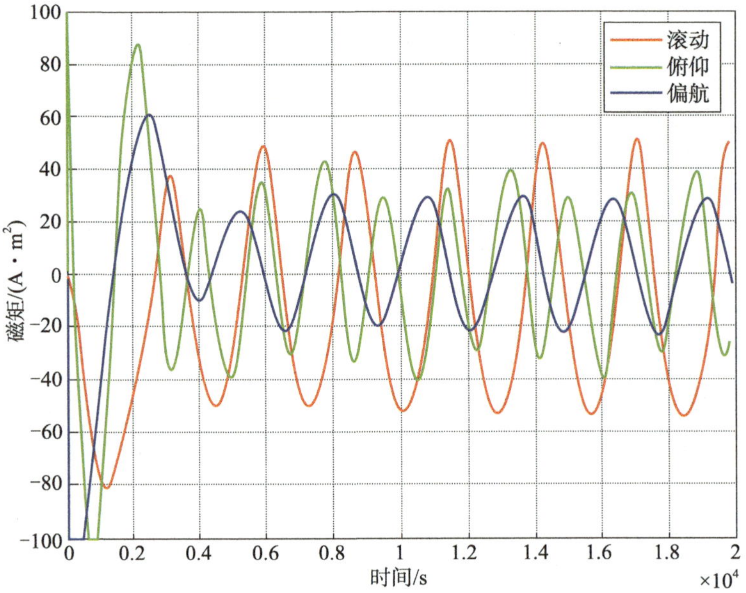

图 6-17　考虑飞轮补偿磁力矩器磁矩输出曲线

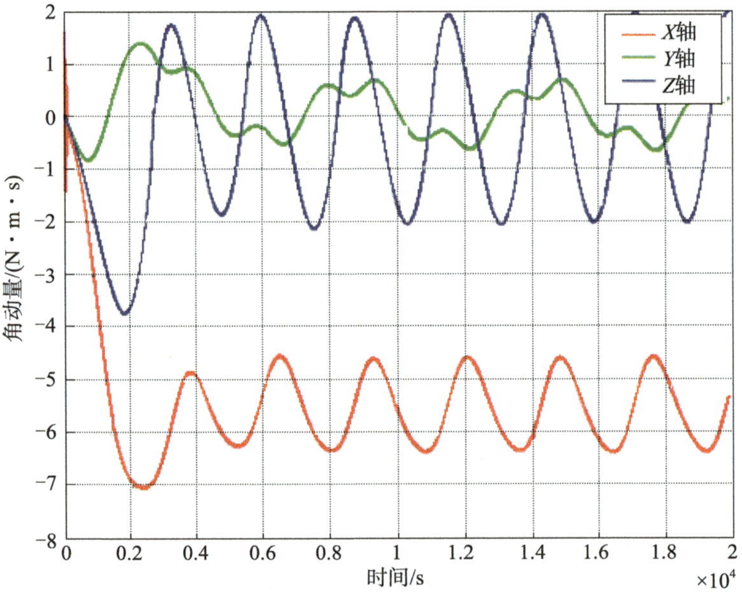

图 6-18　考虑飞轮补偿飞轮角动量输出曲线

偿控制算法，并采取弱偏置措施防止飞轮过零干扰；最后通过仿真验证了干扰力矩补偿控制算法的有效性，其可大幅减小磁力矩器磁矩，减轻卫星重量。

6.8　基于力矩陀螺姿态控制

6.8.1　力矩陀螺安装方式

全方位快速姿态机动飞行器一般配置 5～6 台力矩陀螺，如图 6-19 所示，5 台转轴沿五棱锥安装，1 台转轴垂直于底面安装，图中虚线方向，棱线与高线夹角 $\beta=63.43°$，五条棱线在 YOZ 平面投影夹角 $\alpha=72°$。

五台力矩陀螺框架轴沿五棱锥棱线安装，一台力矩陀螺框架轴沿器体 X_b 轴安装。

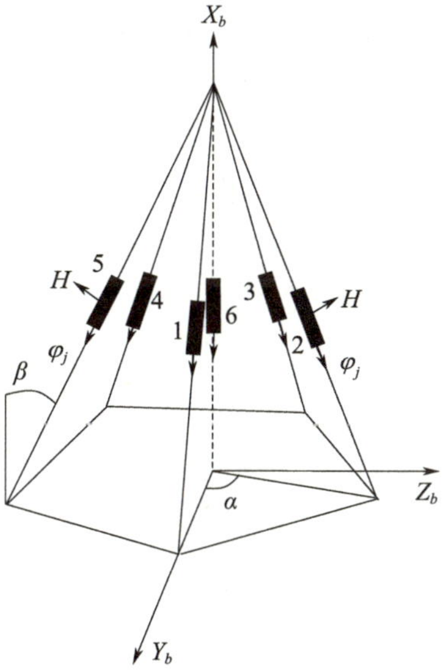

图 6-19　力矩陀螺五棱锥安装方式

单轴或二轴快速姿态机动飞行器一般成对配置力矩陀螺，2 台力矩陀螺转轴平行，使用时驱动轴转动方向相反，2 台力矩陀螺合成输出单方向力矩，不同方向之间解耦控制。

6.8.2　角动量 50 N·m·s 力矩陀螺参数

力矩陀螺转速为 6 000 r/min 时标称角动量为 50 N·m·s，框架驱动最小角速率为 0.01（°）/s，最大角速率为 60（°）/s，最大角加速率为 3 rad/s^2；$|\omega|<0.1$（°）/s 时框架转速稳定度为 0.005（°）/s，0.1（°）/s$\leqslant|\omega|\leqslant0.5$（°）/s 时框架转速稳定度为 0.01（°）/s，$|\omega|>0.5$（°）/s 时框架转速稳定度 2%。

6.8.3　力矩陀螺群角动量分析

力矩陀螺外框及内转子极性如图 6-20 所示，外框沿 $-X_m$ 转动，内转子沿 Y_m 轴转动。

图 6-19 中力矩陀螺坐标系至飞行器本体系转序如下：

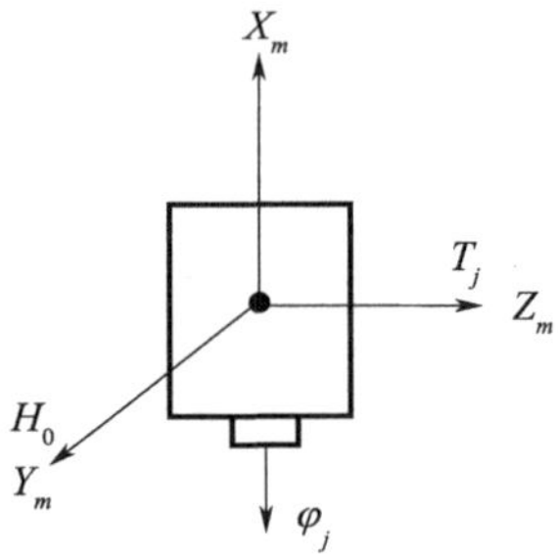

图6-20　力矩陀螺外框及内转子极性

先绕 X_m 轴转动 φ_j，再绕 Z_m 轴转动 β，最后绕 X_m 轴转动 $-\psi_j=-(j-1)\cdot\alpha$，$j=1,2,3,4,5$，$\psi_j=(j-1)\cdot\alpha$，$j=1,2,3,4,5$，$\psi_j$ 为斜装力矩陀螺框架轴在 Y_bZ_b 平面内投影角。

力矩陀螺按五棱锥构型安装，第 j 台斜装力矩陀螺 $\psi_j=0$ 初始角动量如下：

$$H_{x_{j0}}=\sin\beta\cos\varphi_j H_0\approx 0.8944\cos\varphi_j H_0 \tag{6-124}$$

$$H_{y_{j0}}=\cos\beta\cos\varphi_j H_0\approx 0.4473\cos\varphi_j H_0 \tag{6-125}$$

$$H_{z_{j0}}=-\sin\varphi_j H_0 \tag{6-126}$$

其中，φ_j 为第 j 台力矩陀螺框架转角；$\alpha=72°$；$\beta=63.43°$；$H_0=50\ \text{N}\cdot\text{m}\cdot\text{s}$，为力矩陀螺内转子角动量。

$$\boldsymbol{H}_{j0}=\begin{bmatrix}H_{x_{j0}}\\H_{y_{j0}}\\H_{z_{j0}}\end{bmatrix}=\begin{bmatrix}\sin\beta\cos\varphi_j\\\cos\beta\cos\varphi_j\\-\sin\varphi_j\end{bmatrix}\cdot H_0 \tag{6-127}$$

$$\boldsymbol{H}_j=\begin{bmatrix}1&0&0\\0&\cos\psi_j&-\sin\psi_j\\0&\sin\psi_j&\cos\psi_j\end{bmatrix}\cdot\boldsymbol{H}_{j0}=\begin{bmatrix}1&0&0\\0&\cos\psi_j&-\sin\psi_j\\0&\sin\psi_j&\cos\psi_j\end{bmatrix}\cdot\begin{bmatrix}H_{x_{j0}}\\H_{y_{j0}}\\H_{z_{j0}}\end{bmatrix} \tag{6-128}$$

$$\boldsymbol{H}_j=\begin{bmatrix}1&0&0\\0&\cos\psi_j&-\sin\psi_j\\0&\sin\psi_j&\cos\psi_j\end{bmatrix}\cdot\begin{bmatrix}\sin\beta\cos\varphi_j\\\cos\beta\cos\varphi_j\\-\sin\varphi_j\end{bmatrix}\cdot H_0 \tag{6-129}$$

$$\boldsymbol{H}_j=\begin{bmatrix}\sin\beta\cos\varphi_j\\\cos\psi_j\cos\beta\cos\varphi_j+\sin\psi_j\sin\varphi_j\\\sin\psi_j\cos\beta\cos\varphi_j-\cos\psi_j\sin\varphi_j\end{bmatrix}\cdot H_0 \tag{6-130}$$

$$\boldsymbol{H}_j\approx\begin{bmatrix}0.8944\cos\varphi_j\\0.4473\cos\psi_j\cos\varphi_j+\sin\psi_j\sin\varphi_j\\0.4473\sin\psi_j\cos\varphi_j-\cos\psi_j\sin\varphi_j\end{bmatrix}\cdot H_0 \tag{6-131}$$

No.1（$\psi_1=0°$，$\beta=63.43°$）力矩陀螺角动量

$$\boldsymbol{H}_1=\begin{bmatrix}H_{x1}\\H_{y1}\\H_{z1}\end{bmatrix}=\begin{bmatrix}\sin\beta\cos\varphi_1\\\cos\beta\cos\varphi_1\\-\sin\varphi_1\end{bmatrix}\cdot H_0 \tag{6-132}$$

$$\boldsymbol{H}_1 \approx \begin{bmatrix} 0.8944\cos\varphi_1 \\ 0.4473\cos\varphi_1 \\ -\sin\varphi_1 \end{bmatrix} \cdot H_0 \tag{6-133}$$

No. 2（$\psi_2=\alpha=72°$，$\beta=63.43°$）力矩陀螺角动量

$$\boldsymbol{H}_2 = \begin{bmatrix} \sin\beta\cos\varphi_2 \\ \cos\alpha\cos\beta\cos\varphi_2+\sin\alpha\sin\varphi_2 \\ \sin\alpha\cos\beta\cos\varphi_2-\cos\alpha\sin\varphi_2 \end{bmatrix} \cdot H_0 \tag{6-134}$$

$$\boldsymbol{H}_2 \approx \begin{bmatrix} 0.8944\cos\varphi_2 \\ 0.1382\cos\varphi_2+0.9511\sin\varphi_2 \\ 0.4254\cos\varphi_2-0.3090\sin\varphi_2 \end{bmatrix} \cdot H_0 \tag{6-135}$$

No. 3（$\psi_3=2\alpha=144°$，$\beta=63.43°$）力矩陀螺角动量

$$\boldsymbol{H}_3 = \begin{bmatrix} \sin\beta\cos\varphi_3 \\ \cos2\alpha\cos\beta\cos\varphi_3+\sin2\alpha\sin\varphi_3 \\ \sin2\alpha\cos\beta\cos\varphi_3-\cos2\alpha\sin\varphi_3 \end{bmatrix} \cdot H_0 \tag{6-136}$$

$$\boldsymbol{H}_3 \approx \begin{bmatrix} 0.8944\cos\varphi_3 \\ -0.3619\cos\varphi_3+0.5878\sin\varphi_3 \\ 0.2629\cos\varphi_3+0.8090\sin\varphi_3 \end{bmatrix} \cdot H_0 \tag{6-137}$$

No. 4（$\psi_4=-2\alpha=-144°$，$\beta=63.43°$）力矩陀螺角动量

$$\boldsymbol{H}_4 = \begin{bmatrix} \sin\beta\cos\varphi_4 \\ \cos3\alpha\cos\beta\cos\varphi_4+\sin3\alpha\sin\varphi_4 \\ \sin3\alpha\cos\beta\cos\varphi_4-\cos3\alpha\sin\varphi_4 \end{bmatrix} \cdot H_0 \tag{6-138}$$

$$\boldsymbol{H}_4 \approx \begin{bmatrix} 0.8944\cos\varphi_4 \\ -0.3619\cos\varphi_4-0.5878\sin\varphi_4 \\ -0.2629\cos\varphi_4+0.8090\sin\varphi_4 \end{bmatrix} \cdot H_0 \tag{6-139}$$

No. 5（$\psi_5=-\alpha=-72°$，$\beta=63.43°$）力矩陀螺角动量

$$\boldsymbol{H}_5 = \begin{bmatrix} \sin\beta\cos\varphi_5 \\ \cos4\alpha\cos\beta\cos\varphi_5+\sin4\alpha\sin\varphi_5 \\ \sin4\alpha\cos\beta\cos\varphi_5-\cos4\alpha\sin\varphi_5 \end{bmatrix} \cdot H_0 \tag{6-140}$$

$$\boldsymbol{H}_5 \approx \begin{bmatrix} 0.8944\cos\varphi_5 \\ 0.1382\cos\varphi_5-0.9510\sin\varphi_5 \\ -0.4254\cos\varphi_5-0.3090\sin\varphi_5 \end{bmatrix} \cdot H_0 \tag{6-141}$$

No. 6 力矩陀螺角动量：

框架角零位时角动量指向本体系 Y 轴

$$\boldsymbol{H}_6 = \begin{bmatrix} H_{x6} \\ H_{y6} \\ H_{z6} \end{bmatrix} = \begin{bmatrix} 1 & 0 & 0 \\ 0 & \cos\varphi_6 & \sin\varphi_6 \\ 0 & -\sin\varphi_6 & \cos\varphi_6 \end{bmatrix} \cdot \begin{bmatrix} 0 \\ H_0 \\ 0 \end{bmatrix} \tag{6-142}$$

$$\boldsymbol{H}_6=\begin{bmatrix}0\\ \cos\varphi_6\\ -\sin\varphi_6\end{bmatrix}\cdot H_0 \tag{6-143}$$

6.8.4 力矩陀螺群角动量控制方式

当前位置力矩陀螺群角动量矩阵

$$\boldsymbol{H}=[\boldsymbol{H}_1\quad \boldsymbol{H}_2\quad \boldsymbol{H}_3\quad \boldsymbol{H}_4\quad \boldsymbol{H}_5\quad \boldsymbol{H}_6]_{3\times6}\cdot \boldsymbol{k}_{6\times1}=\boldsymbol{A}_{3\times1}\cdot H_0 \tag{6-144}$$

其中

$$\boldsymbol{A}_{3\times1}=\boldsymbol{A}_1+\boldsymbol{A}_2+\boldsymbol{A}_3+\boldsymbol{A}_4+\boldsymbol{A}_5+\boldsymbol{A}_6$$

$$\boldsymbol{A}_1=\begin{bmatrix}\sin\beta\cos\varphi_1\\ \cos\beta\cos\varphi_1\\ -\sin\varphi_1\end{bmatrix}\cdot k_1$$

$$\boldsymbol{A}_2=\begin{bmatrix}\sin\beta\cos\varphi_2\\ \cos\alpha\cos\beta\cos\varphi_2+\sin\alpha\sin\varphi_2\\ \sin\alpha\cos\beta\cos\varphi_2-\cos\alpha\sin\varphi_2\end{bmatrix}\cdot k_2$$

$$\boldsymbol{A}_3=\begin{bmatrix}\sin\beta\cos\varphi_3\\ \cos2\alpha\cos\beta\cos\varphi_3+\sin2\alpha\sin\varphi_3\\ \sin2\alpha\cos\beta\cos\varphi_3-\cos2\alpha\sin\varphi_3\end{bmatrix}\cdot k_3$$

$$\boldsymbol{A}_4=\begin{bmatrix}\sin\beta\cos\varphi_4\\ \cos3\alpha\cos\beta\cos\varphi_4+\sin3\alpha\sin\varphi_4\\ \sin3\alpha\cos\beta\cos\varphi_4-\cos3\alpha\sin\varphi_4\end{bmatrix}\cdot k_4$$

$$\boldsymbol{A}_5=\begin{bmatrix}\sin\beta\cos\varphi_5\\ \cos4\alpha\cos\beta\cos\varphi_5+\sin4\alpha\sin\varphi_5\\ \sin4\alpha\cos\beta\cos\varphi_5-\cos4\alpha\sin\varphi_5\end{bmatrix}\cdot k_5$$

$$\boldsymbol{A}_6=\begin{bmatrix}0\\ \cos\varphi_6\\ -\sin\varphi_6\end{bmatrix}\cdot k_6$$

式中，$\boldsymbol{k}_{6\times1}=[k_1\quad k_2\quad k_3\quad k_4\quad k_5\quad k_6]^{\mathrm{T}}$，$k_1$，$k_2$，$k_3$，$k_4$，$k_5$，$k_6$ 为 6 台力矩陀螺是否参加控制状态标志，参加控制 $k_j=1$，否则 $k_j=0$。

角动量矩阵对外框转角 φ_j 求导

$$\mathrm{d}\boldsymbol{H}=-[\boldsymbol{B}_1\quad \boldsymbol{B}_2\quad \boldsymbol{B}_3\quad \boldsymbol{B}_4\quad \boldsymbol{B}_5\quad \boldsymbol{B}_6]_{3\times6}\cdot \mathrm{d}\boldsymbol{\varphi}\cdot H_0=-\boldsymbol{B}_\varphi\cdot \mathrm{d}\boldsymbol{\varphi}\cdot H_0 \tag{6-145}$$

其中

$$\boldsymbol{B}_\varphi=[\boldsymbol{B}_1\quad \boldsymbol{B}_2\quad \boldsymbol{B}_3\quad \boldsymbol{B}_4\quad \boldsymbol{B}_5\quad \boldsymbol{B}_6]_{3\times6}$$

$$\boldsymbol{B}_1=\begin{bmatrix}\sin\beta\sin\varphi_1\\ \cos\beta\sin\varphi_1\\ \cos\varphi_1\end{bmatrix}\cdot k_1$$

$$\boldsymbol{B}_2=\begin{bmatrix}\sin\beta\sin\varphi_2\\ \cos\alpha\cos\beta\sin\varphi_2-\sin\alpha\cos\varphi_2\\ \sin\alpha\cos\beta\sin\varphi_2+\cos\alpha\cos\varphi_2\end{bmatrix}\cdot k_2$$

$$\boldsymbol{B}_3=\begin{bmatrix}\sin\beta\sin\varphi_3\\ \cos2\alpha\cos\beta\sin\varphi_3-\sin2\alpha\cos\varphi_3\\ \sin2\alpha\cos\beta\sin\varphi_3+\cos2\alpha\cos\varphi_3\end{bmatrix}\cdot k_3$$

$$\boldsymbol{B}_4=\begin{bmatrix}\sin\beta\sin\varphi_4\\ \cos3\alpha\cos\beta\sin\varphi_4-\sin3\alpha\cos\varphi_4\\ \sin3\alpha\cos\beta\sin\varphi_4+\cos3\alpha\cos\varphi_4\end{bmatrix}\cdot k_4$$

$$\boldsymbol{B}_5=\begin{bmatrix}\sin\beta\sin\varphi_5\\ \cos4\alpha\cos\beta\sin\varphi_5-\sin4\alpha\cos\varphi_5\\ \sin4\alpha\cos\beta\sin\varphi_5+\cos4\alpha\cos\varphi_5\end{bmatrix}\cdot k_5$$

$$\boldsymbol{B}_6=\begin{bmatrix}0\\ \sin\varphi_6\\ \cos\varphi_6\end{bmatrix}\cdot k_6$$

设类似飞轮角动量采用 PI 控制，姿态控制三轴角动量增量为

$$\mathrm{d}\boldsymbol{H}=[\mathrm{d}H_x\quad \mathrm{d}H_y\quad \mathrm{d}H_z]^{\mathrm{T}} \tag{6-146}$$

求得力矩陀螺群外框架轴角增量为

$$\mathrm{d}\boldsymbol{\varphi}=-(\boldsymbol{B}_\varphi^{\mathrm{T}}\cdot\boldsymbol{B}_\varphi)^{-1}\cdot\boldsymbol{B}_\varphi^{\mathrm{T}}\cdot\mathrm{d}\boldsymbol{H}/H_0 \tag{6-147}$$

设控制周期为 T_0，力矩陀螺群外框架轴角速率控制量为

$$\omega_c=\mathrm{d}\boldsymbol{\varphi}/T_0 \tag{6-148}$$

求得力矩陀螺群外框角速率控制量为

$$\boldsymbol{\omega}_c=-(\boldsymbol{B}_\varphi^{\mathrm{T}}\cdot\boldsymbol{B}_\varphi)^{-1}\cdot\boldsymbol{B}_\varphi^{\mathrm{T}}\cdot\mathrm{d}\boldsymbol{H}/T_0/H_0 \tag{6-149}$$

令

$$B_{abs}=\|\boldsymbol{B}_\varphi^{\mathrm{T}}\cdot\boldsymbol{B}_\varphi\| \tag{6-150}$$

如果 $B_{abs}\leqslant B_0$（B_0 为阈值），需要对力矩陀螺群进行卸载或增加控制用力矩陀螺。

力矩陀螺群卸载角动量为

$$\Delta\boldsymbol{H}=c\cdot\boldsymbol{H} \tag{6-151}$$

一般情况下 $0<c\leqslant1$，在已知姿态快速机动方向，需要较大角动量增量时，也可以根据姿态机动方向卸载，设姿态机动沿某方向角速率为 ω_f，则可以提前设置偏置角动量为

$$\Delta\boldsymbol{H}=c_f\cdot\boldsymbol{I}_b\cdot\omega_f \tag{6-152}$$

一般情况下 $0.5\leqslant c_f\leqslant1$。

令

$$\boldsymbol{B}_\varphi=\begin{bmatrix}\boldsymbol{B}_x\\ \boldsymbol{B}_y\\ \boldsymbol{B}_z\end{bmatrix}_{3\times6} \tag{6-153}$$

有些飞行器只需要二轴姿态机动，假设 X_b 指向目标，Y_b 轴和 Z_b 轴姿态机动，力矩陀螺群外框角速率控制量为

$$\boldsymbol{\omega}_c = -(\boldsymbol{B}_{yz}^{\mathrm{T}} \cdot \boldsymbol{B}_{yz})^{-1} \cdot \boldsymbol{B}_{yz}^{\mathrm{T}} \cdot \mathrm{d}\boldsymbol{H}/T_0/H_0 \tag{6-154}$$

其中

$$\boldsymbol{B}_{yz} = \begin{bmatrix} \boldsymbol{B}_y \\ \boldsymbol{B}_z \end{bmatrix}_{2\times 6}$$

对于单轴机动飞行器，假设绕 Y_b 轴姿态机动，力矩陀螺群外框角速率控制量为

$$\boldsymbol{\omega}_c = -(\boldsymbol{B}_y^{\mathrm{T}} \cdot \boldsymbol{B}_y)^{-1} \cdot \boldsymbol{B}_y^{\mathrm{T}} \cdot \mathrm{d}\boldsymbol{H}/T_0/H_0 \tag{6-155}$$

二轴姿态机动和单轴姿态机动角动量卸载与三轴姿态机动类似。

如果采用类似飞轮PD力矩控制，姿态三轴控制力矩为

$$\boldsymbol{T}_c = [T_x \quad T_y \quad T_z]^{\mathrm{T}} \tag{6-156}$$

设控制周期为 T_0，姿态控制角动量增量为

$$\mathrm{d}\boldsymbol{H} = -\boldsymbol{T}_c \cdot T_0 \tag{6-157}$$

求得力矩陀螺群外框角速率控制量为

$$\boldsymbol{\omega}_c = (\boldsymbol{B}_\varphi^{\mathrm{T}} \cdot \boldsymbol{B}_\varphi)^{-1} \cdot \boldsymbol{B}_\varphi^{\mathrm{T}} \cdot \boldsymbol{T}_c/H_0 \tag{6-158}$$

力矩控制也可以应用角动量控制方式求取外框转动角速率。

6.8.5 力矩陀螺群控制力矩分析

力矩陀螺按五棱锥构型安装，单台力矩陀螺输出力矩如下：

$$\boldsymbol{T}_i = \boldsymbol{H}_i \times \boldsymbol{\omega}_i \tag{6-159}$$

式中 $\boldsymbol{H}_i$——力矩陀螺内框飞轮角动量；

$\boldsymbol{\omega}_i$——转轴转动角速率。

第 j 台斜装力矩陀螺 $\psi_j=0$ 时力矩如下：

$$T_{x_{j0}} = \sin\beta\sin\varphi_j H_0 \cdot \omega_j \approx 0.894\,4\sin\varphi_j H_0 \cdot \omega_j \tag{6-160}$$

$$T_{y_{j0}} = \cos\beta\sin\varphi_j H_0 \cdot \omega_j \approx 0.447\,3\sin\varphi_j H_0 \cdot \omega_j \tag{6-161}$$

$$T_{z_{j0}} = \cos\varphi_j H_0 \cdot \omega_j \tag{6-162}$$

式中，φ_j 为第 j 台力矩陀螺框架转角；$\alpha=72°$；$\beta=63.43°$；$H_0=50\ \mathrm{N\cdot m\cdot s}$，为力矩陀螺内转子角动量。

$$\boldsymbol{T}_{j0} = \begin{bmatrix} T_{x_{j0}} \\ T_{y_{j0}} \\ T_{z_{j0}} \end{bmatrix} = \begin{bmatrix} \sin\beta\sin\varphi_j \\ \cos\beta\sin\varphi_j \\ \cos\varphi_j \end{bmatrix} \cdot H_0 \cdot \omega_j \tag{6-163}$$

$$\boldsymbol{T}_j = \begin{bmatrix} 1 & 0 & 0 \\ 0 & \cos\psi_j & -\sin\psi_j \\ 0 & \sin\psi_j & \cos\psi_j \end{bmatrix} \cdot \boldsymbol{T}_{j0} = \begin{bmatrix} 1 & 0 & 0 \\ 0 & \cos\psi_j & -\sin\psi_j \\ 0 & \sin\psi_j & \cos\psi_j \end{bmatrix} \cdot \begin{bmatrix} T_{x_{j0}} \\ T_{y_{j0}} \\ T_{z_{j0}} \end{bmatrix} \tag{6-164}$$

$$\boldsymbol{T}_j=\begin{bmatrix}1 & 0 & 0\\ 0 & \cos\psi_j & -\sin\psi_j\\ 0 & \sin\psi_j & \cos\psi_j\end{bmatrix}\cdot\begin{bmatrix}\sin\beta\sin\varphi_j\\ \cos\beta\sin\varphi_j\\ \cos\varphi_j\end{bmatrix}\cdot H_0\cdot\omega_j \tag{6-165}$$

$$\boldsymbol{T}_j=\begin{bmatrix}\sin\beta\sin\varphi_j\\ \cos\psi_j\cos\beta\sin\varphi_j-\sin\psi_j\cos\varphi_j\\ \sin\psi_j\cos\beta\sin\varphi_j+\cos\psi_j\cos\varphi_j\end{bmatrix}\cdot H_0\cdot\omega_j \tag{6-166}$$

$$\boldsymbol{T}_j\approx\begin{bmatrix}0.894\ 4\sin\varphi_j\\ 0.447\ 3\cos\psi_j\sin\varphi_j-\sin\psi_j\cos\varphi_j\\ 0.447\ 3\sin\psi_j\sin\varphi_j+\cos\psi_j\cos\varphi_j\end{bmatrix}\cdot H_0\cdot\omega_j \tag{6-167}$$

其中，$\psi_j=(j-1)\cdot\alpha$，$j=1,2,3,4,5$，ψ_j 为斜装力矩陀螺框架轴在 Y_bZ_b 平面内投影角。

No. 1（$\psi_1=0°$，$\beta=63.43°$）力矩陀螺输出力矩

$$\boldsymbol{T}_1=\begin{bmatrix}T_{x_1}\\ T_{y_1}\\ T_{z_1}\end{bmatrix}=\begin{bmatrix}\sin\beta\sin\varphi_1\\ \cos\beta\sin\varphi_1\\ \cos\varphi_1\end{bmatrix}\cdot H_0\cdot\omega_1 \tag{6-168}$$

$$\boldsymbol{T}_1\approx\begin{bmatrix}0.894\ 4\sin\varphi_1\\ 0.447\ 3\sin\varphi_1\\ \cos\varphi_1\end{bmatrix}\cdot H_0\cdot\omega_1 \tag{6-169}$$

No. 2（$\psi_2=\alpha=72°$，$\beta=63.43°$）力矩陀螺输出力矩

$$\boldsymbol{T}_2=\begin{bmatrix}\sin\beta\sin\varphi_2\\ \cos\alpha\cos\beta\sin\varphi_2-\sin\alpha\cos\varphi_2\\ \sin\alpha\cos\beta\sin\varphi_2+\cos\alpha\cos\varphi_2\end{bmatrix}\cdot H_0\cdot\omega_2 \tag{6-170}$$

$$\boldsymbol{T}_2\approx\begin{bmatrix}0.894\ 4\sin\varphi_2\\ 0.138\ 2\sin\varphi_2-0.951\ 1\cos\varphi_2\\ 0.425\ 4\sin\varphi_2+0.309\ 0\cos\varphi_2\end{bmatrix}\cdot H_0\cdot\omega_2 \tag{6-171}$$

No. 3（$\psi_3=2\alpha=144°$，$\beta=63.43°$）力矩陀螺输出力矩

$$\boldsymbol{T}_3=\begin{bmatrix}\sin\beta\sin\varphi_3\\ \cos2\alpha\cos\beta\sin\varphi_3-\sin2\alpha\cos\varphi_3\\ \sin2\alpha\cos\beta\sin\varphi_3+\cos2\alpha\cos\varphi_3\end{bmatrix}\cdot H_0\cdot\omega_3 \tag{6-172}$$

$$\boldsymbol{T}_3\approx\begin{bmatrix}0.894\ 4\sin\varphi_3\\ -0.361\ 9\sin\varphi_3-0.587\ 8\cos\varphi_3\\ 0.262\ 9\sin\varphi_3-0.809\ 0\cos\varphi_3\end{bmatrix}\cdot H_0\cdot\omega_3 \tag{6-173}$$

No. 4（$\psi_4=-2\alpha=-144°$，$\beta=63.43°$）力矩陀螺输出力矩

$$\boldsymbol{T}_4=\begin{bmatrix}\sin\beta\sin\varphi_4\\ \cos3\alpha\cos\beta\sin\varphi_4-\sin3\alpha\cos\varphi_4\\ \sin3\alpha\cos\beta\sin\varphi_4+\cos3\alpha\cos\varphi_4\end{bmatrix}\cdot H_0\cdot\omega_4 \tag{6-174}$$

$$\boldsymbol{T}_4 \approx \begin{bmatrix} 0.8944\sin\varphi_4 \\ -0.3619\sin\varphi_4 + 0.5878\cos\varphi_4 \\ -0.2629\sin\varphi_4 - 0.8090\cos\varphi_4 \end{bmatrix} \cdot H_0 \cdot \omega_4 \tag{6-175}$$

No. 5（$\psi_5 = -\alpha = -72°$，$\beta = 63.43°$）力矩陀螺输出力矩

$$\boldsymbol{T}_5 = \begin{bmatrix} \sin\beta\sin\varphi_5 \\ \cos4\alpha\cos\beta\sin\varphi_5 - \sin4\alpha\cos\varphi_5 \\ \sin4\alpha\cos\beta\sin\varphi_5 + \cos4\alpha\cos\varphi_5 \end{bmatrix} \cdot H_0 \cdot \omega_5 \tag{6-176}$$

$$\boldsymbol{T}_5 \approx \begin{bmatrix} 0.8944\sin\varphi_5 \\ 0.1382\sin\varphi_5 + 0.9510\cos\varphi_5 \\ -0.4254\sin\varphi_5 + 0.3090\cos\varphi_5 \end{bmatrix} \cdot H_0 \cdot \omega_5 \tag{6-177}$$

No. 6 力矩陀螺输出力矩：

框架角零位时角动量指向本体系 Y 轴

$$\boldsymbol{T}_6 = \begin{bmatrix} H_{x6} \\ H_{y6} \\ H_{z6} \end{bmatrix} = \begin{bmatrix} 1 & 0 & 0 \\ 0 & \cos\varphi_6 & \sin\varphi_6 \\ 0 & -\sin\varphi_6 & \cos\varphi_6 \end{bmatrix} \cdot \begin{bmatrix} 0 \\ 0 \\ H_0 \cdot \omega_6 \end{bmatrix} \tag{6-178}$$

$$\boldsymbol{T}_6 = \begin{bmatrix} 0 \\ \sin\varphi_6 \\ \cos\varphi_6 \end{bmatrix} \cdot H_0 \cdot \omega_6 \tag{6-179}$$

6.8.6 力矩陀螺群力矩控制方式

力矩陀螺按五棱锥构型安装，力矩陀螺群外框当前位置输出力矩如下：

$$\boldsymbol{T} = [\boldsymbol{T}_1 \quad \boldsymbol{T}_2 \quad \boldsymbol{T}_3 \quad \boldsymbol{T}_4 \quad \boldsymbol{T}_5 \quad \boldsymbol{T}_6]_{3\times6} \cdot \boldsymbol{k}_{6\times1} \cdot \boldsymbol{\omega} = \boldsymbol{B}_\varphi \cdot \boldsymbol{\omega} \cdot H_0 \tag{6-180}$$

其中

$$\boldsymbol{B}_\varphi = [\boldsymbol{B}_1 \quad \boldsymbol{B}_2 \quad \boldsymbol{B}_3 \quad \boldsymbol{B}_4 \quad \boldsymbol{B}_5 \quad \boldsymbol{B}_6]_{3\times6}$$

$$\boldsymbol{\omega} = [\omega_1 \quad \omega_2 \quad \omega_3 \quad \omega_4 \quad \omega_5 \quad \omega_6]^{\mathrm{T}}$$

$$\boldsymbol{B}_1 = \begin{bmatrix} \sin\beta\sin\varphi_1 \\ \cos\beta\sin\varphi_1 \\ \cos\varphi_1 \end{bmatrix} \cdot k_1$$

$$\boldsymbol{B}_2 = \begin{bmatrix} \sin\beta\sin\varphi_2 \\ \cos\alpha\cos\beta\sin\varphi_2 - \sin\alpha\cos\varphi_2 \\ \sin\alpha\cos\beta\sin\varphi_2 + \cos\alpha\cos\varphi_2 \end{bmatrix} \cdot k_2$$

$$\boldsymbol{B}_3 = \begin{bmatrix} \sin\beta\sin\varphi_3 \\ \cos2\alpha\cos\beta\sin\varphi_3 - \sin2\alpha\cos\varphi_3 \\ \sin2\alpha\cos\beta\sin\varphi_3 + \cos2\alpha\cos\varphi_3 \end{bmatrix} \cdot k_3$$

$$\boldsymbol{B}_4=\begin{bmatrix}\sin\beta\sin\varphi_4\\ \cos3\alpha\cos\beta\sin\varphi_4-\sin3\alpha\cos\varphi_4\\ \sin3\alpha\cos\beta\sin\varphi_4+\cos3\alpha\cos\varphi_4\end{bmatrix}\cdot k_4$$

$$\boldsymbol{B}_5=\begin{bmatrix}\sin\beta\sin\varphi_5\\ \cos4\alpha\cos\beta\sin\varphi_5-\sin4\alpha\cos\varphi_5\\ \sin4\alpha\cos\beta\sin\varphi_5+\cos4\alpha\cos\varphi_5\end{bmatrix}\cdot k_5$$

$$\boldsymbol{B}_6=\begin{bmatrix}0\\ \sin\varphi_6\\ \cos\varphi_6\end{bmatrix}\cdot k_6$$

式中，$\boldsymbol{k}_{6\times1}=[k_1\quad k_2\quad k_3\quad k_4\quad k_5\quad k_6]^{\mathrm{T}}$，$k_1$，$k_2$，$k_3$，$k_4$，$k_5$，$k_6$ 为 6 台力矩陀螺是否参加控制状态标志，参加控制 $k_j=1$，否则 $k_j=0$。

设类似力矩飞轮采用 PD 力矩控制，姿态三轴控制力矩为

$$\boldsymbol{T}_c=[T_x\quad T_y\quad T_z]^{\mathrm{T}} \tag{6-181}$$

求得力矩陀螺群外框架控制转速

$$\boldsymbol{\omega}_c=(\boldsymbol{B}_\varphi^{\mathrm{T}}\cdot\boldsymbol{B}_\varphi)^{-1}\cdot\boldsymbol{B}_\varphi^{\mathrm{T}}\cdot\boldsymbol{T}_c/H_0 \tag{6-182}$$

上式与基于角动量方式得到的控制转速一致。

令

$$B_{abs}=\|\boldsymbol{B}_\varphi^{\mathrm{T}}\cdot\boldsymbol{B}_\varphi\| \tag{6-183}$$

如果 $B_{abs}\leqslant B_0$（B_0 为阈值），需要对力矩陀螺群进行卸载或增加控制用力矩陀螺。

有些飞行器只需要二轴姿态机动，假设 X_b 指向目标，Y_b 轴和 Z_b 轴姿态机动，力矩陀螺群外框角速率控制量为

$$\boldsymbol{\omega}_c=(\boldsymbol{B}_{yz}^{\mathrm{T}}\cdot\boldsymbol{B}_{yz})^{-1}\cdot\boldsymbol{B}_{yz}^{\mathrm{T}}\cdot\boldsymbol{T}_c/H_0 \tag{6-184}$$

其中

$$\boldsymbol{B}_{yz}=\begin{bmatrix}\boldsymbol{B}_y\\ \boldsymbol{B}_z\end{bmatrix}_{2\times6}$$

对于单轴机动飞行器，假设绕 Y_b 轴姿态机动，力矩陀螺群外框角速率控制量为

$$\boldsymbol{\omega}_c=(\boldsymbol{B}_y^{\mathrm{T}}\cdot\boldsymbol{B}_y)^{-1}\cdot\boldsymbol{B}_y^{\mathrm{T}}\cdot\boldsymbol{T}_c/H_0 \tag{6-185}$$

力矩陀螺群力矩控制方式角动量卸载与角动量方式类似。

6.9　基于姿态偏差四元数姿态机动控制

飞行器动力学参数的非线性和时变性，以及干扰力矩的随机性，影响姿态机动的快速性和稳定性。对于配置大型挠性太阳翼和天线的飞行器，快速姿态机动可能导致太阳翼或天线折断，基于角动量交换的轮控姿态机动角速率受飞轮角动量限制，姿态机动前飞轮合成角动量形成的偏置动量也影响姿态机动。

针对角速率受约束飞行器，进行姿态快速机动控制研究，首先考虑角速率约束和初始

偏置角动量，进行快速姿态机动控制最佳路径规划；接着针对角速率约束，设计喷气和飞轮姿态快速机动控制算法。

6.9.1 姿态偏差四元数计算

姿态机动四元数乘法

$$\boldsymbol{q}_{bof}=\boldsymbol{q}_{bo}\otimes \mathrm{d}\boldsymbol{q} \tag{6-186}$$

式中 $\boldsymbol{q}_{bof}$ ——目标姿态四元数；

$\mathrm{d}\boldsymbol{q}$ ——姿态机动四元数；

$\boldsymbol{q}_{bo}$ ——当前姿态四元数。

姿态偏差四元数

$$\mathrm{d}\boldsymbol{q}=\boldsymbol{q}_{bo}^{-1}\otimes \boldsymbol{q}_{bof} \tag{6-187}$$

对 $\mathrm{d}\boldsymbol{q}$ 归一化，$\mathrm{d}q_0$ 取正，令

$$\mathrm{d}\boldsymbol{q}=[\mathrm{d}q_0 \quad \mathrm{d}\boldsymbol{Q}_e] \tag{6-188}$$

$$\mathrm{d}\boldsymbol{Q}_e=[\mathrm{d}q_1 \quad \mathrm{d}q_2 \quad \mathrm{d}q_3] \tag{6-189}$$

如果 $\mathrm{d}q_{0,k}<\cos(150°/2)$ ，且 $\mathrm{d}q_{0,k-1}<\cos(150°/2)$ ，则

$$\mathrm{d}\boldsymbol{Q}_{e,k}=\mathrm{d}\boldsymbol{Q}_{e,k-1} \tag{6-190}$$

令

$$\mathrm{d}Q_{e\max}=\max\{|\mathrm{d}q_1| \quad |\mathrm{d}q_2| \quad |\mathrm{d}q_3|\} \tag{6-191}$$

$$\mathrm{d}Q_{e\max0}=40\times\pi/180/2 \tag{6-192}$$

参数可设置。

如果 $\mathrm{d}Q_{e\max}>\mathrm{d}Q_{e\max0}$ ，则

$$\mathrm{d}\boldsymbol{Q}_e=[\mathrm{d}q_1 \quad \mathrm{d}q_2 \quad \mathrm{d}q_3]\cdot\frac{\mathrm{d}Q_{e\max0}}{\mathrm{d}Q_{e\max}} \tag{6-193}$$

6.9.2 姿态机动路径规划

6.9.2.1 常规路径规划

飞行器姿态机动如图 6-21 所示，由初始姿态绕欧拉轴 $\boldsymbol{E}$ 转动 Φ 机动到目标姿态，得到姿态机动四元数 $\mathrm{d}\boldsymbol{q}$ 如下：

$$\mathrm{d}\boldsymbol{q}=\begin{bmatrix}\cos(\Phi/2)\\ \sin(\Phi/2)\cdot\boldsymbol{E}\end{bmatrix} \tag{6-194}$$

绕欧拉轴角姿态机动是最佳路径，设相对惯性系初始姿态 $\boldsymbol{q}_{bi,0}$ ，由最佳姿态机动四元数 $\mathrm{d}\boldsymbol{q}$ 得目标姿态为 $\boldsymbol{q}_{bi,f}$ 如下：

$$\boldsymbol{q}_{bi,f}=\boldsymbol{q}_{bi,0}\otimes \mathrm{d}\boldsymbol{q} \tag{6-195}$$

由上式得最佳姿态机动四元数如下：

$$\mathrm{d}\boldsymbol{q}=\boldsymbol{q}_{bi,0}^{*}\otimes \boldsymbol{q}_{bi,f} \tag{6-196}$$

飞行器沿欧拉轴反方向机动 $2\pi-\Phi$ ，也能机动到目标姿态，但转动的角度大，一般

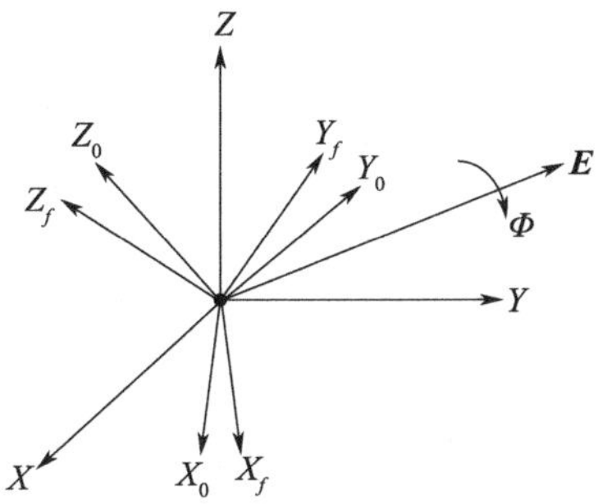

图 6-21　姿态机动示意图

沿欧拉轴方向机动，因此需要对 d$\boldsymbol{q}$ 进行归一化处理，对标量 dq_0 进行正则化处理。

相对动坐标系姿态机动也可类似求取最佳姿态机动四元数，设相对轨道系初始姿态为 $\boldsymbol{q}_{bo,0}$，由最佳姿态机动四元数 d$\boldsymbol{q}$ 得目标姿态为 $\boldsymbol{q}_{bo,f}$ 如下：

$$\boldsymbol{q}_{bo,f}=\boldsymbol{q}_{bo,0}\otimes \mathrm{d}\boldsymbol{q} \tag{6-197}$$

由上式得最佳姿态机动四元数如下：

$$\mathrm{d}\boldsymbol{q}=\boldsymbol{q}_{bo,0}{}^{*}\otimes \boldsymbol{q}_{bo,f} \tag{6-198}$$

相对轨道系姿态机动，需要控制姿态机动后的飞行器沿轨道面法向按轨道角速率旋转。

6.9.2.2　考虑飞轮偏置角动量轮控路径规划

姿态机动前飞轮合成角动量与最佳姿态机动方向（欧拉轴）如图 6-22 所示，飞轮角动量在欧拉轴方向投影角动量 $H_{w,E}$ 如下：

$$H_{w,E}=\boldsymbol{H}_w\cdot \boldsymbol{E} \tag{6-199}$$

轮控姿态机动基于飞轮角动量与飞行器角动量交换，通过控制飞轮沿欧拉轴方向角动量减小，即可控制飞行器绕欧拉轴转动。当飞轮角动量在欧拉轴上投影为正，飞轮角动量可调范围大；反之当飞轮角动量在欧拉轴上投影为负，飞轮角动量可调范围小。

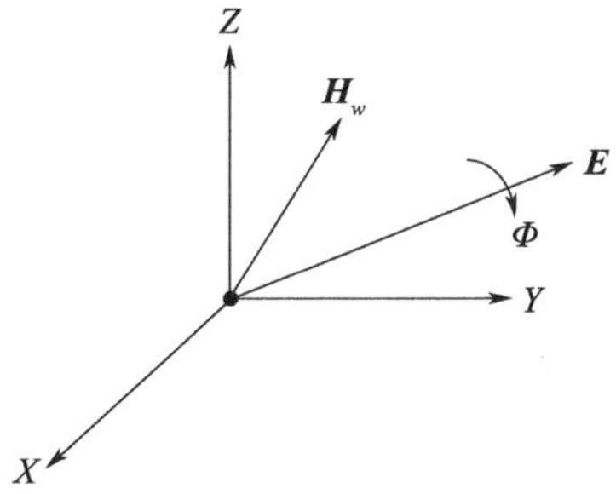

图 6-22　飞轮合成角动量与欧拉轴方向示意图

对于转动惯量较大的飞行器，飞轮角动量变化导致的飞行器姿态机动角速率较小，姿态机动时间一般较长。姿态机动前飞轮合成角动量在欧拉轴反方向，飞轮角动量变化范围小，姿态机动角速率小，姿态沿欧拉轴方向机动时间长，按欧拉轴反方向机动，虽然沿欧拉轴转动角度大，但飞轮角动量变化范围大，姿态机动角速率大，姿态沿欧拉轴反方向机动时间反而短。

对于轮控姿态机动，当

$$H_{w,E} < 0 \tag{6-200}$$

要比较沿欧拉轴姿态机动和沿欧拉轴反方向姿态机动时间，优选时间短的进行姿态机动，如果沿欧拉轴反方向姿态机动时间更短，则最佳姿态机动四元数为

$$\mathrm{d}\boldsymbol{q} = -\mathrm{d}\boldsymbol{q} \tag{6-201}$$

相应的沿欧拉轴反方向姿态机动角度 Φ_s 为

$$\Phi_s = 2\pi - \Phi \tag{6-202}$$

6.9.2.3 防止沿欧拉轴正反方向姿态机动振荡

当欧拉轴角 Φ 在 π 附近时，受姿态干扰力矩和姿态控制的滞后影响，可能导致姿态机动沿欧拉轴正反方向振荡，即某一时刻沿欧拉轴正方向姿态机动，下一时刻又沿欧拉轴反方向姿态机动，欧拉轴角也在 π 附近振荡。

通过保持姿态机动四元数一段时间不变，可以避免姿态机动沿欧拉轴正反方向振荡，当

$$|\Phi| > \Phi_0 \tag{6-203}$$

式中　Φ_0 ——接近 π，但小于 π 的欧拉轴角判别阈值。

则令

$$\mathrm{d}\boldsymbol{q}_k = \mathrm{d}\boldsymbol{q}_{k-1} \tag{6-204}$$

式中　$\mathrm{d}\boldsymbol{q}_k$ ——当前时刻姿态机动四元数；

$\mathrm{d}\boldsymbol{q}_{k-1}$ ——前一时刻姿态机动四元数。

6.9.3 喷气快速机动控制算法

将姿态机动四元数表示成如下形式

$$\mathrm{d}\boldsymbol{q} = [\mathrm{d}q_0 \quad \mathrm{d}q_1 \quad \mathrm{d}q_2 \quad \mathrm{d}q_3] = [\mathrm{d}q_0 \quad \mathrm{d}\boldsymbol{Q}_e] \tag{6-205}$$

其中，$\mathrm{d}\boldsymbol{Q}_e = [\mathrm{d}q_1 \quad \mathrm{d}q_2 \quad \mathrm{d}q_3]$。

欧拉轴角 Φ 按欧拉轴 $\boldsymbol{E}$ 分解到三轴，得到三轴姿态机动角度如下：

$$\begin{aligned}\boldsymbol{A} &= [\varphi \quad \theta \quad \psi] \\ &= \frac{\Phi}{\|\mathrm{d}\boldsymbol{Q}_e\|} \cdot [\mathrm{d}q_1 \quad \mathrm{d}q_2 \quad \mathrm{d}q_3] \\ &= k_1 \cdot [\mathrm{d}q_1 \quad \mathrm{d}q_2 \quad \mathrm{d}q_3]\end{aligned} \tag{6-206}$$

其中，$\|\mathrm{d}\boldsymbol{Q}_e\| = \sqrt{\mathrm{d}q_1^2 + \mathrm{d}q_2^2 + \mathrm{d}q_3^2}$，$k_1 = \dfrac{\Phi}{\|\mathrm{d}\boldsymbol{Q}_e\|}$。

对于配置大型挠性太阳翼和天线的飞行器，快速姿态机动可能导致太阳翼或天线折断，对三轴喷气姿态机动角速率进行约束，设三轴最大姿态机动角速率分别为 $|\omega_x| \leqslant \omega_{x\max}$、$|\omega_y| \leqslant \omega_{y\max}$、$|\omega_z| \leqslant \omega_{z\max}$，得到三轴最大姿态机动时间如下：

$$t_{\max}=\max\left\{\frac{|\varphi|}{\omega_{x\max}}\quad\frac{|\theta|}{\omega_{y\max}}\quad\frac{|\psi|}{\omega_{z\max}}\right\}$$
$$=\max\left\{\frac{|\mathrm{d}q_1|}{\omega_{x\max}}\quad\frac{|\mathrm{d}q_2|}{\omega_{y\max}}\quad\frac{|\mathrm{d}q_3|}{\omega_{z\max}}\right\}\cdot k_1 \tag{6-207}$$

为使三轴按欧拉轴角方向姿态机动，三轴姿态机动时间都应为 $t_{\max}$，由此得到三轴姿态机动目标角速率 $\boldsymbol{\omega}_0$ 如下：

$$\boldsymbol{\omega}_0=[\omega_{x0}\quad\omega_{y0}\quad\omega_{z0}]=\frac{\boldsymbol{A}}{t_{\max}}$$
$$=\mathrm{d}\boldsymbol{Q}_e/\max\left\{\frac{|\mathrm{d}q_1|}{\omega_{x\max}}\quad\frac{|\mathrm{d}q_2|}{\omega_{y\max}}\quad\frac{|\mathrm{d}q_3|}{\omega_{z\max}}\right\} \tag{6-208}$$

喷气姿态机动控制算法如下：

$$\boldsymbol{T}_{pq}=k_d\cdot(\boldsymbol{\omega}-\boldsymbol{\omega}_0) \tag{6-209}$$

式中　$\boldsymbol{T}_{pq}$ ——喷气输出脉冲宽度；

k_d ——喷气控制微分系数；

$\boldsymbol{\omega}$ ——陀螺测量角速率。

喷气姿态机动收敛判别条件如下：

$$|\Phi|<\Phi_1 \tag{6-210}$$

式中　Φ_1 ——喷气姿态机动收敛判别阈值。

姿态机动收敛后三轴姿态角可近似为

$$\boldsymbol{A}=2\mathrm{d}\boldsymbol{Q}_e \tag{6-211}$$

姿态机动收敛后喷气控制算法如下：

$$\boldsymbol{T}_{pq}=k_p\cdot\boldsymbol{A}+k_d\cdot\boldsymbol{\omega} \tag{6-212}$$

式中　k_p ——喷气控制比例系数。

6.9.4　飞轮机动控制算法

基于角动量交换的轮控姿态机动角速率受飞轮角动量限制，设用于动量交换的三轴飞轮最大角动量分别为 $|H_x|\leqslant H_{x\max}$、$|H_y|\leqslant H_{y\max}$、$|H_z|\leqslant H_{z\max}$，得到三轴姿态机动最大角速率如下：

$$\begin{cases}|\omega_x|\leqslant\omega_{x\max}=H_{x\max}/I_{xx}\\|\omega_y|\leqslant\omega_{y\max}=H_{y\max}/I_{yy}\\|\omega_z|\leqslant\omega_{z\max}=H_{z\max}/I_{zz}\end{cases} \tag{6-213}$$

式中　I_{xx}、I_{yy}、I_{zz} ——飞行器三轴主惯量。

类似喷气控制得到三轴最大姿态机动时间如下：

$$t_{\max}=\max\left\{\frac{|\mathrm{d}q_1|}{\omega_{x\max}}\quad\frac{|\mathrm{d}q_2|}{\omega_{y\max}}\quad\frac{|\mathrm{d}q_3|}{\omega_{z\max}}\right\}\cdot k_1 \tag{6-214}$$

为使三轴按欧拉轴角方向姿态机动，三轴姿态机动时间都应为 $t_{\max}$，由此得到三轴姿态机动目标角速率 $\boldsymbol{\omega}_0$ 如下：

$$\boldsymbol{\omega}_0 = [\omega_{x0} \quad \omega_{y0} \quad \omega_{z0}] = \frac{\boldsymbol{A}}{t_{\max}} = \mathrm{d}\boldsymbol{Q}_e / \max\left\{\frac{|\mathrm{d}q_1|}{\omega_{x\max}} \quad \frac{|\mathrm{d}q_2|}{\omega_{y\max}} \quad \frac{|\mathrm{d}q_3|}{\omega_{z\max}}\right\} \tag{6-215}$$

飞轮姿态机动控制算法如下：

$$\boldsymbol{H}_w = -[I_{xx} \cdot \omega_{x0} \quad I_{yy} \cdot \omega_{y0} \quad I_{zz} \cdot \omega_{z0}] \tag{6-216}$$

式中　$\boldsymbol{H}_w$ ——飞轮控制输出角动量。

飞轮姿态机动初步到位判别条件如下：

$$|\Phi| < \Phi_2 \tag{6-217}$$

式中　Φ_2 ——飞轮姿态机动初步到位判别阈值。

姿态机动初步到位后三轴姿态角可近似为

$$\boldsymbol{A} = 2\mathrm{d}\boldsymbol{Q}_e \tag{6-218}$$

姿态机动初步到位后飞轮控制算法如下：

$$\boldsymbol{H}_w = k_p \cdot \boldsymbol{A} - [I_{xx} \cdot \omega_{x0} \quad I_{yy} \cdot \omega_{y0} \quad I_{zz} \cdot \omega_{z0}] \tag{6-219}$$

式中　k_p ——飞轮控制比例系数。

飞轮姿态机动收敛判别条件如下：

$$|\Phi| < \Phi_3 \tag{6-220}$$

式中　Φ_3 ——飞轮姿态机动收敛判别阈值。

姿态机动收敛后飞轮控制算法如下：

$$\boldsymbol{H}_w = k_p \cdot \boldsymbol{A} + \int k_i \cdot \boldsymbol{A} \cdot \mathrm{d}t \tag{6-221}$$

式中　k_p ——飞轮控制比例系数；

　　k_i ——飞轮控制积分系数，要进行积分限幅。

6.9.5　机动控制算法仿真验证

6.9.5.1　喷气姿态机动仿真

飞行器三轴主惯量分别为 12 000 kg·m^2、8 000 kg·m^2、12 000 kg·m^2。姿控推力器输出推力 25 N，喷气最小输出脉宽 30 ms，力臂约 1 m，喷气姿态机动单轴角速率限幅 2 (°) /s。

相对轨道坐标系按 3-1-2 转序偏航机动 40°，滚动机动 60°，俯仰机动 100°，喷气姿态机动姿态角变化曲线如图 6-23 所示，姿态误差角变化曲线如图 6-24 所示，姿态角速率变化曲线如图 6-25 所示，喷气脉宽输出曲线如图 6-26 所示。

6.9.5.2　飞轮姿态机动仿真

飞行器三轴主惯量分别为 12 000 kg·m^2、8 000 kg·m^2、12 000 kg·m^2。反作用飞轮角动量为 15 N·m·s，用于姿态机动单轴最大角动量 15 N·m·s。

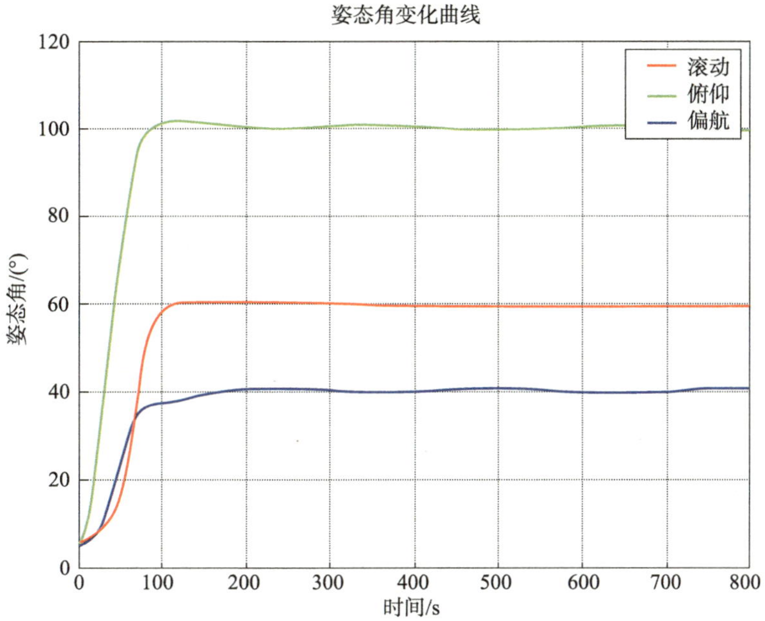

图 6-23 喷气姿态机动姿态角变化曲线

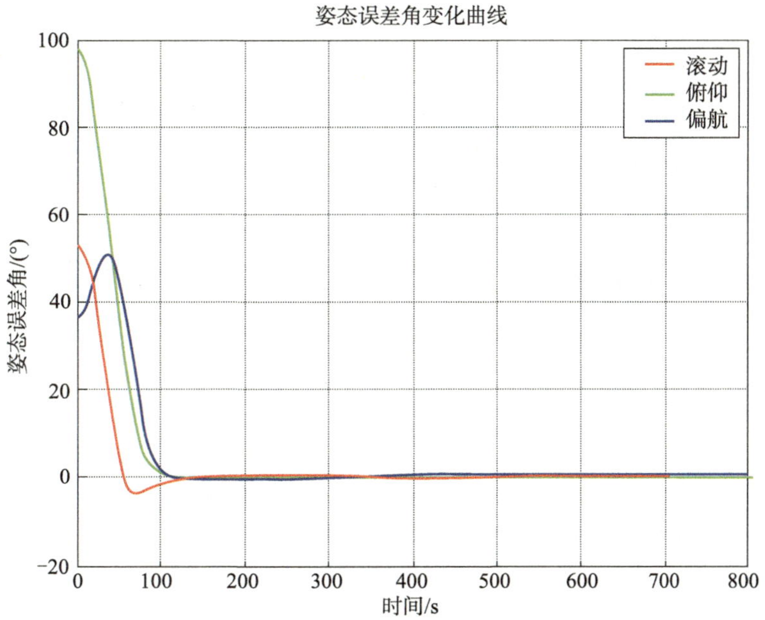

图 6-24 喷气姿态机动姿态误差角变化曲线

相对轨道坐标系按 3-1-2 转序偏航机动 40°，滚动机动 60°，俯仰机动 100°，飞轮姿态机动姿态角变化曲线如图 6-27 所示，姿态误差角变化曲线如图 6-28 所示，姿态角速率变化曲线所图 6-29 所示，飞轮角动量输出曲线如图 6-30 所示。

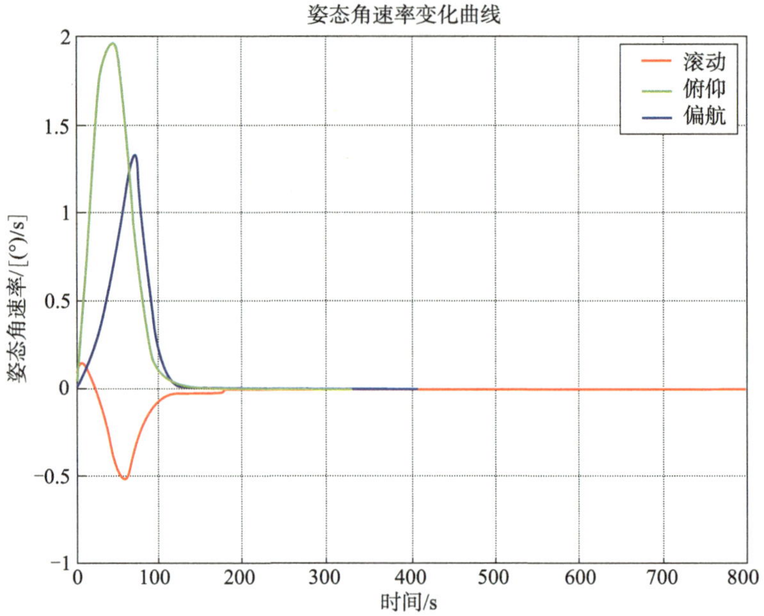

图 6-25　喷气姿态机动姿态角速率变化曲线

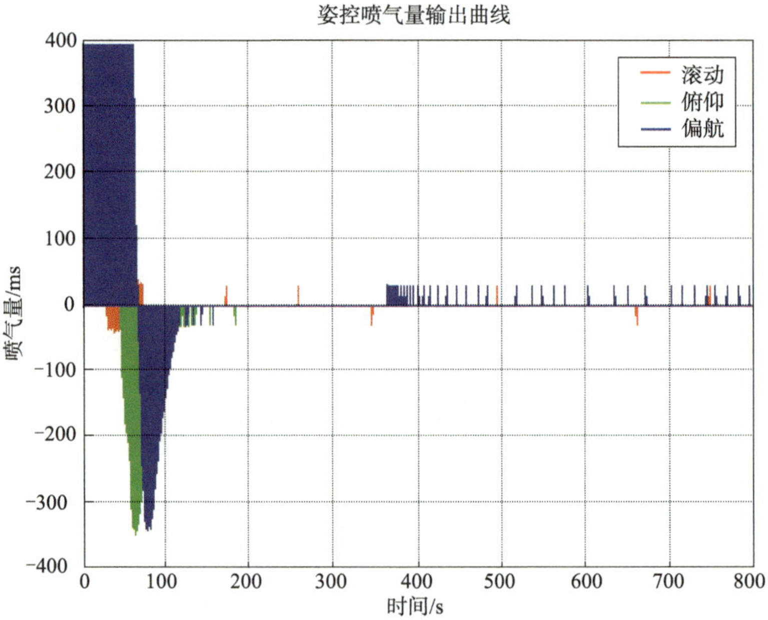

图 6-26　喷气姿态机动喷气脉宽输出曲线

对于配置大型挠性太阳翼和天线的飞行器，快速姿态机动可能导致太阳翼或天线折断，基于角动量交换的轮控姿态机动角速率受飞轮角动量限制，姿态机动前飞轮合成角动量形成的偏置动量也影响姿态机动。研究角速率受约束飞行器姿态快速机动控制，首先考虑角速率约束和初始偏置角动量进行快速姿态机动控制最佳路径规划，接着针对角速率约

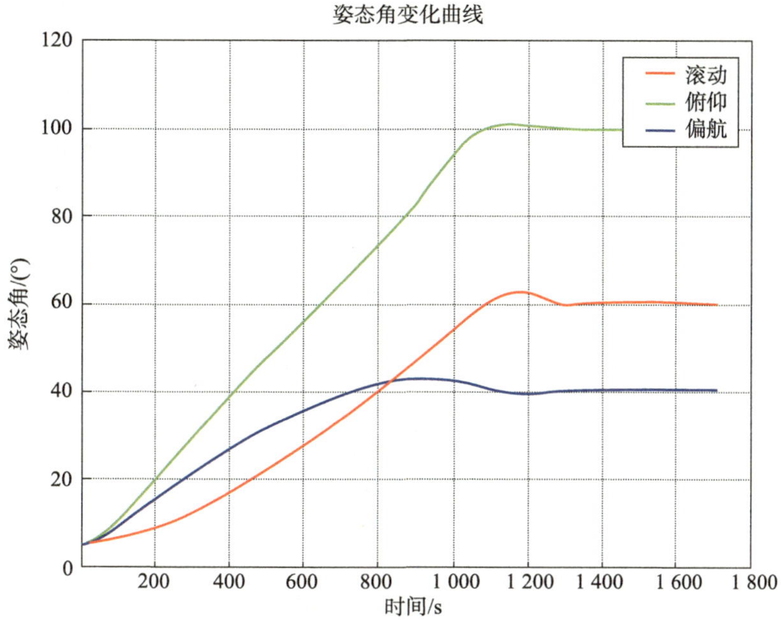

图 6-27　飞轮姿态机动姿态角变化曲线

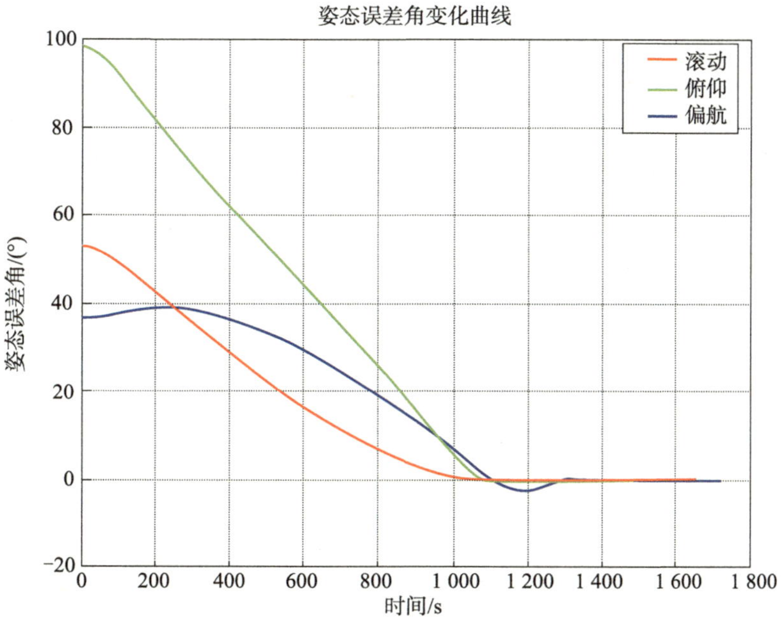

图 6-28　飞轮姿态机动姿态误差角变化曲线

束设计喷气和飞轮姿态快速机动控制算法，最后仿真验证了姿态快速控制算法的有效性。姿态机动控制算法简单，易于工程应用。

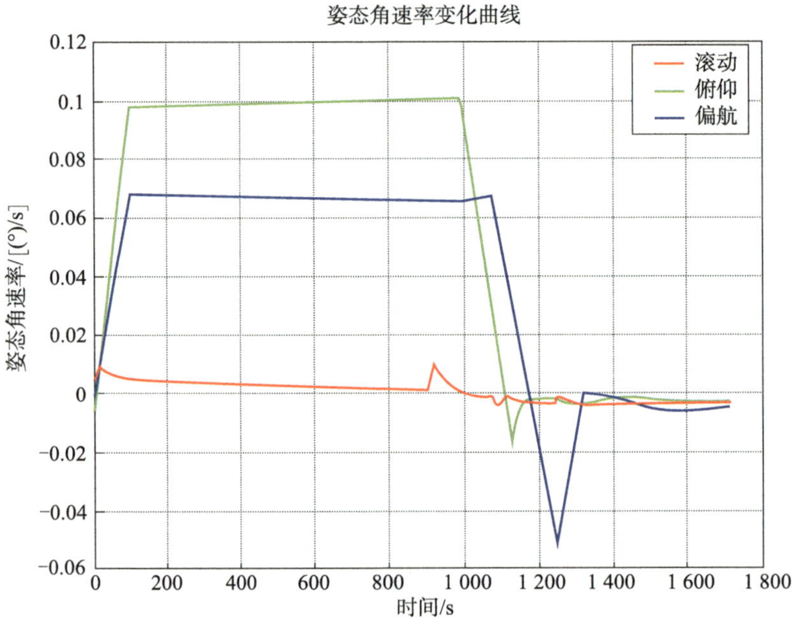

图 6－29　飞轮姿态机动姿态角速率变化曲线

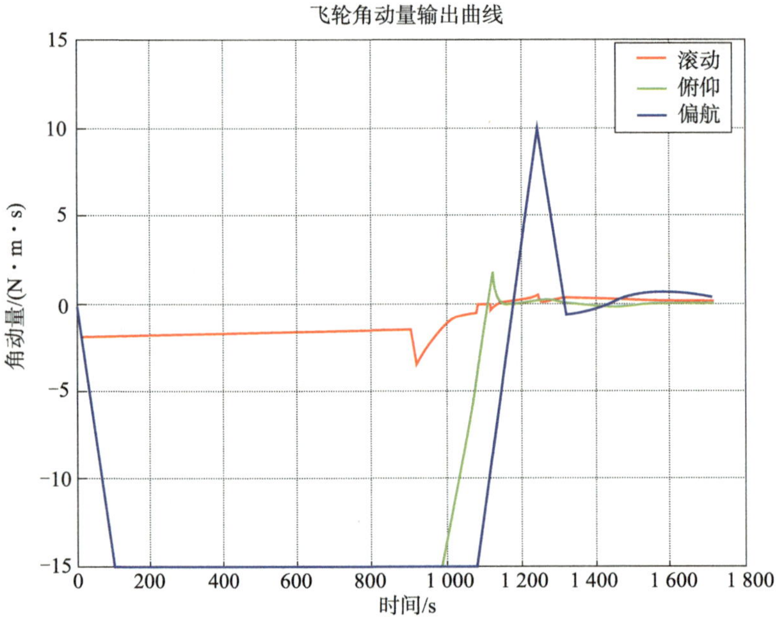

图 6－30　飞轮姿态机动飞轮角动量输出曲线

6.10 异轨交会过程高精度指向跟踪控制

地面对空间卫星成像观测受距离和大气衰减等影响，很难获得高分辨率卫星图像，特别是对处于地球同步轨道的高轨卫星，地面只能观测到卫星星点，基本不能分辨卫星轮廓。

除了少数近距离伴飞卫星，大多数卫星在空间不能长时间近距离相互观测，轨道高度相近的卫星在异轨交会过程有短时间的近距离相互观测时机，需要跟踪星在异轨交会过程对目标星高精度指向跟踪控制，再通过跟踪星相机对目标星成像。

一般对地观测卫星，姿态机动过程不要求对目标高精度指向，只要求快速姿态机动，异轨交会过程指向控制不仅要求快速姿态机动，且要求姿态机动过程对目标高精度指向。

二星异轨交会过程视线角速率较大，交会过程时间较短，特别是轨道面夹角较大，轨道高度差较小时，需要跟踪星在大角速率下快速高精度指向跟踪目标星，指向跟踪精度一般要求 0.1°～0.01°，

二星交会过程高精度指向跟踪控制也可以用于空间激光通信等，国内外学者对指向跟踪控制进行了广泛的研究，文献 [6] 针对大椭圆轨道卫星交会高轨卫星期间的相对姿态指向控制需求，提出了一种采用喷气推力器和角动量交换装置混合执行机构的快速、高精度视线跟踪姿态控制方法，针对交会快速接近段的姿态快速机动要求设计了一种喷气相平面控制律，针对最近交会段的高精度高稳定度视线跟踪要求设计了一种鲁棒滑模控制律；文献 [7] 针对主从航天器的相对姿态控制问题，考虑航天器系统不确定因素，提出了一种基于反步法的姿态控制方法，并引入自适应控制律；文献 [8] 针对存在外部干扰和模型不确定性的挠性航天器，提出了一类新颖的基于自抗扰技术的控制方案，实现无姿态角速度反馈的航天器对目标高精度姿态指向控制；文献 [9] 针对同轨道平面两星之间激光能量传输时的姿态指向控制问题，通过多个姿态矩阵的转换解算出了用户星期望姿态的表达式，并基于 Backstepping 法设计了自适应控制律；文献 [10] 研究了非零初始整星角动量下两飞轮驱动航天器姿态机动控制问题，针对在两飞轮旋转轴平面外某一视线轴的指向控制，给出了目标姿态生成算法和一种抗输入饱和的视线轴指向滑模控制算法；文献 [11] 利用拉格朗日法建立了预警卫星系统的动力学模型，在研究凝视相机对战术弹道导弹跟踪规律的基础上，运用 H_∞ 回路成形理论设计了星体姿态和相机跟踪指向的复合控制器，并利用 μ 分析方法研究了控制器的鲁棒稳定性；文献 [12] 利用喷气执行机构使卫星快速机动到目标姿态，再利用磁力矩器和喷气执行机构对卫星进行联合稳定控制，在满足省电和节省喷气量的条件下实现长周期、高精度的天线相对指向控制；文献 [13] 对卫星姿态控制系统、星载光电转台控制系统、快反镜控制系统进行建模后，确定了三者的作动频带，通过建立辅助 PQ 单位反馈系统，运用频率响应法设计复合指向控制器，有效提升卫星光轴的指向范围、跟踪精度和机动性；文献 [14] 实时解算出追踪卫星载荷光轴与目

标卫星的相对姿态，获得跟踪指向所需的方位角和俯仰角，通过星体一级姿态控制和基于快反镜的载荷光轴二级指向控制，实现对目标卫星的快速、高精度指向；文献［15］推导了中继卫星天线对用户星的跟踪规律，给出了中继卫星跟踪用户星时天线方位和俯仰角，设计了星上自主捕获和自动跟踪方案；文献［16］研究了基于航空器预定航迹的中继卫星星间天线跟踪指向控制算法，通过采用分段拟合方法和有约束的最小二乘算法，实现了航空器跟踪弧段内星间天线稳定的高精度指向控制。

本节进行了异轨交会过程高精度指向跟踪控制算法研究，首先从沿最小惯量轴快速姿态机动角度定义 $d\boldsymbol{r} \times d\boldsymbol{v}$ 视线系，确定本体相对视线系姿态和角速率，预报目标视线角速率及计算目标视线角速率增量；接着考虑一般卫星执行机构配置，基于力矩陀螺/大力矩动量轮、大力矩飞轮和喷气、飞轮和喷气三种执行机构组合，进行异轨交会过程指向跟踪控制算法研究。

6.10.1　本体相对视线系姿态

卫星帆板一般沿 Y 轴安装，Y 轴为最小惯量轴，沿最小惯量轴姿态机动速度快，基于快速姿态机动角度定义 $d\boldsymbol{r} \times d\boldsymbol{v}$ 视线系 $O_vX_vY_vZ_v$ 如图 6－31 所示，$d\boldsymbol{r} \times d\boldsymbol{v}$ 视线系 $O_vX_vY_vZ_v$ 定义如下：

X_v 轴指向目标，Y_v 轴指向 $d\boldsymbol{r} \times d\boldsymbol{v}$ 方向，Z_v 轴符合右手准则 $d\boldsymbol{r}$ 、$d\boldsymbol{v}$ 为二星相对位置和速度矢量。

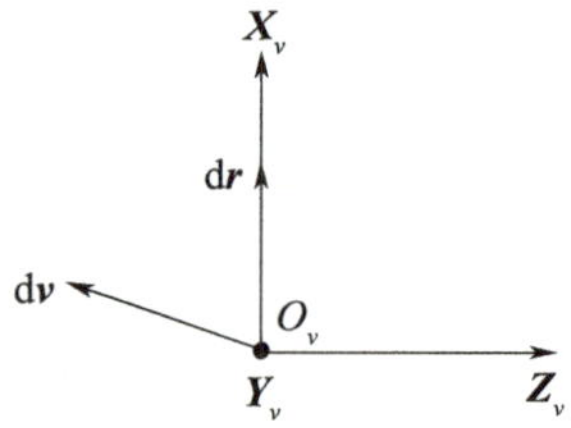

图 6－31　$d\boldsymbol{r} \times d\boldsymbol{v}$ 视线系示意图

最小惯量轴为 Z 轴情况可以类似定义，姿态可以采用 2－3－1 转序。

设跟瞄坐标系为 $O_tX_tY_tZ_t$ ，跟瞄给出跟瞄坐标系下目标视线距 ρ 、方位角 α 、高低角 β 、视线距变化率 $\dot{\rho}$ 、方位角变化率 $\dot{\alpha}$ 和俯仰角变化率 $\dot{\beta}$ ，其中高精度的方位和高低角一般由光电跟瞄提供。

基于跟瞄数据求得跟瞄坐标系下相对位置 $d\boldsymbol{r}_t$ 和相对速度 $d\boldsymbol{v}_t$ 如下：

$$d\boldsymbol{r}_t = [dr_{x_t} \quad dr_{y_t} \quad dr_{z_t}]^{\mathrm{T}} \tag{6-222}$$

$$d\boldsymbol{v}_t = [dv_{x_t} \quad dv_{y_t} \quad dv_{z_t}]^{\mathrm{T}} \tag{6-223}$$

其中

$$dr_{x_t} = \rho \cdot \cos\alpha \cdot \cos\beta, dr_{y_t} = \rho \cdot \sin\alpha \cdot \cos\beta, dr_{z_t} = -\rho \cdot \sin\beta$$

$$dv_{z_t} = -dr_t \cdot \cos\beta \cdot \dot{\beta} - \dot{\rho} \cdot \sin\beta, dv_{y_t} = \frac{c_1 + c_2}{c_3 + c_4}, dv_{x_t} = c_1 - c_3 \cdot dv_{y_t}$$

$$\mathrm{d}r_t=\|\mathrm{d}\boldsymbol{r}_t\|,c_1=\frac{\mathrm{d}r_t\cdot\dot{\rho}-\mathrm{d}r_{z_t}\cdot\mathrm{d}v_{z_t}}{\mathrm{d}r_{x_t}},c_2=\frac{\mathrm{d}r_{x_t}\cdot\cos\beta+\mathrm{d}r y_t\cdot\sin\beta}{\sin\alpha}\dot{\alpha}$$

$$c_3=\frac{\mathrm{d}r_{y_t}}{\mathrm{d}r_{x_t}},c_4=\cot\alpha$$

求得跟踪星本体系下相对位置 $\mathrm{d}\boldsymbol{r}_b$ 和相对速度 $\mathrm{d}\boldsymbol{v}_b$ 如下：

$$\mathrm{d}\boldsymbol{r}_b=\boldsymbol{A}_{bt}\cdot\mathrm{d}\boldsymbol{r}_t=[\mathrm{d}r_x\quad\mathrm{d}r_y\quad\mathrm{d}r_z]^{\mathrm{T}}\tag{6-224}$$

$$\mathrm{d}\boldsymbol{v}_b=\boldsymbol{A}_{bt}\cdot\mathrm{d}\boldsymbol{v}_t=[\mathrm{d}v_x\quad\mathrm{d}v_y\quad\mathrm{d}v_z]^{\mathrm{T}}\tag{6-225}$$

式中　$\boldsymbol{A}_{bt}$ ——跟瞄坐标系至跟踪星本体系姿态转换矩阵。

求得本体相对 $\mathrm{d}\boldsymbol{r}\times\mathrm{d}\boldsymbol{v}$ 视线系转换矩阵 $\boldsymbol{A}_{bv}$ 如下：

$$\boldsymbol{A}_{bv}=[\boldsymbol{x}_v\quad\boldsymbol{y}_v\quad\boldsymbol{z}_v]^{\mathrm{T}}=\begin{bmatrix}a_{11}&a_{12}&a_{13}\\a_{21}&a_{22}&a_{23}\\a_{31}&a_{32}&a_{33}\end{bmatrix}\tag{6-226}$$

其中

$$\boldsymbol{x}_v=\frac{\mathrm{d}\boldsymbol{r}_b}{\|\mathrm{d}\boldsymbol{r}_b\|},\boldsymbol{y}_v=\frac{\mathrm{d}\boldsymbol{r}_b\times\mathrm{d}\boldsymbol{v}_b}{\|\mathrm{d}\boldsymbol{r}_b\|\cdot\|\mathrm{d}\boldsymbol{v}_b\|},\boldsymbol{z}_v=\boldsymbol{x}_v\times\boldsymbol{y}_v$$

按 3－2－1 转序求得本体相对 $\mathrm{d}\boldsymbol{r}\times\mathrm{d}\boldsymbol{v}$ 视线系姿态角 φ 、θ 和 ψ 。

6.10.2　本体相对视线系角速率

基于跟瞄给出的跟瞄坐标系下方位角速率 $\dot{\alpha}$ 和高低角速率 $\dot{\beta}$ ，求得本体系下目标视线角速率 $\boldsymbol{\omega}_{so}^{b}$ 如下：

$$\boldsymbol{\omega}_{so}^{b}=\boldsymbol{A}_{bt}\cdot\boldsymbol{\omega}_{so}^{t}=\boldsymbol{A}_{bt}\cdot[0\quad\dot{\beta}\quad\dot{\alpha}]^{\mathrm{T}}\tag{6-227}$$

式中　$\boldsymbol{A}_{bt}$ ——跟瞄坐标系至跟踪星本体系姿态转换矩阵；

$\boldsymbol{\omega}_{so}^{t}$ ——跟瞄坐标系下目标视线角速率。

陀螺给出本体角速率 $\boldsymbol{\omega}_{bi}^{b}$ ，求得本体相对轨道系角速率 $\boldsymbol{\omega}_{bo}^{b}$ 如下：

$$\boldsymbol{\omega}_{bo}^{b}=\boldsymbol{\omega}_{bi}^{b}-\boldsymbol{A}_{bo}\cdot\boldsymbol{\omega}_{oi}^{o}\tag{6-228}$$

式中　$\boldsymbol{\omega}_{oi}^{o}$ ——轨道角速率；

$\boldsymbol{A}_{bo}$ ——本体相对轨道系姿态转换矩阵。

求得本体相对视线系角速率 $\boldsymbol{\omega}_{bs}^{b}$ 如下：

$$\boldsymbol{\omega}_{bs}^{b}=\boldsymbol{\omega}_{bo}^{b}-\boldsymbol{\omega}_{so}^{b}=[\omega_x\quad\omega_y\quad\omega_z]^{\mathrm{T}}\tag{6-229}$$

6.10.3　目标视线角速率预报及目标视线角速率增量计算

基于跟踪星本体系下相对位置 $\mathrm{d}\boldsymbol{r}_b$ 和相对速度 $\mathrm{d}\boldsymbol{v}_b$ ，求得高低目标视线角速率 $\dot{\beta}$ 如下：

$$\dot{\beta}=\frac{-\mathrm{d}v_z-\dot{\rho}\cdot\sin\beta}{\mathrm{d}r\cdot\cos\beta}\tag{6-230}$$

β 为小角度时，高低目标视线角速率 $\dot{\beta}$ 近似如下：

$$\dot{\beta} \approx \frac{-\mathrm{d}v_z}{\mathrm{d}r_x} \tag{6-231}$$

基于跟踪星本体系下相对位置 $\mathrm{d}\boldsymbol{r}_b$ 和相对速度 $\mathrm{d}\boldsymbol{v}_b$ ，估计 $\mathrm{d}t$ 时间后相对位置 $\mathrm{d}r_{x_f}$ 如下：

$$\mathrm{d}r_{x_f} = \mathrm{d}r_x + \mathrm{d}t \cdot \mathrm{d}v_x \tag{6-232}$$

高低目标视线角速率预报 $\dot{\beta}_f$ 如下：

$$\dot{\beta}_f = \frac{-\mathrm{d}v_z}{\mathrm{d}r_{x_f}} \tag{6-233}$$

$\mathrm{d}\boldsymbol{r} \times \mathrm{d}\boldsymbol{v}$ 视线系高低目标视线角速率增量 $\mathrm{d}\dot{\beta}$ 如下：

$$\mathrm{d}\dot{\beta} = \dot{\beta}_k - \dot{\beta}_{k-1} \tag{6-234}$$

式中 $\dot{\beta}_k$ ——当前节拍高低目标视线角速率；

$\dot{\beta}_{k-1}$ ——前一节拍高低目标视线角速率；

$\mathrm{d}\dot{\beta}$ ——高低目标视线角加速率。

6.10.4 基于飞轮高精度跟踪指向控制

基于滚动角 φ 和本体相对 $\mathrm{d}\boldsymbol{r} \times \mathrm{d}\boldsymbol{v}$ 视线系角速率 ω_x ，飞轮 PID 控制量 H_{x_PID} 如下：

$$H_{x\_\mathrm{PID}} = k_{px} \cdot \varphi + \int k_{ix} \cdot \varphi \cdot \mathrm{d}t + k_{dx} \cdot \omega_x \tag{6-235}$$

式中 k_{px} ，k_{ix} ，k_{dx} ——PID 控制参数，对积分进行限幅。

基于偏航姿态角 ψ 和本体相对 $\mathrm{d}\boldsymbol{r} \times \mathrm{d}\boldsymbol{v}$ 视线系角速率 ω_z ，偏航基于飞轮 PID 指向控制量 H_{z_PID} 如下：

$$H_{z\_\mathrm{PID}} = k_{pz} \cdot \psi + \int k_{iz} \cdot \psi \cdot \mathrm{d}t + k_{dz} \cdot \omega_z \tag{6-236}$$

式中 k_{pz} ，k_{iz} ，k_{dz} ——PID 控制参数，对积分进行限幅。

6.10.5 基于力矩陀螺/大力矩动量轮指向跟踪控制

设星体三轴转动惯量为 I_{xx} 、I_{yy} 和 I_{zz} ，力矩陀螺/大力矩动量轮直接基于高低目标角速率指向跟踪控制。

（1）基于力矩陀螺控制俯仰姿态

2 台力矩陀螺框架轴沿星体 X 轴安装，初始飞轮角动量与 Y 轴夹角为 60°。

基于 $\mathrm{d}\boldsymbol{r} \times \mathrm{d}\boldsymbol{v}$ 视线系高低目标角速率增量 $\mathrm{d}\dot{\beta}$ 计算力矩陀螺前馈控制量 ω_{y_a} 如下：

$$\omega_{y\_a} = -k_{ay} \cdot \mathrm{d}\dot{\beta} \tag{6-237}$$

式中 k_{ay} ——角速率增量控制系数。

基于俯仰姿态角 θ 和本体相对 $\mathrm{d}\boldsymbol{r} \times \mathrm{d}\boldsymbol{v}$ 视线系角速率 ω_y ，力矩陀螺 PID 控制量 ω_{y_PID} 如下：

$$\omega_{y\_\text{PID}} = k_{py} \cdot \theta + \int k_{iy} \cdot \theta \cdot \mathrm{d}t + k_{dy} \cdot \omega_y \tag{6-238}$$

式中　k_{py}，k_{iy}，k_{dy} ——PID 控制参数，对积分进行限幅。

俯仰基于力矩陀螺指向控制量 ω_y 如下：

$$\omega_y = \omega_{y\_a} + \omega_{y\_\text{PID}} \tag{6-239}$$

(2) 基于大力矩动量轮控制俯仰姿态

基于 $\mathrm{d}\boldsymbol{r} \times \mathrm{d}\boldsymbol{v}$ 视线系高低目标角速率 $\dot{\beta}$ 估计大力矩动量轮目标角动量 H_{y0} 如下：

$$H_{y0} = I_{yy} \cdot \dot{\beta} \tag{6-240}$$

基于 $\mathrm{d}\boldsymbol{r} \times \mathrm{d}\boldsymbol{v}$ 视线系高低目标角速率增量 $\mathrm{d}\dot{\beta}$ 计算大力矩动量轮前馈控制量 H_{y_a} 如下：

$$H_{y\_a} = -k_{ay} \cdot \mathrm{d}\dot{\beta} \tag{6-241}$$

式中　k_{ay} ——角速率增量控制系数。

基于俯仰姿态角 θ 和本体相对 $\mathrm{d}\boldsymbol{r} \times \mathrm{d}\boldsymbol{v}$ 视线系角速率 ω_y，大力矩动量轮 PID 控制量 H_{y_PID} 如下：

$$H_{y\_\text{PID}} = k_{py} \cdot \theta + \int k_{iy} \cdot \theta \cdot \mathrm{d}t + k_{dy} \cdot \omega_y \tag{6-242}$$

式中　k_{py}，k_{iy}，k_{dy} ——PID 控制参数，对积分进行限幅。

俯仰基于大力矩动量轮指向控制量 H_y 如下：

$$H_y = H_{y0} + H_{y\_a} + H_{y\_\text{PID}} \tag{6-243}$$

6.10.6　基于大力矩飞轮和喷气指向跟踪控制

大力矩飞轮角动量有限，完全依靠大力矩飞轮姿态机动角动量会饱和，需要依靠喷气辅助姿态机动，并利用大力矩飞轮实现高精度指向跟踪控制。

(1) 基于喷气高低目标角速率开环控制及飞轮卸载控制

基于 $\mathrm{d}\boldsymbol{r} \times \mathrm{d}\boldsymbol{v}$ 视线系高低目标角速率预报 $\dot{\beta}_f$ 估计喷气脉冲宽度 T_{y0} 如下：

$$T_{y0} = \frac{I_{yy} \cdot \mathrm{d}\omega}{F_t \cdot L_y} \tag{6-244}$$

其中

$$\mathrm{d}\omega = \dot{\beta}_f - \frac{\int F_t \cdot L_y \cdot T_{y0q}}{I_{yy}}$$

式中　F_t ——推力器推力；

L_y ——推力器力臂；

T_{y0q} ——前期推力器已输出的喷气脉冲宽度，对 T_{y0} 进行死区、限幅及停喷控制。

大力矩飞轮俯仰轴喷气卸载脉冲宽度 T_{yw} 如下：

$$T_{yw} = \frac{H_{yw}}{F_t \cdot L_y} \tag{6-245}$$

俯仰轴喷气控制脉冲宽度 T_y 如下：

$$T_y = T_{y0} + T_{yw} \tag{6-246}$$

(2) 基于大力矩飞轮控制俯仰姿态

基于 d**r** × d**v** 视线系高低目标角速率增量 $\mathrm{d}\dot{\beta}$ 计算大力矩飞轮前馈控制量 H_{y_a} 如下：

$$H_{y\_a} = -k_{ay} \cdot \mathrm{d}\dot{\beta} \tag{6-247}$$

式中 k_{ay} ——角速率增量控制系数。

基于俯仰姿态角 θ 和本体相对 d**r** × d**v** 视线系角速率 ω_y，大力矩飞轮 PID 控制量 H_{y_PID} 如下：

$$H_{y\_\mathrm{PID}} = k_{py} \cdot \theta + \int k_{iy} \cdot \theta \cdot \mathrm{d}t + k_{dy} \cdot \omega_y \tag{6-248}$$

式中 k_{py}，k_{iy}，k_{dy} ——PID 控制参数，对积分进行限幅。

俯仰基于大力矩飞轮指向控制量 H_y 如下：

$$H_y = H_{y\_a} + H_{y\_\mathrm{PID}} \tag{6-249}$$

6.10.7 基于飞轮和喷气指向跟踪控制

飞轮力矩较小，不能满足异轨交会过程快速姿态机动需求，另外飞轮角动量有限，需要依靠喷气卸载，利用飞轮和喷气实现高精度指向跟踪控制。

(1) 基于喷气俯仰目标角速率闭环控制及飞轮卸载控制

基于 d**r** × d**v** 视线系高低目标角速率预报 $\dot{\beta}_f$ 估计喷气脉冲宽度 T_{y0} 如下：

$$T_{y0} = \frac{I_{yy} \cdot \mathrm{d}\omega}{F_t \cdot L_y} \tag{6-250}$$

其中

$$\mathrm{d}\omega = \dot{\beta}_f - \frac{\int F_t \cdot L_y \cdot T_{y0q}}{I_{yy}}$$

式中 F_t ——推力器推力；

L_y ——推力器力臂；

T_{y0q} ——前期推力器已输出的喷气脉冲宽度。

基于俯仰角 θ 和本体相对 d**r** × d**v** 视线系角速率 ω_y，喷气 PD 闭环控制脉冲宽度 T_{y_PD} 如下：

$$T_{y\_\mathrm{PD}} = k_{py} \cdot \theta + k_{dy} \cdot \omega_y \tag{6-251}$$

式中 k_{py}，k_{dy} ——PD 控制参数。

对 $T_{y0} + T_{y\_\mathrm{PD}}$ 进行死区、限幅及停喷控制。

飞轮俯仰轴喷气卸载脉冲宽度 T_{yw} 如下：

$$T_{yw} = \frac{H_{yw}}{F_t \cdot L_y} \tag{6-252}$$

俯仰轴喷气控制脉冲宽度 T_y 如下：

$$T_y = T_{y0} + T_{y\_\mathrm{PD}} + T_{yw} \tag{6-253}$$

（2）基于飞轮控制俯仰姿态

基于 d$\boldsymbol{r}$ × d$\boldsymbol{v}$ 视线系高低目标角速率增量 $\mathrm{d}\dot{\beta}$ 计算飞轮前馈控制量 H_{y_a} 如下：

$$H_{y\_a} = -k_{ay} \cdot \mathrm{d}\dot{\beta} \tag{6-254}$$

式中　k_{ay} ——角速率增量控制系数。

基于俯仰姿态角 θ 和本体相对 d$\boldsymbol{r}$ × d$\boldsymbol{v}$ 视线系角速率 ω_y，飞轮 PID 控制量 H_{y_PID} 如下：

$$H_{y\_\mathrm{PID}} = k_{py} \cdot \theta + \int k_{iy} \cdot \theta \cdot \mathrm{d}t + k_{dy} \cdot \omega_y \tag{6-255}$$

式中　k_{py}，k_{iy}，k_{dy} ——PID 控制参数，对积分进行限幅。

俯仰基于飞轮指向控制量 H_y 如下：

$$H_y = H_{y\_a} + H_{y\_\mathrm{PID}} \tag{6-256}$$

6.10.8　指向跟踪控制仿真验证

跟踪星轨道参数如下：

a =42 113.733 km，e =0.000 991 655 9°，i =−15.009 559 14°，ω =315.258 508 47°，Ω =359.739 587 08°，M =43.841 705 06°。

目标星轨道参数如下：

a =42 163.794 km，e =0.001 642 439 3°，i =15.009 559 14°，ω =315.082 517 44°，Ω =359.739 587 08°，M =43.965 707 32°。

二星交会过程 d$\boldsymbol{r}$ × d$\boldsymbol{v}$ 视线系目标角速率如图 6-32 所示，最大视线角速率约为 3（°）/s。

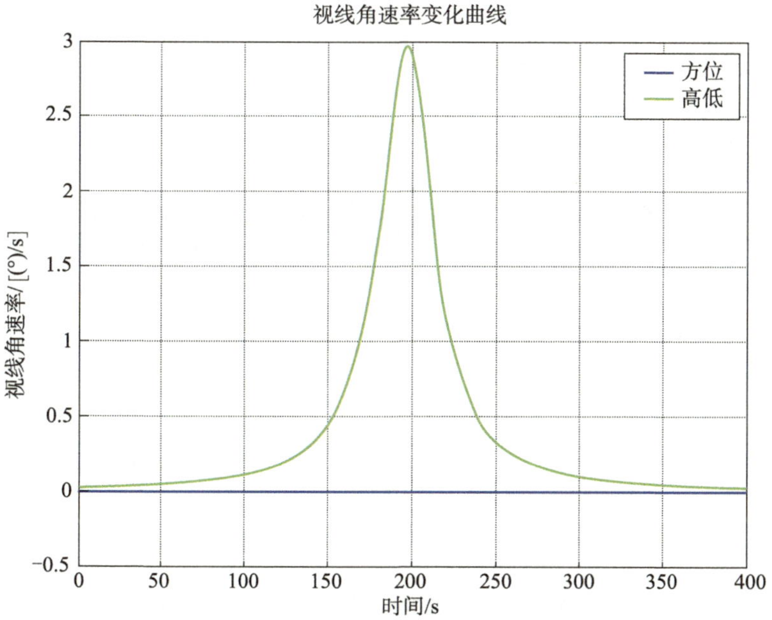

图 6-32　交会过程 d$\boldsymbol{r}$ × d$\boldsymbol{v}$ 视线系目标角速率

基于力矩陀螺指向跟踪控制三轴角动量如图 6 - 33 所示，指向跟踪控制精度如图 6 - 34 所示，指向跟踪精度小于 0.001°。

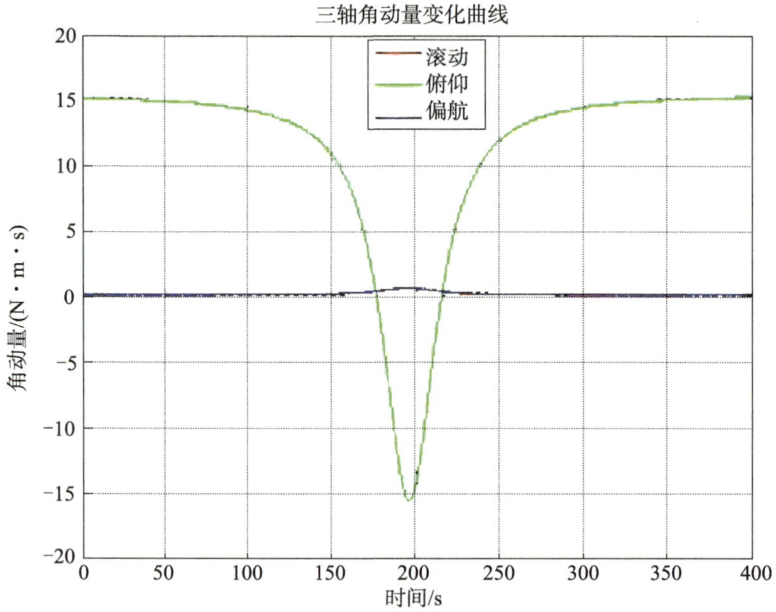

图 6 - 33　力矩陀螺控制三轴角动量曲线

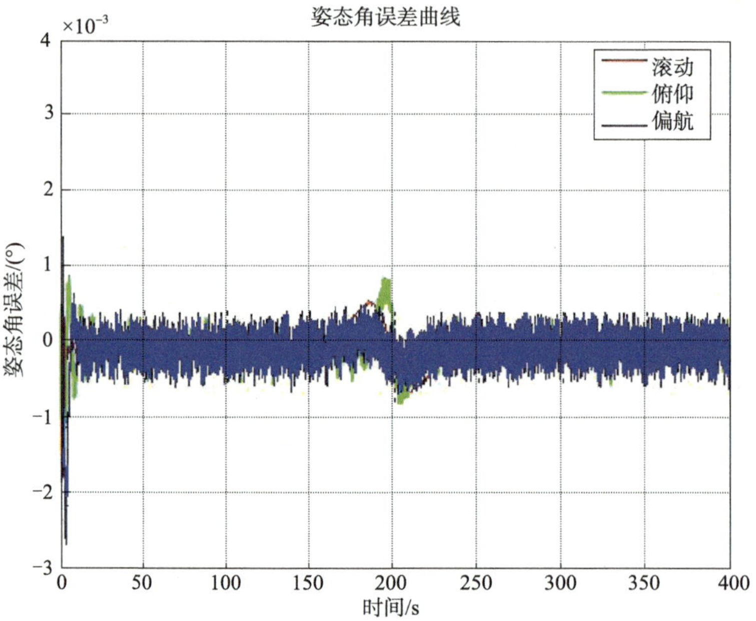

图 6 - 34　力矩陀螺控制指向跟踪精度

基于大力矩动量轮指向跟踪控制三轴角动量如图 6 - 35 所示，指向跟踪控制精度如图 6 - 36 所示，指向跟踪精度小于 0.002°。

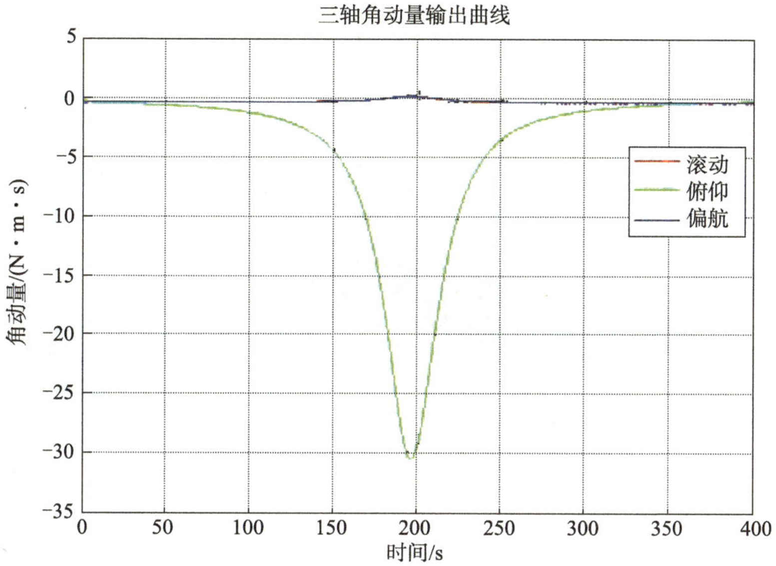

图 6-35　大力矩动量轮控制三轴角动量输出曲线

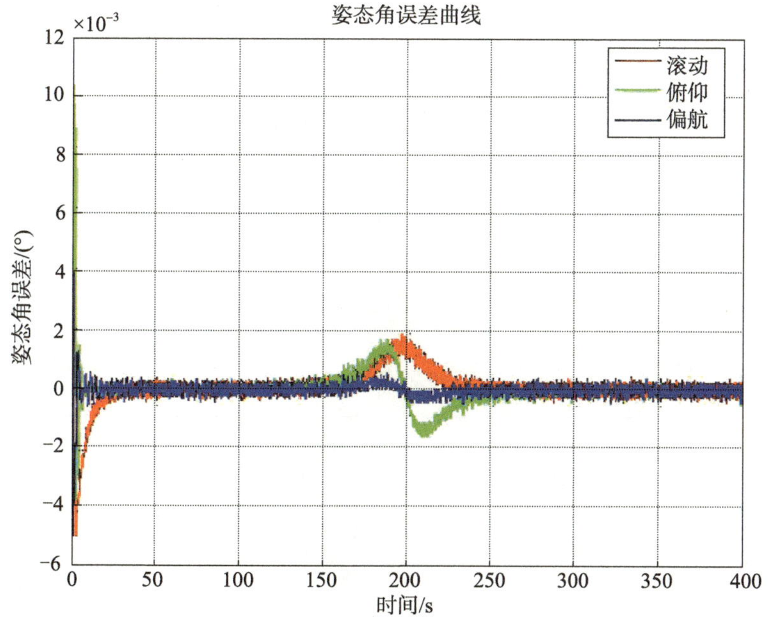

图 6-36　大力矩动量轮控制指向跟踪精度

基于大力矩飞轮和喷气指向跟踪控制三轴角动量如图 6-37 所示，喷气输出如图 6-38 所示，指向跟踪控制精度如图 6-39 所示，指向跟踪精度小于 0.005°。

基于飞轮和喷气指向跟踪控制三轴角动量如图 6-40 所示，喷气输出如图 6-41 所示，指向跟踪控制精度如图 6-42 所示，指向跟踪精度小于 0.007°。

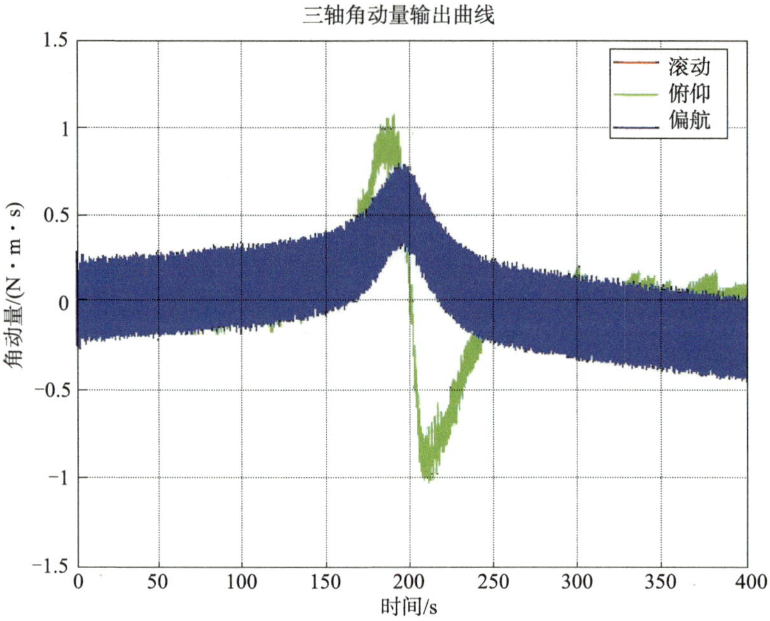

图 6-37　大力矩飞轮和喷气控制三轴角动量输出曲线

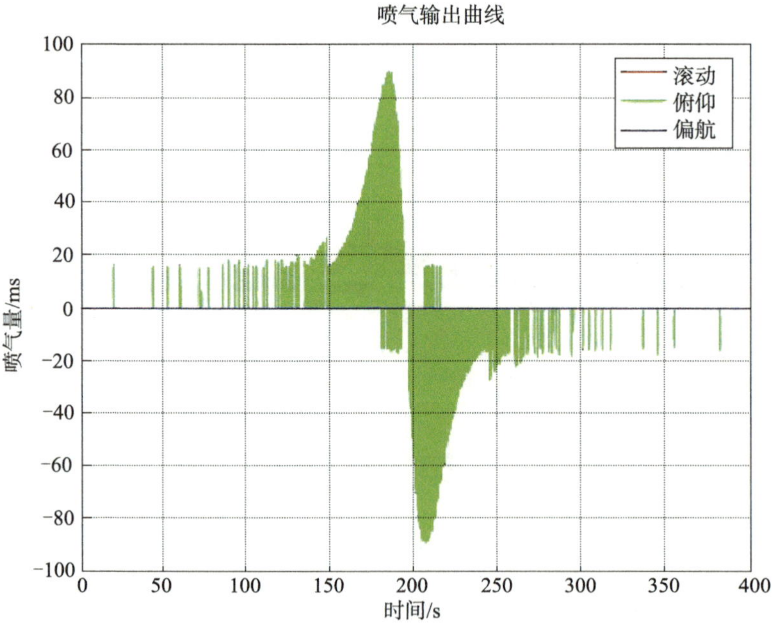

图 6-38　喷气输出曲线

从沿最小惯量轴快速姿态机动角度定义 $d\boldsymbol{r} \times d\boldsymbol{v}$ 视线系，确定本体相对视线系姿态和角速率，预报目标视线角速率及计算目标视线角速率增量。

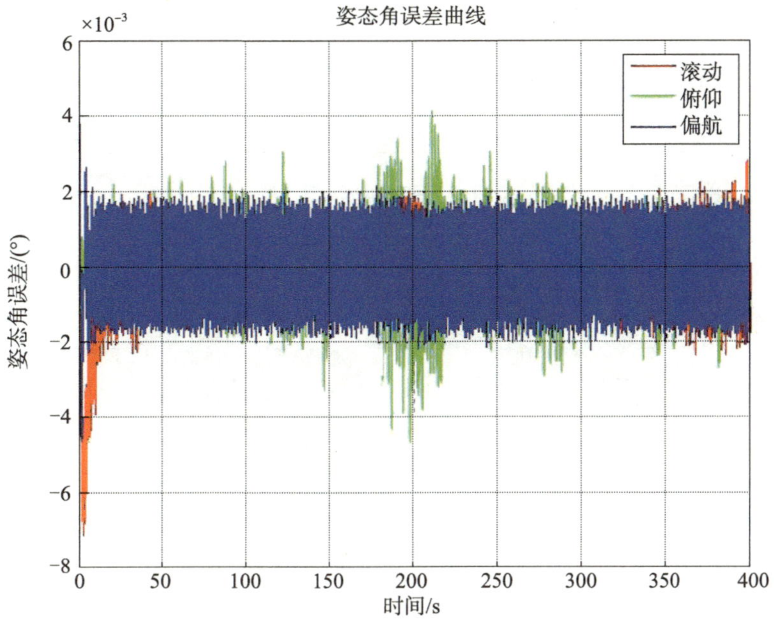

图 6-39　指向跟踪控制精度

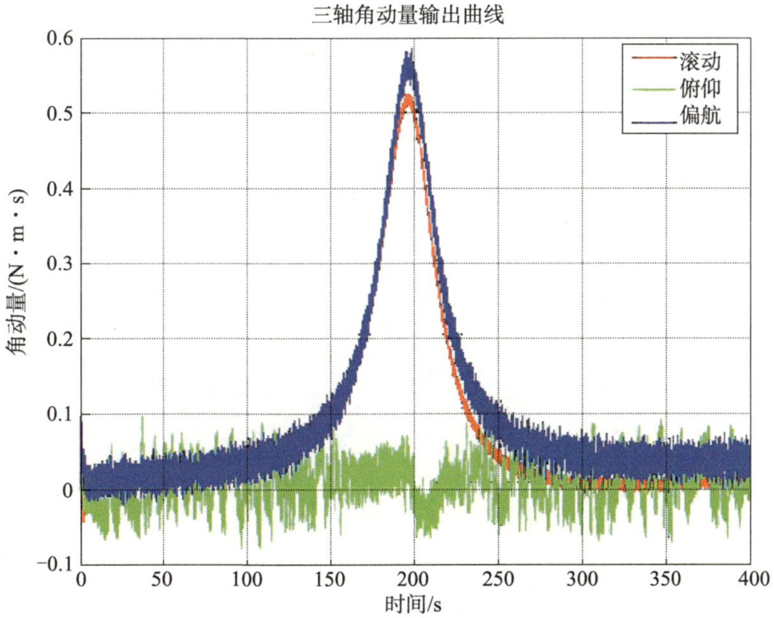

图 6-40　飞轮和喷气控制三轴角动量输出曲线

本节考虑一般卫星执行机构配置，基于力矩陀螺/大力矩动量轮、大力矩飞轮和喷气、飞轮和喷气三种执行机构组合，给出了异轨交会过程指向跟踪控制算法，仿真验证了异轨交会过程指向跟踪控制算法的有效性，方法简单，可应用于工程实践，仿真结果表明异轨交会过程指向跟踪精度为 0.001°～0.007°。

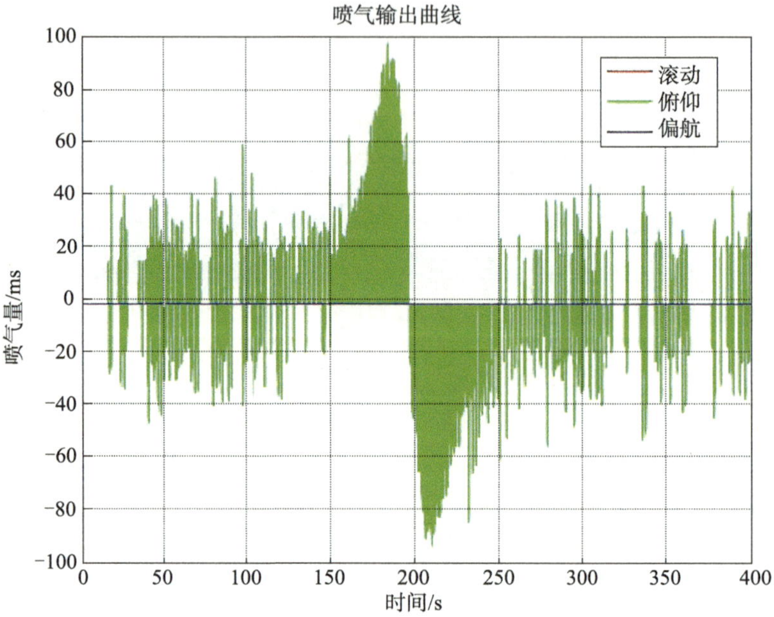

图 6-41　喷气输出曲线

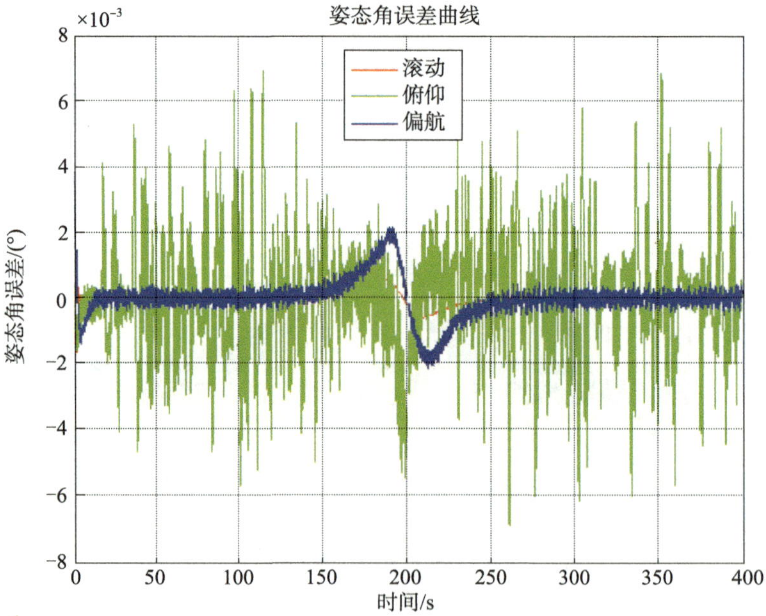

图 6-42　指向跟踪控制精度

6.11　六支腿 Stewart 减振平台

6.11.1　无压电元件动力学模型

六支腿 Stewart 减振平台如图 6-43 所示，该平台的结构参数有 8 个，见表 6-1。

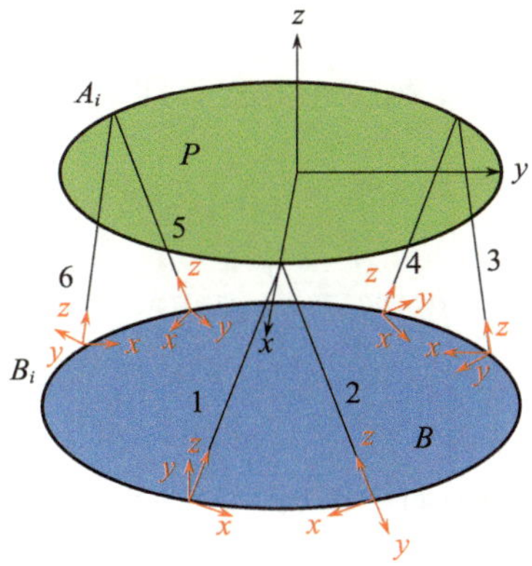

图 6-43　六支腿 Stewart 平台示意图

支腿坐标系转换至平台坐标系是先绕负 Y 轴转动 φ，再绕 Z 轴转动 γ，6 条支腿绕 Z 轴转动角度 γ 见表 6-2。$\gamma_c=\cos\gamma$，$\gamma_s=\sin\gamma$，$\phi_c=\cos\phi$，$\phi_s=\sin\phi$。

支腿坐标系至平台坐标系转换如下：

$$\boldsymbol{D}_{bi}=\begin{bmatrix}\gamma_c & \gamma_s & 0\\ -\gamma_s & \gamma_c & 0\\ 0 & 0 & 1\end{bmatrix}\cdot\begin{bmatrix}\phi_c & 0 & \phi_s\\ 0 & 1 & 0\\ -\phi_s & 0 & \phi_c\end{bmatrix}=\begin{bmatrix}\gamma_c\phi_c & \gamma_s & \gamma_c\phi_s\\ -\gamma_s\phi_c & \gamma_c & -\gamma_s\phi_s\\ -\phi_s & 0 & \phi_c\end{bmatrix}$$

为简化推导，已知 $\theta=\dfrac{\pi}{2}$。

表 6-1　Stewart 平台的结构参数

结构参数	物理含义
a	P 平面半径
b	B 平面(由阻尼器上端点构成的圆)半径
h	P 平面与 B 平面高度
ϕ	相邻两支腿的夹角的一半
θ	相邻两支腿构成的平面与 B 平台的夹角
φ	相邻两支腿的下端点(阻尼器上端点)所对的圆心角的一半
L	支腿长度(不包含阻尼器)
h_a	B 平台距离底部安装平面的高度

表 6-2 绕 Z 轴转动角度 γ

坐标系编号	γ 取值	坐标系编号	γ 取值
1	$-\pi/2$	4	$-\pi/6$
2	$\pi/2$	5	$\pi/6$
3	$5\pi/6$	6	$-5\pi/6$

表 6-1 中的 8 个结构参数满足下列三个方程，即只有五个参数是独立的。

$$b\cos\varphi = a + \frac{h}{\tan\theta} \tag{6-257}$$

$$b\sin\varphi = \frac{h}{\sin\theta}\tan\phi \tag{6-258}$$

$$L\cos\phi = \frac{h}{\sin\theta} \tag{6-259}$$

上平台六个点在上平台坐标系中的坐标为

$$\boldsymbol{A}_1 = \boldsymbol{A}_2 = \begin{bmatrix} a \\ 0 \\ 0 \end{bmatrix}, \boldsymbol{A}_3 = \boldsymbol{A}_4 = \boldsymbol{W}\boldsymbol{A}_1, \boldsymbol{A}_5 = \boldsymbol{A}_6 = \boldsymbol{W}^2\boldsymbol{A}_1 \tag{6-260}$$

其中

$$\boldsymbol{W} = \begin{bmatrix} -\dfrac{1}{2} & -\dfrac{\sqrt{3}}{2} & 0 \\ \dfrac{\sqrt{3}}{2} & -\dfrac{1}{2} & 0 \\ 0 & 0 & 1 \end{bmatrix}$$

$$\boldsymbol{W}^2 = \boldsymbol{W}^{\mathrm{T}}$$

设平台相对于底部安装平台的运动状态为

$$\boldsymbol{X}_p = [x_p, y_p, z_p, \alpha_p, \beta_p, \gamma_p]^{\mathrm{T}} \tag{6-261}$$

则三个子旋转矩阵为

$$\boldsymbol{R}_{px} = \begin{bmatrix} 1 & 0 & 0 \\ 0 & \cos\alpha_p & -\sin\alpha_p \\ 0 & \sin\alpha_p & \cos\alpha_p \end{bmatrix} \tag{6-262}$$

$$\boldsymbol{R}_{py} = \begin{bmatrix} \cos\beta_p & 0 & \sin\beta_p \\ 0 & 1 & 0 \\ -\sin\beta_p & 0 & \cos\beta_p \end{bmatrix} \tag{6-263}$$

$$\boldsymbol{R}_{pz} = \begin{bmatrix} \cos\gamma_p & -\sin\gamma_p & 0 \\ \sin\gamma_p & \cos\gamma_p & 0 \\ 0 & 0 & 1 \end{bmatrix} \tag{6-264}$$

在微振动的情况下，令 $\cos\alpha_p \approx 1$，$\sin\alpha_p \approx \alpha_p$（$\beta_p$ 与 γ_p 也这样），并忽略角位移的高阶小量，则上平台总的旋转矩阵为

$$\boldsymbol{R}_p \approx \begin{bmatrix} 1 & -\gamma_p & \beta_p \\ \gamma_p & 1 & -\alpha_p \\ -\beta_p & \alpha_p & 1 \end{bmatrix} \tag{6-265}$$

那么支腿上端的位移为

$$\boldsymbol{D}_{pi} = [x_p, y_p, z_p]^{\mathrm{T}} + (\boldsymbol{R}_p - \boldsymbol{I}_{3\times3})\boldsymbol{A}_i \quad (i = 1 \sim 6) \tag{6-266}$$

式中　$\boldsymbol{I}_{3\times3}$ ——三阶单位矩阵。

在下平台中心建立一个坐标系，在这个坐标系中，支腿下端（阻尼器上端）六个点的坐标为

$$\boldsymbol{B}_1 = \begin{bmatrix} b\cos\varphi \\ -b\sin\varphi \\ h_a \end{bmatrix} \tag{6-267}$$

$$\boldsymbol{B}_2 = \begin{bmatrix} b\cos\varphi \\ b\sin\varphi \\ h_a \end{bmatrix} \tag{6-268}$$

$$\boldsymbol{B}_3 = \boldsymbol{W}\boldsymbol{B}_1 \tag{6-269}$$

$$\boldsymbol{B}_4 = \boldsymbol{W}\boldsymbol{B}_2 \tag{6-270}$$

$$\boldsymbol{B}_5 = \boldsymbol{W}^2\boldsymbol{B}_1 \tag{6-271}$$

$$\boldsymbol{B}_6 = \boldsymbol{W}^2\boldsymbol{B}_2 \tag{6-272}$$

设下平台相对于底部安装平台的运动为

$$\boldsymbol{X}_b = [x_b, y_b, z_b, \alpha_b, \beta_b, \gamma_b]^{\mathrm{T}} \tag{6-273}$$

类似于上平台的分析过程，在下平台坐标系中，下平台转动的旋转矩阵为

$$\boldsymbol{R}_b \approx \begin{bmatrix} 1 & -\gamma_b & \beta_b \\ \gamma_b & 1 & -\alpha_b \\ -\beta_b & \alpha_b & 1 \end{bmatrix} \tag{6-274}$$

支腿下端的位移为

$$\boldsymbol{D}_{bi} = [x_b, y_b, z_b]^{\mathrm{T}} + (\boldsymbol{R}_b - \boldsymbol{I}_{3\times3})\boldsymbol{B}_i \quad (i = 1 \sim 6) \tag{6-275}$$

$\boldsymbol{D}_{pi}$ 与 $\boldsymbol{D}_{bi}$ 虽然是在不同的坐标系中描述的，但是这两个坐标系的方向相同，所以，支腿上端相对于支腿下端的位移为

$$\begin{aligned} \boldsymbol{D}_i &= \boldsymbol{D}_{pi} - \boldsymbol{D}_{bi} \\ &= [x_p - x_b, y_p - y_b, z_p - z_b]^{\mathrm{T}} + (\boldsymbol{R}_p - \boldsymbol{I}_{3\times3})\boldsymbol{A}_i - (\boldsymbol{R}_b - \boldsymbol{I}_{3\times3})\boldsymbol{B}_i \quad (i = 1 \sim 6) \end{aligned} \tag{6-276}$$

每个支腿所在方向（下端点指向上端点）的单位方向矢量为

$$\boldsymbol{\psi}_1 = \begin{bmatrix} -\cos\phi\cos\theta \\ \sin\phi \\ \cos\phi\sin\theta \end{bmatrix} \tag{6-277}$$

$$\boldsymbol{\psi}_2 = \begin{bmatrix} -\cos\phi\cos\theta \\ -\sin\phi \\ \cos\phi\sin\theta \end{bmatrix} \tag{6-278}$$

$$\boldsymbol{\psi}_3 = \boldsymbol{W}\boldsymbol{\psi}_1 \tag{6-279}$$

$$\boldsymbol{\psi}_4 = \boldsymbol{W}\boldsymbol{\psi}_2 \tag{6-280}$$

$$\boldsymbol{\psi}_5 = \boldsymbol{W}^2\boldsymbol{\psi}_1 \tag{6-281}$$

$$\boldsymbol{\psi}_6 = \boldsymbol{W}^2\boldsymbol{\psi}_2 \tag{6-282}$$

根据支腿上下端的相对位移矢量和支腿的方向，可以求出第 i 个支腿的变形量（伸长量）为

$$u_i = \boldsymbol{D}_i \cdot \boldsymbol{\psi}_i \quad (i = 1 \sim 6) \tag{6-283}$$

由此得

$$\boldsymbol{u} = \boldsymbol{P}\boldsymbol{X}_p - \boldsymbol{Q}\boldsymbol{X}_b \tag{6-284}$$

式中，$\boldsymbol{u}$ 是各支腿变形量组成的向量；$\boldsymbol{P}$ 和 $\boldsymbol{Q}$ 是 6×6 的矩阵。它们的定义或表达式为

$$\boldsymbol{u} = [u_1, u_2, u_3, u_4, u_5, u_6]^{\mathrm{T}} \tag{6-285}$$

$$\boldsymbol{P} = \begin{bmatrix} 0 & \phi_s & \phi_c & 0 & -\phi_c a & \phi_s a \\ 0 & -\phi_s & \phi_c & 0 & -\phi_c a & -\phi_s a \\ -\frac{\sqrt{3}}{2}\phi_s & -\frac{1}{2}\phi_s & \phi_c & \frac{\sqrt{3}}{2}\phi_c a & \frac{1}{2}\phi_c a & \phi_s a \\ \frac{\sqrt{3}}{2}\phi_s & \frac{1}{2}\phi_s & \phi_c & \frac{\sqrt{3}}{2}\phi_c a & \frac{1}{2}\phi_c a & -\phi_s a \\ \frac{\sqrt{3}}{2}\phi_s & -\frac{1}{2}\phi_s & \phi_c & -\frac{\sqrt{3}}{2}\phi_c a & \frac{1}{2}\phi_c a & \phi_s a \\ -\frac{\sqrt{3}}{2}\phi_s & \frac{1}{2}\phi_s & \phi_c & -\frac{\sqrt{3}}{2}\phi_c a & \frac{1}{2}\phi_c a & -\phi_s a \end{bmatrix} \tag{6-286}$$

$$\boldsymbol{Q} = \begin{bmatrix} 0 & \phi_s & \phi_c & -\phi_s h_a - \varphi_s\phi_c b & -\varphi_c\phi_c b & \varphi_c\phi_s b \\ 0 & -\phi_s & \phi_c & \phi_s h_a + \varphi_s\phi_c b & -\varphi_c\phi_c b & -\varphi_c\phi_s b \\ -\frac{\sqrt{3}}{2}\phi_s & -\frac{1}{2}\phi_s & \phi_c & \boldsymbol{Q}_{34} & \boldsymbol{Q}_{35} & \varphi_c\phi_s b \\ \frac{\sqrt{3}}{2}\phi_s & \frac{1}{2}\phi_s & \phi_c & \boldsymbol{Q}_{44} & \boldsymbol{Q}_{45} & -\varphi_c\phi_s b \\ \frac{\sqrt{3}}{2}\phi_s & -\frac{1}{2}\phi_s & \phi_c & \boldsymbol{Q}_{54} & \boldsymbol{Q}_{55} & \varphi_c\phi_s b \\ -\frac{\sqrt{3}}{2}\phi_s & \frac{1}{2}\phi_s & \phi_c & \boldsymbol{Q}_{64} & \boldsymbol{Q}_{65} & -\varphi_c\phi_s b \end{bmatrix} \tag{6-287}$$

式中，θ_c 表示 $\cos\theta$；θ_s 表示 $\sin\theta$；ϕ_c，ϕ_s，ϕ_c，φ_s 的含义与之类似。

$$Q_{34}=\frac{1}{2}\phi_s h_a+\left(\frac{1}{2}\varphi_s+\frac{\sqrt{3}}{2}\varphi_c\right)\phi_c b$$

$$Q_{35}=-\frac{\sqrt{3}}{2}\phi_s h_a+\left(\frac{1}{2}\varphi_c-\frac{\sqrt{3}}{2}\varphi_s\right)\phi_c b$$

$$Q_{44}=-\frac{1}{2}\phi_s h_a+\left(-\frac{1}{2}\varphi_s+\frac{\sqrt{3}}{2}\varphi_c\right)\phi_c b$$

$$Q_{45}=\frac{\sqrt{3}}{2}\phi_s h_a+\left(\frac{1}{2}\varphi_c+\frac{\sqrt{3}}{2}\varphi_s\right)\phi_c b$$

$$Q_{54}=\frac{1}{2}\phi_s h_a+\left(\frac{1}{2}\varphi_s-\frac{\sqrt{3}}{2}\varphi_c\right)\phi_c b$$

$$Q_{55}=\frac{\sqrt{3}}{2}\phi_s h_a+\left(\frac{1}{2}\varphi_c+\frac{\sqrt{3}}{2}\varphi_s\right)\phi_c b$$

$$Q_{64}=-\frac{1}{2}\phi_s h_a-\left(\frac{1}{2}\varphi_s+\frac{\sqrt{3}}{2}\varphi_c\right)\phi_c b$$

$$Q_{65}=-\frac{\sqrt{3}}{2}\phi_s h_a+\left(\frac{1}{2}\varphi_c-\frac{\sqrt{3}}{2}\varphi_s\right)\phi_c b$$

那么支腿上端受到的轴向力为

$$\boldsymbol{F}_{ai}=(ku_i+c\dot{u}_i)\boldsymbol{\psi}_i \tag{6-288}$$

支腿上端相对于支腿下端（作动器上端）的横向（垂直于支腿轴向）位移矢量为

$$\boldsymbol{r}_i=(\boldsymbol{\psi}_i\times\boldsymbol{D}_i)\times\boldsymbol{\psi}_i \tag{6-289}$$

那么支腿杆转过的角度矢量为

$$\boldsymbol{\lambda}_i=\frac{1}{L}(\boldsymbol{\psi}_i\times\boldsymbol{r}_i)=\frac{1}{L}(\boldsymbol{\psi}_i\times\boldsymbol{D}_i)-\frac{1}{L}[\boldsymbol{\psi}_i\times(\boldsymbol{D}_i-\boldsymbol{r}_i)]=\frac{1}{L}(\boldsymbol{\psi}_i\times\boldsymbol{D}_i) \tag{6-290}$$

其中，$\boldsymbol{D}_i-\boldsymbol{R}_i$ 扣除横向，只剩轴向分量，$\boldsymbol{\psi}_i$ 为轴向矢量。

设柔性铰链的弯曲刚度为 k_f，柔性铰链对支腿上端产生的弯矩为

$$\boldsymbol{\rho}_i=-k_f\boldsymbol{\lambda}_i=-\frac{k_f}{L}(\boldsymbol{\psi}_i\times\boldsymbol{D}_i) \tag{6-291}$$

那么支腿上端受到的横向力为

$$\boldsymbol{F}_{ri}=\boldsymbol{\psi}_i\times\left(\frac{1}{L}\boldsymbol{\rho}_i\right)=-\frac{k_f}{L^2}\boldsymbol{\psi}_i\times(\boldsymbol{\psi}_i\times\boldsymbol{D}_i) \tag{6-292}$$

其中，支腿上下端各有一个柔性铰链。

支腿给上平台的力/力矩有三个，分别是 $-\boldsymbol{F}_{ai}$，$-\boldsymbol{F}_{ri}$，$-\boldsymbol{\rho}_i$，其中 $-\boldsymbol{\rho}_i$ 的影响太小可以忽略。根据动力学普遍方程，上平台的动力学方程可以写为

$$m[\ddot{x}_p,\ddot{y}_p,\ddot{z}_p]^{\mathrm{T}}=-\sum_{i=1}^{6}(\boldsymbol{F}_{ai}+\boldsymbol{F}_{ri}) \tag{6-293}$$

$$[J_1\ddot{\alpha}_p,J_2\ddot{\beta}_p,J_3\ddot{\gamma}_p]^{\mathrm{T}}=-\sum_{i=1}^{6}[\boldsymbol{A}_i\times(\boldsymbol{F}_{ai}+\boldsymbol{F}_{ri})] \tag{6-294}$$

$$\boldsymbol{N}_k = \boldsymbol{N}_{ka} + \boldsymbol{N}_{kf} \tag{6-295}$$

即

$$m[\ddot{x}_p, \ddot{y}_p, \ddot{z}_p]^{\mathrm{T}} + \sum_{i=1}^{6}[(ku_i + c\dot{u}_i)\boldsymbol{\psi}_i] - \frac{k_f}{L^2}\sum_{i=1}^{6}[\boldsymbol{\psi}_i \times (\boldsymbol{\psi}_i \times \boldsymbol{D}_i)] = \boldsymbol{0} \tag{6-296}$$

$$\begin{aligned}&[J_1\ddot{\alpha}_p, J_2\ddot{\beta}_p, J_3\ddot{\gamma}_p]^{\mathrm{T}} + \sum_{i=1}^{6}[(ku_i + c\dot{u}_i)(\boldsymbol{A}_i \times \boldsymbol{\psi}_i)] - \\ &\frac{k_f}{L^2}\sum_{i=1}^{6}\{\boldsymbol{A}_i \times [\boldsymbol{\psi}_i \times (\boldsymbol{\psi}_i \times \boldsymbol{D}_i)]\} = \boldsymbol{0}\end{aligned} \tag{6-297}$$

由此得到的动力学方程为

$$\boldsymbol{M}\ddot{\boldsymbol{X}}_p + \boldsymbol{C}\dot{\boldsymbol{X}}_p + \boldsymbol{K}\boldsymbol{X}_p = \boldsymbol{N}_c\dot{\boldsymbol{X}}_b + \boldsymbol{N}_k\boldsymbol{X}_b \tag{6-298}$$

其中

$$\boldsymbol{K} = \boldsymbol{K}_a + \boldsymbol{K}_f$$

$$\boldsymbol{M} = \mathrm{diag}(m, m, m, J_1, J_2, J_3)$$

式是　$\boldsymbol{M}$ ——质量矩阵；

$\boldsymbol{C}$ ——阻尼矩阵；

$\boldsymbol{K}_a$ ——由弹簧片刚度引起的刚度矩阵；

$\boldsymbol{K}_f$ ——由柔性铰链弯曲刚度引起的刚度矩阵。

阻尼矩阵和刚度矩阵为

$$\boldsymbol{C} = 3c \cdot \mathrm{diag}(\phi_s^2, \phi_s^2, 2\phi_c^2, \phi_c^2a^2, \phi_c^2a^2, 2\phi_s^2a^2) \tag{6-299}$$

$$\begin{aligned}\boldsymbol{K} = 3k \cdot \mathrm{diag}\,[&\phi_s^2 + \eta(1+\phi_c^2), \phi_s^2 + \eta(1+\phi_c^2), 2(\phi_c^2 + \eta\phi_s^2), \\ &(\phi_c^2 + \eta\phi_s^2)a^2, (\phi_c^2 + \eta\phi_s^2)a^2, 2(\phi_s^2 + \eta\phi_c^2)a^2]\end{aligned} \tag{6-300}$$

其中

$$\eta = \frac{k_f}{kL^2}$$

$$\boldsymbol{\Phi}_N = \begin{bmatrix} \phi_s^2 & 0 & 0 & 0 & \phi_s^2h_a + \varphi_s\phi_s\phi_cb & 0 \\ 0 & \phi_s^2 & 0 & -h_a\phi_s^2 - \varphi_s\phi_s\phi_cb & 0 & 0 \\ 0 & 0 & 2\phi_c^2 & 0 & 0 & 0 \\ 0 & 0 & 0 & \varphi_c\phi_c^2ab & 0 & 0 \\ 0 & 0 & 0 & 0 & \varphi_c\phi_c^2ab & 0 \\ 0 & 0 & 0 & 0 & 0 & 2\varphi_c\phi_s^2ab \end{bmatrix}$$

$$\boldsymbol{N}_c = 3c\boldsymbol{\Phi}_N$$

$$\boldsymbol{N}_{ka} = 3k\boldsymbol{\Phi}_N$$

$$\boldsymbol{N}_{kf}=\frac{3k_f}{L^2}\begin{bmatrix}1+\phi_c^2 & 0 & 0 & 0 & (1+\phi_c^2)h_a-\varphi_s\phi_s\phi_c b & 0\\0 & 1+\phi_c^2 & 0 & \varphi_s\phi_s\phi_c b-(1+\phi_c^2)h_a & 0 & 0\\0 & 0 & 2\phi_s^2 & 0 & 0 & 0\\0 & 0 & 0 & \varphi_c\phi_s^2 ab & 0 & 0\\0 & 0 & 0 & 0 & \varphi_c\phi_s^2 ab & 0\\0 & 0 & 0 & 0 & 0 & 2\varphi_c\phi_c^2 ab\end{bmatrix}$$

$$\boldsymbol{N}_k=\boldsymbol{N}_{ka}+\boldsymbol{N}_{kf}$$

由以上动力学模型可以看出，下平台的三方向转角（α_b，β_b，γ_b）到上平台的三方向转角（α_p，β_p，γ_p）是三轴解耦的，且与下平台的三方向位移（x_b，y_b，z_b）无关。

展开 α_b，β_b 转角动力学模型如下：

$$\begin{aligned}&J_1\ddot{\alpha}_p+3c\phi_c^2a^2\dot{\alpha}_p+3k(\phi_c^2+\eta\phi_s^2)a^2\alpha_p\\&=3c\varphi_c\phi_c^2ab\dot{\alpha}_b+\left(3k\varphi_c\phi_c^2ab+\frac{3k_f}{L^2}\varphi_c\phi_s^2ab\right)\alpha_b\end{aligned}\tag{6-301}$$

$$\begin{aligned}&J_2\ddot{\beta}_p+3c\phi_c^2a^2\dot{\beta}_p+3k(\phi_c^2+\eta\phi_s^2)a^2\beta_p\\&=3c\varphi_c\phi_c^2ab\dot{\beta}_b+\left(3k\varphi_c\phi_c^2ab+\frac{3k_f}{L^2}\varphi_c\phi_s^2ab\right)\beta_b\end{aligned}\tag{6-302}$$

α_b，β_b 两轴具有对称性，在设计控制律时，可以单轴进行设计。

6.11.2　有压电元件动力学模型

作动器变形与上下平台位移之间的关系

$$\boldsymbol{u}=\boldsymbol{PX}_p-\boldsymbol{QX}_b\tag{6-303}$$

作动器变形包含两部分，弹簧阻尼变形和压电元件变形

$$\boldsymbol{u}=\boldsymbol{u}_s+\boldsymbol{u}_p\tag{6-304}$$

式中　$\boldsymbol{u}_s$ ——弹簧阻尼系统变形量；

$\boldsymbol{u}_p$ ——压电元件变形量。

则支腿上端受到的作动器轴向力（沿杆方向力，描述在上平台坐标系下）与作动器变形关系为

$$\begin{aligned}\boldsymbol{F}_{ai}&=(ku_{si}+c\dot{u}_{si})\boldsymbol{\psi}_i\\&=[k(u_i-u_{pi})+c(\dot{u}_i-\dot{u}_{pi})]\boldsymbol{\psi}_i\end{aligned}\tag{6-305}$$

支腿上端受到的作动器横向力（垂直杆方向力，描述在上平台坐标系下）与作动器变形关系如下：

$$\boldsymbol{F}_{ri}=-\frac{k_f}{L^2}\boldsymbol{\psi}_i\times(\boldsymbol{\psi}_i\times\boldsymbol{D}_i)\tag{6-306}$$

其中

$$\begin{aligned}\boldsymbol{D}_i&=\boldsymbol{D}_{pi}-\boldsymbol{D}_{bi}\\&=[x_p-x_b,y_p-y_b,z_p-z_b]^{\mathrm{T}}+(\boldsymbol{R}_p-\boldsymbol{I}_{3\times3})\boldsymbol{A}_i-(\boldsymbol{R}_b-\boldsymbol{I}_{3\times3})\boldsymbol{B}_i\quad(i=1\sim6)\end{aligned}\tag{6-307}$$

这里横向力直接采用上下平台位移表示出来，与作动器总变形相关。

则系统动力学可以描述为

$$m[\ddot{x}_p, \ddot{y}_p, \ddot{z}_p]^{\mathrm{T}} = -\sum_{i=1}^{6}(\boldsymbol{F}_{ai} + \boldsymbol{F}_{ri}) \tag{6-308}$$

$$[J_1\ddot{\alpha}_p, J_2\ddot{\beta}_p, J_3\ddot{\gamma}_p]^{\mathrm{T}} = -\sum_{i=1}^{6}[\boldsymbol{A}_i \times (\boldsymbol{F}_{ai} + \boldsymbol{F}_{ri})] \tag{6-309}$$

推导可得如下动力学方程

$$\boldsymbol{M}\ddot{\boldsymbol{X}}_p + \boldsymbol{C}\dot{\boldsymbol{X}}_p + \boldsymbol{K}\boldsymbol{X}_p = \boldsymbol{N}_c\dot{\boldsymbol{X}}_b + \boldsymbol{N}_k\boldsymbol{X}_b + \boldsymbol{H}_c\dot{\boldsymbol{u}}_p + \boldsymbol{H}_k\boldsymbol{u}_p \tag{6-310}$$

考虑 $\theta = 90°$，以上动力学方程中各参数矩阵如下：

$$\boldsymbol{K} = \boldsymbol{K}_a + \boldsymbol{K}_f \tag{6-311}$$

$$\boldsymbol{N}_k = \boldsymbol{N}_{ka} + \boldsymbol{N}_{kf} \tag{6-312}$$

$$\boldsymbol{M} = \mathrm{diag}(m, m, m, J_1, J_2, J_3) \tag{6-313}$$

$$\boldsymbol{C} = 3c \cdot \mathrm{diag}(\phi_s^2, \phi_s^2, 2\phi_c^2, \phi_c^2 a^2, \phi_c^2 a^2, 2\phi_s^2 a^2) \tag{6-314}$$

$$\begin{aligned}\boldsymbol{K} = 3k \cdot \mathrm{diag}\,[&\phi_s^2 + \eta(1+\phi_c^2), \phi_s^2 + \eta(1+\phi_c^2), 2(\phi_c^2 + \eta\phi_s^2),\\ &(\phi_c^2 + \eta\phi_s^2)a^2, (\phi_c^2 + \eta\phi_s^2)a^2, 2(\phi_s^2 + \eta\phi_c^2)a^2]\end{aligned} \tag{6-315}$$

$$\eta = \frac{k_f}{kL^2} \tag{6-316}$$

$$\boldsymbol{\Phi}_N = \begin{bmatrix} \phi_s^2 & 0 & 0 & 0 & \phi_s^2 h_a + \varphi_s\phi_s\phi_c b & 0 \\ 0 & \phi_s^2 & 0 & -h_a\phi_s^2 - \varphi_s\phi_s\phi_c b & 0 & 0 \\ 0 & 0 & 2\phi_c^2 & 0 & 0 & 0 \\ 0 & 0 & 0 & \varphi_c\phi_c^2 ab & 0 & 0 \\ 0 & 0 & 0 & 0 & \varphi_c\phi_c^2 ab & 0 \\ 0 & 0 & 0 & 0 & 0 & 2\varphi_c\phi_s^2 ab \end{bmatrix} \tag{6-317}$$

$$\boldsymbol{N}_c = 3c\boldsymbol{\Phi}_N \tag{6-318}$$

$$\boldsymbol{N}_{ka} = 3k\boldsymbol{\Phi}_N \tag{6-319}$$

$$\boldsymbol{N}_{kf} = \frac{3k_f}{L^2}\begin{bmatrix} 1+\phi_c^2 & 0 & 0 & 0 & (1+\phi_c^2)h_a - \varphi_s\phi_s\phi_c b & 0 \\ 0 & 1+\phi_c^2 & 0 & \varphi_s\phi_s\phi_c b - (1+\phi_c^2)h_a & 0 & 0 \\ 0 & 0 & 2\phi_s^2 & 0 & 0 & 0 \\ 0 & 0 & 0 & \varphi_c\phi_s^2 ab & 0 & 0 \\ 0 & 0 & 0 & 0 & \varphi_c\phi_s^2 ab & 0 \\ 0 & 0 & 0 & 0 & 0 & 2\varphi_c\phi_c^2 ab \end{bmatrix} \tag{6-320}$$

$$\boldsymbol{N}_k = \boldsymbol{N}_{ka} + \boldsymbol{N}_{kf} \tag{6-321}$$

$$\boldsymbol{\Phi}_p=\begin{bmatrix} 0 & 0 & -\frac{\sqrt{3}}{2}\phi_s & \frac{\sqrt{3}}{2}\phi_s & \frac{\sqrt{3}}{2}\phi_s & -\frac{\sqrt{3}}{2}\phi_s \\ \phi_s & -\phi_s & -\frac{1}{2}\phi_s & \frac{1}{2}\phi_s & -\frac{1}{2}\phi_s & \frac{1}{2}\phi_s \\ \phi_c & \phi_c & \phi_c & \phi_c & \phi_c & \phi_c \\ 0 & 0 & \frac{\sqrt{3}}{2}\phi_c a & \frac{\sqrt{3}}{2}\phi_c a & -\frac{\sqrt{3}}{2}\phi_c a & -\frac{\sqrt{3}}{2}\phi_c a \\ -\phi_c a & -\phi_c a & \frac{1}{2}\phi_c a & \frac{1}{2}\phi_c a & \frac{1}{2}\phi_c a & \frac{1}{2}\phi_c a \\ \phi_s a & -\phi_s a & \phi_s a & -\phi_s a & \phi_s a & -\phi_s a \end{bmatrix} \tag{6-322}$$

$$\boldsymbol{H}_c=c\boldsymbol{\Phi}_p \tag{6-323}$$

$$\boldsymbol{H}_k=k\boldsymbol{\Phi}_p \tag{6-324}$$

6.12　天文望远镜高精度指向控制

空间天文望远镜不受大气影响，相比地基天文望远镜可以拍摄更清晰的星图，哈勃望远镜在轨获得了大量高清宇宙星图，近期韦伯天文望远镜上天，比哈勃望远镜清晰度提升二个数量级。

空间天文望远镜成像需要高精度指向平台，哈勃望远镜指向精度要求 0.007″，帆板挠性和飞轮等振动都会影响望远镜平台指向精度，一般卫星姿态角精度 0.001°～0.000 1°，比空间望远镜成像所需指向精度低 1～2 个数量级。天文望远镜一般安装在主被动减振平台上，通过被动减振降低卫星帆板和飞轮等振动影响，通过主动控制实现高精度指向。

地基和空间主被动减振平台一般采用 Stewart 平台，通过 6 支腿控制实现载荷位置和姿态 6 个自由度控制，用于空间望远镜位置变化对成像影响小，主要考虑光轴高精度指向控制，可以通过 2 支腿实现指向控制，结合空间望远镜安装平台的承载稳定性和一定的冗余度，一般采用 3 支腿主被动减振平台。

基于主被动减振的高精度指向控制平台也可以用于空间激光通信等高精度指向载荷，国内外学者对主被动减振建模及指向控制进行了广泛的研究，文献 [17] 针对动量轮、控制力矩陀螺、扫摆机构等主要扰动源的机理和特征进行分析，从传递路径设计、微振动源抑制、降低有效载荷敏感性三个方面介绍微振动抑制方法；文献 [18] 基于 CMG 微振动对成像质量影响，建立结构有限元、扰振源、隔振器等微振动分析模型，结合隔振系统的频率要求等约束条件对隔振器参数进行优化；文献 [19] 调研了国外航天器高精度、高稳定度、高敏捷指向技术发展现状，对一体化构型布局设计、微振动抑制、多级复合控制和大力矩执行机构等关键技术进行了总结和分析；文献 [20] 针对风云四号卫星干涉式大气垂直探测仪对微振动抑制的要求，统计星上微振动振源及传播机理，规划整星级频谱，设计了振源隔离和载荷隔振的双级隔振系统；文献 [21] 采用分子链网络模型方法分析了黏弹性材料的微观分子链结构，综合考虑材料分子链结构中的网络链和自由链对黏弹性材料力学性能的影响，提出一种基于材料微观分子链结构的微振激励下黏弹性阻尼器力学模型；文献［22］为提高空间天文望远镜稳像系统中压电快摆镜（Fast Steering Mirror, FSM）的动态性能，对压电执行器（Piezoelectric Actuator，PZT）动态迟滞补偿和控制进行研究；文献［23］基于PMAC（Programmable Multi Axes Controller）控制器设计天文望远镜控制系统；文献［24］为提高光学遥感成像品质，介绍了斯特林制冷机压缩机微振动产生原理、抑制方程和控制办法；文献［25］针对控制力矩陀螺引起的微振动问题，研究了基于磁流变阻尼器的控制方法，建立了磁流变阻尼器的动力学模型，提出磁流变阻尼器的半主动控制算法；文献［26］在卫星固支与悬吊两种边界状态下，开展不同动量轮转动组合状态的地面微振动环境试验，分析从振动源到相机的传递比、卫星固支与悬吊的差异、卫星结构与转动部件分别对振动谱的贡献，从振动源到相机的微振动传递中，传递界面的阻尼对微振传递比影响较大，其次为距离的影响。

本节对空间天文望远镜主被动减振建模及指向控制算法进行研究，首先基于3支腿垂直减振平台，推算支腿上下端相对位移和伸长量，推导弹簧和压电陶瓷串联主被动减振支腿伸长量相对压电控制电压传递函数，计算支腿轴向及横向力和力矩，在此基础上给出天文望远镜平台动力学模型；接着利用平台高低和方位二轴转动动力学模型，推导基于平台高低和方位角的指向控制算法。

6.12.1 天文望远镜微振动抑制平台

天文望远镜微振动抑制一般采用6腿Stewart平台，6腿可以分成3组，每组2条支腿，为方便主动振动抑制控制律设计，将每组2条斜撑腿用1条垂直支腿等效，如图6-44和图6-45所示，天文望远镜平台坐标系为$O_pX_pY_pZ_p$，卫星底座坐标系为$O_bX_bY_bZ_b$。

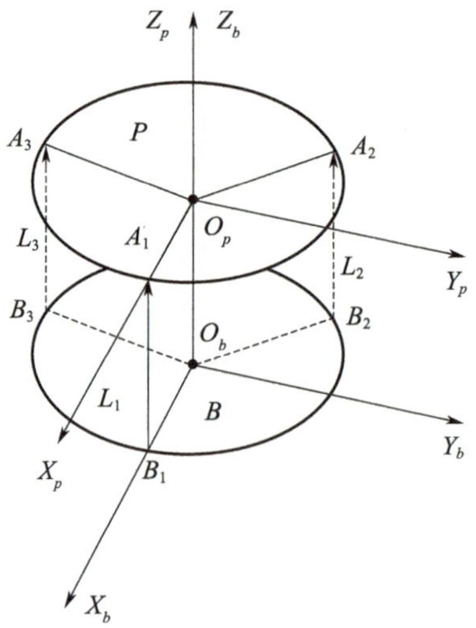

图6-44 微振动抑制平台示意图

支腿上下端点在平台和底座坐标系中的坐标为

$$\boldsymbol{A}_1=\boldsymbol{B}_1=a\,[1\quad 0\quad 0]^{\mathrm{T}} \tag{6-325}$$

$$\boldsymbol{A}_2=\boldsymbol{B}_2=a\left[-1/2\quad \sqrt{3}/2\quad 0\right]^{\mathrm{T}} \tag{6-326}$$

$$\boldsymbol{A}_3=\boldsymbol{B}_3=a\left[-1/2\quad -\sqrt{3}/2\quad 0\right]^{\mathrm{T}} \tag{6-327}$$

式中　a ——天文望远镜平台和卫星底座过支腿圆半径。

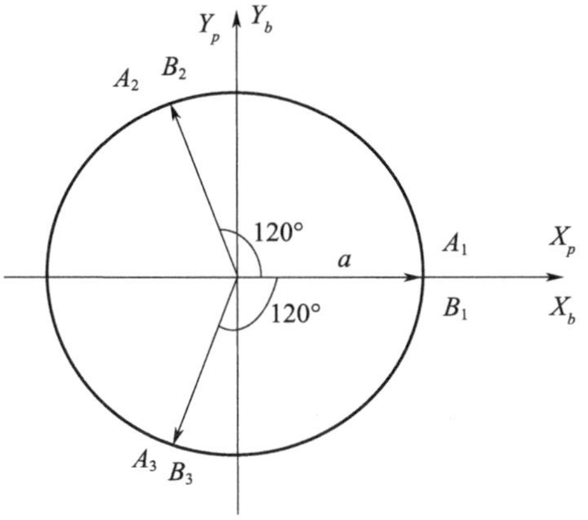

图 6-45　微振动抑制平台平面投影

设天文望远镜平台相对于静平衡位置的运动状态为

$$\boldsymbol{X}_p=[x_p\quad y_p\quad z_p\quad \alpha_p\quad \beta_p\quad \gamma_p]^{\mathrm{T}} \tag{6-328}$$

式中　x_p ，y_p ，z_p ——平台位移；

α_p ，β_p ，γ_p ——平台转角。

考虑微振动小角度情况，天文望远镜平台三轴旋转矩阵 $\boldsymbol{R}_p$ 可近似为

$$\boldsymbol{R}_p \approx \begin{bmatrix} 1 & -\gamma_p & \beta_p \\ \gamma_p & 1 & -\alpha_p \\ -\beta_p & \alpha_p & 1 \end{bmatrix} \tag{6-329}$$

支腿上端的位移为

$$\boldsymbol{D}_{pi}=[x_p\quad y_p\quad z_p]^{\mathrm{T}}+\hat{\boldsymbol{R}}_p\boldsymbol{A}_i\quad (i=1\sim 3) \tag{6-330}$$

其中

$$\hat{\boldsymbol{R}}_p=\boldsymbol{R}_p-\boldsymbol{I}_{3\times 3}\approx \begin{bmatrix} 0 & -\gamma_p & \beta_p \\ \gamma_p & 0 & -\alpha_p \\ -\beta_p & \alpha_p & 0 \end{bmatrix}$$

卫星底座相对于静平衡位置的运动状态为

$$\boldsymbol{X}_b=[x_b\quad y_b\quad z_b\quad \alpha_b\quad \beta_b\quad \gamma_b]^{\mathrm{T}} \tag{6-331}$$

式中　x_b ，y_b ，z_b ——底移位移；

α_p ，β_p ，γ_p ——底座转角。

类似天文望远镜平台的分析，支腿下端的位移为

$$\boldsymbol{D}_{bi}=[x_b\quad y_b\quad z_b]^{\mathrm{T}}+\hat{\boldsymbol{R}}_b\boldsymbol{B}_i\quad (i=1\sim 3) \tag{6-332}$$

其中，$\hat{\boldsymbol{R}}_b=\boldsymbol{R}_b-\boldsymbol{I}_{3\times3}\approx\begin{bmatrix}0 & -\gamma_b & \beta_b\\ \gamma_b & 0 & -\alpha_b\\ -\beta_b & \alpha_b & 0\end{bmatrix}$，$\boldsymbol{R}_b=\begin{bmatrix}1 & -\gamma_b & \beta_b\\ \gamma_b & 1 & -\alpha_b\\ -\beta_b & \alpha_b & 1\end{bmatrix}$ 是卫星底座三轴旋转矩阵。

支腿上端相对于下端的位移为

$$\begin{aligned}\boldsymbol{D}_i&=\boldsymbol{D}_{pi}-\boldsymbol{D}_{bi}\\&=[x_p-x_b\quad y_p-y_b\quad z_p-z_b]^{\mathrm{T}}+\hat{\boldsymbol{R}}_p\boldsymbol{A}_i-\hat{\boldsymbol{R}}_b\boldsymbol{B}_i\quad(i=1\sim3)\end{aligned}\tag{6-333}$$

每个支腿下端点指向上端点的单位方向矢量为

$$\boldsymbol{\psi}_1=\boldsymbol{\psi}_2=\boldsymbol{\psi}_3=[0\quad 0\quad 1]^{\mathrm{T}}\tag{6-334}$$

根据支腿上下端的相对位移矢量和支腿的方向，求出支腿的伸长量 h_i 为

$$h_i=\boldsymbol{D}_i\cdot\boldsymbol{\psi}_i\quad(i=1\sim3)\tag{6-335}$$

支腿伸长量写成矩阵形式

$$\boldsymbol{h}=[h_1\quad h_2\quad h_3]^{\mathrm{T}}=\boldsymbol{P}\boldsymbol{X}_p-\boldsymbol{Q}\boldsymbol{X}_b\tag{6-336}$$

其中

$$\boldsymbol{P}=a\begin{bmatrix}0 & 0 & 1 & 0 & -1 & 0\\ 0 & 0 & 1 & \sqrt{3}/2 & 1/2 & 0\\ 0 & 0 & 1 & -\sqrt{3}/2 & 1/2 & 0\end{bmatrix}$$

$$\boldsymbol{Q}=a\begin{bmatrix}0 & 0 & 1 & 0 & -1 & 0\\ 0 & 0 & 1 & \sqrt{3}/2 & 1/2 & 0\\ 0 & 0 & 1 & -\sqrt{3}/2 & 1/2 & 0\end{bmatrix}$$

6.12.2　支腿主被动减振动力学模型

主被动减振支腿组成如图 6-46 所示，支腿轴向伸长量 h_i 包含两部分，压电陶瓷控制伸长量 h_{pi} 和弹簧阻尼伸长量 h_{si}，即

$$h_i=h_{pi}+h_{si}\tag{6-337}$$

压电陶瓷加电控制产生的轴向力 F_{ai} 为

$$F_{ai}=k_{vi}\cdot u_{pi}-k_{pi}\cdot h_{pi}\tag{6-338}$$

式中，$k_{v1}=k_{v2}=k_{v3}=k_v$ 为压电陶瓷输出力电压系数；$k_{p1}=k_{p2}=k_{p3}=k_p$ 为压电陶瓷输出刚度；u_{pi} 为压电陶瓷控制电压。

支腿的轴向位移加速度为

$$\ddot{h}_i=F_{ai}/m_p\tag{6-339}$$

式中　m_p ——平台质量。

弹簧受到的轴向力为

$$k_ih_{si}+c_i\dot{h}_{si}=-F_{ai}\tag{6-340}$$

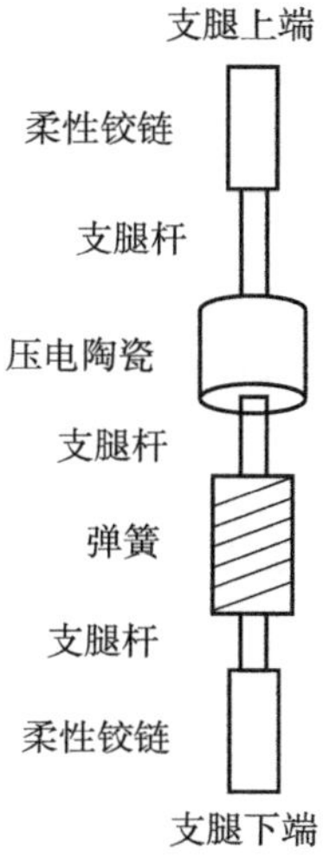

图 6－46　支腿组成示意图

式中，$k_{s1}=k_{s2}=k_{s3}=k_s$ 为弹簧刚度；$c_{s1}=c_{s2}=c_{s3}=c_s$ 为弹簧阻尼。

对式（6－337）～式（6－340）进行拉氏变换，消去 $h_{pi}(s)$、$h_{si}(s)$ 和 $F_{ai}(s)$，求得

$$\frac{h_i(s)}{u_{pi}(s)}=\frac{\dfrac{c_{si}}{k_{pi}k_{si}}s+k_{vi}/k_{pi}}{\dfrac{m_p c_{si}}{k_{pi}k_{si}}s^3+(1/k_{pi}+1/k_{si})m_p s^2+c_{si}/k_{si}s+1} \tag{6-341}$$

压电陶瓷输出刚度 k_p 和弹簧刚度 k_s 较大，$k_{pi}k_{si}\gg m_p c_{si}$ 和 $k_{pi}k_{si}\gg c_{si}$，忽略分子/分母高阶项得

$$\frac{h_i(s)}{u_{pi}(s)}=\frac{k_{vi}/k_{pi}}{(1/k_{pi}+1/k_{si})m_p s^2+c_{si}/k_{si}s+1} \tag{6-342}$$

求得

$$(1/k_{pi}+1/k_{si})m_p\ddot{h}_i+(c_{si}/k_{si})\dot{h}_i+h_i=(k_{vi}/k_{pi})u_{pi} \tag{6-343}$$

由式（6－339）和式（6－343）求得弹簧受到的轴向力矢量 $\boldsymbol{F}_{ai}$ 为

$$\boldsymbol{F}_{ai}=-F_{ai}\boldsymbol{\psi}_i=(d_2\dot{h}_i+d_1h_i-d_0u_{pi})\boldsymbol{\psi}_i \tag{6-344}$$

其中

$$d_2=\frac{k_pc_s}{k_p+k_s},d_1=\frac{k_pk_s}{k_p+k_s},d_0=\frac{k_vk_s}{k_p+k_s}$$

支腿上端相对于下端的横向位移矢量为

$$\boldsymbol{r}_i=(\boldsymbol{\psi}_i\times\boldsymbol{D}_i)\times\boldsymbol{\psi}_i=\boldsymbol{D}_i-(\boldsymbol{D}_i\cdot\boldsymbol{\psi}_i)\boldsymbol{\psi}_i \tag{6-345}$$

支腿转过的角度矢量为

$$\boldsymbol{\lambda}_i=\frac{1}{L_i}(\boldsymbol{\psi}_i\times\boldsymbol{r}_i)=\frac{1}{L_i}(\boldsymbol{\psi}_i\times\boldsymbol{D}_i) \tag{6-346}$$

式中，$L_1=L_2=L_3=L$ 为支腿长度。

单个支腿的弯曲刚度为 $k_{f1}=k_{f2}=k_{f3}=k_f$，支腿受到的弯矩为

$$\boldsymbol{\rho}_i = k_{fi}\boldsymbol{\lambda}_i = \frac{k_{fi}}{L_i}(\boldsymbol{\psi}_i \times \boldsymbol{D}_i) \tag{6-347}$$

设支腿上端受到的横向力为 $\boldsymbol{F}_{ri}$，横向力对支腿产生的弯矩为

$$L_i\boldsymbol{\psi}_i \times \boldsymbol{F}_{ri} = \boldsymbol{\rho}_i \tag{6-348}$$

求得

$$\boldsymbol{\psi}_i \times (L_i\boldsymbol{\psi}_i \times \boldsymbol{F}_{ri}) = -L_i\boldsymbol{F}_{ri} = \boldsymbol{\psi}_i \times \boldsymbol{\rho}_i \tag{6-349}$$

支腿上端受到的横向力为

$$\boldsymbol{F}_{ri} = \frac{-1}{L_i}\boldsymbol{\psi}_i \times \boldsymbol{\rho}_i = -\frac{k_f}{L^2}\boldsymbol{\psi}_i \times (\boldsymbol{\psi}_i \times \boldsymbol{D}_i) \tag{6-350}$$

支腿受到的力和力矩为

$$\boldsymbol{F}_i = \boldsymbol{F}_{ai} + \boldsymbol{F}_{ri} \tag{6-351}$$

$$\boldsymbol{T}_i = \boldsymbol{T}_{ai} + \boldsymbol{T}_{ri} = \boldsymbol{A}_i \times (\boldsymbol{F}_{ai} + \boldsymbol{F}_{ri}) \tag{6-352}$$

6.12.3　天文望远镜平台动力学模型

支腿给天文望远镜平台的力和力矩分别为 $-\boldsymbol{F}_{ai}$、$-\boldsymbol{F}_{ri}$ 和 $-\boldsymbol{T}_{ai}$、$-\boldsymbol{T}_{ri}$，根据动力学方程，天文望远镜平台的动力学方程可以写为

$$m_p[\ddot{x}_p, \ddot{y}_p, \ddot{z}_p]^{\mathrm{T}} = -\sum_{i=1}^{3}(\boldsymbol{F}_{ai} + \boldsymbol{F}_{ri}) \tag{6-353}$$

$$[J_{px}\ddot{\alpha}_p, J_{py}\ddot{\beta}_p, J_{pz}\ddot{\gamma}_p]^{\mathrm{T}} = -\sum_{i=1}^{3}[\boldsymbol{A}_i \times (\boldsymbol{F}_{ai} + \boldsymbol{F}_{ri})] \tag{6-354}$$

由此得到动力学方程为

$$\boldsymbol{M}_p\ddot{\boldsymbol{X}}_p + \boldsymbol{C}_p\dot{\boldsymbol{X}}_p + \boldsymbol{K}_p\boldsymbol{X}_p = \boldsymbol{C}_b\dot{\boldsymbol{X}}_b + \boldsymbol{K}_b\boldsymbol{X}_b + \boldsymbol{H}_c\boldsymbol{U}_p \tag{6-355}$$

其中

质量惯量矩阵 $\boldsymbol{M}_p = \mathrm{diag}(m_p,\ m_p,\ m_p,\ J_{px},\ J_{py},\ J_{pz})$；

平台弹簧阻尼矩阵 $\boldsymbol{C}_p = 1.5d_2 \cdot \mathrm{diag}(0,\ 0,\ 2,\ a^2,\ a^2,\ 0)$；

平台支腿刚度矩阵 $\boldsymbol{K}_p = 1.5d_1 \cdot \mathrm{diag}(2\eta,\ 2\eta,\ 2,\ a^2,\ a^2,\ 2a^2\eta)$；

星体弹簧阻尼矩阵 $\boldsymbol{C}_b = 1.5d_2 \cdot \mathrm{diag}(0,\ 0,\ 2,\ a^2,\ a^2,\ 0)$；

星体支腿刚度矩阵 $\boldsymbol{K}_b = 1.5d_1 \cdot \mathrm{diag}(2\eta,\ 2\eta,\ 2,\ a^2,\ a^2,\ 2a^2\eta)$

$$\eta = \frac{k_f}{d_1L^2}$$

压电堆控制 $\boldsymbol{U}_p = [u_{p1}\quad u_{p2}\quad u_{p3}]^{\mathrm{T}}$。

$$\boldsymbol{H}_c\boldsymbol{U}_p = d_0\left[0\quad 0\quad (u_{p1}+u_{p2}+u_{p3})\quad a\left(\frac{\sqrt{3}}{2}u_{p2} - \frac{\sqrt{3}}{2}u_{p3}\right)\quad a\left(-u_{p1} + \frac{1}{2}u_{p2} + \frac{1}{2}u_{p3}\right)\right]^{\mathrm{T}}$$

式中，$\boldsymbol{H}_c$ 是平台控制矩阵。

6.12.4　天文望远镜平台高精度指向控制

天文望远镜平台要对高低 α_p 和方位 β_p 指向进行控制，α_p 和 β_p 转动动力学模型如下：

$$
\begin{cases}
J_{px}\ddot{\alpha}_p + 1.5d_2a^2\dot{\alpha}_p + 1.5d_1a^2\alpha_p \\
= 1.5d_2a^2\dot{\alpha}_b + 1.5d_1a^2\alpha_b + \dfrac{\sqrt{3}}{2}d_0aU_{p2} - \dfrac{\sqrt{3}}{2}d_0aU_{p3} \\
J_{py}\ddot{\beta}_p + 1.5d_2a^2\dot{\beta}_p + 1.5d_1a^2\beta_p \\
= 1.5d_2a^2\dot{\beta}_b + 1.5d_1a^2\beta_b - d_0aU_{p1} + \dfrac{1}{2}d_0aU_{p2} + \dfrac{1}{2}d_0aU_{p3}
\end{cases}
\tag{6-356}
$$

对上式进行拉氏变换得

$$
\begin{bmatrix} \alpha_p(s) \\ \beta_p(s) \end{bmatrix} = \boldsymbol{B} \cdot \begin{bmatrix} \alpha_b(s) \\ \beta_b(s) \end{bmatrix} + \boldsymbol{C} \cdot \boldsymbol{U}_p(s) \tag{6-357}
$$

其中

$$
\boldsymbol{B} = (C_{xy}s + K_{xy}) \cdot \boldsymbol{F},\ C_{xy} = 1.5d_2a^2,\ K_{xy} = 1.5d_1a^2
$$

$$
\boldsymbol{F} = \mathrm{diag}\left(\frac{1}{J_{px}s^2 + C_{xy}s + K_{xy}}, \frac{1}{J_{py}s^2 + C_{xy}s + K_{xy}}\right)
$$

$$
\boldsymbol{C} = d_0a \cdot \boldsymbol{F} \cdot \boldsymbol{A},\ \boldsymbol{A} = \begin{bmatrix} 0 & \dfrac{\sqrt{3}}{2} & -\dfrac{\sqrt{3}}{2} \\ -1 & \dfrac{1}{2} & \dfrac{1}{2} \end{bmatrix}
$$

由 **A** 求得分配矩阵

$$
\boldsymbol{D} = \boldsymbol{A}^{\mathrm{T}} \cdot (\boldsymbol{A} \cdot \boldsymbol{A}^{\mathrm{T}})^{-1} = \begin{bmatrix} 0 & -2/3 \\ \dfrac{\sqrt{3}}{3} & 1/3 \\ -\dfrac{\sqrt{3}}{3} & 1/3 \end{bmatrix} \tag{6-358}
$$

基于高低 α_p 和方位 β_p 测角进行 PID 控制，如图 6 - 47 所示，求得控制律如下：

$$
\boldsymbol{U}_p(s) = -\boldsymbol{D} \cdot \boldsymbol{G}_c(s) \cdot \boldsymbol{G}_f(s) \begin{bmatrix} \alpha_p(s) \\ \beta_p(s) \end{bmatrix} \tag{6-359}
$$

式中　$\boldsymbol{G}_c(s)$ ——PID 控制器，$\boldsymbol{G}_c(s) = \mathrm{diag}\left(k_{px} + \dfrac{k_{ix}}{s} + k_{dx}s,\ k_{dy} + \dfrac{k_{iy}}{s}\alpha_p + k_{dy}s\right)$；

　　$\boldsymbol{G}_f(s)$ ——测量滤波。

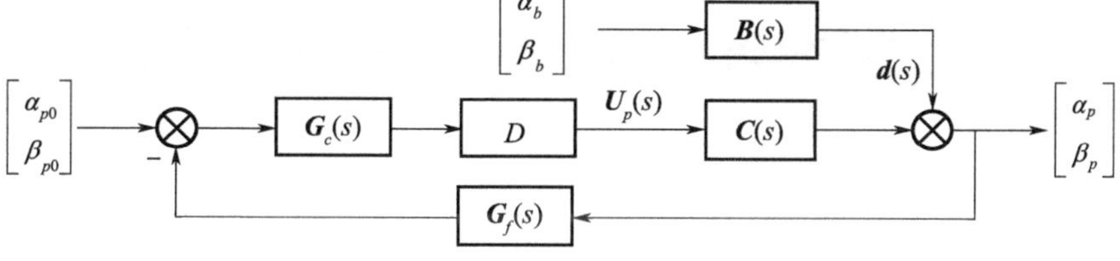

图 6 - 47　天文望远镜平台指向控制框图

6.12.5 微振动抑制及指向控制仿真验证

低轨卫星考虑帆板挠性影响仿真，卫星姿态角误差曲线如图 6-48 所示，姿态误差约为 0.001°，主被动减振后天文望远镜平台指向误差如图 6-49 所示，天文望远镜平台指向误差放大曲线如图 6-50 所示，天文望远镜平台指向误差约 0.15 μrad，平台主被动减振控制后指向误差衰减约 20 dB。

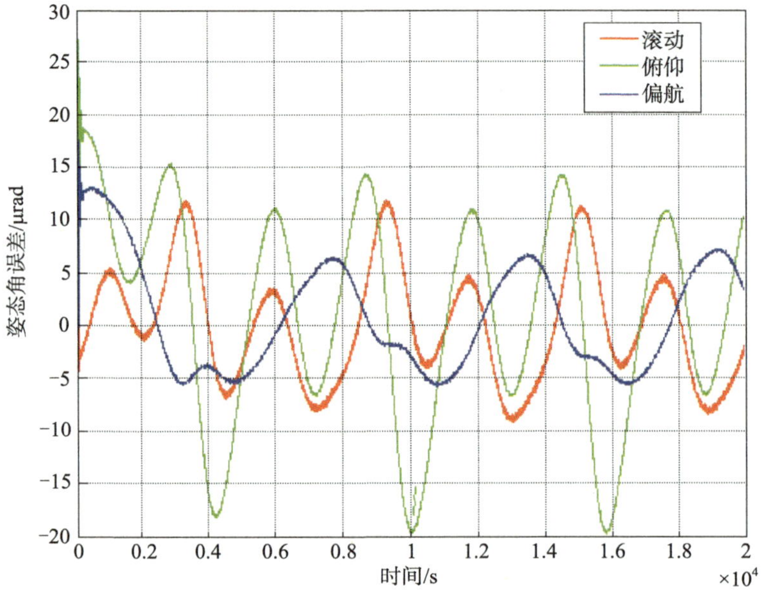

图 6-48 低轨卫星姿态角误差曲线

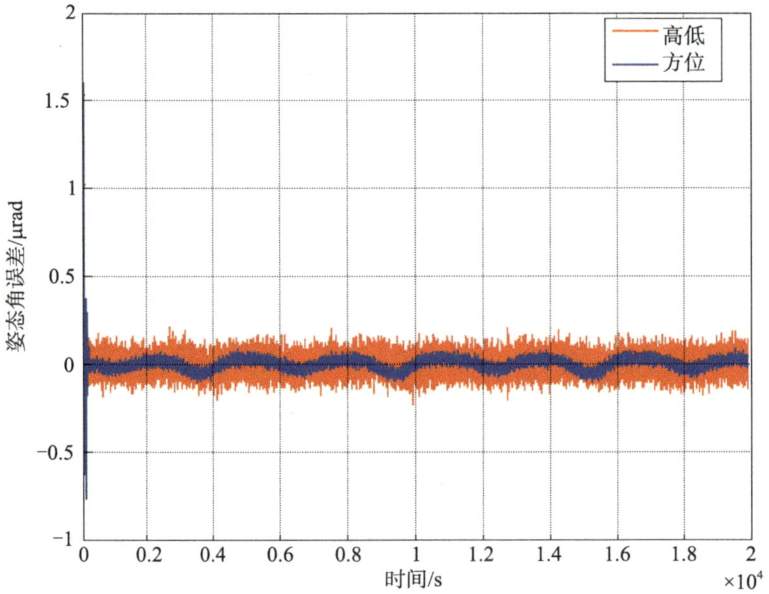

图 6-49 天文望远镜平台指向误差曲线

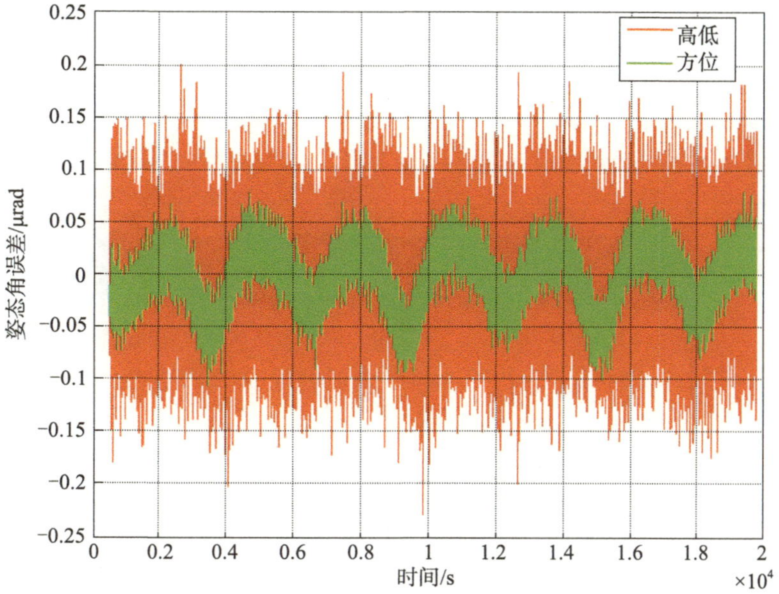

图 6-50　天文望远镜平台指向误差放大曲线

不考虑帆板挠性影响，卫星按刚体动力学建模，挠性和刚体卫星姿态角速率误差曲线分别如图 6-51 和图 6-52 所示，帆板挠性卫星姿态角速率约为刚体卫星的 3 倍，刚体卫星姿态角误差与挠性卫星基本一致，刚体卫星主被动减振后天文望远镜平台指向误差放大曲线如图 6-53 所示，姿态指向误差约为 0.1 μrad，说明帆板挠性振荡经主被动减振后仍有少量残余。

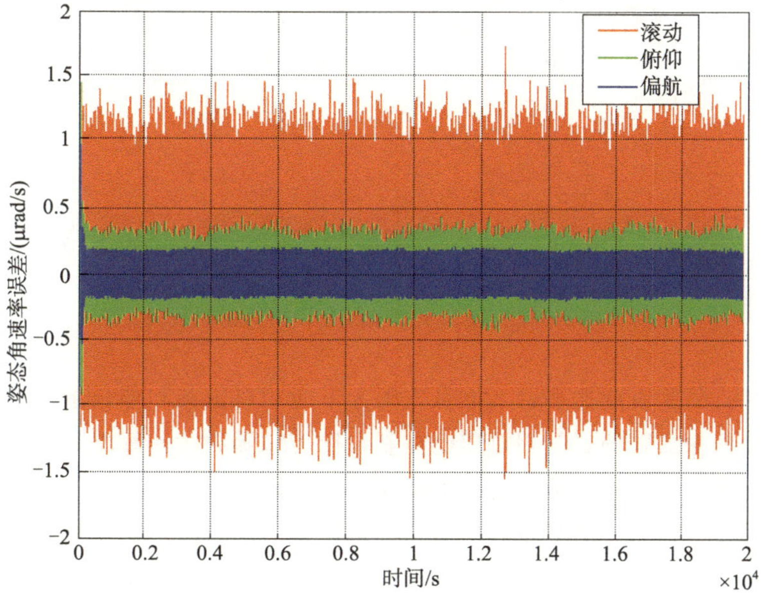

图 6-51　挠性卫星姿态角速率误差曲线

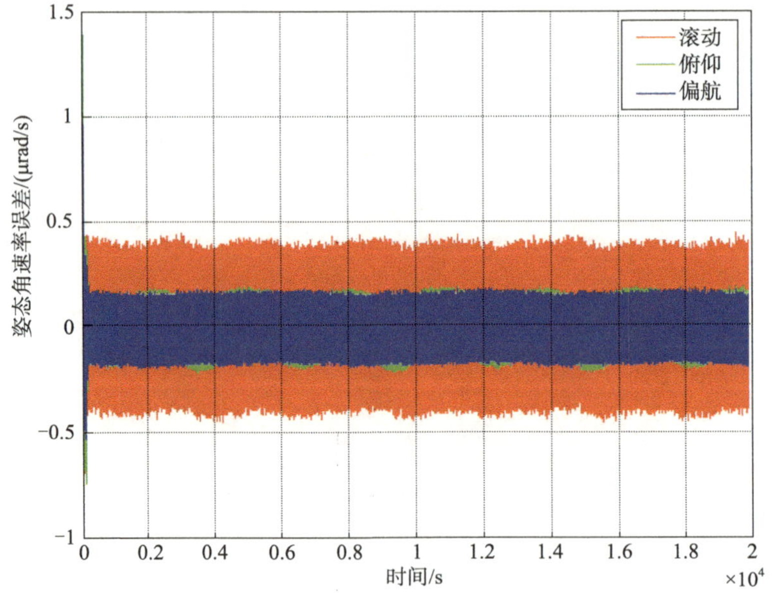

图 6-52 刚体卫星姿态角速率误差曲线

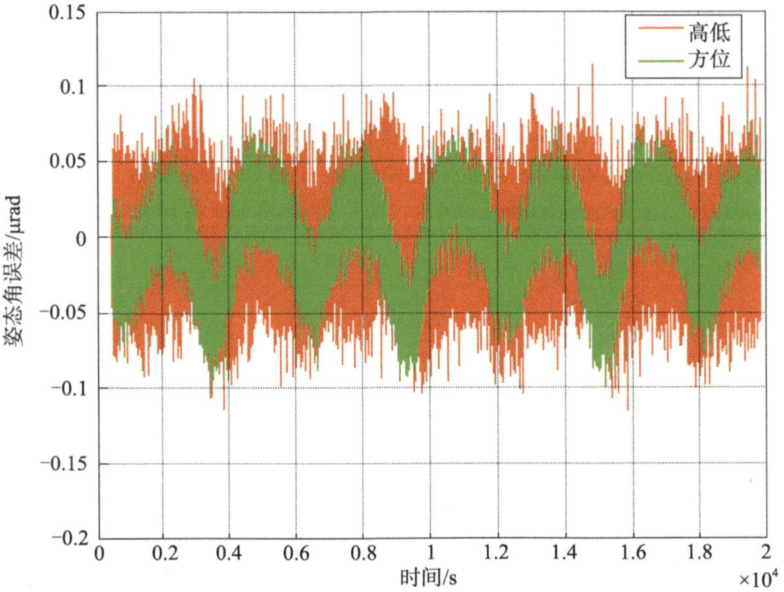

图 6-53 刚体卫星天文望远镜平台指向误差放大曲线

本节基于 3 支腿垂直减振平台，推算支腿上下端相对位移和伸长量，推导弹簧和压电陶瓷串联主被动减振支腿伸长量相对压电控制电压传递函数，计算支腿轴向及横向力和力矩，在此基础上给出天文望远镜平台动力学模型。利用平台高低和方位二轴转动动力学模型，推导基于平台高低和方位测角的指向控制算法，仿真验证了天文望远镜平台动力学建模及指向控制算法的有效性，方法简单，可应用于工程实践，仿真结果表明通过主被动减振控制平台指向误差衰减约 20 dB。

6.13　习题

1. 编写卫星挠性动力学模型 Simulink 仿真程序。

卫星安装单翼倾斜 30°太阳电池阵，共四块太阳帆板，每块尺寸为 3.2 m×1.8 m，太阳电池阵质心离星体质心最大距离约 5 m，BAPTA 距质心约 1.5 m。

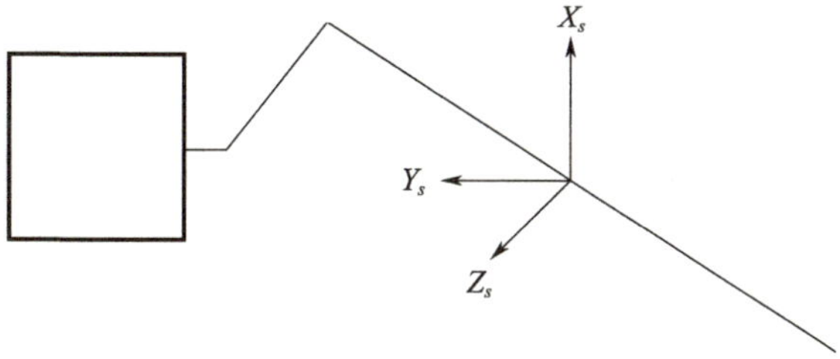

图 6-54　卫星及太阳电池阵示意图

太阳电池阵五阶模态频率（Hz）：0.103 97，0.295 2，0.524，0.555，0.814 4。

转动惯量（$kg \cdot m^2$）为

$$\boldsymbol{I}=\begin{bmatrix} 2\,030 & 90 & 230 \\ 90 & 4\,290 & 80 \\ 230 & 80 & 4\,250 \end{bmatrix}$$

二阶耦合系数（星体坐标系下，太阳电池阵太阳面法线在星体 YZ 平面内，且指向空间）为

$$\boldsymbol{F}_s=\begin{bmatrix} 41.206 & -0.756 \\ 1.034 & 0.054\,4 \\ -10.564 & -0.588 \end{bmatrix}$$

卫星重量为 2 800 kg，轨道高度为 836 km，太阳同步轨道，降交点地方时 9：30，偏心率为 0.003，近地点幅角为 90°，升交点赤经为 100°，初始纬度幅角为 180°（处于降交点），纵向飞行，主体迎风面面积为 9 m^2，整星剩磁三轴都为 2 $A \cdot m^2$。

卫星姿轨控系统喷气控制力矩为 10 N·m，轨控推力为 10 N，反作用飞轮为 15 N·m·s，偏置动量轮为 50 N·m·s，磁力矩器为 100 $A \cdot m^2$；星箭分离时三轴姿态角速率为 1（°）/s，三轴姿态角为 5°。

2. 编写卫星干扰力矩模型 Simulink 仿真程序。

3. 编写卫星零动量加磁卸载稳定控制 Simulink 仿真程序。

4. 编写卫星偏置动量加磁控制 Simulink 仿真程序。

5. 编写卫星双自由度偏置动量加磁控制 Simulink 仿真程序。

6. 编写卫星磁消旋控制 Simulink 仿真程序。

7. 编写卫星磁速率阻尼控制 Simulink 仿真程序。

8. 编写卫星零动量姿态机动控制 Simulink 仿真程序。

参 考 文 献

［1］ 李鹏奎，钱山，郭才发，等. 零动量轮卫星姿态控制系统研究［J］. 中国空间科学技术，2009，29（2）：25－32.

［2］ 田春华，马广富，李传江，等. 三轴稳定卫星姿控系统的一般性问题［J］. 自动化技术与应用，2001，20（1）：9－12.

［3］ 柯旗，王勇，魏春岭. 一种在轨改善偏置动量卫星控制精度的方法［J］. 空间控制技术与应用，2011，37（4）：41－44.

［4］ 刘新彦，严拱添. 偏置动量卫星姿态运动特点及其控制［J］. 控制工程，1999，6（6）：8－15.

［5］ 黄圳圭. 航天器姿态动力学［M］. 长沙：国防科技大学出版社，1997.

［6］ 徐帷，武海雷，卢山，等. 大椭圆轨道卫星交会高轨目标的高精度视线跟踪控制［J］. 空间控制技术与应用，2015，41（2）：6－11.

［7］ 马广富，张海博，胡庆雷. 基于反步法的主从航天器相对姿态控制［J］. 控制理论与应用，2012，29（6）：797－802.

［8］ 宋斌，颜根廷，李波，等. 基于自抗扰技术的挠性航天器高精度指向控制［J］. 上海航天，2014，31（2）：15－21，41.

［9］ 杨业伟，黄勇，李小将. 星间激光输能姿态指向自适应控制器设计［J］. 中国空间科学技术，2014，34（5）：1－9.

［10］ 崔祜涛，程小军. 考虑输入饱和的两飞轮驱动航天器视线轴控制［J］. 航空学报，2013，34（3）：644－654.

［11］ 王涛，李顺利. 预警卫星 H_∞ 回路成形复合控制研究［J］. 航天控制，2011，29（4）：55－60，93.

［12］ 辛宁，邱乐德，周钠，等. K 频段测距系统星间高精度指向控制算法［J］. 航天器工程，2016，25（2）：32－38.

［13］ 鄢南兴，林喆，刘雅宁，等. 卫星光轴复合指向控制方法研究［J］. 中国空间科学技术，2021，41（3）：114－122.

［14］ 冯甜甜，高晶敏. 一种空间目标高精度指向控制方法［J］. 中国空间科学技术，2020，40（2）：1－9.

［15］ 孙小松，杨涤，耿云海，等. 中继卫星天线指向控制策略研究［J］. 航空学报，2004，25（4）：376－380.

［16］ 吴刚，张文雅，何伟平. 中继卫星跟踪航空器的星间天线指向控制算法研究［J］. 飞行器测控学报，2009，28（6）：23－27.

［17］ 张庆君，王光远，郑钢铁. 光学遥感卫星微振动抑制方法及关键技术［J］. 宇航学报，2015，36（2）：125－132.

［18］ 冯振伟，崔玉福，李琳琳，等. 基于微振动对成像质量影响的 CMG 微振动抑制方法［J］. 航天器环境工程，2019，36（5）：444－449.

［19］ 徐广德，武江凯，苟仲秋，等. 国外航天器高精度高稳定度高敏捷指向技术综述［J］. 航天器工

程，2017，26（1）：91－99.

[20] 董瑶海，周徐斌，申军烽，等 . FY－4 卫星微振动抑制技术研究 [J]. 上海航天，2017，34（4）：20－27.

[21] 徐赵东，徐超，徐业守 . 微振激励下黏弹性阻尼器微观链结构力学模型 [J]. 力学学报，2016，48（3）：675－683.

[22] 张泉，尹达一，张茜丹 . 压电执行器动态迟滞建模与 LQG 最优控制器设计 [J]. 光学精密工程，2018，26（11）：2744－2753.

[23] 黄垒，魏建彦，姜晓军，等 . 基于 PMAC 的天文望远镜控制系统研究及应用 [J]. 天文研究与技术，2015，12（1）：44－53.

[24] 张继宇，范仙红 . 斯特林制冷机压缩机微振动抑制方法 [J]. 低温与超导，2018，46（7）：17－21.

[25] 王文东，明杏，褚阳，等 . 基于 MR 阻尼器的控制力矩陀螺振动抑制方法研究 [J]. 西北工业大学学报，2018，36（5）：884－889.

[26] 杨新峰，白照广，杨栋，等 . 动量轮诱导的卫星地面微振动特性研究以及在轨仿真分析 [J]. 装备环境工程，2015，12（3）：15－21，41.

第 7 章　轨道控制算法及仿真

7.1　地球非球形摄动

地球非球形摄动导致飞行器缓慢漂离标称轨道，需要轨道控制使飞行器保持在标称轨道附近。

7.1.1　球坐标与直角坐标转换关系

地理纬度与直角坐标转换关系如下：

$$u=\sin B=\frac{z}{r} \tag{7-1}$$

式中，B 为地理纬度，$r=\sqrt{x^2+y^2+z^2}$ 。

球坐标与直角坐标偏导关系如下：

$$\frac{\partial r}{\partial x}=\frac{x}{r} \tag{7-2}$$

$$\frac{\partial r}{\partial y}=\frac{y}{r} \tag{7-3}$$

$$\frac{\partial r}{\partial z}=\frac{z}{r} \tag{7-4}$$

$$r\cdot\frac{\partial u}{\partial x}=\frac{-x\cdot z}{r^2} \tag{7-5}$$

$$r\cdot\frac{\partial u}{\partial y}=\frac{-y\cdot z}{r^2} \tag{7-6}$$

$$r\cdot\frac{\partial u}{\partial z}=\frac{-z^2}{r^2}+1 \tag{7-7}$$

$$\frac{\partial u}{\partial x}=\frac{-z}{r^2}\cdot\frac{\partial r}{\partial x}=\frac{-x\cdot z}{r^3} \tag{7-8}$$

$$\frac{\partial u}{\partial y}=\frac{-z}{r^2}\cdot\frac{\partial r}{\partial y}=\frac{-y\cdot z}{r^3} \tag{7-9}$$

$$\frac{\partial u}{\partial z}=\frac{-z}{r^2}\cdot\frac{\partial r}{\partial z}+\frac{1}{r}=\frac{-z^2}{r^3}+\frac{1}{r} \tag{7-10}$$

7.1.2　引力场位函数和引力摄动加速度

地球引力场位函数

$$V=\frac{\mu_e}{r}+V_n+V_{nm}$$
$$=\frac{\mu_e}{r}\cdot\left[1+\sum_{n=2}^{N}C_n\left(\frac{R_e}{r}\right)^nP_n(\sin B)+\sum_{n=2}^{N}\sum_{m=1}^{n}\left(\frac{R_e}{r}\right)^nP_{nm}(\sin B)(C_{nm}\cos m\lambda+S_{nm}\sin m\lambda)\right] \tag{7-11}$$

其中

$$V_n=\frac{\mu_e}{r}\cdot\sum_{n=2}^{N}C_n\cdot\left(\frac{R_e}{r}\right)^n\cdot P_n(\sin B)$$
$$V_{nm}=\frac{\mu_e}{r}\cdot\sum_{n=2}^{N}\sum_{m=1}^{n}\left(\frac{R_e}{r}\right)^nP_{nm}(\sin B)(C_{nm}\cos mL+S_{nm}\sin mL)$$
$$=\sum_{n=2}^{N}\sum_{m=1}^{n}\frac{\mu_e}{R_e}\cdot\left(\frac{R_e}{r}\right)^{n+1}\cdot P_{nm}(u)\cdot(C_{nm}\cos mL+S_{nm}\sin mL)$$

式中，$C_n=C_{n,0}=-J_n$ 为带谐项系数；L 为经度；C_{nm} 和 S_{nm} 为田谐项系数；$n=m$ 时称为房谐项。

对地球引力场位函数求导得引力摄动加速度如下：

$$a_{ns}=\frac{\partial V_n}{\partial s}=\sum_{n=2}^{N}C_n\cdot\mu_e\cdot R_e^n\cdot\left[\frac{1}{r^{n+1}}\cdot P'_n(u)\cdot\frac{\partial u}{\partial s}-(n+1)\cdot\frac{1}{r^{n+2}}\cdot P_n(u)\cdot\frac{\partial r}{\partial s}\right]$$
$$=\sum_{n=2}^{N}C_n\cdot\mu_e\cdot\left(\frac{R_e}{r}\right)^{n+2}\cdot\frac{1}{R_e^2}\cdot\left[P'_n(u)\cdot r\cdot\frac{\partial u}{\partial s}-(n+1)\cdot P_n(u)\cdot\frac{\partial r}{\partial s}\right] \tag{7-12}$$

$$a_{nms}=\frac{\partial V_{nm}}{\partial s}$$
$$=\frac{\mu_e}{R_e{}^2}\cdot\sum_{n=2}^{N}\sum_{m=1}^{n}\left(\frac{R_e}{r}\right)^{n+2}\cdot(C_{nm}\cos mL+S_{nm}\sin mL)\cdot \tag{7-13}$$
$$\left[P'_{nm}(u)\cdot r\cdot\frac{\partial u}{\partial s}-(n+1)\cdot P_{nm}(u)\cdot\frac{\partial r}{\partial s}\right]$$

归一化的地球引力场位函数：

$$\overline{V}=\frac{\mu_e}{r}+\overline{V}_n+\overline{V}_{nm}$$
$$=\frac{\mu_e}{r}\cdot\left[1+\sum_{n=2}^{N}\overline{C}_n\left(\frac{R_e}{r}\right)^n\overline{P}_n(\sin B)+\sum_{n=2}^{N}\sum_{m=1}^{n}\left(\frac{R_e}{r}\right)^n\overline{P}_{nm}(\sin B)(\overline{C}_{nm}\cos mL+\overline{S}_{nm}\sin mL)\right] \tag{7-14}$$

其中

$$\overline{V}_n=\frac{\mu_e}{r}\cdot\sum_{n=2}^{N}\overline{C}_n\cdot\left(\frac{R_e}{r}\right)^n\cdot\overline{P}_n(\sin B)$$
$$\overline{V}_{nm}=\frac{\mu_e}{r}\cdot\sum_{n=2}^{N}\sum_{m=1}^{n}\left(\frac{R_e}{r}\right)^n\overline{P}_{nm}(\sin B)(\overline{C}_{nm}\cos mL+\overline{S}_{nm}\sin mL)$$
$$=\sum_{n=2}^{N}\sum_{m=1}^{n}\frac{\mu_e}{R_e}\cdot\left(\frac{R_e}{r}\right)^{n+1}\cdot\overline{P}_{nm}(u)\cdot(\overline{C}_{nm}\cos mL+\overline{S}_{nm}\sin mL)$$

$$\overline{P}_n(\sin B)=P_n(\sin B)/N_n=P_{n,0}(\sin B)/N_{n,0}$$

$$\overline{P}_{nm}(\sin B)=P_{nm}(\sin B)/N_{nm}$$

$$\overline{C}_n=C_n\cdot N_n=C_{n,0}\cdot N_{n,0}$$

$$\overline{C}_n=\overline{C}_{n,0}=C_n/\sqrt{2n+1}=-J_n/\sqrt{2n+1}$$

$$\overline{C}_{nm}=C_{nm}\cdot N_{nm}$$

$$\overline{S}_{nm}=S_{nm}\cdot N_{nm}$$

$$N_{nm}=\sqrt{\frac{(n+m)!}{(1+\delta)(2n+1)(n-m)!}},\delta=\begin{cases}0 & m=0\\ 1 & m\neq 0\end{cases}$$

$$N_n=N_{n,0}=\frac{1}{\sqrt{2n+1}}$$

$$N_{nm}=\sqrt{\frac{(n+m)!}{2(2n+1)(n-m)!}}\quad(m\neq 0)$$

对归一化地球引力场位函数求导得引力摄动加速度如下：

$$\begin{aligned}\overline{a}_{ns}&=\frac{\partial\overline{V}_n}{\partial s}\\&=\sum_{n=2}^{N}\overline{C}_n\cdot\mu_e\cdot R_e^n\cdot\left[\frac{1}{r^{n+1}}\cdot\overline{P}'_n(u)\cdot\frac{\partial u}{\partial s}-(n+1)\cdot\frac{1}{r^{n+2}}\cdot\overline{P}_n(u)\cdot\frac{\partial r}{\partial s}\right]\\&=\sum_{n=2}^{N}\overline{C}_n\cdot\mu_e\cdot\left(\frac{R_e}{r}\right)^{n+2}\cdot\frac{1}{R_e^2}\cdot\left[\overline{P}'_n(u)\cdot r\cdot\frac{\partial u}{\partial s}-(n+1)\cdot\overline{P}_n(u)\cdot\frac{\partial r}{\partial s}\right]\end{aligned}\tag{7-15}$$

$$\begin{aligned}\overline{a}_{nms}&=\frac{\partial\overline{V}_{nm}}{\partial s}\\&=\frac{\mu_e}{R_e^2}\cdot\sum_{n=2}^{N}\sum_{m=1}^{n}\left(\frac{R_e}{r}\right)^{n+2}\cdot(\overline{C}_{nm}\cos mL+\overline{S}_{nm}\sin mL)\cdot\\&\quad\left[\overline{P}'_{nm}(u)\cdot r\cdot\frac{\partial u}{\partial s}-(n+1)\cdot\overline{P}_{nm}(u)\cdot\frac{\partial r}{\partial s}\right]\end{aligned}\tag{7-16}$$

7.1.3 勒让德函数递推计算

勒让德多项式 $P_n(u)$ 和 $\overline{P}_n(u)$ 递推计算（ $u=\sin B$ ）

$$P_n(\mu)=\left(2-\frac{1}{n}\right)\cdot u\cdot P_{n-1}(u)-\left(1-\frac{1}{n}\right)\cdot P_{n-2}(u)\tag{7-17}$$

$$\overline{P}_n(u)=\sqrt{\frac{2n+1}{2n-1}}\left(2-\frac{1}{n}\right)\cdot u\cdot\overline{P}_{n-1}(u)-\sqrt{\frac{2n+1}{2n-3}}\left(1-\frac{1}{n}\right)\cdot\overline{P}_{n-2}(u)\tag{7-18}$$

其中

$$n\geqslant 2,P_0(u)=1,P_1(u)=u,\overline{P}_0(u)=1,\overline{P}_1(u)=\sqrt{3}\cdot u$$

归一化勒让德多项式 $\overline{P}_{nm}(u)$ 递推计算

$$\overline{P}_{n,n}(u)=\sqrt{\frac{2n+1}{2n}(1-u^2)}\cdot\overline{P}_{n-1,n-1}(u) \tag{7-19}$$

$$\overline{P}_{nm}(u)=\sqrt{\frac{(2n+1)(2n-1)}{(n+m)(n-m)}}\cdot u\cdot\overline{P}_{n-1,m}(u)-\sqrt{\frac{(2n+1)(n-1+m)(n-1-m)}{(2n-3)(n+m)(n-m)}}\cdot\overline{P}_{n-2,m}(u) \tag{7-20}$$

其中，$n\geqslant 2$，$m=1, 2, \cdots, n-1$，$\overline{P}_{1,1}(u)=\sqrt{3(1-u^2)}$。

勒让德多项式导数 $P'_n(u)$、$\overline{P}'_n(u)$ 和 $\overline{P}'_{nm}(u)$ 递推计算

$$P'_n(u)=u\cdot P'_{n-1}(u)+n\cdot P_{n-1}(u) \tag{7-21}$$

$$\overline{P}'_n(u)=\sqrt{\frac{2n+1}{2n-1}}\cdot[u\cdot\overline{P}'_{n-1}(u)+n\overline{P}_{n-1}(u)] \tag{7-22}$$

$$\overline{P}'_{nm}(u)=\frac{1}{1-u^2}\cdot\left[\sqrt{\frac{(2n+1)(n+m)(n-m)}{(2n-1)}}\cdot\overline{P}_{n-1,m}(u)-n\cdot u\cdot\overline{P}_{nm}(u)\right] \tag{7-23}$$

其中，$n>1$，$\overline{P}_{i,j}(u)=0$，$i<j$，$P_1(u)=u$，$P'_1(u)=1$，$\overline{P}_1(u)=\sqrt{3}\cdot u$，$\overline{P}'_1(u)=\sqrt{3}$，$P_n(u)$ 可以不归一化，$\overline{P}_{nm}(u)$ 要归一化。

7.1.4 带谐项 J2 至 J4 引力摄动

J2、J3、J4 项引起的地球引力位如下：

$$\begin{aligned}V&=\frac{\mu_e}{r}+V_2+V_3+V_4\\&=\frac{\mu_e}{r}\cdot\left[1-J_2\left(\frac{R_e}{r}\right)^2\left(\frac{3}{2}\sin^2 B-\frac{1}{2}\right)-J_3\left(\frac{R_e}{r}\right)^3\left(\frac{3}{2}\sin B-\frac{5}{2}\sin^3 B\right)-\right.\\&\quad\left.J_4\left(\frac{R_e}{r}\right)^4\left(\frac{15}{4}\sin^2 B-\frac{35}{8}\sin^4 B-\frac{3}{8}\right)\right]\end{aligned} \tag{7-24}$$

其中

$$V_2=-\frac{\mu_e}{r}J_2\left(\frac{R_e}{r}\right)^2\left(\frac{3}{2}\sin^2 B-\frac{1}{2}\right)$$

$$V_3=-\frac{\mu_e}{r}J_3\left(\frac{R_e}{r}\right)^3\left(\frac{3}{2}\sin B-\frac{5}{2}\sin^3 B\right)$$

$$V_4=-\frac{\mu_e}{r}J_4\left(\frac{R_e}{r}\right)^4\left(\frac{15}{4}\sin^2 B-\frac{35}{8}\sin^4 B-\frac{3}{8}\right)$$

勒让德函数递推如下：

$$P_2(u)=\frac{1}{2}(3u^2-1) \tag{7-25}$$

$$C_2=-J_2 \tag{7-26}$$

$$P'_2(u)=3u \tag{7-27}$$

$$P_3(u)=\frac{1}{2}(5u^3-3u) \tag{7-28}$$

$$C_3=-J_3 \tag{7-29}$$

$$P'_3(u)=\frac{3}{2}(5u^2-1) \tag{7-30}$$

$$P_4(u)=\frac{1}{8}(35u^4-30u^2+3) \tag{7-31}$$

$$C_4=-J_4 \tag{7-32}$$

$$P'_4(u)=\frac{5u}{2}(7u^2-3) \tag{7-33}$$

$$\overline{P}_2(u)=\frac{\sqrt{5}}{2}(3u^2-1) \tag{7-34}$$

$$\overline{C}_2=\frac{-J_2}{\sqrt{5}} \tag{7-35}$$

$$\overline{P}'_2(u)=3\sqrt{5}\,u \tag{7-36}$$

$$\overline{P}_3(u)=\frac{\sqrt{7}}{2}(5u^3-3u) \tag{7-37}$$

$$\overline{C}_3=\frac{-J_3}{\sqrt{7}} \tag{7-38}$$

$$\overline{P}'_3(u)=\frac{3\sqrt{7}}{2}(5u^2-1) \tag{7-39}$$

$$\overline{P}_4(u)=\frac{3}{8}(35u^4-30u^2+3) \tag{7-40}$$

$$\overline{C}_4=\frac{-J_4}{3} \tag{7-41}$$

$$\overline{P}'_4(u)=\frac{15u}{2}(7u^2-3) \tag{7-42}$$

基于勒让德函数可以求得J2～J4引力摄动加速度表达式。

将球坐标引力位转换为位置坐标如下：

$$V_2=-\frac{3J_2\cdot\mu_e\cdot R_e^2}{2}\cdot\left(\frac{z^2}{r^5}-\frac{1}{3r^3}\right) \tag{7-43}$$

$$V_3=-\frac{5J_3\cdot\mu_e\cdot R_e^3}{2}\cdot\left(\frac{z^3}{r^7}-\frac{3z}{5r^5}\right) \tag{7-44}$$

$$V_4=-\frac{5J_4\cdot\mu_e\cdot R_e^4}{8}\cdot\left(\frac{7z^4}{r^9}-\frac{6z^2}{r^7}+\frac{3}{5r^5}\right) \tag{7-45}$$

地球非球形摄动一般只考虑J2，J3，J4项的作用，直接基于直角坐标求导可以求得J2至J4引力摄动加速度，地球引力加速度三个方向分量为

$$a_x = -\frac{\mu_e \cdot x}{r^3} \cdot \left[1 - \frac{3}{2}J_2 \cdot \left(\frac{R_e}{r}\right)^2 \cdot \left(5\frac{z^2}{r^2} - 1\right) - \frac{5}{2}J_3 \cdot \left(\frac{R_e}{r}\right)^3 \cdot \left(7\frac{z^3}{r^3} - 3\frac{z}{r}\right) - \frac{5}{8}J_4 \cdot \left(\frac{R_e}{r}\right)^4 \cdot \left(3 - 42\frac{z^2}{r^2} + 63\frac{z^4}{r^4}\right)\right] \tag{7-46}$$

$$\begin{aligned} a_y &= a_x \cdot \frac{y}{x} \\ &= -\frac{\mu_e \cdot y}{r^3} \cdot \left[1 + \frac{3}{2}J_2 \cdot \left(\frac{R_e}{r}\right)^2 \cdot \left(5\frac{z^2}{r^2} - 1\right) - \frac{5}{2}J_3 \cdot \left(\frac{R_e}{r}\right)^3 \cdot \left(7\frac{z^3}{r^3} - 3\frac{z}{r}\right) - \frac{5}{8}J_4 \cdot \left(\frac{R_e}{r}\right)^4 \cdot \left(3 - 42\frac{z^2}{r^2} + 63\frac{z^4}{r^4}\right)\right] \end{aligned} \tag{7-47}$$

$$a_z = -\frac{\mu_e \cdot z}{r^3} \cdot \left[1 - \frac{3}{2}J_2 \cdot \left(\frac{R_e}{r}\right)^2 \cdot \left(5\frac{z^2}{r^2} - 3\right) - \frac{5}{2}J_3 \cdot \left(\frac{R_e}{r}\right)^3 \cdot \left(7\frac{z^3}{r^3} - 6\frac{z}{r} + \frac{3r}{5z}\right) - \frac{5}{8}J_4 \cdot \left(\frac{R_e}{r}\right)^4 \cdot \left(15 - 70\frac{z^2}{r^2} + 63\frac{z^4}{r^4}\right)\right] \tag{7-48}$$

7.1.5　地球引力位函数一般形式

地球非球形摄动引力位函数一般形式如下：

$$V = \frac{\mu_e}{r} \cdot \left\{1 - \sum_{n=2}^{N}\left(\frac{R_e}{r}\right)^n \left[J_n P_n(\sin B) - \sum_{m=1}^{n} J_{nm} P_{nm}(\sin B)\cos m(\lambda - \lambda_{nm})\right]\right\} \tag{7-49}$$

J_{nm} 和 λ_{nm} 前四阶参数如下：

$$J_{22} = 1.812\ 22 \times 10^{-6}, \lambda_{22} = -14.545^\circ$$

$$J_{31} = 2.207\ 92 \times 10^{-6}, \lambda_{22} = 7.080\ 5^\circ$$

$$J_{32} = 0.371\ 90 \times 10^{-6}, \lambda_{32} = -17.464\ 9^\circ$$

$$J_{33} = 0.219\ 84 \times 10^{-6}, \lambda_{33} = 21.209\ 7^\circ$$

$$J_{41} = 0.456\ 00 \times 10^{-6}, \lambda_{41} = -138.756^\circ$$

$$J_{42} = 0.168\ 06 \times 10^{-6}, \lambda_{22} = 31.033\ 5^\circ$$

$$J_{43} = 0.060\ 30 \times 10^{-6}, \lambda_{43} = -3.845\ 9^\circ$$

$$J_{44} = 0.007\ 54 \times 10^{-6}, \lambda_{22} = 30.792\ 0^\circ$$

7.1.6　非球形摄动参数

归一化前 20 阶地球非球形引力摄动参数 $\overline{C}_n$ 、$\overline{C}_{nm}$ 和 $\overline{S}_{nm}$ 如下：

$\overline{C}_n$[20,1]=[0;－4.841 650 994e－4;9.572 011e－7;5.395 212e－7;6.834 33e－8;
－1.495 135e－7;9.130 09e－8;4.883 2e－8;2.686 24e－8;5.406 5e－8;
－4.946 38e－8;3.562 85e－8;4.011 22e－8;－2.155 49e－8;3.227 5e－9;

−6.189 1e−9;1.742 66e−9;8.524 6e−9;−2.155 1e−9;1.992 38e−8]

$\overline{C}_{nm}$[20,20]=[$\overline{C}_{1m}$ $\overline{C}_{2m}$ … $\overline{C}_{20m}$]^{T}

$\overline{C}_{1m}$[1,20]=[0,0,0,0,0,0,0,0,0,0,0,0,0,0,0,0,0,0,0,0]

$\overline{C}_{2m}$[1,20]=[1.7e−10,2.439 065 8 e−6,0,0,0,0,0,0,0,0,0,0,0,0,0,0,0,0,0,0]

$\overline{C}_{3m}$[1,20]=[2.027 714 2 e−6,9.044 707e−7,7.203 425e−7,0,0,0,0,0,0,0,0,0,0,0,0,0,0,0,0,0];

$\overline{C}_{4m}$[1,20]=[−5.361 511e−7,3.502 181e−7,9.909 337e−7,−1.887 706e−7,0,0,0,0,0,0,0,0,0,0,0,0,0,0,0,0]

$\overline{C}_{5m}$[1,20]=[−5.828 02e−8,6.527 11e−7,−4.523 301e−7,−2.955 841e−7,1.737 635e−7,0,0,0,0,0,0,0,0,0,0,0,0,0,0,0]

$\overline{C}_{6m}$[1,20]=[−7.689 42e−8,4.873 45e−8,5.720 32e−8,−8.682 65e−8,−2.673 304e−7,9.684 6e−9,0,0,0,0,0,0,0,0,0,0,0,0,0,0]

$\overline{C}_{7m}$[1,20]=[2.748 687e−7,3.277 95e−7,2.512 2e−7,−2.755 61e−7,1.326 2e−9,−3.588 314e−7,9.703e−10,0,0,0,0,0,0,0,0,0,0,0,0,0]

$\overline{C}_{8m}$[1,20]=[2.362 82e−8,7.759 85e−8,−1.778 52e−8,−2.463 398e−7,−2.504 11e−8,−6.492 37e−8,6.746 22e−8,−1.241 984e−7,0,0,0,0,0,0,0,0,0,0,0,0]

$\overline{C}_{9m}$[1,20]=[1.460 968e−7,2.245 14e−8,−1.612 938e−7,−1.013 77e−8,−1.714 68e−8,6.391 43e−8,−1.190 107e−7,1.871 323e−7,−4.813 24e−8,0,0,0,0,0,0,0,0,0,0,0]

$\overline{C}_{10m}$[1,20]=[8.149 35e−8,−9.127 66e−8,−8.605 9e−9,−8.534 24e−8,−5.102 15e−8,−3.705 47e−8,7.561 1e−9,4.054 7e−8,1.243 124e−7,9.975 32e−8,0,0,0,0,0,0,0,0,0,0]

$\overline{C}_{11m}$[1,20]=[1.514 38e−8,1.675 42e−8,−2.842 59e−8,−4.068 35e−8,3.761 46e−8,−3.918e−10,3.881 7e−9,−6.970 3e−9,−3.222 48e−8,−5.206 5e−8,4.531 81e−8,0,0,0,0,0,0,0,0,0]

$\overline{C}_{12m}$[1,20]=[−5.450 02e−8,1.238 08e−8,4.215 98e−8,−6.955 74e−8,3.191 59e−8,4.189 2e−9,−1.838 94e−8,−2.551 68e−8,4.090 53e−8,−6.489 9e−9,1.051 82e−8,−3.360 2e−9,0,0,0,0,0,0,0,0]

$\overline{C}_{13m}$[1,20]=[−5.596 65e−8,5.432 42e−8,−2.115 69e−8,−3.855 7e−9,6.072 07e−8,−3.415 36e−8,3.555 6e−9,−1.169 66e−8,2.414 67e−8,4.146 59e−8,−4.453 91e−8,−3.128 03e−8,−6.141 29e−8,0,0,0,0,0,0,0]

$\overline{C}_{14m}$[1,20]=[−2.066 93e−8,−3.719 52e−8,3.298 87e−8,−7.850 1e−10,2.595 48e−8,−1.881 09e−8,3.767 88e−8,−3.489 19e−8,3.229 84e−8,3.851 06e−8,1.476 53e−8,8.312 8e−9,3.195 84e−8,−5.178 51e−8,0,0,0,0,0,0]

$\overline{C}_{15m}$[1,20]=[1.307 94e−8,−2.350 54e−8,5.427 68e−8,−4.348 05e−8,1.139 01e−

8, 3.420 69e−8, 5.682 36e−8, −3.272 61e−8, 1.174 03e−8, 1.147 93e−8, −8.754e−10, −3.245 56e−8, −2.875 72e−8, 5.445 9e−9, −1.957 31e−8, 0, 0, 0, 0, 0]

$\overline{C}_{16m}[1,20]$ = [2.376 94e−8, −2.129 18e−8, −3.411 09e−8, 3.912 2e−8, −1.412 27e−8, 1.691 19e−8, −6.983 3e−9, −2.062 18e−8, −2.400 37e−8, −1.095 52e−8, 1.842 75e−8, 1.989 74e−8, 1.371 24e−8, −1.965 96e−8, −1.347 8e−8, −3.612 7e−8, 0, 0, 0, 0]

$\overline{C}_{17m}[1,20]$ = [−2.738 08e−8, −1.915 19e−8, 1.271 31e−8, 6.814 7e−9, −1.253 22e−8, −1.097 56e−8, 2.476 42e−8, 3.781 71e−8, 2.202 3e−9, −2.589 8e−9, −1.578 89e−8, 2.913 79e−8, 1.648 65e−8, −1.409 56e−8, 5.306 4e−9, −2.940 99e−8, −3.297 79e−8, 0, 0, 0]

$\overline{C}_{18m}[1,20]$ = [1.280 2e−9, 1.312 39e−8, −3.363 8e−9, 5.216 47e−8, 1.987 3e−9, 1.569 97e−8, 5.883 9e−9, 3.012 91e−8, −1.787 58e−8, 4.700 2e−9, −7.840 3e−9, −2.873 46e−8, −6.181 6e−9, −8.853 3e−9, −3.938 57e−8, 1.133 18e−8, 3.668 2e−9, 2.759 4e−9, 0, 0]

$\overline{C}_{19m}[1,20]$ = [−9.628 9e−9, 2.752 81e−8, −3.383 5e−9, 1.215 11e−8, 1.545 97e−8, −3.812 1e−9, 5.071 2e−9, 2.941 84e−8, 2.216 4e−9, −3.370 49e−8, 1.574 65e−8, −2.122 2e−9, −7.096 4e−9, −4.812 4e−9, −1.753 93e−8, −2.105 06e−8, 3.065 25e−8, 3.303 42e−8, −2.348e−9, 0]

$\overline{C}_{20m}[1,20]$ = [5.211 1e−9, 1.748 6e−8, −8.159 4e−9, 1.418e−9, −1.341 76e−8, 1.138 14e−8, −1.940 55e−8, 4.912 2e−9, 1.901 21e−8, −3.016 15e−8, 1.312 23e−8, −5.951 3e−9, 2.777 41e−8, 1.085 61e−8, −2.464 81e−8, −1.069 27e−8, 4.434 9e−9, 1.524 11e−8, −4.706 8e−9, 4.022 1e−9]

$\overline{S}_{nm}[20,20] = [\overline{S}_{1m} \quad \overline{S}_{2m} \quad \cdots \quad \overline{S}_{20m}]^{\mathrm{T}}$

$\overline{S}_{1m}[1,20]$ = [0, 0, 0, 0, 0, 0, 0, 0, 0, 0, 0, 0, 0, 0, 0, 0, 0, 0, 0, 0]

$\overline{S}_{2m}[1,20]$ = [1.19e−9, −1.400 946e−6, 0, 0, 0, 0, 0, 0, 0, 0, 0, 0, 0, 0, 0, 0, 0, 0, 0, 0]

$\overline{S}_{3m}[1,20]$ = [2.492 171e−7, −6.194 477e−7, 1.413 884 5 e−6, 0, 0, 0, 0, 0, 0, 0, 0, 0, 0, 0, 0, 0, 0, 0, 0, 0]

$\overline{S}_{4m}[1,20]$ = [−4.734 36e−7, 6.630 152e−7, −2.009 274e−7, 3.094 237e−7, 0, 0, 0, 0, 0, 0, 0, 0, 0, 0, 0, 0, 0, 0, 0, 0]

$\overline{S}_{5m}[1,20]$ = [−9.608 39e−8, −3.238 637e−7, −2.152 958e−7, 4.969 03e−8, −6.689 07e−7, 0, 0, 0, 0, 0, 0, 0, 0, 0, 0, 0, 0, 0, 0, 0]

$\overline{S}_{6m}[1,20]$ = [2.699 84e−8, −3.740 131e−7, 9.372 8e−9, −4.713 064e−7, −5.367 802e−7, −2.371 348e−7, 0, 0, 0, 0, 0, 0, 0, 0, 0, 0, 0, 0, 0, 0]

$\overline{S}_{7m}[1,20]$ = [9.746 59e−8, 9.324 67e−8, −2.152 927e−7, −1.237 672e−7, 1.862e−8, 1.517 387e−7, 2.408 36e−8, 0, 0, 0, 0, 0, 0, 0, 0, 0, 0, 0, 0, 0]

$\overline{S}_{8m}[1,20]$=[5.884 72e−8,6.600 87e−8,−8.634 7e−8,7.017 96e−8,8.946 28e−8,3.091 226e−7,7.509 48e−8,1.201 722e−7,0,0,0,0,0,0,0,0,0,0,0,0]

$\overline{S}_{9m}[1,20]$=[1.997 07e−8,−3.355 32e−8,−7.596 83e−8,1.897 22e−8,−5.377 33e−8,2.226 482e−7,−9.699 1e−8,−2.353 9e−9,9.873 92e−8,0,0,0,0,0,0,0,0,0,0,0]

$\overline{S}_{10m}[1,20]$=[−1.302 777e−7,−5.110 29e−8,−1.550 282e−7,−7.873 4e−8,−5.110 65e−8,−7.837 98e−8,−3.350 1e−9,−9.168e−8,−3.803 28e−8,−2.245 43e−8,0,0,0,0,0,0,0,0,0,0]

$\overline{S}_{11m}[1,20]$=[−2.661 45e−8,−9.849 58e−8,−1.462 895e−7,−6.448 26e−8,5.031 26e−8,3.492 16e−8,−8.955 37e−8,2.532 51e−8,4.329 02e−8,−1.733 1e−8,−6.907 41e−8,0,0,0,0,0,0,0,0,0]

$\overline{S}_{12m}[1,20]$=[−4.209 54e−8,3.192 06e−8,2.467 28e−8,2.855 2e−9,9.652 2e−9,4.013 45e−8,3.581 66e−8,1.619 21e−8,2.433 33e−8,3.176 33e−8,−6.816 4e−9,−1.087 97e−8,0,0,0,0,0,0,0,0]

$\overline{S}_{13m}[1,20]$=[3.952 93e−8,−6.342 83e−8,9.638 08e−8,−1.330 28e−8,6.465 37e−8,−4.256 8e−9,−5.883 6e−9,−8.847 3e−9,4.603 57e−8,−3.618 43e−8,−4.306 3e−9,8.779 64e−8,6.781 24e−8,0,0,0,0,0,0,0]

$\overline{S}_{14m}[1,20]$=[3.405 82e−8,−3.355 1e−9,2.102 16e−8,−1.929 33e−8,−1.625 11e−8,5.435 6e−9,−6.381 3e−9,−1.498 48e−8,2.762e−8,−1.011 9e−9,−3.945 54e−8,−3.133 14e−8,4.529 89e−8,−5.003 9e−9,0,0,0,0,0,0]

$\overline{S}_{15m}[1,20]$=[7.098 7e−9,−3.331 81e−8,1.509 57e−8,7.073 4e−9,8.850 5e−9,−3.583 31e−8,6.145 3e−9,2.350 54e−8,3.743 28e−8,1.559 61e−8,1.913 09e−8,1.477 56e−8,−4.255 4e−9,−2.431 98e−8,−5.153 8e−9,0,0,0,0,0]

$\overline{S}_{16m}[1,20]$=[3.408 55e−8,2.683 2e−8,−2.712 3e−8,4.547 34e−8,3.32e−11,−3.285 18e−8,−7.059 5e−9,5.665 2e−9,−3.831 21e−8,1.282 82e−8,−2.938 4e−9,6.163 2e−9,1.204 1e−9,−3.867 71e−8,−2.336 24e−8,3.796 4e−9,0,0,0,0]

$\overline{S}_{17m}[1,20]$=[−3.184 49e−8,7.731 8e−9,8.551 4e−9,2.106 42e−8,5.505 64e−9,−2.747 79e−8,−3.515 8e−9,3.929 1e−9,−2.830 61e−8,1.869 7e−8,1.185 57e−8,1.937 75e−8,2.075 31e−8,1.164 38e−8,5.355 6e−9,3.296 1e−9,−1.903 7e−8,0,0,0]

$\overline{S}_{18m}[1,20]$=[−3.626 21e−8,1.293 94e−8,−1.474 4e−9,2.021 2e−9,2.910 36e−8,−1.159 96e−8,3.347 4e−9,2.481 3e−9,3.445 06e−8,−5.174 4e−9,2.196 1e−9,−1.690 12e−8,−3.465 79e−8,−1.286 93e−8,−2.087 43e−8,7.184 3e−9,5.083 3e−9,−1.054 34e−8,0,0]

$\overline{S}_{19m}[1,20]$=[−2.967 9e−9,−2.328 9e−9,−9.951e−10,−4.220 7e−9,2.736 94e−8,2.010 77e−8,−6.304 9e−9,−9.312 6e−9,2.567 3e−9,−6.996 6e−9,1.029 37e−8,8.117 3e−9,−2.802 35e−8,−1.290 43e−8,−1.370 24e−8,−7.529 2e−9,−1.374 72e−8,−8.729 1e−9,4.281 9e−9,0]

$\overline{S}_{20m}[1,20]$=[5.803e−9,1.374 76e−8,3.030 65e−8,−2.296 16e−8,−3.599 4e−9,8.935e−10,−1.538 6e−9,3.421 6e−9,−4.885 9e−9,−5.410 8e−9,−1.842 9e−8,1.735 8e−8,6.726 9e−9,−1.392 52e−8,−1.407 9e−9,−2.663e−10,−1.259 65e−8,−5.928e−10,1.067 34e−8,−1.120 91e−8]

7.1.7 地球非球形摄动轨道推算

与高精度动力学或 STK 比对,高精度轨道数据如下:

2015 年 4 月 2 日 17:20:00 BJT 时近地飞行器轨道平根数:

a =6 976.353 847 01 km;

e =0.003 763;

i =1.706 094 rad;

ω =2.795 527 rad;

Ω =1.859 590 rad;

M =2.365 664 rad;

第一组:2015 年 4 月 2 日 17:20:00 BJT 时

dt =0 s;

纬度幅角:

u =5.166 363 rad;

位置:

x =−1 687 891.933 744;

y =2 700 251.029 715;

z =−6 232 255.204 181;

速度:

v_x =−1 506.365 184;

v_y =6 623.905 821;

v_z =3 252.712 048;

第二组:2015 年 4 月 3 日 10:30:00 BJT 时

dt =61 800 s;

纬度幅角:

u =2.921 594 rad;

位置:

x =2 207 752.228 34;

y =−6 422 898.512 447;

z =1 504 219.412 148;

速度：

v_x =−459.944 379;

v_y =−1 882.316 078;

v_z =−7 333.456 847;

第三组：

2015 年 4 月 3 日 11:30:00 BJT 时

dt =65 400 s;

纬度幅角：

u =0.526 860 rad;

位置：

x =−1 343 596.709 952;

y =5 916 635.183 068;

z =3 486 460.572 163;

速度：

v_x =1 969.349 879;

v_y =−3 380.087 719;

v_z =6 443.804 413;

第四组：

2015 年 4 月 3 日 12:30:00 BJT 时

dt =69 000 s;

纬度幅角：

u =4.435 922 rad;

位置：

x =−297 909.198 578;

y =−2 089 342.901 075;

z =−6 655 907.173 718;

速度：

v_x =−2 428.180 292;

v_y =6 841.371 078;

v_z =−2 066.731 765;

第五组：

2015 年 4 月 3 日 13:30:00 BJT 时

dt =72 600 s;

纬度幅角：

u =2.035 782 rad；

位置：

x =1 732 590.137 237；

y =−2 728 154.515 840；

z =6 164 161.994 928；

速度：

v_x =1 579.245 932；

v_y =−6 591.388 657；

v_z =−3 379.175 516；

第六组：

2015 年 4 月 3 日 14:00:00 BJT 时

dt =74 400 s；

纬度幅角：

u =3.995 861 rad；

位置：

x =690 777.551 701；

y =−4 581 937.944 006；

z =−5 209 613.889 876；

速度：

v_x =−2 340.236 347；

v_y =5 226.987 653；

v_z =−4 939.276 510；

第七组：

2015 年 4 月 3 日 14:30:00 BJT 时

dt =76 200 s；

纬度幅角：

u =5.936 004 rad；

位置：

x =−2 278 098.327 124；

y =6 192 391.572 980；

z =−2 362 854.630 084；

速度：

v_x =144.101 396；

v_y =2 730.318 786；

v_z =7 013.996 467；

第八组：

2015 年 4 月 3 日 15:00:00 BJT

$\mathrm{d}t = 78\,000$ s;

纬度幅角：

$u = 1.594\,126$ rad;

位置：

$x = 945\,826.890\,723$;

$y = 126\,437.119\,790$;

$z = 6\,902\,927.978\,768$;

速度：

$v_x = 2\,237.375\,242$;

$v_y = -7\,220.926\,001$;

$v_z = -200.533\,709$。

7.1.8 近地点幅角变化率

近地点幅角变化率如下：

$$\dot{\omega}_l = 0.75 \cdot \frac{J_2}{p^2} \cdot n \cdot (4 - 5\sin^2 i_0) = 0.5c_1 \cdot c_3 \cdot (4 - 5c_2)/(1 - e^2)^2 \tag{7-50}$$

升交点赤经变化率如下：

$$\dot{\Omega}_l = -1.5\frac{J_2}{p^2} \cdot n \cdot \cos i_0 = -c_1 \cdot c_3 \cdot \cos i_0/(1 - e^2)^2 \tag{7-51}$$

则

$$\frac{\mathrm{d}\omega}{\mathrm{d}t} = \frac{\mathrm{d}\Omega}{\mathrm{d}t} \cdot (2.5\sin^2 i_0 - 2)/\cos i_0 \tag{7-52}$$

太阳同步轨道拱线一天漂移约 3.5°。

7.1.9 轨道交点周期

轨道周期如下：

$$T_0 = 2\pi\sqrt{\frac{a_0^3}{\mu}} \tag{7-53}$$

轨道交点周期如下：

$$T = T_0[1 - c_1 \cdot (3 - 2.5c_2)/(1 - e^2)^{1.5}] \tag{7-54}$$

其中

$$T_0 = 2\pi\sqrt{\frac{a_0^3}{\mu}}$$

$$c_1 = 1.5 \cdot \frac{J_2}{a_0^2} \cdot R_e^2 = 1.5J_2 \cdot \left(\frac{R_e}{a_0}\right)^2$$

$$c_2 = \sin^2 i_0$$

轨道周期如下：

$$T_{\text{orbit}} = T_0\{1 - 0.5c_1 \cdot [(2 - 3c_2) \cdot \sqrt{1-\mathrm{e}^2}]/(1-\mathrm{e}^2)^2\} \tag{7-55}$$

圆轨道交点周期可以近似为：

$$T_N = 2\pi\sqrt{\frac{a^3}{\mu}} \cdot [1 - 0.5c_1 \cdot (2 - 3c_2 + 2\cos i_0)] \tag{7-56}$$

圆轨道可以近似为

$$T_{\text{orbit}} = 2\pi\sqrt{\frac{a^3}{\mu}} \cdot [1 - 0.5c_1 \cdot (2 - 3c_2)] \tag{7-57}$$

轨道周期与半长轴的变化关系

$$\frac{\mathrm{d}T}{\mathrm{d}a} = 3\pi\sqrt{\frac{a}{\mu}} = 0.149\ 280\ 2\sqrt{a}\ (\mathrm{s/km}) \tag{7-58}$$

每圈升交点向西漂移

$$\Delta\Omega = T\left(\omega_e - \frac{\mathrm{d}\Omega}{\mathrm{d}t}\right) \tag{7-59}$$

7.1.10　CW 方程

两个飞行器近距离相对伴飞，伴飞相对位置 CW 方程如下：

$$\ddot{x} - 2n \cdot \dot{z} = 0 \tag{7-60}$$

$$\ddot{y} + n \cdot n \cdot y = 0 \tag{7-61}$$

$$\ddot{z} - 3n \cdot n \cdot z + 2n \cdot \dot{x} = 0 \tag{7-62}$$

式中　n ——轨道角速率，$n = \sqrt{\mu_e/a^3}$ 。

7.2　典型轨道

卫星类飞行器基于能源、推进剂、对地观测等约束，大都处于太阳同步、回归、冻结等典型轨道，轨道控制任务是使飞行器保持在典型轨道上。

7.2.1　太阳同步轨道

升交点赤经变化率如下：

$$\dot{\Omega} = \frac{\mathrm{d}\Omega}{\mathrm{d}t} = -\frac{3}{2}\frac{nJ_2}{(1-e^2)^2}\left(\frac{R_e}{a}\right)^2 \cdot \cos i \tag{7-63}$$

对于近圆轨道

$$\begin{aligned}\dot{\Omega} &= -1.5J_2 \cdot \sqrt{\frac{\mu}{R_e^3}} \cdot \left(\frac{R_e}{a}\right)^{7/2} \cdot \frac{\cos i}{(1-e^2)^2} \times 180/\pi \times 86\ 400 \\ &\approx -9.980\ 449\ 142\ 5\left(\frac{R_e}{a}\right)^{7/2}\cos i[(°)/\mathrm{day})]\end{aligned} \tag{7-64}$$

太阳同步轨道

$$\dot{\Omega}=\frac{\mathrm{d}\Omega}{\mathrm{d}t}=0.985\ 6 \tag{7-65}$$

太阳同步轨道半长轴与倾角变化关系

$$\frac{\mathrm{d}i}{\mathrm{d}a}=\frac{0.985\ 6}{9.980\ 449\ 142\ 5}\times\frac{3.5}{R_e\cdot\sin i}\cdot\left(\frac{a}{R_e}\right)^{2.5} \tag{7-66}$$

近地太阳同步轨道半长轴与倾角变化关系可以近似为

$$\Delta i\approx 0.004\Delta a[(^\circ)/\mathrm{km}] \tag{7-67}$$

升交点赤经变化率与倾角变化关系

$$\frac{\mathrm{d}\dot{\Omega}}{\mathrm{d}i}=-\frac{\mathrm{d}\Omega}{\mathrm{d}t}\tan i\approx-0.985\ 6\tan i[(^\circ)/\mathrm{day/rad}] \tag{7-68}$$

升交点赤经变化率与半长轴变化关系

$$\frac{\mathrm{d}\dot{\Omega}}{\mathrm{d}a}=-\frac{\mathrm{d}\Omega}{\mathrm{d}t}\cdot\frac{3.5}{a}\approx-0.985\ 6\times\frac{3.5}{a}[(^\circ)/\mathrm{day/km}] \tag{7-69}$$

相对太阳同步轨道轨道高度变化 10 km 或倾角变化 0.04°，降交点地方时 30 天漂移约 0.15°。

7.2.2 回归轨道

升交点赤经变化率

$$\dot{\Omega}=-\frac{3}{2}\frac{nJ_2}{(1-e^2)^2}\left(\frac{R_e}{a}\right)^2\cdot\cos i \tag{7-70}$$

轨道交点周期

$$T_N=T_0\left[1-\frac{3J_2}{2(1-e^2)^2}\left(\frac{R_e}{a}\right)^2\left(3-\frac{5}{2}\sin^2 i\right)\right] \tag{7-71}$$

其中

$$T_0=2\pi\sqrt{\frac{a^3}{\mu}}$$

轨道回归条件如下：

$$N\cdot T_N(\omega_e-\dot{\Omega})=N\cdot\Delta\lambda=2\pi D \tag{7-72}$$

由此可计算满足回归条件的轨道半长轴，通过迭代还可求取太阳同步回归轨道。

相对地固系经度变化如下：

$$\begin{aligned}\Delta\lambda&=\arctan\frac{\cos i}{\cot(n\cdot\Delta t)}-(\omega_e-\dot{\Omega})\cdot\Delta t\\&=\arctan[\cos i\cdot\tan(n\cdot\Delta t)]-(\omega_e-\dot{\Omega})\cdot\Delta t\end{aligned} \tag{7-73}$$

前一项为惯性下不考虑 J2 摄动影响轨道经度变化，后一项为地球自转及考虑 J2 摄动影响经度变化。

7.2.3　冻结轨道

近地点幅角变化率

$$\frac{\mathrm{d}\omega}{\mathrm{d}t}=-0.75J_2\times\left(\frac{\mu}{R_e{}^3}\right)^{\frac{1}{2}}\cdot\left(\frac{R_e}{a}\right)^{\frac{7}{2}}\cdot\frac{5\cos^2 i-1}{(1-e^2)^2}\times180/\pi$$
$$=5.0\left(\frac{R_e}{a}\right)^{\frac{7}{2}}\frac{1-5\cos^2 i}{(1-e^2)^2}[(°)/\mathrm{day}] \tag{7-74}$$

太阳同步近圆轨道近地点幅角变化

$$\frac{\mathrm{d}\omega}{\mathrm{d}t}=\frac{\mathrm{d}\Omega}{\mathrm{d}t}\cdot(2.5\sin^2 i-2)/\cos i \tag{7-75}$$

太阳同步轨道拱线一天漂移约 3.5°。

7.3　改进春分点轨道根数

轨道控制一般基于轨道要素，轨道偏心率 $e=0$ 或轨道倾角 $i=0$ 时，应用经典轨道根数表示飞行器轨道时产生奇异。

如 $e=0$ 时近地点辐角 ω 、真近点角 f 存在多值，不能唯一确定；$i=0$ 时轨道辐角 u 存在多值，不能唯一确定，为了避免奇异，采用改进春分点轨道根数。

7.3.1　改进春分点根数动力学方程

为了消除 $e=0$ 或 $i=0$ 时的奇异，学者们提出了一套叫作改进春分点轨道根数（Modified Equinoctial Elements）的轨道元素。改进春分点根数仅在 $i=180°$ 时出现奇异。

经典轨道根数到改进春分点轨道根数转换

$$p=a(1-e^2) \tag{7-76}$$

$$f=e\cos(\omega+\Omega) \tag{7-77}$$

$$g=e\sin(\omega+\Omega) \tag{7-78}$$

$$h=\tan(i/2)\cos\Omega \tag{7-79}$$

$$k=\tan(i/2)\sin\Omega \tag{7-80}$$

$$L=\Omega+\omega+\theta \tag{7-81}$$

式中　θ——真近点角。

改进春分点轨道根数动力学如下：

$$\dot{p}=\sqrt{\frac{p}{\mu}}\frac{2p}{w}\frac{F}{m}u_t \tag{7-82}$$

$$\dot{f}=\sqrt{\frac{p}{\mu}}\left[\sin L\frac{F}{m}u_r+\frac{(1+w)\cos L+f}{w}\frac{F}{m}u_t-\frac{(h\sin L-k\cos L)g}{w}\frac{F}{m}u_n\right] \tag{7-83}$$

$$\dot{g}=\sqrt{\frac{p}{\mu}}\left[-\cos L\,\frac{F}{m}u_r+\frac{(1+w)\sin L+g}{w}\frac{F}{m}u_t+\frac{(h\sin L-k\cos L)f}{w}\frac{F}{m}u_n\right] \tag{7-84}$$

$$\dot{h}=\sqrt{\frac{p}{\mu}}\frac{s^2\cos L}{2w}\frac{F}{m}u_n \tag{7-85}$$

$$\dot{k}=\sqrt{\frac{p}{\mu}}\frac{s^2\sin L}{2w}\frac{F}{m}u_n \tag{7-86}$$

$$\dot{L}=\sqrt{\mu p}\left(\frac{w}{p}\right)^2+\sqrt{\frac{p}{\mu}}\frac{h\sin L-k\cos L}{w}\frac{F}{m}u_n \tag{7-87}$$

其中

$$w=1+f\cos L+g\sin L$$

$$s^2=1+h^2+k^2$$

式中　u_t ——切向；

u_r ——径向；

u_n ——法向；

m ——飞行器质量；

F ——轨控推力。

7.3.2　改进春分点根数到经典轨道根数转换

改进春分点根数到经典轨道根数转化如下：

$$e=\sqrt{f^2+g^2} \tag{7-88}$$

$$a=\frac{p}{1-e^2} \tag{7-89}$$

$$i=2\arctan\left(\sqrt{h^2+k^2}\right) \tag{7-90}$$

$$\Omega=\arctan\left(\frac{k}{h}\right) \tag{7-91}$$

$$\omega=\arctan\left(\frac{g}{f}\right)-\Omega \tag{7-92}$$

$$\theta=L-\Omega-\omega \tag{7-93}$$

式中　θ ——真近点角。

7.3.3　改进春分点轨道求飞行器位置与速度矢量

改进春分点轨道求飞行器位置与速度矢量转换如下：

$$\boldsymbol{r}=\frac{p}{1+g\sin L+f\cos L}(\cos L,\sin L,0)^{\mathrm{T}} \tag{7-94}$$

$$\boldsymbol{v}=\sqrt{\frac{\mu}{p}}(-g-\sin L,f+\cos L,0)^{\mathrm{T}} \tag{7-95}$$

7.4　轨道控制

轨道控制包括轨道面内控制和轨道面外控制，一般轨道面外控制需要较大的速度增量，消耗推进剂较多。

轨道倾角控制一般在升降交点附近进行，可以充分利用地球引力，减小轨控速度增量。

7.4.1　轨道面内轨控

偏心率矢量

$$\boldsymbol{e}=\begin{bmatrix}\xi\\ \eta\end{bmatrix}=\begin{bmatrix}e\cos\omega\\ e\sin\omega\end{bmatrix} \tag{7-96}$$

偏心率矢量误差

$$\Delta\boldsymbol{e}=\begin{bmatrix}\Delta\xi\\ \Delta\eta\end{bmatrix}=\begin{bmatrix}e\cos\omega-e_0\cos\omega_0\\ e\sin\omega-e_0\sin\omega_0\end{bmatrix} \tag{7-97}$$

卫星速度

$$V=\sqrt{\frac{\mu}{a}} \tag{7-98}$$

$ae\omega$ 联调分三种情况：

1）如果 $\left(\frac{\Delta a}{a}\right)^2>\Delta\xi^2+\Delta\eta^2$

$$\Delta v_{u1}=\frac{V}{4}\frac{(\Delta a/a)^2-(\Delta\xi^2+\Delta\eta^2)}{\Delta a/a-(\Delta\xi\cos u_1+\Delta\eta\sin u_1)} \tag{7-99}$$

式中　u_1 ——第一次变轨轨道幅角。

第二次轨控

$$\Delta v_{u2}=\frac{V\Delta a}{2a}-\Delta v_{u1} \tag{7-100}$$

$$\tan u_2=\frac{\Delta\eta-(2\Delta v_{u1}/V)\sin u_1}{\Delta\xi-(2\Delta v_{u1}/V)\cos u_1} \tag{7-101}$$

两次速度增量同号，$\Delta a>0$，加速；$\Delta a<0$，减速。

2）如果 $\left(\frac{\Delta a}{a}\right)^2<\Delta\xi^2+\Delta\eta^2$

$$\Delta v_{u1}=\frac{V}{4}\left(\frac{\Delta a}{a}\pm\sqrt{\Delta\xi^2+\Delta\eta^2}\right) \tag{7-102}$$

$$\tan u_1=\pm\frac{\Delta\eta}{\Delta\xi} \tag{7-103}$$

$$\Delta v_{u2}=\frac{V}{4}\left(\frac{\Delta a}{a}\mp\sqrt{\Delta\xi^2+\Delta\eta^2}\right) \tag{7-104}$$

$$\tan u_2 = \mp \frac{\Delta\eta}{\Delta\xi} \tag{7-105}$$

两次速度增量异号，$\Delta a > 0$，第一次加速，第二次减速；$\Delta a < 0$，第一次减速，第二次加速。

3）如果 $\left(\frac{\Delta a}{a}\right)^2 = \Delta\xi^2 + \Delta\eta^2$

$$\Delta v_u = \frac{V\Delta a}{2a} \tag{7-106}$$

$$\tan u = \frac{\Delta\eta}{\Delta\xi} \tag{7-107}$$

只需要一次轨控，拱线控制也可以基于轨道面内轨控方式进行控制。

设卫星实际飞行时的轨道半长轴和偏心率为 a，e，而标称值为 a_0，e_0，令

$$\delta a = a_0 - a \tag{7-108}$$

$$\delta e = e_0 - e \tag{7-109}$$

轨道参考坐标系 $o-xyz$ 与航天器轨道运动的周向 $\boldsymbol{u}(oy)$，天向 $\boldsymbol{r}(ox)$ 和轨道法向 $\boldsymbol{h}(oz)$ 一致，假定推力加速度 $\boldsymbol{a}$ 沿 $\boldsymbol{r}$，$\boldsymbol{u}$，$\boldsymbol{h}$ 分解，则

$$\boldsymbol{a} = a_r\boldsymbol{r} + a_u\boldsymbol{u} + a_h\boldsymbol{h} \tag{7-110}$$

为便于进行理论分析，引入瞬时冲量假设，即航天器速度在瞬时改变 $\Delta\boldsymbol{V}$，而位置不变。

在推力加速度 $\boldsymbol{a}$ 的作用下，摄动方程为

$$\mathrm{d}a/\mathrm{d}t = 2a^2[(e\sin f)a_r + (1 + e\cos f)a_u]/(\mu p)^{1/2} \tag{7-111}$$

$$\mathrm{d}e/\mathrm{d}t = r[\sin f(1 + e\cos f)a_r + (2\cos f + e + e\cos^2 f)a_u]/(\mu p)^{1/2} \tag{7-112}$$

假若航天器只沿 oy 的正负方向安装动力装置，则 $a_r = 0$，故

$$\mathrm{d}a/\mathrm{d}t = 2a^2(1 + e\cos f)\cdot a_u/(\mu p)^{1/2} \tag{7-113}$$

$$\mathrm{d}e/\mathrm{d}t = r(2\cos f + e + e\cos^2 f)a_u/(\mu p)^{1/2} \tag{7-114}$$

考虑到

$$p/r = 1 + e\cos f \tag{7-115}$$

$$n = \sqrt{\mu/a^3} \tag{7-116}$$

$$p = a(1 - e^2) \tag{7-117}$$

故

$$\mathrm{d}a/\mathrm{d}t = 2p\cdot a_u/(nr\sqrt{1 - e^2}) \tag{7-118}$$

$$\mathrm{d}e/\mathrm{d}t = \sqrt{1 - e^2}[(1 + r/p)\cos f + re/p]\cdot a_u/(na) \tag{7-119}$$

在瞬时冲量假设下

$$\delta a = 2(1 + e\cos f)\Delta V_u/(n\sqrt{1 - e^2}) = 2p\Delta V_u/(nr\sqrt{1 - e^2}) \tag{7-120}$$

$$\delta e = \sqrt{1 - e^2}[(1 + r/p)\cos f + re/p]\Delta V_u/(na) \tag{7-121}$$

只要 a，e，f，ΔV_u 给定，δa，δe 就可确定了。

(1) 单脉冲调节

令 $p/r = Q$，则

$$\delta a = 2Q\Delta V_u/(n\sqrt{1-e^2}) \tag{7-122}$$

$$\delta e = \sqrt{1-e^2}[(1+1/Q)\cos f + e/Q]\Delta V_u/(na) \tag{7-123}$$

由

$$\cos f = (Q-1)/e \tag{7-124}$$

$$\delta e = \sqrt{1-e^2}[Q-(1-e^2)/Q]\Delta V_u/(nae) \tag{7-125}$$

令

$$k = a\delta e/[(1-e^2)\delta a] \tag{7-126}$$

则

$$Q = \sqrt{(1-e^2)/(1-2ke)} \tag{7-127}$$

由于 $Q = 1 + e\cos f$，故

$$1-e \leqslant Q \leqslant 1+e \tag{7-128}$$

当 $-1/(1-e) \leqslant k \leqslant 1/(1+e)$ 时，能一次同时调节 a，e 。

由 $f = \arccos[(Q-1)/e]$ 及式（7-127）得

$$f = \arccos[(\sqrt{(1-e^2)/(1-2ke)}-1)/e] \tag{7-129}$$

一个 k 值对应 f_1，f_2 两个值，这两个值都符合要求。

由式（7-122）得

$$\Delta V_u = \delta a\sqrt{\mu(1-e^2)/a}/(2aQ) \tag{7-130}$$

因在 e 很小时，$Q \approx 1$，故 ΔV_u 主要由 δa 决定。

(2) 双脉冲调节

当单脉冲方式的条件不满足时，可用双脉冲方式调节。

将 δa，δe 分解为

$$\delta a = \delta a_1 + \delta a_2 \tag{7-131}$$

$$\delta e = \delta e_1 + \delta e_2 \tag{7-132}$$

用一次冲量调整 δa_1，δe_1， 用一次冲量调整 δa_2，δe_2。

则

$$\delta a = 2(Q_1\Delta V_{u1} + Q_2\Delta V_{u2})/(n\sqrt{1-e^2}) \tag{7-133}$$

$$\delta e = \sqrt{1-e^2}\{[Q_1-(1-e^2)/Q_1]\Delta V_{u1} + [Q_2-(1-e^2)/Q_2]\Delta V_{u2}\}/(nae) \tag{7-134}$$

令

$$A = \delta a\sqrt{\mu(1-e^2)/a}/(2a) \tag{7-135}$$

$$E = e\cdot\delta e\sqrt{\mu/a/(1-e^2)} \tag{7-136}$$

则

$$A = Q_1\Delta V_{u1} + Q_2\Delta V_{u2} \tag{7-137}$$

$$E = Q_1\Delta V_{u1} + Q_2\Delta V_{u2} - [(1-e^2)(\Delta V_{u1}/Q_1 + \Delta V_{u2}/Q_2)] \quad (7-138)$$
$$= A - (1-e^2)(\Delta V_{u1}/Q_1 + \Delta V_{u2}/Q_2)$$

令

$$C = (A - E)/(1-e^2) \quad (7-139)$$

$$C = \delta a(1-2ek)\sqrt{\mu/[a(1-e^2)]}/(2a) \quad (7-140)$$

则

$$C = \Delta V_{u1}/Q_1 + \Delta V_{u2}/Q_2 \quad (7-141)$$

得

$$\Delta V_{u1} = Q_1(A - CQ_2^2)/(Q_1^2 - Q_2^2) \quad (7-142)$$

$$\Delta V_{u2} = Q_2(A - CQ_1^2)/(Q_2^2 - Q_1^2) \quad (7-143)$$

由于

$$Q_1 = 1 + e\cos f_1 \quad (7-144)$$

$$Q_2 = 1 + e\cos f_2 \quad (7-145)$$

故只需选定 f_1，f_2，就可求出 ΔV_{u1}，ΔV_{u2}。

(3) 霍曼转移

设航天器在1点，其速度由 $\boldsymbol{V}_1$ 变为 $\boldsymbol{V}_{T1}$，速度增量为 $\Delta\boldsymbol{V}_1$，在2点，其速度由 $\boldsymbol{V}_2$ 变为 $\boldsymbol{V}_{T2}$，速度增量为 $\Delta\boldsymbol{V}_2$，则

$$\boldsymbol{V}_{T1} = \boldsymbol{V}_1 + \Delta\boldsymbol{V}_1 \quad (7-146)$$

$$\boldsymbol{V}_{T2} = \boldsymbol{V}_2 + \Delta\boldsymbol{V}_2 \quad (7-147)$$

特征速度

$$V_{ch} = |\Delta\boldsymbol{V}_1| + |\Delta\boldsymbol{V}_2| \quad (7-148)$$

不妨假定轨道向外转移，设转移轨道的偏心率为 e，半长轴为 a，半通径为 p，由 $r = p/(1+e\cos f)$，且 $r_2 > r_1$，得

$$p/r_1 \leqslant 1 + e \quad (7-149)$$

$$p/r_2 \geqslant 1 - e \quad (7-150)$$

令 $q = p/r_1$，$n = r_2/r_1$，得

$$q \leqslant 1 + e \quad (7-151)$$

$$q \geqslant n(1-e) \quad (7-152)$$

e 与 q 的关系如图7-1所示。

M 为焦点，坐标为

$$q_M = 2n/(n+1) \quad (7-153)$$

$$e_M = (n-1)/(n+1) \quad (7-154)$$

由于

$$\Delta\boldsymbol{V}_1 = (\boldsymbol{V}_1^2 + \boldsymbol{V}_{T1}^2 - 2\boldsymbol{V}_1\boldsymbol{V}_{T1}\cos\theta_1)^{1/2} \quad (7-155)$$

$$\Delta\boldsymbol{V}_2 = (\boldsymbol{V}_2^2 + \boldsymbol{V}_{T2}^2 - 2\boldsymbol{V}_2\boldsymbol{V}_{T2}\cos\theta_2)^{1/2} \quad (7-156)$$

式中　θ_1 —— $\boldsymbol{V}_1$ 与 $\boldsymbol{V}_{T1}$ 夹角；

θ_2 —— $\mathbf{V}_2$ 与 $\mathbf{V}_{T2}$ 夹角。

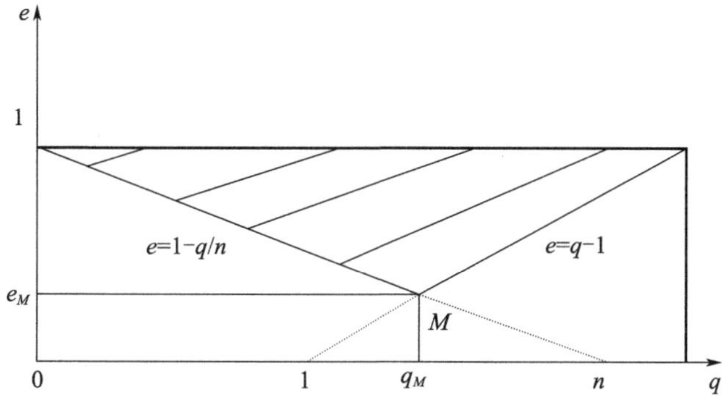

图 7－1　偏心率 e 和 q 的关系

由机械能守恒和动量矩守恒

$$V_{T1}^2=\frac{2\mu}{r_1}-\frac{\mu}{a},q=\frac{p}{r_1}=\frac{a(1-e^2)}{r_1} \tag{7-157}$$

求得

$$V_{T1}^2=\frac{\mu}{r_1}\left(2-\frac{1-e^2}{q}\right) \tag{7-158}$$

同理求得

$$V_{T2}^2=\frac{\mu}{nr_1}[2-n(1-e^2)/q] \tag{7-159}$$

由 $h=\sqrt{\mu p}=r_1\cdot V_{T1}\cdot\cos\theta_1$，$q=\dfrac{p}{r_1}$，求得

$$V_{T1}\cos\theta_1=(\mu/r_1)^{1/2}q^{1/2} \tag{7-160}$$

同理求得

$$V_{T2}\cos\theta_2=(\mu/r_1)^{1/2}q^{1/2}/n \tag{7-161}$$

由 $V_1=(\mu/r_1)^{1/2}$ 和 $V_2=V_1/n^{1/2}$，得

$$\Delta V_1=V_1\left(3-2q^{1/2}-\frac{1-e^2}{q}\right)^{1/2} \tag{7-162}$$

$$\Delta V_2=V_1\left[\frac{3}{n}-\frac{2(q/n)^{1/2}}{n}-\frac{1-e^2}{q}\right]^{1/2} \tag{7-163}$$

对于给定的 q，由以上两式可看出，ΔV_1，ΔV_2 均随 e 的减小而减小，同时在 M 点达到最小。

若 $e=1-q/n$，则

当 $q<q_M$ 时，ΔV_1，ΔV_2 均随 q 的增大而减小。

若 $e=q-1$，则

当 $q>q_M$ 时，ΔV_1，ΔV_2 均随 q 的减小而减小。

故 V_{ch} 在 M 点取值最小。

由 $e=1-q/n$，$e=q-1$，求得 M 点 e 和 q

$$q = n(1-e) \tag{7-164}$$

$$q = 1+e \tag{7-165}$$

即

$$e = \frac{n-1}{n+1} \tag{7-166}$$

$$q = \frac{2n}{n+1} \tag{7-167}$$

$$p = r_2(1-e) \tag{7-168}$$

$$p = r_1(1+e) \tag{7-169}$$

将 $p = a(1-e^2)$ 代入式（7－168）和式（7－169），得

$$r_2 = a(1+e) \tag{7-170}$$

$$r_1 = a(1-e) \tag{7-171}$$

可见当 1 点和 2 点分别为转移轨道的近地点和远地点时，此轨道为能量最小转移轨道，称霍曼转移轨道，如图 7－2 所示。

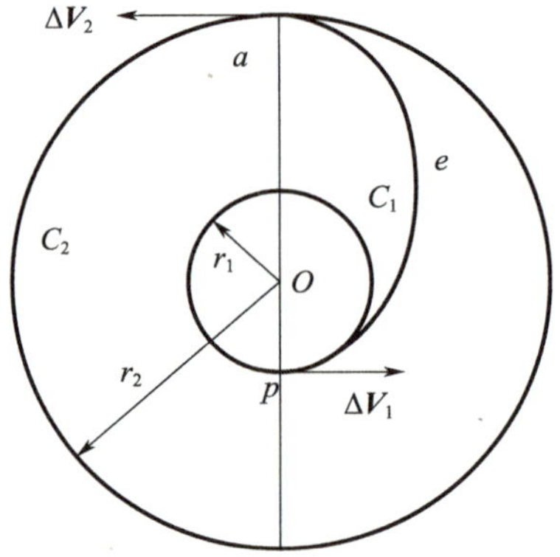

图 7－2　霍曼转移轨道

可得出 M 点的偏心率与半通径，从而得出 V_{T1}，V_{T2}，故可得

$$\Delta V_1 = V_1\{[2n/(n+1)]^{1/2}-1\} \tag{7-172}$$

$$\Delta V_2 = V_1\{n^{-1/2}-[2/n(1+n)]^{1/2}\} \tag{7-173}$$

速度倾角均为零度。

单脉冲法、双脉冲法与霍曼转移的区别与联系如下：

单脉冲法适用条件有限，若要求偏心率变化量接近于零，则变轨位置较为固定，一般在 $f=91°$，269°处；双脉冲法可看作两个单脉冲的灵活搭配，可以自由选定第一个变轨位置，第二个位置由第一个位置与两次脉冲的调节量分配决定，是常用的方法；霍曼转移是双脉冲法的特例，在远地点和近地点变轨，变轨位置固定，是双脉冲法的最省能量方式。

7.4.2　轨道面外轨控

轨道面外轨控包括轨道倾角和升交点赤经控制，轨道面外直接轨控推力方向垂直于轨

道面。

(1) 轨道倾角控制

轨道倾角控制速度增量与倾角变化关系

$$\Delta i = r \cdot \cos u \cdot \frac{\Delta V_y}{na^2\sqrt{1-e^2}}(\text{rad}) \tag{7-174}$$

在升交点 $u=0$ 或降交点 $u=\pi$ 附近 $\cos u \approx \pm 1$，轨道倾角控制在升降交点附近效率较高，对近圆轨道在升降交点附近进行轨道倾角控制

$$|\Delta i| \approx \frac{\Delta V_y}{V}(\text{rad}) \tag{7-175}$$

式中　V ——卫星飞行速度，$V=\sqrt{\frac{\mu}{a}}$ 。

(2) 升交点赤经控制

轨道升交点赤经控制速度增量与升交点赤经变化关系

$$\Delta \Omega = r \cdot \sin u \cdot \frac{\Delta V_y}{na^2\sqrt{1-e^2}\sin i} \tag{7-176}$$

在 $u=\pi/2$ 或 $u=3\pi/2$ 附近 $\sin u \approx \pm 1$，轨道升交点赤经直接控制在高纬度附近效率较高，但升交点赤经不直接控制，一般通过半长轴或倾角调整改变升交点赤经变化率，基于一段时间漂移达到改变升交点赤经目的，这样推进剂耗量较省。

结合轨道高度的调整破坏轨道的太阳同步关系，加快或减慢轨道面的进动速率，进而改变太阳角距，修正轨道降交点地方时。在太阳同步轨道的基础上改变轨道半长轴，轨道升交点赤经变化率的增量可表示为

$$\Delta \dot{\Omega} \approx -\frac{7}{2a}\dot{\Omega} \cdot \Delta a[(^\circ)/\text{天}/\text{km}] \tag{7-177}$$

式中，a，Δa 分别为轨道半长轴及其增量，均以 km 为单位，$\dot{\Omega}=0.985\,6(^\circ)/\text{天}$ 。

基于轨道倾角调整太阳同步轨道降交点地方时，轨道升交点赤经变化率的增量可表示为

$$\Delta \dot{\Omega} \approx -\dot{\Omega} \cdot \tan i \cdot \Delta i[(^\circ)/\text{天}/\text{rad}] \tag{7-178}$$

对于近地太阳同步轨道 $\tan i \approx 7$，在升降交点附近进行轨道倾角控制 $\left|\frac{\Delta V_y}{V}\right| = \left|\frac{\Delta a}{2a}\right|$，得到倾角控制升交点赤经变化率

$$\Delta \dot{\Omega} \approx -\dot{\Omega} \cdot \tan i \cdot \Delta i \approx -\frac{7}{2a}\dot{\Omega} \cdot \Delta a[(^\circ)/\text{天}/\text{rad}] \tag{7-179}$$

通过倾角调整太阳同步轨道降交点地方时与通过半长轴调整降交点地方时推进剂耗量是基本相同的，工程实施中可以灵活选择。

将轨道调整时施加的推力加速度视为摄动加速度，推力加速度在轨道系 $O-xyz$ 上的投影为 a_x，a_y，a_z，轨道面法向 $n=-y$，则由卫星摄动运动方程可知，在小推力作用下的轨道要素

$$\mathrm{d}\Omega/\mathrm{d}t = r \cdot \sin u \cdot a_n / [\sin i \cdot (\mu p)^{1/2}] \tag{7-180}$$

$$\mathrm{d}i/\mathrm{d}t = r \cdot \cos u \cdot a_n / (\mu p)^{1/2} \tag{7-181}$$

考虑圆轨道 $e=0$，则

$$r = a \tag{7-182}$$

$$p = a \tag{7-183}$$

故当按冲量方式工作时，航天器获得的速度增量在轨道系 $O-xyz$ 上的分量为 ΔV_x，ΔV_y，ΔV_z，有

$$\Delta\Omega = a \cdot \sin u \cdot \Delta V_n / [\sin i \cdot (\mu a)^{1/2}] \tag{7-184}$$

$$\Delta i = a \cdot \cos u \cdot \Delta V_n / (\mu a)^{1/2} \tag{7-185}$$

当 $u=90°$，$270°$，$\Delta i=0$，只调节 $\Delta\Omega$

$$\Delta V_n = \Delta\Omega \cdot \sin i \cdot (\mu a)^{1/2} / (a \cdot \sin u) \tag{7-186}$$

当 $u=0°$，$180°$，$\Delta\Omega=0$，只调节 Δi

$$\Delta V_n = \Delta i \cdot (\mu a)^{1/2} / (a \cdot \cos u) \tag{7-187}$$

由于 Ω，i 的调节位置固定，若调节量较大，可分为多次调节。

轨道倾角粗调

$$\Delta i = r \cdot \cos u \cdot \Delta V_n / na^2 \sqrt{1-e^2} \tag{7-188}$$

升交点赤经粗调

$$\Delta\Omega = r \sin u \cdot \Delta V_n / \sin i / \sqrt{\mu p} \tag{7-189}$$

结合轨道高度的调整破坏轨道的太阳同步关系，加快或减慢轨道面的进动速率，进而改变太阳角距，修正轨道降交点地方时。在太阳同步轨道的基础上改变轨道半长轴，轨道升交点赤经变化率的增量可表示为

$$\Delta(\dot{\Omega}) = -\frac{7}{2a}\dot{\Omega}\Delta a \tag{7-190}$$

式中，a，Δa 分别为轨道半长轴及其增量，均以千米为单位，$\dot{\Omega}=0.985\,6(°)/$ 天 。

7.5 再入点纵横程控制误差

7.5.1 再入点纵程和横程

如图 7-3 所示，(L_f，B_f) 为着落场经纬度，(L_{zr}，B_{zr}) 为再入点经纬度，ψ 为再入点处方位角，ψ_0 为着落场相对于再入点的方位角，$\mathrm{d}\psi$ 为实际方位角相对于着落场方位角的偏差，u 为着落场至再入点大圆弧距，$\mathrm{d}L$ 为着落场与再入点经度差，$\mathrm{d}S$ 为纵程距离，$\mathrm{d}Y$ 为横程距离。

$B_{fy}=\pi/2-B_f$ 为着落场余纬，$B_{zry}=\pi/2-B_{zr}$ 为再入点余纬，由球面三角形 ABC 求得

$$\cos u = \cos B_{fy} \cdot \cos B_{zry} + \sin B_{fy} \cdot \sin B_{zry} \cdot \cos \mathrm{d}L \tag{7-191}$$

式中，u 要进行防零处理，如果 $|u| < 1.0 \times 10^{-6}$，$u = 1.0 \times 10^{-6}$ 。

求得

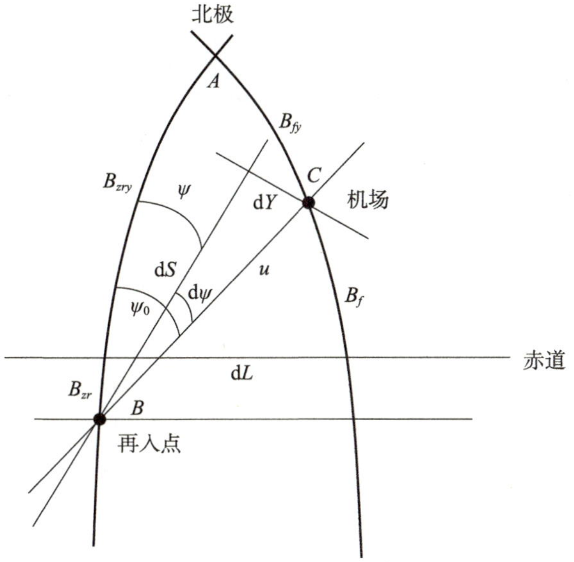

图 7-3　再入点纵横程计算示意图

$$\sin\psi_0 = \sin B_{fy} \cdot \sin \mathrm{d}L / \sin u \tag{7-192}$$

$$\cos\psi_0 = (\cos B_{fy} \cdot \sin B_{zry} - \sin B_{fy} \cdot \cos B_{zry} \cdot \cos \mathrm{d}L)/\sin u \tag{7-193}$$

$$\psi_0 = \arctan2\left(\frac{\sin\psi_0}{\cos\psi_0}\right) \tag{7-194}$$

$$\mathrm{d}\psi = \psi - \psi_0 \tag{7-195}$$

$$\sin \mathrm{d}S = \sin u \cdot \cos \mathrm{d}\psi \tag{7-196}$$

$$\cos \mathrm{d}S = \cos u \tag{7-197}$$

$$\mathrm{d}S = \arctan2\left(\frac{\sin \mathrm{d}S}{\cos \mathrm{d}S}\right) \cdot R_e \tag{7-198}$$

$$\sin \mathrm{d}Y = \sin u \cdot \sin \mathrm{d}\psi \tag{7-199}$$

$$\cos \mathrm{d}Y = \cos u / \cos \mathrm{d}S \tag{7-200}$$

$$\mathrm{d}Y = \arctan2\left(\frac{\sin \mathrm{d}Y}{\cos \mathrm{d}Y}\right) \cdot R_e \tag{7-201}$$

式中，横程左侧为负，右侧为正。

7.5.2　纵横程计算

纵横程是再入控制的基础参数，纵横程计算实例见表 7-1。

表 7-1　纵横程计算实例

着落场/(°)		再入点/(°)			标称值/km	
地理经度	地理纬度	地理经度	地理纬度	ψ 航迹方位角	dS 纵程	dY 横程
35	−20	−50	20	130	10 290	2 173

续表

着落场/(°)		再入点/(°)			标称值/km	
地理经度	地理纬度	地理经度	地理纬度	ψ 航迹方位角	dS 纵程	dY 横程
87	42	5	10	48	8 617	−102
87	42	30	−8	42	8 024	114
50	50	0	0	45	7 246	1 242
−60	0	0	0	275	6 669	482
0	−20	0	0	135	1 607	−1 558
−100	−20	0	0	225	11 167	−2 712
82	3	168	39	247	9 416	−2 530
100	−20	10	10	111	10 398	142.3
100	−20	10	−10	111	9 640	142.3
100	20	10	−10	70	10 398	−31.1
100	20	10	10	70	9 640	−31.1
10	−20	100	10	−111	10 398	−142.3
10	−20	100	−10	−111	9 640	−142.3
10	20	100	−10	−70	10 398	31.4
10	20	100	10	−70	9 640	31.4
100	20	100	10	1	1 113	19.3
10	20	100	20	−70	9 271	123.6

7.5.3　再入点迹向和法向误差

如图7-4所示，设再入段航迹方位角为 ψ ，再入点标称经纬度为 (L, B) ，经度误差为 $\mathrm{d}L$ ，纬度误差为 $\mathrm{d}B$ ，得

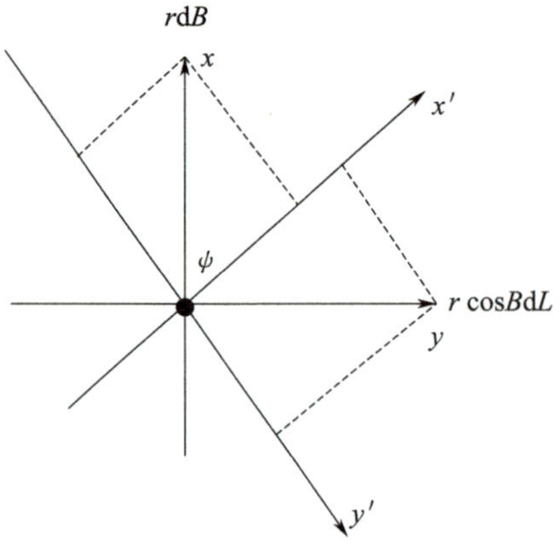

图7-4　再入点迹法向误差计算示意图

$$\begin{bmatrix} \mathrm{d}x \\ \mathrm{d}y \\ 0 \end{bmatrix} = \boldsymbol{A}_Z(\psi) \cdot \begin{bmatrix} r \cdot \mathrm{d}B \\ r \cdot \cos B \cdot \mathrm{d}L \\ 0 \end{bmatrix} \tag{7-202}$$

其中

$$\boldsymbol{A}_Z(\psi) = \begin{bmatrix} \cos\psi & \sin\psi & 0 \\ -\sin\psi & \cos\psi & 0 \\ 0 & 0 & 1 \end{bmatrix}$$

式中　$\boldsymbol{A}_Z(\psi)$——绕 Z 轴转动角度 ψ 转换矩阵。

迹向误差

$$x' = r \cdot \cos B \cdot \mathrm{d}L \cdot \sin\psi + r \cdot \mathrm{d}B \cdot \cos\psi \tag{7-203}$$

法向误差

$$y' = r \cdot \cos B \cdot \mathrm{d}L \cdot \cos\psi - r \cdot \mathrm{d}B \cdot \sin\psi \tag{7-204}$$

7.6　再入返回离轨时机及制动策略

载人飞船等再入返回器在陆地或海上垂直着落，X-37B 等再入返回器可以在着落场定点水平着落，水平定点着落相对垂直着落对再入返回器再入角、再入点至着落点纵程和横程有更严格的要求。再入返回器再入角直接影响再入过程气动加热，再入点至着落点纵程影响末端能量管理及能否无动力到达着落场，侧向机动能力决定最大横程和可返回圈次。

再入返回器离轨再入及着落过程如图 7-5 所示，再入返回器离轨制动研究内容主要包括再入轨迹参数、离轨时机和控制策略。

再入轨迹参数包括过渡轨道、再入角、再入点至着落点横程和纵程、再入走廊等，这些参数需要结合再入返回器升阻比、水平/垂直着落等要求确定。文献 [1] 针对再入角和再入点位置给定条件下的空天再入返回器过渡段轨道设计问题，推导了由给定再入角解析计算初始航迹角的公式，进而可用初始航迹角由极坐标系下的转移轨道速度计算公式直接求出所需的离轨制动脉冲；并以初始轨道飞行弧段对应的地心角为迭代变量，采用黄金分割法迭代求解出转移时间最短和燃料消耗最少过渡轨道对应的制动点位置。文献 [2] 对最佳离轨制动、离轨机动和大气入口点再入角的确定进行了分析；并分析了切线制动和非切线制动的再入轨道特点，以及再入角的最佳控制范围。文献 [3] 采用遗传算法与经典优化方法相结合的组合优化策略求解天基对地打击武器的最优过渡轨道，克服传统优化方法对初值的敏感问题。文献 [4] 采用双倾角条带覆盖方式解决了传统天基对地打击部署方法的不均匀问题，在满足全球覆盖性的同时提高了对重点区域的覆盖重数。文献 [5] 提出了一种基于割线法的标准轨迹快速生成方法，在已知再入过程约束和端点约束的前提下，使可重复使用飞行器满足航程和终端点速度要求。

离轨时机需要在再入角、再入点至着落点横程等约束下，分析再入返回可行性及回归

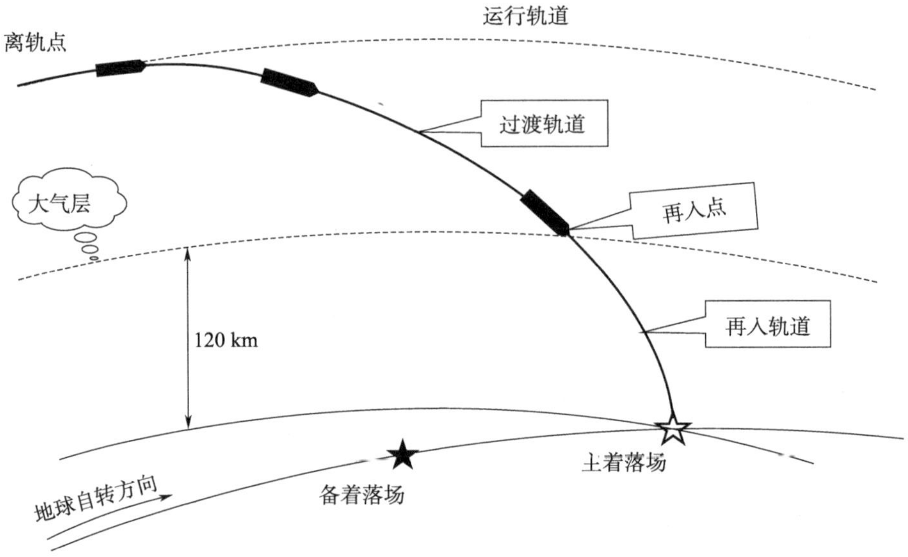

图 7-5　再入返回器离轨再入及着落过程

性，并选择合适的返回圈次，文献［6］针对离轨段轨道设计中飞行器需周期性满足离轨点要求的问题，提出了一种具有一定回归周期的回归轨道设计方法。

控制策略需要确定离轨制动点纬度幅角、离轨制动速度方向及速度增量、再入轨迹控制等，文献［7］研究了飞船离轨返回制动段的制导方法，提出了一种基于再入点速度倾角偏差的制动发动机关机方法，比按标准关机时间关机和按标准关机速度关机纵横程偏差小。文献［8］利用 hp 自适应伪谱法，以燃料最省为优化指标，采用可调推力制动时，飞行器过渡段飞行时间更长，燃料消耗相对较小；在时间最短指标要求下，可调推力制动虽消耗大量燃料，但能大大缩短过渡段飞行时间，有利于航天器在执行紧急任务时的快速返回。文献［9］对航天器在有限推力作用下的“推-滑-推-滑”离轨轨道制导问题进行了研究，得到了首次制动时推力方向始终与速度方向相反，二次制动根据制导方程进行导引的轨道形式，解决了单次“推-滑”无法实现的离轨制导问题。文献［10］针对使用固体火箭发动机的航天器离轨制动问题，提出了将速度增益制导与随机剩余燃料耗散相结合的混合制导方法，通过攻角方向切换来控制随机剩余燃料对离轨制动的影响。文献［11］提出了一种最优预测校正制导方法，将制导问题转换为不需要积分弹道的最优规划问题，利用 Gauss 伪谱法设计了航路点间分段优化的伪谱自适应鲁棒再入制导律，提高再入制导的适应性和鲁棒性。

本节研究离轨时机和离轨控制策略，首先基于再入轨迹分析和着落点经纬度，估计再入轨道最优升交点地理经度；接着基于横程误差计算返回圈升交点地理经度范围，并通过推算升交点地理经度优选离轨时机；最后基于地固系下再入角估计惯性系下速度倾角，由再入点经纬高和速度倾角推算离轨制动时刻及速度增量，并通过迭代修正生成离轨制动策略。

7.6.1　估计再入轨道升交点地理经度

7.6.1.1　再入轨迹分析及纵横程计算

以升轨再入返回为例，再入轨迹如图 7－6 所示，再入轨迹有两条，即轨迹一 B_1C 和轨迹二 B_2C。轨迹一 B_1C 基本沿轨道面再入，轨迹二 B_2C 在着落场纬度附近基本沿纬度圈再入。

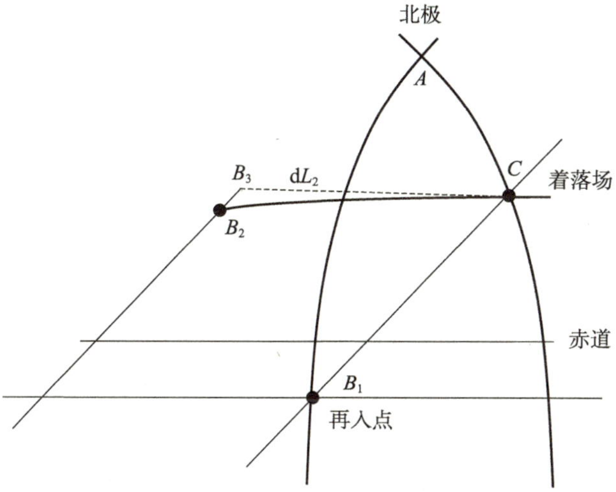

图 7－6　升轨再入返回可能轨迹示意图

以再入轨迹 B_1C 为例进行纵横程计算，如图 7－7 所示，其中 dS 为纵程距离，dY 为横程距离。$(L_f,\ \lambda_f)$ 为着落场经纬度，$(L_r,\ \lambda_r)$ 为再入点经纬度，ψ 为再入点方位角，ψ_0 为着落场相对于再入点的方位角，$d\psi$ 为再入点方位角相对于着落场方位角的偏差，u 为着落场至再入点大圆弧距，dL 为着落场与再入点经度差。

令 $\lambda_{fs}=\pi/2-\lambda_f$ 为着落场余纬，$\lambda_{rs}=\pi/2-\lambda_r$ 为再入点余纬，由球面三角形 AB_1C 求得

$$\cos u=\cos\lambda_{fs}\cdot\cos\lambda_{rs}+\sin\lambda_{fs}\cdot\sin\lambda_{rs}\cdot\cos dL \tag{7-205}$$

$$\sin\psi_0=\sin\lambda_{fs}\cdot\sin dL/\sin u \tag{7-206}$$

$$\cos\psi_0=(\cos\lambda_{fs}\cdot\sin\lambda_{rs}-\sin\lambda_{fs}\cdot\cos\lambda_{rs}\cdot\cos dL)/\sin u \tag{7-207}$$

由式（7－206）和式（7－207）求得

$$\psi_0=\arctan2\left(\frac{\sin\lambda_{fs}\cdot\sin dL/\sin u}{(\cos\lambda_{fs}\cdot\sin\lambda_{rs}-\sin\lambda_{fs}\cdot\cos\lambda_{rs}\cdot\cos dL)/\sin u}\right) \tag{7-208}$$

其中

$$\sin u=\sqrt{1-\cos^2 u}$$

求得方位误差

$$d\psi=\psi-\psi_0 \tag{7-209}$$

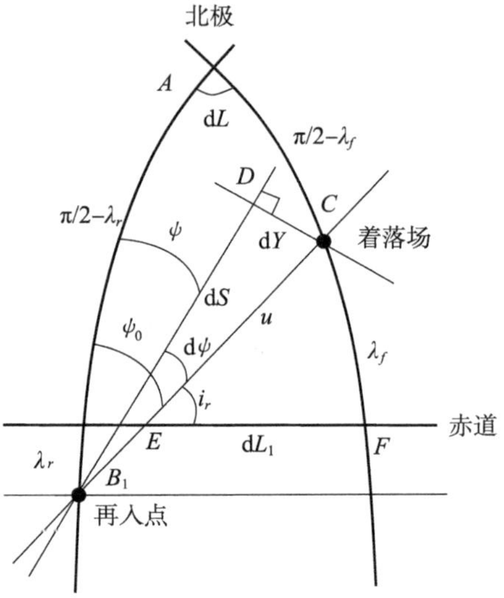

图 7-7 升轨再入返回纵程和横程

由球面直角三角形 B_1CD 求得纵程 dS 如下：

$$\mathrm{d}S=\arctan 2\left(\frac{\sin u\cdot\cos\mathrm{d}\psi}{\cos u}\right)\tag{7-210}$$

再由球面直角三角形 B_1CD 得

$$\sin\mathrm{d}Y=\sin u\cdot\sin\mathrm{d}\psi\tag{7-211}$$

$$\cos\mathrm{d}Y=\cos u/\cos\mathrm{d}S\tag{7-212}$$

求得横程 dY 如下：

$$\mathrm{d}Y=\arctan 2\left(\frac{\sin u\cdot\sin\mathrm{d}\psi}{\cos u/\cos\mathrm{d}S}\right)\tag{7-213}$$

其中，顺着飞行方向左侧横程为负，右侧横程为正。

7.6.1.2 最优升交点地理经度估算

横程为0的再入轨道升交点为最优升交点，对于再入轨迹一 B_1C，如图7-7所示，着落场相对最优升交点经度差为 dL_1，由球面直角三角形 CEF 求得 dL_1

$$dL_1=\arcsin\left(\frac{\tan\lambda_f}{\tan i_r}\right)\tag{7-214}$$

式中 i_r ——再入轨道倾角。

求得最优升交点地理经度 Ω_{e1}

$$\Omega_{e1}=L_f-\mathrm{d}L_1\tag{7-215}$$

式中 L_f ——着落场地理经度。

对于再入轨迹二 B_2C，可以根据纵程近似求取最佳升交点地理经度，设再入轨迹沿着落场纬度圈飞行，如图7-6中的虚线所示，再入点 B_2 可近似为 B_3，B_3 相对着落场的经度差 dL_2

$$dL_2 = \frac{dS_0}{\cos\lambda_f} \tag{7-216}$$

式中　dS_0——纵程标称值；

λ_f——着落场地理纬度。

将 B_3 看作着落场，类似再入轨迹 B_1C，近似求得再入轨迹二 B_2C 的最优升交点地理经度 Ω_{e2}

$$\Omega_{e2} \approx \Omega_{e1} - dL_2 = L_f - dL_1 - dL_2 \tag{7-217}$$

7.6.2　离轨时机优选

7.6.2.1　基于最大横程估计升交点地理经度范围

设再入返回器横程最大机动能力为 dY_m，如图 7－8 所示，由球面直角三角形 EDF 可求得升交点地理经度范围 dL_e：

$$dL_e = \arctan(\tan(dY_m) \cdot \sin i_r) \tag{7-218}$$

式中　i_r——再入轨道倾角。

考虑最优升交点地理经度估算误差，实际应用中 dL_e 要适度放宽。

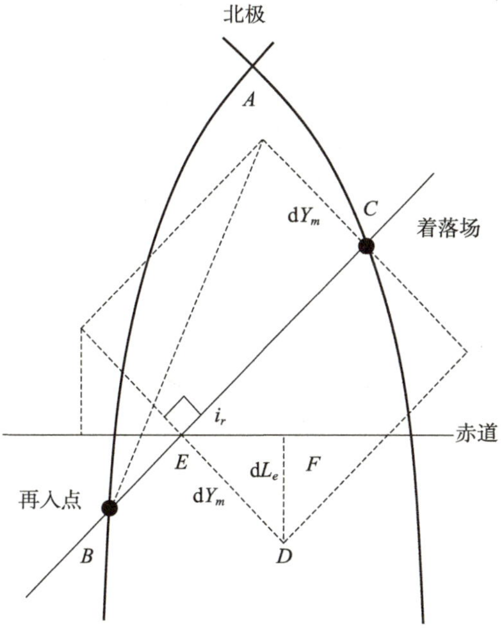

图 7－8　升交点地理经度范围

7.6.2.2　升交点地理经度推算及离轨时机优选

设当前轨道平根半长轴为 a_0、倾角为 i_0、偏心率为 e_0，求得轨道升交点赤经漂移角速率 $\dot{\Omega}$

$$\dot{\Omega} = -c_1 \cdot n \cdot \cos i_0 / (1 - e_0^2)^2 \tag{7-219}$$

其中，$c_1 = 1.5 \cdot \frac{J_2}{a_0^2} \cdot R_e^2$；$n = \sqrt{\frac{\mu}{a_0^3}}$ 为轨道角速率；J_2 为地球非球形摄动系数；R_e 为地球半径。

轨道升交点地理经度漂移角速率 $\dot{\Omega}_e$

$$\dot{\Omega}_e = \dot{\Omega} - \omega_e \tag{7-220}$$

式中　ω_e ——地球自转角速率。

设当前轨道纬度幅角为 u，求得当前轨道位置第一次到达升交点时间 $\mathrm{d}t_1$ 为

$$\mathrm{d}t_1 = \frac{u}{n} \tag{7-221}$$

第一次到达升交点后再过 N 轨，即到达 $N+1$ 个升交点时间 $\mathrm{d}t$ 为

$$\mathrm{d}t = \mathrm{d}t_1 + N \cdot \frac{2\pi}{n} \tag{7-222}$$

设当前轨道位置地理经度为 L_{e0}，则到达 $N+1$ 个升交点位置地理经度 L_e 为

$$L_e = L_{e0} + \dot{\Omega}_e \cdot \mathrm{d}t \tag{7-223}$$

对于图 7-6 中再入轨迹一 B_1C，可离轨圈次判别条件如下：

$$|L_e - \Omega_{e1}| \leqslant \mathrm{d}L_e \tag{7-224}$$

对于图 7-6 中再入轨迹二 B_2C，可离轨圈次判别条件如下：

$$|L_e - \Omega_{e2}| \leqslant \mathrm{d}L_e \tag{7-225}$$

从当前轨道位置到未来 $N+1$ 个升交点之间，优选升交点地理经度相对最优升交点地理经度偏差较小的圈次进行离轨制动，再入返回横程较小。

7.6.3　离轨制动策略生成及迭代修正

7.6.3.1　基于地固系再入角估算惯性系速度倾角

再入返回考虑气动加热特性，将标称再入角定义在地固系，而轨道推算在惯性系，需要将地固系下定义的再入角转换成惯性系下速度倾角。

设离轨制动后再入轨道半长轴为 a_r，再入点高度为 h_r，根据活力公式求得再入点相对惯性系速度 v_{ri}

$$v_{ri} = \sqrt{\frac{2\mu}{R_e + h_r} - \frac{\mu}{a_r}} \tag{7-226}$$

式中　μ ——地球引力常数。

如图 7-9 所示，设惯性系下再入点标称速度倾角为 θ_{ri}，求得轨道面内水平方向速度 v_{xi} 和地心方向速度 v_{zi}

$$v_{xi} = v_{ri} \cdot \cos\theta_{ri} \tag{7-227}$$

$$v_{zi} = v_{ri} \cdot \sin\theta_{ri} \tag{7-228}$$

由式（7-228）求得地固系下轨道面内水平方向速度 v_{xe}

$$v_{xe} = v_{xi} - v_e = v_{ri} \cdot \cos\theta_{ri} - v_e \tag{7-229}$$

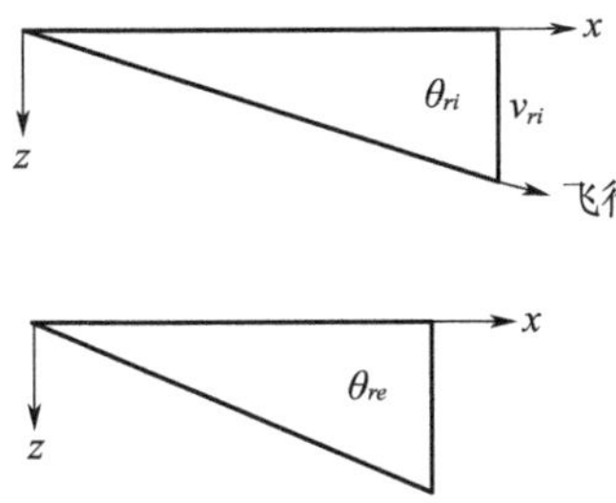

图 7－9　惯性系速度倾角和地固系再入角

其中，v_e 为地速在轨道面内水平方向的分量，可以根据再入点纬度和轨迹方位角估算。

如图 7－9 所示，设地固系下标称再入角为 θ_{re}，由式（7－229）求得地心方向速度 v_{ze}

$$v_{ze} = v_{xe} \cdot \tan\theta_{re} = (v_{ri} \cdot \cos\theta_{ri} - v_e) \cdot \tan\theta_{re} \tag{7-230}$$

惯性系和地固系下地心方向速度相等，即 $v_{zi} = v_{ze}$；再入角较小，$\cos\theta_{ri} \approx \cos\theta_{re} \approx 1$，由式（7－228）和式（7－230）求得 θ_{ri}

$$\theta_{ri} \approx \arcsin\left(\frac{(v_{ri} - v_e) \cdot \tan\theta_{re}}{v_{ri}}\right) \tag{7-231}$$

定点水平着落再入返回速度倾角一般在－1°左右，根据式（7－231）估算惯性系速度倾角与地固系再入角偏差约为 0.005°。

7.6.3.2　再入返回轨道半长轴及偏心率计算

再入轨道速度倾角 θ_i 可以根据地心距 r 求得

$$\cos\theta_i = \sqrt{\frac{a_r^2(1-e_r^2)}{r(2a_r - r)}} \tag{7-232}$$

式中　a_r ——再入轨道半长轴；

e_r ——再入轨道偏心率。

再入轨道离轨制动点处速度倾角 θ_{bi} 可通过下式求得

$$r_b(2a_r - r_b)\cos^2\theta_{bi} = a_r^2(1-e_r^2) \tag{7-233}$$

式中　r_b ——离轨制动点处地心距。

再入点处速度倾角 θ_{ri}

$$r_r(2a_r - r_r)\cos^2\theta_{ri} = a_r^2(1-e_r^2) \tag{7-234}$$

式中　r_r ——再入点处地心距，$r_r = R_e + h_r$。

求得再入轨道半长轴 a_r

$$a_r = \frac{r_r^2\cos^2\theta_{ri} - r_b^2\cos^2\theta_{bi}}{2(r_r\cos^2\theta_{ri} - r_b\cos^2\theta_{bi})} \tag{7-235}$$

初始迭代：$\theta_{b0} = 0$，$r_b = a_0$

由活力公式求得离轨制动后速度 v_b

$$v_b = \sqrt{\frac{2\mu}{r_b} - \frac{\mu}{a_r}} \tag{7-236}$$

再入轨道半通径 p_r

$$p_r = \frac{h_r^2}{\mu} \tag{7-237}$$

式中　h_r ——再入轨道动量矩，$h_r = r_b \cdot v_b$ 。

求得再入轨道偏心率 e_r

$$e_r = \sqrt{1 - \frac{p_r}{a_r}} \tag{7-238}$$

7.6.3.3　离轨制动速度增量及制动点纬度幅角推算

设离轨制动前速度为 v_0

$$v_0 = \sqrt{\frac{2\mu}{r_b} - \frac{\mu}{a_0}} \tag{7-239}$$

式中　a_0 ——离轨制动前轨道半长轴。

采用省推进剂的水平面内反推制动，求得离轨制动速度增量 Δv

$$\Delta v = (v_0 - v_b) \cdot \cos\theta_{bi} \tag{7-240}$$

再入轨道离轨制动点处真近点角 f_b

$$f_b = \arccos\left(\frac{p_r}{r_b e_r} - \frac{1}{e_r}\right) \tag{7-241}$$

再入点处真近点角 f_r

$$f_r = \arccos\left(\frac{p}{r_r e} - \frac{1}{e}\right) \tag{7-242}$$

离轨制动点至再入点真近点角差 $\mathrm{d}f_{rb}$

$$\mathrm{d}f_{rb} = f_r - f_b \tag{7-243}$$

其中

$$\mathrm{d}f_{rb} \in [0, 2\pi)$$

根据着落点纬度 λ_f 及轨道倾角 i_r ，可求得再入轨道在着落点处纬度幅角 u_f

$$u_f = \arcsin\left(\frac{\sin\lambda_f}{\sin i_r}\right) \tag{7-244}$$

考虑优选再入时机后方位角偏差为小量，即 $\mathrm{d}\psi \approx 0$，由式（7-210）及纵程标称值 $\mathrm{d}S_0$，可求得再入点相对着落点纬度幅角差 $\mathrm{d}u_{fr}$

$$\mathrm{d}u_{fr} = u_f - u_r \approx \mathrm{d}S_0 \tag{7-245}$$

由式（7-244）可求得再入点处纬度幅角 u_r

$$u_r = u_f - \mathrm{d}u_{fr} = \arcsin\left(\frac{\sin\lambda_f}{\sin i}\right) - \mathrm{d}S_0 \tag{7-246}$$

由式（7-243）和式（7-245）可估计离轨制动点处纬度幅角 u_b

$$u_b = u_r - \mathrm{d}u_{rb} \approx u_r - \mathrm{d}f_{rb} \tag{7-247}$$

7.6.3.4　推算初始化及迭代修正

式（7-235）中 r_b 初值可设为离轨制动前轨道半长轴 a_0，θ_b 可设为 0，根据式（7-

247）估计出离轨制动点处纬度幅角 u_b 后进一步迭代修正 r_b 和 θ_b 。

根据离轨制动策略中的离轨制动点纬度幅角和制动速度增量计算再入角及纵横程，再基于纵程及再入角偏差迭代修正离轨制动纬度幅角和制动速度增量，优化离轨制动策略。

7.6.4　再入返回离轨时机及制动策略仿真验证

设 2008 年 11 月 7 日北京时 16：00：00 飞行器离轨制动前轨道高度 400 km，偏心率 0.003，倾角 48°，近地点幅角 0°，升交点赤经 328.72°，平近点角 161.18°。

再入点高度 120 km，再入点地固系速度倾角标称值−1.1°，纵程标称值8 000 km，最大横程 600 km。三天内离轨时机及制动策略见表 7－2，三天内有 5 次离轨机会，其中轨迹一 3 次，轨迹二 2 次，轨迹二所需速度增量大于轨迹一，第 2 天第 35 轨离轨横程误差最小。

表 7－2　三天内离轨时机及制动策略

离轨天数/圈次	制动点纬度幅角	制动速度增量	纵程误差	横程误差	速度倾角误差	再入轨迹
1/4	205.1°	86.12 m/s	−267 km	433 km	0.001 1°	轨迹一
2/20	213.0°	87.24 m/s	−321 km	−335 km	0.000 6°	轨迹一
2/23	276.0°	99.74 m/s	371 km	−317 km	0.000 8°	轨迹二
3/35	200.6°	86.09 m/s	−28 km	−5 km	−0.001 0°	轨迹一
3/39	281.3°	100.7 m/s	33 km	459 km	0.000 2°	轨迹二

基于着落点经纬度、再入点至着落点纵程要求和再入返回器机动能力决定的最大横程约束，计算两种再入返回轨迹再入点经度和纬度，以及估算当前轨道可离轨时机；结合再入返回器对再入点高度和再入角的要求，以及离轨制动前轨道，推算离轨制动后过渡轨道半长轴、偏心率、离轨制动时纬度幅角及速度增量，通过迭代修正生成的离轨制动策略，并经算例仿真验证。

7.7　基于再入误差预测精确返回控制

现有的飞船等再入返回器允许的着落点误差范围较宽，其对离轨制动及到达再入点的精度要求不高，随着 X37B 等类似飞机定点水平着落再入返回器的出现，离轨制动及到达再入点精度直接影响再入返回器能否安全返回。到达再入点精度越高，再入返回器沿着预设再入走廊返回地面的可靠性越高，也可以降低对升阻比的裕度，从而可以减小机翼、方便发射及减轻飞行器重量。

由于当前时刻推算再入点高度需要大量计算，推算得到的再入点高度一般不同于标称值，需要通过迭代逐步收敛到标称高度，迭代算法优劣直接影响计算量。

再入返回器对再入点速度倾角、再入点至着落点纵程和横程都有一定的要求，不同的轨道修正策略再入点速度倾角和纵横程误差不同，轨道修正策略包括速度增量和推力方向，通过轨道修正使飞行器到达再入点的速度倾角及纵横程误差满足工程应用要求。纵程误差和倾角误差都与径向速度增量相关，生成修正策略需要解耦。

本节基于当前轨道和再入点目标参数预测再入点倾角和纵横程误差，并基于再入点误差设计修正控制策略，实现高精度返回控制。

7.7.1 基于再入过渡轨道瞬根推算再入点参数

7.7.1.1 由再入过渡轨道瞬根求平根

再入轨道为非近圆轨道，轨道瞬根与平根相互转换要考虑偏心率较大情况。设当前时刻轨道六要素瞬根分别为半长轴 a 、偏心率 e 、倾角 i 、近地点幅角 ω 、升交点赤经 Ω 、平近点角 M ，轨道瞬根转平根参数 c_1 、c_2 、c_3 估值如下：

$$c_1 = 1.5 \cdot \frac{J_2}{a^2} \cdot R_e^2 \tag{7-248}$$

$$c_2 = \sin^2 i \tag{7-249}$$

$$c_3 = n = \sqrt{\frac{\mu}{a^3}} \tag{7-250}$$

式中　J_2 ——地球非球形引力摄动参数。

轨道瞬根转平根一阶短周期项估值如下：

$$a_s = \frac{J_2 \cdot R_e{}^2}{a} \cdot \left\{(1 - 1.5c_2) \cdot \left[\left(\frac{a}{r}\right)^3 - (1 - e^2)^{-1.5}\right] + 1.5 \cdot \left(\frac{a}{r}\right)^3 \cdot c_2 \cdot \cos 2u\right\} \tag{7-251}$$

$$i_s = 0.25 \cdot c_1 \cdot \sin 2i \cdot \cos 2u / (1 - e^2)^2 \tag{7-252}$$

$$\Omega_s = c_1 \cdot \cos i \cdot [-(f - M) + 0.5 \cdot \sin 2u] / (1 - e^2)^2 \tag{7-253}$$

$$\xi_s = c_1 \cdot \left[\cos u + c_2 \cdot \left(-1.25 \cdot \cos u + \frac{7}{12} \cdot \cos 3u\right)\right] / (1 - e^2)^2 \tag{7-254}$$

$$\eta_s = c_1 \cdot \left[-\sin u + c_2 \cdot \left(1.75 \cdot \sin u - \frac{7}{12} \cdot \sin 3u\right)\right] / (1 - e^2)^2 \tag{7-255}$$

$$\lambda_s = c_1 \cdot [(2 - 2.5 \cdot c_2) \cdot (f - M) + (1.25 \cdot c_2 - 0.5) \cdot \sin 2u] / (1 - e^2)^2 \tag{7-256}$$

其中

$$u = \omega + f, \lambda = \omega + M$$

$$(f - M) \in (-\pi, \pi)$$

$$\xi = e \cdot \cos\omega, \eta = -e \cdot \sin\omega$$

$$e = \sqrt{\xi^2 + \eta^2}, \omega = \arctan\left(\frac{-\eta}{\xi}\right)$$

$$M = E + e \cdot \sin E$$

$$f = 2\arctan\left[\left(\frac{\sqrt{1+e}}{\sqrt{1-e}}\right)\cdot\tan\left(\frac{E}{2}\right)\right]$$

瞬根扣除短周期项，求得轨道六要素平根估值分别为半长轴 a_0 、偏心率 e_0 、倾角 i_0 、近地点幅角 ω_0 、升交点赤经 Ω_0 、平近点角 M_0 ，一次迭代计算轨道瞬根转平根参数 c_1 、c_2 、c_3 如下：

$$c_1 = 1.5\cdot\frac{J_2}{a_0^2}\cdot R_e^2 \tag{7-257}$$

$$c_2 = \sin^2 i_0 \tag{7-258}$$

$$c_3 = n = \sqrt{\frac{\mu}{a_0^3}} \tag{7-259}$$

式中　J_2 ——地球非球形引力摄动参数。

轨道瞬根转平根一阶短周期项如下：

$$a_s = \frac{J_2\cdot R_e{}^2}{a_0}\cdot\left\{(1-1.5c_2)\cdot\left[\left(\frac{a_0}{r}\right)^3-(1-e_0^2)^{-1.5}\right]+1.5\cdot\left(\frac{a_0}{r}\right)^3\cdot c_2\cdot\cos 2u\right\} \tag{7-260}$$

$$i_s = 0.25\cdot c_1\cdot\sin 2i_0\cdot\cos 2u/(1-e^2)^2 \tag{7-261}$$

$$\Omega_s = c_1\cdot\cos i_0\cdot[-(f-M)+0.5\cdot\sin 2u]/(1-e^2)^2 \tag{7-262}$$

$$\xi_s = c_1\cdot\left[\cos u + c_2\cdot\left(-1.25\cdot\cos u+\frac{7}{12}\cdot\cos 3u\right)\right]/(1-e^2)^2 \tag{7-263}$$

$$\eta_s = c_1\cdot\left[-\sin u + c_2\cdot\left(1.75\cdot\sin u-\frac{7}{12}\cdot\sin 3u\right)\right]/(1-e^2)^2 \tag{7-264}$$

$$\lambda_s = c_1\cdot[(2-2.5\cdot c_2)\cdot(f-M)+(1.25\cdot c_2-0.5)\cdot\sin 2u]/(1-e^2)^2 \tag{7-265}$$

瞬根扣除短周期项，求得轨道六要素平根分别为半长轴 a_0 、偏心率 e_0 、倾角 i_0 、近地点幅角 ω_0 、升交点赤经 Ω_0 、平近点角 M_0 。

7.7.1.2　基于轨道平根推算再入点轨道瞬根

设目标再入点北东地坐标系经度 L_0，纬度 B_0，高度 h_0，速度 v_0，方位角 ψ_0，倾角 i_0，估计制动点至再入点时间初值如下：

$$\mathrm{d}t_0 \approx \frac{a-(R_e+h_0)}{v_0\cdot\sin i_0} \tag{7-266}$$

式中　a ——当前时刻轨道瞬根；

R_e ——地球半径。

轨道推算一阶长期项

$$\dot{a}_l = 0 \tag{7-267}$$

$$\dot{e}_l = \dot{i}_l = 0 \tag{7-268}$$

$$\dot{\omega}_l = 0.5c_1\cdot n\cdot(4-5c_2)/(1-e^2)^2 \tag{7-269}$$

$$\dot{\Omega}_l = -c_1 \cdot n \cdot \cos i_0/(1-e^2)^2 \tag{7-270}$$

$$\dot{\lambda}_l = 0.5n \cdot c_1 \cdot \left[(2-3c_2) \cdot \sqrt{1-e^2} + (4-5c_2)\right]/(1-e^2)^2 \tag{7-271}$$

$$\dot{M}_l = n \cdot \left[1 + 0.5c_1 \cdot (2-3c_2)/(1-e^2)^{1.5}\right] \tag{7-272}$$

推算再入点平根如下：

$$a_{r0} = a_0 \tag{7-273}$$

$$e_{r0} = e_0 \tag{7-274}$$

$$i_{r0} = i_0 \tag{7-275}$$

$$\omega_{r0} = \omega_0 + \dot{\omega}_l \cdot \mathrm{d}t_0 \tag{7-276}$$

$$\Omega_{r0} = \Omega_0 + \dot{\Omega}_l \cdot \mathrm{d}t_0 \tag{7-277}$$

$$M_{r0} = M_0 + \dot{M}_l \cdot \mathrm{d}t_0 \tag{7-278}$$

$$Sg_r = Sg_0 + \omega_e \cdot \mathrm{d}t_0 \tag{7-279}$$

式中　Sg_0 ——当前时刻格林尼治恒星时；

　　　Sg_r ——再入时刻格林尼治恒星时。

7.7.1.3　基于轨道瞬根计算再入点轨道根数

类似过渡轨道瞬/平根转换，将再入点轨道六要素平根转换为瞬根分别为半长轴 a_r 、偏心率 e_r 、倾角 i_r 、近地点幅角 ω_r 、升交点赤经 Ω_r 、平近点角 M_r 。

将再入点轨道瞬根转换为 J2000 系位置/速度

$$\boldsymbol{P} = \boldsymbol{R}_z(-\Omega_r)\boldsymbol{R}_x(-i_r)\boldsymbol{R}_z(-\omega_r)\begin{bmatrix}1\\0\\0\end{bmatrix} = \begin{bmatrix}\cos\Omega_r \cdot \cos\omega_r - \sin\Omega_r \cdot \sin\omega_r \cdot \cos i_r \\ \sin\Omega_r \cdot \cos\omega_r + \cos\Omega_r \cdot \sin\omega_r \cdot \cos i_r \\ \sin\omega_r \cdot \sin i_r\end{bmatrix} \tag{7-280}$$

$$\boldsymbol{Q} = \boldsymbol{R}_z(-\Omega_r)\boldsymbol{R}_x(-i_r)\boldsymbol{R}_z(-\omega_r - 90°)\begin{bmatrix}1\\0\\0\end{bmatrix} = \begin{bmatrix}-\cos\Omega_r \cdot \sin\omega_r - \sin\Omega_r \cdot \cos\omega_r \cdot \cos i_r \\ -\sin\Omega_r \cdot \sin\omega_r + \cos\Omega_r \cdot \cos\omega_r \cdot \cos i_r \\ \cos\omega_r \cdot \sin i_r\end{bmatrix} \tag{7-281}$$

$$\boldsymbol{r}_i = a_r(\cos E - e_r) \cdot \boldsymbol{P} + a\sqrt{1-e_r^2}\sin E \cdot \boldsymbol{Q} \tag{7-282}$$

$$\boldsymbol{v}_i = -\frac{a_r^2 \cdot n}{r}\sin E \cdot \boldsymbol{P} + \frac{a_r^2 \cdot n}{r}\sqrt{1-e_r^2}\cos E \cdot \boldsymbol{Q} \tag{7-283}$$

式中　E ——根据轨道要素转换的偏近点角；

　　　n ——轨道角速率；

　　　r ——地心距。

基于再入时刻格林尼治恒星时 Sg_r 将 J2000 系位置/速度 $\boldsymbol{rv}_i$ 转换为 WGS－84 地固系位置/速度 $\boldsymbol{rv}_e$

$$r_e = \boldsymbol{A}_{ei} \cdot \boldsymbol{r}_i \tag{7-284}$$

$$\boldsymbol{v}_e = \boldsymbol{A}_{ei} \cdot \boldsymbol{v}_i + \boldsymbol{B}_{ei} \cdot \boldsymbol{r}_i \tag{7-285}$$

其中

$$\boldsymbol{A}_{ei}=\boldsymbol{EP}\cdot\boldsymbol{ER}\cdot\boldsymbol{NR}\cdot\boldsymbol{PR}\ ;\ \boldsymbol{B}_{ei}=\boldsymbol{EP}\cdot\mathrm{d}\boldsymbol{ER}\cdot\boldsymbol{NR}\cdot\boldsymbol{PR}$$

式中　$\boldsymbol{EP}$——极移矩阵；

$\boldsymbol{ER}$——GAST（格林尼治恒星时）转换矩阵；

$\mathrm{d}\boldsymbol{ER}$—— $\boldsymbol{ER}$ 微分；

$\boldsymbol{NR}$——章动转换矩阵；

$\boldsymbol{PR}$——岁差转换矩阵。

由 WGS－84 地固系位置/速度求得北东地坐标系（NED）再入点经度 L，纬度 B，高度 h，速度 v，方位角 ψ，倾角 θ 如下：

令 x_e，y_e，z_e，v_{xe}，v_{ye}、v_{ze} 为 WGS－84 系下位置和速度。

$$r_e=\sqrt{x_e^2+y_e^2+z_e^2} \tag{7-286}$$

求得

$$\delta=\arcsin\left(\frac{z_e}{r_e}\right) \tag{7-287}$$

$$\alpha=\arctan\left(\frac{y_e}{x_e}\right) \tag{7-288}$$

$$\varphi_d=\arcsin\left\{\frac{R_e}{r_e}\left[f_e\sin(2\delta)+f_e^2\sin(4\delta)\left(\frac{R_e}{r_e}-0.25\right)\right]\right\}+\delta \tag{7-289}$$

经度

$$L=\alpha \tag{7-290}$$

纬度

$$B=\varphi_d \tag{7-291}$$

高度

$$h=r_e-R_e\left[1-f_e\sin^2\delta-\frac{f_e^2}{2}\sin^2 2\delta\left(\frac{R_e}{r_e}-0.25\right)\right] \tag{7-292}$$

地平系下地速矢量

$$\boldsymbol{v}_n=\boldsymbol{A}_{ne}\boldsymbol{v}_e \tag{7-293}$$

其中

$$\boldsymbol{A}_{ne}=\begin{bmatrix}-\sin B\cdot\cos L & -\sin B\cdot\sin L & \cos B\\ -\sin L & \cos L & 0\\ -\cos B\cdot\cos L & -\cos B\cdot\sin L & -\sin B\end{bmatrix}$$

北东地坐标系（X 轴指北，Y 轴指东，Z 轴指向地心），旋转顺序为先方位，再高低，求得速度标量

$$v=\sqrt{v_{xe}^2+v_{ye}^2+v_{ze}^2}=\sqrt{v_{xn}^2+v_{yn}^2+v_{zn}^2} \tag{7-294}$$

航迹方位角

$$\chi=\arctan\left(\frac{v_{yn}}{v_{xn}}\right) \tag{7-295}$$

航迹倾角

$$\gamma = \arcsin\left(\frac{-v_{zn}}{\sqrt{v_{xn}^2 + v_{yn}^2 + v_{zn}^2}}\right) \tag{7-296}$$

7.7.2 基于再入点参数迭代再入点倾角误差和纵横程

7.7.2.1 基于再入点高度差迭代推算再入点参数

基于再入点高度差估计过渡轨道飞行时间误差

$$\Delta \mathrm{d}t \approx \frac{h - h_0}{v_0 \cdot \sin\theta_0} \tag{7-297}$$

如果 $h - h_0$ 大于 10 m

$$\mathrm{d}t_k = \mathrm{d}t_{k-1} + \Delta \mathrm{d}t \tag{7-298}$$

基于修正后的当前时刻至再入点时间长度推算再入点平根如下：

$$a_{r0} = a_0 \tag{7-299}$$

$$e_{r0} = e_0 \tag{7-300}$$

$$i_{r0} = i_0 \tag{7-301}$$

$$\omega_{r0} = \omega_0 + \dot{\omega}_l \cdot \mathrm{d}t_k \tag{7-302}$$

$$\Omega_{r0} = \Omega_0 + \dot{\Omega}_l \cdot \mathrm{d}t_k \tag{7-303}$$

$$M_{r0} = M_0 + \dot{M}_l \cdot \mathrm{d}t_k \tag{7-304}$$

$$Sg_r = Sg_0 + \omega_e \cdot \mathrm{d}t_k \tag{7-305}$$

式中 Sg_0 ——当前时刻格林尼治恒星时；

Sg_r ——再入时刻格林尼治恒星时。

否则停止迭代，基于 $h - h_0$ 修正再入点经度和纬度如下：

$$\mathrm{d}u = v \cdot \cos i \cdot \Delta \mathrm{d}t / R_e \approx v \cdot \Delta \mathrm{d}t / R_e \tag{7-306}$$

$$L = L + \mathrm{d}u \cdot \cos\psi \tag{7-307}$$

$$B = B + \mathrm{d}u \cdot \sin\psi \tag{7-308}$$

7.7.2.2 基于再入点参数计算倾角误差和纵横程

基于再入点参数计算倾角误差如下：

$$\mathrm{d}\theta = \theta - \theta_0 \tag{7-309}$$

如图 7-10 所示，(L_f，B_f) 为着落场经纬度，(L_{zr}，B_{zr}) 为再入点经纬度，ψ 为再入点处方位角，ψ_0 为着落场相对于再入点的方位角，$\mathrm{d}\psi$ 为实际方位角相对于着落场方位角的偏差，u 为着落场至再入点大圆弧距，$\mathrm{d}L$ 为着落场与再入点经度差，$\mathrm{d}S$ 为纵程距离，$\mathrm{d}Y$ 为横程距离。

$B_{fy} = \pi/2 - B_f$ 为着落场余纬，$B_{zry} = \pi/2 - B_{zr}$ 为再入点余纬，由球面三角形 ABC 求得

$$\cos u = \cos B_{fy} \cdot \cos B_{zry} + \sin B_{fy} \cdot \sin B_{zry} \cdot \cos \mathrm{d}L \tag{7-310}$$

式中，u 要进行防除零处理。

$$\sin\psi_f=\sin B_{fy}\cdot\sin dL/\sin u \tag{7-311}$$

$$\cos\psi_f=(\cos B_{fy}\cdot\sin B_{zry}-\sin B_{fy}\cdot\cos B_{zry}\cdot\cos dL)/\sin u \tag{7-312}$$

$$\psi_f=\arctan2\left(\frac{\sin\psi_f}{\cos\psi_f}\right) \tag{7-313}$$

$$d\psi=\psi-\psi_f \tag{7-314}$$

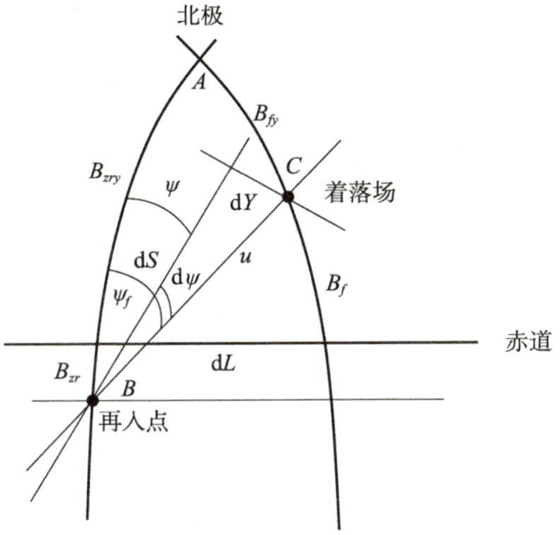

图 7-10　纵横程误差计算示意图

$$\sin dS=\sin u\cdot\cos d\psi \tag{7-315}$$

$$\cos dS=\cos u \tag{7-316}$$

$$dS=\arctan2\left(\frac{\sin dS}{\cos dS}\right)\cdot R_e \tag{7-317}$$

$$dS=\arctan2\left(\frac{\sin u\cdot\cos d\psi}{\cos u}\right)\cdot R_e \tag{7-318}$$

$$\sin dY=\sin u\cdot\sin d\psi \tag{7-319}$$

$$\cos dY=\cos u/\cos dS \tag{7-320}$$

$$dY=\arctan2\left(\frac{\sin dY}{\cos dY}\right)\cdot R_e \tag{7-321}$$

横程左侧为负，右侧为正。

7.7.3　基于纵程和倾角误差计算轨道面内速度修正量

7.7.3.1　基于再入点纵程计算径向速度增量

考虑到飞行器切向速度远大于径向速度，纵程基于径向速度控制，纵程等效飞行时间如下：

$$dt=\frac{dS}{v_0\cdot\cos\theta_0} \tag{7-322}$$

等效飞行时间相应的高度变化如下：

$$dh = v_0 \cdot \sin\theta_0 \cdot dt = dS \cdot \tan\theta_0 \tag{7-323}$$

需要径向速度增量如下：

$$dv_r = \frac{dh}{dt} \tag{7-324}$$

7.7.3.2　基于再入点倾角误差计算切向速度增量

轨道系速度倾角变化率如下：

$$\frac{d\beta}{dt} = \frac{\sqrt{1-e^2}}{n \cdot a(1+e^2+2e \cdot \cos f)}\left[(1+e \cdot \cos f)\frac{F_r}{m} - e \cdot \sin f \cdot \frac{F_t}{m}\right] \tag{7-325}$$

轨道系速度倾角变化量与径向和切向速度增量关系如下：

$$d\beta = \frac{\sqrt{1-e^2}}{n \cdot a(1+e^2+2e \cdot \cos f)}[(1+e \cdot \cos f)dv_r - e \cdot \sin f \cdot dv_t] \tag{7-326}$$

基于轨道系速度倾角近似控制北东地系速度倾角误差 $d\theta$ ，即

$$d\beta \approx d\theta \tag{7-327}$$

求得迹向速度增量如下：

$$dv_t = \frac{1}{e \cdot \sin f}\left[(1+e \cdot \cos f)dv_r - \frac{n \cdot a(1+e^2+2e \cdot \cos f) \cdot d\theta}{\sqrt{1-e^2}}\right] \tag{7-328}$$

7.7.4　基于横程计算轨道面外速度修正量及方向

基于再入点横程误差计算轨道面外速度修正量如下：

$$dv_n = \frac{dY}{dt_k} \tag{7-329}$$

令

$$dv_x = dv_t \tag{7-330}$$

$$dv_y = -dv_n \tag{7-331}$$

$$dv_z = -dv_r \tag{7-332}$$

按先方位后俯仰转序，得到轨道系推力方向如下：

方位角

$$\chi_o = \arctan\left(\frac{dv_y}{dv_x}\right) \tag{7-333}$$

俯仰角

$$\gamma_o = \arcsin\left(\frac{-dv_z}{\sqrt{dv_x + dv_y + dv_z}}\right) \tag{7-334}$$

7.7.5　基于再入误差预测精确返回控制工程应用

基于当前轨道和再入点目标参数预测再入点倾角和纵横程误差，并基于再入点误差设计修正控制策略，实现高精度返回控制。该再入点误差预测及修正控制策略算法简单，易

于工程应用。

7.8　远程快速轨道机动及自主交会控制

组网卫星为了对热点地区高频次观测，需要卫星快速调整相位，必要时需要快速调整轨道倾角，进行快速轨道机动；轨道救援飞行器通过轨道机动，自主逼近故障飞行器，必要时抓捕故障飞行器。

空间站在轨运行需要载人飞船和货船支持，载人飞船和货船发射入轨后需要与空间站交会对接，一般采用 2 天交会模式，如航天飞机和联盟号飞船与国际空间站交会对接。俄罗斯提出了 4 圈快速轨道交会模式，将近地轨道交会对接的任务周期缩短至 6 小时左右，快速交会对接任务周期与初始相位差和速度增量相关，空间站交会对接任务周期还与地面测控相关。

维护飞行器自主交会策略也可以应用于载人飞船、货船等与空间站交会过程，国内外学者对自主轨道交会进行了广泛的研究，文献［12］基于 Lambert 双脉冲的多脉冲快速变轨策略，利用粒子群算法搜到全局最优解的近似解，用序列二次规划算法对全局最优解的近似解进行局部优化，得到精度较高的精确解，用最小二乘法解非线性摄动约束，使用三步串行的混合优化算法得到基于轨道要素的快速交会变轨策略；文献［13］采用幂级数法分别在脉冲推力和常值推力作用两种情况下对系统进行了近似求解，通过对系统解的变换以及对系统状态的重构，给出了大椭圆轨道上的三种交会制导律；文献［14］基于视线制导的开关控制算法进行非合作目标自主交会控制研究；文献［15］建立了共面相位计算模型以及轨道相位、高度和圆化度的多目标参数求解模型，基于定轨误差、轨道控制误差和轨道预报误差的调相时间分析，制定了目标飞行器调相控制策略；文献［16］利用带有时变参数的 Lawden 方程描述椭圆轨道下追踪航天器与目标航天器的相对运动关系，基于鲁棒参数化方法，采用特征结构配置和模型参考跟踪理论设计航天器椭圆轨道自主交会的鲁棒控制律；文献［17］基于 Lambert 飞行时间定理和遗传算法，研究航天器最优脉冲变轨策略，根据脉冲变轨优化的结果，采用迭代制导算法实现脉冲变轨和轨道交会；文献［18］研究了缩短交会任务周期的方法和快速交会对接任务周期范围，分析了快速交会对接相位特性和可行性，并提出应急方案；文献［19］用不确定系统的鲁棒滑模控制方法设计了椭圆轨道自主交会的控制律，并证明了不确定系统为渐进稳定；文献［20］采用模糊/PID混合控制技术，对自主交会逼近段的轨道控制进行研究；文献［21］基于线性矩阵不等式（LMI），在考虑外部扰动的情况下，采用 H_∞ 理论设计自主交会的鲁棒控制律；文献［22］将准最优控制理论用于轨道自主快速交会时线性二次型调节器的设计，并证明了系统的稳定性；文献［23］在四冲量远程交会制导方法建模和分析的基础上，利用混合遗传算法对基于轨道要素的轨道设计进行了优化。

本节给出了维护飞行器与空间站自主交会策略及算法，首先根据导航系统提供的二星半长轴和纬度幅角，自主生成调相轨控策略，包括升降轨策略和目标轨道高度，实时计算喷气控制脉冲宽度，调整半长轴，使二星存在一定的高度差，借助轨道特性使二星接近；接着通过中程捕获和近程交班控制，使维护飞行器悬停伴飞在空间站附近。

7.8.1 远程自主调相策略及算法

根据导航系统提供的二星半长轴和纬度幅角，自主生成调相轨控策略，包括升降轨策略和目标轨道高度，实时计算喷气控制脉冲宽度，调整半长轴，使二星存在一定的高度差，借助轨道特性使二星接近。

设自主交会前跟踪星相对目标星半长轴差为 da_0，纬度幅角差为 $du_0 \in [-\pi \quad \pi)$，根据高度差调整纬度幅角差，自主调相升降轨判别用纬度幅角差 $du_c \in [-\pi \quad \pi)$ 为

$$du_c = \begin{cases} du_0 & da_0 \cdot du_0 > 0 \\ du_0 - k_u \cdot da_0 & da_0 \cdot du_0 \leqslant 0 \end{cases} \tag{7-335}$$

式中　k_u ——半长轴差等效纬度幅角差系数。

如果 $du_c \geqslant 0$，采用升轨调相，du_0 归一化到 $[0 \quad 2\pi)$；如果 $du_c < 0$，采用降轨调相，du_0 归一化到 $(-2\pi \quad 0]$。目标轨道高度调整量 da 为

$$da = k_a \cdot du_0 \tag{7-336}$$

式中　k_a ——纬度幅角差等效半长轴差系数。

跟踪星相对目标星滚动轴位置误差 dr_x 为

$$dr_x = a_{\text{aim}} \cdot du \tag{7-337}$$

式中　a_{aim} ——目标星轨道半长轴；

　　du ——跟踪星相对目标星相位差。

对位置误差 dr_x 滤波求得位置误差滤波值 Δr_x，小相位差时错失交会时机，即 $|\Delta r_x| \geqslant$ 200 km，$\Delta r_x \cdot da < 0$，重新设定目标轨道高度调整量 da

$$da = \text{sign}(\Delta r_x) \cdot da_{\min} \tag{7-338}$$

式中　$da_{\min}$ ——远程调相二星最小半长轴差。

如果 $|\Delta r_x| < 400$ km，且 $\Delta r_x \cdot da \geqslant 0$，远程自主调相结束，轨道高度调整量 da_f 为

$$da_f = \text{sign}(da) \cdot da_{\min} \tag{7-339}$$

跟踪星绕轨道法向旋转二星相位差为 du，坐标旋转后求跟踪星相对目标星俯仰和偏航位置误差 dr_y 和 dr_z，对位置误差 dr_y 和 dr_z 滤波求得位置误差滤波值 Δr_y 和 Δr_z，对位置误差滤波值 Δr_y 和 Δr_z 微分和滤波求得速度误差 Δv_y 和 Δv_z，对偏航速度误差 Δv_z 微分和滤波求得加速度 a_z。

设对 da 进行最大和最小值限幅和滤波后目标轨道高度调整量为 Δa，远程自主调相三轴喷气控制脉冲宽度为

$$T_x = k_{da} \cdot (\Delta r_z + \Delta a) + k_{dz} \cdot \Delta v_z + k_a \cdot a_z \tag{7-340}$$

$$T_y = -k_{dy} \cdot \Delta v_y \tag{7-341}$$

$$T_z = 0 \tag{7-342}$$

式中 k_{da}，k_{dz}，k_a，k_{dy} ——远程自主调相轨控参数。

7.8.2 中程捕获轨控算法

对位置误差 dr_x、dr_y 和 dr_z 滤波求得位置误差滤波值 Δr_x、Δr_y 和 Δr_z，对位置误差滤波值 Δr_x、Δr_y 和 Δr_z 微分和滤波求得速度误差 Δv_x、Δv_y 和 Δv_z，对偏航速度误差 Δv_z 微分和滤波求得加速度 a_z。

远程调相结束，$|\Delta r_x| \leqslant 400$ km，$|\Delta r_z| \leqslant 100$ km，$|\Delta r_x| \leqslant 4|\Delta r_z|$，$\Delta r_x \cdot \Delta r_z < 0$，或 $|\Delta r_x| \leqslant 200$ km 进入中程捕获轨控。

对位置误差 Δr_x 限幅求得位置误差 $\Delta \bar{r}_x$，考虑滚动和偏航之间的耦合，基于偏航轴位置误差 Δr_z 修正滚动轴位置误差，求得滚动轴位置误差修正值 $\Delta \tilde{r}_x$

$$\Delta \tilde{r}_x = \mathrm{sign}(\Delta \bar{r}_x)\sqrt{|\Delta \bar{r}_x|} + \mathrm{sign}(d\hat{r}_{xz})\sqrt{|d\hat{r}_{xz}|} \tag{7-343}$$

其中

$$d\hat{r}_{xz} = \begin{cases} dr_{xz} & |\Delta r_z| \leqslant dr_{z0} \\ k_{pz0} \cdot |\Delta r_z| \cdot \Delta r_z + dr_{xz} & |\Delta r_z| > dr_{z0} \end{cases}$$

$$dr_{xz} = k_{pz} \cdot \Delta r_z + \frac{dr_{x0}}{|\Delta r_x| + dr_{x0}} \cdot \Delta r_x$$

式中 $d\hat{r}_{xz}$ ——滚动和偏航之间的耦合影响项，基于位置误差阈值 dr_{z0} 和 dr_{x0} 自适应修正耦合影响项 dr_{xz}，k_{pz}、k_{pz0} 为位置误差修正参数。

中程捕获轨控三轴喷气控制脉冲宽度为

$$T_x = k_{px} \cdot \Delta \tilde{r}_x + k_{dx} \cdot (k_{dz} \cdot \Delta v_z + \Delta v_x) + k_a \cdot a_z \tag{7-344}$$

$$T_y = -k_{dy} \cdot \Delta v_y \tag{7-345}$$

$$T_z = -k_{xz} \cdot T_x \tag{7-346}$$

其中

$$k_{dx} = \begin{cases} k_{dx0} & \Delta r_x \geqslant dr_{x0} \\ k_{dx1} - k_{dx2} \cdot |\Delta r_x| & \Delta r_x < dr_{x0} \end{cases}$$

k_{px}，k_{dx}，k_{dz}，k_a，k_{dy}，k_{xz}，k_{dx0}、k_{dx1}，k_{dx2} 为中程捕获轨控参数，基于位置误差阈值 dr_{x0} 自适应修正 k_{dx}。

7.8.3 近程交班轨控算法

中程捕获轨控后，$|\Delta r_x| \leqslant 8$ km，$|\Delta r_z| \leqslant 3$ km，$|\Delta v_x| \leqslant 32$ m/s，$|\Delta v_z| \leqslant 8$ m/s 进入近程交班轨控；$|\Delta r_x| \geqslant 12$ km，或 $|\Delta r_z| \leqslant 4.5$ km，或 $|\Delta v_x| \leqslant 48$ m/s，或 $|\Delta v_z| \leqslant 12$ m/s 返回中程捕获轨控。

近程交班轨控三轴喷气控制脉冲宽度为

$$T_x = -k_{px} \cdot \Delta r_x - k_{dx} \cdot \Delta v_x \tag{7-347}$$

$$T_y = -k_{py} \cdot \Delta r_y - k_{dy} \cdot \Delta v_y \tag{7-348}$$

$$T_z = -k_{pz} \cdot (k_{xz} \cdot \Delta r_x + \Delta r_z) - k_{dz} \cdot \Delta v_z \tag{7-349}$$

式中，k_{px}，k_{dx}，k_{py}，k_{dy}，k_{pz}、k_{xz}，k_{dz} 为中程交班轨控参数。

7.8.4 近程悬停伴飞轨控算法

近程交班轨控后，$|\Delta r_x| \leqslant 30$ m，$|\Delta v_x| \leqslant 0.1$ m/s，$|\Delta r_y| \leqslant 30$ m，$|\Delta v_y| \leqslant 0.1$ m/s，$|\Delta r_z| \leqslant 30$ m，$|\Delta v_z| \leqslant 0.1$ m/s，进入近程悬停伴飞轨控；$|\Delta r_x| \geqslant 1$ km，或 $|\Delta v_x| \geqslant 1$ m/s，或 $|\Delta r_y| \geqslant 1$ km，或 $|\Delta v_y| \geqslant 1$ m/s，或 $|\Delta r_z| \geqslant 1$ km，或 $|\Delta v_z| \geqslant 1$ m/s 返回近程交班轨控。

近程悬停伴飞轨控三轴喷气控制脉冲宽度为

$$T_x = -k_{px} \cdot \Delta r_x - k_{dx} \cdot \Delta v_x \tag{7-350}$$

$$T_y = -k_{py} \cdot \Delta r_y - k_{dy} \cdot \Delta v_y \tag{7-351}$$

$$T_z = -k_{pz} \cdot \Delta r_z - k_{dz} \cdot \Delta v_z \tag{7-352}$$

式中，k_{px}，k_{dx}，k_{py}，k_{dy}，k_{pz}，k_{dz} 为近程悬停伴飞轨控参数。

7.8.5 远程自主交会仿真验证

维护飞行器初始轨道参数：

a =6 744.900 km，e =0.003，i =41.48°，Ω =255.65°，ω =300.68°，M =78.36°。

空间站初始轨道参数：

a =6 757.040 km，e =0.001，i =41.467 4°，Ω =255.665 4°，ω =284.994 2°，M = 63.458 4°。

维护飞行器与空间站初始相位差 du =30.844 4°，维护飞行器一天内完成与空间站自主交会。

维护飞行器远程自主交会仿真结果如图 7-11～图 7-14 所示，图 7-11 为远程自主交会相对位置误差曲线，图 7-12 为远程自主交会相对速度误差曲线，图 7-13 为远程自主交会半长轴变化曲线，图 7-14 为远程自主交会轨控速度增量曲线，远程自主交会所需速度增量约为 58 m/s。

本节给出了维护飞行器与空间站自主交会、长期伴飞和防撞控制策略及算法，包括远程自主调相策略及算法、中程捕获轨控算法、近程交班及悬停伴飞轨控算法。根据导航系统提供的二星半长轴和纬度幅角，自主生成调相轨控策略，实时计算喷气控制脉冲宽度，实现维护飞行器与空间站远程自主交会。仿真验证了远程自主交会控制策略及算法的有效性，方法简单，可应用于工程实践。

7.9 近程自主伴飞及防撞控制

类似载人飞船和货船的空间站维护飞行器在空间站轨道上运行，与空间站相距一定的安全相位差，空间站需要维护时，维护飞行器启动自主交会控制，到达空间站附近伴飞，根据空间站指令对空间站绕飞或悬停指向，利用自带相机对空间站外观进行拍照检查。

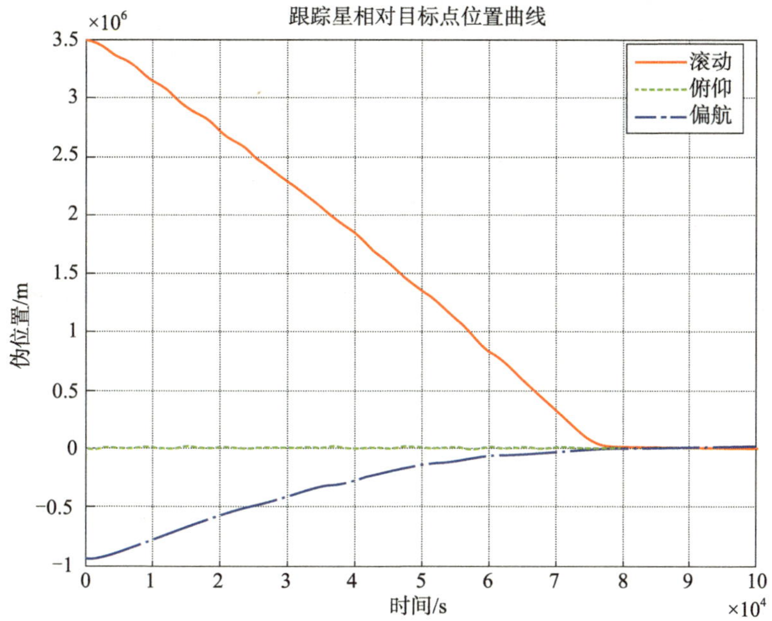

图 7－11　远程自主交会相对位置误差曲线

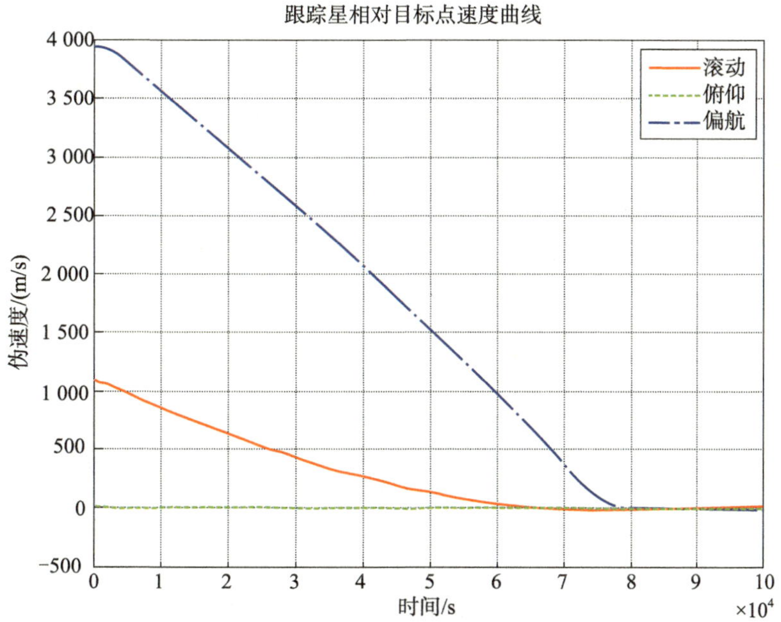

图 7－12　远程自主交会相对速度误差曲线

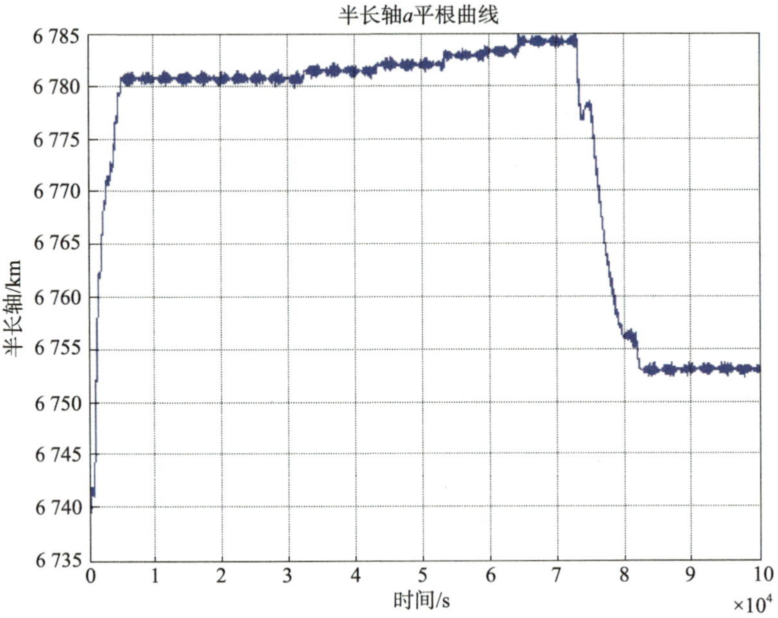

图 7-13 远程自主交会半长轴变化曲线

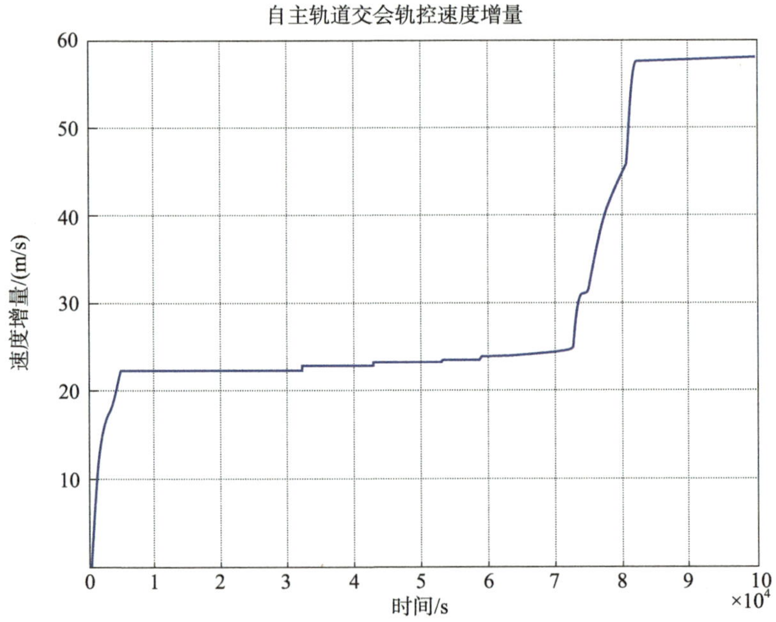

图 7-14 远程自主交会轨控速度增量曲线

一些学者对小速度增量长期伴飞控制进行了研究，文献［24］基于椭圆轨道航天器相对运动方程，推导出周期性相对运动条件，给出了两种稳定伴飞构型，用闭环控制和基于轨道要素的伴飞控制两种方法进行伴飞构型的长期稳定控制；文献［25］基于 Hill 方程和二元函数极值理论，研究共面编队伴飞卫星的最省燃料相位控制策略；文献［26］按照燃料最优原则，利用 Hill 方程推导得到稳态椭圆伴随飞行条件，实现卫星对同一轨道面内，相对距离较远的近圆轨道目标飞行器形成相对椭圆伴飞。

本节给出了维护飞行器与空间站长期伴飞和防撞控制策略及算法，悬停伴飞需要消耗较多的推进剂，近程长期伴飞主要受推进剂耗量约束，要求速度增量尽可能小，需要采取省喷气伴飞轨控算法，另外空间站附近伴飞要有安全防撞措施，基于二星伴飞时滚动和偏航之间的耦合关系，设计了省喷气长期伴飞及防撞控制策略。

7.9.1 近程长期伴飞轨控算法

近程长期伴飞主要受推进剂耗量约束，要求速度增量尽可能小，需要采取省喷气伴飞轨控算法。

设跟踪星相对目标星位置为 $\Delta \boldsymbol{r}_a = [\Delta r_{xa} \quad \Delta r_{ya} \quad \Delta r_{za}]^{\mathrm{T}}$ ，伴飞点为 $\mathrm{d}\boldsymbol{r}_{\mathrm{aim}}$ ，则跟踪星相对伴飞点位置误差 $\Delta \boldsymbol{r}$ 为

$$\Delta \boldsymbol{r} = \Delta \boldsymbol{r}_a - \mathrm{d}\boldsymbol{r}_{\mathrm{aim}} = [\Delta r_x \quad \Delta r_y \quad \Delta r_z]^{\mathrm{T}} \tag{7-353}$$

对跟踪星相对伴飞点位置误差 $\Delta \boldsymbol{r}$ 滤波和微分求得跟踪星相对伴飞点速度误差为 $\Delta \boldsymbol{v} = [\Delta v_x \quad \Delta v_y \quad \Delta v_z]^{\mathrm{T}}$ 。

跟踪星相对伴飞点俯仰位置误差为 Δr_y ，速度误差为 Δv_y ，为防止过控，对位置/速度误差进行限幅，设对 $\Delta r_y / \Delta v_y$ 限幅后位置/速度误差为 $\Delta \bar{r}_y / \Delta \bar{v}_y$ ，则俯仰轴伴飞喷气控制脉冲宽度 T_y 为

$$T_y = -k_{py} \cdot \Delta \bar{r}_y - k_{dy} \cdot \Delta \bar{v}_y \tag{7-354}$$

式中　k_{py} ——伴飞俯仰轴位置误差控制系数；

　　k_{dy} ——伴飞俯仰轴速度误差控制系数。

滚动和偏航存在耦合，设跟踪星相对伴飞点滚动和偏航位置误差为 Δr_x 和 Δr_z 、速度误差为 Δv_x 和 Δv_z ，为防止过控，对位置/速度误差进行限幅，设对 $\Delta r_x / \Delta v_x$ 、$\Delta r_z / \Delta v_z$ 限幅后位置/速度误差为 $\Delta \bar{r}_x / \Delta \bar{v}_x$ 和 $\Delta \bar{r}_z / \Delta \bar{v}_z$ ，则偏航轴和滚动轴伴飞喷气控制脉冲宽度 T_z 和 T_x 为

$$T_z = -k_{pz} \cdot (\Delta \bar{r}_z + k_{p\_xz} \cdot \Delta \bar{r}_x) - k_{dz} \cdot \Delta \bar{v}_z \tag{7-355}$$

$$T_x = \begin{cases} T_{x1} & |T_z| < T_{\min}，或 T_z \cdot T_{x1} > 0 \\ -T_z & |T_z| \geqslant T_{\min}，且 T_z \cdot T_{x1} \leqslant 0 \end{cases} \tag{7-356}$$

其中

$$T_{x1} = \begin{cases} -T_z - k_{dx} \cdot \Delta \bar{v}_x & \Delta r_x < \mathrm{d}r_{x0} \\ -T_z & \Delta r_x \geqslant \mathrm{d}r_{x0} \end{cases}$$

式中　k_{pz} ——伴飞偏航轴位置误差控制系数；

　　k_{p_xz} ——伴飞滚动轴和偏航轴位置误差耦合系数；

　　k_{dz} ——伴飞偏航轴速度误差控制系数；

　　k_{dx} ——伴飞滚动轴速度误差控制系数；

T_{min} ——喷气死区；

dr_{x0} ——滚动轴相对位置误差判别阈值。

对输出喷气 $T=[T_x \quad T_y \quad T_z]^T$ 进行限幅和每轴喷气输出后停控 n 拍。

7.9.2 近程防撞轨控算法

自主交会和伴飞控制过程要防止与空间站相撞，设跟踪星相对目标星位置为 $\Delta \boldsymbol{r}_a = [\Delta r_{xa} \quad \Delta r_{ya} \quad \Delta r_{za}]^T$，设置防撞启动距离 $d\boldsymbol{r}_{start}$，$\|\Delta \boldsymbol{r}_a\| = \sqrt{\Delta r_{xa}^2 + \Delta r_{ya}^2 + \Delta r_{za}^2} \leqslant dr_{start}$ 进入防撞控制。

根据 Δr_x 和 Δr_z 设置防撞控制伴飞点 $d\boldsymbol{r}_{aim}$

$$d\boldsymbol{r}_{aim} = \begin{cases} 2\text{sign}(\Delta r_{xa}) \cdot dr_{stop} \cdot [1 \quad 0 \quad 1]^T & |\Delta r_{xa}| > |\Delta r_{za}| \\ 2\text{sign}(\Delta r_{za}) \cdot dr_{stop} \cdot [1 \quad 0 \quad 1]^T & |\Delta r_{xa}| \leqslant |\Delta r_{za}| \end{cases} \tag{7-357}$$

式中 dr_{stop} ——停止防撞控制距离。

跟踪星相对防撞伴飞点位置误差为

$$\Delta \boldsymbol{r} = \Delta \boldsymbol{r}_a - d\boldsymbol{r}_{aim} = [\Delta r_x \quad \Delta r_y \quad \Delta r_z]^T \tag{7-358}$$

设对 $\Delta r_x/\Delta v_x$ 、$\Delta r_z/\Delta v_z$ 限幅后位置/速度误差为 $\Delta \bar{r}_x/\Delta \bar{v}_x$ 和 $\Delta \bar{r}_z/\Delta \bar{v}_z$，防撞采用 PD 控制，俯仰轴停控，防撞喷气控制脉冲宽度为

$$T_x = -k_{px} \cdot \Delta \bar{r}_x - k_{dx} \cdot \Delta \bar{v}_x \tag{7-359}$$

$$T_y = 0 \tag{7-360}$$

$$T_z = -k_{pz} \cdot \Delta \bar{r}_z - k_{dz} \cdot \Delta \bar{v}_z \tag{7-361}$$

式中 k_{px} ——防撞滚动轴位置误差控制系数；

k_{dx} ——防撞滚动轴速度误差控制系数；

k_{pz} ——防撞偏航轴位置误差控制系数；

k_{dz} ——防撞偏航轴速度误差控制系数。

7.9.3 近程长期伴飞仿真验证

维护飞行器初始轨道参数：

a =6 757.040 km，e =0.003，i =41.467 4°，Ω =255.665 4°，ω =284.994 2°，M = 63.373 6°。

空间站初始轨道参数：

a =6 757.040 km，e =0.003，i =41.467 4°，Ω =255.665 4°，ω =284.994 2°，M = 63.458 4°。

维护飞行器与空间站初始相位差 du =−0.008 51°，伴飞点为空间站后方 10 km，维护飞行器与空间站自主伴飞一天。

维护飞行器近程伴飞仿真结果如图 7-15～图 7-19 所示，图 7-15 为近程伴飞相对位置误差曲线，图 7-16 为近程伴飞滚动和偏航位置误差相位图，图 7-17 为近程伴飞相对速度误差曲线，图 7-18 为近程伴飞滚动和偏航速度误差相位图，图 7-19 为近程伴飞

轨控速度增量曲线，近程伴飞一天所需速度增量小于 0.25 m/s。

近程长期伴飞要求速度增量尽可能小，空间站附近伴飞要有安全防撞措施，基于二星伴飞时滚动和偏航之间的耦合关系，设计了省喷气长期伴飞及防撞控制策略。

仿真验证了长期伴飞控制策略及算法的有效性，方法简单，可应用于工程实践。

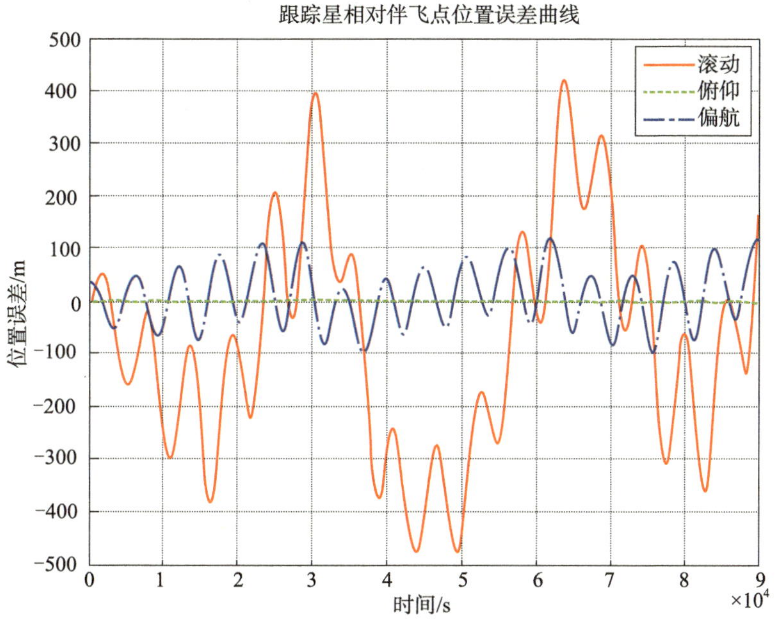

图 7-15　近程伴飞相对位置误差曲线

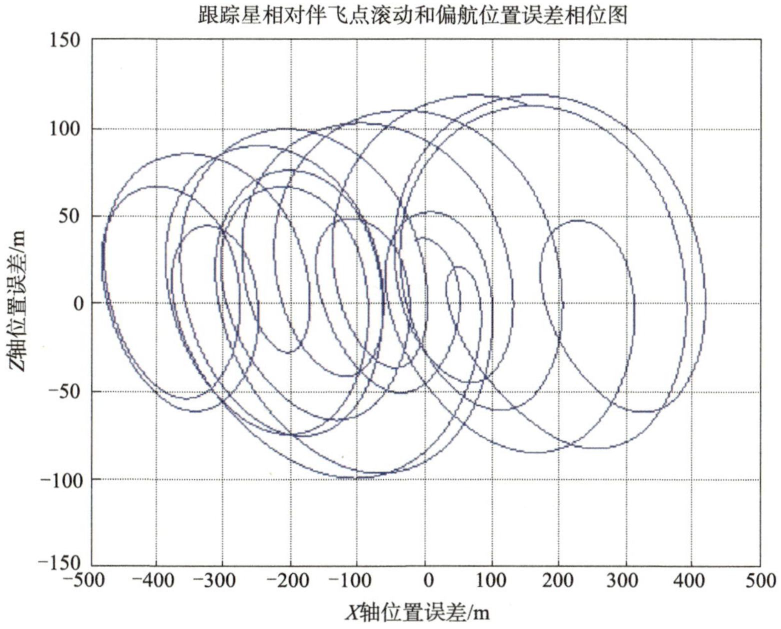

图 7-16　近程伴飞滚动和偏航位置误差相位图

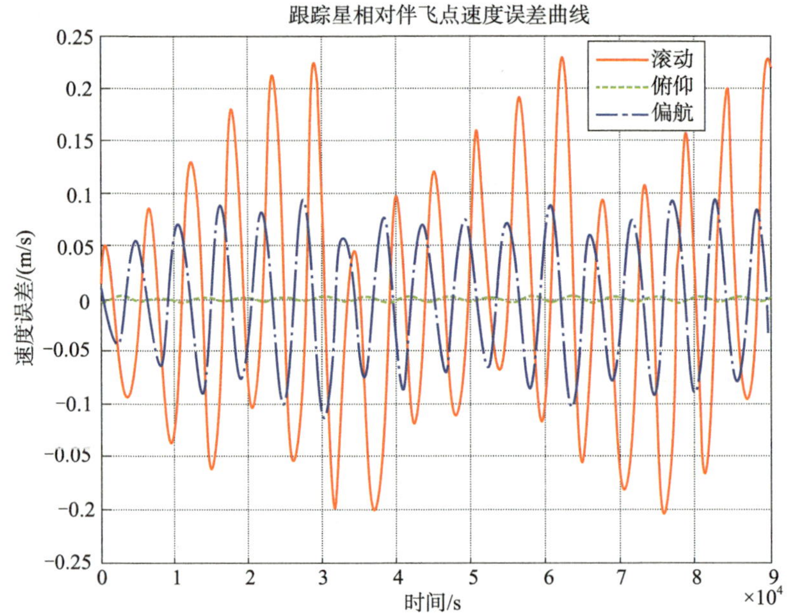

图 7-17　近程伴飞相对速度误差曲线

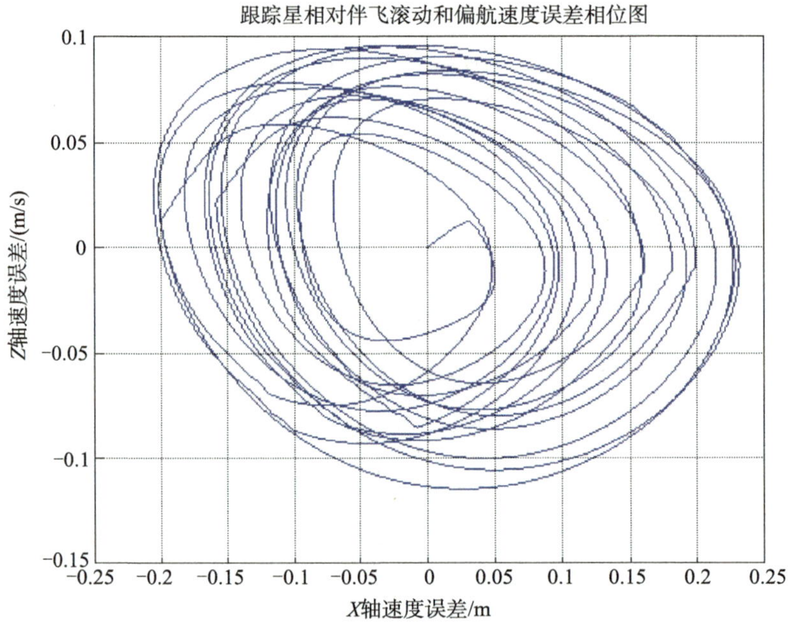

图 7-18　近程伴飞滚动和偏航速度误差相位图

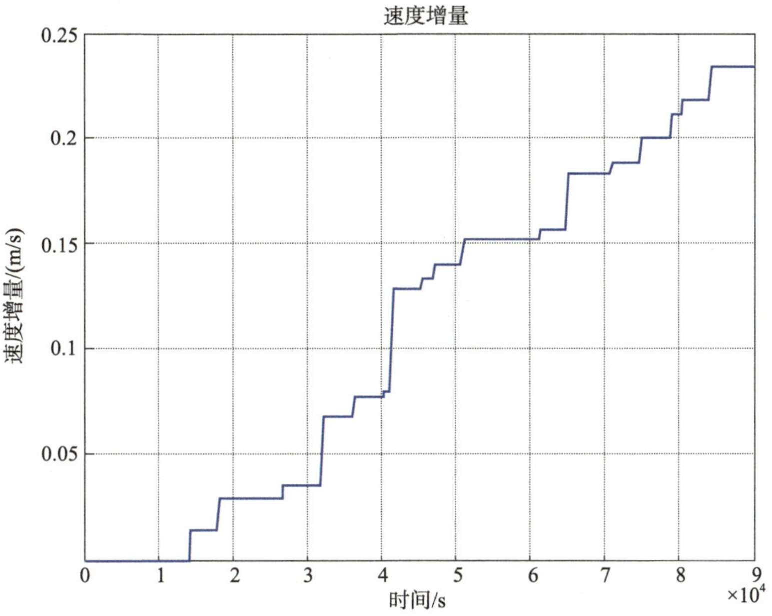

图 7-19　近程伴飞轨控速度增量曲线

7.10　兰伯特轨道转移

兰伯特轨道转移如图 7-20 所示，已知起点和终点位置/速度，在速度增量/推进剂耗量、转移时间等约束下，寻找最优的轨道转移控制策略。

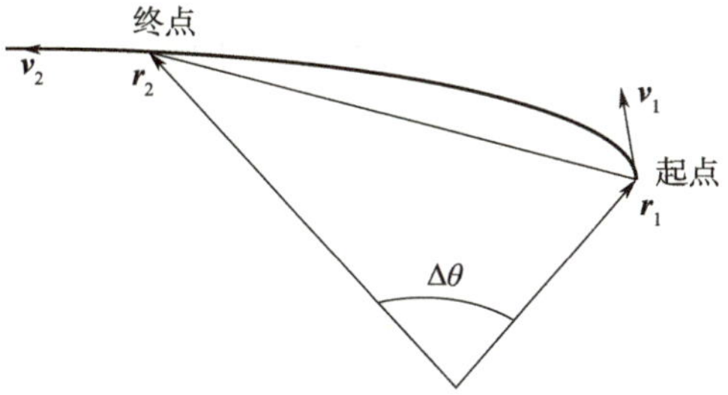

图 7-20　兰伯特轨道转移示意图

7.10.1　兰伯特轨道转移算法

7.10.1.1　兰伯特轨道转移算法推导

基于起点和终点轨道求得轨道转移时间如下：

$$\Delta t = \sqrt{\frac{\mu}{a^3}} \cdot [(E_2 - e \cdot \sin E_2) - (E_1 - e \cdot \sin E_1)] \tag{7-362}$$

基于二体模型，已知某一时刻位置和速度矢量，可以推得任意时刻位置和速度矢量

$$\boldsymbol{r}_2 = f \cdot \boldsymbol{r}_1 + g \cdot \boldsymbol{v}_1 \tag{7-363}$$

$$\boldsymbol{v}_2 = \dot{f} \cdot \boldsymbol{r}_1 + \dot{g} \cdot \boldsymbol{v}_1 \tag{7-364}$$

式中 f，g，$\dot{f}$、$\dot{g}$——拉格朗日系数。

求得

$$\boldsymbol{v}_1 = (\boldsymbol{r}_2 - f \cdot \boldsymbol{r}_1)/g \tag{7-365}$$

$$\boldsymbol{v}_2 = (-f \cdot \boldsymbol{r}_1)/g = \frac{\dot{g}}{g} \cdot \boldsymbol{r}_2 + \frac{\dot{f}g - f\dot{g}}{g} \cdot \boldsymbol{r}_1 \tag{7-366}$$

系数常值项求解

$$\boldsymbol{h} = \boldsymbol{r}_2 \times \boldsymbol{v}_2 = (f \cdot \boldsymbol{r}_1 + g \cdot \boldsymbol{v}_1) \times (\dot{f} \cdot \boldsymbol{r}_1 + \dot{g} \cdot \boldsymbol{v}_1) \tag{7-367}$$

$$\boldsymbol{h} = (f\dot{g} - \dot{f}g)\boldsymbol{r}_1 \times \boldsymbol{v}_1 \tag{7-368}$$

$$\boldsymbol{h} = \boldsymbol{r}_1 \times \boldsymbol{v}_1 \tag{7-369}$$

$$f\dot{g} - \dot{f}g = 1 \tag{7-370}$$

$$\boldsymbol{v}_2 = (\dot{g} \cdot \boldsymbol{r}_2 - \boldsymbol{r}_1)/g \tag{7-371}$$

以真近点角差 $\Delta\theta$ 表示的拉格朗日系数

$$f = 1 - \frac{\mu \cdot r_2}{h^2}(1 - \cos\Delta\theta) \tag{7-372}$$

$$g = \frac{r_1 \cdot r_2}{h}\sin\Delta\theta \tag{7-373}$$

$$\dot{f} = \frac{\mu}{h} \cdot \frac{1 - \cos\Delta\theta}{\sin\Delta\theta}\left[\frac{\mu}{h^2}(1 - \cos\Delta\theta) - \frac{1}{r_1} - \frac{1}{r_2}\right] \tag{7-374}$$

$$\dot{g} = 1 - \frac{\mu \cdot r_1}{h^2}(1 - \cos\Delta\theta) \tag{7-375}$$

由于 $\boldsymbol{v}_1$，$\boldsymbol{v}_2$ 未知，导致 h 未知，不能直接解析求解，需要迭代求解。

7.10.1.2 基于通适变量法求解

令

$$z = \frac{x^2}{A} \tag{7-376}$$

$$A = \sin\Delta\theta \cdot \sqrt{r_1 \cdot r_2/(1 - \cos\Delta\theta)} \tag{7-377}$$

对 x 取初值 x_0 进行迭代求解。

令

$$s(z) = \begin{cases} (\sqrt{z} - \sin\sqrt{z})/(\sqrt{z})^3, z > 0 \text{ 椭圆} \\ (-\sqrt{-z} + \sinh\sqrt{-z})/(\sqrt{-z})^3, z < 0 \text{ 双曲线} \\ 1/6, z = 0 \text{ 抛物线} \end{cases} \tag{7-378}$$

$$c(z) = \begin{cases} (1 - \cos\sqrt{z})/z, z > 0 \text{ 椭圆} \\ (-1 + \cosh\sqrt{-z})/(-z), z < 0 \text{ 双曲线} \\ 1/2, z = 0 \text{ 抛物线} \end{cases} \tag{7-379}$$

得

$$f=1-\frac{x^2}{r_1}\cdot c(z) \tag{7-380}$$

$$g=\Delta t-\frac{1}{\sqrt{\mu}}x^3\cdot s(z) \tag{7-381}$$

$$\dot{f}=\frac{\sqrt{\mu}}{r_1\cdot r_2}\cdot x\cdot [zs(z)-1] \tag{7-382}$$

$$\dot{g}=1-\frac{x^2}{r_2}\cdot c(z) \tag{7-383}$$

7.10.1.3　未考虑通适变量

直接基于 z 进行迭代

$$h=\sqrt{\frac{\mu\cdot r_1\cdot r_2(1-\cos\Delta\theta)}{x^2\cdot c(z)}} \tag{7-384}$$

$$\sqrt{\mu}\cdot\Delta t=x^3\cdot s(z)+x\cdot\sqrt{c(z)}\left(\sin\Delta\theta\sqrt{\frac{r_1\cdot r_2}{1-\cos\Delta\theta}}\right) \tag{7-385}$$

令

$$A=\sin\Delta\theta\cdot\sqrt{r_1\cdot r_2/(1-\cos\Delta\theta)} \tag{7-386}$$

$$\sqrt{\mu}\cdot\Delta t=x^3\cdot s(z)+A\cdot x\cdot\sqrt{c(z)} \tag{7-387}$$

$$x^2\cdot c(z)=r_1+r_2+A\cdot\frac{z\cdot s(z)-1}{\sqrt{c(z)}} \tag{7-388}$$

令

$$y(z)=r_1+r_2+A\cdot [z\cdot s(z)-1]/\sqrt{c(z)} \tag{7-389}$$

$$x=\sqrt{\frac{y(z)}{c(z)}} \tag{7-390}$$

$$\sqrt{\mu}\cdot\Delta t=\left(\sqrt{\frac{y(z)}{c(z)}}\right)^3\cdot s(z)+A\cdot\sqrt{y(z)} \tag{7-391}$$

令

$$F(z)=[y(z)/c(z)]^{1.5}\cdot s(z)+A\cdot\sqrt{y(z)}-\sqrt{\mu}\cdot\Delta t \tag{7-392}$$

$$c'(z)=\frac{1}{2z}[1-z\cdot s(z)-2c(z)] \tag{7-393}$$

$$s'(z)=\frac{1}{2z}[c(z)-3s(z)] \tag{7-394}$$

$$y'(z)=\frac{A}{2c^{1.5}(z)}\{[1-z\cdot s(z)]c'(z)+2[s(z)+z\cdot s'(z)]c(z)\} \tag{7-395}$$

求得 $z\neq 0$ 时

$$F'(z)=\left[\frac{y(z)}{c(z)}\right]^{1.5}\cdot\left\{\frac{1}{2z}\cdot\left[c(z)-\frac{1.5s(z)}{c(z)}\right]+\frac{0.75s^2(z)}{c(z)}\right\}+\frac{A}{8}\cdot\left[\frac{3s(z)\cdot\sqrt{y(z)}}{c(z)}+A\cdot\sqrt{\frac{c(z)}{y(z)}}\right] \tag{7-396}$$

$z=0$ 时：

$$F'(z)=\frac{\sqrt{2}}{40}[y(0)]^{1.5}+\frac{A}{8}\cdot\left[\sqrt{y(0)}+A\cdot\sqrt{\frac{1}{2y(0)}}\right] \tag{7-397}$$

$$z_{i+1}=z_i-F(z_i)/F'(z_i) \tag{7-398}$$

$$f=1-y(z)/r_1 \tag{7-399}$$

$$\dot{f}=\frac{\sqrt{\mu}}{r_1\cdot r_2}\cdot\sqrt{\frac{y(z)}{c(z)}}\cdot[z\cdot s(z)-1] \tag{7-400}$$

$$g=A\cdot\sqrt{y(z)/\mu} \tag{7-401}$$

$$\dot{g}=1-y(z)/r_2 \tag{7-402}$$

7.10.2 兰伯特轨道转移归一化迭代算法

兰伯特轨道转移算法初始化：

如果跟踪星和目标星倾角小于 90°，则

$$\Delta\theta=\begin{cases}\arccos(\boldsymbol{r}_1\cdot\boldsymbol{r}_2/r_1/r_2),(\boldsymbol{r}_1\times\boldsymbol{r}_2)_z>0\\2\pi-\arccos(\boldsymbol{r}_1\cdot\boldsymbol{r}_2/r_1/r_2),(\boldsymbol{r}_1\times\boldsymbol{r}_2)_z<0\end{cases} \tag{7-403}$$

如果跟踪星和目标星倾角大于 90°，则

$$\Delta\theta=\begin{cases}\arccos(\boldsymbol{r}_1\cdot\boldsymbol{r}_2/r_1/r_2),(\boldsymbol{r}_1\times\boldsymbol{r}_2)_z<0\\2\pi-\arccos(\boldsymbol{r}_1\cdot\boldsymbol{r}_2/r_1/r_2),(\boldsymbol{r}_1\times\boldsymbol{r}_2)_z>0\end{cases} \tag{7-404}$$

对于任意倾角（包括等于 90°）综合判别

$$\Delta\theta=\begin{cases}\arccos(\boldsymbol{r}_1\cdot\boldsymbol{r}_2/r_1/r_2),(\boldsymbol{r}_1\times\boldsymbol{r}_2)\cdot(\boldsymbol{r}_1\times\boldsymbol{v}_1)\geqslant 0\\2\pi-\arccos(\boldsymbol{r}_1\cdot\boldsymbol{r}_2/r_1/r_2),(\boldsymbol{r}_1\times\boldsymbol{r}_2)\cdot(\boldsymbol{r}_1\times\boldsymbol{v}_1)<0\end{cases} \tag{7-405}$$

或

$$\Delta\theta=\begin{cases}\arccos(\boldsymbol{r}_1\cdot\boldsymbol{r}_2/r_1/r_2),(\boldsymbol{r}_1\times\boldsymbol{r}_2)\cdot(\boldsymbol{r}_2\times\boldsymbol{v}_2)\geqslant 0\\2\pi-\arccos(\boldsymbol{r}_1\cdot\boldsymbol{r}_2/r_1/r_2),(\boldsymbol{r}_1\times\boldsymbol{r}_2)\cdot(\boldsymbol{r}_2\times\boldsymbol{v}_2)<0\end{cases} \tag{7-406}$$

$$A=\sin\Delta\theta\cdot\sqrt{r_1\cdot r_2/(1-\cos\Delta\theta)} \tag{7-407}$$

$$z_0=20 \tag{7-408}$$

迭代开始

$$r_{1u}=r_1/R_e \tag{7-409}$$

$$r_{2u}=r_2/R_e \tag{7-410}$$

$$A_u=A/R_e \tag{7-411}$$

$$s_u=\sqrt{\mu}/R_e/\sqrt{R_e} \tag{7-412}$$

$$y(z)=r_{1u}+r_{2u}+A_u\cdot[z\cdot s(z)-1]/\sqrt{c(z)} \tag{7-413}$$

$$F(z)=[y(z)/c(z)]^{1.5}\cdot s(z)+A_u\cdot\sqrt{y(z)}-s_u\cdot\Delta t \tag{7-414}$$

$$F'(z)=\left[\frac{y(z)}{c(z)}\right]^{1.5}\cdot\left\{\frac{1}{2z}\cdot\left[c(z)-\frac{1.5s(z)}{c(z)}\right]+\frac{0.75s^2(z)}{c(z)}\right\}+\frac{A_u}{8}\cdot\left[\frac{3s(z)\cdot\sqrt{y(z)}}{c(z)}+A_u\cdot\sqrt{\frac{c(z)}{y(z)}}\right] \tag{7-415}$$

$z=0$ 时 $F'(z)$ 存在除零风险：

$$F'(z)=\frac{\sqrt{2}}{40}[y(0)]^{1.5}+\frac{A_u}{8}\cdot\left[\sqrt{y(0)}+A_u/\sqrt{2y(0)}\right] \tag{7-416}$$

$$z_{i+1}=z_i-F(z_i)/F'(z_i) \tag{7-417}$$

$$s(z)=\begin{cases}(\sqrt{z}-\sin\sqrt{z})/(\sqrt{z})^3, z>0\\(-\sqrt{-z}+\sinh\sqrt{-z})/(\sqrt{-z})^3, z<0\\1/6, z=0\end{cases} \tag{7-418}$$

$$c(z)=\begin{cases}(1-\cos\sqrt{z})/z, z>0\\(-1+\cosh\sqrt{-z})/(-z), z<0\\1/2, z=0\end{cases} \tag{7-419}$$

$$\sinh x=\mathrm{sh}x=\frac{e^x-e^{-x}}{2} \tag{7-420}$$

$$\cosh x=\mathrm{ch}x=\frac{e^x+e^{-x}}{2} \tag{7-421}$$

迭代结束

$$y(z)=r_1+r_2+A\cdot[z\cdot s(z)-1]/\sqrt{c(z)} \tag{7-422}$$

$$f=1-y(z)/r_1 \tag{7-423}$$

$$\dot{f}=\frac{\sqrt{\mu}}{r_1\cdot r_2}\cdot\sqrt{\frac{y(z)}{c(z)}}\cdot[z\cdot s(z)-1] \tag{7-424}$$

$$g=A\cdot\sqrt{y(z)/\mu} \tag{7-425}$$

$$\dot{g}=1-y(z)/r_2 \tag{7-426}$$

$$\boldsymbol{v}_1=(\boldsymbol{r}_2-f\cdot\boldsymbol{r}_1)/g \tag{7-427}$$

$$\boldsymbol{v}_2=(\dot{g}\cdot\boldsymbol{r}_2-\boldsymbol{r}_1)/g \tag{7-428}$$

7.11　习题

1. 编写地球非球形摄动模型 Simulink 仿真程序。

2. 编写太阳同步回归轨道计算 Simulink 仿真程序。

计算轨道高度 600～900 km 范围内太阳同步回归轨道高度及倾角。

3. 编写太阳同步冻结轨道计算 Simulink 仿真程序。

计算轨道高度 600 km 太阳同步冻结轨道偏心率。

4. 编写改进春分点根数与常规轨道根数转换 Simulink 仿真程序。

5. 编写改进春分点根数与位置/速度转换 Simulink 仿真程序。

6. 编写轨道面内 $ae\omega$ 联调轨控计算 Simulink 仿真程序。

轨道高度 $h=600$ km，偏心率 $e=0.005$，近地点幅角 $\omega=90°$，调整为 $h=642$ km 圆轨道。

7. 编写基于轨道高度或倾角控制升交点赤经 Simulink 仿真程序。

太阳同步轨道轨道高度 $h=600$ km，偏心率 $e=0.003$，近地点幅角 $\omega=90°$，升交点赤经 $\Omega=30°$，半年内调整为升交点赤经 $\Omega=0°$。

8. 编写再入点纵程和横程计算 Simulink 仿真程序。

9. 编写再入点迹向和法向误差计算 Simulink 仿真程序。

参考文献

[1] 郭付明，高晓光，端军红．空天再入返回器最优过渡段轨道设计方法研究 [J]. 航天控制，2014，32 (4)：69-90.

[2] 陈洪波，杨涤．升力式再入返回器离轨制动研究 [J]. 飞行力学，2006，24 (2)：35-39.

[3] 袁宴波，李东伟．天基对地打击武器最优过渡轨道研究 [J]. 科学技术与工程，2009，9 (6)：1146-1149.

[4] 姚玮，罗建军，方群．一种新的升力式再入投送系统轨道部署方法 [J]. 宇航学报，2014，35 (9)：992-999.

[5] 沈振，胡钰，任章，等．一种新型 RLV 再入轨迹在线规划方法 [J]. 宇航学报，2011，32 (8)：1670-1675.

[6] 汤敏兰，刘赟．离轨段回归轨道设计 [J]. 航天控制，2013，31 (6)：62-65，70.

[7] 陈克俊．飞船返回再入制导方法研究 [J]. 国防科技大学学报，1997，19 (6)：31-35.

[8] 冯必鸣，聂万胜，郑刚．基于 hp 自适应伪谱法的可调推力最优离轨研究 [J]. 飞行力学，2013，31 (4)：354-358，362.

[9] 邹毅，张洪波，汤国建．基于能量与动量矩指标的两次“推-滑”离轨制导方法 [J]. 国防科技大学学报，2014，36 (1)：46-51.

[10] 邹毅，张洪波，汤国建，等．RLV 离轨制动耗尽关机制导方法研究 [J]. 固体火箭技术，2013，36 (5)：575-579.

[11] 水尊师，周军，葛致磊．基于高斯伪谱方法的再入返回器预测校正制导方法研究 [J]. 宇航学报，2011，32 (6)：1249-1255.

[12] 张凯，段广仁．非合作目标自主交会的开关控制 [J]. 系统工程与电子技术，2017，39 (6)：1304-1310.

[13] 谭天乐．椭圆轨道交会、悬停与绕飞的全状态反馈控制 [J]. 宇航学报，2016，37 (7)：811-818.

[14] 李萌，龚胜平，彭坤，等．直接优化算法在快速交会组合变轨策略中的应用 [J]. 载人航天，2017，23 (2)：156-162.

[15] 李革非，宋军，谢剑锋，等．目标飞行器交会对接轨道的设计和控制 [J]. 中国空间科学技术，2011，31 (3)：26-34.

[16] 顾大可，段广仁．航天器椭圆轨道自主交会的鲁棒参数化设计 [J]. 哈尔滨工业大学学报，2011，43 (1)：1-6.

[17] 李学锋，李超兵，王志刚．航天器轨道交会迭代制导算法 [J]. 空间控制技术与应用，2015，41 (3)：14-17，37.

[18] 彭坤，李民，果琳丽，等．近地轨道航天器快速交会技术分析 [J]. 航天器工程，2014，23 (5)：92-102.

[19] 卢山，夏永江．航天器椭圆轨道自主交会的鲁棒滑模控制 [J]. 上海航天，2012，29 (4)：14-

18，58.

[20] 李九人，唐国金，李海阳．自主交会逼近段的模糊/PID混合控制［J]．宇航学报，2010，31（3）：8774－779.

[21] 刘伟杰，谌颖．航天器椭圆轨道自主交会的鲁棒 H_∞ 控制［J]．宇航学报，2015，36（2）：179－185.

[22] 孙俊，刘胜忠．准最优控制理论在航天器轨道交会中的应用［J]．上海航天，2007，24（5）：14－18.

[23] 张洪波，郑伟，汤国建．混合遗传算法在远程交会轨道设计中的应用［J]．航天控制，2006，24（2）：34－37.

[24] 孙玥，田少雄，卢山，等．椭圆轨道伴飞构型设计与稳定保持［J]．上海航天，2016，33（1）：42－49.

[25] 吴会英，周美江，齐金玲．共面伴飞相对运动椭圆相位最省燃料控制问题［J]．中国空间科学技术，2015，35（6）：29－39.

[26] 左霖，张锐，余勇．卫星伴随飞行的最优控制策略研究［J]．宇航学报，2010，31（3）：720－723.

第 8 章　深空探测 GNC 系统算法及仿真

作者参加了火星环绕器研制，对探测器地火转移、捕获制动、离轨制动、环火飞行各阶段 GNC 系统关键技术和可靠性设计进行分析，火星探测 GNC 系统算法也可为木星等其他行星探测参考。

8.1　坐标系转换及轨道推算

火星探测涉及火惯系、火固系、黄道系等坐标系，需要与 J2000 惯性系和 WGS－84 地固系进行转换。

某历元时刻地球和火星太阳系精确位置和速度可以通过行星查表获取，为了器上简化计算和地面快速仿真，基于修正的地球和火星轨道参数推算位置和速度。

8.1.1　赤道惯性系转黄道惯性系

J2000.0 黄赤交角

$$\varepsilon_0 = 23 + 26/60 + 21.448/3\,600(°)$$

赤道惯性系转换到黄道惯性系需要绕 X 轴转 ε_0，相应的姿态转换四元数为

$$\boldsymbol{q}_{hi} = \begin{bmatrix} \cos(\varepsilon_0/2) \\ \sin(\varepsilon_0/2) \\ 0 \\ 0 \end{bmatrix} \tag{8-1}$$

由黄道惯性系转换到赤道惯性系姿态四元数为

$$\boldsymbol{q}_{ih} = \boldsymbol{q}_{hi}^{*} = \begin{bmatrix} \cos(\varepsilon_0/2) \\ -\sin(\varepsilon_0/2) \\ 0 \\ 0 \end{bmatrix} \tag{8-2}$$

8.1.2　赤道惯性系转火惯系

8.1.2.1　J2000 惯性系转 J2000 火惯系

J2000 赤道惯性系转换到 J2000 火惯系（火星轨道与 J2000 赤道的交点）：

先绕 Z 轴转 $\psi_0 = 47.681\,4°$，再绕 X 轴转 $\phi_0 = 37.113\,5°$，转序为先偏航，后滚动。

求得 J2000 赤道惯性系到 J2000 火惯系姿态转换四元数 q_{mi}

$$\boldsymbol{q}_{mi} = \boldsymbol{p} \otimes \boldsymbol{q} \tag{8-3}$$

其中

$$p=\begin{bmatrix}\cos(\psi_0/2)\\0\\0\\\sin(\psi_0/2)\end{bmatrix},q=\begin{bmatrix}\cos(\phi_0/2)\\\sin(\phi_0/2)\\0\\0\end{bmatrix}$$

J2000 火惯系到 J2000 赤道惯性系姿态转换四元数 $\boldsymbol{q}_{im}$ 为

$$\boldsymbol{q}_{im}=\boldsymbol{q}_{mi}^{*} \tag{8-4}$$

8.1.2.2 J2000 火惯系系转历元时刻火惯系

J2000 火惯系至历元时刻火惯系岁差修正

$$\Delta\mu=-0.106\ 1^{\circ}\cdot T \tag{8-5}$$

$$\mu=\mu_0+\Delta\mu=47.681\ 43^{\circ}-0.106\ 1^{\circ}\cdot T \tag{8-6}$$

$$\Delta\theta=0.060\ 9^{\circ}\cdot T \tag{8-7}$$

$$\theta=\theta_0+\Delta\theta=37.113\ 50^{\circ}+0.060\ 9^{\circ}\cdot T \tag{8-8}$$

考虑岁差修正，J2000 火惯系至历元时刻火惯系转换矩阵为

$$PR=\boldsymbol{R}_x(\theta_0+\Delta\theta)\cdot\boldsymbol{R}_z(\mu_0+\Delta\mu)\cdot\boldsymbol{R}_z(-\mu_0)\cdot\boldsymbol{R}_x(-\theta_0) \tag{8-9}$$

即

$$PR=\boldsymbol{R}_x(\theta_0+\Delta\theta)\cdot\boldsymbol{R}_z(\Delta\mu)\cdot\boldsymbol{R}_x(-\theta_0) \tag{8-10}$$

8.1.3 火惯系转火固系

8.1.3.1 J2000 火惯系转火固系

自旋轴指向赤经

$$\alpha=317.681\ 43^{\circ}-0.106\ 1^{\circ}\cdot T \tag{8-11}$$

式中，T 为从 J2000.0 起算的儒略世纪数

$$T=\frac{\mathrm{JD}-24\ 515.0}{36\ 525.0} \tag{8-12}$$

自旋轴指向赤纬

$$\delta=52.886\ 50-0.060\ 9^{\circ}\cdot T \tag{8-13}$$

火星赤道面相对地球赤道面夹角

$$\theta=90^{\circ}-\delta \tag{8-14}$$

火星岁差矩阵及姿态四元数

$$PR=R_y(90^{\circ}-\delta)\cdot R_z(\alpha-317.681\ 43^{\circ})\cdot R_y(52.886\ 5^{\circ}-90^{\circ}) \tag{8-15}$$

$$\boldsymbol{p}=\begin{bmatrix}\cos(52.886\ 5^{\circ}/2-45^{\circ})\\0\\\sin(52.886\ 5^{\circ}/2-45^{\circ})\\0\end{bmatrix}\otimes\begin{bmatrix}\cos(\alpha/2-317.681\ 43^{\circ}/2)\\0\\0\\\sin(\alpha/2-317.681\ 43^{\circ}/2)\end{bmatrix}\otimes\begin{bmatrix}\cos(45^{\circ}-\delta/2)\\0\\\sin(45^{\circ}-\delta/2)\\0\end{bmatrix} \tag{8-16}$$

火星零经度线：子午圈经过南半球 Airy－0 火山口。

Q 点：火星 J2000.0 平赤道相对地球 J2000.0 平赤道升交点。

W 角：从 Q 点沿火星赤道向东到达火星零经度线的角度。

$$W=176.630^{\circ}+350.891\,982\,26^{\circ}\cdot d \tag{8-17}$$

式中　d ——从 J2000.0 起算的儒略天数。

火星自转矩阵及姿态四元数

$$MR=R_z(W) \tag{8-18}$$

$$\boldsymbol{q}=\begin{bmatrix}\cos(W/2)\\0\\0\\\sin(W/2)\end{bmatrix} \tag{8-19}$$

J2000 火惯系至火固系转换矩阵及姿态四元数 $\boldsymbol{q}_{gm}$

$$MP=MR\cdot PR \tag{8-20}$$

$$\boldsymbol{q}_{gm}=\begin{bmatrix}q_0\\q_1\\q_2\\q_3\end{bmatrix}=\boldsymbol{p}\otimes\boldsymbol{q} \tag{8-21}$$

探测器在火固系下位置为 R，在 J2000 火惯系下位置为 r，根据 IAU2000 模型，考虑 I 阶岁差量精度，得历元时刻火惯系至火固系转换矩阵

$$\boldsymbol{R}=\begin{bmatrix}\cos W & \sin W+(\sin W-\cos W)\mathrm{d}\mu\cdot\cos\theta & \cos W\cdot\mathrm{d}\mu\cdot\sin\theta+\sin W\cdot\Delta\theta\\-\sin W & \cos W+(\sin W+\cos W)\mathrm{d}\mu\cdot\cos\theta & -\sin W\cdot\mathrm{d}\mu\cdot\sin\theta+\cos W\cdot\Delta\theta\\-\mathrm{d}\mu\cdot\sin\theta & -\Delta\theta & 1\end{bmatrix}\cdot\boldsymbol{r} \tag{8-22}$$

其中

$$\mathrm{d}\mu=-\Delta\mu=0.106\,1^{\circ}\cdot T$$
$$\Delta\theta=0.060\,9^{\circ}\cdot T$$

不考虑岁差影响

$$\boldsymbol{R}\approx\begin{bmatrix}\cos W & \sin W & 0\\-\sin W & \cos W & 0\\0 & 0 & 1\end{bmatrix}\cdot\boldsymbol{r} \tag{8-23}$$

8.1.3.2　历元时刻火惯系转火固系

火固系零经度线火惯系经度

$$W=176.630^{\circ}+350.891\,982\,26^{\circ}\cdot d \tag{8-24}$$

历元时刻火惯系至火固系转换矩阵

$$ER=\begin{bmatrix}\cos W & \sin W & 0\\-\sin W & \cos W & 0\\0 & 0 & 1\end{bmatrix} \tag{8-25}$$

8.1.4 月惯系与月固系相互转换

8.1.4.1 月球相关参数

月球平均半径（约为地球的 3/11）：

$R_L = 1738$ km

月球质量（约为地球的 1/81）：

$m_L = 7.35 \times 10^{22}$ kg

月球表面加速度（约为地球的 1/6）：

$a_L = 1.62$ m/s^2

月球引力常数 μ_L ：

$\mu_L = 4.902\,802\,627 \times 10^{12}$ m^3/s^2

月球表面逃逸速度（约为地球的 1/5）：

$v_L = 2.4$ km/s

月球自转周期为 27.321 661 40 日，月球自转与绕地球公转周期相同，月球上的昼夜周期为 29.530 588 2 日，是太阳的周日和周年运动的会合期，月相的朔望周期相同。

8.1.4.2 月惯系至月固系转换

月心惯性系：原点在 O_L，X、Y、Z 轴指向与地惯系相同。

月固系定义：原点在月心 O_L，参考面与月球真赤道面重合，X 轴沿参考面与过月面上 Sinus Medii 子午面的交线方向（平均指向地心），Z 轴指向月球自转轴北极。

月惯系至月固系转换

$$q_{Li} = q_z(\hat{\Omega}_L)\,q_x(\hat{i}_L)\,q_z(\hat{u}_L) \tag{8-26}$$

$$A_{Li} = \overline{M} = R_z(\hat{u}_L)\,R_x(\hat{i}_L)\,R_z(\hat{\Omega}_L) \tag{8-27}$$

式中，$\hat{\Omega}_L$，$\hat{i}_L$，$\hat{u}_L$ 为月惯系至月固系转换欧拉角，可查行星/月球历表 DE403/LE403 得到。

月固系：IAU2000 的 $\overline{M}$ 平轴坐标系和 DE403 的 $\overline{P}$ 主轴坐标系两种；DE 月固系 X 轴指向地心附近。

$\overline{M}$ 系和 $\overline{P}$ 系相互转换关系

$$\overline{P} = R_z(63.898\,6'')R_y(79.078\,6'')R_x(0.146\,2'')\overline{M} \tag{8-28}$$

8.1.5 行星轨道

下面给出太阳系各行星的 J2000 黄道系轨道根数及每世纪的变化率，其中 1 世纪＝36 525 天，日地平均距离 1 AU＝1.495 978 7×10^8 km＝1.495 978 7×10^{11} m，$\varpi = \omega + \Omega$，$L = \varpi + M$。

水星：

$a = 0.387\,098\,93$ AU，$e = 0.205\,630\,69$，$i = 7.004\,87°$，$\Omega = 48.331\,67°$，$\varpi =$

77.456 45°，L =252.250 84°；$\dot{a}$ =0.000 000 66 AU，$\dot{e}$ =0.000 025 27，$\dot{i}$ =−23.51″，$\dot{\Omega}$ = −446.30″，$\dot{\varpi}$ =573.57″，$\dot{L}$ =538 101 628.29″。

金星：

a =0.723 331 99 AU，e =0.006 773 23，i =3.394 71°，Ω =76.680 69°，ϖ = 131.532 98°，L =181.979 73°；$\dot{a}$ = 0.000 000 92 AU，$\dot{e}$ =− 0.000 049 38，$\dot{i}$ =− 2.86″，$\dot{\Omega}$ = −996.89″，$\dot{\varpi}$ =−108.80″，$\dot{L}$ =210 664 136.06″。

地球：

a =1.000 000 11 AU，e =0.167 102 2，i =0.000 05°，Ω =−11.260 64°，ϖ = 102.947 19°，L =100.464 35°；$\dot{a}$ =−0.000 000 05 AU，$\dot{e}$ =−0.000 038 04，$\dot{i}$ =−46.94″，$\dot{\Omega}$ =−18 228.25″，$\dot{\varpi}$ =1 198.28″，$\dot{L}$ =129 597 740.63″。

火星：

a =1.523 662 31 AU，e =0.093 412 33，i =1.850 61°，Ω =49.578 54°，ϖ =336.040 84°，L = 355.453 32°；$\dot{a}$ = − 0.000 072 21 AU，$\dot{e}$ = 0.000 119 02，$\dot{i}$ = − 25.47″，$\dot{\Omega}$ = −1 020.19″，$\dot{\varpi}$ =1 560.78″，$\dot{L}$ =68 905 103.78″。

木星：

a =5.203 363 01 AU，e =0.048 392 66，i =1.305 30°，Ω =100.556 15°，ϖ =14.753 85°，L =34.404 38°；$\dot{a}$ =0.000 607 37 AU，$\dot{e}$ =−0.000 128 80，$\dot{i}$ =−4.15″，$\dot{\Omega}$ =1 217.17″，$\dot{\varpi}$ =839.93″，$\dot{L}$ =10 925 078.35″。

土星：

a =9.537 070 32 AU，e =0.054 150 60，i =2.484 46°，Ω =113.715 04°，ϖ = 92.431 94°，L =49.944 32°；$\dot{a}$ =−0.003 015 30 AU，$\dot{e}$ =−0.000 367 62，$\dot{i}$ =6.11″，$\dot{\Omega}$ =−1 591.05″，$\dot{\varpi}$ =−1 948.89″，$\dot{L}$ =4 401 052.95″。

天王星：

a =19.191 263 93 AU，e =0.047 167 71，i =0.769 86°，Ω =74.229 88°，ϖ = 170.964 24°，L = 313.232 18°；$\dot{a}$ = 0.001 520 25 AU，$\dot{e}$ =− 0.000 191 50，$\dot{i}$ =− 2.09″，$\dot{\Omega}$ = −1 681.4″，$\dot{\varpi}$ =1 312.56″，$\dot{L}$ =1 542 547.79″。

海王星：

a =30.068 963 48 AU，e =0.008 585 87，i =1.769 17°，Ω =131.721 69°，ϖ = 44.971 35°，L = 304.880 03°；$\dot{a}$ =− 0.001 251 96 AU，$\dot{e}$ = 0.000 025 14，$\dot{i}$ =− 3.64″，$\dot{\Omega}$ = −151.25″，$\dot{\varpi}$ =−844.43″，$\dot{L}$ =786 449.21″。

冥王星：

a =39.481 686 77 AU，e =0.248 807 66，i =17.141 75°，Ω =110.303 47°，ϖ =

224.066 76°，L=238.928 81°；$\dot{a}$=−0.000 769 12 AU，$\dot{e}$=0.000 064 65，$\dot{i}$=11.07″，$\dot{\Omega}$=−37.33″，$\dot{\tilde{\omega}}$=−132.25″，$\dot{L}$=522 747.90″。

轨道根数：$S = S_0 + \dot{S} \cdot T$，适用于 1850 年至 2050 年。

8.1.6 地球轨道推算

地球轨道参数随时间变化系数如下：

半长轴 $\dot{a}$=−5.0×10^{-8} AU/世纪，偏心率 $\dot{e}$=−3.804×10^{-5}/世纪，倾角 $\dot{i}$=−46.94″/世纪，升交点赤经 $\dot{\Omega}$=−18 228.25″/世纪，近地点幅角 $\dot{\omega}$=19 426.53″/世纪，平近点角 $\dot{M}$=129 596 542.35″/世纪。

某历元时刻太阳系地球轨道参数如下：

半长轴 a_0，偏心率 e_0，倾角 i_0，升交点赤经 Ω_0，近地点幅角 ω_0，平近点角 M_0。

一段时间内地球轨道参数变化较小，器上或地面仿真可以基于固定的地球轨道参数进行推算，基于行星查表反算 J2000 历元时刻地球轨道参数和 2021 年捕获制动时刻地球轨道参数，分析计算轨道参数误差。

2000 年 1 月 1 日 12：00：00（UTC）地球轨道参数初值如下：

半长轴 a_0=1.000 000 11 AU，偏心率 e_0=0.016 710 22，倾角 i_0=0.000 05°，升交点赤经 Ω_0=−11.260 64°，近地点幅角 ω_0=114.207 83°，平近点角 M_0=357.517 16°，日地距离 AU=1.495 978 70×10^{11} m；

修正点为捕获制动时刻 2021 年 2 月 10 日 20：00：00（BJC），地球轨道参数修正量如下：

半长轴 da_0=−131 804 059.4 m，偏心率 de_0=−0.000 759 694 5，倾角 di_0=−0.006 647 616 5°，升交点赤经 $d\Omega_0$=−175.167 122 72°，近地点幅角 $d\omega_0$=173.803 075 00°，平近点角 dM_0=1.383 102 95°。

深空探测器在轨飞行期间地面可以定期上注探测器、地球轨道参数修正量，器上可以基于轨道参数推算地球和火星位置，确保测控天线对地指向。

8.1.7 火星轨道推算

火星轨道参数随时间变化系数如下：

半长轴 $\dot{a}$=−7.221×10^{-5} AU/世纪，偏心率 $\dot{e}$=1.190 2×10^{-4}/世纪，倾角 $\dot{i}$=−25.47″/世纪，升交点赤经 $\dot{\Omega}$=−1 020.19″/世纪，近地点幅角 $\dot{\omega}$=2 580.97″/世纪，平近点角 $\dot{M}$=68 903 543″/世纪。

某历元时刻太阳系火星轨道参数如下：

半长轴 a_0，偏心率 e_0，倾角 i_0，升交点赤经 Ω_0，近地点幅角 ω_0，平近点角 M_0。

一段时间内火星轨道参数变化较小，器上或地面仿真可以基于固定的火星轨道参数进行推算，基于行星查表反算 J2000 历元时刻火星轨道参数和 2021 年捕获制动时刻火星轨道参数，分析计算轨道参数误差。

2000 年 1 月 1 日 12：00：00（UTC）火星轨道参数初值如下：

半长轴 $a_0=1.523\ 662\ 31$ AU，偏心率 $e_0=0.093\ 412\ 33$，倾角 $i_0=1.850\ 61°$，升交点赤经 $\Omega_0=49.578\ 54°$，近地点幅角 $\omega_0=286.462\ 3°$，平近点角 $M_0=19.412\ 48°$，日地距离 AU$=1.495\ 978\ 70\times10^{11}$ m。

修正点为捕获制动时刻 2021 年 2 月 10 日 20：00：00（BJC），火星轨道参数修正量如下：

半长轴 $\mathrm{d}a_0=-6\ 042\ 655.5$m，偏心率 $\mathrm{d}e_0=0.000\ 106\ 826\ 137\ 5$，倾角 $\mathrm{d}i_0=0.001\ 211\ 659\ 26°$，升交点赤经 $\mathrm{d}\Omega_0=0.024\ 989\ 333°$，近地点幅角 $\mathrm{d}\omega_0=-0.041\ 267\ 608°$，平近点角 $\mathrm{d}M_0=0.020\ 901\ 694°$。

深空探测器绕火飞行时，飞行器在太阳系位置近似为火星在太阳系位置，地面可以定期上注地球、火星轨道参数修正量，器上基于轨道参数推算地球和火星位置，确保测控天线对地指向。

8.1.8　地球和火星全影高度

地球全影高度

$$\frac{R_e}{R_s}=\frac{h_{e\_\max}}{r_{es}+h_{e\_\max}}\approx\frac{h_{e\_\max}}{r_{es}} \tag{8-29}$$

太阳与地球的直径比约为 109。

地球全影最高高度约为 136 万千米

$$h_{e\_\max}=\frac{\mathrm{AU}}{109} \tag{8-30}$$

火星全影最高高度约为 100 万千米

$$h_{m\_\max}=\frac{1.5\mathrm{AU}}{109}\cdot\frac{R_m}{R_e} \tag{8-31}$$

8.1.9　火星表面地方时

基于前面介绍的 J2000 惯性系转 J2000 火惯系，再从 J2000 火惯系转火固系，可以求得 J2000 惯性系至火固系转换矩阵 $\boldsymbol{A}_{gi}$。

火星在日心 J2000 惯性系位置为 $\boldsymbol{r}_m^i$，求得太阳在火固系指向

$$\boldsymbol{R}_s^g=\boldsymbol{A}_{gi}\cdot\frac{-\boldsymbol{r}_m^i}{\|\boldsymbol{r}_m^i\|} \tag{8-32}$$

令

$$\boldsymbol{R}_s^g=[R_x\quad R_y\quad R_z]^{\mathrm{T}} \tag{8-33}$$

求得太阳在火固系经度

$$\alpha_s^g=\mathrm{arctan2}\left(\frac{R_y}{R_x}\right) \tag{8-34}$$

探测器在火固系经度为 α_d^g，求得太阳指向相对探测器经度差

$$\mathrm{d}\alpha_{sd} = \alpha_s^g - \alpha_d^g \tag{8-35}$$

求得探测器位置地方时

$$T_d = \mathrm{d}\alpha_{sd} \times 12/\pi + 12 \tag{8-36}$$

8.1.10　地球引力影响球

太阳、地球、飞行器位置关系如图 8-1 所示。

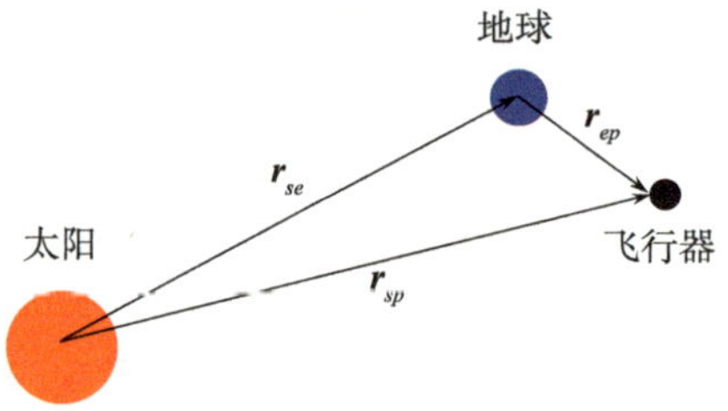

图 8-1　日地飞行器位置关系

日心系引力加速度

$$\ddot{\boldsymbol{r}}_{sp} = \boldsymbol{a}_{sp} + \boldsymbol{a}_{ep} \tag{8-37}$$

$$\ddot{\boldsymbol{r}}_{sp} = -\frac{\mu_s}{r_{sp}^3}\boldsymbol{r}_{sp} - \frac{\mu_e}{r_{ep}^3}\boldsymbol{r}_{ep} \tag{8-38}$$

令

$$a_S = \frac{\mu_s}{r_{sp}^2} \tag{8-39}$$

$$P_E = \frac{\mu_e}{r_{ep}^2} \tag{8-40}$$

$$\frac{P_E}{a_S} = \frac{\mu_e}{\mu_s}\frac{r_{sp}^2}{r_{ep}^2} \tag{8-41}$$

地心系引力加速度

$$\ddot{\boldsymbol{r}}_{ep} = \boldsymbol{a}_{ep} - \boldsymbol{a}_{pe} + \boldsymbol{a}_{sp} - \boldsymbol{a}_{se} \tag{8-42}$$

$$\ddot{\boldsymbol{r}}_{ep} = -\frac{\mu_e}{r_{ep}^3}\boldsymbol{r}_{ep} + \frac{\mu_p}{r_{ep}^3}\boldsymbol{r}_{ep} - \frac{\mu_s}{r_{sp}^3}\boldsymbol{r}_{sp} + \frac{\mu_s}{r_{se}^3}\boldsymbol{r}_{se} \tag{8-43}$$

$$\ddot{\boldsymbol{r}}_{ep} = -\frac{\mu_e}{r_{ep}^3}\boldsymbol{r}_{ep} + \frac{\mu_p}{\mu_e}\frac{\mu_e}{r_{ep}^3}\boldsymbol{r}_{ep} - \frac{\mu_s}{r_{sp}^3}\boldsymbol{r}_{sp} + \frac{\mu_s}{r_{sp}^3}(\boldsymbol{r}_{sp} - \boldsymbol{r}_{ep})\frac{r_{sp}^3}{r_{se}^3} \tag{8-44}$$

$$\ddot{\boldsymbol{r}}_{ep} = -\frac{\mu_e}{r_{ep}^3}\boldsymbol{r}_{ep}\left(1 - \frac{\mu_p}{\mu_e}\right) - \frac{\mu_s}{r_{sp}^3}\left[\frac{r_{sp}^3}{r_{se}^3}\boldsymbol{r}_{ep} + \left(1 - \frac{r_{sp}^3}{r_{se}^3}\right)\boldsymbol{r}_{sp}\right] \tag{8-45}$$

$$r_{se} \approx r_{sp} \tag{8-46}$$

$$\mu_p \ll \mu_e \tag{8-47}$$

$$\ddot{\boldsymbol{r}}_{ep} = -\frac{\mu_e}{r_{ep}^3}\boldsymbol{r}_{ep} - \frac{\mu_s}{r_{se}^3}\boldsymbol{r}_{ep} \tag{8-48}$$

令

$$a_E = \frac{\mu_e}{r_{ep}^2} \tag{8-49}$$

$$P_S = \frac{\mu_s}{r_{se}^3} r_{ep} \tag{8-50}$$

$$\frac{P_S}{a_E} = \frac{\mu_s}{\mu_e}\frac{r_{ep}^3}{r_{se}^3} \tag{8-51}$$

$$\frac{P_E}{a_S} = \frac{\mu_e}{\mu_s}\frac{r_{sp}^2}{r_{ep}^2} \tag{8-52}$$

$$\frac{P_S}{a_E} \Big/ \frac{P_E}{a_S} = \left(\frac{\mu_s}{\mu_e}\frac{r_{ep}^3}{r_{se}^3}\right) \Big/ \left(\frac{\mu_e}{\mu_s}\frac{r_{sp}^2}{r_{ep}^2}\right) = \frac{\mu_s^2}{\mu_e^2}\frac{r_{ep}^5}{r_{se}^3 r_{sp}^2} \tag{8-53}$$

$$r_{se} \approx r_{sp} \tag{8-54}$$

$$\frac{P_S}{a_E} \Big/ \frac{P_E}{a_S} = \frac{\mu_s^2}{\mu_e^2}\frac{r_{ep}^5}{r_{se}^5} \tag{8-55}$$

$\mu_e = 3.986 \times 10^{14}\ \mathrm{m^3/s^2}$，$\mu_s = 1.327 \times 10^{20}\ \mathrm{m^3/s^2}$ 。

探测器在地球引力影响球内

$$\frac{P_E}{a_S} > \frac{P_S}{a_E} \tag{8-56}$$

$$\frac{P_S}{a_E} \Big/ \frac{P_E}{a_S} = \frac{\mu_s^2}{\mu_e^2}\frac{r_{ep}^5}{r_{se}^5} < 1 \tag{8-57}$$

求得地球引力影响球半径：$r_{ep} = 92.7$ 万 km。

月地距离 r_{em} 约为 38 万 km，小于 92.7 万 km，月球在地球引力影响球内。

8.1.11　月球引力影响球

地球、月球、飞行器位置关系如图 8-2 所示。

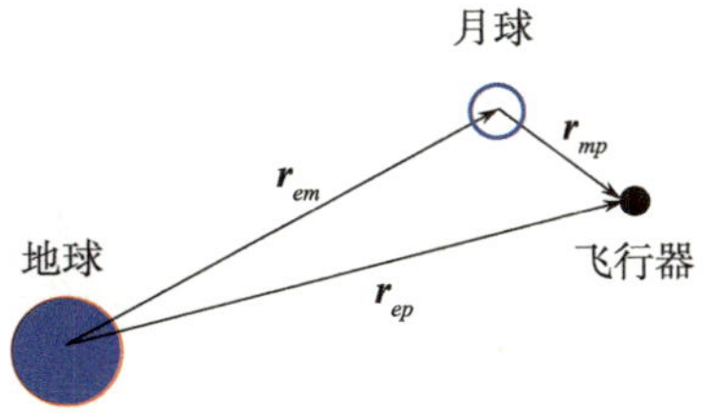

图 8-2　地月飞行器位置关系

地心系引力加速度

$$\ddot{\boldsymbol{r}}_{ep} = \boldsymbol{a}_{ep} + \boldsymbol{a}_{mp} \tag{8-58}$$

$$\ddot{\boldsymbol{r}}_{ep} = -\frac{\mu_e}{r_{ep}^3}\boldsymbol{r}_{ep} - \frac{\mu_m}{r_{mp}^3}\boldsymbol{r}_{mp} \tag{8-59}$$

令

$$a_E = \frac{\mu_e}{r_{ep}^2} \tag{8-60}$$

$$P_M = \frac{\mu_m}{r_{mp}^2} \tag{8-61}$$

$$\frac{P_M}{a_E} = \frac{\mu_m}{\mu_e} \frac{r_{ep}^2}{r_{mp}^2} \tag{8-62}$$

月心系引力加速度

$$\ddot{\boldsymbol{r}}_{mp} = \boldsymbol{a}_{mp} - \boldsymbol{a}_{pm} + \boldsymbol{a}_{ep} - \boldsymbol{a}_{em} \tag{8-63}$$

$$\ddot{\boldsymbol{r}}_{mp} = -\frac{\mu_m}{r_{mp}^3}\boldsymbol{r}_{mp} + \frac{\mu_p}{r_{mp}^3}\boldsymbol{r}_{mp} - \frac{\mu_e}{r_{ep}^3}\boldsymbol{r}_{ep} + \frac{\mu_e}{r_{em}^3}\boldsymbol{r}_{em} \tag{8-64}$$

$$\ddot{\boldsymbol{r}}_{mp} = \frac{\mu_m}{r_{mp}^3}\boldsymbol{r}_{mp} + \frac{\mu_p}{\mu_m}\frac{\mu_m}{r_{mp}^3}\boldsymbol{r}_{mp} -$$

$$\frac{\mu_e}{r_{ep}^3}\boldsymbol{r}_{ep} + \frac{\mu_e}{r_{ep}^3}(\boldsymbol{r}_{ep} - \boldsymbol{r}_{mp})\frac{r_{ep}^3}{r_{em}^3} \tag{8-65}$$

$$\ddot{\boldsymbol{r}}_{mp} = -\frac{\mu_m}{r_{mp}^3}\boldsymbol{r}_{mp}\left(1 - \frac{\mu_p}{\mu_m}\right) - \frac{\mu_e}{r_{ep}^3}\left[\frac{r_{ep}^3}{r_{em}^3}\boldsymbol{r}_{mp} + \left(1 - \frac{r_{ep}^3}{r_{em}^3}\right)\boldsymbol{r}_{ep}\right] \tag{8-66}$$

$$r_{em} \approx r_{ep} \tag{8-67}$$

$$\mu_p \ll \mu_m \tag{8-68}$$

$$\ddot{\boldsymbol{r}}_{mp} = -\frac{\mu_m}{r_{mp}^3}\boldsymbol{r}_{mp} - \frac{\mu_e}{r_{em}^3}\boldsymbol{r}_{mp} \tag{8-69}$$

令

$$a_M = \frac{\mu_m}{r_{mp}^2} \tag{8-70}$$

$$P_E = \frac{\mu_e}{r_{em}^3} r_{mp} \tag{8-71}$$

$$\frac{P_E}{a_M} = \frac{\mu_e}{\mu_m} \frac{r_{mp}^3}{r_{em}^3} \tag{8-72}$$

$$\frac{P_M}{a_E} = \frac{\mu_m}{\mu_e} \frac{r_{ep}^2}{r_{mp}^2} \tag{8-73}$$

$$\frac{P_E}{a_M} \Big/ \frac{P_M}{a_E} = \left(\frac{\mu_e}{\mu_m} \frac{r_{mp}^3}{r_{em}^3}\right) \Big/ \left(\frac{\mu_m}{\mu_e} \frac{r_{ep}^2}{r_{mp}^2}\right) = \frac{\mu_e^2}{\mu_m^2} \frac{r_{mp}^5}{r_{em}^3 r_{ep}^2} \tag{8-74}$$

$$r_{ep} \approx r_{em} \tag{8-75}$$

飞行器在月球引力影响球内

$$\frac{P_E}{a_M} \Big/ \frac{P_M}{a_E} = \frac{\mu_e^2}{\mu_m^2} \frac{r_{mp}^5}{r_{em}^5} < 1 \tag{8-76}$$

$r_{em} \approx 38$ 万 km；$\mu_e = 3.986 \times 10^{14}\ \mathrm{m^3/s^2}$，$\mu_m = 4.903 \times 10^{12}\ \mathrm{m^3/s^2}$ ；

$$r_{mp}^5 < \frac{\mu_m^2}{\mu_e^2} r_{em}^5 \tag{8-77}$$

即

$$r_{mp} < 6.543\ 万\ \mathrm{km}$$

实际月球引力影响球半径

$$r_{mp} = 58\ 599.068\ 64\ \mathrm{km}$$

$$\frac{P_E}{a_M} \bigg/ \frac{P_M}{a_E} = \frac{\mu_e^2}{\mu_m^2} \frac{r_{mp}^5}{r_{em}^5} = 0.576\ 4 < 1 \tag{8-78}$$

8.1.12　火星引力影响球

太阳、火星、飞行器位置关系如图 8-3 所示。

日心系引力加速度

$$\ddot{\boldsymbol{r}}_{sp} = \boldsymbol{a}_{sp} + \boldsymbol{a}_{mp} \tag{8-79}$$

$$\ddot{\boldsymbol{r}}_{sp} = -\frac{\mu_s}{r_{sp}^3}\boldsymbol{r}_{sp} - \frac{\mu_m}{r_{mp}^3}\boldsymbol{r}_{mp} \tag{8-80}$$

令

$$a_S = \frac{\mu_s}{r_{sp}^2} \tag{8-81}$$

$$P_M = \frac{\mu_m}{r_{mp}^2} \tag{8-82}$$

$$\frac{P_M}{a_S} = \frac{\mu_m}{\mu_s} \frac{r_{sp}^2}{r_{mp}^2} \tag{8-83}$$

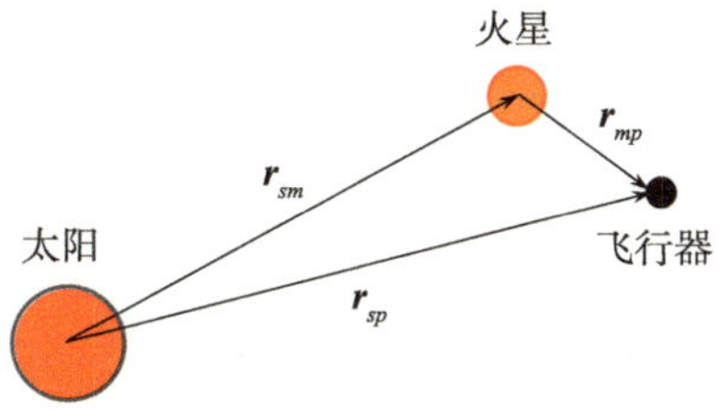

图 8-3　日火飞行器位置关系

火心系引力加速度

$$\ddot{\boldsymbol{r}}_{mp} = \boldsymbol{a}_{mp} - \boldsymbol{a}_{pm} + \boldsymbol{a}_{sp} - \boldsymbol{a}_{sm} \tag{8-84}$$

$$\ddot{\boldsymbol{r}}_{mp} = -\frac{\mu_m}{r_{mp}^3}\boldsymbol{r}_{mp} + \frac{\mu_p}{r_{mp}^3}\boldsymbol{r}_{mp} - \frac{\mu_s}{r_{sp}^3}\boldsymbol{r}_{sp} + \frac{\mu_s}{r_{sm}^3}\boldsymbol{r}_{sm} \tag{8-85}$$

$$\ddot{\boldsymbol{r}}_{mp} = -\frac{\mu_m}{r_{mp}^3}\boldsymbol{r}_{mp} + \frac{\mu_p}{\mu_m}\frac{\mu_m}{r_{mp}^3}\boldsymbol{r}_{mp} - \frac{\mu_s}{r_{sp}^3}\boldsymbol{r}_{sp} + \frac{\mu_s}{r_{sp}^3}(\boldsymbol{r}_{sp} - \boldsymbol{r}_{mp})\frac{r_{sp}^3}{r_{sm}^3} \tag{8-86}$$

$$\ddot{\boldsymbol{r}}_{mp} = -\frac{\mu_m}{r_{mp}^3}\boldsymbol{r}_{mp}\left(1 - \frac{\mu_p}{\mu_m}\right) - \frac{\mu_s}{r_{sp}^3}\left[\frac{r_{sp}^3}{r_{sm}^3}r_{mp} + \left(1 - \frac{r_{sp}^3}{r_{sm}^3}\right)r_{sp}\right] \tag{8-87}$$

$$r_{sm} \approx r_{sp} \tag{8-88}$$

$$\mu_p \ll \mu_m \tag{8-89}$$

$$\ddot{\boldsymbol{r}}_{mp} = -\frac{\mu_m}{r_{mp}^3}\boldsymbol{r}_{mp} - \frac{\mu_s}{r_{sm}^3}\boldsymbol{r}_{mp} \tag{8-90}$$

令

$$a_M = \frac{\mu_m}{r_{mp}^2} \tag{8-91}$$

$$P_S = \frac{\mu_s}{r_{sm}^3} r_{mp} \tag{8-92}$$

$$\frac{P_S}{a_M} = \frac{\mu_s}{\mu_m}\frac{r_{mp}^3}{r_{sm}^3} \tag{8-93}$$

$$\frac{P_M}{a_S} = \frac{\mu_m}{\mu_s}\frac{r_{sp}^2}{r_{mp}^2} \tag{8-94}$$

$$\frac{P_S}{a_M}\bigg/\frac{P_M}{a_S} = \left(\frac{\mu_s}{\mu_m}\frac{r_{mp}^3}{r_{sm}^3}\right)\bigg/\left(\frac{\mu_m}{\mu_s}\frac{r_{sp}^2}{r_{mp}^2}\right) = \frac{\mu_s^2}{\mu_m^2}\frac{r_{mp}^5}{r_{sm}^3 r_{sp}^2} \tag{8-95}$$

$$r_{sp} \approx r_{sm} \tag{8-96}$$

飞行器在火星引力影响球内

$$\frac{P_S}{a_M}\bigg/\frac{P_M}{a_S} = \frac{\mu_s^2}{\mu_m^2}\frac{r_{mp}^5}{r_{sm}^5} < 1 \tag{8-97}$$

$r_{sm} = 1.523\ 66$ AU $= 2.279\ 366\ 36$ 亿 km；$\mu_s = 1.327\ 124\ 4 \times 10^{20}\ \mathrm{m^3/s^2}$，$\mu_m = 4.282\ 837\ 19 \times 10^{13}\ \mathrm{m^3/s^2}$ 。

$$r_{mp}^5 < \frac{\mu_m^2}{\mu_s^2} r_{sm}^5 \tag{8-98}$$

即

$$r_{mp} < 57.722\ \text{万 km}$$

8.2 探测器对地和对火指向

基于星敏输出的本体系相对 J2000 惯性系姿态，以及探测器、火星、地球轨道推算获得的位置，计算探测器定向天线对地指向偏差。

8.2.1 火星在探测器本体系指向

火星在日心 J2000 惯性系位置为 $\boldsymbol{R}_{mi}$ ，探测器在日心 J2000 惯性系位置为 $\boldsymbol{R}_{qi}$ ，求得火星相对探测器在 J2000 惯性系位置 $\boldsymbol{R}_{mq}$

$$\boldsymbol{R}_{mq} = \boldsymbol{R}_{mi} - \boldsymbol{R}_{qi} \tag{8-99}$$

求得火星相对探测器距离 R_{mq}

$$R_{mq} = \|\boldsymbol{R}_{mq}\| = \sqrt{x_{mq}^2 + y_{mq}^2 + z_{mq}^2} \tag{8-100}$$

由本体系相对 J2000 惯性系姿态四元数 $\boldsymbol{q}_{bi}$ ，得姿态转换矩阵 $\boldsymbol{A}_{bi}$ ，求火星相对探测

器位置在探测器本体系中指向 $\boldsymbol{r}_{mq}^{b}$

$$\boldsymbol{r}_{mq}^{b} = \boldsymbol{A}_{bi} \cdot \frac{\boldsymbol{R}_{mq}}{R_{mq}} \tag{8-101}$$

8.2.2 地球在探测器本体系指向

地球在日心 J2000 惯性系位置为 $\boldsymbol{R}_{ei}$ ，探测器在日心 J2000 惯性系位置为 $\boldsymbol{R}_{qi}$ ，求得地球相对探测器在 J2000 惯性系位置 $\boldsymbol{R}_{eq}$

$$\boldsymbol{R}_{eq} = \boldsymbol{R}_{ei} - \boldsymbol{R}_{qi} \tag{8-102}$$

求得地球相对探测器距离 R_{eq}

$$R_{eq} = \|\boldsymbol{R}_{eq}\| = \sqrt{x_{eq}^2 + y_{eq}^2 + z_{eq}^2} \tag{8-103}$$

由本体系相对 J2000 惯性系姿态四元数 $\boldsymbol{q}_{bi}$ ，得姿态转换矩阵 $\boldsymbol{A}_{bi}$ ，求地球相对探测器位置在探测器本体系中指向 $\boldsymbol{r}_{eq}^{b}$

$$\boldsymbol{r}_{eq}^{b} = \boldsymbol{A}_{bi} \cdot \frac{\boldsymbol{R}_{eq}}{R_{eq}} \tag{8-104}$$

8.2.3 定向天线对地指向

深空探测采用窄波束定向天线对地测控，地火转移和环火飞行期间要确保定向天线对地指向。

定向天线外形如图 8－4 所示，定向天线坐标系 $O_dX_dY_dZ_d$ 定义如下：

定向天线的两维指向机构含两个驱动轴（X_d 轴、Y_d 轴），X_d 轴为指向机构靠近舱体的驱动轴，Y_d 轴为指向机构靠近天线的驱动轴。

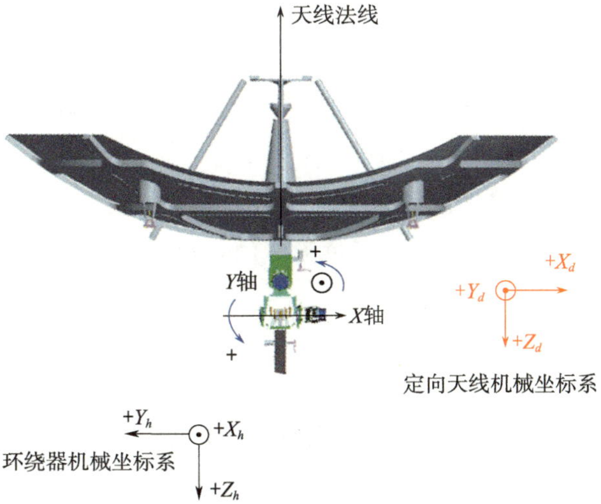

图 8－4　定向天线驱动方向定义

对于驱动轴 X_d 轴和 Y_d 轴，正方向都为从无电机一侧指向有电机一侧。定向天线展开到位后，零位为天线法线指向环绕器机械系 $-Z_h$ 方向。

零位时，$+Y_d$ 轴电机转轴与环绕器机械系 $+X_h$ 轴同向，$+X_d$ 轴电机转轴与环绕器机械系 $-Y_h$ 轴同向。两个轴的驱动正、反方向以右手法则为准。

定向天线先绕外框 X 轴转动 α，再绕内框 Y 轴转动 β，则器体坐标系转到定向天线坐标系姿态四元数 $\boldsymbol{q}_{db}$ 为

$$\boldsymbol{q}_{db}=\begin{bmatrix}\cos(-\pi/4)\\0\\0\\\sin(-\pi/4)\end{bmatrix}\otimes\begin{bmatrix}\cos(\alpha/2)\\\sin(\alpha/2)\\0\\0\end{bmatrix}\otimes\begin{bmatrix}\cos(\beta/2)\\0\\\sin(\beta/2)\\0\end{bmatrix}\otimes\boldsymbol{q}_{dx}\tag{8-105}$$

式中，$\boldsymbol{q}_{dx}$ 为定向天线零位处安装误差及电轴漂移姿态修正四元数，隐含值为 $\boldsymbol{q}_{dx}=[1\quad 0\quad 0\quad 0]^{\mathrm{T}}$，根据地面测量及在轨标校可注数修正。

J2000 惯性系转到定向天线坐标系姿态四元数 $\boldsymbol{q}_{di}$

$$\boldsymbol{q}_{di}=\boldsymbol{q}_{bi}\otimes\boldsymbol{q}_{db}\tag{8-106}$$

由 J2000 惯性系相对定向天线坐标系姿态四元数 $\boldsymbol{q}_{di}$，得姿态转换矩阵 $\boldsymbol{A}_{di}$，求地球相对探测器位置在定向天线坐标系中指向 $\boldsymbol{r}_{eq}^{d}$

$$\boldsymbol{r}_{eq}^{d}=\boldsymbol{A}_{di}\cdot\frac{\boldsymbol{R}_{eq}}{R_{eq}}\tag{8-107}$$

器地指向与定向天线指向夹角 γ 为

$$\gamma=\arccos(\boldsymbol{r}_{eq}^{d}\cdot\boldsymbol{r}_{fz}^{d})\tag{8-108}$$

式中　$\boldsymbol{r}_{fz}^{d}$ ——定向天线指向，$\boldsymbol{r}_{fz}^{d}=[0\quad 0\quad -1]^{\mathrm{T}}$。

8.2.4　地面测控站对探测器指向

J2000 惯性系到 WGS-84 地固系姿态四元数为 $\boldsymbol{q}_{ei}$。由四元数 $\boldsymbol{q}_{ei}$ 可求得姿态转换矩阵 $\boldsymbol{A}_{ei}$。

设地心指向飞行器矢量为 $\boldsymbol{R}_{pe}=\boldsymbol{R}_{p}-\boldsymbol{R}_{e}$，将 $\boldsymbol{R}_{pe}$ 转换到 WGS-84 地固系

$$\boldsymbol{R}_{pe}^{e}=\boldsymbol{A}_{ei}\cdot\boldsymbol{R}_{pe}\tag{8-109}$$

将 $\boldsymbol{R}_{pe}^{e}$ 归一化为 $\boldsymbol{r}_{pe}^{e}$，由 $\boldsymbol{r}_{pe}^{e}$ 求得方位角 α_e 和高低角 β_e。

设地面站经度为 α_c，纬度为 β_c，通过天方位角和高低角控制天线指向飞行器，求得指向经度差 $\mathrm{d}\alpha$ 和纬度差 $\mathrm{d}\beta$

$$\mathrm{d}\alpha=\alpha_e-\alpha_c\tag{8-110}$$

$$\mathrm{d}\beta=\beta_e-\beta_c\tag{8-111}$$

纬度差 $\mathrm{d}\beta$ 一般可通过地面测站天线南北向驱动消除，经度差 $\mathrm{d}\alpha$ 小于地面站天线东西向驱动范围，则探测器地面测站可见。

8.2.5　火星探测器对太阳/地球可见性

考虑火星遮挡，分析探测器对太阳/地球可见性。

设日心 J2000 惯性系下飞行器位置为 $\boldsymbol{R}_{ps}$，火星位置为 $\boldsymbol{R}_{ms}$，地球位置为 $\boldsymbol{R}_{es}$，飞行

器相对火星位置为 $\boldsymbol{R}_{pm}=\boldsymbol{R}_{ps}-\boldsymbol{R}_{ms}$，地球相对火星位置为 $\boldsymbol{R}_{em}=\boldsymbol{R}_{es}-\boldsymbol{R}_{ms}$，太阳相对火星位置为 $-\boldsymbol{R}_{ms}$，求得火星遮挡角

$$\xi=\arcsin\left(\frac{\sqrt{\|\boldsymbol{R}_{pm}\|^2-R_m^2}}{\|\boldsymbol{R}_{pm}\|}\right) \tag{8-112}$$

式中　R_m ——火星半径。

飞行器进入火星阴影条件为

$$\psi_s=\arccos\left(-\frac{\boldsymbol{R}_{pm}}{\|\boldsymbol{R}_{pm}\|}\cdot\frac{\boldsymbol{R}_{ms}}{\|\boldsymbol{R}_{ms}\|}\right)\geqslant \pi/2+\xi \tag{8-113}$$

飞行器进入火星遮挡不可见地球条件为

$$\psi_e=\arccos\left(\frac{\boldsymbol{R}_{pm}}{\|\boldsymbol{R}_{pm}\|}\cdot\frac{\boldsymbol{R}_{em}}{\|\boldsymbol{R}_{em}\|}\right)\geqslant \pi/2+\xi \tag{8-114}$$

8.2.5.1　火影判别

火惯系下火影判别如图 8-5 所示。

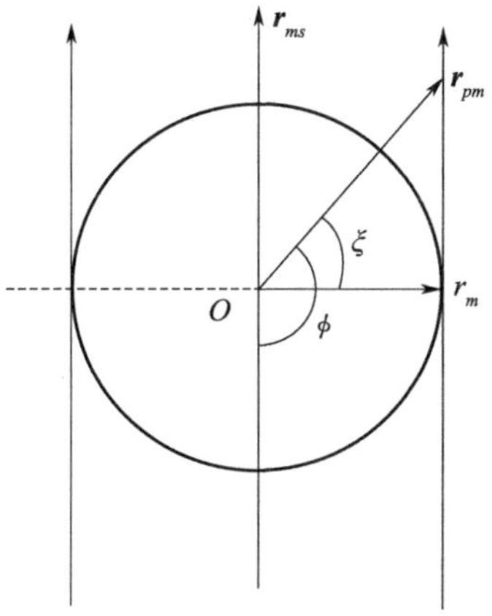

图 8-5　火影判别示意图

$$\xi=\arcsin\left(\frac{\sqrt{r_{pm}^2-r_m^2}}{r_{pm}}\right) \tag{8-115}$$

式中　r_{pm} ——飞行器火心距；

r_m ——火星半径。

$$\phi=\arccos\left(\frac{-\boldsymbol{r}_{pm}\cdot\boldsymbol{r}_{ms}}{r_{pm}}\right) \tag{8-116}$$

式中　$\boldsymbol{r}_{pm}$ ——飞行器相对火心位置；

$\boldsymbol{r}_{ms}$ ——太阳光方向。

$$\eta=\arccos(|\boldsymbol{h}_p\cdot\boldsymbol{r}_{ms}|) \tag{8-117}$$

式中　$\boldsymbol{h}_p$ ——飞行器轨道面法向。

全光照判别

$$\xi_p = \arcsin\left(\frac{\sqrt{r_{p,p}^2 - r_m^2}}{r_{p,p}}\right) \tag{8-118}$$

式中 $r_{p,p}$ ——飞行器近火点火心距；

r_m ——火星半径，$r_{p,p} \geqslant r_m$ 。

光照判别

$$\frac{\pi}{2} - \eta > \frac{\pi}{2} - \xi_p \text{ 或 } \eta < \xi_p \tag{8-119}$$

阴影判别

$$\xi + \frac{\pi}{2} - \phi < 0 \tag{8-120}$$

8.2.5.2 火星测控盲区判别

火惯系下火星测控盲区判别如图8-6所示。

$$\xi = \arcsin\left(\frac{\sqrt{r_{pm}^2 - r_m^2}}{r_{pm}}\right) \tag{8-121}$$

式中 r_{pm} ——飞行器火心距；

r_m ——火星半径。

$$\phi = \arccos\left(\frac{-\boldsymbol{r}_{pm} \cdot \boldsymbol{r}_{me}}{r_{pm} \cdot r_{me}}\right) = \arccos\left(\frac{\boldsymbol{r}_{pm} \cdot \boldsymbol{r}_{em}}{r_{pm} \cdot r_{em}}\right) \tag{8-122}$$

式中 $\boldsymbol{r}_{pm}$ ——飞行器相对火心位置；

$\boldsymbol{r}_{me}$ ——火星相对地心位置。

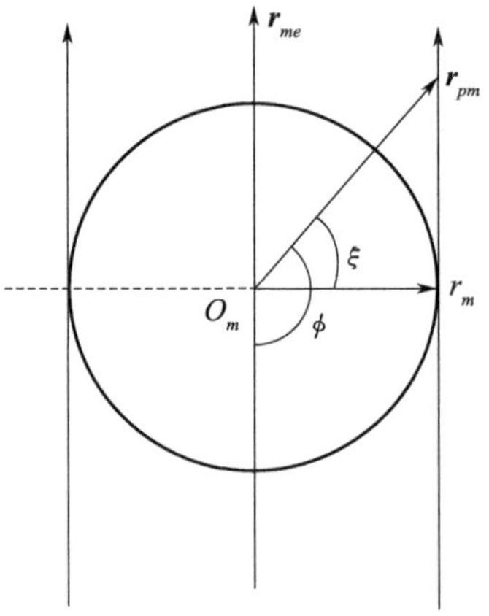

图8-6　测控盲区判别示意图

$$\eta = \arccos\left(\left|\frac{\boldsymbol{h}_p \cdot \boldsymbol{r}_{em}}{r_{em}}\right|\right) \tag{8-123}$$

式中 $\boldsymbol{h}_p$ ——飞行器轨道面法向。

全测控判别

$$\xi_p = \arcsin\left(\frac{\sqrt{r_{p,p}^2 - r_m^2}}{r_{p,p}}\right) \tag{8-124}$$

式中　$r_{p,p}$ ——飞行器近火点火心距；

r_m ——火星半径，$r_{p,p} \geqslant r_m$ 。

测控全可见判别

$$\frac{\pi}{2} - \eta > \frac{\pi}{2} - \xi_p \text{ 或 } \eta < \xi_p \tag{8-125}$$

测控盲区判别

$$\xi + \frac{\pi}{2} - \phi < 0 \tag{8-126}$$

8.2.5.3　火星中继可视判别

火星中继可视判别如图 8-7 所示。

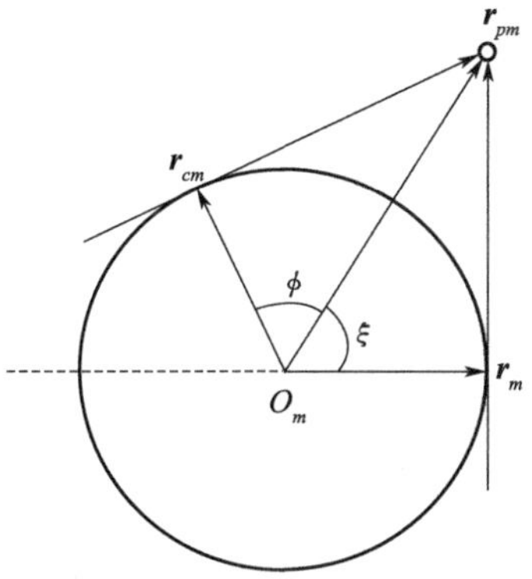

图 8-7　测控盲区判别示意图

$$\xi = \arcsin\left(\frac{\sqrt{r_{pm}^2 - r_m^2}}{r_{pm}}\right) \tag{8-127}$$

式中　r_{pm} ——飞行器火心距；

r_m ——火星半径。

$$\phi = \arccos\left(\frac{\boldsymbol{r}_{pm} \cdot \boldsymbol{r}_{cm}}{r_{pm} \cdot r_{cm}}\right) \tag{8-128}$$

式中　$\boldsymbol{r}_{pm}$ ——飞行器相对火心位置；

$\boldsymbol{r}_{cm}$ ——火星车相对火心位置。

中继可视判别

$$\phi < \xi \tag{8-129}$$

8.2.6 基于星敏推算太阳指向

设星敏输出姿态四元数为 $\boldsymbol{q}_{si}$ ，星敏安装四元数为 $\boldsymbol{q}_{sb}$ ，求得本体相对赤道惯性系姿态四元数为 $\boldsymbol{q}_{bi}$

$$\boldsymbol{q}_{bi}=\boldsymbol{q}_{si}\otimes\boldsymbol{q}_{sb}^{*}\tag{8-130}$$

飞行器在日心 J2000 惯性系位置为 $\boldsymbol{R}_{p,i}$ ，太阳相对飞行器在赤道惯性系位置为 $-\boldsymbol{R}_{p,i}$ ，转换到本体系为

$$\boldsymbol{R}_{s,b}=\boldsymbol{A}_{bi}\cdot(-\boldsymbol{R}_{p,i})\tag{8-131}$$

对本体系下太阳矢量 $\boldsymbol{R}_{s,b}$ 归一化后可求得太阳在本体系下方位和高低角。

8.2.7 地球和火星轨道控制方程

绕日轨道速度倾角变化

$$\frac{\mathrm{d}\beta}{\mathrm{d}t}=\frac{r(1+e\cos f)}{(1+2e\cos f+e^{2})\sqrt{\mu_{s}p}}[(1+e\cos f)\cdot a_{r}-e\sin f\cdot a_{t}]\tag{8-132}$$

地球和火星轨道较多为近圆小倾角轨道，定义近圆小倾角轨道参数

$$\begin{cases}e_{x}=e\cos(\Omega+\omega)\\e_{y}=e\sin(\Omega+\omega)\\i_{x}=\sin i\sin\Omega\\i_{y}=\sin i\cos\Omega\\l=\Omega+\omega+M\end{cases}\tag{8-133}$$

近圆小倾角轨道轨控方程

$$\begin{cases}\dfrac{\mathrm{d}a}{\mathrm{d}t}=\dfrac{2}{n}[e\sin f\cdot a_{r}+(1+e\cos f)\cdot a_{t}]\\\dfrac{\mathrm{d}e_{x}}{\mathrm{d}t}=\dfrac{1}{na}\{\sin(\omega+f+\Omega)\cdot a_{r}+[\cos(\omega+f+\Omega)+\cos(\omega+E+\Omega)]\cdot a_{t}\}\\\dfrac{\mathrm{d}e_{y}}{\mathrm{d}t}=\dfrac{1}{na}\{-\cos(\omega+f+\Omega)\cdot a_{r}+[\sin(\omega+f+\Omega)+\sin(\omega+E+\Omega)]\cdot a_{t}\}\\\dfrac{\mathrm{d}i_{x}}{\mathrm{d}t}=\dfrac{r}{na^{2}}[\cos i\cos(\omega+f)\sin\Omega+\sin(\omega+f)\cos\Omega]\cdot a_{n}\\\dfrac{\mathrm{d}i_{y}}{\mathrm{d}t}=\dfrac{r}{na^{2}}[\cos i\cos(\omega+f)\cos\Omega-\sin(\omega+f)\sin\Omega]\cdot a_{n}\\\dfrac{\mathrm{d}l}{\mathrm{d}t}=n-\dfrac{2r}{na^{2}}\cdot a_{r}+\dfrac{e(a+r)\sin f}{2na^{2}}\cdot a_{t}+\dfrac{r}{na^{2}}\sin(\omega+f)\tan\dfrac{i}{2}\cdot a_{n}\end{cases}\tag{8-134}$$

式中　a_r ——径向推力加速度；

a_t ——切向推力加速度；

a_n ——轨道面法向推力加速度。

8.3　双曲逃逸轨道与日心椭圆轨道转换

深空探测器从地球发射进入双曲逃逸轨道，探测器脱离地球引力影响球后进入绕日椭圆轨道，双曲逃逸轨道与日心椭圆轨道转换涉及三体动力学，精确计算需要三体动力学积分。

考虑地火等轨道转移过程可以进行轨道修正，基于双曲逃逸轨道特点进行双曲逃逸轨道与日心椭圆轨道粗精度转换，以便快速进行地火等转移轨道设计。

为了节省推进剂，行星探测转移轨道可以借地球等行星引力改变速度方向，深空探测器从绕日椭圆轨道转双曲逃逸轨道，再从双曲逃逸轨道转绕日椭圆轨道。

8.3.1　双曲逃逸轨道

8.3.1.1　双曲逃逸轨道特点

运载将飞行器送入逃逸地球轨道，飞行器在逃逸轨道飞行一段时间后脱离地球引力中心进入太阳引力中心绕日飞行，逃逸地球后绕日飞行一般为椭圆轨道。常规轨道参数定义在单个中心引力体，属于二体问题，飞行器脱离地球引力飞行过程受地球和太阳引力作用，属于三体问题；行星际探测进行飞行轨道设计时，需要从绕日轨道反推地球逃逸双曲轨道参数，也涉及三体问题。

三体问题求解一般采用动力学积分推算位置和速度

$$\boldsymbol{v}=\int(\boldsymbol{g}_e+\boldsymbol{g}_s+\boldsymbol{a})\cdot \mathrm{d}t \tag{8-135}$$

$$\boldsymbol{r}=\int\boldsymbol{v}\cdot \mathrm{d}t \tag{8-136}$$

式中　$\boldsymbol{g}_e$ ——地球引力加速度；

$\boldsymbol{g}_s$ ——太阳引力加速度；

$\boldsymbol{a}$ ——摄动加速度。

发射入轨初期地球引力为主，太阳引力可以忽略，逃逸地球后太阳引力为主，地球引力可以忽略，基于积分推算的位置和速度可以求得绕日轨道参数，但轨道参数精度受积分累积误差影响。

从绕日椭圆轨道反推逃逸轨道 $\mathrm{d}t$ 为负值，要确保能够进入地球引力作用球，从绕日椭圆轨道推算逃逸双曲轨道积分推算比较复杂，轨道参数精度也受积分累积误差影响。

基于双曲线特点推导地球逃逸双曲轨道与绕日椭圆轨道相互转换算法，规避了三体引力作用导致的转换复杂性，轨道参数精度不受积分累积误差影响；尽量利用地球自转速度，获取最优双曲逃逸轨道；迭代和搜索算法简单，收敛速度快，易于工程应用。

8.3.1.2　双曲函数和双曲轨道函数

双曲正余弦函数

$$\sinh x = \text{sh} x = \frac{e^x - e^{-x}}{2} \tag{8-137}$$

$$\cosh x = \text{ch} x = \frac{e^x + e^{-x}}{2} \tag{8-138}$$

双曲正余切函数

$$\tanh x = \text{th} x = \frac{e^x - e^{-x}}{e^x + e^{-x}} \tag{8-139}$$

$$\text{ctanh} x = \text{cth} x = \frac{e^x + e^{-x}}{e^x - e^{-x}} \tag{8-140}$$

双曲轨道偏近点角 H 双曲函数如下

$$\cosh H = \frac{e + \cos f}{1 + e \cdot \cos f} \tag{8-141}$$

$$\sinh H = \frac{\sqrt{e^2 - 1} \cdot \sin f}{1 + e \cdot \cos f} \tag{8-142}$$

$$\tanh \frac{H}{2} = \sqrt{\frac{e-1}{e+1}} \cdot \tan \frac{f}{2} \tag{8-143}$$

双曲轨道真近点角 f 正余弦函数如下：

$$\cos f = \frac{e - \cosh H}{e \cdot \cosh H - 1} \tag{8-144}$$

$$\sin f = \frac{\sqrt{e^2 - 1} \cdot \sinh H}{e \cdot \cosh H - 1} \tag{8-145}$$

$$\tan \frac{f}{2} = \sqrt{\frac{e+1}{e-1}} \cdot \tanh \frac{H}{2} \tag{8-146}$$

双曲轨道（$e>1$）

$$e = \sqrt{\frac{a^2 + b^2}{a^2}} \tag{8-147}$$

8.3.1.3　基于双曲轨道参数计算 RV

引力中心距

$$r = \frac{a(1 - e^2)}{1 + e \cdot \cos f} \tag{8-148}$$

令

$$a_1 = -a \tag{8-149}$$

求得双曲轨道平角速率如下：

$$n_1 = \sqrt{\frac{\mu}{a_1^3}} \tag{8-150}$$

基于双曲轨道参数计算位置和速度如下：

$$\boldsymbol{r} = a_1(e - \cosh H) \cdot \boldsymbol{P} + a_1 \cdot \sqrt{e^2 - 1} \cdot \sinh H \cdot \boldsymbol{Q} \tag{8-151}$$

$$\dot{\boldsymbol{r}}=-\frac{a_1^2\cdot n_1}{r}\cdot\sinh H\cdot\boldsymbol{P}+\frac{a_1^2\cdot n_1}{r}\sqrt{e^2-1}\cdot\cosh H\cdot\boldsymbol{Q}\tag{8-152}$$

其中

$$\boldsymbol{P}=\boldsymbol{R}_z(-\Omega)\boldsymbol{R}_x(-i)\boldsymbol{R}_z(-\omega)\begin{bmatrix}1\\0\\0\end{bmatrix}=\begin{bmatrix}\cos\Omega\cos\omega-\sin\Omega\sin\omega\cos i\\\sin\Omega\cos\omega+\cos\Omega\sin\omega\cos i\\\sin\omega\sin i\end{bmatrix}$$

$$\boldsymbol{Q}=\boldsymbol{R}_z(-\Omega)\boldsymbol{R}_x(-i)\boldsymbol{R}_z(-\omega-90^\circ)\begin{bmatrix}1\\0\\0\end{bmatrix}=\begin{bmatrix}-\cos\Omega\sin\omega-\sin\Omega\cos\omega\cos i\\-\sin\Omega\sin\omega+\cos\Omega\cos\omega\cos i\\\cos\omega\sin i\end{bmatrix}$$

8.3.1.4　基于双曲轨道参数计算逃逸速度

双曲逃逸轨道如图 8-8 所示。

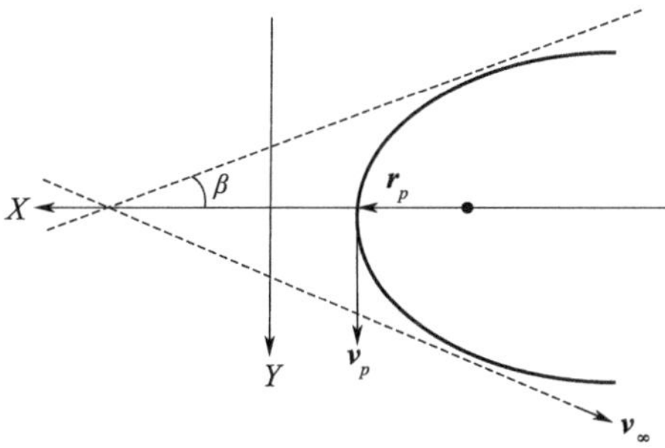

图 8-8　双曲逃逸轨道示意图

双曲轨道逃逸角 β 与偏心率关系如下：

$$e=\sqrt{\frac{a^2+b^2}{a^2}}\tag{8-153}$$

$$b=a\cdot\sqrt{e^2-1}\tag{8-154}$$

$$\tan\beta=\frac{b}{a}\tag{8-155}$$

逃逸速度 v_∞ 和 c_3 为

$$v_\infty=\sqrt{-\frac{\mu}{a}}\tag{8-156}$$

$$c_3=v_\infty^2\tag{8-157}$$

近地点速度 v_p 为

$$v_p=\sqrt{\frac{2\mu}{r_p}+v_\infty^2}\tag{8-158}$$

已知近地点位置和速度矢量 $\boldsymbol{r}_p$ 和 $\boldsymbol{v}_p$ ，令

$$\boldsymbol{x}=\frac{\boldsymbol{r}_p}{\|\boldsymbol{r}_p\|}\tag{8-159}$$

$$\boldsymbol{y}=\frac{\boldsymbol{v}_p}{\|\boldsymbol{v}_p\|} \tag{8-160}$$

$$\boldsymbol{z}=\boldsymbol{x}\times\boldsymbol{y} \tag{8-161}$$

求得

$$\boldsymbol{A}_{iq}=\begin{bmatrix}\boldsymbol{x}\\ \boldsymbol{y}\\ \boldsymbol{z}\end{bmatrix} \tag{8-162}$$

由 β 求得双曲轨道坐标系中 $\boldsymbol{v}_{\infty}^{q}$ 为

$$\boldsymbol{v}_{\infty}^{q}=v_{\infty}\cdot\begin{bmatrix}-\cos\beta\\ \sin\beta\\ 0\end{bmatrix} \tag{8-163}$$

求得地心 J2000 惯性系中 $\boldsymbol{v}_{\infty}$ 为

$$\boldsymbol{v}_{\infty}=\boldsymbol{A}_{iq}\cdot\boldsymbol{v}_{\infty}^{q} \tag{8-164}$$

8.3.2　双曲逃逸轨道转绕日椭圆轨道

双曲逃逸轨道转绕日椭圆轨道如图 8-9 所示。

根据飞行器在地心惯性系双曲轨道参数 a、e、i、ω、Ω、f，求得飞行器在地心惯性系位置 $\boldsymbol{r}$ 与速度 $\boldsymbol{v}$ 。

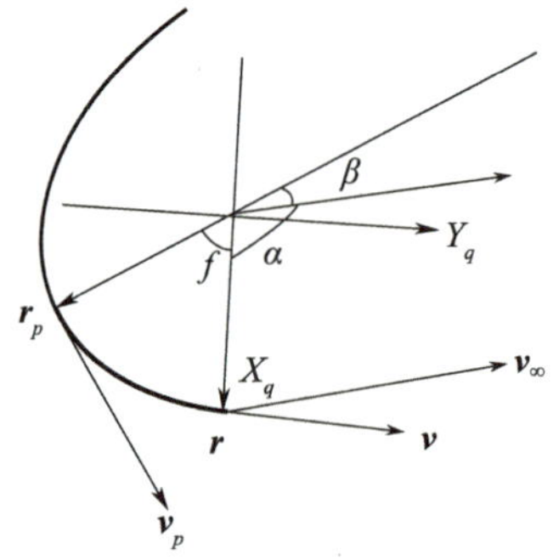

图 8-9　双曲逃逸轨道转绕日椭圆轨道

活力公式

$$v^2=\frac{2\mu}{r}-\frac{\mu}{a} \tag{8-165}$$

在 $r\to\infty$ 时求得

$$v_{\infty}=\sqrt{\frac{-\mu}{a}} \tag{8-166}$$

偏心率 e 和半长轴 a 为

$$e=\sqrt{\frac{a^2+b^2}{a^2}} \tag{8-167}$$

求得半短轴 b

$$b = a \cdot \sqrt{e^2 - 1} \tag{8-168}$$

求得 β

$$\beta = \arctan\left(\frac{b}{a}\right) \tag{8-169}$$

求 $\boldsymbol{r}$ 与 $\boldsymbol{v}_\infty$ 之间的夹角 α

$$\alpha = \pi - f - \beta \tag{8-170}$$

定义双曲轨道坐标系 $O_eX_qY_qZ_q$，令

$$\boldsymbol{x}_q = \frac{\boldsymbol{r}}{r} \tag{8-171}$$

由 $\boldsymbol{r}$ 和 $\boldsymbol{v}$ 求得

$$\boldsymbol{z}_q = \frac{\dfrac{\boldsymbol{r}}{r} \times \dfrac{\boldsymbol{v}}{v}}{\left\| \dfrac{\boldsymbol{r}}{r} \times \dfrac{\boldsymbol{v}}{v} \right\|} = \frac{\boldsymbol{x}_q \times \dfrac{\boldsymbol{v}}{v}}{\left\| \boldsymbol{x}_q \times \dfrac{\boldsymbol{v}}{v} \right\|} \tag{8-172}$$

求得

$$\boldsymbol{y}_q = \boldsymbol{z}_q \times \boldsymbol{x}_q \tag{8-173}$$

求得双曲轨道坐标系到地心惯性系 $O_eX_eY_eZ_e$ 转换矩阵

$$\boldsymbol{A}_{iq} = [\boldsymbol{x}_q \quad \boldsymbol{y}_q \quad \boldsymbol{z}_q] \tag{8-174}$$

由 α 求得双曲轨道坐标系中 $\boldsymbol{v}_\infty^q$

$$\boldsymbol{v}_\infty^q = v_\infty \cdot \begin{bmatrix} \cos\alpha \\ \sin\alpha \\ 0 \end{bmatrix} \tag{8-175}$$

求得地心 J2000 惯性系中 $\boldsymbol{v}_\infty$

$$\boldsymbol{v}_\infty = \boldsymbol{A}_{iq} \cdot \boldsymbol{v}_\infty^q \tag{8-176}$$

由飞行器在地心 J2000 惯性系中的逃逸位置 $\boldsymbol{r}_t$ 和逃逸速度 $\boldsymbol{v}_\infty$，以及地球在日心 J2000 惯性系的位置 $\boldsymbol{r}_e$ 与速度 $\boldsymbol{v}_e$，得到飞行器在日心 J2000 惯性系位置 $\boldsymbol{r}_s$ 与逃逸速度 $\boldsymbol{v}_s$，由此求得飞行器在日心 J2000 惯性系轨道参数 a，e，i，ω，Ω，f。

8.3.3　绕日椭圆轨道转双曲逃逸轨道

8.3.3.1　基于绕日位置/速度计算对地 $\boldsymbol{rv}$

深空探测器借助行星引力改变速度增量，从绕日椭圆轨道进入行星双曲轨道，探测器接近行星过程中绕日椭圆轨道转双曲逃逸轨道如图 8-10 所示。

飞行器在日心 J2000 惯性系 $\boldsymbol{r}_s$ 与 $\boldsymbol{v}_s$ 扣除地球在日心 J2000 惯性系位置 $\boldsymbol{r}_e$ 与速度 $\boldsymbol{v}_e$，得到飞行器在地心 J2000 惯性系位置 $\boldsymbol{r}$ 与速度 $\boldsymbol{v}_\infty$。

由活力公式 $v^2 = \dfrac{2\mu}{r} - \dfrac{\mu}{a}$，在 $r \to \infty$时求得：

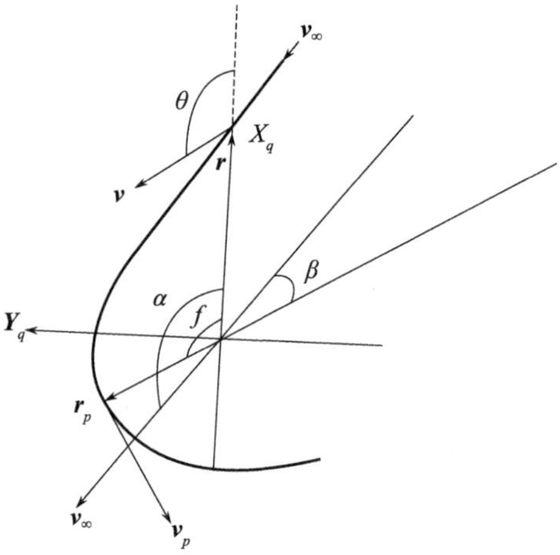

图 8-10　绕日椭圆轨道转双曲逃逸轨道

$$v_\infty = \sqrt{\frac{-\mu}{a}} \tag{8-177}$$

由 v_∞ 求得半长轴 a ：

$$a = -\mu / v_\infty^2 \tag{8-178}$$

8.3.3.2　迭代计算逃逸角 β

偏心率 e 初始化 $e_0 = 2$，迭代算法如下

由 $e = \sqrt{\frac{a^2 + b^2}{a^2}}$ 得：

$$b = a \cdot \sqrt{e^2 - 1} \tag{8-179}$$

由 $\tan\beta = \frac{b}{a}$ ，得：

$$\beta = \arctan\left(\frac{b}{a}\right) \tag{8-180}$$

入口位于进入近地点前，$f < 0$，由 $r = \frac{a(1 - e^2)}{1 + e \cdot \cos f}$ ，得：

$$f = -a\cos\left(\frac{a(1 - e^2) - r}{re}\right) \tag{8-181}$$

由 $r = \frac{a(1 - e^2)}{1 + e \cdot \cos f}$ ，二边对 f 求导得：

$$\frac{\mathrm{d}e}{\mathrm{d}f} = \frac{r \cdot e \cdot \sin f}{r \cdot \cos f + 2a \cdot e} = k \tag{8-182}$$

$f < 0$，取系数 $k = -1/(°)$ 。

偏心率迭代修正量 $\mathrm{d}e$ 如下：

$$\mathrm{d}e = k \cdot \mathrm{d}f \tag{8-183}$$

偏心率 e 迭代计算如下：

$$e_{k+1}=e_k-\mathrm{d}e \tag{8-184}$$

迭代收敛判别：

$$\mathrm{d}f=\beta-f-\alpha \tag{8-185}$$

$\mathrm{d}f \leqslant 0.000\,1^\circ$ 停止迭代。

8.3.3.3　计算双曲轨道参数

迭代获取逃逸角 β，可求得半短轴 b

$$b=a\cdot\tan\beta \tag{8-186}$$

求偏心率 e

$$e=\sqrt{\frac{a^2+b^2}{a^2}} \tag{8-187}$$

求近地点地心距 r_p

$$r_p=a(1-e) \tag{8-188}$$

由活力公式 $v^2=\frac{2\mu}{r}-\frac{\mu}{a}$，求得 v_p

$$v_p=\sqrt{\frac{2\mu}{r_p}-\frac{\mu}{a}} \tag{8-189}$$

求得 h：

$$h=r_p\cdot v_p \tag{8-190}$$

由活力公式 $v^2=\frac{2\mu}{r}-\frac{\mu}{a}$，求得 v

$$v=\sqrt{\frac{2\mu}{r}-\frac{\mu}{a}} \tag{8-191}$$

根据双轴轨道速度倾角特性，求得 $\boldsymbol{r}$ 与 $\boldsymbol{v}$ 之间的夹角 θ

$$\theta=\arccos\left(\frac{h}{\boldsymbol{r}\cdot\boldsymbol{v}}\right) \tag{8-192}$$

定义双曲轨道坐标系 $O_eX_qY_qZ_q$，令

$$\boldsymbol{x}_q=\frac{\boldsymbol{r}}{r} \tag{8-193}$$

由 $\boldsymbol{r}$ 和 $\boldsymbol{v}_\infty$ 求得

$$\boldsymbol{z}_q=\frac{\boldsymbol{r}\times\boldsymbol{v}_\infty}{\|\boldsymbol{r}\times\boldsymbol{v}_\infty\|}=\frac{\frac{\boldsymbol{r}}{r}\times\frac{\boldsymbol{v}_\infty}{v_\infty}}{\left\|\frac{\boldsymbol{r}}{r}\times\frac{\boldsymbol{v}_\infty}{v_\infty}\right\|}=\frac{\boldsymbol{x}_q\times\frac{\boldsymbol{v}_\infty}{v_\infty}}{\left\|\boldsymbol{x}_q\times\frac{\boldsymbol{v}_\infty}{v_\infty}\right\|} \tag{8-194}$$

求得

$$\boldsymbol{y}_q=\boldsymbol{z}_q\times\boldsymbol{x}_q \tag{8-195}$$

求得双曲轨道坐标系到地心 J2000 惯性系 $O_eX_eY_eZ_e$ 转换矩阵

$$\boldsymbol{A}_{eq}=[\boldsymbol{x}_q\quad\boldsymbol{y}_q\quad\boldsymbol{z}_q] \tag{8-196}$$

求得双曲轨道坐标系中 $\boldsymbol{v}_q$

$$\boldsymbol{v}_q = v \cdot \begin{bmatrix} \cos\theta \\ \sin\theta \\ 0 \end{bmatrix} \tag{8-197}$$

求得地心 J2000 惯性系中 $\boldsymbol{v}$

$$\boldsymbol{v} = \boldsymbol{A}_{eq} \cdot \boldsymbol{v}_q \tag{8-198}$$

由 $\boldsymbol{r}$ 和 $\boldsymbol{v}$ 求得双曲轨道参数 a，e，i，ω，Ω，f。

8.3.4　搜索最优利用地球自转速度的双曲逃逸轨道参数

8.3.4.1　基于日地指向在双曲轨道面内求双曲逃逸轨道参数

日地指向在双曲轨道面内如图 8－11 所示。

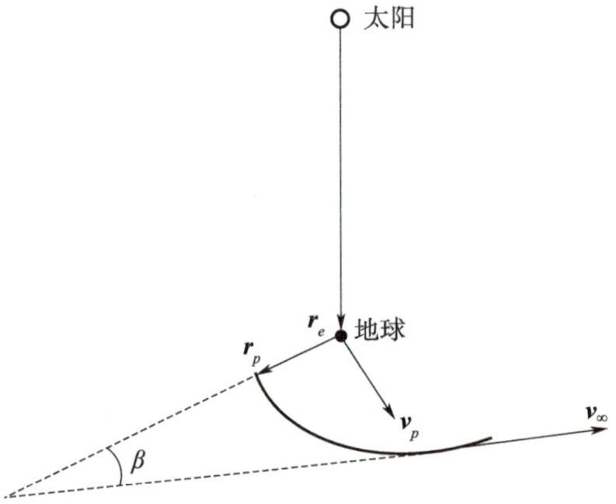

图 8－11　日地指向在双曲轨道面内

飞行器在日心 J2000 惯性系 $\boldsymbol{v}_s$ 扣除地球在日心 J2000 惯性系速度 $\boldsymbol{v}_e$，得到飞行器在地心 J2000 惯性系逃逸速度 $\boldsymbol{v}_\infty$

$$\boldsymbol{v}_\infty = \boldsymbol{v}_s - \boldsymbol{v}_e \tag{8-199}$$

由逃逸速度 $\boldsymbol{v}_\infty$ 求得

$$v_\infty = \|\boldsymbol{v}_\infty\| \tag{8-200}$$

由地球在日心惯性系位置 $\boldsymbol{r}_e$ 求得

$$r_e = \|\boldsymbol{r}_e\| \tag{8-201}$$

如图 8－12 所示，基于日地指向在双曲轨道面内求双曲逃逸轨道参数。

基于日地指向在双曲轨道面内，定义双曲轨道坐标系 $O_eX_qY_qZ_q$，令

$$\boldsymbol{x}_q = \frac{\boldsymbol{v}_\infty}{v_\infty} \tag{8-202}$$

由 $\boldsymbol{r}_e$ 和 $\boldsymbol{v}_\infty$ 求得

$$\boldsymbol{z}_q = \frac{\boldsymbol{v}_\infty \times \boldsymbol{r}_e}{\|\boldsymbol{v}_\infty \times \boldsymbol{r}_e\|} = \frac{\dfrac{\boldsymbol{v}_\infty}{v_\infty} \times \dfrac{\boldsymbol{r}_e}{r_e}}{\left\|\dfrac{\boldsymbol{v}_\infty}{v_\infty} \times \dfrac{\boldsymbol{r}_e}{r_e}\right\|} = \frac{\boldsymbol{x}_q \times \dfrac{\boldsymbol{r}_e}{r_e}}{\left\|\boldsymbol{x}_q \times \dfrac{\boldsymbol{r}_e}{r_e}\right\|} \tag{8-203}$$

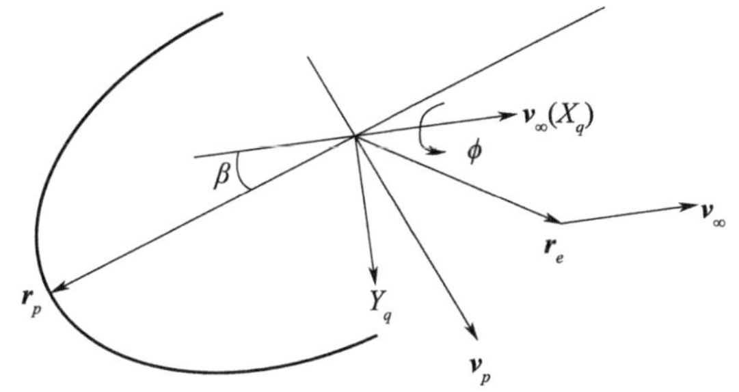

图 8-12　双曲逃逸轨道搜索示意图

求得

$$\boldsymbol{y}_q = \boldsymbol{z}_q \times \boldsymbol{x}_q \tag{8-204}$$

求得双曲轨道坐标系到地心惯性系 $O_eX_eY_eZ_e$ 转换矩阵

$$\boldsymbol{A}_{eq} = [\boldsymbol{x}_q \quad \boldsymbol{y}_q \quad \boldsymbol{z}_q] \tag{8-205}$$

设运载发射入轨近地点高度为 h_p，求得地心惯性系近地点位置 r_p 如下：

$$r_p = h_p + R_e \tag{8-206}$$

由活力公式 $v^2 = \dfrac{2\mu}{r} - \dfrac{\mu}{a}$，在 $r \to \infty$ 时求得

$$v_\infty = \sqrt{\frac{-\mu}{a}} \tag{8-207}$$

由 v_∞ 求得半长轴 a

$$a = -\mu / v_\infty^2 \tag{8-208}$$

由活力公式求得近地点速度 v_p

$$v_p = \sqrt{\frac{2\mu}{r_p} - \frac{\mu}{a}} \tag{8-209}$$

由 $r_p = a(1-e)$，求得

$$e = 1 - \frac{r_p}{a} \tag{8-210}$$

由 $e = \sqrt{\dfrac{a^2 + b^2}{a^2}}$，求得

$$b = a \cdot \sqrt{e^2 - 1} \tag{8-211}$$

由 $\tan\beta = \dfrac{b}{a}$，求得

$$\beta = \arctan\left(\frac{b}{a}\right) \tag{8-212}$$

双曲轨道坐标系中 $\boldsymbol{r}_p^q$ 为

$$\boldsymbol{r}_p^q = r_p \cdot \begin{bmatrix} -\cos\beta \\ \sin\beta \\ 0 \end{bmatrix} \tag{8-213}$$

求得地心惯性系中 $\boldsymbol{r}_p$

$$\boldsymbol{r}_p = \boldsymbol{A}_{eq} \cdot \boldsymbol{r}_p^q \tag{8-214}$$

双曲轨道坐标系中 $\boldsymbol{v}_p^q$ 为

$$\boldsymbol{v}_p^q = v_p \cdot \begin{bmatrix} \sin\beta \\ \cos\beta \\ 0 \end{bmatrix} \tag{8-215}$$

求得地心惯性系中 $\boldsymbol{v}_p$

$$\boldsymbol{v}_p = \boldsymbol{A}_{eq} \cdot \boldsymbol{v}_p^q \tag{8-216}$$

由 $\boldsymbol{r}_p$ 和 $\boldsymbol{v}_p$ 可求得双曲逃逸轨道参数 a，e，i，ω，Ω，f。

8.3.4.2 搜索最小倾角对应的最优发射双曲逃逸轨道

位置误差可以在地球至行星转移过程修正，确保发射时尽可能利用地速，搜索满足逃逸速度方向的最小倾角 i。

确保逃逸速度方向不变，绕逃逸速度方向旋转一周搜索最优利用地速的最小轨道倾角 i。

设绕逃逸速度方向旋转角度 ϕ，实际双曲轨道坐标系转到包含日地指向的双曲轨道坐标系 $O_eX_qY_qZ_q$，再由包含日地指向的双曲轨道坐标系转到地心惯性系，求得实际双曲轨道坐标系 $O_eX_rY_rZ_r$ 到地心惯性系 $O_eX_eY_eZ_e$ 转换矩阵

$$\boldsymbol{A}_{er} = \boldsymbol{A}_{eq} \cdot \begin{bmatrix} 1 & 0 & 0 \\ 0 & \cos\phi & \sin\phi \\ 0 & -\sin\phi & \cos\phi \end{bmatrix} \tag{8-217}$$

逃逸速度方向角 β 不变，实际双曲轨道坐标系中 $\boldsymbol{r}_p^r$ 为

$$\boldsymbol{r}_p^r = r_p \cdot \begin{bmatrix} -\cos\beta \\ \sin\beta \\ 0 \end{bmatrix} \tag{8-218}$$

求得地心惯性系中 $\boldsymbol{r}_p$

$$\boldsymbol{r}_p = \boldsymbol{A}_{er} \cdot \boldsymbol{r}_p^r \tag{8-219}$$

双曲轨道坐标系中 $\boldsymbol{v}_p^r$ 为

$$\boldsymbol{v}_p^r = v_p \cdot \begin{bmatrix} \sin\beta \\ \cos\beta \\ 0 \end{bmatrix} \tag{8-220}$$

求得地心惯性系中 $\boldsymbol{v}_p$

$$\boldsymbol{v}_p = \boldsymbol{A}_{er} \cdot \boldsymbol{v}_p^r \tag{8-221}$$

由 $\boldsymbol{r}_p$ 和 $\boldsymbol{v}_p$ 可求得双曲逃逸轨道参数 a，e，i，ω，Ω，f。

绕逃逸速度方向旋转角度 ϕ 按一定的步长旋转一圈，选取最小倾角 i 的双轴轨道作为优选轨道，再在优选轨道对应的旋转角 ϕ 附近进一步搜索倾角更小的最优发射轨道。

8.3.5　双曲逃逸轨道真近点角推算过近地点时间

双曲轨道偏近点角 H：

$$\sinh H = \frac{\sqrt{e^2-1}\cdot\sin f}{1+e\cdot\cos f} \tag{8-222}$$

令

$$\sinh H = \frac{e^H - e^{-H}}{2} = c \tag{8-223}$$

求得

$$e^H = c \pm \sqrt{c^2+1} \tag{8-224}$$

$e^H > 0$，得

$$e^H = c + \sqrt{c^2+1} \tag{8-225}$$

$$H = \ln\left(c + \sqrt{c^2+1}\right) \tag{8-226}$$

双曲轨道平近点角 M

$$M = e\cdot\sinh H - H \tag{8-227}$$

令

$$a_1 = -a \tag{8-228}$$

$$n_1 = \sqrt{\frac{\mu}{a_1^3}} \tag{8-229}$$

$$\mathrm{d}t = \frac{M}{n_1} \tag{8-230}$$

8.3.6　椭圆轨道真近点角推算过近火点时间

轨道偏近点角

$$\tan\frac{E}{2} = \sqrt{\frac{1-e}{1+e}}\cdot\tan\frac{f}{2} \tag{8-231}$$

轨道平近点角 M

$$M = E - e\cdot\sin E \tag{8-232}$$

轨道角速率

$$n = \sqrt{\frac{\mu}{a^3}} \tag{8-233}$$

椭圆轨道真近点角推算过近火点时间

$$\mathrm{d}t = \frac{M}{n} \tag{8-234}$$

8.3.7　积分计算过近火点时间

真近点角 f_0 至真近点角 f 轨道运行时间

$$t-t_0=\sqrt{\frac{p^3}{\mu}}\cdot\int_{f0}^{f}\frac{\mathrm{d}f}{(1+e\cos f)^2} \tag{8-235}$$

其中

$$p=a(1-e^2)$$

近地点至真近点角 f 轨道运行时间 $\mathrm{d}t$：

$$\mathrm{d}t=t-t_p=\sqrt{\frac{p^3}{\mu}}\cdot\int_{0}^{f}\frac{\mathrm{d}f}{(1+e\cos f)^2} \tag{8-236}$$

对于抛物线 $e=1$，得

$$\mathrm{d}t=t-t_p=\sqrt{\frac{p^3}{\mu}}\cdot\int_{0}^{f}\frac{\mathrm{d}f}{(1+\cos f)^2} \tag{8-237}$$

$$\tan\frac{f}{2}+\frac{1}{3}\tan^3\frac{f}{2}=2\sqrt{\frac{\mu}{p^3}}\cdot\mathrm{d}t \tag{8-238}$$

抛物线轨道近地点至真近点角 f 轨道运行时间 $\mathrm{d}t$ 为

$$\mathrm{d}t=\frac{1}{2}\sqrt{\frac{p^3}{\mu}}\cdot\left(\tan\frac{f}{2}+\frac{1}{3}\tan^3\frac{f}{2}\right) \tag{8-239}$$

8.4 深空探测器断电重启后器地指向估计

深空探测越来越受到关注，特别是火星探测，深空探测器距离地球远，一般采用高增益定向天线对地测控和数传，辅以宽波束中/低增益天线对地测控。深空探测器除了正常对目标星体姿态控制和对日定向，还需要控制测控和数传天线对地指向。

深空探测器在轨飞行期间可能因为姿态异常等导致整器断电，整器断电后随着姿态漂移，太阳电池阵重新对日，整器再上电姿态恢复对日定向，但器上时间和轨道参数丢失，导致无法控制测控天线对地指向，对地测控异常，地面无法给探测器授时和上注轨道参数。深空探测器断电重启后首先要使测控天线指向地球，恢复测控链路，地面可以接收器上遥测，对飞行器遥控授时、上注轨道参数、设置器上状态等。

高增益定向天线波束宽度窄，对地测控需要高精度对地指向，断电重启后器上时间不准和无当前轨道参数，无法实现高增益天线高精度对地指向；深空探测器断电重启后一般使用宽波束中/低增益天线指向地球，中/低增益天线有一定的波束宽度，但也没有实现类似地球卫星 360°全方位对地测控链路，一般通过绕对日定向轴慢旋使中/低增益天线扫过地球，地面在中/低增益天线扫过地球期间接收器上遥测和实施遥控。

定向天线、中/低增益天线等对地指向需要飞行器当前时刻和轨道，但飞行器断电重启后无法通过地面授时和上注轨道，需要飞行器具备一定的自主导航能力。国内外学者对深空探测器自主导航进行了广泛的研究，文献［1］研究了一种基于小行星和 X 射线脉冲星交互观测的自主导航方法；文献［2］分析了实现深空探测器自主运行的关键技术，包括在轨自主管理系统设计技术、自主任务规划技术、自主导航与控制技术、自主故障处理技术和自主科学任务操作技术，提出未来深空探测器自主技术发展的趋势和重点；文献

[3] 研究了一种基于脉冲星和火星观测的组合导航方法；文献 [4] 提出了脉冲星到达时间预报算法和整周模糊度求解方法，基于最小二乘理论研究了位置估计算法；文献 [5] 基于可观测性分析研究不同观测模型下深空自主导航算法；文献 [6] 研究了深空探测转移段光学成像测量自主导航涉及的导航天体的选取与规划、导航天体图像的处理、观测方程与状态方程的建立、导航滤波算法的选取以及数学与半物理仿真验证等技术；文献 [7] 利用不同版本的数值历表，对我国正在进行的探月工程以及后续的金星、火星和木星等深空探测中的导航问题进行了分析；文献 [8] 根据探测器在太阳系中的位置关系，分别选择太阳、火星作为观测目标，采用星载太阳敏感器和光学测量相机测量导航天体，基于太阳及行星观测矢量实现自主导航；文献 [9] 由自主导航系统确定的探测器当前位置和速度，通过精确轨道动力学积分推算目标天体近心点处 B 平面误差，利用线性制导公式计算速度修正量；文献 [10] 基于天文恒星光谱测速方法获取高精度瞬时速度，考虑天文恒星光谱测速位置精度随时间发散，通过测速与测角相结合实现连续自主、实时高精度导航。

本节研究了基于星敏、太阳角计和初始轨道参数估计对日姿态和器地指向算法，首先推导了基于星敏、太阳角计和初始轨道参数估计对日姿态和当前轨道参数算法；接着基于初始和当前轨道参数估计当前时间，并基于当前时间推算器地指向。

8.4.1　估计相对轨道系姿态和纬度辐角

深空探测器 $+X$ 对日定向绕日轨道如图 8-13 所示，轨道系 X_o 轴指向太阳，Y_o 轴指向轨道面法向，Z_o 轴符合右手准则，指向飞行方向。

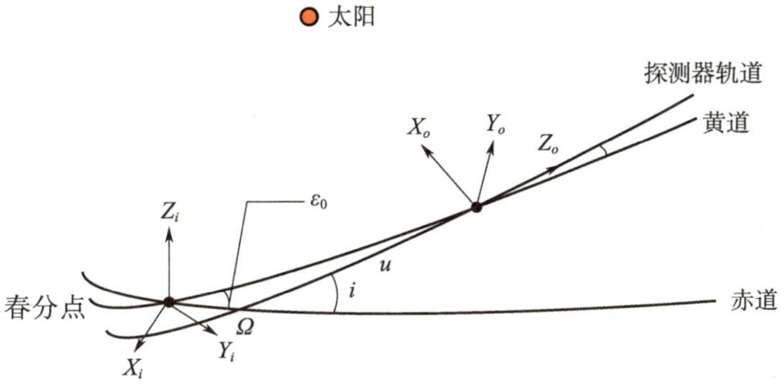

图 8-13　$+X$ 对日定向探测器绕日轨道示意图

探测器轨道升交点 Ω 处轨道系相对 J2000 惯性系姿态四元数 $\boldsymbol{q}_{o'i}$

$$\boldsymbol{q}_{o'i}=\begin{bmatrix}\cos(\Omega/2+\pi/2)\\0\\0\\\sin(\Omega/2+\pi/2)\end{bmatrix}\otimes\begin{bmatrix}\cos(\pi/4-i/2)\\\sin(\pi/4-i/2)\\0\\0\end{bmatrix}\tag{8-240}$$

式中　Ω ——探测器轨道升交点赤经；

i ——探测器轨道倾角。

探测器轨道系相对J2000惯性系姿态四元数 $\boldsymbol{q}_{oi}$

$$\boldsymbol{q}_{oi}=\boldsymbol{q}_{o'i}\otimes\begin{bmatrix}\cos(u/2)\\0\\\sin(u/2)\\0\end{bmatrix} \tag{8-241}$$

式中 u ——探测器纬度辐角。

按1-2-3转序定义探测器相对轨道系姿态，求得本体系相对轨道系姿态四元数 $\boldsymbol{q}_{bo}$

$$\boldsymbol{q}_{bo}=\begin{bmatrix}\cos(\varphi/2)\\\sin(\varphi/2)\\0\\0\end{bmatrix}\otimes\begin{bmatrix}\cos(\theta/2)\\0\\\sin(\theta/2)\\0\end{bmatrix}\otimes\begin{bmatrix}\cos(\psi/2)\\0\\0\\\sin(\psi/2)\end{bmatrix} \tag{8-242}$$

$$\theta=\theta_s+\mathrm{d}\theta \tag{8-243}$$

$$\psi=\psi_s+\mathrm{d}\psi \tag{8-244}$$

式中 φ ——绕 $+X$ 对日定向轴旋转角；

θ ——俯仰姿态；

θ_s ——太阳角计测得的俯仰角；

$\mathrm{d}\theta$ ——太阳角计俯仰测量误差；

ψ ——偏航姿态；

ψ_s ——太阳角计测得的偏航角；

$\mathrm{d}\psi$ ——太阳角计偏航测量误差。

本体相对于对日定向系姿态四元数 $\boldsymbol{q}_{bs}$

$$\boldsymbol{q}_{bs}=\begin{bmatrix}\cos(\theta_s/2+\mathrm{d}\theta/2)\\0\\\sin(\theta_s/2+\mathrm{d}\theta/2)\\0\end{bmatrix}\otimes\begin{bmatrix}\cos(\psi_s/2+\mathrm{d}\psi/2)\\0\\0\\\sin(\psi_s/2+\mathrm{d}\psi/2)\end{bmatrix} \tag{8-245}$$

求得 $\boldsymbol{q}_{bo}$

$$\boldsymbol{q}_{bo}=\begin{bmatrix}\cos(\varphi/2)\\\sin(\varphi/2)\\0\\0\end{bmatrix}\otimes\boldsymbol{q}_{bs} \tag{8-246}$$

本体相对于J2000惯性系姿态四元数 $\boldsymbol{q}_{bi}$ 为

$$\boldsymbol{q}_{bi}=\boldsymbol{q}_{oi}\otimes\boldsymbol{q}_{bo}=\boldsymbol{q}_{o'i}\otimes\begin{bmatrix}\cos(u/2)\\0\\\sin(u/2)\\0\end{bmatrix}\otimes\begin{bmatrix}\cos(\varphi/2)\\\sin(\varphi/2)\\0\\0\end{bmatrix}\otimes\boldsymbol{q}_{bs} \tag{8-247}$$

令

$$\boldsymbol{q}_{bs'}=\begin{bmatrix}\cos(\theta_s/2)\\0\\\sin(\theta_s/2)\\0\end{bmatrix}\otimes\begin{bmatrix}\cos(\psi_s/2)\\0\\0\\\sin(\psi_s/2)\end{bmatrix}\tag{8-248}$$

探测器对日定向下 θ ，θ_s ，$\mathrm{d}\theta$ ，ψ ，ψ_s ，$\mathrm{d}\psi$ 都为小角度，俯仰和偏航转序对姿态影响小，$\boldsymbol{q}_{bs}$ 可以近似为

$$\boldsymbol{q}_{bs}\approx\begin{bmatrix}\cos(\mathrm{d}\psi/2)\\0\\0\\\sin(\mathrm{d}\psi/2)\end{bmatrix}\otimes\begin{bmatrix}\cos(\mathrm{d}\theta/2)\\0\\\sin(\mathrm{d}\theta/2)\\0\end{bmatrix}\otimes\begin{bmatrix}\cos(\theta_s/2)\\0\\\sin(\theta_s/2)\\0\end{bmatrix}\otimes\begin{bmatrix}\cos(\psi_s/2)\\0\\0\\\sin(\psi_s/2)\end{bmatrix}\tag{8-249}$$

即

$$\boldsymbol{q}_{bs}\approx\begin{bmatrix}\cos(\mathrm{d}\psi/2)\\0\\0\\\sin(\mathrm{d}\psi/2)\end{bmatrix}\otimes\begin{bmatrix}\cos(\mathrm{d}\theta/2)\\0\\\sin(\mathrm{d}\theta/2)\\0\end{bmatrix}\otimes\boldsymbol{q}_{bs'}\tag{8-250}$$

J2000 惯性系姿态四元数 $\boldsymbol{q}_{bi}$ 近似为

$$\boldsymbol{q}_{bi}\approx\boldsymbol{q}_{o'i}\otimes\begin{bmatrix}\cos(u/2)\\0\\\sin(u/2)\\0\end{bmatrix}\otimes\begin{bmatrix}\cos(\varphi/2)\\\sin(\varphi/2)\\0\\0\end{bmatrix}\otimes\begin{bmatrix}\cos(\mathrm{d}\psi/2)\\0\\0\\\sin(\mathrm{d}\psi/2)\end{bmatrix}\otimes\begin{bmatrix}\cos(\mathrm{d}\theta/2)\\0\\\sin(\mathrm{d}\theta/2)\\0\end{bmatrix}\otimes\boldsymbol{q}_{bs'}\tag{8-251}$$

令

$$\boldsymbol{q}_{s'o'}=\begin{bmatrix}\cos(u/2)\\0\\\sin(u/2)\\0\end{bmatrix}\otimes\begin{bmatrix}\cos(\varphi/2)\\\sin(\varphi/2)\\0\\0\end{bmatrix}\otimes\begin{bmatrix}\cos(\mathrm{d}\psi/2)\\0\\0\\\sin(\mathrm{d}\psi/2)\end{bmatrix}\otimes\begin{bmatrix}\cos(\mathrm{d}\theta/2)\\0\\\sin(\mathrm{d}\theta/2)\\0\end{bmatrix}\tag{8-252}$$

求得 $\boldsymbol{q}_{s'o'}$

$$\boldsymbol{q}_{s'o'}\approx\boldsymbol{q}_{o'i}^{*}\otimes\boldsymbol{q}_{bi}\otimes\boldsymbol{q}_{bs'}^{*}\tag{8-253}$$

令

$$\boldsymbol{q}_{s'o'}=[q_0\quad q_1\quad q_2\quad q_3]^{\mathrm{T}}\tag{8-254}$$

求得姿态四元数表示的姿态转换矩阵 $\boldsymbol{A}_{s'o'}$ 如下：

$$\boldsymbol{A}_{s'o'}=\begin{bmatrix}q_0^2+q_1^2-q_2^2-q_3^2 & 2q_0q_3+2q_1q_2 & -2q_0q_2+2q_1q_3\\-2q_0q_3+2q_1q_2 & q_0^2-q_1^2+q_2^2-q_3^2 & 2q_0q_1+2q_2q_3\\2q_0q_2+2q_1q_3 & -2q_0q_1+2q_2q_3 & q_0^2-q_1^2-q_2^2+q_3^2\end{bmatrix}\tag{8-255}$$

令

$$\boldsymbol{A}_{s'o'}=\begin{bmatrix} a_{11} & a_{12} & a_{13} \\ a_{21} & a_{22} & a_{23} \\ a_{31} & a_{32} & a_{33} \end{bmatrix} \tag{8-256}$$

θ 与 ψ 、$\mathrm{d}\theta$ 与 $\mathrm{d}\psi$ 正交，$\mathrm{d}\theta$ 与 $\mathrm{d}\psi$ 可以解耦求解，忽略 $\mathrm{d}\theta$，$\boldsymbol{q}_{s'o'}$ 可以近似为

$$\boldsymbol{q}_{s'o'}\approx\begin{bmatrix} \cos(u/2) \\ 0 \\ \sin(u/2) \\ 0 \end{bmatrix}\otimes\begin{bmatrix} \cos(\varphi/2) \\ \sin(\varphi/2) \\ 0 \\ 0 \end{bmatrix}\otimes\begin{bmatrix} \cos(\mathrm{d}\psi/2) \\ 0 \\ 0 \\ \sin(\mathrm{d}\psi/2) \end{bmatrix} \tag{8-257}$$

求得姿态四元数表示的姿态转换矩阵 $\boldsymbol{A}_{s'o'}$ 如下：

$$\boldsymbol{A}_{s'o'}=\begin{bmatrix} \cos\mathrm{d}\psi & \sin\mathrm{d}\psi & 0 \\ -\sin\mathrm{d}\psi & \cos\mathrm{d}\psi & 0 \\ 0 & 0 & 1 \end{bmatrix}\cdot\begin{bmatrix} 1 & 0 & 0 \\ 0 & \cos\varphi & \sin\varphi \\ 0 & -\sin\varphi & \cos\varphi \end{bmatrix}\cdot\begin{bmatrix} \cos u & 0 & -\sin u \\ 0 & 1 & 0 \\ \sin u & 0 & \cos u \end{bmatrix} \tag{8-258}$$

$$\boldsymbol{A}_{s'o'}=\begin{bmatrix} \cos\mathrm{d}\psi\cos u+\sin\mathrm{d}\psi\sin\varphi\sin u & \sin\mathrm{d}\psi\cos\varphi & -\cos\mathrm{d}\psi\sin u+\sin\mathrm{d}\psi\sin\varphi\cos u \\ -\sin\mathrm{d}\psi\cos u+\cos\mathrm{d}\psi\sin\varphi\sin u & \cos\mathrm{d}\psi\cos\varphi & \sin\mathrm{d}\psi\sin u+\cos\mathrm{d}\psi\sin\varphi\cos u \\ \cos\varphi\sin u & -\sin\varphi & \cos\varphi\cos u \end{bmatrix} \tag{8-259}$$

基于式（8-256）和式（8-259）求姿态角，如果 $|a_{32}|\leqslant 0.9999$，则

$$\varphi=\arcsin(-a_{32}) \tag{8-260}$$

$$u=\arctan2\left(\frac{a_{31}/\cos\varphi}{a_{33}/\cos\varphi}\right) \tag{8-261}$$

$$\mathrm{d}\psi=\arctan2\left(\frac{a_{12}/\cos\varphi}{a_{22}/\cos\varphi}\right) \tag{8-262}$$

否则

$$\varphi=\arcsin(-a_{32}) \tag{8-263}$$

$$u=\arctan\left(\frac{-a_{13}}{a_{11}}\right) \tag{8-264}$$

$$\mathrm{d}\psi=0 \tag{8-265}$$

忽略 $\mathrm{d}\psi$，$\boldsymbol{q}_{s'o'}$ 可以近似为

$$\boldsymbol{q}_{s'o'}=\begin{bmatrix} \cos(u/2) \\ 0 \\ \sin(u/2) \\ 0 \end{bmatrix}\otimes\begin{bmatrix} \cos(\varphi/2) \\ \sin(\varphi/2) \\ 0 \\ 0 \end{bmatrix}\otimes\begin{bmatrix} \cos(\mathrm{d}\theta/2) \\ 0 \\ \sin(\mathrm{d}\theta/2) \\ 0 \end{bmatrix} \tag{8-266}$$

求得姿态四元数表示的姿态转换矩阵 $\boldsymbol{A}_{s'o'}$ 如下：

$$\boldsymbol{A}_{s'o'}=\begin{bmatrix} \cos\mathrm{d}\theta & 0 & -\sin\mathrm{d}\theta \\ 0 & 1 & 0 \\ \sin\mathrm{d}\theta & 0 & \cos\mathrm{d}\theta \end{bmatrix}\cdot\begin{bmatrix} 1 & 0 & 0 \\ 0 & \cos\varphi & \sin\varphi \\ 0 & -\sin\varphi & \cos\varphi \end{bmatrix}\cdot\begin{bmatrix} \cos u & 0 & -\sin u \\ 0 & 1 & 0 \\ \sin u & 0 & \cos u \end{bmatrix} \tag{8-267}$$

$$\boldsymbol{A}_{s'o'}=\begin{bmatrix}\cos d\theta\cos u-\sin d\theta\cos\varphi\sin u & \sin d\theta\sin\varphi & -\cos d\theta\sin u-\sin d\theta\cos\varphi\cos u\\ \sin\varphi\sin u & \cos\varphi & \sin\varphi\cos u\\ \sin d\theta\cos u+\cos d\theta\cos\varphi\sin u & -\cos d\theta\sin\varphi & -\sin d\theta\sin u+\cos d\theta\cos\varphi\cos u\end{bmatrix} \tag{8-268}$$

基于式（8－256）和式（8－268）求姿态角，如果 $|a_{22}|\leqslant 0.9999$，则

$$\varphi=\arccos(a_{22}) \tag{8-269}$$

$$u=\arctan2\left(\frac{a_{21}/\sin\varphi}{a_{23}/\sin\varphi}\right) \tag{8-270}$$

$$d\theta=\arctan2\left(\frac{a_{12}/\sin\varphi}{-a_{32}/\sin\varphi}\right) \tag{8-271}$$

否则

$$\varphi=\arccos(a_{22}) \tag{8-272}$$

$$u=\arctan\left(\frac{-a_{13}}{a_{11}}\right) \tag{8-273}$$

$$d\theta=0 \tag{8-274}$$

$d\theta$ 与 $d\psi$ 修正太阳角计测量误差后，或不考虑太阳角计测量误差 $d\theta$ 与 $d\psi$，式（8－252）可近似为

$$\boldsymbol{q}_{s'o'}=\begin{bmatrix}\cos(u/2)\\0\\\sin(u/2)\\0\end{bmatrix}\otimes\begin{bmatrix}\cos(\varphi/2)\\\sin(\varphi/2)\\0\\0\end{bmatrix} \tag{8-275}$$

轨道坐标系到本体系姿态转换矩阵如下：

$$\boldsymbol{A}_{s'o'}=\begin{bmatrix}1&0&0\\0&\cos\varphi&\sin\varphi\\0&-\sin\varphi&\cos\varphi\end{bmatrix}\cdot\begin{bmatrix}\cos u&0&-\sin u\\0&1&0\\\sin u&0&\cos u\end{bmatrix} \tag{8-276}$$

$$\boldsymbol{A}_{s'o'}=\begin{bmatrix}\cos u&0&-\sin u\\\sin\varphi\sin u&\cos\varphi&\sin\varphi\cos u\\\cos\varphi\sin u&-\sin\varphi&\cos\varphi\cos u\end{bmatrix} \tag{8-277}$$

求姿态角

$$u=\arctan2\left(\frac{-a_{13}}{a_{11}}\right) \tag{8-278}$$

$$\varphi=\arctan2\left(\frac{-a_{32}}{a_{22}}\right) \tag{8-279}$$

8.4.2　估计探测器轨道参数

设断电前在 EEPROM 中保存的 t_0 时刻探测器相对 J2000 惯性系绕日轨道参数为半长轴 a、偏心率 e、倾角 i、升交点赤经 Ω、近地点幅角 ω 和纬度辐角 u_0，求得真近点角

f_0 、偏近点角 E_0 、平近点角 M_0 和轨道角速率 n 如下：

$$f_0 = u_0 - \omega \tag{8-280}$$

$$E_0 = 2\arctan\left(\sqrt{\frac{1-e}{1+e}}\tan\frac{f_0}{2}\right) \tag{8-281}$$

$$M_0 = E_0 - e\sin E_0 \tag{8-282}$$

$$n = \sqrt{\frac{\mu_s}{a^3}} \tag{8-283}$$

式中　μ_s ——太阳引力常数。

根据当前时刻纬度辐角 u 求得当前时刻真近点角 f 、偏近点角 E 、平近点角 M 如下：

$$f = u - \omega \tag{8-284}$$

$$E = 2\arctan\left(\sqrt{\frac{1-e}{1+e}}\tan\frac{f}{2}\right) \tag{8-285}$$

$$M = E - e\sin E \tag{8-286}$$

求得当前时刻 t 如下：

$$t = t_0 + \frac{(M - M_0)}{n} + \frac{2k\pi}{n} \tag{8-287}$$

式中　k ——断电期间探测器绕日轨道圈数。

深空探测器绕日轨道周期与地球绕日周期类似，绕日一圈时间以年计，断电时间一般不考虑超过 1 年，当前时刻 t 可取为

$$t = t_0 + \frac{(M - M_0)}{n} \tag{8-288}$$

8.4.3　推算器地指向

当前 t 时刻探测器相对 J2000 惯性系绕日轨道参数为半长轴 a 、偏心率 e 、倾角 i 、升交点赤经 Ω 、近地点幅角 ω 和偏近点角 E ，求得当前探测器位置 $\boldsymbol{R}_p$ 如下：

$$\boldsymbol{R}_p = a(\cos E - e)\cdot\boldsymbol{P} + a\sqrt{1-e^2}\sin E\cdot\boldsymbol{Q} \tag{8-289}$$

其中

$$\boldsymbol{P} = \boldsymbol{R}_z(-\Omega)\boldsymbol{R}_x(-i)\boldsymbol{R}_z(-\omega)\begin{bmatrix}1\\0\\0\end{bmatrix} = \begin{bmatrix}\cos\Omega\cos\omega - \sin\Omega\sin\omega\cos i\\ \sin\Omega\cos\omega + \cos\Omega\sin\omega\cos i\\ \sin\omega\sin i\end{bmatrix}$$

$$\boldsymbol{Q} = \boldsymbol{R}_z(-\Omega)\boldsymbol{R}_x(-i)\boldsymbol{R}_z(-\omega - 90^\circ)\begin{bmatrix}1\\0\\0\end{bmatrix} = \begin{bmatrix}-\cos\Omega\sin\omega - \sin\Omega\cos\omega\cos i\\ -\sin\Omega\sin\omega + \cos\Omega\cos\omega\cos i\\ \cos\omega\sin i\end{bmatrix}$$

设系统软件中固化的 t_{e0} 时刻地球相对 J2000 惯性系绕日轨道参数为半长轴 a_e 、偏心率 e_e 、倾角 i_e 、升交点赤经 Ω_e 、近地点幅角 ω_e 和纬度辐角 u_{e0} ，求得真近点角 f_{e0} 、偏近点角 E_{e0} 、平近点角 M_{e0} 和轨道角速率 n_e 如下：

$$f_{e0} = u_{e0} - \omega_e \tag{8-290}$$

$$E_{e0}=2\arctan\left(\sqrt{\frac{1-e}{1+e}}\tan\frac{f_{e0}}{2}\right) \tag{8-291}$$

$$M_{e0}=E_{e0}-e_e\sin E_{e0} \tag{8-292}$$

$$n_e=\sqrt{\frac{\mu_s}{a_e^{3}}} \tag{8-293}$$

求得 t 时刻地球相对 J2000 惯性系绕日轨道平近点角 M_e 如下：

$$M_e=M_{e0}+n_e(t-t_{e0}) \tag{8-294}$$

基于平近点角 M_e 和偏心率 e_e 迭代计算偏近点角 E_e 如下：

$$E_{e,0}=M_e+\frac{e_e\sin M_e}{1-e_e\cos M_e} \tag{8-295}$$

$$E_{e,k}=E_{e,k-1}-\frac{(E_{e,k-1}-e_e\sin E_{e,k-1})-M_e}{1-e_e\cos E_{e,k-1}} \tag{8-296}$$

当 $|(E_{e,k-1}-e_e\sin E_{e,k-1})-M_e|\leqslant \Delta M_{e0}$（迭代收敛判别阈值），停止迭代

$$E_e=E_{e,k-1} \tag{8-297}$$

当前 t 时刻地球相对 J2000 惯性系绕日轨道参数为半长轴 a_e 、偏心率 e_e 、倾角 i_e 、升交点赤经 Ω_e 、近地点幅角 ω_e 和偏近点角 E_e ，求得当前地球位置 $\boldsymbol{R}_e$ 如下：

$$\boldsymbol{R}_e=a_e(\cos E_e-e_e)\cdot\boldsymbol{P}_e+a_e\sqrt{1-e_e^2}\sin E_e\cdot\boldsymbol{Q}_e \tag{8-298}$$

其中

$$\boldsymbol{P}_e=\boldsymbol{R}_z(-\Omega_e)\boldsymbol{R}_x(-i_e)\boldsymbol{R}_z(-\omega_e)\begin{bmatrix}1\\0\\0\end{bmatrix}=\begin{bmatrix}\cos\Omega_e\cos\omega_e-\sin\Omega_e\sin\omega_e\cos i_e\\ \sin\Omega_e\cos\omega_e+\cos\Omega_e\sin\omega_e\cos i_e\\ \sin\omega_e\sin i_e\end{bmatrix}$$

$$\boldsymbol{Q}_e=\boldsymbol{R}_z(-\Omega_e)\boldsymbol{R}_x(-i_e)\boldsymbol{R}_z(-\omega_e-90^\circ)\begin{bmatrix}1\\0\\0\end{bmatrix}=\begin{bmatrix}-\cos\Omega_e\sin\omega_e-\sin\Omega_e\cos\omega_e\cos i_e\\ -\sin\Omega_e\sin\omega_e+\cos\Omega_e\cos\omega_e\cos i_e\\ \cos\omega_e\sin i_e\end{bmatrix}$$

基于当前 t 时刻相对 J2000 惯性系探测器位置 $\boldsymbol{r}_p$ 和地球位置 $\boldsymbol{r}_e$ ，求得器地指向 $\boldsymbol{r}_{pe}$ 如下：

$$\boldsymbol{r}_{pe}=\frac{\boldsymbol{R}_{pe}}{|\boldsymbol{R}_{pe}|}=\frac{\boldsymbol{R}_e-\boldsymbol{R}_p}{|\boldsymbol{R}_e-\boldsymbol{R}_p|} \tag{8-299}$$

8.4.4　在轨应用方式及误差分析

深空探测器一般都配置星敏和太阳角计，可以获得本体相对 J2000 惯性系姿态四元数 $\boldsymbol{q}_{bi}$ ，以及俯仰和偏航太阳角 θ_s 和 ψ_s 。t_0 时刻深空探测器相对 J2000 惯性系绕日轨道参数可以临射前或在轨定期写入 EEPROM 中；t_{e0} 时刻地球相对 J2000 惯性系绕日轨道参数可以发射前固化在系统软件中，也可以临射前或在轨定期写入 EEPROM 中。

基于星敏测得的本体相对 J2000 惯性系姿态四元数 $\boldsymbol{q}_{bi}$ 、太阳角计测得的俯仰角 θ_s 和偏航角 ψ_s ，以及断电前在 EEPROM 中保存的 t_0 时刻探测器相对 J2000 惯性系绕日轨道参

数升交点赤经Ω和倾角i，可估计出纬度幅角u，本体相对轨道系滚动姿态φ，太阳角计俯仰和偏航测量误差$d\theta$和$d\psi$，并求得探测器本体相对轨道系姿态φ、θ、ψ；基于纬度幅角u推算当前t时刻深空探测器和地球相对J2000惯性系绕日轨道参数和器地指向，满足中/低增益天线对地指向需求，甚至定向天线对地指向需求。

深空探测器绕目标行星飞行期间，探测器日心系位置可以近似为目标行星绕日位置，通过目标行星绕日轨道计算。目标行星轨道参数可以发射前固化在系统软件中，也可以临射前或在轨定期写入EEPROM中。

深空探测器绕目标行星飞行期间断电重启，可以只基于目标行星和地球绕日轨道参数推算断电时长和器地指向，特别是当目标行星为地球，即飞行器为地球卫星时，只需要地球绕日轨道参数，就可以推算断电时长。

星敏测量误差主要是相对定向天线的安装误差，断电前系统误差可以标校，残余热变形导致随机误差约0.01°，星敏测量误差直接影响定向天线对地指向精度，但星敏精度高，对指向精度的影响一般可以忽略。

太阳角计测量误差主要是相对星敏的安装误差，断电前系统误差可以标校，太阳角计随机误差0.2°，太阳角计测量误差影响探测器纬度幅角估计精度和探测器位置精度，纬度幅角估计精度影响时间推算精度，进而影响地球位置推算精度。

深空探测器和地球初始轨道参数误差直接影响轨道推算精度，另外受其他行星摄动影响，基于轨道参数推算深空探测器和地球位置存在推算误差，深空探测器和地球轨道推算误差影响器地指向精度。

8.4.5 器地指向仿真验证

设绕对日定向轴滚动姿态$\varphi=10°$，俯仰太阳角$\theta=3°$，偏航太阳角$\psi=2°$。忽略星敏测量误差，太阳角计测量误差0.2°。飞行器和地球绕日轨道参数偏心率误差$de=1\times10^{-4}$，倾角误差$di=0.01°$，升交点赤经误差$d\Omega=0.01°$，近地点幅角误差$d\omega=0.01°$，真近点角误差$df=0.01°$，地球绕日轨道半长轴误差$da=1\times10^{4}$ km。

飞行器半长轴误差主要影响器地指向精度，基于飞行器半长轴误差da和断电时长估计太阳角计测量误差$d\tilde{\theta}$和$d\tilde{\psi}$，以及断电时长误差dt和器地指向误差dr_{pe}，并进行仿真验证，仿真结果见表8-1。

表8-1 器地指向精度仿真结果

断电时长	da/km	$d\theta$/(°)	$d\psi$/(°)	$d\tilde{\theta}$/(°)	$d\tilde{\psi}$/(°)	dt/(天)	dr_{pe}/(°)
1个月	−10万	0.2	0.0	0.000	0.041	−0.282	0.652
		0.0	0.2	0.002	0.205	−0.06	0.568
		0.2	0.2	0.002	0.241	−0.28	0.635

续表

断电时长	da/km	$d\theta$/(°)	$d\psi$/(°)	$d\tilde{\theta}$/(°)	$d\tilde{\psi}$/(°)	dt/(天)	dr_{pe}/(°)
1 个月	10 万	0.2	0.0	0.000	0.041	−0.235	0.046
		0.0	0.2	0.002	0.205	−0.012 5	0.128 3
		0.2	0.2	0.002	0.241	−0.233	0.064
3 个月	−10 万	−0.2	−0.2	−0.002	−0.238	0.187	0.233
3 个月	10 万	−0.2	−0.2	−0.002	−0.238	0.328	0.056

高增益定向天线半波束角一般在 0.5°左右，中增益天线半波束角一般在 25°左右，低增益天线半波束角一般在 50°左右，从表 8－1 可以看出，估计的器地指向角可以满足中/低增益天线对地指向需求，甚至达到了高增益定向天线需求。

本节介绍了基于星敏、太阳角计和初始轨道参数估计对日姿态和器地指向，仿真验证了对日姿态和器地指向估计算法的有效性。基于星敏、太阳角计和初始轨道参数估计对日姿态和器地指向算法易于工程实现，有利于提高深空探测器在轨安全性和可靠性。

8.5　基于星敏与太阳角计估计地火转移飞行器姿态

我国已经启动火星探测，地火转移或环火探测期间，对地测控链路能否建立至关重要，深空探测测控链路异常可能直接导致飞行器失效。

现有的地球卫星和月球探测飞行器距离地球较近，可以基于光学敏感器捕获地球及建立对地测控链路，对地测控的可靠性高；深空探测飞行器距离地球很远，很难基于光学敏感器识别和捕获地球，一般需要基于时间推算地球指向，再结合轨道参数建立对地测控链路。整器能源异常断电或器载计算机复位，使飞行器失去时间基准和轨道参数，导致飞行器无法建立对地测控链路。

对地测控需要基于姿态控制使测控天线指向地球，姿态控制的基础是姿态确定。火星探测飞行器一般基于星敏和太敏确定姿态，星敏确定姿态需要轨道参数；对日定向是二轴姿态指向，只能保证能源，结合宽波束天线指向地球需求，需要获得三轴姿态。

我国火星探测地火转移段 X 轴对日定向，结合火星探测飞行器研究基于星敏与太阳角计估计地火转移飞行器对日定向三轴姿态方法。

本节介绍了基于星敏与太阳角计估计轨道参数和绕对日定向轴旋转角，该轨道参数和旋转角估计算法简单；轨道参数和旋转角估计基于常规敏感器，不需要额外配置其他敏感器，易于工程应用；绕对日定向轴旋转角是控制宽波束天线在地火转移轨道面内，且指向地球侧的基础，特别适用于地火转移飞行器对地测控链路建立。

8.5.1　基于准地火转移轨道估计姿态

8.5.1.1　基于宽波束低增益天线对地测控

地火转移飞行器外形及布局如图 8－14 所示，考虑对地测控的重要性，地火转移飞行器一般在配置窄波束高增益天线基础上再配置宽波束低增益天线，低增益天线对地测控速率低，但其波束宽，对地指向精度要求低，可用于器上异常断电/复位等失去轨道参数和时间基准等应急情况下对地测控。

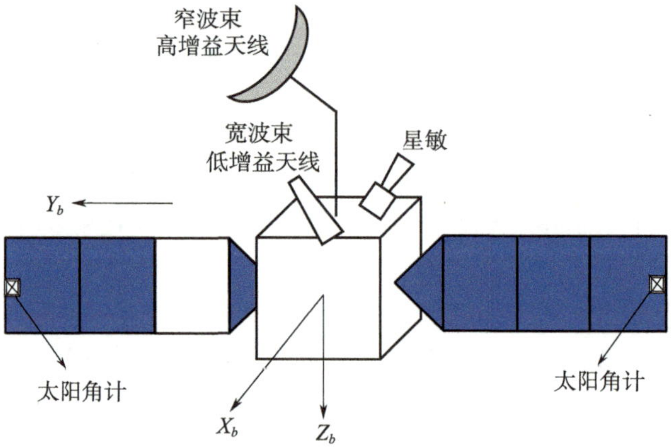

图 8-14　地火转移飞行器外形及布局示意图

火星运行的轨道与地球运行的黄道面夹角约为 1.85°，地火转移轨道与黄道面的夹角不大于火星轨道与黄道面夹角，宽波束天线半锥角一般大于 20°。火星绕日轨道半长轴约为地球绕日轨道的 1.52 倍，地火转移轨道半长轴要大于地球绕日轨道，除发射初期地火转移期间地球绕日纬度幅角大于地火转移飞行器纬度幅角，如图 8-15 所示，宽波束低增益天线处于地火转移轨道面内，且指向地球一侧，即可进行对地测控。

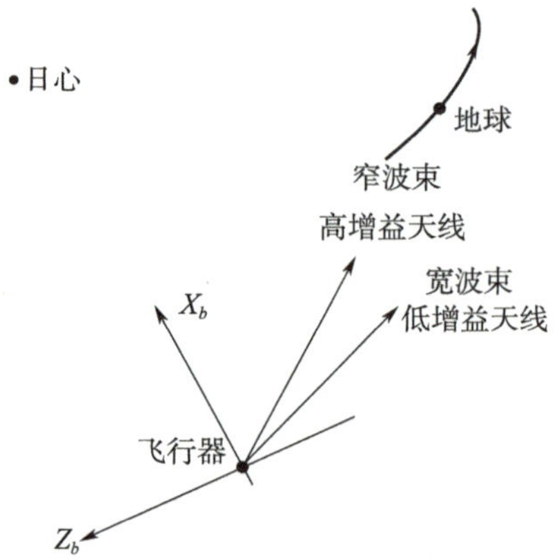

图 8-15　地火转移轨道飞行器天线指向示意图

8.5.1.2　基于准地火转移轨道估计轨道参数

地火转移轨道相对黄道面的倾角较小，如图 8-16 所示，可以用升交点在春分点的准地火转移轨道近似升交点为 Ω 的地火转移轨道。

设地火转移轨道与准地火转移轨道之间夹角为小角度 $\mathrm{d}i$，根据球面三角形得

$$\cos\Omega = \cos u \cdot \cos u_h + \sin u \cdot \sin u_h \cdot \cos \mathrm{d}i \tag{8-300}$$

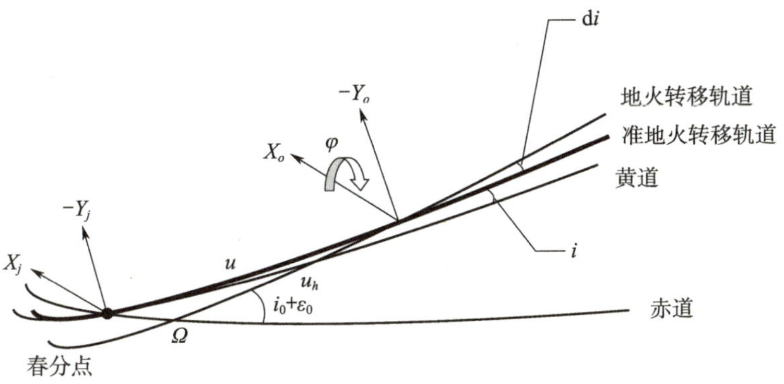

图 8-16　地火转移轨道示意图

di 为小角度，即

$$\cos \mathrm{d}i \approx 1 \tag{8-301}$$

求得

$$\cos\Omega = \cos(u - u_h) \tag{8-302}$$

$$u = \Omega + u_h \tag{8-303}$$

基于地火转移轨道估计对日定向姿态涉及倾角 i_0、升交点赤经 Ω、纬度幅角 u_h 三个轨道参数，基于准地火转移轨道可以将升交点赤经 Ω 和纬度幅角 u_h 合成为一个纬度幅角 u，基于准地火转移轨道只需要估计相对黄道面倾角 i 和纬度幅角 u 两个轨道参数。

基于准地火转移轨道估计对日定向三轴姿态需要估计相对黄道面倾角 i、纬度幅角 u 和绕对日定向轴旋转角 φ 三个参数。

8.5.2　基于太阳角计推算惯性系到本体系姿态四元数

8.5.2.1　J2000 惯性系到春分点节点系姿态四元数

J2000 惯性系到春分点节点系转换如图 8-17 所示，先绕 Z 轴转 180°，再绕 $-X$ 轴转 $\varepsilon_0 + \pi/2$，ε_0 为 J2000 黄赤交角，得到 J2000 惯性系到春分点节点系姿态四元数 $\boldsymbol{q}_{ji}$

$$\boldsymbol{q}_{ji} = \begin{bmatrix} \cos(\pi/2) \\ 0 \\ 0 \\ \sin(\pi/2) \end{bmatrix} \otimes \begin{bmatrix} \cos(-\varepsilon_0/2 - \pi/4) \\ \sin(-\varepsilon_0/2 - \pi/4) \\ 0 \\ 0 \end{bmatrix} \tag{8-304}$$

8.5.2.2　春分点节点系到对日定向系姿态四元数

春分点节点系到对日定向坐标系转换，先绕 $-X$ 轴转倾角 i，再绕 $-Y$ 轴转纬度幅角 u，转到轨道坐标系（图 8-18），最后绕 X 轴转 φ，转到对日定向坐标系（图8-19）。

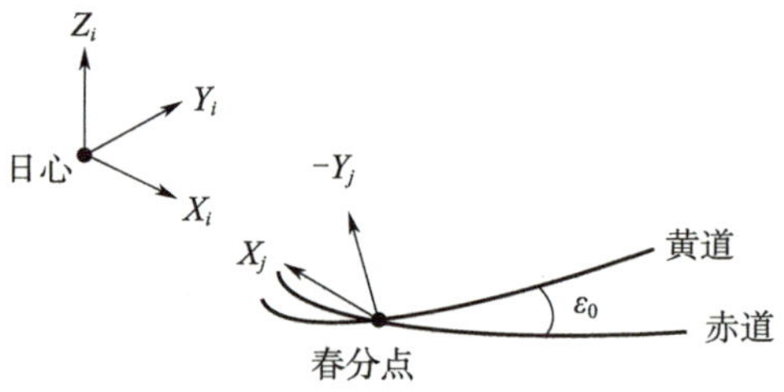

图 8-17　地火转移轨道春分点节点坐标系示意图

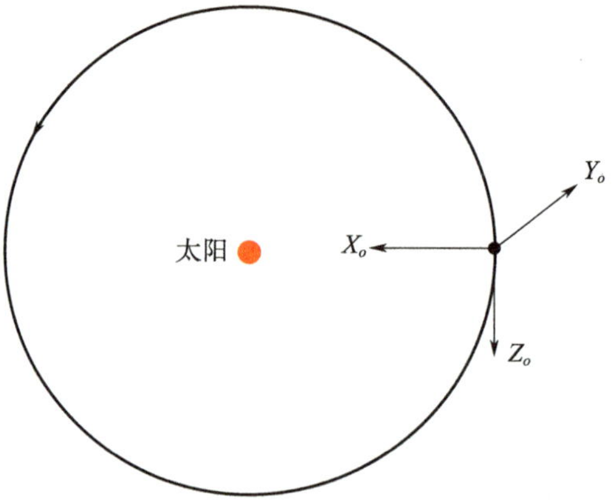

图 8-18　轨道坐标系示意图

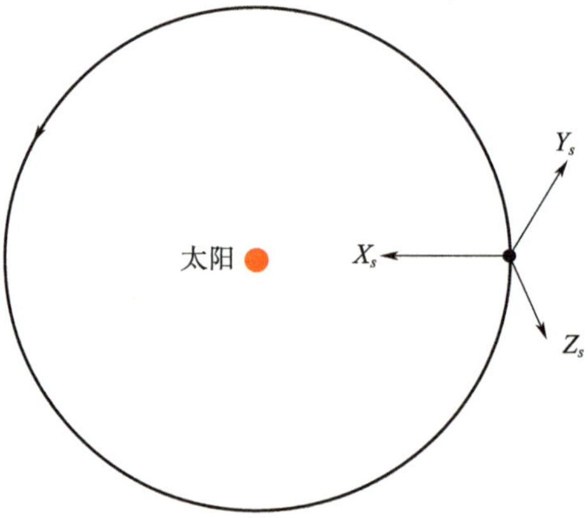

图 8-19　对日定向坐标系示意图

春分点节点系到对日定向坐标系姿态四元数 $\boldsymbol{q}_{sj}$ 为

$$\boldsymbol{q}_{sj}=\begin{bmatrix}\cos(-i/2)\\ \sin(-i/2)\\ 0\\ 0\end{bmatrix}\otimes\begin{bmatrix}\cos(-u/2)\\ 0\\ \sin(-u/2)\\ 0\end{bmatrix}\otimes\begin{bmatrix}\cos(\varphi/2)\\ \sin(\varphi/2)\\ 0\\ 0\end{bmatrix}\tag{8-305}$$

8.5.2.3　对日定向系到飞行器本体系姿态四元数

由帆板上太阳角计测量得到太阳角 θ_s 和 ψ_s，先绕 Y 轴转太阳角 θ_s，再绕 Z 轴转太阳角 ψ_s，得到对日定向坐标系到飞行器本体坐标系转换姿态四元数 $\boldsymbol{q}_{bs}$

$$\boldsymbol{q}_{bs}=\begin{bmatrix}\cos(\theta_s/2)\\0\\\sin(\theta_s/2)\\0\end{bmatrix}\otimes\begin{bmatrix}\cos(\psi_s/2)\\0\\0\\\sin(\psi_s/2)\end{bmatrix}\tag{8-306}$$

8.5.2.4　J2000 惯性系到飞行器本体系姿态四元数

J2000 惯性系先转到升交点节点坐标系，再转到对日定向坐标系，最后转到飞行器本体系，得到 J2000 惯性系到飞行器本体系姿态四元数 $\boldsymbol{q}_{bi}$ 如下：

$$\boldsymbol{q}_{bi}=\boldsymbol{q}_{ji}\otimes\boldsymbol{q}_{sj}\otimes\boldsymbol{q}_{bs}\tag{8-307}$$

8.5.3　基于星敏和太阳角计估计轨道参数和姿态

8.5.3.1　估计春分点节点系到对日定向系姿态

由帆板上太阳角计测量得到太阳角 θ_s 和 ψ_s、星敏感器输出的姿态四元数 $\boldsymbol{q}_{bi}$，求得春分点节点系到对日定向坐标系姿态四元数 $\boldsymbol{q}_{sj}$：

$$\begin{aligned}\boldsymbol{q}_{sj}&=\boldsymbol{q}_{ji}^{*}\otimes\boldsymbol{q}_{bi}\otimes\boldsymbol{q}_{bs}^{*}=\boldsymbol{q}_{ij}\otimes\boldsymbol{q}_{bi}\otimes\boldsymbol{q}_{sb}\\&=[q_0\quad q_1\quad q_2\quad q_3]^{\mathrm{T}}\end{aligned}\tag{8-308}$$

姿态四元数表示的姿态转换矩阵如下：

$$\boldsymbol{A}_{sj}=\begin{bmatrix}q_0^2+q_1^2-q_2^2-q_3^2 & 2q_0q_3+2q_1q_2 & -2q_0q_2+2q_1q_3\\-2q_0q_3+2q_1q_2 & q_0^2-q_1^2+q_2^2-q_3^2 & 2q_0q_1+2q_2q_3\\2q_0q_2+2q_1q_3 & -2q_0q_1+2q_2q_3 & q_0^2-q_1^2-q_2^2+q_3^2\end{bmatrix}\tag{8-309}$$

令

$$\boldsymbol{A}_{sj}=\begin{bmatrix}a_{11} & a_{12} & a_{13}\\a_{21} & a_{22} & a_{23}\\a_{31} & a_{32} & a_{33}\end{bmatrix}\tag{8-310}$$

8.5.3.2　估计轨道参数和绕对日定向轴旋转角

春分点节点系到对日定向坐标系转换按 1－2－1 转序表示的姿态转换矩阵如下：

$$\boldsymbol{A}=\begin{bmatrix}1 & 0 & 0\\0 & \cos\varphi & \sin\varphi\\0 & -\sin\varphi & \cos\varphi\end{bmatrix}\cdot\begin{bmatrix}\cos u & 0 & \sin u\\0 & 1 & 0\\-\sin u & 0 & \cos u\end{bmatrix}\cdot\begin{bmatrix}1 & 0 & 0\\0 & \cos i & -\sin i\\0 & \sin i & \cos i\end{bmatrix}\tag{8-311}$$

$$\boldsymbol{A}=\begin{bmatrix}\cos u & 0 & \sin u\\-\sin\varphi\sin u & \cos\varphi & \sin\varphi\cos u\\-\cos\varphi\sin u & -\sin\varphi & \cos\varphi\cos u\end{bmatrix}\cdot\begin{bmatrix}1 & 0 & 0\\0 & \cos i & -\sin i\\0 & \sin i & \cos i\end{bmatrix}\tag{8-312}$$

$$
\boldsymbol{A}=\begin{bmatrix}\cos u & \sin u\sin i & \sin u\cos i\\ -\sin\varphi\sin u & \cos\varphi\cos i+\sin\varphi\cos u\sin i & \sin\varphi\cos u\cos i-\cos\varphi\sin i\\ -\cos\varphi\sin u & \cos\varphi\cos u\sin i-\sin\varphi\cos i & \sin\varphi\sin i+\cos\varphi\cos u\cos i\end{bmatrix} \tag{8-313}
$$

按 1-2-1 转序求得三轴姿态角，如果 $|a_{11}|\leqslant 0.9999$，则

$$
\cos u=a_{11},u=\arccos(a_{11}) \tag{8-314}
$$

$$
\tan i=\frac{a_{12}/\sin u}{a_{13}/\sin u},i=\arctan 2\left(\frac{a_{12}/\sin u}{a_{13}/\sin u}\right) \tag{8-315}
$$

$$
\tan\varphi=\frac{-a_{21}/\sin u}{-a_{31}/\sin u},\varphi=\arctan 2\left(\frac{-a_{21}/\sin u}{-a_{31}/\sin u}\right) \tag{8-316}
$$

否则

$$
u=\arccos(a_{11}) \tag{8-317}
$$

$$
\varphi=0 \tag{8-318}
$$

$$
i=\arctan 2\left(\frac{-a_{23}}{a_{22}}\right) \tag{8-319}
$$

由此求得准地火转移轨道相对黄道倾角 i 和纬度幅角 u，以及绕对日定向轴旋转角 φ，通过姿态控制绕对日定向轴旋转角 φ，使宽波束天线在地火转移轨道面内，且在指向地球侧。

环火探测期间仍可基于上述方式估计对日定向三轴姿态，考虑长期运行过程地球纬度幅角可能小于飞行器或火星纬度幅角，对地测控时使宽波束天线在火星或飞行器绕日轨道面内，对地指向需要在两个侧面进行尝试。

太阳行星运行轨道相对于黄道倾角都较小，基于星敏与太阳角计估计地火转移飞行器对日定向三轴姿态方法也适用于其他行星转移飞行器。

8.5.3.3 计算轨道系相对惯性系姿态四元数

由准地火转移轨道倾角 i 和纬度幅角 u，求得轨道系相对惯性系姿态四元数 $\boldsymbol{q}_{oi}$

$$
\boldsymbol{q}_{oi}=\boldsymbol{q}_{ji}\otimes\begin{bmatrix}\cos(-i/2)\\ \sin(-i/2)\\ 0\\ 0\end{bmatrix}\otimes\begin{bmatrix}\cos(-u/2)\\ 0\\ \sin(-u/2)\\ 0\end{bmatrix} \tag{8-320}
$$

8.5.3.4 计算本体系相对轨道系姿态四元数

对日定向轴相对轨道坐标系绕 X 轴旋转角 φ、帆板上太阳角计测量得到太阳角 θ_s 和 ψ_s，对应飞行器本体系相对轨道坐标系 1-2-3 转序三轴姿态角，求得本体系相对轨道系姿态四元数

$$
\boldsymbol{q}_{bo}=\begin{bmatrix}\cos(\varphi/2)\\ \sin(\varphi/2)\\ 0\\ 0\end{bmatrix}\otimes\begin{bmatrix}\cos(\theta_s/2)\\ 0\\ \sin(\theta_s/2)\\ 0\end{bmatrix}\otimes\begin{bmatrix}\cos(\psi_s/2)\\ 0\\ 0\\ \sin(\psi_s/2)\end{bmatrix} \tag{8-321}
$$

基于星敏测量 $\boldsymbol{q}_{bi}$ 和轨道系相对惯性系姿态四元数 $\boldsymbol{q}_{oi}$，也可求得本体系相对轨道系姿态四元数 $\boldsymbol{q}_{bo}$

$$\boldsymbol{q}_{bo}=\boldsymbol{q}_{oi}^{*}\otimes\boldsymbol{q}_{bi}=\boldsymbol{q}_{io}\otimes\boldsymbol{q}_{bi} \tag{8-322}$$

本节介绍了基于星敏与太阳角计估计地火转移飞行器轨道参数和绕对日定向轴旋转角，该轨道参数和旋转角估计算法简单；轨道参数和旋转角估计基于常规敏感器，不需要额外配置其他敏感器，易于工程应用；绕对日定向轴旋转角是控制宽波束天线在地火转移轨道面内，且指向地球侧的基础，特别适用于地火转移飞行器对地测控链路建立。

8.6　近火捕获制动失败再次捕获策略

火星探测器通过地火转移到达近火点上空，发动机制动点火失败，探测器未能进入环火椭圆轨道，相对火星沿双曲轨道飞离火星，进入绕日椭圆轨道，类似于其他行星探测借火星改变速度方向。

近火捕获制动失败后，基于兰伯特变轨迭代算法，推算时间和速度增量约束下再次捕获火星轨控策略。

8.6.1　基于兰伯特变轨再次捕获策略

基于椭圆轨道兰伯特轨道转移如图 8－20 所示，已知起点和终点位置/速度，在速度增量/推进剂耗量、转移时间等约束下，寻找最优的椭圆轨道转移控制策略。

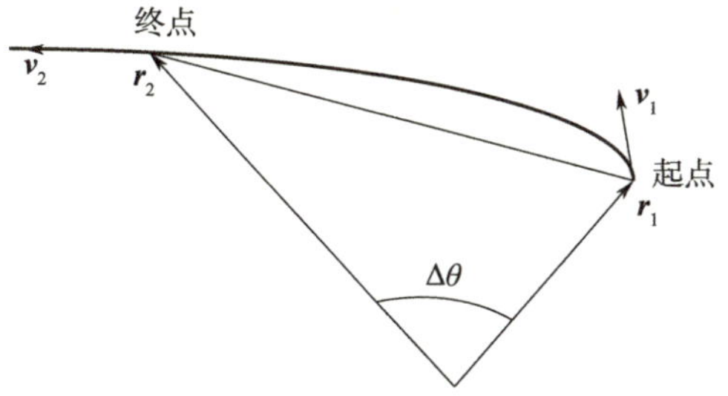

图 8－20　椭圆轨道转移兰伯特变轨示意图

8.6.1.1　兰伯特变轨参数初始化

火星再次捕获过程探测器轨道倾角一般小于 90°，轨道转移角

$$\Delta\theta=\begin{cases}\arccos(\boldsymbol{r}_1\cdot\boldsymbol{r}_2/r_1/r_2),(\boldsymbol{r}_1\times\boldsymbol{r}_2)_z>0\\2\pi-\arccos(\boldsymbol{r}_1\cdot\boldsymbol{r}_2/r_1/r_2),(\boldsymbol{r}_1\times\boldsymbol{r}_2)_z<0\end{cases} \tag{8-323}$$

其中

$$r_1=\|\boldsymbol{r}_1\|,r_2=\|\boldsymbol{r}_2\|$$

令

$$A=\sin\Delta\theta\cdot\sqrt{r_1\cdot r_2/(1-\cos\Delta\theta)} \tag{8-324}$$

探测器处于绕日椭圆轨道，$z>0$，初始化 z_0

$$z = z_0 = 1 \tag{8-325}$$

轨道转移时间 Δt 为

$$\Delta t = \Delta t_0 \tag{8-326}$$

Δt 可以按天搜索，寻找速度增量可以接受的轨道转移时间。

8.6.1.2　兰伯特变轨参数迭代

探测器处于绕日椭圆轨道，$z = z_i$，$i = 0$，1，2，…，参数计算如下：

$$s(z) = \left(\sqrt{z} - \sin\sqrt{z}\right) / \left(\sqrt{z}\right)^3 \tag{8-327}$$

$$c(z) = \left(1 - \cos\sqrt{z}\right) / z \tag{8-328}$$

$$y(z) = r_1 + r_2 + A \cdot [z \cdot s(z) - 1] / \sqrt{c(z)} \tag{8-329}$$

$$F(z) = [y(z)/c(z)]^{1.5} \cdot s(z) + A \cdot \sqrt{y(z)} - \sqrt{\mu_s} \cdot \Delta t \tag{8-330}$$

$$F'(z) = \left[\frac{y(z)}{c(z)}\right]^{1.5} \cdot \left\{\frac{1}{2z} \cdot \left[c(z) - \frac{1.5s(z)}{c(z)}\right] + \frac{0.75s^2(z)}{c(z)}\right\} + \frac{A}{8} \cdot \left[\frac{3s(z) \cdot \sqrt{y(z)}}{c(z)} + A \cdot \sqrt{\frac{c(z)}{y(z)}}\right] \tag{8-331}$$

式中　μ_s ——太阳引力常数，$\mu_s = 1.327\,124\,40 \times 10^{20}\,\mathrm{m^3/s^2}$ ；

　　Δt ——轨道转移时间。

变量 z 迭代如下：

$$z_{i+1} = z_i - F(z_i)/F'(z_i) \tag{8-332}$$

8.6.1.3　火星再次捕获速度增量

$z = z_i$ 迭代收敛后，参数计算如下：

$$f = 1 - y(z)/r_1 \tag{8-333}$$

$$\dot{f} = \frac{\sqrt{\mu_s}}{r_1 \cdot r_2} \cdot \sqrt{\frac{y(z)}{c(z)}} \cdot [z \cdot s(z) - 1] \tag{8-334}$$

$$g = A \cdot \sqrt{y(z)/\mu_s} \tag{8-335}$$

$$\dot{g} = 1 - y(z)/r_2 \tag{8-336}$$

兰伯特变轨速度计算如下：

$$\boldsymbol{v}_1 = (\boldsymbol{r}_2 - f \cdot \boldsymbol{r}_1)/g \tag{8-337}$$

$$\boldsymbol{v}_2 = (\dot{g} \cdot \boldsymbol{r}_2 - \boldsymbol{r}_1)/g \tag{8-338}$$

基于 $\boldsymbol{v}_1$ 和探测器双曲轨道逃逸后绕日轨道速度 $\boldsymbol{v}_{10}$ ，求得兰伯特变轨第一次变轨速度增量 $\Delta \boldsymbol{v}_1$

$$\Delta v_1 = \|\boldsymbol{v}_1 - \boldsymbol{v}_{10}\| \tag{8-339}$$

基于 $\boldsymbol{r}_1$ 和 $\boldsymbol{v}_1$ 求得探测器绕日转移轨道参数，再基于绕日转移轨道参数推算近火点再次捕获制动前速度 $\boldsymbol{v}_{2p}$ ，近火点捕获制动后速度 $\boldsymbol{v}_{20}$ ，求得兰伯特变轨第二次变轨捕获制

动速度增量 Δv_2：

$$\Delta v_2 = \| \boldsymbol{v}_{2p} - \boldsymbol{v}_{20} \| \tag{8-340}$$

再次捕获速度增量如下：

$$\Delta v = \Delta v_1 + \Delta v_2 \tag{8-341}$$

按天搜索速度增量较小的再次捕获策略。

8.6.2　火星再次捕获策略搜索

8.6.2.1　初次捕获制动失败轨道参数

2021 年 2 月 10 日 20：00：00（BJC）近火捕获制动前火惯系轨道参数如下：

半长轴−712 5.512 km，偏心率 1.532 643 80，倾角 11.77°，近火点幅角 96.005°，升交点赤经 194.423°，真近点角 359.999°。

正常捕获制动需要速度增量−644 m/s，实际捕获制动速度增量−50 m/s。

2021 年 2 月 11 日 20：00：00（BJC）近火捕获制动失败后探测器绕日轨道参数如下：

半长轴 249 824 308.079 km，偏心率 0.192 118 179 5，倾角 1.805 301 704 3°，近日点幅角 317.060 535 36°，升交点赤经 48.476 610 61°，纬度幅角 38.557 125 481°。

8.6.2.2　再次捕获时间及速度增量

再次捕获时间及速度增量

捕获制动失败 1 天后至 3 年期间再次捕获策略基于兰伯特变轨迭代和搜索，3 个再次捕获制动策略如下：

（1）625 天再次捕获

2021 年 2 月 11 日 20：00：00（BJC）第一次轨控时刻，变轨速度增量 1 548 m/s；2022 年 10 月 29 日 17：00：00（BJC）第二次轨控时刻，捕获制动速度增量 191 m/s，总速度增量 1 739 m/s。

（2）684 天再次捕获

2021 年 2 月 11 日 20：00：00（BJC）第一次轨控时刻，变轨速度增量 1 201 m/s；2022 年 12 月 28 日 10：00：00（BJC）第二次轨控时刻，捕获制动速度增量 275 m/s，总速度增量 1 476 m/s。

（3）946 天再次捕获

2021 年 2 月 11 日 20：00：00（BJC）第一次轨控时刻，变轨速度增量 1 455 m/s；2023 年 9 月 16 日 22：00：00（BJC）第二次轨控时刻，捕获制动速度增量 259m/s，总速度增量 1 714 m/s。

优选 684 天再次捕获策略，速度增量最低，需要在捕获制动后尽早进行第一次大速度增量变轨。

8.7 迭代生成离轨制动策略

火星探测器捕获制动进入绕火大椭圆轨道，在绕火大椭圆轨道上离轨制动释放着巡器，释放后环绕器再升轨返回绕火大椭圆轨道，与着巡器和着落后的火星车中继通信。

离轨制动及再入过程如图8-21所示。

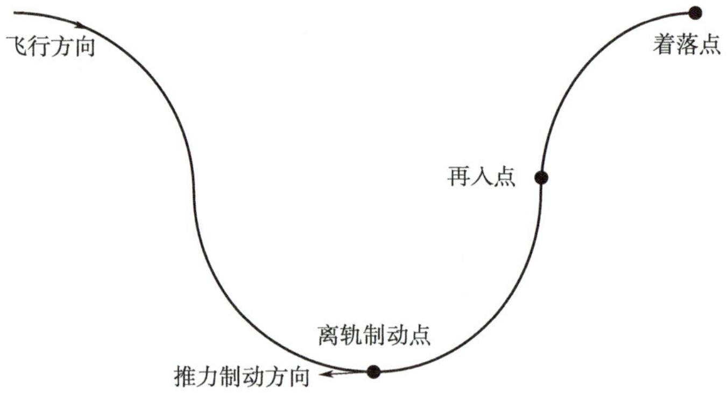

图8-21　离轨制动及再入过程示意图

不同的离轨制动策略离轨制动速度增量不同，相应的推进剂耗量不同，制动时间滞后会导致推进剂成倍增加。再入返回器对再入点速度倾角、再入点至着落点纵程和横程都有一定的要求，不同的离轨制动策略再入点速度倾角和纵横程误差不同。

离轨制动参数包括离轨制动时刻、离轨制动方向及速度增量，全范围搜索离轨制动参数计算量大，非常耗时，且不易判别哪种策略更优。基于当前轨道快速搜索离轨制动参数，确保飞行器到达再入点的速度倾角及纵横程误差满足工程应用要求，且推进剂耗量较省。

基于当前轨道和再入点目标参数估计离轨制动时刻及离轨制动速度，并基于轨道推算和再入点误差迭代修正离轨制动参数，生成高精度离轨策略，搜索策略和误差迭代算法简单，易于工程应用。

8.7.1 估计制动速度和制动点至再入点飞行时间

8.7.1.1 估算再入轨道半长轴和偏心率

基于当前轨道平根和再入点目标参数估算再入轨道半长轴和偏心率。轨道速度倾角 θ

$$\cos\theta=\sqrt{\frac{a^2(1-e^2)}{r(2a-r)}} \tag{8-342}$$

式中　a ——半长轴；

e ——偏心率；

r ——火心距。

再入轨道离轨制动点处速度倾角 θ_1 的计算方法如下：

$$r_1(2a-r_1)\cos^2\theta_1=a^2(1-e^2) \tag{8-343}$$

式中，r_1 为离轨制动点处火心距，对于近圆轨道可近似为离轨制动前轨道半长轴平根；θ_1 可设为 0。

再入点火心距 r_2 为

$$r_2 = R_m + h_{zr} \tag{8-344}$$

式中　R_m ——火星半径；

h_{zr} ——再入点目标高度。

再入点处速度倾角 θ_2 的计算方法如下：

$$r_2(2a - r_2)\cos^2\theta_2 = a^2(1 - e^2) \tag{8-345}$$

求得再入轨道半长轴 a：

$$a = \frac{r_2^2\cos^2\theta_2 - r_1^2\cos^2\theta_1}{2(r_2\cos^2\theta_2 - r_1\cos^2\theta_1)} \tag{8-346}$$

活力公式为

$$\frac{2\mu_m}{r} - \frac{\mu_m}{a} = v^2 \tag{8-347}$$

式中　μ_m ——火星引力常数。

离轨制动后速度 v_1 为

$$v_1 = \sqrt{\frac{2\mu_m}{r_1} - \frac{\mu_m}{a}} \tag{8-348}$$

再入轨道半通径 p 为

$$p = \frac{h^2}{\mu_m} \tag{8-349}$$

式中　h ——再入轨道动量矩，$h = \|\boldsymbol{r}_1 \times \boldsymbol{v}_1\| = r_1 v_1 \cos\theta_1$ 。

求得轨道偏心率 e：

$$e = \sqrt{1 - \frac{p}{a}} \tag{8-350}$$

8.7.1.2　估算制动速度和制动点至再入点轨道飞行时间

离轨制动前速度 v_0 为

$$v_0 = \sqrt{\frac{2\mu_m}{r_1} - \frac{\mu_m}{a_0}} \tag{8-351}$$

式中　a_0 ——离轨制动前轨道半长轴。

求离轨制动速度增量

$$\Delta v_0 = v_0 - v_1 \tag{8-352}$$

轨道火心距 r 为

$$r = \frac{p}{1 + e\cos f} \tag{8-353}$$

式中　f ——真近点角。

再入轨道离轨制动点处真近点角 f_1 的计算公式如下：

$$\cos f_1 = \frac{p}{r_1 e} - \frac{1}{e} \tag{8-354}$$

再入点处真近点角 f_2 的计算公式如下：

$$\cos f_2 = \frac{p}{r_2 e} - \frac{1}{e} \tag{8-355}$$

由真近点角 f_1，f_2 和偏心率 e 求得平近点角 M_1 和 M_2，离轨制动点至再入点平近点角差 $\mathrm{d}M$ 为

$$\mathrm{d}M = M_2 - M_1 \tag{8-356}$$

其中，$\mathrm{d}M \in (0,\ 2\pi)$。

离轨制动点至再入点飞行时间 $\mathrm{d}t$ 为

$$\mathrm{d}t = \mathrm{d}M / n \tag{8-357}$$

式中，n ——再入轨道角速率，$n = \sqrt{\dfrac{\mu_m}{a^3}}$。

8.7.2　再入点高度差迭代修正制动点至再入点飞行时间

8.7.2.1　离轨制动时刻及离轨制动角选择

对于升轨再入离轨制动时刻初始值可选在纬度幅角 270°处，对于降轨再入离轨制动时刻初始值可选在纬度幅角 90°处。

对圆轨道从节省推进剂角度，离轨制动方向角选为 180°，类似霍曼变轨。

8.7.2.2　估算离轨制动后速度

离轨轨道和再入轨道为非近圆轨道，轨道瞬根与平根相互转换要考虑偏心率较大情况。设 t_0 时刻轨道六要素平根分别为半长轴 a_0、偏心率 e_0、倾角 i_0、近地点幅角 ω_0、升交点赤经 Ω_0、平近点角 M_0，轨道瞬根/平根相互转换及轨道推算参数 c_1，c_2，c_3 为

$$c_1 = 1.5 \cdot \frac{J_2}{a_0^2} \cdot R_m^2 \tag{8-358}$$

$$c_2 = \sin^2 i_0 \tag{8-359}$$

$$c_3 = n = \sqrt{\frac{\mu_m}{a_0^3}} \tag{8-360}$$

式中　J_2 ——火星非球形引力摄动参数；

轨道瞬根/平根相互转换一阶短周期项

$$a_s = \frac{J_2 \cdot {R_m}^2}{a_0} \cdot \left\{(1-1.5c_2) \cdot \left[\left(\frac{a}{r}\right)^3 - (1-e^2)^{-1.5}\right] + 1.5 \cdot \left(\frac{a}{r}\right)^3 \cdot c_2 \cdot \cos 2u\right\} \tag{8-361}$$

$$i_s = 0.25 \cdot c_1 \cdot \sin 2i_0 \cdot \cos 2u / (1-e^2)^2 \tag{8-362}$$

$$\Omega_s = c_1 \cdot \cos i_0 \cdot [-(f-M) + 0.5 \cdot \sin 2u] / (1-e^2)^2 \tag{8-363}$$

$$\xi_s = c_1 \cdot \left[\cos u + c_2 \cdot \left(-1.25 \cdot \cos u + \frac{7}{12} \cdot \cos 3u\right)\right] / (1-e^2)^2 \tag{8-364}$$

$$\eta_s = c_1 \cdot \left[-\sin u + c_2 \cdot \left(1.75 \cdot \sin u - \frac{7}{12} \cdot \sin 3u \right) \right] / (1-e^2)^2 \tag{8-365}$$

$$\lambda_s = c_1 \cdot [(2-2.5 \cdot c_2) \cdot (f-M) + (1.25 \cdot c_2 - 0.5) \cdot \sin 2u] / (1-e^2)^2 \tag{8-366}$$

轨道推算一阶长期项

$$\dot{a}_l = 0$$

$$\dot{e}_l = \dot{i}_l = 0 \tag{8-367}$$

$$\dot{\omega}_l = 0.5c_1 \cdot n \cdot (4-5c_2)/(1-e^2)^2 \tag{8-368}$$

$$\dot{\Omega}_l = -c_1 \cdot n \cdot \cos i_0 / (1-e^2)^2 \tag{8-369}$$

$$\dot{\lambda}_l = 0.5c_1 \cdot n \cdot \left[(2-3c_2) \cdot \sqrt{1-e^2} + (4-5c_2) \right] / (1-e^2)^2 \tag{8-370}$$

$$\dot{M}_l = n \cdot [1 + 0.5c_1 \cdot (2-3c_2)/(1-e^2)^{1.5}] \tag{8-371}$$

基于当前轨道平根推算离轨制动点轨道瞬根及惯性系位置/速度，在离轨制动点扣除离轨制动速度，生成离轨制动后速度。

8.7.2.3 计算再入轨道瞬根/平根和再入点高度

基于离轨制动前轨道平根推算离轨制动时刻轨道瞬根，将离轨制动时刻轨道瞬根转换为惯性系位置/速度，扣除离轨制动速度求得离轨制动后位置/速度；由离轨制动后位置/速度求得再入轨道瞬根和平根，基于再入轨道平根和离轨制动点至再入点飞行时间推算再入点轨道瞬根，将再入点轨道瞬根转换为惯性系位置/速度；由惯性系位置/速度和从 Q 点沿火星赤道向东到达火星零经度线的角度 W 求得火固系位置/速度。

设再入点火固系三轴位置为 r_{x_m} ，r_{y_m} ，r_{zm} ，求得火心纬度 δ

$$\delta = \arcsin\left(\frac{r_{zm}}{r_m}\right) \tag{8-372}$$

式中　r_m ——再入点火心距，$r_m = \sqrt{r_{xm}^2 + r_{ym}^2 + r_{zm}^2}$ 。

求得再入点高度

$$h = r_m - R_m \left[1 - f_m \sin^2\delta - \frac{f_m^2}{2} \sin^2 2\delta \left(\frac{R_m}{r_m} - 0.25 \right) \right] \tag{8-373}$$

式中　f_m ——火星扁率，$f_m = \dfrac{a-b}{a}$ 。

8.7.2.4 再入点高度差迭代修正制动点至再入点飞行时间

基于再入点火固系位置/速度计算再入点高度差，由再入点高度差迭代修正制动点至再入点轨道飞行时间，并计算迭代修正后再入点经度和纬度。

再入点高度差为

$$\mathrm{d}h = h - h_{zr} \tag{8-374}$$

设再入点火固系三轴速度为 v_{xm} ，v_{ym} ，v_{zm} ，求得再入点附近轨道系指向火心速度 v_{zo} ：

$$v_{zo} = v_m \sin\theta_{2m} \tag{8-375}$$

式中 v_m ——再入点速度，$v_m = \sqrt{v_{xm}^2 + v_{ym}^2 + v_{zm}^2}$ ；

θ_{2m} ——火固系速度倾角。

求得离轨点至再入点轨道飞行时间修正量 $\mathrm{d}dt$：

$$\mathrm{d}dt = \frac{\mathrm{d}h}{v_{zo}} \tag{8-376}$$

8.7.3 基于纵程误差修正离轨制动时刻

基于离轨制动时刻、离轨制动速度、离轨制动点至再入点飞行时间初值推算再入点经度和纬度，结合着落点经度和纬度计算再入点至着落点纵程。

设再入点至着落点纵程相对标称纵程误差为 $\mathrm{d}S$，求得离轨制动时刻相应的纬度幅角修正量 $\mathrm{d}u$：

$$\mathrm{d}u = \frac{\mathrm{d}S}{r_2} \tag{8-377}$$

基于再入轨道角速率 n，可求得离轨制动时刻修正量 $\mathrm{d}t_B$：

$$\mathrm{d}t_B = \mathrm{d}S/r_2/n \tag{8-378}$$

8.7.4 迭代修正离轨制动时刻和制动速度

8.7.4.1 推算再入点至着落点纵程误差和再入点速度倾角误差

基于修正后的离轨制动时刻、离轨制动速度、离轨制动点至再入点飞行时间迭代推算再入点经度和纬度，结合着落点经度和纬度计算再入点至着落点纵程误差 $\mathrm{d}S$ 和再入点速度倾角误差 $\mathrm{d}i$。

8.7.4.2 迭代修正离轨制动时刻和离轨制动速度

基于再入点速度倾角误差 $\mathrm{d}i$，求离轨制动速度修正量 $\mathrm{d}v$：

$$\mathrm{d}v = \begin{cases} k_1 \mathrm{d}i & |\mathrm{d}i| \leqslant \mathrm{d}i_1 \\ k_2 \mathrm{d}i & \mathrm{d}i_1 < |\mathrm{d}i| \leqslant \mathrm{d}i_2 \\ k_3 \mathrm{d}i & |\mathrm{d}i| > \mathrm{d}i_2 \end{cases} \tag{8-379}$$

式中 $\mathrm{d}i_1$ ，$\mathrm{d}i_2$ —— $\mathrm{d}i$ 的不同分段区间；

k_1 ，k_2 ，k_3 ——不同 $\mathrm{d}i$ 分段区间的 $\mathrm{d}v$ 修正系数。

同时基于纵程误差 $\mathrm{d}S$ 迭代修正离轨制动时刻，$\mathrm{d}i$ 绝对值迭代至小于某一阈值停止迭代。

迭代计算方法包括离轨制动时刻修正量 $\mathrm{d}t_B$ ，离轨制动速度修正量 $\mathrm{d}v$ ，离轨点至再入点轨道飞行时间修正量 $\Delta \mathrm{d}t$

$$\mathrm{d}t_B = \mathrm{d}S/r_2/n \tag{8-380}$$

$$\mathrm{d}v = \begin{cases} k_1 \mathrm{d}i & |\mathrm{d}i| \leqslant \mathrm{d}i_1 \\ k_2 \mathrm{d}i & \mathrm{d}i_1 < |\mathrm{d}i| \leqslant \mathrm{d}i_2 \\ k_3 \mathrm{d}i & |\mathrm{d}i| > \mathrm{d}i_2 \end{cases} \tag{8-381}$$

$$\mathrm{d}dt=\frac{\mathrm{d}h}{v_{zo}} \tag{8-382}$$

式中　$\mathrm{d}S$ ——纵程误差；

r_2 ——再入点火心距；

n ——再入轨道角速率；

$\mathrm{d}i$ ——再入点速度倾角误差；

$\mathrm{d}i_1$，$\mathrm{d}i_2$ —— $\mathrm{d}i$ 的不同分段区间；

k_1，k_2，k_3 ——不同 $\mathrm{d}i$ 分段区间的 $\mathrm{d}v$ 修正系数；

$\mathrm{d}h$ ——再入点高度差；

v_{zo} ——轨道系指向火心速度。

基于当前轨道和再入点目标参数估计离轨制动时刻及离轨制动速度，并基于轨道推算和再入点误差迭代修正离轨制动参数，生成高精度离轨策略，避免了全范围搜索的复杂性。该策略误差迭代算法简单，易于工程应用。

8.8　火星表面基于准北东地系和最小二乘确定初始姿态

深空探测越来越受到关注，特别是火星探测，火星车火面巡视需要确定巡视器姿态，火星取样返回需要确定上升器升空前姿态。地面运载和武器系统基于捷联惯导初始对准获取飞行器姿态，其基于地球自转角速率和重力加速度在本体系指向来确定初始姿态。

国内外学者对捷联惯导初始对准进行了广泛的研究，文献［11］基于 H_∞ 的鲁棒无迹粒子滤波算法进行捷联惯导初始对准研究；文献［12］应用改进的 UKF 算法进行捷联惯导初始对准研究；文献［13］应用模糊自适应卡尔曼滤波算法进行捷联惯导初始对准研究；文献［14］基于边缘采样 UKF 滤波进行捷联惯导初始对准研究；文献［15］基于四元数自适应卡尔曼滤波进行捷联惯导初始对准研究；文献［16］基于改进型容积卡尔曼滤波进行捷联惯导初始对准研究；文献［17］基于二阶非线性量测方程的二阶泰勒级数展开的滤波算法进行捷联惯导大失准角初始对准研究；文献［18］基于降维滤波器进行捷联惯导初始对准研究；文献［19］基于自适应无迹粒子滤波进行捷联惯导大方位失准角初始对准研究；文献［20］研究了小波算法在信号去噪和初始对准中的应用，提高了初始对准速度和精度；文献［21］基于东北天坐标系推导快速对准算法，采用小波滤波和卡尔曼滤波进行静基座初始对准；文献［22］基于强跟踪容积卡尔曼滤波进行捷联惯导初始对准研究；文献［23］基于粒子群算法优化的捷联罗经进行初始对准研究；文献［24］基于线性最优控制进行捷联惯导大方位失准角初始对准研究；文献［25］采用四元数变换矩阵求得姿态的捷联惯导初始对准方法，克服了与旋转顺序相关的问题，实现全姿态初始对准。

基于捷联惯组确定探测器在火星表面初始姿态，首先推导了火星表面静态对准点重力加速度和探测器相对北东地系粗对准算法，并基于陀螺计算的角增量和基于加表利用最小二乘估计的失准角修正粗对准姿态；接着基于精对准姿态给出了探测器相对 J2000 惯性系姿态确定算法；最后进行了仿真验证及与地面对准比对。

8.8.1　计算火星表面重力加速度和地理纬度

8.8.1.1　计算火星表面重力加速度

设静态对准点在火固系位置为 $\boldsymbol{r}=[x\quad y\quad z]^{\mathrm{T}}$，求得火心经度 λ 和火心纬度 φ

$$\lambda=\arctan2\left(\frac{y}{x}\right) \tag{8-383}$$

$$\varphi=\arcsin\left(\frac{z}{r}\right) \tag{8-384}$$

式中　r——静态对准点到火心的距离，$r=\sqrt{x^2+y^2+z^2}$。

静态对准点火固系重力加速度 $\boldsymbol{g}=[g_x\quad g_y\quad g_z]^{\mathrm{T}}$

$$g_x=\frac{-\mu_m\cdot x}{r^3}+g_{J2x}+g_{J3x}+g_{J4x}+g_{Lx} \tag{8-385}$$

$$g_y=\frac{-\mu_m\cdot y}{r^3}+g_{J2y}+g_{J3y}+g_{J4y}+g_{Ly} \tag{8-386}$$

$$g_z=\frac{-\mu_m\cdot z}{r^3}+g_{J2z}+g_{J3z}+g_{J4z}+g_{Lz} \tag{8-387}$$

其中

$$g_{J2x}=\frac{3}{2}R_m^2\cdot\mu_m\cdot J_2\left(\frac{5xz^2}{r^7}-\frac{x}{r^5}\right)$$

$$g_{J2y}=\frac{3}{2}R_m^2\cdot\mu_m\cdot J_2\left(\frac{5yz^2}{r^7}-\frac{y}{r^5}\right)$$

$$g_{J2z}=\frac{3}{2}R_m^2\cdot\mu_m\cdot J_2\left(\frac{5z^3}{r^7}-\frac{3z}{r^5}\right)$$

$$g_{J3x}=-\frac{\mu_m\cdot x}{r^3}\left[\frac{5}{2}J_3\cdot\left(\frac{R_m}{r}\right)^3\cdot\left(3\frac{z}{r}-7\frac{z^3}{r^3}\right)\right]$$

$$g_{J3y}=-\frac{\mu_m\cdot y}{r^3}\cdot\left[\frac{5}{2}J_3\cdot\left(\frac{R_m}{r}\right)^3\cdot\left(3\frac{z}{r}-7\frac{z^3}{r^3}\right)\right]$$

$$g_{J3z}=-\frac{\mu_m\cdot z}{r^3}\left[\frac{5}{2}J_3\cdot\left(\frac{R_m}{r}\right)^3\cdot\left(6\frac{z}{r}-7\frac{z^3}{r^3}-\frac{3r}{5z}\right)\right]$$

$$g_{J4x}=-\frac{\mu_m\cdot x}{r^3}\left[-\frac{5}{8}J_4\cdot\left(\frac{R_m}{r}\right)^4\cdot\left(3-42\frac{z^2}{r^2}+63\frac{z^4}{r^4}\right)\right]$$

$$g_{J4y}=-\frac{\mu_m\cdot y}{r^3}\cdot\left[-\frac{5}{8}J_4\cdot\left(\frac{R_m}{r}\right)^4\cdot\left(3-42\frac{z^2}{r^2}+63\frac{z^4}{r^4}\right)\right]$$

$$g_{J4z}=-\frac{\mu_m\cdot z}{r^3}\left[-\frac{5}{8}J_4\cdot\left(\frac{R_m}{r}\right)^4\cdot\left(15-70\frac{z^2}{r^2}+63\frac{z^4}{r^4}\right)\right]$$

$$g_{Lx}=\omega_m^2\cdot r\cdot\cos\varphi\cdot\cos\lambda$$

$$g_{Ly}=\omega_m^2\cdot r\cdot\cos\varphi\cdot\sin\lambda$$

$$g_{Lz}=0$$

$\boldsymbol{g}_{J2}=[g_{J2x}\quad g_{J2y}\quad g_{J2z}]^{\mathrm{T}}$ 为 J_2 项引力摄动；$\boldsymbol{g}_{J3}=[g_{J3x}\quad g_{J3y}\quad g_{J3z}]^{\mathrm{T}}$ 为 J_3 项引力摄动；$\boldsymbol{g}_{J4}=[g_{J4x}\quad g_{J4y}\quad g_{J4z}]^{\mathrm{T}}$ 为 J_4 项引力摄动；$\boldsymbol{g}_L=[g_{Lx}\quad g_{Ly}\quad g_{Lz}]^{\mathrm{T}}$ 为火星自转离心加速度；μ_m 为火星引力常数；R_m 为火星半径；J_2，J_3，J_4 为火星非球形摄动系数；ω_m 为火星自转角速率。

8.8.1.2　计算对准点地理纬度及纬度差

基于重力加速度求得火星地理纬度 B

$$B=\arcsin\left(\frac{-g_z}{g}\right) \tag{8-388}$$

式中　g ——静态对准点重力加速度，$g=\sqrt{g_x^2+g_y^2+g_z^2}$ 。

求得火星地理纬度与火心纬度差 $\mathrm{d}\varphi$

$$\mathrm{d}\varphi=B-\varphi \tag{8-389}$$

8.8.2　计算本体相对北东地系粗对准姿态

如图 8-22 所示，在静态对准点基于重力加速度方向建立北东地（NED）坐标系，NED 系比力 $\boldsymbol{f}^n=[0\quad 0\quad -g]^{\mathrm{T}}$ 。

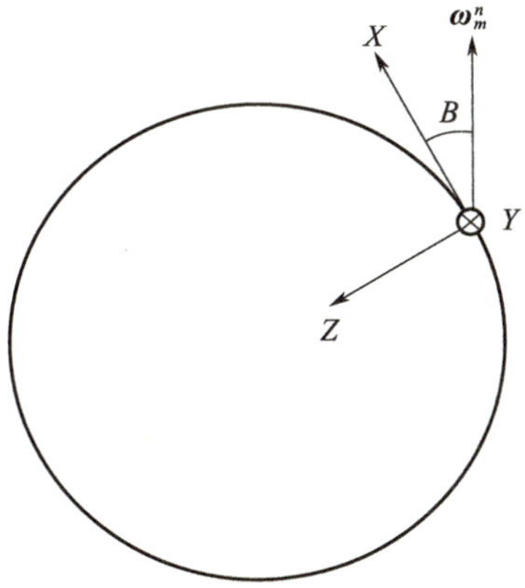

图 8-22　北东地系火星自转角速率

本体相对 NED 系 3-2-1 转序姿态转换阵 $\boldsymbol{A}_{bn}$ 为

$$\begin{aligned}\boldsymbol{A}_{bn}&=\begin{bmatrix}1&0&0\\0&\cos\gamma&\sin\gamma\\0&-\sin\gamma&\cos\gamma\end{bmatrix}\cdot\begin{bmatrix}\cos\theta&0&-\sin\theta\\0&1&0\\\sin\theta&0&\cos\theta\end{bmatrix}\cdot\begin{bmatrix}\cos\psi&\sin\psi&0\\-\sin\psi&\cos\psi&0\\0&0&1\end{bmatrix}\\&=\begin{bmatrix}\cos\theta\cos\psi&\cos\theta\sin\psi&-\sin\theta\\\sin\gamma\sin\theta\cos\psi-\cos\gamma\sin\psi&\cos\gamma\cos\psi+\sin\gamma\sin\theta\sin\psi&\sin\gamma\cos\theta\\\cos\gamma\sin\theta\cos\psi+\sin\gamma\sin\psi&\cos\gamma\sin\theta\sin\psi-\sin\gamma\cos\psi&\cos\gamma\cos\theta\end{bmatrix}\end{aligned} \tag{8-390}$$

式中　ψ ——偏航姿态；

θ ——俯仰姿态；

γ ——滚动姿态。

按 3－2－1 转序计算本体系比力 $\boldsymbol{f}^b=[f_x^b \quad f_y^b \quad f_z^b]^{\mathrm{T}}$

$$\boldsymbol{f}^b=\boldsymbol{A}_{bn}\cdot\boldsymbol{f}^n=\begin{bmatrix}\sin\theta\\-\sin\gamma\cos\theta\\-\cos\gamma\cos\theta\end{bmatrix}\cdot g \tag{8-391}$$

由式（8－391）求得

$$\theta=\arcsin\left(\frac{f_x^b}{g}\right) \tag{8-392}$$

$$\gamma=\mathrm{arctan2}\left(\frac{-f_y^b}{-f_z^b}\right) \tag{8-393}$$

NED 系火星自转角速率 $\boldsymbol{\omega}_m^n$ 为

$$\boldsymbol{\omega}_m^n=\begin{bmatrix}\omega_m\cdot\cos B\\0\\-\omega_m\cdot\sin B\end{bmatrix}=\begin{bmatrix}\omega_x^n\\0\\\omega_z^n\end{bmatrix} \tag{8-394}$$

本体系火星自转角速率 $\boldsymbol{\omega}_m^b$ 为

$$\begin{aligned}\boldsymbol{\omega}_m^b&=[\omega_x^b \quad \omega_y^b \quad \omega_z^b]^{\mathrm{T}}=\boldsymbol{A}_{bn}\cdot\boldsymbol{\omega}_m^n\\&=\begin{bmatrix}\cos\theta\cdot\omega_x^n\cdot\cos\psi-\sin\theta\cdot\omega_z^n\\\sin\gamma\cdot\sin\theta\cdot\omega_x^n\cdot\cos\psi-\cos\gamma\cdot\omega_x^n\cdot\sin\psi+\sin\gamma\cdot\cos\theta\cdot\omega_z^n\\\cos\gamma\cdot\sin\theta\cdot\omega_x^n\cdot\cos\psi+\sin\gamma\cdot\omega_x^n\cdot\sin\psi+\cos\gamma\cdot\cos\theta\cdot\omega_z^n\end{bmatrix}\end{aligned} \tag{8-395}$$

式（8－395）消去 ω_z^n，ω_x^n，求得偏航姿态 ψ

$$\psi=\mathrm{arctan2}\left(\frac{-(\omega_y^b\cos\gamma-\omega_z^b\sin\gamma)}{\omega_x^b\cos\theta+\omega_y^b\sin\theta\sin\gamma+\omega_z^b\sin\theta\cos\gamma}\right) \tag{8-396}$$

按 3－2－1 转序计算本体相对北东地初始姿态角，如果 $\left|\dfrac{f_x^b}{g}\right|<0.9999$，则

$$\begin{cases}\gamma=\mathrm{arctan2}\left(\dfrac{-f_y^b}{-f_z^b}\right)\\\theta=\arcsin\left(\dfrac{f_x^b}{g}\right)\\\psi=\mathrm{arctan2}\left(\dfrac{-(\omega_y^b\cos\gamma-\omega_z^b\sin\gamma)}{\omega_x^b\cos\theta+\omega_y^b\sin\theta\sin\gamma+\omega_z^b\sin\theta\cos\gamma}\right)\end{cases} \tag{8-397}$$

否则

$$\begin{cases}\gamma=0\\\theta=\dfrac{\pi}{2}\cdot\mathrm{sign}\left(\dfrac{f_x^b}{g}\right)\\\psi=\mathrm{arctan2}\left(\dfrac{-(\omega_y^b\cos\gamma-\omega_z^b\sin\gamma)}{\omega_x^b\cos\theta+\omega_y^b\sin\theta\sin\gamma+\omega_z^b\sin\theta\cos\gamma}\right)\end{cases} \tag{8-398}$$

式中　ψ ——方位角；

θ ——俯仰角；

γ ——滚动角；

f_x^b ，f_y^b ，f_z^b ——加表输出的本体系下比力；

ω_x^b ，ω_y^b ，ω_z^b ——陀螺输出的本体系下角速率。

8.8.3　基于陀螺计算的角增量修正准北东地坐标系

8.8.3.1　加表比力和陀螺角速率滤波

基于加表输出比力 $\boldsymbol{f}^s$ 求本体系比力 $\boldsymbol{f}^b$

$$\boldsymbol{f}^b = \boldsymbol{A}_{sb,a}^{\mathrm{T}} \cdot \boldsymbol{f}^s \tag{8-399}$$

式中　$\boldsymbol{A}_{sb,a}$ ——加表在本体系安装矩阵。

基于陀螺输出角速率 $\boldsymbol{\omega}^s$ 求本体系角速率 $\boldsymbol{\omega}^b$

$$\boldsymbol{\omega}^b = \boldsymbol{A}_{sb,g}^{\mathrm{T}} \cdot \boldsymbol{\omega}^s \tag{8-400}$$

式中　$\boldsymbol{A}_{sb,g}$ ——陀螺在本体系安装矩阵。

对加表比力 $\boldsymbol{f}^b$ 和陀螺角速率 $\boldsymbol{\omega}^b$ 滤波

$$\boldsymbol{f}_k^b = (1 - k_{lv}) \cdot \boldsymbol{f}_{k-1}^b + k_{lv} \cdot \boldsymbol{f}^b \tag{8-401}$$

$$\boldsymbol{\omega}_k^b = (1 - k_{lv}) \cdot \boldsymbol{\omega}_{k-1}^b + k_{lv} \cdot \boldsymbol{\omega}^b \tag{8-402}$$

式中　$\boldsymbol{f}_k^b$ ——本体系下第 k 步加速度滤波值；

$\boldsymbol{f}_{k-1}^b$ ——本体系下第 $k-1$ 步加速度滤波值；

$\boldsymbol{\omega}_k^b$ ——本体系下第 k 步角速率滤波值；

$\boldsymbol{\omega}_{k-1}^b$ ——本体系下第 $k-1$ 步角速率滤波值；

k_{lv} ——滤波系数。

8.8.3.2　基于陀螺计算角增量

基于火星自转角速率矢量估算本体系相对 NED 系姿态误差角

$$\begin{bmatrix} \Delta\varphi \\ \Delta\theta \\ \Delta\psi \end{bmatrix} = (\boldsymbol{\omega}_k^b - \boldsymbol{A}_{bn,k-1} \cdot \boldsymbol{\omega}_m^n) \cdot T \tag{8-403}$$

式中　$\boldsymbol{\omega}_k^b$ ——本体系第 k 步角速率滤波值；

$\boldsymbol{A}_{bn,k-1}$ ——第 $k-1$ 步推算的本体系相对 NED 系姿态转换矩阵，$\boldsymbol{A}_{bn,0} = I_{3\times3}$ ；

$\boldsymbol{\omega}_m^n$ ——NED 系火星自转角速率；

T ——推算周期。

8.8.3.3　修正本体系相对 NED 系姿态四元数

$$\mathrm{d}\boldsymbol{q}_{\omega} = \begin{bmatrix} \sqrt{1-(\Delta\varphi^2 + \Delta\theta^2 + \Delta\psi^2)/4} \\ \Delta\varphi/2 \\ \Delta\theta/2 \\ \Delta\psi/2 \end{bmatrix} \tag{8-404}$$

$$\boldsymbol{q}_{bn,k}=\boldsymbol{q}_{bn,k-1}\otimes \mathrm{d}\boldsymbol{q}_{\omega} \tag{8-405}$$

式中 $\boldsymbol{q}_{bn,k}$ ——第 k 步推算的本体系相对 NED 系姿态四元数；

$\boldsymbol{q}_{bn,k-1}$ ——第 $k-1$ 步推算的本体系相对 NED 系姿态四元数。

8.8.4 基于加表计算的比力利用最小二乘法估计失准角

8.8.4.1 基于加表计算 NED 系下比力

令

$$\boldsymbol{q}_{bn,k}=[q_0\quad q_1\quad q_2\quad q_3]^{\mathrm{T}} \tag{8-406}$$

求得

$$\boldsymbol{A}_{bn,k}=\begin{bmatrix} q_0^2+q_1^2-q_2^2-q_3^2 & 2q_0q_3+2q_1q_2 & -2q_0q_2+2q_1q_3 \\ -2q_0q_3+2q_1q_2 & q_0^2-q_1^2+q_2^2-q_3^2 & 2q_0q_1+2q_2q_3 \\ 2q_0q_2+2q_1q_3 & -2q_0q_1+2q_2q_3 & q_0^2-q_1^2-q_2^2+q_3^2 \end{bmatrix} \tag{8-407}$$

NED 系下加速度

$$\boldsymbol{a}_k=\boldsymbol{A}_{bn,k}^{\mathrm{T}}\cdot \boldsymbol{f}_k^b+\begin{bmatrix}0\\0\\g\end{bmatrix} \tag{8-408}$$

式中 $\boldsymbol{A}_{bn,k}$ ——第 k 步推算的本体系相对 NED 系姿态矩阵；

$\boldsymbol{f}_k^b$ ——本体系下第 k 步加速度滤波值；

g ——静态对准点重力加速度。

8.8.4.2 利用最小二乘法估计失准角

令

$$\boldsymbol{a}_k=\begin{bmatrix}a_N\\a_E\\a_D\end{bmatrix} \tag{8-409}$$

第 1 步初始化

$$\begin{cases}(a_E)_{k-1}=a_E\\(a_N)_{k-1}=a_N\\(b_E)_{k-1}=0\\(b_N)_{k-1}=0\end{cases} \tag{8-410}$$

第 2 步开始迭代计算

$$\begin{cases}(\delta f_N)_k=a_N-[(a_N)_{k-1}+(b_N)_{k-1}\cdot k\cdot T]\\(\delta f_E)_k=a_E-[(a_E)_{k-1}+(b_E)_{k-1}\cdot k\cdot T]\end{cases} \tag{8-411}$$

$$\begin{cases}(a_E)_k=(a_E)_{k-1}-\dfrac{2(\delta f_E)_k}{k}\\(a_N)_k=(a_N)_{k-1}-\dfrac{2(\delta f_N)_k}{k}\end{cases} \tag{8-412}$$

$$\begin{cases}(b_E)_k=(b_E)_{k-1}+\dfrac{6(\delta f_E)_k}{k(k+1)T}\\(b_N)_k=(b_N)_{k-1}+\dfrac{6(\delta f_N)_k}{k(k+1)T}\end{cases}\tag{8-413}$$

计算失准角

$$\boldsymbol{\phi}=\begin{bmatrix}\phi_N\\\phi_E\\\phi_D\end{bmatrix}=\begin{bmatrix}-\dfrac{(a_E)_k+(b_E)_k\cdot k\cdot T}{g}\\\dfrac{(a_N)_k+(b_N)_k\cdot k\cdot T}{g}\\\dfrac{(b_N)_k+(a_E)_k\cdot\omega_{ei}\cdot\sin L}{g\cdot\omega_{ei}\cdot\cos L}\end{bmatrix}\tag{8-414}$$

8.8.5 基于精对准姿态推算探测器相对 J2000 坐标系姿态

8.8.5.1 基于失准角和粗对准姿态计算精对准姿态

由式（8－414）求得

$$\mathrm{d}\boldsymbol{q}_{\phi}=\begin{bmatrix}\sqrt{1-(\phi_N^2+\phi_E^2+\phi_D^2)/4}\\\phi_N/2\\\phi_E/2\\\phi_D/2\end{bmatrix}\tag{8-415}$$

求得精对准姿态四元数 $\boldsymbol{q}_{bn}$

$$\boldsymbol{q}_{bn}=\boldsymbol{q}_{bn,k}\otimes\mathrm{d}\boldsymbol{q}_{\phi}\tag{8-416}$$

令

$$\boldsymbol{q}_{bn}=[q_0\quad q_1\quad q_2\quad q_3]^{\mathrm{T}}\tag{8-417}$$

基于精对准姿态四元数 $\boldsymbol{q}_{bn}$，求得 $\boldsymbol{A}_{bn}$

$$\boldsymbol{A}_{bn}=\begin{bmatrix}q_0^2+q_1^2-q_2^2-q_3^2&2q_0q_3+2q_1q_2&-2q_0q_2+2q_1q_3\\-2q_0q_3+2q_1q_2&q_0^2-q_1^2+q_2^2-q_3^2&2q_0q_1+2q_2q_3\\2q_0q_2+2q_1q_3&-2q_0q_1+2q_2q_3&q_0^2-q_1^2-q_2^2+q_3^2\end{bmatrix}\tag{8-418}$$

按 3－2－1 转序求得 $\boldsymbol{A}_{bn}$

$$\boldsymbol{A}_{bn}=\begin{bmatrix}\cos\theta\cos\psi&\cos\theta\sin\psi&-\sin\theta\\\sin\gamma\sin\theta\cos\psi-\cos\gamma\sin\psi&\cos\gamma\cos\psi+\sin\gamma\sin\theta\sin\psi&\sin\gamma\cos\theta\\\cos\gamma\sin\theta\cos\psi+\sin\gamma\sin\psi&\cos\gamma\sin\theta\sin\psi-\sin\gamma\cos\psi&\cos\theta\cos\gamma\end{bmatrix}\tag{8-419}$$

按 3－2－1 转序求三轴姿态角，如果 $|a_{13}|\leqslant 0.99999$

$$\begin{cases}\gamma=\operatorname{arctan2}\left(\dfrac{a_{23}/\cos\theta}{a_{33}/\cos\theta}\right)\\\theta=\arcsin(-a_{13})\\\psi=\operatorname{arctan2}\left(\dfrac{a_{12}/\cos\theta}{a_{11}/\cos\theta}\right)\end{cases}\tag{8-420}$$

否则

$$\begin{cases}\gamma = 0 \\ \theta = \arcsin(-a_{13}) \\ \psi = \arctan 2\left(\dfrac{-a_{21}}{a_{22}}\right)\end{cases} \tag{8-421}$$

8.8.5.2 探测器相对J2000惯性系姿态四元数

火固系经度 λ 对应火惯系经度 λ_m

$$\lambda_m = \lambda + \lambda_{m0} + \omega_m \cdot t \tag{8-422}$$

式中 λ_{m0} ——历元J2000.0时刻火固系0经度线对应火惯系经度；

ω_m ——火星自转角速率；

t ——当前时刻相对历元J2000.0时刻时长。

NED系到火惯系姿态四元数 $\boldsymbol{q}_{mn}$

$$\boldsymbol{q}_{mn} = \begin{bmatrix}\cos(-\lambda_m/2) \\ 0 \\ 0 \\ \sin(-\lambda_m/2)\end{bmatrix} \otimes \begin{bmatrix}\cos(\mathrm{d}\varphi/2 + \varphi/2 + \pi/4) \\ 0 \\ \sin(\mathrm{d}\varphi/2 + \varphi/2 + \pi/4) \\ 0\end{bmatrix} \tag{8-423}$$

式中 λ_m ——静态对准点火惯系经度；

φ ——静态对准点火固系纬度；

$\mathrm{d}\varphi$ ——地理纬度与地心纬度差。

J2000惯性系到火惯系姿态转换四元数 $\boldsymbol{q}_{mi}$

$$\boldsymbol{q}_{mi} = \begin{bmatrix}\cos(\gamma_m/2) \\ \sin(\gamma_m/2) \\ 0 \\ 0\end{bmatrix} \otimes \begin{bmatrix}\cos(\theta_m/2) \\ 0 \\ \sin(\theta_m/2) \\ 0\end{bmatrix} \otimes \begin{bmatrix}\cos(\psi_m/2) \\ 0 \\ 0 \\ \sin(\psi_m/2)\end{bmatrix} \tag{8-424}$$

式中 ψ_m、θ_m、γ_m ——J2000惯性系转换到火惯系姿态角。

本体相对J2000惯性系姿态四元数 $\boldsymbol{q}_{bi}$

$$\boldsymbol{q}_{bi} = \boldsymbol{q}_{mi} \otimes \boldsymbol{q}_{mn}^{*} \otimes \boldsymbol{q}_{bn} \tag{8-425}$$

8.8.6 仿真验证及与地面对准比对

8.8.6.1 仿真验证

火星表面静态对准点火心火固系经度为110.318°，纬度为24.748°，高度为−1 km。

陀螺角速率常值漂移0.01（°）/h，随机漂移0.001（°）/h；加表比力常值漂移1.0e−5g，加表加速度随机漂移1.0e−6g。在粗对准基础上进行精对准，高精度惯组三轴姿态对准误差如图8-23所示，方位精度约0.03°。

陀螺角速率常值漂移0.1（°）/h，随机漂移0.01（°）/h；加表比力常值漂移1.0e−

4g，加表加速度随机漂移 1.0e－5g。在粗对准基础上进行精对准，一般惯组三轴姿态对准误差如图 8－24 所示，方位精度约 0.3°。

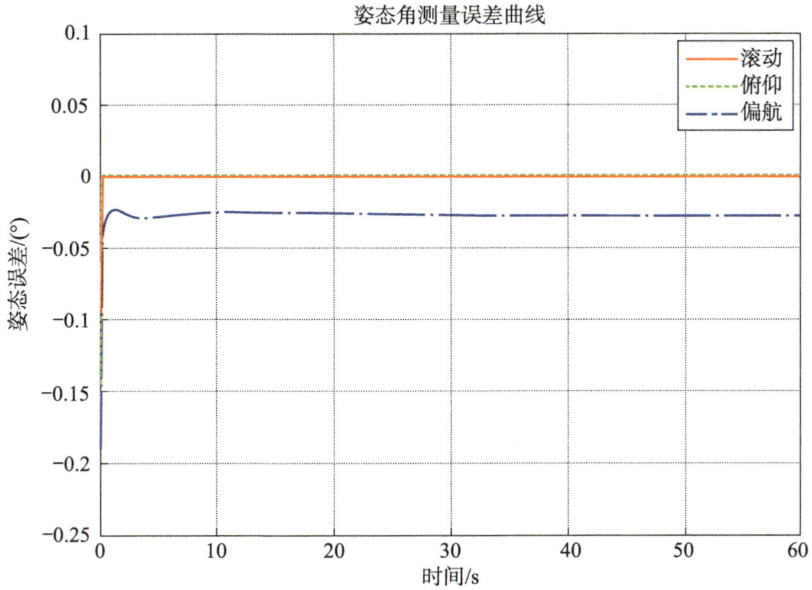

图 8－23　高精度惯组三轴姿态对准误差曲线

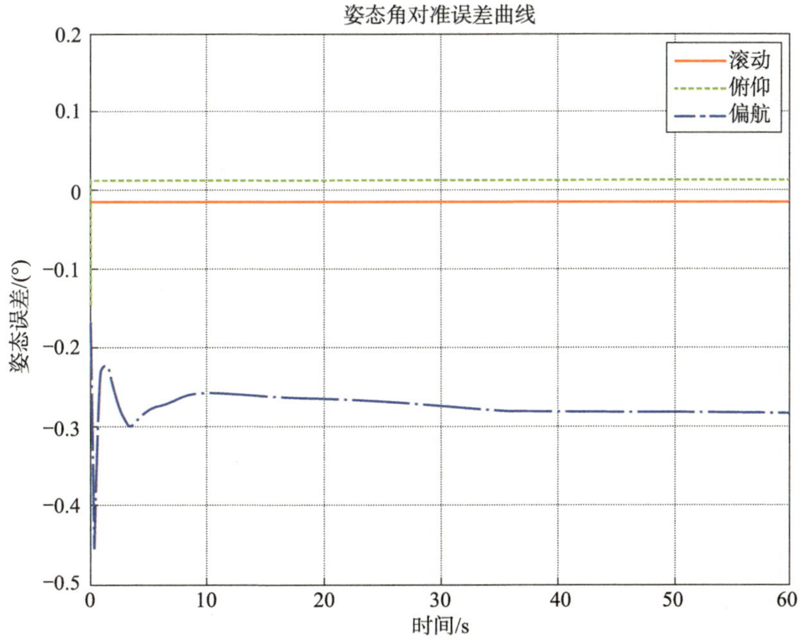

图 8－24　一般惯组三轴姿态对准误差曲线

8.8.6.2　与地面对准比对

陀螺和加表漂移影响精对准精度，惯性组合经过长时间地火转移和火星表面大范围冷热交变，陀螺和加表精度一般比地面差；位置误差导致经纬度误差，经纬度误差影响初始姿态精度，静态对准点经纬度测量精度火面一般比地面低。

火星表面起飞点刚度比地面运载发射场差；火星引力场精度没有地球引力场精度高；地火转移长期飞行和冷热交变影响加表和陀螺的安装精度。

本节基于捷联惯组确定探测器在火星表面相对 J2000.0 惯性系初始姿态，仿真验证了姿态确定算法的有效性。基于捷联惯组确定探测器在火星表面初始姿态算法易于工程实现，为火星探测器火面巡视和上升器取样返回奠定了一定的基础。

8.9　火星表面基于准北东地系和线性估计静态对准

深空探测越来越受到关注，特别是火星探测，火星车火面巡视需要确定巡视器姿态，火星取样返回需要确定上升器升空前姿态。地面运载和武器系统基于捷联惯导初始对准获取飞行器姿态，其基于地球自转角速率和重力加速度在本体系指向来确定初始姿态。

本节基于捷联惯组和准北东地系静态对准，首先推导了火星表面静态对准点重力加速度和探测器相对北东地系粗对准算法，并基于粗对准姿态建立准北东地系；接着估算准北东地系重力加速度和火星自转角速率，并给出了易于工程实现的精对准算法。

8.9.1　计算火星表面重力加速度和地理纬度

8.9.1.1　计算火星表面重力加速度

设静态对准点在火固系位置为 $\boldsymbol{r}=[x\quad y\quad z]^{\mathrm{T}}$，求得火心经度 λ 和火心纬度 φ

$$\lambda=\arctan2\left(\frac{y}{x}\right) \tag{8-426}$$

$$\varphi=\arcsin\left(\frac{z}{r}\right) \tag{8-427}$$

式中　r ——静态对准点到火心的距离，$r=\sqrt{x^2+y^2+z^2}$ 。

静态对准点火固系重力加速度 $\boldsymbol{g}=[g_x\quad g_y\quad g_z]^{\mathrm{T}}$

$$g_x=\frac{-\mu_m\cdot x}{r^3}+g_{J2x}+g_{J3x}+g_{J4x}+g_{Lx} \tag{8-428}$$

$$g_y=\frac{-\mu_m\cdot y}{r^3}+g_{J2y}+g_{J3y}+g_{J4y}+g_{Ly} \tag{8-429}$$

$$g_z=\frac{-\mu_m\cdot z}{r^3}+g_{J2z}+g_{J3z}+g_{J4z}+g_{Lz} \tag{8-430}$$

其中

$$g_{J2x}=\frac{3}{2}R_m^2\cdot\mu_m\cdot J_2\left(\frac{5xz^2}{r^7}-\frac{x}{r^5}\right)$$

$$g_{J2y}=\frac{3}{2}R_m^2\cdot\mu_m\cdot J_2\left(\frac{5yz^2}{r^7}-\frac{y}{r^5}\right)$$

$$g_{J2z}=\frac{3}{2}R_m^2\cdot\mu_m\cdot J_2\left(\frac{5z^3}{r^7}-\frac{3z}{r^5}\right)$$

$$g_{J3x}=-\frac{\mu_m\cdot x}{r^3}\left[\frac{5}{2}J_3\cdot\left(\frac{R_m}{r}\right)^3\cdot\left(3\frac{z}{r}-7\frac{z^3}{r^3}\right)\right]$$

$$g_{J3y}=-\frac{\mu_m\cdot y}{r^3}\cdot\left[\frac{5}{2}J_3\cdot\left(\frac{R_m}{r}\right)^3\cdot\left(3\frac{z}{r}-7\frac{z^3}{r^3}\right)\right]$$

$$g_{J3z}=-\frac{\mu_m\cdot z}{r^3}\left[\frac{5}{2}J_3\cdot\left(\frac{R_m}{r}\right)^3\cdot\left(6\frac{z}{r}-7\frac{z^3}{r^3}-\frac{3r}{5z}\right)\right]$$

$$g_{J4x}=-\frac{\mu_m\cdot x}{r^3}\left[-\frac{5}{8}J_4\cdot\left(\frac{R_m}{r}\right)^4\cdot\left(3-42\frac{z^2}{r^2}+63\frac{z^4}{r^4}\right)\right]$$

$$g_{J4y}=-\frac{\mu_m\cdot y}{r^3}\cdot\left[-\frac{5}{8}J_4\cdot\left(\frac{R_m}{r}\right)^4\cdot\left(3-42\frac{z^2}{r^2}+63\frac{z^4}{r^4}\right)\right]$$

$$g_{J4z}=-\frac{\mu_m\cdot z}{r^3}\left[-\frac{5}{8}J_4\cdot\left(\frac{R_m}{r}\right)^4\cdot\left(15-70\frac{z^2}{r^2}+63\frac{z^4}{r^4}\right)\right]$$

$$g_{Lx}=\omega_m^2\cdot r\cdot\cos\varphi\cdot\cos\lambda$$

$$g_{Ly}=\omega_m^2\cdot r\cdot\cos\varphi\cdot\sin\lambda$$

$$g_{Lz}=0$$

$\boldsymbol{g}_{J2}=[g_{J2x}\quad g_{J2y}\quad g_{J2z}]^{\mathrm{T}}$ 为 J_2 项引力摄动；$\boldsymbol{g}_{J3}=[g_{J3x}\quad g_{J3y}\quad g_{J3z}]^{\mathrm{T}}$ 为 J_3 项引力摄动；$\boldsymbol{g}_{J4}=[g_{J4x}\quad g_{J4y}\quad g_{J4z}]^{\mathrm{T}}$ 为 J_4 项引力摄动；$\boldsymbol{g}_L=[g_{Lx}\quad g_{Ly}\quad g_{Lz}]^{\mathrm{T}}$ 为火星自转离心加速度；μ_m 为火星引力常数；R_m 为火星半径；J_2，J_3，J_4 为火星非球形摄动系数；ω_m 为火星自转角速率。

8.9.1.2 计算对准点地理纬度及纬度差

基于重力加速度求得地理纬度 B

$$B=\arcsin\left(\frac{-g_z}{g}\right) \tag{8-431}$$

式中　g ——静态对准点重力加速度，$g=\sqrt{g_x^2+g_y^2+g_z^2}$ 。

求得火星地理纬度与火心纬度差 $\mathrm{d}\varphi$

$$\mathrm{d}\varphi=B-\varphi \tag{8-432}$$

8.9.2 计算本体相对北东地系粗对准姿态

如图 8-25 所示，在静态对准点基于重力加速度方向建立北东地（NED）坐标系，NED 系比力 $\boldsymbol{f}^n=[0\quad 0\quad -g]^{\mathrm{T}}$ 。

本体相对 NED 系 3-2-1 转序姿态转换阵 $\boldsymbol{A}_{bn}$ 为

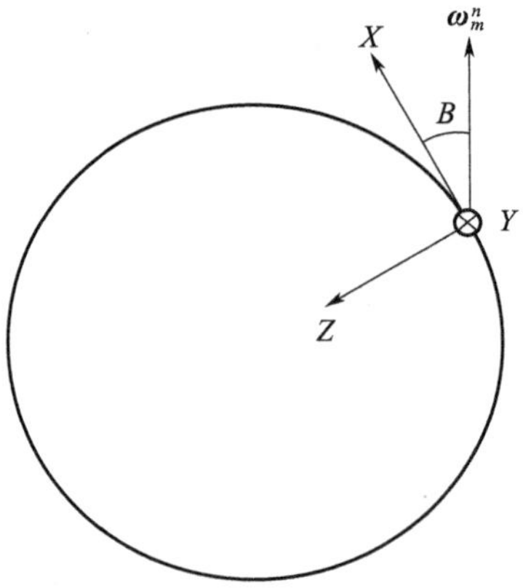

图 8-25　北东地系火星自转角速率

$$
\boldsymbol{A}_{bn} = \begin{bmatrix} 1 & 0 & 0 \\ 0 & \cos\gamma & \sin\gamma \\ 0 & -\sin\gamma & \cos\gamma \end{bmatrix} \cdot \begin{bmatrix} \cos\theta & 0 & -\sin\theta \\ 0 & 1 & 0 \\ \sin\theta & 0 & \cos\theta \end{bmatrix} \cdot \begin{bmatrix} \cos\psi & \sin\psi & 0 \\ -\sin\psi & \cos\psi & 0 \\ 0 & 0 & 1 \end{bmatrix}
$$

$$
= \begin{bmatrix} \cos\theta\cos\psi & \cos\theta\sin\psi & -\sin\theta \\ \sin\gamma\sin\theta\cos\psi - \cos\gamma\sin\psi & \cos\gamma\cos\psi + \sin\gamma\sin\theta\sin\psi & \sin\gamma\cos\theta \\ \cos\gamma\sin\theta\cos\psi + \sin\gamma\sin\psi & \cos\gamma\sin\theta\sin\psi - \sin\gamma\cos\psi & \cos\gamma\cos\theta \end{bmatrix}
$$

(8-433)

式中　ψ ——偏航姿态；

θ ——俯仰姿态；

γ ——滚动姿态。

按 3-2-1 转序计算本体系比力 $\boldsymbol{f}^b = [f_x^b \quad f_y^b \quad f_z^b]^{\mathrm{T}}$

$$
\boldsymbol{f}^b = \boldsymbol{A}_{bn} \cdot \boldsymbol{f}^n = \begin{bmatrix} \sin\theta \\ -\sin\gamma\cos\theta \\ -\cos\gamma\cos\theta \end{bmatrix} \cdot g \tag{8-434}
$$

由式（8-434）求得

$$
\theta = \arcsin\left(\frac{f_x^b}{g}\right) \tag{8-435}
$$

$$
\gamma = \arctan2\left(\frac{-f_y^b}{-f_z^b}\right) \tag{8-436}
$$

NED 系火星自转角速率 $\boldsymbol{\omega}_m^n$ 为

$$
\boldsymbol{\omega}_m^n = \begin{bmatrix} \omega_m \cdot \cos B \\ 0 \\ -\omega_m \cdot \sin B \end{bmatrix} = \begin{bmatrix} \omega_x^n \\ 0 \\ \omega_z^n \end{bmatrix} \tag{8-437}
$$

本体系火星自转角速率 $\boldsymbol{\omega}_m^b$ 为

$$\boldsymbol{\omega}_m^b=[\omega_x^b\quad\omega_y^b\quad\omega_z^b]^{\mathrm{T}}=\boldsymbol{A}_{bn}\cdot\boldsymbol{\omega}_m^n$$
$$=\begin{bmatrix}\cos\theta\cdot\omega_x^n\cdot\cos\psi-\sin\theta\cdot\omega_z^n\\ \sin\gamma\cdot\sin\theta\cdot\omega_x^n\cdot\cos\psi-\cos\gamma\cdot\omega_x^n\cdot\sin\psi+\sin\gamma\cdot\cos\theta\cdot\omega_z^n\\ \cos\gamma\cdot\sin\theta\cdot\omega_x^n\cdot\cos\psi+\sin\gamma\cdot\omega_x^n\cdot\sin\psi+\cos\gamma\cdot\cos\theta\cdot\omega_z^n\end{bmatrix}\tag{8-438}$$

式（8－438）消去 ω_z^n，ω_x^n，求得偏航姿态 ψ

$$\psi=\arctan2\left(\frac{-(\omega_y^b\cos\gamma-\omega_z^b\sin\gamma)}{\omega_x^b\cos\theta+\omega_y^b\sin\theta\sin\gamma+\omega_z^b\sin\theta\cos\gamma}\right)\tag{8-439}$$

按 3－2－1 转序计算本体相对北东地初始姿态角，如果 $\left|\dfrac{f_x^b}{g}\right|<0.9999$

$$\begin{cases}\gamma=\arctan2\left(\dfrac{-f_y^b}{-f_z^b}\right)\\ \theta=\arcsin\left(\dfrac{f_x^b}{g}\right)\\ \psi=\arctan2\left(\dfrac{-(\omega_y^b\cos\gamma-\omega_z^b\sin\gamma)}{\omega_x^b\cos\theta+\omega_y^b\sin\theta\sin\gamma+\omega_z^b\sin\theta\cos\gamma}\right)\end{cases}\tag{8-440}$$

否则

$$\begin{cases}\gamma=0\\ \theta=\dfrac{\pi}{2}\cdot\mathrm{sign}\left(\dfrac{f_x^b}{g}\right)\\ \psi=\arctan2\left(\dfrac{-(\omega_y^b\cos\gamma-\omega_z^b\sin\gamma)}{\omega_x^b\cos\theta+\omega_y^b\sin\theta\sin\gamma+\omega_z^b\sin\theta\cos\gamma}\right)\end{cases}\tag{8-441}$$

式中　ψ ——方位角；

θ ——俯仰角；

γ ——滚动角；

f_x^b，f_y^b，f_z^b ——加表输出的本体系下比力；

ω_x^b，ω_y^b，ω_z^b ——陀螺输出的本体系下角速率。

8.9.3　估算准北东地系重力加速度和火星自转角速率

8.9.3.1　本体系重力加速度和自转角速率转换到准北东地系

基于粗对准姿态建立准北东地系，将本体系比力 $\boldsymbol{f}^b$ 转换到准北东地系

$$\boldsymbol{f}^{n'}=\boldsymbol{A}_{bn'}{}^{\mathrm{T}}\cdot\boldsymbol{f}^b\tag{8-442}$$

式中　$\boldsymbol{A}_{bn'}$ ——准北东地系到本体系转换矩阵。

将本体系自转角速率 $\boldsymbol{\omega}_m^b$ 转换到准北东地系

$$\boldsymbol{\omega}_m^{n'}=\boldsymbol{A}_{bn'}^{\mathrm{T}}\cdot\boldsymbol{\omega}_m^b\tag{8-443}$$

式中　$\boldsymbol{A}_{bn'}$ ——准北东地系到本体系转换矩阵。

基于准北东地坐标系指向火心比力，判别是否重赋初始对准角：

如果 $f_z^{n'} > g_n/2$

$$d\varphi = 180°,\ d\theta = 0°,\ d\psi = 0°$$

基于上述姿态重新建立准北东地系。

8.9.3.2 准北东地系比力 $\boldsymbol{f}^{n'}$ 和自转角速率 $\boldsymbol{\omega}_m^{n'}$ 滤波

准北东地系比力 $\boldsymbol{f}^{n'}$ 和自转角速率 $\boldsymbol{\omega}_m^{n'}$ 滤波

$$\boldsymbol{f}_k^{n'} = (1 - k_{lv}) \cdot \boldsymbol{f}_{k-1}^{n'} + k_{lv} \cdot \boldsymbol{f}^{n'} \tag{8-444}$$

$$\boldsymbol{\omega}_k^{n'} = (1 - k_{lv}) \cdot \boldsymbol{\omega}_{k-1}^{n'} + k_{lv} \cdot \boldsymbol{\omega}_m^{n'} \tag{8-445}$$

式中 $\boldsymbol{f}_k^{n'}$ ——准北东地系第 k 步比力滤波值，$\boldsymbol{f}_k^{n'} = [f_{x,k}^{n'} \quad f_{y,k}^{n'} \quad f_{z,k}^{n'}]^{\mathrm{T}}$；

$\boldsymbol{f}_{k-1}^{n'}$ ——准北东地系第 $k-1$ 步比力滤波值；

$\boldsymbol{\omega}_k^{n'}$ ——准北东地系第 k 步自转角速率滤波值；

$\boldsymbol{\omega}_{k-1}^{n'}$ ——准北东地系第 $k-1$ 步自转角速率滤波值；

k_{lv} ——滤波系数。

8.9.4 基于准北东地系精对准

8.9.4.1 估计水平失准角

基于准北东地系比力北向和东向分量估计水平失准角

$$d\varphi_k = k_a \cdot f_{y,k}^{n'} \tag{8-446}$$

$$d\theta_k = -k_a \cdot f_{x,k}^{n'} \tag{8-447}$$

对水平失准角进行限幅处理，水平失准角大时比例作用强一些，加快收敛；水平失准角小时比例作用弱一些，避免振荡。

比例系数 k_a 进行分段处理

$$\begin{cases} k_a = k_{a1} & |f_{y,k}^{n'}| \geqslant f_0 \text{ 或 } |f_{x,k}^{n'}| \geqslant f_0 \\ k_a = k_{a2} & |f_{y,k}^{n'}| < f_0 \text{ 或 } |f_{x,k}^{n'}| < f_0 \end{cases} \tag{8-448}$$

式中 k_{a1} ——水平失准角未收敛时比例系数；

k_{a2} ——水平失准角收敛时比例系数；

f_0 ——比力水平方向分量判别阈值。

8.9.4.2 估计方位失准角

基于准北东地坐标系火星自转角速率东向分量估计方位失准角

$$d\psi_k = k_\omega \cdot \omega_{y,k}^{n'} \tag{8-449}$$

对方位失准角进行限幅处理，方位失准角大时比例作用强一些，加快收敛；方位失准角小时比例作用弱一些，避免振荡。

比例系数 k_ω 进行分段处理

$$\begin{cases} k_\omega = k_{\omega1} & |\omega_{y,k}^{n'}| \geqslant \omega_0 \\ k_\omega = k_{\omega2} & |\omega_{y,k}^{n'}| < \omega_0 \end{cases} \tag{8-450}$$

式中 $k_{\omega1}$ ——方位失准角未收敛时比例系数；

$k_{\omega 2}$ ——方位失准角收敛时比例系数；

ω_0 ——火星自转角速率东向分量判别阈值。

8.9.4.3　估计精对准姿态四元数

基于水平和方位姿态失准角估计精对准姿态误差四元数

$$\mathrm{d}\boldsymbol{q}_k=\begin{bmatrix}\sqrt{1-(\mathrm{d}\varphi_k^2+\mathrm{d}\theta_k^2+\mathrm{d}\psi_k^2)/4}\\ \mathrm{d}\varphi_k/2\\ \mathrm{d}\theta_k/2\\ \mathrm{d}\psi_k/2\end{bmatrix} \tag{8-451}$$

求得精对准姿态四元数

$$\boldsymbol{q}_{bn,k}=\boldsymbol{q}_{bn,k-1}\otimes\mathrm{d}\boldsymbol{q}_k \tag{8-452}$$

$$\boldsymbol{q}_{bn,0}=\boldsymbol{q}_{bn'} \tag{8-453}$$

式中　$\boldsymbol{q}_{bn,k}$ ——第 k 步推算的本体系相对 NED 系姿态四元数；

$\boldsymbol{q}_{bn,k-1}$ ——第 $k-1$ 步推算的本体系相对 NED 系姿态四元数；

$\boldsymbol{q}_{bn'}$ ——基于粗对准姿态确定的本体系相对 NED 系姿态四元数。

8.9.4.4　计算精对准姿态

令

$$\boldsymbol{q}_{bn}=[q_0\quad q_1\quad q_2\quad q_3]^{\mathrm{T}} \tag{8-454}$$

基于精对准姿态四元数 $\boldsymbol{q}_{bn}$ ，求得 $\boldsymbol{A}_{bn}$

$$\boldsymbol{A}_{bn}=\begin{bmatrix}q_0^2+q_1^2-q_2^2-q_3^2 & 2q_0q_3+2q_1q_2 & -2q_0q_2+2q_1q_3\\ -2q_0q_3+2q_1q_2 & q_0^2-q_1^2+q_2^2-q_3^2 & 2q_0q_1+2q_2q_3\\ 2q_0q_2+2q_1q_3 & -2q_0q_1+2q_2q_3 & q_0^2-q_1^2-q_2^2+q_3^2\end{bmatrix} \tag{8-455}$$

姿态按 3－2－1 转序求得 $\boldsymbol{A}_{bn}$

$$\boldsymbol{A}_{bn}=\begin{bmatrix}\cos\theta\cos\psi & \cos\theta\sin\psi & -\sin\theta\\ \sin\gamma\sin\theta\cos\psi-\cos\gamma\sin\psi & \cos\gamma\cos\psi+\sin\gamma\sin\theta\sin\psi & \sin\gamma\cos\theta\\ \cos\gamma\sin\theta\cos\psi+\sin\gamma\sin\psi & \cos\gamma\sin\theta\sin\psi-\sin\gamma\cos\psi & \cos\theta\cos\gamma\end{bmatrix} \tag{8-456}$$

按 3－2－1 转序求精对准姿态：

如果 $|a_{13}|\leqslant 0.99999$

$$\begin{cases}\gamma=\arctan2\left(\dfrac{a_{23}/\cos\theta}{a_{33}/\cos\theta}\right)\\ \theta=\arcsin(-a_{13})\\ \psi=\arctan2\left(\dfrac{a_{12}/\cos\theta}{a_{11}/\cos\theta}\right)\end{cases} \tag{8-457}$$

否则

$$\begin{cases}\gamma = 0 \\ \theta = \arcsin(-a_{13}) \\ \psi = \arctan 2\left(\dfrac{-a_{21}}{a_{22}}\right)\end{cases} \tag{8-458}$$

基于动态修正的准北东地坐标系进行精对准，惯组姿态变化后不受历史数据影响，能够快速收敛到新对准姿态。该地面静态对准算法简单，收敛速度快，易于工程应用。

8.10　小行星探测

太阳系有近地、主带（火星和木星之间）和柯伊伯带小行星。小行星基于光谱分类有 S 型、C 型和 X 型（含 D 型、M 型等）；基于对地球威胁分类有 PHA 和非 PHA；基于动力学特征分类有双星、特洛伊小行星（与木星或海王星、太阳成等边三角形）、半人马小行星（木星和海王星之间）、行星小卫星、主带彗星、近地双星系统等类型，还有微月亮、近地小行星 Manos 等。

小行星数量有 55 万颗至 120 万颗，40m 大小约有 30 万颗，发现了 4%，百米量级小行星引力约为万分之一 g。1.5 万多颗小行星与地球轨道有交会点，目前 Apophis 对地球威胁最大，交会时相距 2 至 3 万 km。

2004 年欧空局发射了罗塞塔号彗星探测器，携带 100 kg 菲莱登陆器，由于罗塞塔鱼叉未起效，着落后落入彗星缝隙。2016 年美国发射奥里西斯号探测贝努（Bennu）小行星，2023 年 OsiRis-Rex 带着小行星贝努样品成功返回。日本对糸川小行星进行探测，隼鸟-1 附着失败，隼鸟-2 成功取样返回。

考虑对 1996FG3、2008 EV5、2016 HO3、Apophis 和 2005YU55 等小行星探测和采样返回，行星际转移可采用电推。对有威胁目标进行精密定轨和预警，如 Apophis 直径 325 m，距离地球最近 3.955 万 km。

小行星 J2000 日心黄道系轨道参数见表 8-2～表 8-4。

表 8-2　小行星轨道参数

编号 D	341843	46919	175706
名称	2008 EV5	2016 HO3	1996 FG3
历元	2016-01-13.0	2016-07-31.0	2016-07-31.0
JD	2457400.5	2457600.5	2457600.5
近日点幅角/(°)	234.82	307.227 65	24.014 28
升交点赤经/(°)	93.396	66.513 25	299.718 15
倾角/(°)	7.436 6	7.771 39	1.991 38
偏心率	0.083 561	0.104 142	0.349 853 3
近日点距离/AU	0.878 25	0.896 95	0.685 295 4
半长轴/AU	0.958 32	1.001 229	1.054 062 8

续表

平近点角/(°)	303.16	297.532 1	180.484 19
平日运动/[(°)/天]	1.050 6	0.985 6	0.910 760 40
轨道周期/年	0.94	1	1.08

表 8-3　小行星轨道参数

编号	1888	175706	308635
名称	Zu Chong-Zhi	1996 FG3	2005 YU55
历元	2017-02-16.0	2016-07-31.0	2017-02-16.0
历元 JD	2457800.5	2457600.5	2457800.5
近日点日期	2018-03-25.48103	2017-02-13.10543	2016-09-02.40405
近日点日期 JD	2458202.98103	2457797.60543	2457633.90405
近日点幅角/(°)	232.889 80	24.014 28	273.579 01
升交点/(°)	244.859 08	299.718 15	35.928 03
倾角/(°)	5.859 00	1.991 38	0.340 40
偏心率	0.167 260 7	0.349 853 3	0.430 490 6
近日点距离/AU	2.121 362 5	0.685 295 4	0.658 963 5
半长轴/AU	2.547 450 9	1.054 062 8	1.157 072 2
平近点角/(°)	262.435 79	180.484 19	131.925 16
平日运动/[(°)/天]	0.242 407 00	0.910 760 40	0.791 886 90
远日点距离/AU	2.974	1.423	1.655
轨道周期/年	4.07	1.08	1.24

表 8-4　小行星轨道参数

编号	15760	99942	00007
名称	1992 QB1	Apophis	Iris
历元	2016-07-31.0	2016-07-31.0	2016-07-31.0
历元 JD	2457600.5	2457600.5	2457600.5
近日点日期	1993-10-04.21192	2016-04-04.21782	2017-11-18.47139
近日点日期 JD	2449264.71192	2457482.71782	2458075.97139
近日点幅角/(°)	1.952 55	126.679 65	145.363 54
升交点/(°)	359.478 24	204.062 50	259.570 36
倾角/(°)	2.189 62	3.336 63	5.523 58
偏心率	0.065 686 6	0.191 541 4	0.231 394 1
近日点距离/AU	40.881 403 2	0.745 896 4	1.833 301 6
半长轴/AU	43.755 558 1	0.922 615 4	2.385 229 7

续表

平近点角/(°)	28.385 77	130.994 30	232.786 59
平日运动/[(°)/天]	0.003 405 30	1.112 174 20	0.267 552 20
远日点距离/AU	46.630	1.099	2.937
轨道周期/年	289	0.89	3.68

D 类小行星可以考虑原位采样，近地、彗星、谷神星着陆原位探测，近地采样返回和主带彗星探测，近地伴飞、绕飞、附着、原位探测或采样返回，主带环绕、伴飞和附着，柯伊伯带飞越。小行星交会、漫游（在小行星上行走）、撞击、驻留（附着在小行星上）、太空监测站、安全防卫等，可以了解小行星物质组成及形状、自旋轴方向及角速率。

弹道式再入样品返回，月球取样返回速度 10.7 km/s，小行星取样返回14 km/s。

基于兰伯特变轨搜索小行星探测起止时间和速度增量见表 8-5～表 8-8，发射 $C_3 = 20\ km^2/s^2$。考虑运载发射限制，入轨轨道与小行星转移轨道存在小的倾角，小行星探测轨道转移过程要考虑在入轨轨道与转移轨道面交点处进行深空机动，调整轨道面倾角差和轨道面内速度，以及借行星改变速度方向，减小全过程速度增量。

表 8-5　小行星探测出发起止时间及速度增量

出发	C3	到达	出发日期	到达日期	Δv/(km/s)	dt/天
地球	20	2008 EV5	2022.12.26	2023.11.15	1.426	323.5
地球	23	2008 EV5	2023.12.23	2024.10.27	0.306	308.5
地球	22	2008 EV5	2023.12.24	2024.11.06	0.312	317.5
地球	20	2008 EV5	2023.12.24	2024.10.07	0.598	287.5
地球	20	2008 EV5	2023.12.25	2024.12.16	0.283	356.5
地球	20	1996 FG3	2022.01.21	2022.07.08	2.571	167.5
地球	20	1996 FG3	2024.07.13	2025.02.28	2.591	229.5
地球	20	1996 FG3	2024.10.17	2025.09.14	2.817	331.5
地球	20	2005 YU55	2022.07.21	2023.09.07	3.179	412.5
地球	25	2005 YU55	2022.07.30	2023.09.11	3.151	407.5
地球	21.35	2016 HO3	2022.06.08	2023.04.04	1.380	300
地球	20.6	2016 HO3	2023.06.10	2024.04.04	1.402	299
地球	14.51	Apophis	2022.01.25	2022.08.26	3.165	213
地球	19.92	Apophis	2022.04.09	2023.03.03	1.283	328
地球	20	Iris	2021.09.10	2023.07.01	5.709	658.5
地球	25	Iris	2021.09.20	2023.06.16	5.209	633.5
地球	25	Zu Chong-Zhi	2020.04.06	2021.09.17	6.053	528.5
地球	30	Zu Chong-Zhi	2020.04.14	2021.09.27	5.662	530.5

表 8-6　小行星探测返回起止时间及速度增量

出发	到达	出发日期	到达日期	Δv/(km/s)	dt/天
2008 EV5	地球	2023.06.18	2023.12.25	0.135 1	190
2008 EV5	地球	2024.11.26	2025.06.24	0.938 3	210
2016 HO3	地球	2024.06.04	2024.11.28	0.427 2	177
2016 HO3	地球	2025.06.01	2025.11.28	0.464 5	180
2016 HO3	地球	2026.05.29	2026.11.29	0.482 5	184
2016 HO3	地球	2027.06.29	2027.11.29	0.441 9	153
Apophis	地球	2026.09.03	2027.03.13	3.502	191
Apophis	地球	2027.08.17	2028.04.01	1.472	228
Apophis	地球	2028.11.16	2029.04.12	0.0813	147
1996 FG3	地球	2025.06.24	2025.12.16	1.195	175
1996 FG3	地球	2026.05.15	2026.12.18	2.249	217
2005 YU55	地球	2022.11.26	2024.04.29	1.274	520

表 8-7　小行星飞越探测轨道转移起止时间及速度增量

出发	到达	出发日期	借力日期	到达日期	Δv/(km/s)	dt/天
1996 FG3	Apophis	2026.08.09	2027.01.10	2027.07.29	3.069	354
1996 FG3	Apophis	2026.08.29	2027.01.27	2027.10.05	3.493	402
Apophis	FG3	2026.11.18	—	2027.07.30	1.649	254
Zu Chong－Zhi	Iris	2022.10.15	—	2025.08.19	1.103	1039
2008 EV5	HO3	2023.08.02	2023.12.25	2024.06.21	0.876	323.5
2008 EV5	FG3	2024.11.26	2025.06.24	2026.05.03	1.229	523

地球或火星借力；虹神星考虑引力。

表 8-8　小行星伴飞探测轨道转移起止时间及速度增量

出发	到达	出发日期	借力日期	到达日期	Δv/(km/s)	dt/天
1996 FG3	Apophis	2026.12.14	—	2027.09.23	6.255	283
1996 FG3	Apophis	2031.05.03	—	2032.03.20	5.484	322
1996 FG3	Apophis	2026.12.14	—	2027.09.23	6.255	283
1996 FG3	Apophis	2026.01.18	2026.11.18	2027.09.25	5.939	615
Apophis	FG3	2026.11.16	—	2027.08.08	3.842	265
Zu Chong－Zhi	Iris	2026.10.21	—	2028.11.21	2.712	762
2008 EV5	HO3	2023.08.01	2023.12.25	2024.04.09	4.318	252
2008 EV5	FG3	2024.11.28	2025.06.25	2026.05.20	3.664	538

注：地球或火星借力；虹神星考虑引力。

8.11　习题

1. 编写赤道惯性系转黄道惯性系 Simulink 仿真程序。
2. 编写赤道惯性系转火惯系 Simulink 仿真程序。
3. 编写火惯系转火固系及火星地方时 Simulink 仿真程序。
4. 编写地球和火星轨道推算 Simulink 仿真程序。
5. 编写地球和火星在探测器本体系指向 Simulink 仿真程序。
6. 编写探测器在地面测控站指向 Simulink 仿真程序。
7. 编写双曲逃逸轨道转绕日椭圆轨道 Simulink 仿真程序。
8. 编写绕日椭圆轨道转双曲逃逸轨道 Simulink 仿真程序。
9. 编写双曲逃逸轨道真近点角推算过近地点时间 Simulink 仿真程序。
10. 编写椭圆轨道真近点角推算过近火点时间 Simulink 仿真程序。
11. 编写绕日兰伯特轨道转移迭代算法 Simulink 仿真程序。
12. 编写近火捕获制动失败再次捕获策略搜索 Simulink 仿真程序。

参 考 文 献

［1］ 吴伟仁，马辛，宁晓琳．火星探测器转移轨道的自主导航方法［J］．中国科学：信息科学，2012，42（8）：934－948.

［2］ 崔平远，徐瑞，朱圣英，等．深空探测器自主导航技术发展现状与趋势［J］．航空学报，2014，35（1）：13－28.

［3］ 刘劲，房建成，宁晓琳，等．基于脉冲星和火星观测的深空探测器自主导航［J］．仪器仪表学报，2014，35（2）：247－252.

［4］ 郑伟，孙守明，汤国建．基于X射线脉冲星的深空探测自主导航方法［J］．中国空间科学技术，2008，28，（5）：1－6.

［5］ 崔平远，常晓华，崔祜涛．基于可观测性分析的深空自主导航方法研究［J］．宇航学报，2011，32（10）：2115－2124.

［6］ 王大轶，黄翔宇．深空探测转移段光学成像测量自主导航及仿真验证技术［J］．控制理论与应用，2014，31（12）：1714－1722.

［7］ 杨永章，李金岭，平劲松，等．NASA历表在深空导航中的发展和比较［J］．深空探测学报，2017，4（1）：89－98.

［8］ 陈晓，尤伟，黄庆龙．火星探测器巡航段天文自主导航方法研究［J］．深空探测学报，2016，3（3）：214－218.

［9］ 张斌，黄翔宇．一种基于B平面参数的深空天体接近段自主轨道控制方法［J］．空间控制技术与应用，2013，39（3）：19－23.

［10］ 张伟．深空探测天文测角测速组合自主导航方法［J］．飞控与探测，2018，1（1）：41－47.

［11］ 徐晓苏，刘心雨．一种改进的粒子滤波算法在SINS初始对准中的应用［J］．中国惯性技术学报，2016，24（3）：299－305.

［12］ 马宏阳，程鹏飞，王潜心．一种改进的UKF算法在捷联惯导初始对准中的应用［J］．测绘通报，2015，51（7）：18－22.

［13］ 王跃钢，蔚跃，雷堰龙，等．模糊自适应滤波在捷联惯导初始对准中的应用［J］．压电与声光，2013，35（1）：59－62.

［14］ 李方能，许江宁，亓洪标．基于边缘采样UKF滤波的捷联惯导初始对准方法［J］．中国惯性技术学报，2014，22（5）：612－618.

［15］ 徐晓苏，周峰，张涛，等．基于四元数自适应卡尔曼滤波的快速对准算法［J］．中国惯性技术学报，2016，24（4）：454－459.

［16］ 徐晓苏，田泽鑫，刘义亭，等．基于改进型CKF的SINS初始对准方法［J］．华中科技大学学报，2016，44（1）：81－86.

［17］ 梅春波，秦永元，游金川．SINS基于非线性量测的大失准角初始对准算法［J］．宇航学报，2016，37（3）：291－297.

［18］ 王荣颖，刘文超，卞鸿巍，等．基于降维滤波器的SINS快速初始对准算法［J］．中国惯性技术学

报，2016，24 (5)：607 - 611，618.

[19] 孙进，徐晓苏，刘义亭，等．基于自适应无迹粒子滤波的 SINS 大方位失准角初始对准 [J]. 中国惯性技术学报，2016，24 (2)：154 - 159.

[20] 刘育浩，黄新生．提升小波在 SINS 信号去噪及初始对准中的应用 [J]. 系统仿真学报，2009，21 (19)：6013 - 6016.

[21] 徐清雷，邓正隆，张传斌．捷联惯导系统快速初始对准方法仿真研究 [J]. 系统仿真学报，2004，16 (6)：1228 - 1230.

[22] 郭士荦，许江宁，李峰．强跟踪 CKF 及其在惯导系统初始对准中的应用 [J]. 中国惯性技术学报，2017，25 (4)：436 - 441.

[23] 朱兵，许江宁，何泓洋，等．粒子群算法优化的捷联罗经初始对准方法 [J]. 中国惯性技术学报，2017，25 (1)：85 - 88，95.

[24] 李兵军，高伟，王慧，等．基于线性最优控制的捷联惯导初始对准方法研究 [J]. 弹箭与制导学报，2008，28 (2)：8 - 12.

[25] 刘生炳，魏宗康，陈东生，等．捷联惯导系统全姿态初始对准方法 [J]. 导弹与航天运载技术，2013，42 (6)：42 - 45.

附录　天文参数

1. 太阳相关参数

天文单位长度，即地日距离：$R_{se} = 1.495\ 978\ 70 \times 10^8$ km；

太阳引力常数：$\mu_s = 1.327\ 124\ 40 \times 10^{20}\ \mathrm{m^3/s^2}$；

作用在离太阳一个天文单位处黑体上的光压

$$F_{\mathrm{sun}} = \frac{P_{\mathrm{sun}}}{c} \approx 4.56 \times 10^{-6}\ \mathrm{N/m^2}$$

太阳摄动因子：$J_2 = 1.0 \times 10^{-7} \sim 1.5 \times 10^{-7}$。

2. 地球相关参数

地球自转平角速率：$\omega_e = (2\pi + 2\pi/365.242\ 2)/24/3\ 600$ rad/s；

地球绕太阳轨道运动平角速率：$\omega_{e\_\mathrm{sun}} = 2\pi/365.242\ 2/24/3\ 600$ rad/s；

地球平半径：$R_e = 6\ 378.137$ km；

地球扁率：$f_{\_\mathrm{earth}} = 1/298.257\ 223\ 563 \approx 0.003\ 452\ 811$；

地球半短轴：$b_{\_\mathrm{earth}} = Re \times (1 - f_{\_\mathrm{earth}}) \approx 6\ 356.752$ km；

地球偏心率：$E_{\mathrm{ccen\_e}} = \sqrt{R_e^{\ 2} - b^2_{\_\mathrm{earth}}}/R_e \approx 0.081\ 8$；

地球引力常数：$\mu = 3.986\ 004\ 36 \times 10^{14}\ \mathrm{m^3/s^2}$；

地球摄动因子：$J_2 = 1.082\ 636\ 07 \times 10^{-3}$；

地球摄动因子：$J_3 = -2.532\ 153\ 1 \times 10^{-6}$；

地球摄动因子：$J_4 = -1.610\ 987\ 6 \times 10^{-6}$；

地球赤道重力加速度（扣除了离心力）：$g_{0\_\mathrm{e\_quator}} = 9.780\ 326\ 771\ 4\ \mathrm{m/s^2}$；

地球赤道重力加速度（扣除了离心力）计算系数：

$k_{1\_\mathrm{g0\_earth}} = 0.001\ 931\ 851\ 386\ 39$

地球赤道重力加速度（扣除了离心力）计算系数：

$k_{2\_\mathrm{g0\_earth}} = 0.006\ 694\ 379\ 990\ 13$

地球绕太阳轨道 J2000 平黄赤交角：

$\varepsilon_0 = (23 + 26/60 + 21.448/3\ 600) \times \pi/180$ rad

地球绕太阳轨道半长轴：

$a_{0\_\mathrm{earth}} = R_{se} = 1.495\ 978\ 70 \times 10^8$ km；

地球绕太阳轨道半长轴变化率：

$\dot{a}_{\mathrm{earth}} = -5.0 \times 10^{-8} \times R_{se} \approx -7.479\ 9$ km/世纪

地球绕太阳轨道偏心率：$e_{0\_earth}=0.01671022$；

地球绕太阳轨道偏心率变化率：$\dot{e}_{earth}=-3.804\times10^{-5}$ /世纪；

地球绕太阳轨道倾角：$i_{0\_earth}=5.0\times10^{-5}$°；

地球绕太阳轨道倾角变化率：$\dot{i}_{earth}=-46.94('')$ /世纪；

地球绕太阳轨道近日点幅角：$\omega_{0\_earth}=114.20783°$；

地球绕太阳轨道近日点幅角变化率：$\dot{\omega}_{earth}=19426.53('')$ /世纪；

地球绕太阳轨道升交点赤经：$\Omega_{0\_earth}=-11.26064°$；

地球绕太阳轨道升交点赤经变化率：$\dot{\Omega}_{earth}=-18228.25('')$ /世纪；

地球绕太阳轨道平近点角：$M_{0\_earth}=357.51716°$；

地球绕太阳轨道平近点角变化率：$\dot{M}_{earth}=129596542.35('')$ /世纪。

3. 月球相关参数

月球引力常数：$\mu_{moon}=4.902802627\times10^{12}\ m^3/s^2$；

月球半径：$R_{moon}=1738.00$ km；

地月平距离：$R_{earth\_moon}=60.26820751\times R_e\approx3.844\times10^5$ km；

月球轨道平半长轴：$a_{0\_moon}=384747.98$ km；

月球轨道平偏心率：$e_{0\_moon}=0.054879905$；

月球轨道黄白交角：$i_{0\_moon}=5.129835°$；

月球轨道近地点平黄经：$w_{0\_moon}=83.353242°$；

月球轨道近地点平黄经变化率：$\dot{\omega}_{moon}=4069.01371(°)/s$；

月球轨道升交点平黄经：$\Omega_{0\_moon}=125.044556°$；

月球轨道升交点平黄经变化率：$\Omega_{moon}=-1934.136185(°)/s$；

月球轨道平黄经：$L_{0\_moon}=218.316656°$；

月球轨道平黄经变化率：$\dot{L}_{moon}=481267.8813425(°)/s$。

4. 火星相关参数

火星自转角速度：

$\omega_{mar}=350.89198226\times\pi/180/86400\approx7.0882\times10^{-5}$ rad/s；

火星半径：$R_{mar}=3397$ km；

火星扁率：$f_{\_mar}=0.0059$；

火星半短轴：$b_{\_mar}=R_{mar}\times(1-f_{\_mar})\approx3377$ km；

火星偏心率：$E_{ccen\_mar}=\sqrt{R_{mar}^2-b_{\_mar}^2}/R_{mar}\approx0.1085$；

火星引力常数：$\mu_m=4.28283719\times10^{13}\ m^3/s^2$；

火星摄动因子：$J_{2\_mar}=2.0\times10^{-3}$；

火星摄动因子：$J_{3\_mar}=3.0\times10^{-5}$；

火星摄动因子：$J_{4\_mar}=0.0\times10^{-5}$；

火星绕太阳轨道平半长轴：

$a_{0\_mar}=1.523\ 662\ 31\times R_{se}\approx2.279\ 4\times10^{8}$ km

火星绕太阳轨道半长轴变化率：

$\dot{a}_{mar}=-7.221e-5\times R_{se}\approx-1.080\ 2\times10^{4}$ km/世纪；

火星绕太阳轨道平偏心率：$e_{0\_mar}=0.093\ 412\ 33$；

火星绕太阳轨道偏心率变化率：$\dot{e}_{mar}=1.190\ 2e-4$/世纪；

火星绕太阳轨道平倾角：$i_{0\_mar}=1.850\ 61°$；

火星绕太阳轨道倾角变化率：$\dot{i}_{mar}=-25.47('')$ /世纪；

火星绕太阳轨道平近日点幅角：$\omega_{0\_mar}=286.462\ 3°$；

火星绕太阳轨道近日点幅角变化率：$\dot{\omega}_{mar}=2\ 580.97('')$ /世纪；

火星绕太阳轨道升交点赤经：$\Omega_{0\_mar}=49.578\ 54°$；

火星绕太阳轨道升交点赤经变化率：$\dot{\Omega}_{mar}=-1\ 020.19('')$ /世纪；

火星绕太阳轨道平近点角：$M_{0\_mar}=19.412\ 48°$；

火星绕太阳轨道平近点角变化率：$\dot{M}_{mar}=689\ 035\ 43('')$ /天。

5. 火卫一相关参数

火卫一引力常数：$\mu_{mar\_sat1}=4.902\ 802\ 627\times10^{12}\times1.68\times10^{-8}\ m^3/s^2$；

火卫一轨道半长轴：$a_{mar\_sat1}=9\ 375$ km；

火卫一轨道偏心率：$e_{mar\_sat1}=0.015\ 11$；

火卫一轨道倾角：$i_{mar\_sat1}=1.076°$；

火卫一轨道近火点平黄经：$\omega_{0\_mar\_sat1}=357.266°$；

火卫一轨道近火点平黄经变化率：$\dot{\omega}_{mar\_sat1}=0.435(°)/s$；

火卫一轨道升交点平黄经：$\Omega_{0\_mar\_sat1}=207.779°$；

火卫一轨道升交点平黄经变化率：$\dot{\Omega}_{mar\_sat1}=-0.436(°)/s$；

火卫一轨道平黄经：$L_{0\_mar\_sat1}=90.991°$；

火卫一轨道平黄经变化率：$\dot{L}_{mar\_sat1}=1\ 128.844\ 409(°)/s$。

6. 火卫二相关参数

火卫二引力常数：$\mu_{mar\_sat1}=4.902\ 802\ 627\times10^{12}\times2.80\times10^{-9}\ m^3/s^2$；

火卫二轨道半长轴：$a_{mar\_sat2}=23\ 458$ km；

火卫二轨道偏心率：$e_{mar\_sat2}=0.000\ 27$；

火卫二轨道倾角：$i_{mar\_sat2}=1.789°$；

火卫二轨道近火点平黄经：$\omega_{0\_mar\_sat2}=280.942°$；

火卫二轨道近火点平黄经变化率：$\dot{\omega}_{mar\_sat2}=0.018(°)/s$；

火卫二轨道升交点平黄经：$\Omega_{0\_mar\_sat2}=24.422^\circ$；

火卫二轨道升交点平黄经变化率：$\dot{\Omega}_{mar\_sat2}=-0.018(^\circ)/s$；

火卫二轨道平黄经：$L_{0\_mar\_sat2}=250.444^\circ$；

火卫二轨道平黄经变化率：$\dot{L}_{mar\_sat2}=285.161\,887(^\circ)/s$。

7. J2000 惯性系至火惯系（MCI）/火固系转换参数

历元 J2000.0 时刻火星轨道与赤道的交点赤经：$\psi_0=47.681\,4^\circ$；

历元 J2000.0 时刻火星轨道与赤道的交角：$\varphi_0=37.113\,5^\circ$；

历元 J2000.0 时刻火星自旋轴指向赤经：$\alpha_0=317.681\,43^\circ$；

历元 J2000.0 时刻火星自旋轴指向赤纬：$\delta_0=52.886\,5^\circ$；

火星轨道岁差角：$\dot{\alpha}_{mar}=-0.106\,1(^\circ)$/世纪；

火星轨道章动角：$\dot{\delta}_{mar}=-0.060\,9(^\circ)$/世纪；

J2000 火惯系零经度在 J2000 火固系经度：$W_0=176.630^\circ$。